Martin Wagenschein
Naturphänomene sehen und verstehen

Martin Wagenschein

# Naturphänomene sehen und verstehen

## Genetische Lehrgänge

Herausgegeben von Hans Christoph Berg

Ernst Klett Stuttgart

CIP-Kurztitelaufnahme der Deutschen Bibliothek

**Wagenschein, Martin:**
Naturphänomene sehen und verstehen :
genet. Lehrgänge / Martin Wagenschein.
Hrsg. von Hans Christoph Berg.
1. Aufl. – Stuttgart : Klett, 1980.
   ISBN 3-12-928421-4

1. Auflage 1980
Alle Rechte vorbehalten
Fotomechanische Wiedergabe nur mit Genehmigung des Verlages
© Ernst Klett, Stuttgart 1980
Satz: G. Müller, Heilbronn
Druck: Wilhelm Röck, Weinsberg
Umschlaggestaltung: Zembsch' Werkstatt, München
Umschlagzeichnung: Marianne Golte-Bechtle, Stuttgart

# Inhalt

*Martin Wagenschein*

## Geleitwort von Martin Wagenschein

Triumphe und Nöte unserer Zeit sind eng an die Naturwissenschaften gebunden. Wissen wir, weiß Jeder, genug über die maßgebende, doch einschränkende Wissenschaft Physik (die gewisse Naturerfahrungen in mathematische Strukturen umsetzt)?
Genügt es, eine fortgeschrittene Wissenschaft in ihren Ergebnissen und Methoden zu erlernen? Weiß man dann auch, was man tut?
Man kann eine Wissenschaft lieben und doch ihre Grenzen nicht kennen, ihre selbstgesetzten Grenzen.
Wer diese Grenzen schon im *Ursprung* erkannt hat, wird seine Wissenschaft verstehen, lieben und verantworten.

Dieses Buch wendet sich an
Lernende und Lehrende
Didaktiker und Pädagogen
Physiker und Garnicht-Physiker
Mathematiker und Garnicht-Mathematiker
Frauen und Männer, manchmal auch an Kinder.

Es ist also ganz in der Ordnung (und hat sich so gefügt), daß ein junger und *nicht*-naturwissenschaftlicher Pädagogik-Professor sich eingefunden hat, um eine einleitende Auslese meiner Schriften einzurichten und „aufzuführen". Unabhängig von den Interessen der Fachleute erkennt er mit mir die Notwendigkeit einer neuen Art wissenschafts-verständiger Allgemeinbildung für die große Mehrheit der Gesellschaft, die nach ihrer Schulzeit nichts mehr mit Naturwissenschaft zu tun hat.
Hans Christoph Berg und ich waren in der glücklichen Lage, einen Kreis beratender Freunde und Mitarbeiter um uns zu haben – Heidi Gidion, Susanne Mumm, Christoph Raebiger, Emanuel Röhrl, Horst Rumpf – wir danken ihnen für ihre Hilfe. Ich selber danke am bewegtesten Herrn Berg, der sich der selbstgestellten Aufgabe mit Engagement und einfallsreicher Regie angenommen hat, als wär's ein Stück von ihm.

# Humaner Physikunterricht: Physik und Pädagogik ineins

Vorwort von Hans Christoph Berg

Wie heißt eigentlich das Fallgesetz auf Deutsch? Die Antworten auf solche bescheidenen Wagenscheinfragen sind aufschlußreich. Die meisten können das Fallgesetz nicht auf Deutsch sagen, weil sie es physikalisch nie verstanden haben: sie sprechen nicht physikalisch, sondern bestenfalls deutsch und haben daher nichts zu übersetzen. Einige wenige aber packen erstmal ihre physikalischen Fachkenntnisse aus – esgleichgehalbetequadrat – und übersetzen das dann in pseudodeutsch: die Fallstrecke ist gleich dem Quadrat der Zeit mal der halben Erdbeschleunigung. Diese Wenigen hätten zwar etwas zu übersetzen, können es aber nicht. Wagenscheins anschauliche Eindeutschung lautet so: ,,Wenn dies (ich zeige zwischen zwei senkrecht übereinander gehaltenen Fingerspitzen irgendeine Strecke) die Strecke bedeutet, die der Stein in der ersten Zeiteinheit fällt – es braucht nicht die Sekunde zu sein – dann fällt er in der nächsten, der 2. Zeiteinheit das – nein, nicht das 2fache, sondern – 3fache dieser Strecke; in der dann wieder nächsten, dritten, das 5fache, dann das 7fache, das 9fache und so fort. Sie sehen, die ungeraden natürlichen Zahlen treten der Reihe nach auf." (S. 195)
Kindgemäß unterrichten (wie es die Reformpädagogik des ersten Jahrhundertdrittels versuchte) oder wissenschaftsgerecht unterrichten (wie es eine Generation später repräsentativ für die Gegenwart der Bildungsrat im Strukturplan forderte) – für viele Lehrer sind das faktisch unvereinbare Unterrichtsprinzipien, und sie seufzen: Kindern und Wissenschaftlern Recht getan, ist eine Kunst, die kein Lehrer kann. Wie auch könnte der Physiklehrer im Unterrichtsprozeß zugleich als Pädagoge Anwalt des Kindes und als Physiker Anwalt der Wissenschaft sein? Konsequent fordern manche angesichts dieses Zwiespalts, auch in den schulischen Lernprozessen die widersprüchliche Lehrerrolle aufzuteilen und also Kinderanwalt und Physikanwalt als zwei Parteien einander entgegenzusetzen – wie vor Gericht die Rollen von Verteidiger und Staatsanwalt –, eine Art teamteaching also von Fachwissenschaftlern und lernpsychologisch informierten Sozialpädagogen: eine naheliegende Konsequenz angesichts einer pädagogikfremden Physik und einer physikfremden (dafür physikalistischen) Pädagogik.
Für Wagenschein aber gehören Physik und Pädagogik (und genauso Mathematik und Pädagogik, oder Biologie und Pädagogik) wesentlich zusammen, und so unternimmt er es, im Physikunterricht die pädagogische (und philosophische) Qualität und Dimension der Physik zu entwickeln. Und weil er trotz dreißigjähriger Lehrertätigkeit nicht in die Schulfalle gegangen ist, braucht er sich auch den schulischen Unvereinbarkeiten nicht zu fügen: kindgemäß oder wissenschaftsgerecht unterrichten – diese Alternative herrscht bloß soweit, wie die zur Penne mißratene Schule herrscht. Denn jenseits oder diesseits des Schulreglements von Fachlehrer–Pensum–Stundenplan–Jahrgangsklasse–Zensuren–Direktor etc. kann man sowohl kindgemäß als auch wissenschaftsgerecht unterrichten – nur eben nicht auch noch

schulförmig. Die herrschende Alternative – Kind oder Wissenschaftler – unterschlägt den Dritten im Bunde – die Schule – und unterstellt blindlings eingeschulte Kinder und eingeschulte Wissenschaftler. Aber sobald man die ursprüngliche Dreierkonstellation von Kind–Wissenschaftler–Schule freisetzt, zeigt sich (oder genauer: zeigt Wagenschein), daß Kinder und Wissenschaftler sich untereinander viel besser verstehen, als beide mit der Schule. Die traditionell unterstellten Allianzen und Spannungen springen um und statt des traditionellen Zusammenspiels von Schule und Wissenschaft gegen Kinder taucht plötzlich das altneue Bündnis auf: Wissenschaftler und Kinder gegen Schule beziehungsweise Penne. Denn Wagenschein zeigt es: wenn man unschulisch bescheiden, freundlich und kenntnisreich vermittelt zwischen ursprünglichen Naturforschern wie Aristarch, Galilei oder Kepler und ursprünglichen Kindern, dann entsteht überhaupt keine Zwietracht, sondern muntere Eintracht im dummen Fragen: warum wir denn bei dieser unglaublichen, unerhörten Erdumdrehung nicht kopfüber runterfallen; und wer da eigentlich im Erdinnern so kraftvoll die Erde und uns und überhaupt alles an sich zieht? Gute und verständige Gespräche entstehen dank kundiger Vermittlung zwischen den unbeschränkt fragenden, suchenden, probierenden Kindern und den maßgeblichen alt-jungen Naturforschern, und unbefangen sprechen sie deutsch und physikalisch, allerdings nicht auch noch schulisch.

Wenn nun ein schulhöriger Physiklehrer solche gemeinsame Forscherlust von Kindern und Wissenschaftlern mit unverständlichen Schnellinformationen abfertigen will – unter diskretem Verweis auf die amtlichen Richtlinien und seine Beamtenpflicht – dann wenden sich plötzlich die maßgeblichen Physiker und die Kinder gegen den ungetreuen schulischen Vermittler und fragen ihn mißtrauisch, ob er sie eigentlich wissenschaftsfeindlich oder auch wissenschaftsgläubig machen wolle statt wissenschaftsverständig: authentische Wissenschaft hat in ihrer Tradition trotz zehntausend Zankereien stets Zwang und Bestechung verschmäht – mit welchem Recht willst Du mir jetzt mit Pensendruck und Zensurenmacht ein fremdartiges physikalisches Fallgesetz aufnötigen oder gar mich zum Kopernikaner zwingen oder bestechen? Offenkundig hast Du in dieser Schule Dein eigenes Kinderleben und Dein eigenes Wissenschaftlerleben vergessen und bist nun weder Anwalt des Kindes noch Anwalt der Wissenschaft, sondern bloß Staats- und Schulanwalt.

In einer „entscholastisierten Schule" (Heise, ähnlich Hentig), wo die Lehrer nicht die Kinder und die Wissenschaft gegeneinander ausspielen, um beide zu beherrschen, sondern wo sie beiden zur Bildung dienen, in einer entschulten Bildungsschule kindgemäß und wissenschaftsgerecht das Fallgesetz auf deutsch und physikalisch lehren und also als Physiklehrer Physik und Pädagogik ineins zu verbinden: dies ist nicht bloß möglich – wie Meister Wagenschein zeigt –, sondern es ist für eine gesunde Entwicklung beider Seiten auch nötig: beide, Physiker und Pädagoge, brauchen die gegenseitige Entwicklung, und jeder einzelne Physiklehrer braucht beides ineins. Einerseits kann der Pädagoge als Anwalt der Kinder den Physiker davor bewahren, aus seinem Unterricht all die menschlichen Lebenskräfte, die die junge Physik dereinst ins Leben riefen, soweit auszuschließen, daß der Unterricht zum Instrumente-Apparate-Formeln-Gesetze-Skelett abstirbt. Andrerseits kann der Physiker verhüten, daß sich der Pädagoge zum weltfremden und zugleich bloß noch gesellschaftshörigen Egozentriker oder richtiger: Soziozentriker verflüchtigt, der die Kinder bloß sozialisiert und ihrem Welthunger nur Menschenwerk bietet statt natürlicher welthaltiger Nahrung. Insgesamt: Erst ein physikalischer und pädagogischer Physiklehrer wird einen humanen Physikunterricht geben und philosophisch unterrichten können.

Wagenschein selbst verkörpert dieses ineins von Physiker und Pädagoge; ist jedenfalls von beiden Seiten in Kenntnis der jeweils anderen Seite als einer der Ihren betrachtet worden, wie es die Verleihung der naturwissenschaftlichen Ehrendoktorwürde und die Ernennung zum Ehrenmitglied der Gesellschaft für Erziehungswissenschaft sowie die Goethe-Plakette des Hessischen Kultusministeriums beweist, und noch deutlicher die anerkennende Förderung seiner physikalischen und physikdidaktischen Arbeiten durch Max Planck, Carl Friedrich v. Weizsäcker und Hans Freudenthal und seiner pädagogischen Arbeiten durch Paul Geheeb, Eduard Spranger, Friedrich Bollnow und Hermann Nohl.

Aber trotz seines ineins gewirkten Ansatzes werden Wagenscheins Arbeiten in den Seminaren üblicherweise in zwei Hälften aufgespalten: In die fachdidaktische Hälfte für Physik- und Mathematiklehrer(studenten) und in die allgemeindidaktische Hälfte für die übrigen Lehrer(studenten) – den einen droht eine kenntnisreiche Beschränkung, den anderen eine kenntnisarme Schwärmerei. Wagenscheins Methodenkonzeption eines Genetisch-Sokratisch-Exemplarischen Lehrens kann aber nur derjenige voll erfassen, der seine Physikexempel physikalisch und pädagogisch studiert. Den üblichen Halbierungen setzt das vorliegende Studienbuch daher die erforderlichen Ergänzungen entgegen: im Hauptteil werden die wichtigsten allgemeindidaktischen Konzeptaufsätze mit den jeweils thematisch passenden fachdidaktischen Lehrgängen gepaart und um einschlägige Miniaturen wie Kinderfragen, Wahrnehmungsübungen, Sprachbetrachtungen u. ä. angereichert. Eingeleitet werden diese Lehrgänge durch prägnante Formulierungen der Leitmotive Wagenscheins, und beschlossen werden sie mit seinem Kanon der Physik, der das Ziel eines exemplarischen und systematischen Lehrens zeigt. Insgesamt mag sich der Leser gewissermaßen in Wagenscheins Seminar und in seinen Unterricht versetzt fühlen, und beim Durchwandern dieser Lehrgänge zum Licht, zum Magnet, zum Fallgesetz, zu den Primzahlen und zum Pythagoras und schließlich zu den Sternen mag er lernen und lehren lernen; und hoffentlich erfährt er mit Wagenschein: Physik und Pädagogik menschlich ineins.

# 1  Das große Spüreisen  (1951)

Immer schon hatte ich eine Geringschätzung gehabt für diese kleinen Magnetnadeln, wie sie mit ihren zugespitzten und bezeichneten Enden so schnell und
dienstfertig die vorgeschriebene Haltung annehmen, dabei aber trotz aller Bereit-
willigkeit von weitem nicht gesehen werden können. Ohne diese Abneigung ganz zu
durchschauen, eigentlich nur, weil mir die Nadeln zu klein schienen, kam ich auf den
Gedanken, einmal eine ganz große zu machen, als mir ein fast einen Meter langes
Stahlblatt in die Hand fiel. Ob es wohl magentisiert, aufgehängt oder auf eine Spitze
gesetzt, dem Ruf des magnetischen Erdfeldes folgen würde? Die langen Hebelarme,
das große Drehmoment ließen es hoffen, trotz der erhöhten Reibung. Das säbelartig
breite Blatt wurde einem großen Elektromagneten ausgeliefert und so zum Magneten gemacht.
Ich krümme es nun zu einem leichten Bogen, daß der Schwerpunkt tief kommt, und
setze es ausbalanciert auf die Spitze eines Nagels. Ich drehe es in die Ost-West-Richtung, damit es dem Erdfeld recht deutlich in die Quere kommt und ihm lange Hebelarme anbietet, beruhige es zu vollem Stillstand, lasse los und warte.
Es hängt unbeweglich, passiv, und mit seinen ergeben niedergebeugten Enden wie
horchend da. Ob der ferne kanadische Pol es erreicht, und sein noch fernerer ant-
arktischer Bruder? Ob es empfindlich genug ist, das Gefälle zu spüren, das, zwischen
ihnen ausgespannt, uns alle durchdringt, auch uns magnetisch Unbegabte, daß wir
uns ein Bild machen müssen und uns feine graue Fäden ausdenken, die wie parallele
Telegraphendrähte zwischen Nord und Süd gespannt dieses Zimmer und die Stadt,
das ganze weite Land, Wald und Feld, durchspinnen, deren Existenz aber nichts anderes ist als nur dies: allerorten dieses pünktliche Gehorchen solcher, in ihrer Be-
weglichkeit befreiter und begünstigter Magnete, wie dieses Stahlband einer ist, dessen Einschwenken wir jetzt erwarten.
Obwohl man als Physiker keinen Augenblick ungewiß ist, daß „Es" wirklich an diesem Magneten richtend zieht, wie wir es ja an tausend kleineren Nadeln gesehen haben, obwohl wir genau wissen, daß ein Versagen nur einem zu schwachen Magnetismus oder zu großer Reibung zur Last gelegt werden könnte, sind wir doch merkwürdig beunruhigt und gespannt. Und diese Unruhe kommt nicht nur aus dem Interesse, ob diese beiden Faktoren es den leisen Kräften des Erdfeldes wirklich erlauben werden, sich vernehmlich zu machen, sie kommt nicht aus einem geheimen
Zweifel, ob das Naturgesetz sich auch hier wieder bewähren werde; es ist ein alter,
durch zahllose Gewöhnungen immer wieder beschwichtigter Schrecken, der uns wie
ein Erröten überfällt, gegen Wissen und Wollen: „Wie ist es nur möglich? Wie ist es
nur möglich, daß das Stück Eisen den fernen Ruf erspürt?"
Und es spürt ihn. Nach einem leisen Erzittern setzt es sich in ein zögerndes Drehen.
Vielleicht ein noch zufälliges, einem Windhauch verdanktes? Aber es steigert sich,
es steckt ein Wille, ein Ziel dahinter, wie ein Karussell kommt der Balken langsam in
Fahrt und schleudert sich nach wenigen Sekunden gestreckten Laufes durchs Ziel.
Das Ziel, das unsere Spannung wie einen unsichtbaren Wegweiser in den Raum hin-

ein erwartet hat und unsere Phantasie wie eingebrannt fast sieht: dort über dem Wald steht nachts der Polarstern. Dorthin deutete das Eisen, als es in höchster Fahrt war, und wenn es alles richtig zugeht, dann müßte es jetzt langsam zögern. Es zögert, es verringert seinen Lauf, es wird zurückgerufen zu dem Ziel, das es im Eifer seiner Bewegungslust überrannt hatte. In dem Augenblick, da es zitternd einhält, und dann wieder ganz so langsam wie am Anfang umkehrt, die Nase am Boden wie ein witternder Hund, ist unser letzter Zweifel vergangen: Es ist das, was wir erwartet haben, und kein Windstoß.

Es ist kein Windstoß, nicht irgend etwas; es ist der Magnetismus des Erdballs (über dessen Herkunft bekanntlich noch niemand etwas Zuverlässiges weiß). Überall, im dichten Wald, auf Bergesspitzen und in den Bergwerken, bei Tag und bei Nacht, würden Tausende solcher drehbarer Magnete, verteilte man sie überall hin, genauso wie dieser hier ihr schwingendes Spiel beginnen und nach einer guten Weile stille stehen, alle gehorsam in der Nord-Süd-Stellung zur Ruhe gekommen. – Es dauert fast eine Viertelstunde, bis unsere Drehschaukel ruhig geworden ist. Sie hat es sich nicht leicht werden lassen, ihren Frieden zu finden.

Nicht so selbstverständlich läßt sie sich zur Ordnung rufen wie ihre kleinen uniformierten Kollegen, die Kompaßnadeln, über die wir uns kaum noch wundern, diese eilfertigen kleinen Diener in Livrée, diese Beamten des Erdmagnetismus. Es ist ja schließlich ihr Beruf. Wozu säßen sie sonst im Gehäuse ihrer Dienstwohnung, wo sogar die Dienstvorschrift an die Wand geschrieben ist! Und selbst wenn dieser ordnende Rahmen fehlt, bei den freien Magnetnadeln, die man anfassen und von der Spitze nehmen und betrachten kann, auch sie tragen ja noch die Uniform der zugespitzten Enden, die allein schon genügen mag, sie so hellhörig zu machen. Auch ist ja immer das eine Ende in der Farbe anders als das andere, so daß es von vornherein weiß, was es zu bedeuten und zu tun hat. Und selbst dann, wenn wir einen Stabmagneten, der ja nicht schon von Berufs wegen auf einer Spitze zu Hause ist, aufhängen oder auf Kork schwimmen lassen, und selbst wenn die hilfreiche Zeit ihn von dem rot-grünen Propaganda-Lack befreit hat, so bleibt doch noch seine vierkantige Gestalt, die uns sagt, wie sehr er auf Ordnung und Richtung verpflichtet sei.

So mag das Kind wohl fühlen, wenn es das auch nicht sagen kann. Und wir Älteren und Erfahreneren und Nüchternen und Objektiven, wir weigern uns natürlich zuerst einmal entrüstet, solcher Magie noch zugänglich zu sein. Aber wenn wir uns ganz still und in der Tiefe betrachten und dessen inne werden, daß der Mensch nicht aus Bewußtsein allein gemacht ist, so wird uns die Erfahrung mit der großen Magnetschaukel nachdenklich machen. Warum sonst berührt uns dieser große Magnet so sehr viel tiefer, wo er doch „nur größer" ist?

Es scheint, aus zwei Gründen: Einmal weil er zurück zur Natur führt, weil er all diese endgültigen Abzeichen eines geborenen oder ernannten, eines Berufs-Magneten nicht braucht, und dann, weil er so groß ist. Damit steigert er ja nicht nur seine Länge und Sichtbarkeit, er setzt auch alles andere, was an ihm zu sehen ist, seine Natürlichkeit, seine Beharrlichkeit, seine Einordnung in das große Feld, in tieferes und ernsteres Licht. Deshalb staunen wir wieder. Die Ersatz-Magie des „Apparates" hat dem Zauber der Natur wieder ihr Recht überlassen.

# I.
# Genetische Bildung
# in der Erfahrung
# des Lehrers Wagenschein

## Odenwaldschule

R.: Wenn Sie sich jetzt an die Odenwaldschule, die alte *Geheebsche* Odenwaldschule, erinnern – was könnte man eigentlich in der heutigen ziemlich verzweifelten Schulreformsituation da lernen?

W.: Von dort?

R.: Ja, von dort.

W.: Ja, fast alles.

R.: Wie könnte man jemandem, der von dieser damaligen Welt eigentlich nichts mehr weiß – wie könnte man ihm eine Idee dessen geben, was man lernen könnte?

W.: Das ist im Grunde genau das, was die heutige Schulreform versucht, aber nicht erreicht, seit ihre Vorschläge in die Hände des Staates und der Parteien gefallen sind und dort zerfetzt werden. Was als Entdeckung gültig bleibt, als damals erprobte Entdeckung – habe ich 1968 einmal zusammengestellt, hier im 2. Band von „Ursprüngliches Verstehen und exaktes Denken"[1]. Keine Jahresklassen, kein Sitzenbleiben, statt dessen Fachgruppen, Kursunterricht, Epochenunterricht, Koedukation, radikale Verdichtung des sogenannten Stoffes auf Themenkreise ... keine Noten, wohl aber Urteile – und damit Ausschaltung der Rivalität als Motivation, eine gewisse Wahlfreiheit und individuelle Konzentration um das, was man Wahlleistungsfach nennt. Schließlich Handwerk, musisches Leben und Sport als konstitutive und nicht dekorative Elemente. Das will man ja heute auch.

R.: Die Verkursung mit den Beurteilungszwängen, mit den Abstiegsängsten in Permanenz – die ruiniert ja offenbar, unvorhergesehenerweise, die Schulreformideen in vielen Reformversuchen. Die Noten wirken noch zerstörerischer als zuvor.

W.: Die Hauptsache war, daß die Zensuren-Angst dort nicht existierte, so wenig wie die Zensurenlust. Die „sachliche Motivation", die von der Problematik des Themas ausgelöst wird, auf die allein ich baue, war eben wirklich da. Es scheint heute fast vergessen zu sein, was das ist – was für einen Zug sie in den Verstehensvorgang bringt. Bei Schülern heute ist sie offenbar fast völlig ausgelöscht worden, durch die charakterschädigende Verführung zur Rivalität. Damals wurde übrigens auch mit der Wahlfreiheit Ernst gemacht – man konnte in einen angekündigten Kurs gehen oder auch nicht. Die sachliche Zündung des Lernens kann auch heute noch gelingen – das zeigen die *Thielschen* Protokolle[2]: dort hat die Schule noch nicht begonnen, die Lernlust systematisch zu zerstören.

R.: Hatte die Odenwaldschule nicht auch Probleme der Auswahl, also der soge-

---

* Am 21. Juni 1976 in Darmstadt. Gesprächspartner von Martin Wagenschein (W.) war Horst Rumpf (R.).
1 Im vorliegenden Band S. 83.
2 Wagenschein/Banholzer/Thiel: Kinder auf dem Wege zur Physik. Klett, Stuttgart 1973.

nannten Selektion – hatte sie nicht auch das Problem, daß sie bei manchen sagen mußte: „Also ihr erreicht diese Qualifikation nicht."?

W.: Natürlich, selbstverständlich – nur kann man das gar nicht „Selektion" nennen, nicht einmal „Auswahl".

R.: Wie wurde das gelöst?

W.: Es gab anhaltende Beratung des einzelnen Schülers, vor jedem allgemeinen Kurswechsel, alle vier Wochen. Man hockte zusammen: Wie weiter? Was jetzt? Es gab auch Beratung über das End-Ziel; nach sehr gründlicher Besprechung in der Konferenz, wo die Urteile (nicht Noten!) der Lehrer das Bild des einzelnen Schülers klärten, konnte man dann einem raten: Laß das Abitur sein, wirf dich aufs Handwerk, auf Musik ...

Nur zuletzt wurde es für Abiturienten anders, wenn der Staat kam und eine externe Prüfung nötig wurde – da haben wir sie dann eben hingelegt.

R.: Und wie lange hat diese Staatsprüfung ungefähr ihre Schatten vorausgeworfen?

W.: Ein, zwei Jahre – das waren dann sehr heitere Paukkurse, die machten uns gar keine Schwierigkeiten – also: wenn man Schüler hat, die gearbeitet haben, und die wissen, worauf es ankommt und was „Verstehen" ist, dann ist das, was sie für den Staat vorlegen müssen, ein Kinderspiel. Und allerdings wird, ebenso wie beim Staats-Abitur, nicht *alles* verstanden, nur *wußte* dann der einzelne, was von dem, was er „konnte", er nicht ganz verstanden hatte; dann ist es ja gut. Die waren immer ganz zufrieden hier in Darmstadt, sehr sogar; waren auch sehr nett, liberal.

R.: Gab es da in den Jahren zuvor, die ja heute nach vielen Berichten von einem hektischen Kampf um Noten, um Aufstieg gekennzeichnet sind – gab es da diese Verkrampftheit nicht?

W.: Nein, nein. Woher! Es gab ja keine Zensuren, keine Klassen, keine Versetzungen.

R.: Und was kann man denn heute einem Lehrer sagen, der solche zerstörerischen Zusammenhänge vielleicht wahrnimmt – aber Noten geben muß? Wieweit darf er eigentlich solche Erkenntnisse an sich herankommen lassen, ohne kaputtzugehen?

W.: Er muß mit den Schülern die Unangemessenheit dieses Zahlenaberglaubens diskutieren. Er darf aber nicht sagen: Kümmert euch nicht um die Noten. Er muß sie ernst nehmen, ohne sie zu billigen. *Er darf sich nicht mit ihnen identifizieren.* Er kann mit den Schülern gemeinsam versuchen, das wenigst Sinnlose daraus zu machen.


## Tugenden des Lehrers

R.: Gerade wenn man sich diese wichtige Schulreform der alten Odenwaldschule vergegenwärtigt, könnte man ja fragen: Was müßte eigentlich ein Lehrer heute für Tugenden haben oder für Fähigkeiten – Tugenden würd' ich lieber sagen?

W.: Ja, gut. Das haben Sie mich ja schon in dem Brief gefragt. Ich habe darüber nachgedacht. Ich sage damit nicht, daß man diese Tugenden herstellen kann. *Die Kurve kriegen wir nicht so bald.* Aber es ist trotzdem ganz gut, wenn man diese Tugenden ausspricht. Als Erstes und Wichtigstes: Er müßte Kinder mögen. Mögen –

mehr sage ich nicht. Das heißt, gern mit ihnen zusammen sein, angezogen von ihrer Natur, von ihrer rätselhaften Natur. Ich könnte auch sagen, er müßte sie ertragen können. Sowohl wenn sie als Teufel auftreten, wie wenn sie als Engel erscheinen.

R.: Das Schwierige ist ja, daß Kinder nie nur Kinder mit einer eigenen Natur sind; ihre Natur, was immer das sein mag, ist immer gesellschaftlich überformt – man mag oft sagen: verformt. Man muß ja nur die Heinrichstraße, wie ich eben, mit dem Auto entlangfahren: eine reine Wohnstraße, eine verkehrsmäßig induzierte Hölle. Die verzweifelten Probleme, die da Lehrer haben, haben sie weniger mit den Kindern als mit den in Kinder hineinverlagerten, in sie hinein privatisierten gesellschaftlich-politischen Problemen. Wie räumt man dasjenige, was Sie im Gespür haben, unter diesen riesigen Bergen von Schutt irgendwie frei? Daß man sie mögen kann? Man muß doch das andere irgendwie heraushören?

W.: Ja, man muß das wissen, was Sie eben gesagt haben, und sie mögen, wie sie sind. Man sollte deshalb Lehrerstudenten davor warnen, in dem kurzgeschlossenen Zirkel Schule, Studium, Schule zu rotieren; ich empfehle ihnen also, den Studenten, nach dem Studium – oder auch vorher oder mittendrin – eine Zeitlang unter Umständen zu arbeiten, die sie mit Kindern zusammenbringen, ohne daß sie fortwährend Belehrungen austeilen müßten. Aber als verantwortliche Helfer sollen sie drinstecken – in, zum Beispiel, Ferienkursen, möglichst internationalen, oder in Institutionen, die geschädigten Kindern dienen – kranken oder straffälligen, ... oder in einer der Hahnschen Kurzschulen. Ich bemerke, welche intensiven Eindrücke da mitgebracht werden. Da war einer sechs Wochen Mitarbeiter in einem solchen Heim und erzählte davon im Seminar – schwer zu vergessen, wie ernsthaft er davon erzählt, wie sich das alles anders ansieht und *wie* die andern zuhören.

R.: Haben Sie selbst auch mal so etwas gemacht?

W.: Nein und ja: es war nicht nötig, die Odenwaldschule lieferte das alles, sie war eben keine „Schule", war eine Anti-Schule, eine weltoffene, ersetzte viele Auslandsreisen. Und verschüttete Kinder gab es auch dort, nicht vom Straßenverkehr, sondern von elterlichen Konflikten oder von der Schule, aus der sie kamen. Die „Schüler" waren dort nicht das, was man in den öffentlichen Schulen so nennt. Sie waren mehr als dort „Kinder". Das Wort „Schüler" kam nicht vor, außer aus dem Mund der Gäste. Man sprach ohne affektierte Betontheit von den „Kameraden". Und „Lehrer" gab's auch nicht, sie hießen Mitarbeiter. So etwas, als selbstverständliche Sitte, bewirkt viel. Ich bringe seitdem und bis heute das Wort „Schüler" immer erst nach einer Hemmung heraus (die ich billige).

Um auf diese erste Tugend des Lehrers zurückzukommen: Mit „Mögen" meine ich also „Gern haben" – *mit* dem Wissen um das Kind, und auf der Suche nach ihm, das hinter dem „Schüler" lebt, und um seine Verschüttung durch Umwelt, Eltern und – Schule, Verschüttungen und Aufgerührtheiten.

R.: Noch eine Tugend?

W.: Ja, eine didaktische, *die* didaktische, meine ich, ebenso unglaubhaft wie die vorige, zur Zeit. Es gibt eine Aussage von Ezra Pound über Literaturunterricht (ich fand sie übrigens mal unter einer Ihrer Arbeiten[3]). Er schreibt: „Ich meine, der ideale Lehrer müßte jedes Meisterwerk, das er in der Klasse durchnimmt, beinahe angehen, als ob er es noch nie gesehen hätte." Dieser Satz ist ja gar nicht forsch, Pound weiß, wie schwer das ist: („ich meine", ... „ideale", ... „müßte", ... „beinahe", ... „als ob" ...). Er erscheint mir als der Fundamentalsatz der fachlichen Lehrerbildung.

R.: Auch für die Naturwissenschaften?

W.: Gerade. Dieses Studium läuft ja doch zur Zeit darauf hinaus, den ersten, den unbefangenen Eindruck von den Naturdingen und Abläufen schnell auszulöschen durch die Verfügung über die letzten Errungenschaften; die werden dann freilich allzuhäufig mißverstanden. Etwa: Die Fixsterne sind ja „in Wirklichkeit" nicht fest, die Tischplatte auch nicht – „nichts als" leerer Raum mit Molekulargewimmel; Licht ist „eigentlich" kein Licht, sondern „nichts als" elektromagnetische Welle und so fort.

R.: Also sollte der Lehrer das, was er als Student gelernt hat, am besten wieder vergessen?

W.: Nein, er soll es nur richtig verstanden haben – in ständiger Verbundenheit mit den Erscheinungen der Natur, mit den unmittelbaren Erfahrungen. Er muß diese Verbindung, möglichst ungeschmälert und bewußt, in sich behalten, wenn er später mit Unbefangenen sprechen will – und zwar so sprechen will, daß er ihnen die Physik nicht weltfremd, nicht naturfremd und also unheimlich machen will.

Deutlicher sagt das *Simone Weil;* Sätze, die ich, wie Sie wissen, nicht aufhören kann zu wiederholen; soll ich?

R.: Ich find's wichtig, daß man das nochmal hört.

W.: Ich lese:

„Heutzutage kann ein Mensch den sogenannten gebildeten Kreisen angehören, ohne einerseits die geringste Vorstellung zu besitzen, worin das Wesen der menschlichen Bestimmung liegen könnte, oder andererseits etwa zu wissen, daß nicht alle Sternbilder zu jeder Jahreszeit sichtbar sind. Man ist gewöhnlich der Ansicht, ein kleiner Bauernjunge, der nur die Volksschule besucht hat, wisse darüber mehr als Pythagoras, weil er gelehrig nachplappert, daß die Erde sich um die Sonne dreht. In Wirklichkeit aber betrachtet er die Gestirne nicht mehr. Jene Sonne, von der im Unterricht die Rede ist, hat für ihn nichts gemein mit der Sonne, die er sieht. Man reißt ihn aus dem Allgesamt seiner Umweltbeziehungen heraus, wie man die kleinen Polynesier aus ihrer Vergangenheit reißt, indem man sie aufzusagen lehrt: Unsere Vorfahren, die Gallier, waren blondhaarig."

Das steht in ihrem Buch „L'Enracinement"; was sie da beschreibt, ist Auswirkung der Schule, wenn auch der Lehrer die „Einwurzelung" seiner Fachkenntnisse hat verdorren lassen...

R.: Mir drängt sich da immer die Frage auf: Wie weit verschwindet die Sonne wirklich? Je weniger wir sie wirklich sehen.

W.: Welche Sonne, die physikalische?

R.: Die sinnlich-qualitative, freundlich übermächtige Wesenheit mit einem Antlitz. Diese Sonne droht ja wirklich zu verschwinden. Das Sehen ist eine Folge von Prä-

---

3  Horst Rumpf: Scheinklarheiten. Westermann, Braunschweig 1971, S. 332. Original in Ezra Pound: ABC des Lesens. Suhrkamp, Frankfurt/M. 1962, S. 110.

formierungen durch gesellschaftliche Einflüsse – durch ein bestimmtes Sehen wird eine Wirklichkeit, eine Art Sonne erst konstituiert. Es geht nicht mehr darum, sozusagen nur den Kopf zur Sonne zu heben und auf die vor Augen stehende zu sehen, wenn man sehunfähig geschossen ist.

W.: Ich bin da ganz zuversichtlich. Wenn einem das Sonnen-Antlitz untergegangen ist, dann nur ins Unbewußte. Dort wirkt es noch lange. Nicht anders das physiognomisch aufgenommene Mondgesicht oder die Gesten der im Wind bedeutsam rauschenden Zweige.

Aber freilich: *Abgeschnitten* ist das alles, auch bei solchen, die das physiognomische Sehen noch achten. Abgeschnitten von dem, was sie in der Schule als „wissenschaftlich" lernen und als „allein richtig" registrieren. Denn die *Brücke* vom phänomenalen Mond zum reduzierten Mond der Physik fehlt fast allen. Die Schule bedenkt diese Überführung im allgemeinen nicht, vergißt sie. Sie setzt ihren reduzierten Mond – eine Kugel von der Masse M – *neben* das Nachtgestirn und tut so, als sei ihr Mond-Concept das einzig wirkliche. Das glauben heute so ziemlich alle bei uns, jedenfalls in einer rationalen Schicht ihres Bewußtseins, ihrem Oberstübchen.

R.: Würden Sie nicht sagen, daß Bewegungen der letzten Jahre, zum Beispiel dieses wachsende Umweltbewußtsein für die sinnlichen Gestalten, die unersetzliche Lebensquellen sind, daß dieses wachsende Bewußtsein eines zeigt – eine Sensibilität dafür, daß man von Quellen abgetrennt wird? Würden Sie das in einem Zusammenhang sehen zu Ihren Intentionen?

W.: Sicher! In den USA, die ZEIT berichtete kürzlich darüber, kommt ein „Antiscientific-movement" auf, das wird von Physikern und Anthropologen ernst genommen. Es zeigt, wohin eine dominierende unnatürliche, wirklichkeitsfremde Physik-Darstellung führen kann. Diese Welle könnte bald den Atlantik überqueren. Die einzigen Schulen, die die antlitzhafte, die physiognomische Weltansicht nicht zerstören, sondern erhalten – als Fundament erhalten, sind meines Wissens die Waldorfschulen.

R.: Wahrscheinlich merkt ein richtiger Physiker von echtem Schrot und Korn nur schwer, daß die Umweltzerstörung zu tun hat mit der Art, wie Physiker die Welt modellieren und wie sie verstanden werden.

W.: Ich möchte sagen, daß die „richtigen" Physiker es wohl wissen, solche, die auch wissenschaftstheoretisch denken. Die sind sich klar, daß die Reduktion der Natur auf ihr mathematisierbares Denkbild die Naturwirklichkeit nicht in ihrem Wesen treffen *kann,* sondern nur ein Netz des Machbaren. Die Galileische Methode ist eben kein Bagger, sie ist eher einem Sieb vergleichbar; durch dessen Maschen fällt sehr Wesentliches hindurch – und zwar von vornherein und für immer. Zu den Dingen, die durch das Galileische Sieb hindurchfallen, wenn man sie partout messen will, gehören geistige Prozesse – um sie sollte es doch wohl in der Schule gehen. Zeugnisnoten, womöglich auf 2 Dezimalen, erzeugen Angst. So zerstört Leistungsmessung die Leistung. Wer die physikalische, das heißt: mathematisierende Methode in dieser Weise mißbraucht, kann sich nicht wundern. Er hat sich blind gemacht für das, was er erzeugt. *Angst* kommt im Galileischen Netz nicht vor, so wenig wie die Farbe *Rot* oder *Hunger.*

R.: Wissen *das* nicht alle Physiker? Es scheint mir so frappierend selbstverständlich.

W.: Es kommt drauf an, was Sie unter einem Physiker verstehen. Die „richtigen" Physiker – und damit definiere ich sie, privat – versuchen immer wieder, den andern und auch sich selbst, bewußt zu machen, daß Physik die Natur spezifisch *reduziert*. In den „Physikalischen Blättern" schreibt gerade ein Atomphysiker, Hellmut Glubrecht: „Seltsamerweise ist diese Spezifität keineswegs allen Naturwissenschaftlern bewußt, noch viel weniger ist sie es den Außenstehenden. Darin liegt meines Erachtens die Wurzel der zwiespältigen Einstellung unserer Zeitgenossen zur Naturwissenschaft, ihrer Überschätzung ebenso wie ihrer Verkennung."[4] Glubrecht zitiert auch eine Äußerung Galileis – sie zeigt, daß Galilei sich des Verzichtes bewußt war, den seine Methode verlangt: „Entweder wir suchen in das *Wesen* der natürlichen Substanzen einzudringen, oder wir *begnügen* uns mit der Erkenntnis einiger ihrer empirischen Merkmale." Es ist hohe Zeit, daß die physikalische, die naturwissenschaftliche Lehre an Hochschulen und Schulen an diese Aufklärung denkt – meist bleibt die Fachdidaktik ganz fachintern.

R.: Der Brückenbau, von dem Sie sprachen, würde ja wohl mit dieser Aufklärung Ernst machen. Wie könnte er aussehen?

W.: Der „Licht*strahl*" ist ein solches Denkbild. Was soll man sich dabei vorstellen? Die Nebelstrahlen im romantischen Wald, die schwarzen geraden Linien in den Lehrbüchern? Ein Physiker, Stephen Toulmin, Harvard-Professor, schreibt verständlich darüber, ohne unnötige Mathematik – auf den Seiten 16 bis 29 seines kleinen Buches „Einführung in die Philosophie der Wissenschaft" (Kleine Vandenhoeck-Reihe). Da steht etwa auf Seite 16: „Man kann nur mit einer bewußten Anstrengung versuchen … die Welt mit den Augen derjenigen zu sehen, die von geometrischer Optik noch nichts wußten und die Vorstellung eines Lichtstrahls neuartig und revolutionär gefunden hätten." Das entspricht genau dem Satz von Pound.

R.: Und diese Anstrengung, von der Toulmin spricht…

W.: Diese Anstrengung vermisse ich im Schulunterricht – die bewußte, nüchterne Anstrengung, die also das, wovon man primär umgeben ist, das *Licht* zum Beispiel, zur Geltung, zur Wahrnehmung kommen läßt, um von dort den Licht*strahl* zu entwickeln. Das hat mit Idylle nichts zu tun. Ich muß nur anfangen mit dem, was *Licht* für den unbefangenen Nichtfachmann ist. Die Physikbücher, die sagen ja nicht, was *Licht* „ist", sie können es nicht wissen – die sagen zum Beispiel „Licht ist ein Energiebeförderer". Das stimmt schon. Aber sie müßten eigentlich genauer sagen: „Licht ist in der physikalischen Optik kein *Licht*, sondern ein Energiebeförderer." Und den kritischen *Weg* vom gesehenen Licht dorthin, den zeigt genau die Betrachtung von Toulmin. Toulmin ist für mich eine wichtige Entdeckung: unersetzlich für jeden Studenten, der Lehrer der Naturwissenschaft werden will, ist seine dreibändige „Entwicklungsgeschichte der grundlegenden Vorstellungen des Menschen von der Natur", zusammen mit June Goodfield geschrieben[5].

---

4 Hellmut Glubrecht: Von Thales zu Einstein. In „Physikalische Blätter" 1976, Heft 5 und 6.
5 Stephen Toulmin/June Goodfield: Band 1: Modelle des Kosmos. / Band 2: Entdeckung der Zeit / Band 3: Materie und Leben. W. Goldmann, München 1970.

R.: Wir sprachen von Tugenden des Lehrers – und die beiden von Ihnen genannten, das Mögen von Kindern und der junge, der staunfähige Blick auf Gegenstände, haben Gemeinsames: Aufmerksamkeit dafür, wie sich Anfangenden, Heranwachsenden die Welt anfühlt und abzeichnet. Da fällt einem ja doch ein großer Name ein, Piaget. Hat er etwas mit Ihren Intentionen zu tun?

W.: Piaget? Das Gemeinsame: Herausbringen, wie Kinder denken. Ich habe nicht viel Piaget gelesen, trotzdem vermute ich: Der Unterschied ist wohl der: Ich interessiere mich für das, was Kinder *von sich aus* zu Phänomenen sagen, möglichst ungefragt. Er fragt sie etwas, und wer weiß, ob die verstehen, was er fragt – und die antworten etwas, und wer weiß, ob er versteht, was die meinen. Das ist aber nur ein Eindruck. Doch vielleicht... Ich kenne sehr pädagogische Leute, die ganz begeistert von ihm sind und die mir immerzu empfehlen, „lesen Sie doch Piaget". Ich habe aber eine Hemmung.

R.: Das kann ich verstehen. Die Kinder kriegen ja, bei Piaget-Forschungen, eine harte Frage an den Kopf – zum Beispiel: „Ist es jetzt gleich viel oder mehr?" nach dem Umschütten der Flüssigkeit aus einem breiten niedrigen in ein längliches hohes Gefäß. Das spitzfindige Arrangement *ist* ja diese sehr enggeführte Frage, man ist ja in eine Frage-Ecke getrieben. Und dann wird registriert, nicht diskutiert – und das Registrierte wird in Beziehung zu fixen Merkmalen gebracht, Alter und so. Eine andere Aufmerksamkeit als bei Ihnen, scheint mir – eine Aufmerksamkeit auf abstrakte, von Sinnzusammenhängen gelöste Operationen, ihren Aufbau, ihre Entwicklung.

W.: Ich würde es noch nicht mal verbieten, die Kinder so auszufragen. Aber was sie dann sagen, was sie dann meinen – da muß man erst dahinterkommen. Vielleicht haben ja die Kinder völlig recht mit dem, was sie sagen, wenn sie äußern, es sei jetzt „mehr" Wasser in dem länglich-hohen Gefäß. Wenn man herausbringen könnte, was sie mit *mehr* meinen...

R.: Was damit zusammenhängt – Sie schreiben einmal von dem „überinformierten Kind", was müßte es statt dessen lernen, was müßte es können?

W.: Unterscheiden lernen. Das, was man ihm gesagt hat, von dem, was es selbst gesehen hat – und dann, ebenso, unterscheiden das, was man mittelbar gesehen hat, etwa durch Television, vom Sehen der Sache selbst. Der Sinn fürs Unmittelbare scheint im Abgehen zu sein. Ein Beispiel aus meinem Seminar: Bei partieller Mondfinsternis liegt der Schatten der Erdkugel auf dem Mond. Der Schatten-Grenze sieht man die Krümmung an. Wenn man den Schatten über den Mond hinaus ergänzt, hat man einen kreisförmigen Schatten und schließt daraus, daß wir hier auf einer Kugel sitzen. Und diesen Entdeckungsweg habe ich einmal in meinem Seminar für den Schulunterricht empfohlen – denn das ist (noch nicht einmal ganz) unmittelbar. Aber da gibt es welche, die sagen – mit Affekt –: Ja warum denn nicht die Fernsehaufnahme von den Astronauten, da *sieht* man doch die Erd-Kugel *selbst*? Sie glauben gar nicht, wie schwer es ist, mit solchen klarzukommen. Sie werden erregt, sie halten das für Naturschwärmerei. Die haben auch keinen Sinn dafür, daß die Griechen von der Erdkugel wußten. Ist ja egal, ist ja vorbei – was braucht uns das zu interessieren, was die Griechen schon gewußt haben. Wir haben es ja doch viel weitergebracht, wir wollen außerdem zu noch weiteren Erkenntnissen vordringen – man muß doch benutzen, was man weiß, wenn man weiter will…

## Sprache

R.: Der überinformierte Lehrer, der überinformierte Student … Welche Erfahrungen, welche Gefühle, welche Gedanken und welche Welten entstehen und zugelassen werden, das bricht sich ja allenthalben in der Sprache, die zugelassen ist, die ins Spiel des Austausches zwischen Menschen kommt; ein ziemlich sicheres Signal: Welche Art von Äußerungen gilt in einem Unterricht als der Korrektur bedürftig oder aber als töricht, kindisch, tabuiert, der Würde des Faches nicht angemessen? (Man müßte das auch Hochschulunterricht jeder couleur fragen…)

W.: Im „genetischen" Verfahren, das ich empfehle – zu ihm gehört auch die Rehabilitierung der Muttersprache (man kann auch sagen Umgangssprache, das wird nicht sentimental verstanden; ich kann auch sagen, die jeweilige Muttersprache, sei es Suaheli oder Deutsch) – daß die im Physikunterricht so lange beim Nachdenken und Verstehen den Vorrang haben muß, das liegt eben auch daran, daß die Physik eine reduzierte Welt produziert – und daß diese lebendige Sprache langsam, bewußt, kritisch eingeschränkt werden muß, aus sachlichen Gründen, in diese Kunstsprache der Physik hinein – und dann erst hat man diese Kunstsprache verstanden. Das tut der Unterricht im allgemeinen nicht, sondern er ist naiv, er prägt. Wenn ich mal übertreiben darf: Der Normallehrer denkt, wenn *ich* nur immer exakt physikalische Sprache spreche, dann wird schon was hängenbleiben.

R.: Ich habe mir jetzt mal diese Normenbücher Physik der KMK zur Vereinheitlichung der Abituranforderungen angeguckt. Da lese ich z.B. unter 2.13 bei den im Abitur zu prüfenden Fähigkeiten: „Fähigkeit, beobachtete oder beschriebene Erscheinungen auf bekannte Gesetze zurückzuführen". Würden Sie sich richtig verstanden fühlen, wenn ich meine, Sie würden lieber sagen: „Fähigkeit darzustellen, wie beobachtete oder beschriebene Erscheinungen zu bestimmten Gesetzen führen." Gerade umgekehrt?

W.: Allerdings, da haben Sie recht. Denn jene Normenbuch-Richtung vom physikalischen Denkbild deduktiv zurück zum Phänomen – ist die verwaltende, auf Bewältigung ausgehende. Ich würde sie zwar nicht ausschließen – aber wichtiger, unentbehrlich scheint mir die umgekehrte zu sein: aus welchen *Natur*phänomenen ergibt sich, zum Beispiel: der Atomismus, das Gravitationsgesetz … usf.

R.: In den Normenbüchern steht zum Beispiel, was Sprache angeht: „Fähigkeit zu angemessener Verwendung der Fachsprache. Fähigkeit, den physikalischen Inhalt von Tabellen, Graphen und Formeln darzulegen. Fähigkeit, einfache Vorgänge mit Hilfe physikalischer Begriffe mathematisch darzustellen." Wenn ich recht sehe, würden Sie ja nicht prinzipiell sagen, daß das nicht auch wichtig ist.

W.: Im Gegenteil, das ist auch für mich ein Ziel. Das Ziel kann man aber nicht *setzen* – und das geschieht ja meist, vom Ende her.

R.: Der umgangssprachlichen Verständigung über Phänomene entspricht ja eine bestimmte Erfahrung. Mir ist noch nie so ganz klar geworden, was ist eigentlich mit dieser Art von Sprache und Erfahrung, nachdem der Geist nun wirklich Fuß gefaßt hat in den naturwissenschaftlich-physikalisch verschlüsselten Erkenntnissen, Ergebnissen. Stirbt das ab, tut das nur seine Schuldigkeit sozusagen in der Motivationsphase, in Entdeckungsphasen früherer Jahrhunderte? Das könnte man ja noch verstehen, als ergebnisfixierter Fachdidaktiker, würde ich sagen. Das ist dann nachher auf der höheren Ebene weg, abgestorben. Ich glaube, das ist auch ein wichtiger Unterschied Ihrer Aufmerksamkeiten und Absichten zu dem Interesse Piagets. Die qualitative Welterfahrung ist dort eigentlich nur dazu da, um abzusterben – nachher kommen die formal-logischen Operationen in immer neuen Kombinationen, an diesen Operationen äußerlichem Material, aber da ist das andere wirklich weg…

W.: Als ginge es „durch Nacht zum Licht"…

R.: Und da meine ich, da wären Sie nicht richtig eingeordnet.

W.: Sicher nicht. Die Muttersprache und die in ihr mögliche Erfahrung muß auch im Physikunterricht ständig am Leben bleiben, neben der Fachsprache.

R.: Und warum muß sie bleiben, warum ist sie so unersetzlich wichtig, daß sie nicht nur Motivations-Startbahn sein soll?

W.: Weil entweder, was ja selten vorkommt, das lebendige, das natürliche, das normale Sprechen abstirbt – oder man wird gespalten, das ist häufig. Es gibt Lehrer, die sind ganz lebendige, vielseitige Menschen – außerhalb: wenn sie aber über Physikalisches sprechen, so reden sie physikalisch. Die sind gespalten, wenn auch auf eine nicht gefährliche Art. Immerhin, als Physik-*Lehrer* darf man es nicht. Was meinen Sie?… Nein, darf man nicht. Ja, und die Kinder auch nicht. Was ich mit den Studenten mache, ist ja nichts weiter, als daß ich sie regeneriere. Ist das eine Antwort? Und ich bin erstaunt, wie viele doch noch immer, sogar noch als Studenten, sich regenerieren können. Nach einem – allerdings manchmal von ihnen verabscheuten – Physikstudium, das sie schwer enttäuscht hat („Ich hab so gern Physik gehabt, und dann, was da gekommen ist… jetzt hoffe ich, daß ich wieder zurückfinde zu meinen Interessen, wenn ich mein Examen gemacht habe"). Das sagen die Besten. Ja, ist das eine Antwort auf Ihre Frage?

R.: Sie sagen „nicht gespalten". Wobei man doch sicher sagen muß, eine gewisse Parzellierung ist doch wohl gefordert vom Physiker. (W.: Natürlich.) Die große Schwierigkeit liegt dann darin, dieses parzellierte physikalische Weltbild (oder Welt-Nichtbild) irgendwie zu integrieren mit einem ganzheitlicheren, sozial lebendigen und aufmerksamen. (W.: Ja, ja.) Und diese Vermittlungsansprüche, das irgendwie zusammenzubringen, das scheint das Ich sehr zu beanspruchen. Diese Weltsichten zu integrieren…

W.: Scheint…

R.: Scheint eine ungeheure Belastungsprobe.

W.: Für wen?

R.: Für das Ich. Für die Menschen.

W.: Von mir kann ich das nicht finden, habe es nie gefunden. Deswegen weiß ich manchmal gar nicht, was die Leute wollen. Übrigens, Menschen wie Einstein oder Heisenberg, bedeutende, produktive Physiker – die können das glatt; weil sie produktiv sind, kreativ sagen wir heute, denn wenn man kreativ ist, lebt man ja in der Stufe der creatio, auch der Physik.

Wir unterrichten meistens leider so: hier unten (Geste) haben wir die normale Auffassung der Natur, in der Muttersprache erschlossen – und da oben, da ist das Hochplateau der Physik, mit ihrer physikalischen, fast wortlosen Sprache. Und die Tendenz der Schulen geht dahin, möglichst schnell, tschub, da hinaufzusetzen, möglichst mit *einem* Satz – und sich dann da oben zu tummeln, das kann man ja machen auch ohne Verständnis. Man kann richtige Worte gebrauchen und richtige Zusammenhänge richtig sagen, ohne zu wissen, was eigentlich los ist ... Ich meine nun: das sollte nicht so sein, sondern es sollte eine Schräge, ein Hang aufsteigen, zu dem Plateau hin. Und das Feld der Schule ist nicht dieses Plateau, sondern der Hang. *Immer* in der Korrespondenz dieser beiden Sprachen – und zwar herauf wie herunter. Kein Physikstudent kann das Fallgesetz auf deutsch sagen, das hab ich gerade wieder probiert – gucken einen ganz erstaunt an; ist doch *da*:
$s = \frac{g}{2}\, t^2$. Wird's deutlich?

R.: Ungespaltenheit – ich glaub, das ist Ihnen eine so wichtige Sache wie Vertrauen, das Sie früher oft nannten. Warum Ungespaltenheit (ich wiederhole mich, ich weiß)?

W.: Das ist eine Wertsetzung.

R.: Aber eine mit Gründen...

W.: Leute, die gespalten sind, die sind zu bedauern. Der Mensch ist nicht dazu da, um partiell zu existieren – das ist eine Wertung. Es kann mir zwar jemand sagen, ich fühle mich sehr wohl in dieser rein wissenschaftlichen Sphäre, ich bleibe drin. Aber er täuscht sich. Das hält niemand aus.

Wer nicht weiß, daß Physik eine Reduktion ist, der wird die Rede von der Spaltung und der Ungespaltenheit gar nicht verstehen. Das sind alle, die meinen, die Physik zeige die Welt so, wie sie ist, „eigentlich" ist. Und das sind viele Studenten, erstaunlich viele.


## Interessen

R.: Es sind ja nicht Dummheit oder böser Wille, die hier Erfahrungen abblocken. Was steckt eigentlich dahinter? Welche Interessen treiben dazu, Physik so darzustellen, als sei sie ein *an sich?* Oder selbst wenn man verbal beteuert, natürlich gebe sie auch nur einen Aspekt – aber praktisch und unausgesprochen Physik doch so lehrt und aufbaut, als nehme sie die subjektiven Schleier weg und erschlösse die objektive Wahrheit über die Natur? Was treibt, eine ganze Vielfalt von Naturerfahrung und auch Sozialerfahrung stillzulegen? Denn in diese Naturerfahrung geht ja auch Sozialerfahrung ein, sonst könnte man ja nicht Umgangssprache verwenden. Es ist ja offensichtlich eine Ihrer Intentionen, daß die Sozialerfahrungen nicht völlig abgetrennt werden von den Naturerfahrungen. Sonst könnten Sie die *Thiel*schen Gespräche der „Kinder auf dem Wege zur Physik" nicht so hoch schätzen, in denen doch dauernd Bilder aus der Sozialwelt zum Aufschließen von Naturerfahrungen verwendet werden: die Luft schubst den Schall, das Wasser will das Schiff nicht reinlassen. Hier wird doch offensichtlich Sozialerfahrung nicht von Naturerfahrung abgetrennt.

W.: Nein. Auch deshalb nicht, weil sie nur im Gespräch stattfinden kann. Das Gespräch schafft „Sozialisation".

R.: Sie sagen also, das sind Verluste an Erfahrungsmöglichkeiten…

(W.: An Sprache…) Eine Abtrennung von Affekt und Intellekt, eine Abtrennung von Sozial- und Naturerfahrung. Man fragt sich, was für Interessen stecken eigentlich dahinter, was für Zwangsmechanismen vielleicht, die das begünstigen?

W.: Die Abtrennung, Parzellierung sagten Sie, ist für einen Physiker, der wissenschaftlich arbeitet, streckenweise legitim. Ein Physiker ist also nicht etwa ohne weiteres gespalten. Er springt um, er oszilliert, er lebt.

Aber manche Physik*lehrer* glauben, das nicht zu dürfen. Sie empfinden sich als Repräsentanten der fertigen, kühlen Wissenschaft. Und in diese kalte Haltung versetzen sie denn auch viel zu früh ihre Schüler. Darin steckt ein humorloses, undistanziertes Beginnen. Elaborierte Wissenschaft ist in der Tat humorlos, Wissenschafts*lehre darf* es nicht sein. Der Fachlehrer braucht *viel* Humor, nicht nur etwa *neben* seinem Unterricht, als „Mensch", auf Spaziergängen etwa, sondern gerade in ihm, sachlichen Humor. Dazu gehört auch unbefangenes Lachen, nicht nur über sich selbst, sondern sogar über seine eigene Wissenschaft, wie sie die Wirklichkeit zurechtstutzt.

Aber Sie fragten weiter, welche Interessen stecken dahinter, die fertige, die kristallisierte Physik so hochzuschätzen. Kollektive Interessen, vermute ich, meinen Sie. Ich glaube, man kann so viel sagen: Naturwissenschaft, Physik hat zwei Quellen. Die eine ist ausschließlich Erkenntnissuche, die ahnt oder weiß, daß sie es mit einem Geheimnis zu tun hat, das rational nur zu umkreisen, zu strukturieren, aber nicht zu lösen, aufzuheben sein kann. (Ich meine, daß man das heute mit rationalen Argumenten wissen kann.) Die zweite Quelle: Machtlust. Der Zusammenhang: Physik, auf Mathematisierbares reduziert, ist am Ziel, wenn sie eine sprachliche Aussage in Form einer Gleichung gebracht hat. Das heißt: sie erlaubt dann, aus einem Arrangement von Umständen und Faktoren vorauszusagen, vorauszuberechnen, was geschehen wird, was also auch zu „machen" ist. Glaubt man nun, Physik sei nichts Reduzierendes, sondern etwas Allmächtiges, sie gleiche also nicht einem Sieb – so wird man natürlich das Beherrschbare für das „einzig Wahre" halten. Dieser dreiste Blick scheint heute vorzuherrschen und – wie die Umwelt-Debatte zeigt – unsre Existenz zu gefährden. Er entspricht einem Unterricht, der Menschen schnell und gezielt in Begriffe, Apparaturen, Mathematik hinüber*wirft,* diskontinuierlich. Ein Verfahren, das zwar die Mehrheit der Lernenden verschüchtert, sich aber als verführerisch wirksam erweist zur Ausbildung einer Minderheit vorwiegend technologisch gerichteter Experten.

R.: Ein Einwand von Studenten, mit denen ich Ihre Sachen öfters gelesen und diskutiert habe, ist ja der – und das führt die Frage nach den gesellschaftlichen Interessen an der Produktion oder Verhinderung bestimmter Erfahrungsschemata für das raumzeitlich Begegnende weiter: Die Wagenscheinsche Art, Naturwissenschaft einzuleiten, bringt Kinder und Lehrer ins gesellschaftliche Abseits, macht sie handlungsunfähig, weil sie nachtrauern. Kann der Wagenschein denn irgendwas machen gegen Kapitalinteressen beispielsweise an entqualifizierter Erfahrung von Räumlichem und Zeitlichem? Begünstigt er nicht eine Spaltung, für die es reiche und mächtige Interessenten gibt – die Spaltung zwischen denen, die an den Schalthebeln sitzen und die flott *machen* können, und denen, die noch ein bißchen idyllische, ganzheitliche Bedürfnisse befriedigen?

W.: Die haben wohl nicht genau gelesen. Ich kann nur sagen: *ganz im Gegenteil*. Ist aus dem Vorigen klar, was ich meine? Die gelangen nicht „ins Abseits", die gelangen ins Zentrum der Kritik. Wer so urteilt, verwechselt den Anlauf mit einem Rückschritt. Selbstverständlich darf man nicht in der phänomenalen Welt *bleiben*. Man muß natürlich vorstoßen bis zum wirklich Physikalischen, aber wirklich, an einer Stelle richtig, statt Endergebnisse abzufragen. Aber der Zusammenhang mit den Phänomenen, der muß bleiben.


## Die hinfälligen Kenntnisse

R.: Schwer zu erklären und zu verstehen ist ja auch die dumpfe Ergebenheit, mit der eine so teure Einrichtung wie die Schule die Nichtigkeit ihrer Bemühungen trägt, keineswegs nur in mathematisch-naturwissenschaftlichen Fächern. Der Trost, es genüge doch, mal davon gehört zu haben, ist trübe – was für Antworten hören Sie denn auf die von Ihnen immer wieder vorgebrachten und schwer zu widerlegenden Hinweise auf die völlige Nichtigkeit der Ergebnisse?

W.: Sie meinen meine Untersuchungen über die rapide Hinfälligkeit der physikalischen Schulkenntnisse schon nach kurzer Zeit? Der Physiklehrer wie jeder andere Fachlehrer baut natürlich in sich Widerstände dagegen auf, die Hinfälligkeit seiner Unterrichtserfolge, besonders bei den späteren Laien, wahrzunehmen und anzuerkennen, sehr begreifliche Widerstände. Wer mag schon erkennen, daß er lange Zeit trotz großer Hingebung vergeblich gearbeitet hat? Aber in den letzten Jahren ist man doch selbstkritischer geworden, nachdenklicher – man beginnt einzusehen, daß das Physikstudium des Physiklehrers sich nicht decken sollte mit dem des Berufsphysikers, er wird sonst unfähig, aus den Wänden seines Fachs immer wieder herauszutreten – also genau das zu tun, was den Lehrer auszeichnen sollte, ich erinnere an den Satz von Pound.

R.: Aber wie ist es dann mit dem Slogan, jedermann bedürfe im naturwissenschaftlich-technischen Zeitalter heute einer naturwissenschaftlichen Grundinformation, einer fachmännischen, versteht sich, weil ja doch das Beste für unsre Jugend gut genug ist, wenn ich die Beteuerungen von Bildungspolitikern und Lehrerverbänden wie auch von Curriculumstrategen recht in Erinnerung habe. Und das Beste ist, natürlich, Wissenschaft. Kann doch jedenfalls nicht schaden. Oder?

W.: Doch, es kann durchaus schaden. Es liegt in den beiden Worten, die Sie zitieren: „fachmännische Information". Denn „Information" genügt nicht, es geht um mehr, qualitativ mehr. Und auch der Fachmann genügt dazu nicht, wie gesagt, weil er vergessen hat, und nicht wieder gelernt, aus seinem Fach ins Freie hinauszutreten. Deshalb erwarte ich eine Wendung nur dann, wenn die Schulen, *alle* Schulen, sich auf die naturwissenschaftliche Bildung der *Laien* einrichten; eine Untersuchung von Karl Hecht, dem ehemaligen Leiter des Instituts für Pädagogik der Naturwissenschaften in Kiel, scheint mir das zu stützen: aus den Daten der Volkszählung von 1970 in Schleswig-Holstein ergibt sich, daß nur 12% aller Berufstätigen naturwissenschaftlich-technische Fachspezialisten sind (die Arbeit von Hecht wird Ende dieses Jahres in der Zeitschrift „Der mathematisch-naturwissenschaftliche Unterricht" erscheinen). Bis heute ist mathematisch-naturwissenschaftlicher Unterricht nicht für die 88% gebaut – sondern von oben nach unten entworfen, von Fachspezialisten für (künftige) Fachspezialisten; man meint, denen zu nützen, wenn man ihnen eine Portion wissenschaftlicher Physik und Naturwissenschaft mitgibt, in der Annahme, die spätere Fach-Ausbildung könne darauf aufbauen. Den 88%, denkt man, wird schon nicht schaden, was eigentlich auf die 12% gemünzt ist. Inzwischen ist klar, daß es schadet – Physikunterricht ist wenig beliebt: Verschüchterung, Scheinkenntnisse, kaum Verstehen bei den meisten. Man kann halt nicht die 88 als Mitläufer der 12 unterrichten.

R.: Jeder Fachlehrer, ich schließe mich da ein, hat schwer einzugestehende narzißtische Bedürfnisse, sich in potentiellem Nachwuchs widergespiegelt, bestätigt zu sehen. Warum sollten auch die in unserer Gesellschaft epidemischen Selbstwertzweifel vor den Schulen haltmachen? Fachspezialistische Kurse sind, bei dem Prestige von Wissenschaft, vorzügliche Mittel, solche Zweifel sowie die alltäglichen Schul-Kränkungen etwas zu lindern. Man ist wer als Vermittler einer Fachwissenschaft.

W.: Hinzu kommt die Zwangsidee, möglichst modern sein zu wollen, und das von Anfang an. Die zum Glück gescheiterte „Mengenlehre" für kleine Kinder gehört hierher, in der Physik entspricht dem die Neigung, von Atomen und Elektronen zu erzählen, ehe sie sich zwingend aus Phänomenen aufdrängen. Man verfrüht Kenntnisse, also schlecht fundierte. Erziehung zur Leichtgläubigkeit. Wem ist damit gedient?

R.: Aber man kann ja doch Leichtgläubigkeit nicht verhindern, wenn man Kinder – die ja die Redensarten von Atomen und Molekülen samt den zugehörigen Abbildungen förmlich umschwirren – in der Schule davon fernhält, auch etwa von technischen Phänomenen fernhält. Die Fixierung auf Naturphänomene – könnte sie nicht die Leichtgläubigkeit geradezu begünstigen?

W.: Eben nicht Fixierung, sondern Fundierung. Und gewiß kann man Leichtgläubigkeit wenn nicht verhindern (wenn sie nämlich schon mitgebracht wird vom Fernsehen etwa), so doch vielleicht erschüttern. Man hört doch immer, die Schule solle zur Kritik erziehen? Und keineswegs sollen technische Prozesse ferngehalten, tabuisiert werden. Man muß sie, sofern sie nicht verkapselt sind, nur genau ansehen, also mindestens die Isolierschicht vom Kabel herunterkratzen.

Ich erinnere mich, wie Halbwüchsige einen glühenden Draht umlagerten, der die Pole eines Akkumulators kurzschloß; gespitzt darauf, ob beim Einschalten des sogenannten Stromes die Glut von + nach – oder umgekehrt fortschreitet. Nichts. Glut auf der ganzen Linie zugleich. Also: Wieso *Strom?* Eben! – Und Elektronen:

Keine Spur. – Glut, nichts als das. Warum sagt der Vater, der danach gefragt wird, nicht ehrlich: Ich weiß es auch nicht (Abitur hat er). Warum darf der Physiklehrer nicht ehrlich sagen: „Es ist was dran. Aber ich kann's nicht erklären, ohne daß die Elektronen sich *zeigen*. Wenn also einer eins sieht: sofort melden!" Und er könnte hier auch, sehr passend, den „richtigen" Physiker Ernst Mach zitieren – die Pfiffigen kennen ihn schon, aber nur als Einheit für Flugzeug-Geschwindigkeiten. – Mach, der noch 1911 an die Atome nicht glauben konnten und zurückfragte: „Ham's eins g'sehn?" Bis er dann endlich kapitulierte, als man ihm (zwar nicht sie selber, das geht auch heute nicht) einzelne Lichtblitze vor Augen führte, ihre Fußspuren sozusagen, „Szintillationen". Aber auch die scheint man nicht jedem Schüler zu zeigen, obwohl das Apparätchen billig ist[6] („Spinthariskop").

R.: Und es hat ja doch auch einmal schwierige Gefühle auf seiten der Naturwissenschafts-Lehrer gegeben, nicht frei von Ressentiments gegen die, die sich – nun wirklich ohne rechten Grund – als Vertreter der eigentlichen Bildungsfächer gaben, Ressentiments, die zu unfreien Demonstrationen der eigenen Bedeutung trieben, vom Kittel über Formeln zur brillanten Apparatur, die jedermann zeigte, wer in moderne Wissenschaft eingeweiht war und wer nicht.

W.: Der naturwissenschaftliche und besonders der physikalische Unterricht hat es heute nicht mehr nötig, seine Macht und Bedeutung zu betonen, das wissen wir jetzt alle. Er steht vor einer neuen Aufgabe – er muß sich bemühen, die Beschränktheit der Galileischen Methode zu zeigen, den grundsätzlich nie zu überschreitenden Verzicht, der ihr Preis ist. Ich möchte so weit gehen zu glauben: Es ist das *wichtigste* Ziel der physikalischen Lehre, keinen Physikalismus zu verbreiten. Das Lernziel ist: Die Reichweite der mathematisierenden Naturwissenschaft hat Grenzen, von vornherein, unüberschreitbare. Und dies sollte deutlich werden nicht in Fußnoten, nicht im Kleingedruckten, nicht nur für ein paar Gymnasialabiturienten, sondern für alle, die irgendeine Schule verlassen.

R.: Aber sind das nicht eigentlich philosophische, wissenschaftstheoretische Überlegungen, in der höchsten gymnasialen Stufe nur möglich?

W.: Ja, ich weiß, das denkt man: Zum Schluß, im Zusammenhang mit dem „Dualismus Welle-Korpuskel", nach der Lektüre von Heisenberg und anderen. Ich habe nichts dagegen, aber es ist zu spät und erreicht nur wenige. Man muß und kann früh anfangen und immer wieder daran denken.

R.: Ja, geht denn das?

W.: Es geht, schon für 10- bis 12jährige. Wenn die herausgebracht haben, daß etwa der Ton einer Geige „getragen wird" (wie sie sagen)[7] von einer Folge von schnellen regelmäßigen Luftstößen, dann kommen *die* von selbst *nicht* auf den absurden Gedanken, zu glauben, diese Luftstöße, das „sei" der Ton. Und wenn der Lehrer nun kritisch fragt, „was *denn?*"; dann kommt es von selber schon richtig – diese Luftstöße, die bleiben übrig vom Schall, wenn man taub ist.

---

6  Beschrieben in M. Wagenschein: Rettet die Phänomene. Im vorliegenden Band S. 90.
7  Vgl. Wagenschein/Banholzer/Thiel an dem in Anmerkung 2 angegebenen Ort, S. 140.

Ich meine also, das kann früh geschehen, bei der „Wärme" schon wieder und später auch bei den „Lichtwellen", auch bei den „Kräften", den „Feldlinien", dem „Feld". Das ist eine Sache des Unterrichts-Werktags.


# 3 Superklug *(1971, Ausschnitt)


Studenten einer Pädagogischen Hochschule (Wahlfach Physik) wurden damit bekannt gemacht (so erzählte mir der Dozent), wie man einem Ei, ohne es zu zerbrechen oder zu durchleuchten, anmerken kann, ob es roh ist oder gekocht? Man läßt es über den waagrechten Tisch rollen und stoppt es kurz mit der Fingerkuppe ab, daß es haltmacht. Ist es roh, so setzt es sich nach kurzem Schreck hartnäckig wieder in Bewegung, während das Gekochte brav liegen bleibt. Wie das wohl zugehe, wurden sie gefragt. Ihre Reaktion war bemerkenswert und typisch (ich habe Entsprechendes oft erlebt): sie fingen an von Molekülen zu reden.

Der hilflose Rückgriff auf die nicht verstandene, weil nicht entstandene, abstrakte molekulare Hinterwelt verdunkelt den Blick auf den Gegenstand und zugleich das alltägliche Denkvermögen. (Das rohe Ei läuft wieder an, weil der flüssige Inhalt, nicht ganz zur Ruhe gekommen, die Schale wieder mitnimmt. Ein Zugang: 1. zur Beharrungstendenz und 2. zur „inneren Reibung" der Flüssigkeit.)


# 4 Was bleibt unseren Abiturienten vom Physikunterricht?
## (1960, Ausschnitt)


1. Die im folgenden mitgeteilten Ergebnisse einer Befragung – kein Test im üblichen Sinn – veröffentliche ich zwar nicht ohne Zögern, aber schließlich doch in der Zuversicht, weder verletzend noch entmutigend zu wirken. Vor allem in der Überzeugung, daß wir die Lage klar sehen müssen, und daß das Mitgeteilte einen Beitrag dazu geben kann. Es vermag diejenigen Physiklehrer aufmerksam zu machen, die nicht die (hier benutzte) Möglichkeit haben, den Unterrichtserfolg einige Zeit nach der Reifeprüfung auf das elementare Wissen hin kennenzulernen. Obwohl es sich für den, der die Schule von innen kennt, von selbst versteht, betone ich doch für den außenstehenden Leser, daß er hier nicht etwa einen Vorwurf gegen die Physiklehrer – als einzelne oder als Gruppe – vor sich hat, auch nicht gegen Lehrplanverfasser, Studienseminare und Kultusministerien. Denn so einfach – nämlich kausal – wie in der Physik selbst liegen ja die Dinge beim Physikunterricht nicht.

Es wird hier Material zur Verfügung gestellt, das brauchbar erscheint für eine Diagnose der Unterrichtsweise, zu der wir Physiklehrer im allgemeinen durch das öffentliche Bewußtsein gedrängt sind. Es wirkt teils unmittelbar (als öffentliche Meinung), teils massiert auf dem Umwege über Berufsstände, Fachverbände, Parlamente auf uns ein. Der folgende Bericht scheint mir zu dokumentieren, daß wir uns ernstlich daraufhin überprüfen müssen, ob wir uns nicht über den Erfolg und den Wirkungsgrad unseres Unterrichts einer nicht geringen Selbst-Täuschung hingeben. An dem hier befragten Personenkreis – Studierende pädagogischer Hochschulen, also künftige Volksschullehrer – werden die vervielfachten Folgen besonders für die Volksschule deutlich. Der Blick der Gymnasiallehrer ist stark auf die Universität fixiert. Aber neun Zehntel unseres Volkes besuchen nur die Volks-, Mittel- und Berufsschulen, und sie alle werden von ehemaligen Abiturienten unterrichtet. Der hier folgende Aufsatz stellt die Diagnose im einzelnen noch nicht, spricht auch noch nicht von der Therapie; er stellt nur das Material zur Diskussion.

Ich persönlich – aber nicht ich allein – bin der Überzeugung, daß der Physikunterricht der Gymnasien – und nicht nur er – einer Richtungsänderung bedarf. Eine Entmutigung, auf der bisher verfolgten Linie fortzufahren, scheint mir also nicht schädlich, wenn sie uns ermutigt, gemeinsam mit den Lehrern der anderen Schularten neue Wege aufzusuchen.

2. Meine früheren gelegentlichen Hinweise[1] auf die Fragwürdigkeit des Unterrichtserfolges der Gymnasien wurden nur von wenigen ihrer Lehrer mit dem bekümmerten Satz aufgenommen, das wüßten sie leider auch schon längst. Einige waren bestürzt, die meisten ungläubig. So habe ich seit langem die Absicht gehabt, bei Gelegenheit einmal einen umfangreicheren „Test" anzulegen. Sie ergab sich innerhalb einer Vorlesung, die ich im Herbst 1956 am Pädagogischen Institut in Jugenheim a. d. B. hielt (einer Hochschule für Lehrerbildung) und die sich mit dem spontanen Nachdenken des Kindes über Naturgeschehen beschäftigte. Nachdem ich Kontakt mit den Studenten gewonnen hatte und sie selbst über ihre besondere Art der Unwissenheit ebenso nachdenklich geworden waren wie ich (im besonderen über die Folgen dieser Unwissenheit für ihren künftigen Beruf), bat ich, daß sich einige Interessierte für eine gründlichere Befragung bereit erklären möchten. Es meldeten sich zweiunddreißig. Ich sagte ihnen etwa folgendes:

„Der einzelne ist hier ganz uninteressant. Schreiben Sie also bitte weder Ihren Namen noch Ihre Schule auf das Blatt. Machen Sie sich frei von der Vorstellung, Sie sollten als einzelne geprüft werden, oder die Schule, aus der Sie kommen, oder die Lehrer, die Sie unterrichtet haben und denen Sie gewiß viel verdanken. Es handelt sich ausschließlich darum, ein Phänomen zu fassen, das allgemein beobachtet wird und das uns besorgt machen muß. – Die Fragen, die ich stelle, sind alle einfache Fragen, und doch vielleicht für Sie nicht einfach. Es sind zum Teil Fragen, die später Kinder an Sie richten können. – Schreiben Sie ungeniert, als wenn Sie mir einen Brief schrieben. Antworten Sie möglichst einfach und klar. Vermeiden Sie Fachausdrücke, wenn sie entbehrlich sind. Sie können Beispiele nennen."

---

1 Vgl. die Beiträge 53, 36, 48 des vorliegenden Bandes, sowie 34 und 38 aus UI

An Zeit stand eine gute Stunde zur Verfügung. Die Studierenden stammten aus den verschiedenen Städten ein und desselben Bundeslandes Hessen. Sie waren unabhängig von mir, insofern ihre Teilnahme an meiner Vorlesung und Übung weder zu Noten noch zu Prüfungen führte. Alle gehörten zu einem ersten Semester. Bei den meisten lag die Reifeprüfung erst ein halbes Jahr zurück. Ich hatte den Eindruck, daß alle sich der Ernsthaftigkeit des Versuches voll bewußt waren. Ich kannte niemanden genauer, auch die Handschriften nicht; und man glaubte mir offenbar, daß mir in diesem Zusammenhang der einzelne ganz unwichtig war.

(Amüsant war es für alle Beteiligten zu bemerken, daß es anfangs einer kurzen Überwindung bedurfte, nicht in die alte, hier aber offenbar sinnlose, Gewohnheit des Abschreibens zu verfallen.)

3. Die Reihenfolge der Fragen ist zufällig. Es folgen jedesmal aufeinander:
   a) der diktierte Text der Frage,
   b) der Inhalt meiner dazu gegebenen Erläuterung,
   c) die Antwort, wie ich sie mir dachte,
   d) Anmerkungen für den Leser dieses Berichtes.

1. a) *Wärme, zwei Möglichkeiten: 1) Stoff, 2) kein Stoff. Welche Tatsache entscheidet für 1 oder 2?*
   b) Sie wissen, was ein „Stoff" ist? Es gibt ein einfaches Faktum, das die Frage entscheidet und auch in der Geschichte der Physik die Frage entschieden hat.
   c) Durch Reiben, Bohren, Hämmern kann aus einem Stück Materie *unerschöpflich* viel Wärme „herausgeschlagen" werden.
   d) Ich dachte an Rumfords Versuche. – Weniger dachte ich daran, daß Wärme nichts wiegt. Auch das wäre eine annehmbare Antwort.

2. a) *Woher kommt die Fliehkraft?*
   b) Das Ausbrechen-Wollen des Wagens aus der Kurve hat doch einen Grund!
   c) Der Grund ist die Trägheit, die den Körper immer geradeaus weitertreibt, also tangential aus der Kurve heraus.
   d) „Woher kommt" ist mit Absicht kindlich formuliert.

3. a) *Weltraumfahrt. Wo endet der Anziehungsbereich der Erde?*
   b) Man liest doch immer in der Zeitung, daß die Rakete einmal den Anziehungsbereich der Erde verläßt.
   c) Die Anziehungskraft der Erde hört in keiner noch so großen Entfernung ganz auf. Sie verdünnt sich nur, genau wie das Licht.
   d) Der Satz „Die Rakete verläßt den Anziehungsbereich der Erde" findet sich tatsächlich in fast allen Zeitungsnotizen, die nicht gerade von Fachleuten geschrieben sind.

4. a) *„Linienspektrum." Woher Linien?*
   b) Das sind die Linien, die Sie ja kennen, quer zur Ausdehnung des Spektrums (rotviolett) (Skizze). Warum sind das solche schmalen, geraden, streichholzförmigen Linien, warum nicht Kreise, Brezeln oder ausgedehnte Tupfen?
   c) Die „Linien" sind optische Bilder der linienförmigen Lichtquelle. (Spalt, parallel zur brechenden Kante des Prismas.) Wäre die Lichtquelle brezelförmig, so ließen auch die Spektrallinien Brezelform erkennen.
   d) Ich kam darauf durch, gelegentlich auch gedruckte, Wendungen wie: „Das Licht enthält Spektrallinien" oder „sendet sie aus".

5. a) *Wie kommt es, daß dieselbe Luft bei Windstille warm und bei Wind kalt ist? Eigentlich müßte doch der Motorradfahrer wegen der Reibung im Gesicht warm werden.*
b) Dasselbe mit anderen Worten wiederholt.
c) Die das Gesicht berührende Luft wird schnell warm. Bei Wind wird sie gleich weggeblasen und durch immer neue, noch nicht erwärmte ersetzt. So wird dem Gesicht ständig Wärme entzogen. – Bei Windstille geschieht der Austausch viel langsamer.

6. a) *Eis ist farblos, durchsichtig. Schnee (d. h. Eisflocken) weiß. Warum?*
b) Auch wenn Sie den Eisblock schaben, wird der Haufen Späne weiß.
c) Am Eisblock wird das Licht nur zweimal, vorn und hinten (innen) reflektiert. Im Schnee wegen der vielen Grenzflächen sehr oft. Es kommt also viel mehr Licht aus den verschiedensten Richtungen zurück und viel weniger aus dem Raum hinter dem Schnee, durch ihn hindurch. „Weiß" bedeutet aber: Diffuse Reflexion von viel Licht.

7. a) *Ist man sich heute darüber klar, wie ein Magnet, das macht, daß er ein Stück Eisen von weitem anzieht, ja sogar durch eine Tischplatte hindurch?*
b) Das ist doch seltsam, nicht? Hier ist der Magnet und dort, ganz woanders, das Eisen. Wie kann er dorthin wirken?
c) Das weiß niemand. (Die magnetischen Feldlinien sind lediglich mathematische Beschreibungsformen dieses Tatbestandes.)
d) Die Frage a) wurde mir, in diesem Wortlaut, von einem Tübinger Studenten (der Pädagogik) gestellt. Er fügte hinzu: „Das fragen mich die Kinder. Aber ich wage mich an den Magnetismus nicht heran, weil ich so etwas nicht weiß."
Die Antwort würde ich, so wie die Frage gemeint ist, für die richtige Antwort an ein Kind oder einen Laien halten. Die Kraftlinien sind nicht die Ursache, sondern die geometrische Umschreibung des Tatbestandes. (Faraday: „Die Linien sind imaginär.") Vgl. etwa E. J. Dijksterhuis: Die Mechanisierung des Weltbildes. In: Physikalische Blätter (1956). 11. S. 481 ff.

8. a) *Man sagt, ein Perpetuum mobile sei unmöglich. Aber ist nicht die rotierende Erde ein Perpetuum mobile?*
b) Sie wissen, was ein Perpetuum mobile ist? Sie haben gelernt, daß es das nicht gibt. Aber die Erdkugel dreht sich doch unentwegt, seit Tausenden von Jahren um ihre Achse.
c) Ein Perpetuum mobile im *wörtlichen* Sinn ist durchaus möglich, wenn, wie hier, jede Reibung fehlt. Das sagt ja auch das Beharrungsgesetz. In dem Sinne, wie der Begriff des Perpetuum mobile in der *Physik* und *Technik* gebraucht wird, nämlich als eine Maschine, die außer sich selbst auch noch eine Mühle treiben soll, unaufhörlich, ohne Zufuhr äußerer Energie, ist ein Perpetuum mobile nicht möglich. ...

(Von den vierzehn Studentenantworten wird hier nur eine, die zwölfte, abgedruckt; die vierzehn Antworten auf die Fragen Nr. 3, 4, 6, 7 findet man im vorliegenden Band als Nr. 49, 21, 20, 31.)

(Männlich, Abitur 1955, Abiturnote in Physik: 3, im Durchschnitt: 2,5)
*1.* Wärme ist kein Stoff. Sie ist eine Form der Energie. Für diese Behauptung entscheidet die Tatsache, daß sich Wärme eben in eine andere Form der Energie umsetzen läßt.
*2.* Die Zentrifugalkraft findet ihre Begründung darin, daß ein Körper die gegebene Richtung beibehalten möchte, aber durch die Bindung an einen Mittelpunkt (von dem gleichzeitig der Antrieb aus erfolgt) befestigt ist.
*3.* Der Anziehungsbereich der Erde endet dort, wo die Geschwindigkeit eines Körpers (z. B. Rakete) größer ist als die Schwerkraft.
*4.* Bedaure, weiß ich nicht.
*5.* Die Luft wird bei Wind bewegt, nimmt einen größeren Raum ein, und dadurch entsteht

eine Entspannung, daher der Eindruck der relativen Kälte. (Gegensatz: Komprimieren der Luft.)

6. Ein Eiskörper ist ein durch seine gleichmäßige Struktur gleichmäßiger Körper. Schnee ist ein Konglomerat einzelner im ganzen nicht gerichteter Eiskristalle.

7. Mit Hilfe der von dem Magneten ausgehenden gerichteten Feldlinien.

8. Die Erde ist kein Perpetuum mobile, da ihr Abstand zur Sonne ein solcher ist, daß sie in ihrem Anziehungsbereich verharrt, ihre gegebene Geschwindigkeit aber so groß ist, daß sie nicht zur Sonne zurückfällt. Ihre Anfangsgeschwindigkeit behält sie deshalb bei, weil keine Reibung vorhanden ist.

...

6. Auf die Folgen, die für die Volksschulen und Mittelschulen entstehen, habe ich in einem Vortrag „Zur Didaktik der Naturwissenschaften"[3] hingewiesen. Sie allein schon sind schwerwiegend genug.

Aber auch ganz abgesehen von der Volksschule muß uns der Befund nachdenklich machen. Diskussionsbeiträge aus dem Leserkreis begrüße ich dankbar.

*Anhang (1965).* Berichte über lebhafte, zum Teil recht unfreundliche Reaktionen interner Fachleitertagungen[4] der Physik und Chemie, auch sachliche Gespräche mit einzelnen Physiklehrern, lassen mich versuchen, noch einige, offenbar häufige Mißverständnisse aufzulösen:

1. Zu meiner eigenen Urteilsbildung bedurfte ich dieser Befragung nicht mehr. Ich weiß mit Sicherheit aus zahllosen, sich über etwa 20 Semester erstreckenden, ruhigen und gründlichen, seminarartigen (nicht Prüfungs-) Gesprächen mit Studenten, daß die Unwissenheit und mangelnde Verfügungskraft über elementare physikalische Zusammenhänge so erschreckend ist, daß man sich fragen muß, wie dieser geringe Wirkungsgrad unseres Schulunterrichts so verhältnismäßig unbemerkt und unbehoben bleiben kann. Vorwiegend waren es Studierende einer Pädagogischen Hochschule, an die ich mich wandte, später – nach Veröffentlichung des Tests – zunehmend auch Studenten an einer Universität, also künftige Studienräte verschiedener Fachrichtungen. (Außer Betracht bleiben hohe Semester der Physik selber. Sie wissen natürlich gut Bescheid, haben sich allerdings auch schon eine Berufskrankheit zugezogen, die ihnen als Lehrern zu schaffen machen wird: sie können es nur so sagen, als sprächen sie mit ihresgleichen.)

Ich stehe mit meinem Urteil nicht allein. Physik-Dozenten Pädagogischer Hochschulen bestätigen es, finden sich allerdings meist damit ab, daß sie nachholen müssen, was sie vorfinden sollten.

2. Dieser Test kann seinem Leser nicht etwas „beweisen" wollen. Pädagogik ist ja keine mathematische Wissenschaft. Er sollte hinweisen und zur Nachprüfung anregen.

---

3 Aufsatz 64 aus UI
4 Insbesondere Fachleitertagung für Chemie, 1960. Schriften des Deutschen Vereins zur Förderung des mathematischen und naturwissenschaftlichen Unterrichts, Heft 5 – (nicht im Buchhandel).

3. Statt dessen wurden Einwände laut, die dem Ergebnis der Befragung sein Gewicht zu nehmen versuchen.

Einer der häufigsten: „Die Qualität derjenigen Abiturienten, die Volksschullehrer werden, kann für die Beurteilung unseres Unterrichts nicht entscheidend sein. Sie sind bekanntlich nicht die Besten."

Kann sich, wer so argumentiert, über den Verdacht wundern, daß er mit seinem Unterricht nur jenen sich verpflichtet fühle, die den Nachwuchs seines eigenen Faches bilden werden, und nicht eigentlich solchen (der Mehrheit), die er gleichwohl mit der Note „Befriedigend" entläßt? (Wobei noch zu bedenken ist, daß „die Besten" eine *relative* Qualifikation bedeutet: die Besten in bezug auf die übliche Unterrichtsweise. Wie viele unter den „Versagern" des Physikunterrichts mögen abgeschreckte, enttäuschte, entmutigte Begabte sein oder gewesen sein? Ich habe solche unter fähigen Volksschullehrern nicht selten angetroffen.)

4. Verblüffend, aber aufklärend ist der Einwand, die Fragen seien zu schwierig, so Nr. 6. „In den Physikbüchern wird dieses Problem nicht behandelt, im Unterricht im allgemeinen auch nicht. Es handelt sich also nicht um eine Frage nach gelerntem Wissen, sondern um ein echtes Problem, das die Anwendung der Kenntnisse, die dem Befragten aus dem Physikunterricht des 9. Schuljahres geblieben sind, auf einen von ihm bisher nicht durchdachten Sachverhalt verlangt. . . . und er hat dafür nur etwa 5 Minuten Zeit." (Es waren fast 10 Minuten, aber davon abgesehen:) Ich wundere mich ja gar nicht darüber, daß die Studenten zu dieser Frage nichts zu sagen wissen. Die Studenten sind es nicht, die ich kritisiere. Ich wundere mich nicht, da der Unterricht so ist, wie er in den zitierten Sätzen richtig beschrieben wird. Mir erscheint ein Unterricht fragwürdig, der nicht vor allem solche Sachverhalte, die im Winter täglich vor aller Augen liegen und erstaunlich sind, mit den einfachsten Mitteln klärt und seinen Unterricht auf sie *aufbaut*. (Die Frage ist einfach zu beantworten, da sie weder das Reflexions- noch das Brechungsgesetz in seiner strengen Form braucht.)

Vielleicht ist es aber gut, noch ein anderes Beispiel anzuführen: Eine von den Kirchenlampen, die Galilei zum Nachsinnen über das Pendel führten, trage an langem Seil unten ein leichtes Kupfergefäß, das mit Öl gefüllt werden kann. Es zeigt sich, gegen alle Erwartung, daß die Lampe, sei sie mit Öl gefüllt oder nicht, zu einer Schwingung immer dieselbe Zeit braucht. Ein Physikstudent verweist auf die Pendelformel, die er vielleicht auch ableiten kann, und darauf, „daß $m$ (die Masse) darin nicht vorkommt". Der Durchschnittsabiturient weiß keine Auskunft. Wäre es nun nicht richtig gewesen, beiden im Schulunterricht erst einmal, vor aller Mathematisierung, folgendes in Ruhe ganz klar werden zu lassen: Das ölgefüllte Gefäß strebt zwar, da es schwerer als das leere ist, stärker nach abwärts. Da es aber andererseits auch langsamer in Gang zu bringen ist (weil das Schwere seltsamerweise auch immer das Beharrlichere ist), so ist es einleuchtend, daß diese beiden Faktoren einander aufheben können. Diese Einsicht, die weder Mathematik verlangt noch von „träger Masse" und „schwerer Masse" reden muß, sollte für alle im Schulunterricht unverlierbar werden. Ist sie zu schwer?

5. Man hat auch gemeint (und das hängt damit zusammen), ich erwarte mit der Forderung nach solchen sowohl richtigen wie einfachen Begründungen über das Physikalische hinaus eine „pädagogische" Ausbildung künftiger Volksschullehrer durch die Höhere Schule? Ich meine etwas Bescheideneres: Ich spreche nur vom Verstehen der Physik, das jeder Schüler zu erwarten das Recht hat. Ich meine ganz einfach: Wenn der Lernende das Gelernte nicht so verstanden hat, daß er es – soweit das sachlich möglich ist – auch einfach sagen kann, dann hat er es eben nicht verstanden, trotz mathematischer Verbrämung und theoretischer Verhüllung. Es wird also vom Schüler keine „pädagogische" Kunst erwartet, sondern eine ihrer fachlichen Voraussetzungen: daß er (werde er nun Lehrer oder nicht) die Sache verstehe.

6. Es ist dankenswert, daß später (Fachleitertagung für Physik, 1963, S. 33) H. Ristau, dem mein Test nicht stichhaltig erschien, einen eigenen, etwas anders gestalteten mit dem Thema „Gravitation" durchgeführt hat. „Dabei zeigte es sich, daß das Erlernte bei Lehrern und Referendaren anderer Fachrichtungen wenige Jahre nach dem Abitur bereits versunken war, während es bei Schülern des 12. und 13. Schuljahres noch voll vorhanden war." Daß die zur Gegenwirkung empfohlenen „Zusammenfassungen und Überblicke" helfen können, kann ich freilich nicht glauben, falls damit das gemeint ist, was man „Wiederholung" und „Festigung" nennt. Sie helfen dann nicht, wenn die Verwurzelung fehlt; und darin sehe ich den tiefsten Grund des Vergessens. Man erreicht dann nur einen Aufschub für Monate; die Wiederholungen wirken nur noch, solange sie selber wiederholt werden können. Was anfangs nicht verwurzelt ist, kann später nicht mehr gefestigt werden. (Vielleicht wird am Beispiel der Pendelformeln deutlich, wie ich es meine.)

# 5    Schein oder Wirklichkeit?    *(1951, Ausschnitt)

Lassen Sie mich hier eine persönliche Erinnerung einschalten. Sie liegt vielleicht zehn oder fünfzehn Jahre zurück.
An einem farbigen und leuchtenden Herbstnachmittag stand ich vor dem Gitter eines Vorstadtgärtchens, das lang und schmal mit seinen Blumen den Blick einzog. Es hatte eine magisch anziehende Wirkung auf mich, vergleichbar vielleicht dem Bann, den ein Insekt vor dem duftenden Abgrund der Blüte empfindet, in die es eindringt. Ich sah die Farben, ich roch den Duft, ich spürte den Wind und die Wärme der Sonne, und meine Hände fühlten die Kühle des Eisengitters, das sie umfaßten. In diesem Augenblick hatte ich, wenn auch nur für eine Sekunde, einen gedankenlosen Rückfall in das Naturbild, das naturwissenschaftliche Weltbild, das ich vorgefunden hatte, als ich etwa um 1910 zum geistigen Bewußtsein erwacht war. Wie schade, dachte ich, daß dies nun alles bloß Schein und Illusion ist, nur Subjektives, nicht Wirklichkeit. Die wirkliche Welt, die Welt an sich, das sind ja nur die Moleküle etwa

dieses Eisengitters, temperaturlos, nur mit ihrer relativ geringen kinetischen Energie begabt, und die Kraftstöße, die elektromagnetischen Wellen, deren Frequenz die Farbempfindungen erst hervorruft, die chemischen Reaktionen, die die Geruchsempfindung ermöglichen, und so fort. – Bis ich mich dann, nach einem Augenblick, zur Ordnung rief, wie von einem Alpdruck befreit, der immer wieder kommt, obwohl er längst durchschaut ist. Denn dieses nihilistische, für junge Menschen fast tödliche Naturgespenst hatte ich ja hinter mich gebracht, und zwar eben dank dem genaueren Studium der mathematischen Naturwissenschaft, der Physik, besonders aber unter dem Eindruck der modernen Physik.

Ich habe die Überzeugung, daß unser Unterricht diesen Aberglauben, die Physik decke ein an sich Seiendes, *die* Wirklichkeit, auf, noch immer nährt. Vielleicht von der Meinung behindert, seine Auflösung sei erst durch die moderne Physik, also erst in der Prima oder auf der Universität möglich. Das glaube ich nicht. Im Grunde hat uns ja die moderne Physik nur etwas überdeutlich gemacht, was wir schon vorher hätten wissen können und was die Philosophen und unsere großen Physiker auch wußten. Heinrich Hertz hat es in der berühmten Einleitung zu seiner Mechanik in vollkommener Weise formuliert:

„Wir machen uns innere Scheinbilder oder Symbole der äußeren Gegenstände, und zwar machen wir sie von solcher Art, daß die denknotwendigen Folgen der Bilder stets wieder Bilder seien von den naturnotwendigen Folgen der abgebildeten Gegenstände.“


## 6    Bild und Wirklichkeit   (1949, Ausschnitt)

*Gegen einen zu handgreiflichen Gebrauch der physikalischen Grundbegriffe im Unterricht*

Die im folgenden unter I. dargestellte Auffassung der physikalisch erkannten Natur ist zwar in der Forschung längst überholt[1], aber sie lebt insgeheim fort zwischen den Zeilen vieler Bücher, auch der Schulbücher, in der Weltanschauung älterer Lehrer, bei denen das Neue keinen lebendigen Eingang mehr findet, und in dem popularisierten Weltbild[2], das in unvermeidlicher Phasenverschiebung dem wissenschaftlichen ja immer nur zögernd folgt. Dem jungen Lehrer fehlt häufig der philosophische Gesichtspunkt, er „weiß" das Neue, ohne es doch zu besitzen.

Wo diese Auffassung dem jungen Menschen, dem Schüler, nahetritt, mehr oder we-

---

1 Eine an Zitaten und Literaturnachweisen reichhaltige Darstellung des Problemkreises gibt A. Mittasch in seinem Aufsatz Über Fiktionen in der Chemie. In: Angewandte Chemie 24 (1937) S. 423–434.
2 In einer vor dem Kriege weitverbreiteten Zeitschrift für Photo-Amateure findet sich folgende Plauderei: „Wenn man es zum erstenmal hört, klingt es überraschend und ganz unglaublich: die Welt da draußen ist ohne Farbe. Farblos sind die Blumen und farblos der liebe Himmel. Außerhalb unseres Bewußtseins gibt es nur Licht verschiedener Schwingungszahl. Die Farben entstehen erst in unserem Kopf…".

niger ausgesprochen, da wird sie von ihm, da es ihm an denkerischen Waffen mangelt, wehrlos aufgenommen, aber, wenn er sie schärfer ins Auge faßt, als trostlos empfunden und entweder ins Halbdunkel abgedrängt oder bewußt abgelehnt. Diese Ablehnung trifft oft die ganze Physik oder gar die ganze Wissenschaft. Deshalb erscheint es wünschenswert, diese Fragen dem Schüler ohne großen Zeitaufwand in ein helleres Licht zu setzen und seinem jugendlichen Gefühlswiderstand eine denkerische Hilfe zu geben. Die folgende Betrachtung – eine Art Wechselbad – möchte das versuchen. Der Gedankengang ist in der Breite und Form dargestellt, wie er etwa von den Schülern einer Prima in ein bis zwei Stunden gegangen werden kann. Durch die folgende Betrachtung soll ein erkenntnistheoretisches Vor-Urteil nicht ausgelöst werden. Es bleibt unberührt, ob auf die Frage nach einer „Welt an sich" im Sinne des Positivismus verzichtet oder ob sie der Metaphysik übergeben wird. Der Lernende soll nur daran erinnert werden, daß die Phänomene, wie sie uns (nicht: „mir") gegeben sind, eine durch keine gedankliche Verarbeitung und Konstruktion auszulöschende fundamentale Wirklichkeits-Stufe ausmachen. Es wird aber gut sein, wenn der Lehrer ausdrücklich daran erinnert (was ja sein Unterricht auch täglich zeigen soll), daß gleichwohl diese gedanklichen Konstruktionen („Bilder") der Physik uns von der Natur oft gegen Willen und Hoffnung auferlegt worden sind und daß sie deshalb eine ebenso unbezweifelbare „Realität" (aber anderer Stufe) besitzen.

## I. Irreführung

Fragt uns ein Tauber: Was ist das, der „Ton" einer Geige? – so können wir ihm unmöglich mitteilen, was wir hören. Nun kann man aber die Frage auch ganz anders verstehen: nicht das meinen wir, was der Ton *für uns* ist, sondern: was ist er, wenn „niemand dabei" ist? Ist er in diesem Sinne noch – etwas, auch für den Tauben? *Geschieht* etwas, wenn eine Pistole knallt oder eine Geige tönt? Die *Empfindung* ist dann nicht mehr da, aber vielleicht etwas anderes? Kommt dann auch noch etwas durch die Luft geflogen, und was ist dieses Etwas? Kurz, wir meinen: was ist der Schall – nicht: für uns Hörende, sondern: – „an sich" oder: „in Wirklichkeit?" Die Antwort ist gefunden und kann leicht von jedem geprüft werden. Wenn ein Ding tönt, eine Geige z. B., so ist immer ein Teil an ihr zu finden, das sich schnell und regelmäßig hin und her bewegt. Ein Ton entsteht also durch eine regelmäßig schwingende Bewegung eines Körpers oder eines Teils von ihm. Und seine Ausbreitung ist das Fortlaufen der Luftstöße, die durch diese Bewegungen erzeugt werden. Dies eben Beschriebene geschieht auch dann, wenn niemand es hört, wenn niemand dabei ist. Es ist also das allein Wirkliche am Schall. Was wir *hören* dagegen, ist nur eine Empfindung, die das Ohr uns vorzaubert, sobald es von diesen Luftstößen getroffen wird. Die *wirkliche Welt,* die Welt an sich, ist stumm.

## II. Richtigstellung

Daß die Saite der Geige tönt, ist nicht nur zu *hören,* es ist auch zu sehen und mit den Fingern zu tasten. (Wenn der Ton hoch oder leise ist, muß man „Vergrößerungs"-Apparate zu Hilfe nehmen, Lupen und Zeitlupen.) Das gilt für jeden Ton. Es ist – grundsätzlich – immer möglich, seine Schwingungen auch zu sehen und zu tasten. Der Taube kann *nur* sehen oder tasten. Dadurch können wir ihm einen Hinweis darauf geben (nicht: was ein Ton *ist,* aber doch:), was zu einem Ton „dazugehört". Seine Welt ist ärmer als die unsrige. In unserer vollständigen Welt ist ein jedes Ding zu tönen fähig, in seiner nicht, es kann nur zittern.

Trotzdem haben wir, wenn wir sagen: „Schall ist Bewegung", nicht die sinnliche Welt verlassen und sind einer absoluten Welt nicht näher gekommen. Denn: „Erklären" ist ja immer nur ein „Inbeziehungsetzen zu Anderem", Bekannterem, Erwünschterem. Das ist hier: Tasten und Sehen. Aus der Welt der Sinne kommen wir aber dabei nicht heraus, weder in der Tat noch in der Vorstellung. Deshalb ist es falsch zu sagen, wir hätten gefunden, was der Schall „an sich" sei. Wir haben nur erkannt, was er für Auge und Hand ist!

Wenn wir sagen: „Schall ist Bewegung", so klingt das zwar sehr absolut, sehr „abgelöst" von Auge und Hand und verführt deshalb zu Worten wie: „an sich" und „Wirklichkeit". Das darf aber nicht darüber wegtäuschen, daß der grundlegende Tatbestand auf Empfindungen des Auges und der Hand beruht, aus denen wir durch ein besonderes eingeborenes Vermögen die nur scheinbar frei schwebenden Begriffe der Bewegung in Raum und Zeit bilden. Wenn wir also die Begriffe „es gibt", „ist in Wirklichkeit", „an sich" vermeiden, weil sie so leicht unscharf und verschwommen werden, so schälen wir aus den Sätzen: „Ton an sich ist Schwingung; die wirkliche Welt ist also stumm" als eigentlichen Gehalt heraus: mit jeder Tonempfindung ist die Möglichkeit fest verbunden (ihr zugeordnet), eine Schwingung zu sehen oder zu tasten.

## 7    Also ist es wirklich wahr... (1978)

> *„Die Antworten, die man von ihr verlangte, prägten sich ihr mit Leichtigkeit ein, ohne daß sich ihr aber der Zweck dieser Lernfragen eröffnet hätte, gegen den sie sich von einer tiefen inneren Gleichgültigkeit geschützt fühlte. ... Sie glaubte aber kein Wort von dem, was sie lernte."* Robert Musil[1]

> *„Alle schnellen Dinge sind Verrat."* Jean Gebser[2]

---

1 Robert Musil, Der Mann ohne Eigenschaften, Rowohlt, 1970, S. 726.
2 Jean Gebser, Gedichte, Novalis-Verlag, Schaffhausen, 1974.

„Also ist es wirklich wahr...!" – Dieser stumme Ausruf ist es, von dem ich wünschte, er möge sich auslösen (nicht nur im „Kopf" – dem sein nickendes ‚Richtig!' oder gar ‚Genau!' genügt – sondern) im „Herzen" eines jeden, der einmal etwas Absonderliches wirklich selber „versteht". Nicht zu selten, und sogar in der Schule sollte ihm das erlaubt sein.

## „Ja-NEIN!"[3]

Das Fallgesetz, ein Glanz- und Quellpunkt der Physik: Keine Schule kann darauf verzichten. Wir alle haben es „gehabt". Was später Studenten davon haben, darüber zwanglos mit ihnen zu reden, ist fast immer lohnend.

So, in einem Gespräch mit Lehrer-Studenten naturwissenschaftlicher Richtung zu der Frage, was sie davon noch wüßten, sagt einer: „Also, wenn man zwei Kugeln fallen läßt ... wie der Galilei das gemacht hat ... vom Schiefen Turm in Pisa, zwei Kugeln, gleich groß – wegen des Luftwiderstandes – aber verschieden schwer, ... dann kommen die gleichzeitig unten an!" – Ich sah einen Tischtennisball vor mir und die ebenso große Bleikugel und meinte deshalb: „Und das stimmt? *Glauben* Sie das?" Darauf er, sehr erstaunt: *„Ja-NEIN!:* Ich mein' nur: das ist das, was ich aus der Schul' noch *weiß!"* Sein Gesicht, ein beinah vorwurfsvolles, schien mir zu sagen: „Wie? Glauben soll man das auch noch? Nicht bloß hersagen?"

## „Ond des glaobet Sie?"

Ein Gymnasialdirektor – Physiker – erzählte mir einmal folgende Begebenheit aus seinen Sommerferien: Er stand eines Abends auf der Schwäbischen Alb zusammen mit einem befreundeten Bauern, und sie sahen der Sonne zu, wie sie unterging, den Waldgipfeln immer näher sank. Sichtlich. Sie schwiegen und waren einig.

Bis schließlich doch, als die Sonne entlaufen war, der Lehrer nicht mehr an sich halten konnte und bemerkte: „Dabei ist es aber, merkwirdigerweise!, in *Wirklichkeit* gar nicht *wahr,* daß se untergeht: *Mir* sind's, mir drehet ons mit dr ronde Erde nach hinten!" (Er stellt sich so schräg nach Osten, als müßte er nach hinten umfallen.) „Ond da hebt sich halt dr Waldrand allmählich vor die Sonne." Pause. (Ich war nicht dabei. Ich berichte es so, wie sich das Erzählte mir damals einprägte.)

Dann: Der Bauer klopft die Pfeife aus, blickt den anderen kurz prüfend an und sagt (diese Worte sind authentisch): „Ond des glaobet Sie?!"

Und es war nicht im Ton einer Frage gesagt: es war eine milde Feststellung: Und der glaubt das wirklich!

Hätten wir in den Schulen noch Kinder, so sinnes-sicher wie dieser Mann, dann würden wir das Kopernikanische System glaubhafter lehren. (Oder – es sein lassen. Zumal die Relativitätstheorie...)

---

3 Aus meinem Beitrag „Was bleibt?", in J. Flügge (Hrsg.), Zur Pathologie des Unterrichts, 1971, Klinckhardt, Bad Heilbrunn, S. 79; vgl. im vorliegenden Band Nr. 37.

## „Ich sehe keinen Unterschied"

Vor langer Zeit hatte ich als Lehrer an einem staatlichen Gymnasium eines Tages wieder einmal das Kapitel „Magnetismus" und eine Klasse von Fünfzehnjährigen vor mir. Das Besondere diesmal war, daß es mir endlich geglückt war, einen authentischen Magnet-Stein aus einer seriösen Mineralienhandlung zu besorgen. (Auf dem Begleitzettel stand, glaube ich, „Magnetit, Attraktiv, Arizona".)
Da ich Physik für eine *Natur*wissenschaft halte, war es mir immer ein selbstverständlicher Wunsch gewesen, bei der Einführung des Magnetismus einen natürlichen Zeugen auftreten zu lassen. Ich hatte ihn nun. Das kostbare Original in der Hand, eilte ich auf den Physiksaal zu, in dem die Klasse wartete.
Vor der Tür stand die Studienreferendarin, die bei mir zu hospitieren hatte. Sie wußte schon: „Magnetismus". „Sehen Sie mal", sagte ich zu ihr, „was ich da habe!" Sie begriff, aber sie blickte geringschätzig. Ich (etwas gereizt): „Na! Das ist doch was *anderes* als diese albernen Artefakte, diese eisernen Stabmagnete, rechteckig und mit Rot und Blau markierten Enden!" – „Wieso?" erwiderte sie. „Ich sehe da keinen Unterschied!: In beiden sind die Elementarmagnete geordnet!", und dann: „Sie sind aber ein komischer Physiker!"
Ich würde es so sagen: Sie war noch Physiker. Ich war schon Physiklehrer.
Man kann im Studium der Physik leicht den Sinn dafür verlieren, daß die Dinge, mit denen wir da zu tun haben, von selbst vorkommen. Man denkt nicht mehr daran, daß *hier* für die meisten Anfänger der Ausweis der Wahrheit liegt: nicht beim Gemachten, sondern bei dem, was ohne unser Zutun da ist und sich zeigt.


## „Also war es doch wahr!"

Der Geologe Hans Cloos in seinem pädagogisch bemerkenswerten Buch „Gespräch mit der Erde"[4] erzählt auf den einleitenden Seiten von dem „großen Augenblick" seiner ersten Begegnung mit der Wirklichkeit der Erde – *nach* seinem Studium. Dabei hatte es nicht nur stattgefunden im „bequemen Reich des Institutes, wo von schattigen Regalen tausend fertige Ergebnisse herabschauen... Man marschierte und kletterte, klopfte und schürfte, notierte und zeichnete, und vom kühlen Morgen bis zum schwülen Abend sah dem kleinen Mann mit dem Hammer die große, viel zu große, Natur über die Schulter". Es fehlte also nicht an der Gegenwart der Gesteinsschichten und ihrer uralten Vergangenheit zwischen Schwarzwald und Alpen. Darüber schrieb er dann seine Dissertation und wurde schließlich „von drei Gelehrten in den drei Gelehrsamkeiten Erdgeschichte, Gesteins- und Tierkunde geprüft und da jeder nur sein Fach, ich aber alle drei verstand, für gut befunden".

---

4  Hans Cloos, Gespräch mit der Erde, 45. Tausend, 1954, Piper, München, S. 15 f., (Das Buch enthält viele Fotos und wesentliche Zeichnungen des Verfassers.) Vergriffen, ebenso wie eine spätere (nicht bebilderte) Taschenbuch-Ausgabe.

Zur Erdgeschichte gehörte auch die moderne Lehre von der immerfort, auch heute, „ruhelosen Erde"[5]. – Nach dem Examen fühlte er sich „herzlich zweck- und inhaltslos".

Aber dann schickte man ihn nach Afrika.

Er fährt mit dem Zug nach Neapel, steigt aus, nachts „unter sternlosem Himmel", geht ins Hotel, schläft aus, erwacht spät, öffnet die Fensterläden, sieht die berühmte Landschaft, den Golf, aber oben „eine lastende Wolkenbank".

„Schon wollte ich mich, halb enttäuscht, ins Zimmer zurückwenden, als mein Blick von einem hellen Schein über den Wolken angezogen wurde.

Dort schwebte, frei in der Luft, wie mit der Schere geschnitten, im jungen Weiß des Winterschnees der dreieckige Gipfel des Vesuvs, und aus seiner vertieften Mitte löste sich ein Wölkchen Rauch – – –

Also war es doch wahr!

Jahre um Jahre hatte ich nichts anderes gelernt und gelesen als dies: Daß unsere alte Erde sich in unzähligen Formen gewandelt habe im Laufe ihrer endlos langen Geschichte. ... Daß die Erde noch heute sich rege, und daß jeden Tag, den wir leben, auch sie lebe und immer irgendwo an sich arbeite. ... Ich hatte die Lehre gehört und geglaubt; sie gegen Ungläubige verteidigt und unter argwöhnischen Prüfungen an strenge Richter zurückgegeben. Und nun mußte ich in einem unbewachten Augenblick gewahr werden, daß ich nichts gelernt hatte, rein gar nichts; daß mir dies Fundament aller irdischen Weltanschauung nicht zum eigenen inneren Besitz geworden war. Niemals bis zu diesem einmaligen, unvergeßlichen Augenblick, da ich es zum ersten und endgültigen Male mit eigenen Augen sah und also zum ersten und endgültigen Male zum Geologen wurde:

Die Erde lebt."

Es ist nicht „Anschauung", die den Durchbruch bewirkt. Auch Fotos sind anschaulich, und Cloos hat sicherlich welche gesehen. Es ist der Blitz des Originals in den eigenen Augen. (Das Original ist nicht der Vesuv, auch nicht „ein Vulkan", es ist: „Die Erde, die lebt.")

Diese Wirkung ist nicht nur einfach stärker, sie hat eine andere Qualität als das Entgegen-Nehmen von Vorlesungen, Lektüre, Bildern, Filmen, Modellen. Sie ist so unvergleichbar, daß die Unwirklichkeit des mittelbar Dargestellten unbemerkt bleiben kann. Bei Cloos freilich mußte ein Argwohn sich heimlich eingenistet haben. (Er würde sonst nicht sagen „Es war *doch* wahr".) Ein Zweifel, verdeckt und bewacht. Es bedurfte eines „unbewachten Augenblicks", damit der Blitz den Deckel durchschlug. – Und es war nicht der pompöse Anblick des Vulkankegels (der ja durch die Wolkenbank verborgen wurde). Es war das Abschweben des Wölkchens. Cloos' am Ende aufleuchtender strenger Begriff des *Lernens* („daß ich nichts gelernt hatte") hat kaum etwas zu tun mit dem, was seit langem in den Schulen und Hochschulen für Lernen gehalten wird; um dann rasch vergessen zu sein. Es scheint, daß wir immer mehr Dinge „lernen", ohne sie wahrzunehmen.

---

5 Titel eines Buches von R. Geyselinck, Berlin 1951.

## Am Nordhang der Neunkircher Höhe

Ähnlich wie Cloos ging es mir einmal vor Jahrzehnten. Es war kein „großer Augenblick", doch auch kein geringer. Denn er genügte, mir jenen einen lichten Buchenwald unvergeßlich zu machen: Auf einer Odenwaldwanderung führte der steigende Pfad auf eine ebene, geräumige Waldwiese mit vereinzelten hohen Buchen. Dort lief in der Stille ein Lehrstück für mich ab (zur Didaktik). Ein Bauer stand da und ließ sein Pferd einen am Boden liegenden Stamm fortziehen. Aber das Tau führte nicht einfach vom Pferd zum Stamm, um dort angebunden zu sein. Es *umschlang* ihn statt dessen nur, in seiner Mitte, und führte dann *zurück* zu einer starken Buche neben dem Pferd. Dort erst war es befestigt. Das Pferd zog, der Stamm folgte wie spielend; ich staunte.

Nicht darüber, daß ich in dieser Praktik den früh und brav auswendig gelernten „Flaschenzug" wieder erkannte; auch nicht deshalb, weil man in diesem Schauspiel eine hübsche „Anwendung" von ihm sehen könnte. Was mich munter machte, war ein erleuchtender *Rück*schritt; ein Zeit-Stoß versetzte mich, als würde ich Zeuge einer frühen Erfindung (zuerst wohl nur Findung) des Urmenschen. Die starke Buche nimmt (seltsamerweise, wie macht sie das?) dem Pferd die halbe Mühe ab – „wofür" es dann freilich (wie man sieht) diese halbe Anstrengung auf dem doppelten Wege durchhalten muß.

*So,* durchfuhr es mich, müßte man anfangen, wenn auch ohne Pferd, man kann ja selber ziehen, im Freien aber und mit einem wirklich schweren Stamm.

Und nicht so, wie ich es als Schüler gelernt hatte, mit einem kleinen, klapprigen aber fertigen Standard-Lehrgerät, mit zwei Holzrollen, einer „festen" und einer „losen" und einem verwirrenden Bindfaden. Wie es mich auch bei meinen ersten Lehrversuchen noch umgarnte. Herauszuholen aus dem Schrank, fertig zum Aufhängen. Mit Gewichtsstücken, zum Messen bereit, idealisiert, fast reibungslos. (Durch die Rollen, die gar nicht die Hauptsache sind.) Die Genialität liegt in der Seilführung.

Gegen diesen Belehrungsapparat wäre nichts zu sagen, wenn er nicht gleich zu Beginn aus dem Schrank, statt am Ende aus dem Grübeln hervorginge über einen solchen Stamm-Transport, wie ich ihn da im Walde sah.

Nun enthielte diese Szene nicht ihre ganze Bedeutsamkeit, wenn sie nur irgendeinen kuriosen Seil-Trick darstellte. Sie ist aber der Keim des Energie-Begriffes und des Prinzips ihrer Erhaltung[6]. Durch viele Stunden des Gesprächs führt eine sachlich wohlmotivierte Kette von Problemen und Lösungen unmittelbar zu ihm hin, ohne irgendeine Voraussetzung als die Bereitschaft, aus Notwendigkeit neue Begriffe zu *bilden.*

Belehrungsgeräte strahlen nicht Wahrheiten aus, sondern Absichten.

Es könnte sein, daß die alte, rückfällige und viele Schulreformen durchstehende Versuchung, Belehrungs-Schnellstraßen durch das Gelände der Wissenschaften zu legen, die Wirklichkeit dieser Wissenschaften nicht eröffnet, sondern „verrät".

---

6 Vgl. Gottfried Falk, Was an der Physik geht jeden an? In Physik. Blätter 1977/12, S.616, 621.

## Vorwort

Es gibt zwei gegensätzliche Wege, auf denen wir Kindern Physik als eine Naturwissenschaft eröffnen können. Der erste wird vom Ende her geplant: von den Grundbegriffen und den mathematischen Strukturen der heutigen Physik und geht darauf aus, sie einleuchtend zu machen.

Den Anfang des zweiten Weges sucht der Lehrende zu finden, indem er zusieht, wie aus unbeeinflußten jungen Kindern durch die Begegnung mit absonderlichen Naturphänomenen ursprüngliche Ansätze physikalischen Verstehens herausgefordert werden.

Indem der Lehrer den einen oder den anderen dieser beiden Zugänge wählt, trifft er eine erzieherische Entscheidung. Sie ist von Bedeutung für das Verhältnis des Heranwachsenden zur Natur wie zur Naturwissenschaft.

Für den zweiten, den „genetischen" Weg legen wir Zeugnisse vor in dem Wunsch, eine didaktische Hilfe zu bieten und zur Fortsetzung derartiger Dokumentationen anzuregen. ...

## Einführung

Die hier zusammengetragenen Geschichten berichten davon, wie Kinder – zumeist im Vorschulalter – denkend, sprechend, oft auch handelnd sich spontan verhalten, wenn sie unerwarteten Naturphänomenen begegnen, die zwar wiederholbar sind, aber absonderlich anmuten, also Verwunderung auslösen. Und zwar deshalb, weil sie aus gewohnten Ordnungen herausfallen, ja ihnen zu widersprechen scheinen. Es setzt dann ein Fragen und Suchen ein, in dem sich die ersten Regungen physikalischen Natur-Verstehens ankündigen.

1. Der Weg, auf dem diese Kinder angetroffen wurden, ist nicht eine schon gebahnte Straße, auf welche man sie gesetzt hätte, damit sie ihr nun weiter folgten. Niemand brauchte sich zu überlegen, wie er diese Kinder motivieren, interessieren oder gar „begeistern" könnte. Nichts brauchte ihnen „nahegebracht" zu werden, es ging ihnen von selber nahe. Keiner hat sie ausgefragt. Sie haben etwas Befremdendes erlebt und haben sich dann selber fragen müssen, was hier „los" ist.

Sie gehen wie über freies Feld; zwar sieht jedes nur seinen eigenen Weg, und doch ist zu erkennen, daß sie in lockerer Ordnung alle die gleiche Richtung wählen.

2. Was setzt sie in Bewegung? Was lockt sie in jene Richtung, als wären sie wie in einem Vogelschwarm geführt?

Es scheint, daß der Impuls, der diesen Forschungszug ins Strömen bringt, nicht jenes bewundernde und ehrfürchtige „Staunen" ist, das man vor dem Sternhimmel empfinden kann oder vor dem Niagarafall, wie auch vor menschlichen Bemühungen der Kunst, des Sports, der Technik, der Wissenschaft.

Nicht das große Auge der Andacht, auch nicht der suchende Blick des Sammlers von Neuigkeiten: es ist die umwölkte Stirn der Verwunderung, ja der *Beunruhigung,* die das Gesicht dessen zeichnet, der hier die ersten Schritte tut.

3. Er *muß* sie tun; es muß ihn in Unruhe versetzen, wenn die Ordnungen, die Regelmäßigkeiten, deren wir uns in den ersten Lebensjahren im Umgang mit den Dingen versichern durften und aus denen wir das lebensnotwendige Vertrauen zur natürlichen Welt gewinnen konnten (daß alles „*mit rechten Dingen zugehe“*) – wenn diese Ordnungen plötzlich und irgendwo eine Fehlstelle zu verraten, eine Blöße sich zu geben scheinen. So wenn ein Baum, von dem wir alle doch wissen, daß er angewachsen ist, sich in Bewegung setzt und davongeht. Eine solche sachlich bedingte Emotion und Motivation – sie reicht von dem, was Kinder (und manchmal auch wir) „komisch finden“ (von amüsierter Beirrung also), bis zum blanken Entsetzen und zur Flucht – löst einen Forschungsprozeß aus mit Beobachten, Wiederholen, Vergleichen, Vermuten, Eingreifen, planmäßig Verändern, der bemerkenswert ähnlich ist dem wissenschaftlichen Vorgehen. Dabei ist Tun und Denken getrieben und getragen von der *Hoffnung,* daß man „dahinterkomme“; das heißt: daß es wieder noch einmal gutgehe, indem das Seltsame „verstanden“ werden könne. Und zwar in dem Sinne, daß es bei näherem Zusehen sich als ein etwas verkleideter „alter Bekannter“ erweist oder doch mit einem solchen „zusammenhängt“, zum mindesten vergleichbar ist. Gelingt dieses Verstehen (com-prendre), so ist das Absonderliche wieder „eingeholt“ durch Reduktion auf Gewohntes. Das Verstehen ist bei diesen frühen Schritten also immer relativ. Und das, worauf das Seltsame dann „zurückgeführt“ ist, bedarf anfangs keiner anderen Legitimation, als daß es „*immer* so ist“, wie es eben *ist.*

4. Dies geschieht bei Kindern schon in einem Alter, von dem man früher meinte, sie seien für Physik noch nicht zu haben. Die folgenden Berichte zeigen, daß sie es sind, wenn man dabei nicht an die fertige Physik denkt, sondern an die *werdende.* Wenn man als Lehrer damit Ernst macht, daß Physik nicht die Natur darstellt, wie sie „ist“ („von sich aus“, „eigentlich“, „im Grunde“, „in Wahrheit“, „nichts als dies“ – und wie solche imperialistischen Wendungen alle lauten), sondern daß sie als ein besonderer „Aspekt“ – *einer* unter anderen – nach einem bestimmten Auswahlverfahren diese Natur filtert und überbaut (indem sie nur zuläßt, was in mathematisierbaren Beziehungen zwischen meßbaren Eigenschaften an und zwischen den Dingen faßbar übrigbleibt), dann bemerkt man, wie die schädliche Alternative „von der Sache aus *oder* vom Kinde aus“ sich auflöst und zusammenschmilzt zu dem Prinzip: *Mit* dem Kinde von *der* Sache aus, die *für* das Kind die Sache *ist.*

Denn Kinder denken, sich selbst überlassen, immer von der Sache aus, ihrer Sache, der Sache, die sie antreibt. Und nicht von jener anderen, sekundären Sache, die Generationen von Fachleuten daraus gemacht haben. Eine Anfängerdidaktik, die von dieser fertigen Physik aus plant, ist pädagogisch gesehen unsachlich. Mit diesem bequemen Gewaltstreich hat der Physikunterricht, wenigstens des Gymnasiums, bisher sympathisiert und sich damit um seinen Erfolg gebracht (erkennbar bei den erwachsenen Nichtphysikern). Ein Aspekt kann nur dann durchschaut werden, wenn man tätig dabei ist, wie er *wird*.

5. Die Vorverlegung des physikalischen, überhaupt des naturwissenschaftlichen Anfangsunterrichts in das 5. Schuljahr, in die Grundschule, in die Vorschulerziehung (also in die Altersschicht der hier vorgelegten Berichte, die eine leidenschaftliche Anrührbarkeit, ja Erregbarkeit durch Absonderliches erkennen läßt – und *dazu* die Begierde und die Anlagen, damit fertig zu werden), diese Vorverlegung würde einen ziemlich verhängnisvollen und kaum wiedergutzumachenden Fehler begehen, wenn sie eben nur eine „Vorverlegung" wäre. Wenn sie also die traditionellen fachautoritären Anfänge (jene also, die von der fertigen Physik und ihren Strukturen aus planen) einfach ein paar Jahre früher herabließe (wie einen Vorhang), wenn auch mit Anpassung an die vermeintlich kindliche Ausdrucksweise. Man kann diese Befürchtung haben, wenn man hört, es gehe darum, „falsche Vorstellungen rechtzeitig zu verhindern". Unsere Geschichten möchten spüren lassen, daß Kinder, die man in Ruhe läßt oder vielmehr in ihrer Bewegung läßt, in ihrer Denkbewegung, von einem „Motivations-Potential" angetrieben sind, neben dem unsere Einfädelungsbemühungen (in die fertige Physik) verblassen. Ihr Denken will *ernsthaft* (durch eine *absonderliche Sache*) motiviert sein, genauso wie auch die Naturforschung selbst es wesentlich durch bohrende Beunruhigung zu etwas gebracht hat. Unterricht hat es hier nicht nötig, etwas zu verhindern, wenn er der Leidenschaft des Denkens Freiheit gibt.

Nicht einmal das animistisch-magische Argumentieren (mit dem realistisch-rationalen eine Zeitlang – und länger, als wir glauben – zauberhaft noch vermischt) hat es nötig, schnellstens eliminiert zu werden. Der Klärungsprozeß vollzieht sich von selbst (und bisweilen in wenigen Atemzügen). Was *uns* „rechtzeitig" vorkommt, kann sehr wohl verfrüht sein, indem es Schaden anrichtet:

„Jede nächste Phase kann sich nur dann voll ausgestalten, wenn die vorausgehende nicht gestört oder gehemmt wurde. … die nicht in allen Einzelheiten gelebten Phasen binden Energien, die sich vom Unbewußten her destruktiv auswirken. Als Infantilismen und Juvenislismen brechen sie störend in die späteren Altersstufen ein …"[1]

6. Die Explorationen dieser Kinder *sind* noch nicht Physik. Vielleicht würden auch vor-galileische Kinder nicht viel anders gesprochen und gedacht haben, denn: „… als ob nicht die bewunderungswürdigste und schätzbarste Eigenschaft der demonstrativen Wissenschaften das Hervorquellen und Hervorkeimen aus ganz bekannten gemeinverständlichen und unbestrittenen Prinzipien sei" (Galilei)[2; 3].

---

1 S. Fraiberg, Die magischen Jahre in der Persönlichkeitsentwicklung des Vorschulkindes. rororo 6794, S. 230f. 1972.
2 Galilei, Unterredungen …, Ostwalds Klassiker der exakten Wissenschaften, Nr. 11, Leipzig, 1890, S. 77.
3 Von Kindern dagegen, die in eine noch magisch denkende Kultur – etwa einen der letzten Indianerstämme – hineingeboren (oder gleich nach der Geburt versetzt) und geformt sind, ist nicht zu erwarten, daß sie die abendländischen Ansätze in sich hervorbringen, aus denen die Physik entstanden ist. Vermutlich werden sie andere Probleme sehen und durch andere Lösungen befriedigt werden als unsere Kinder.

Von jenen „gemeinverständlichen Prinzipien", die in der Naturwissenschaft führend geworden sind, treten in unserer Sammlung folgende hervor:

a) Das physikalisch Reale und Wahre muß öffentlich *wiederholbar* sein, *„demonstrierbar"*, „jederzeit von jedermann *reproduzierbar"*; ein demokratischer Grundsatz.

b) *„Erhaltungssätze"* (wie sie später in der Physik heißen, etwa: Erhaltung der Masse, Erhaltung der Energie) sind dem Menschen offenbar von Kind an ein Bedürfnis. Man sieht sie hier entspringen aus der Hoffnung, daß *„nichts wegkomme"*, daß alles „irgendwo geblieben sein müsse"; und umgekehrt: daß „alles irgendwo herkomme", weil aus nichts nichts werden kann (ex nihilo nihil fit). Diese fixe Idee ist verwandt mit der vorigen, der Forderung nach Wiederholbarkeit, insofern gehofft wird, daß man scheinbar Verschwundenes in irgendeiner Form „wieder holen" kann. Beide Postulate, a und b, kommen aus der Sorge um die Sicherheit. Zauberei ist unerwünscht geworden. „Zaubern", sagte Konrad einmal (mit sechseinhalb Jahren), „Zaubern gibt's nit, das wär grad, als wemmer sagen tät: das geht, und auch noch: das geht nit."

Als letztes kann noch einmal das anfangs Genannte angefügt werden:

c) Das Ungewohnte, Unstimmige, Ausgefallene, Absonderliche, Seltsame soll eingefügt werden können, *„in die Reihe gebracht"* des Gewohnten, seiner Befremdung entkleidet; in der Hoffnung, darunter einen vertrauten Kern zu entdecken: Reduktion des Vielerlei auf weniges Selbstverständliches. (Daß dies gelingt, wenn auch in Grenzen, erzeugt in späteren Stadien des Verstehens das, was wohl wirklich das philosophische „Staunen" genannt werden kann.)

7.  Diese gemeinverständlichen Grundsätze bereiten die Physik vor und begleiten sie. Ihre eigentliche Inthronisation in Macht und Ansehen vollzieht sich aber erst mit der Quantifizierung und Mathematisierung. Denn erst damit wird es möglich *vorauszusagen,* was unter bekannten Umständen geschehen wird, und in den, physikalischen Gesetzen *angepaßten,* räumlich begrenzten, Apparaturen geschehen zu lassen, was wir wünschen: Technik im wissenschaftlichen Sinne entsteht. (Daraus wird dann auch die Illusion verständlich, wir hätten damit „die Natur selbst" in der Hand.) Der Einfall, zu *messen* und Meßbares mathematisch zu verbinden, scheint nun aber den Kindern der vorliegenden Sammlung nicht so nahe zu liegen, wie wir heutigen Erwachsenen leicht glauben können. Daß die Rufe – seien es die des Raben oder die des Vaters – wie Bälle eine *Zeitlang* dahinfliegen, bis sie ankommen: das genügt. Allenfalls erscheint es noch bemerkenswert, daß sie einen davonsausenden Hund *überholen* können. Daß „nichts wegkommt", wird kontrolliert, aber noch nicht mit der Waage.

So könnte man meinen, daß in der Genese der Physik hier eine Diskontinuität vorliege. Diese Frage nach der Stetigkeit ist für das Prinzip einer genetischen Didaktik wichtig. Deshalb folge hier ein Beispiel dafür, daß der Übergang zum „Wieviel" und zur funktionalen Abhängigkeit sich *ohne* Sprung, sachlich und konsequent ergibt, wenn auch vielleicht der Weg auf einmal ein wenig steiler wird und eine vorsichtige Hilfe des Lehrers nahelegt. Schließlich *verlangt* das Problem die Messung.

Fast alle Kinder glauben (und nicht ohne Grund), daß die „Tragkraft" des Wassers (der „Auftrieb") mit seiner Tiefe zunehme. Der Lehrer (wenn es kein andrer tut) braucht dann nur auf der Frage zu bestehen, ob das denn „auch wahr" sei. Diese Frage zwingt dazu, einen Stein an einer Schnur immer tiefer ins Wasser einzutauchen, um festzustellen, ob sich dabei an seinem Abwärts-Zug etwas ändert. Erst hält ihn die Hand, dann, um sicherer zu gehen, die dazu erfindbare Federwaage: Keine Änderung, „konstant". Fragt man nun weiter, wodurch denn *dann* der „Auftrieb" bestimmt ist: von der Farbe des Steins vielleicht (Gelächter!) oder seinem Gewicht, seiner Dicke, seiner Breite, seiner Form, so kommt man schon weiter. Man ändert eines nach dem anderen, um zu sehen, *was* nun mit dem „Auftrieb" „zu tun hat". Dann wird gemessen, *nicht* um das Messen zu üben, sondern man *muß* messen, um einen Hinweis zu finden, *woher* denn diese „Tragkraft" des Wassers eigentlich „kommt". Eine Frage, die zwar nicht mehr geradezu „beunruhigt", aber doch das Nachdenken beschäftigt.

8. Neben dem Drang nach Einordnung zeigt sich in unserer Sammlung noch ein ganz andersartiges Verlangen, das ebenfalls dazu führt, Physik zu entdecken: die Lust, der Einfall, es möchten Dinge „gehen", die dann offenbar doch nicht gehen. Warum sollte man nicht einen Wagen auch von innen davonschieben können?! Dieses Bemühen bringt Erfahrungen, denen sich später gewisse Grundsätze der Mechanik abgewinnen lassen. Technische Träume entdecken ihre physikalischen Grenzen und Möglichkeiten.

Daß nur das eine Kapitel V technische Bemühungen bringt, darf nicht zu dem Schluß verführen, daß Erfindungen den Kindern ferner lägen als Entdeckungen von Zusammenhängen zwischen Naturphänomenen. Nur war „Kinder auf dem Wege zur Technik" nicht mein eigentliches Thema, und das wußten die Zubringer meiner Geschichten.

Daß mir keine einzige Erfindung eines „perpetuum mobile" erzählt wurde (ich hätte sie zweifellos aufgenommen), mag Zufall sein oder daran liegen, daß solche Entwürfe meist in späteren Jahren, nahe der Pubertät, aufkommen. Sie sind dann gar nicht selten und eröffnen einen sehr günstigen Zugang zur Physik.

9. Mancher Leser wird Zweifel spüren, ob Rückerinnerungen, manche nach Jahrzehnten erst notiert, „auch noch stimmen". Ob der Erwachsene nicht, ohne es zu wissen, „etwas dazutut" oder wegläßt, „ausschmückt", „stilisiert"? Auch Einstein spürte diese Unsicherheit: *„Ich erinnere mich noch jetzt – oder glaube mich zu erinnern – ..."*, und hält es doch für wichtig, das Erinnerte zu erzählen.

Es wird genügen, kritisch zu sein und doch überzeugt: „es ist etwas daran." Und welchen anderen Zugang gibt es, welchen besseren Führer, als das alt gewordene Kind selbst, um uns in den Eingang der verschatteten Höhle blicken zu lassen, aus der wir jeder kommen? Und wenn wir einmal viele rückblickende Aufzeichnungen verschiedener Beobachter haben, werden wir Gemeinsames herauslösen können.

10. Man kann auch einwenden, manche der Deutungen, die ich einigen Originalberichten angefügt habe, seien nichts als Vermutungen, unexakt, nicht nachprüfbar, kurz: nicht „wissenschaftlich".

50

Ich weiß. Sie wollen auch nichts anderes sein als vorläufige Gedanken, die man sich macht und ausspricht wie zu einem zweiten Erwachsenen, der mit dabeisteht und den Kindern zusieht und zuhört. Jeder Leser wird ohnehin seine eigenen Gedanken haben.

Wer das Spontane studieren will, wird zunächst auf Eingriffe verzichten und wissen, daß er auf Vermutungen angewiesen ist. Verfrühte „Hilfen", vorzeitig zugeschobene Strukturen lassen leicht das fließende Denken in den Marsch durch das Nadelöhr vorgeplanter Lernschritte verfallen.

Man wünschte sich weit mehr Material dieser Art, mehr Eltern, die sich die Zeit und Besinnung bewahren, um im Vorbeirauschen des Alltags die Lichtblitze des spontanen Denkens ihrer Kinder zu bemerken und ohne Aufschub niederzuschreiben.

Ich danke den Müttern, Vätern, Geschwistern wie den erwachsen gewordenen Kindern, die mir diese Geschichten erzählt haben[4].

## Unbegreifliches beim Karussell

*Nach dem Bericht von Frau W.:*

Als sie vier war, besaß sie ein kleines Spielzeugkarussell. – Sie merkt, daß es außen schnell geht und innen langsam. Das wundert sie sehr, ja, es ist ihr unheimlich: dasselbe Ding, und geht doch zugleich langsam und schnell? – Sie sieht ihm immer wieder zu.

Einmal macht sie aus Knetgummi zwei Männchen und setzt eines außen hin, ein zweites weniger außen und ein Knetgummitier in die Mitte. Sie will sehen, ob sie mitmachen! Sie tun es! – Das ist gut. Es hätte sein können, sie widersetzten sich. Ganz zufrieden ist sie erst später (etwa siebenjährig), als sie an einem Ausflugsort ein richtiges großes Kinderkarussell selber betreten und mitfahren kann. Während die anderen Kinder gerade bei einem Äffchen, also abgelenkt sind, probiert sie es, allein und unbemerkt. Das ist sehr aufregend. Denn wie ein Blitz durchfährt es sie, daß dies „dasselbe" ist: daß sie selbst hier herumfährt wie damals die Knetfigur auf dem kleinen Spielzeug. Sie fühlt sich als das Knetgummiwesen. Sie erinnert sich noch nach Jahrzehnten ihres Herzklopfens: wie es ausgehen würde? Es ging gut aus.

„Wie ein Mantel" fällt nach dieser Klärung die Unruhe von ihr ab. Sie hüpft und läuft davon und mischt sich unter die anderen Kinder.

Dann hat sie nie mehr daran gedacht, bis vor kurzem, nach einem halben Jahrhundert, als sie in eine Küchenmaschine hineinträumte, in welcher eine rotierende Scheibe Karotten zerkleinerte.

Die Männchen sind *mehr* als Knetgummi-*Kügelchen,* sie sind Wesen, die sich widersetzen könnten, wenn hier etwas nicht stimmte. Zum Glück tun sie es nicht, sie machen mit, sie fügen sich. Sie bestätigen das Seltsame als doch „in der Ordnung". (Das Tier in der Mitte: Tiere waren ihr immer wesentlicher als Menschen.) Ganz überzeugt ist sie aber erst, als sie selbst, persönlich, als Mitbewegtes prüfen kann. Später lernt man es, sich in der bloßen Vorstellung „hineinzuversetzen".

Und später schrumpfen auch die wachen Ordnungshüter aus Knetgummi zu den leblosen Massenpunkten des Physikers.

---

4 Weitere Kinderäußerungen finden sich im vorliegenden Band als Nr. 22, 32, 38, 52.

Ein ausgedehnter fester Körper, der verwirrenderweise mehrere verschiedene Geschwindigkeiten in sich hat, wird vom Physiker dadurch zur Raison gebracht, daß ihm eine und nur eine „Winkelgeschwindigkeit" zugeschrieben werden kann, die für alle seine Punkte dieselbe ist.

## 9  Einladung, Galilei zu lesen  (1964)

Zum vierhundertsten Geburtstag Galileo Galileis (15.12.1564)

Der gelehrte und überlegene Signor Salviati wird ein Gespräch haben mit den Signori Sagredo und Simplicio, einigen Herren des „Arsenals" von Venedig. Das ist, wie sie sagen, ein Institut, in dem „fortwährend Maschinen und Apparate von zahlreichen Künstlern ausgeführt werden". Worüber wollen sie miteinander reden? Über:
Sagredo: „... den *Causalzusammenhang wunderbarer* Erscheinungen –, die zuvor für *unerklärbar* und *unglaublich* gehalten wurden: und wirklich war ich oft *verwirrt* und *verzweifelt* darüber, daß so viele Dinge der *Erfahrung* nicht *erklärt* werden konnten, Dinge, die sogar sprichwörtlich bekannt sind" ... „die die guten Leute selbst nicht fassen können" (S. 3)[1].
Sagredo sagt hier (nicht, was Physik *ist* – wie es am Anfang unserer Lehrbücher manchmal steht –, sondern), wie Physik *entsteht*. Und in diesem Buch (1638) entstand sie, oder – doch – tat sie einen gewaltigen Schritt. Auch in der Schule muß sie immer wieder neu entstehen, wenn sie Antrieb und Bestand haben soll. Hier nun – bei Galilei – sieht man, was dazu nötig ist: ein *Gespräch* über etwas oft sprichwörtlich Bekanntes, das dennoch „zum Verzweifeln" ist und den Nachdenklichen „verwirrt". Trotz aller Erfahrung „wunderbar", „unerklärbar", weil ohne „Zusammenhang" mit dem *ohne weiteres* Glaubhaften, dem Selbstverständlichen. Nicht jeden stört das. So viele „gute Leute" gibt es, die nicht nachdenken, und es genügt ihnen zu wissen, worauf man zu achten hat, beim Schiffbau, beim Brunnenbohren und so bei jedem einzelnen. Physik aber entsteht erst, wenn man den praktischen, handwerklich-technischen Erfahrungsbestand als *Ausgangs*stellung nimmt und *durchstößt*, um auf den *Grund* zu kommen, in dem alle diese Erfahrungen *zusammenhängen*. Wie sehr sich das für die Technik gelohnt hat, wissen wir.
Wie fangen die Drei das an? „Planmäßig", „systematisch"? Erst einfach, dann kompliziert? Sie konnten es nicht, zum Glück. Es gab ja noch keine Physik, keinen Nonius und keinen Newton. Sie konnten noch nicht die Ordnung der Handbücher, das heißt die Systematik des verwalteten Wissens verwechseln mit der Systematik

---

1 Galileo Galilei: Unterredungen und mathematische Demonstrationen. Ostwalds Klassiker der exakten Wissenschaften. Bd. 11, 24, 25. Leipzig 1890. (Alle Zitate sind Bd. 11 entnommen, alle Hervorhebungen hinzugefügt.) Siehe Fußnote 2.

des Suchens. *Diese* Planmäßigkeit des Suchens nach dem im kuriosen Einzelfall versteckten Grundsätzlichen ist es, die uns Lehrer angeht, und hier, bei Galilei, können wir sie lernen:

Sie beginnen sofort mit einer handwerklich-technischen Erfahrung, aber sie *fragen,*
Salviati: „... *weshalb* man ein *so viel größeres* Gerüst erbaut, um jene" (deutet er aus dem Fenster?) „große Galeere vom Stapel zu lassen, während man sie *lange* nicht in *demselben* Maße *kleiner* für *kleinere* Schiffe gebraucht" (S. 4).

Offenbar ist davon die Rede, daß ein Schiff, ehe es ins tragende Wasser gleitet, von Gerüsten gestützt werden muß, um nicht unter der eigenen Last zu zerbrechen. Nun verlangt natürlich ein großes Schiff mehr Stützung als ein kleines. Worüber man sich aber wundern muß, ist, daß das zehnmal größere Schiff nicht auch zehnmal mehr Stützmaterial braucht. Sondern *mehr* als zehnmal. Ein kleines aus Streichhölzern gebasteltes Modell braucht ja überhaupt keines! Stellt man es sich aber hundertmal vergrößert vor, so *spürt* man, daß es einstürzen wird; aus *Erfahrung* weiß man das, *nicht* aus *Einsicht.* Deshalb ist es erstaunlich. Man erwartet „Proportionalität" (alle Kinder tun das), das heißt

Sagredo: „... alle Begründung der Mechanik basiert auf *Geometrie.*" ... „Wenn nun eine *große* Maschine *in allen Teilen ähnlich* der kleinen gebaut wird, und die letztere als fest und *widerstandsfähig* erwiesen ist, so *sehe ich doch nicht ein, warum* dennoch eine Gefahr gefürchtet wird" (S. 4).

(Für die große, meint er. „Ähnlich": hier im Sinne der Geometrie: formgleich.) Es ist von größter Bedeutung, daß schon in Salviatis erster Fragestellung „alles drin" ist, was Physik konstituiert: das quantitative, das variierende, das funktionale Fragen („größer – kleiner"; „nicht in demselben Maße"). Aber noch spricht er nur von Galeeren. Sie sind sein „Einstieg".

Sagredo nun, in seiner Bemerkung, hat nicht nur schon ein wenig *verallgemeinert* („Maschinen"), hat nicht nur sein Verwundern *begründet* („Geometrie"), er hat auch *schärfer* formuliert („in allen Teilen ähnlich", „widerstandsfähig).

*Diese Verschärfung steigern sie nun beharrlich.*

Salviati widerspricht zunächst mit Temperament, so scharf wie anmutig:
„Die Meinung des Volkes ist hier völlig irrig, und sogar so sehr falsch, daß man das Gegenteil behaupten kann",
fängt sich aber und fährt sehr höflich fort:
„... hoffe ich ..., ohne arrogant zu erscheinen, versichern zu dürfen, daß ... *bloß weil es eben Materie ist,* die größere Maschine, wenn sie aus demselben Material und in *gleichen* Proportionen hergestellt ist, in allen Dingen der kleinen entsprechen wird, außer in Hinsicht auf Festigkeit und Widerstand" (S. 4).

Physik ist mehr als Geometrie, will er damit sagen; daß man also zu den „abstrakten Sätzen der Geometrie" hinzunehmen muß, daß ihre Räume mit *Materie* ausgefüllt sind. Wobei der Unterschied zwischen groß und klein, den er meint, *nicht* herrührt von ihrer „Veränderlichkeit und Unvollkommenheit", die es *auch* gibt (daß sie also ungleichmäßig ausfüllt, Spannungen und Risse haben kann), sondern einfach aus ihrer Materialität, ihrer Körperhaftigkeit.

Er hat jetzt schon so genau gesagt, wovon die Rede sein soll, daß er sich nun sogar

erlauben kann, seiner Behauptungen eine lockere, eine paradoxe und deshalb zündende Form zu geben (S. 4):
„je größer, um so schwächer wird sie sein"
(die Maschine), und dies gelte (neue Verallgemeinerung!) „nicht bloß für Maschinen und für alle Kunstprodukte, sondern auch für Objekte der *Natur ...*" (Auch Technik hat nur mit Natur zu tun. Nicht alle wissen das heute noch –.)
„Geben Sie daher, Herr Sagredo, Ihre – Meinung auf ...!" (S. 5), ruft er schließlich jovial (und wenig pädagogisch).
Aber Sagredo ist ein idealer Partner, offen, höflich, kritisch, klug. Er reagiert nicht bequem. Er gibt eine meisterhafte, genaue und wahrhaftige Beschreibung dessen, was im Lernenden vorgeht, wenn er „nur so ungefähr", halb und vorübergehend ahnt, aber nach dem genauen, ganzen und unvergänglichen *Verstehen* verlangt:
„Ich fühle bereits meinen Sinn sich ändern, und wie eine Wolke vom Blitze erleuchtet wird, so ahne ich ein *plötzliches* Licht, das mich wie aus weiter Ferne erleuchtet und *sofort* wieder verwirrt, indem es mir *fremde* und *undurchdachte* Vorstellungen erweckt" (S. 5).
Unverzüglich formuliert er noch einmal (man kann es nicht oft genug tun, immer anders, immer schärfer!):
„daß es unmöglich sei, zwei Maschinen aus *gleichem* Stoff zu construieren, die dabei *ungleich* groß und von *gleicher* Widerstandskraft seien" (S. 5),
und beweist sein fundamentales Verstehen der Fragestellung, indem er aus der Maschine, oder aus dem Natur-Objekt, *den* Teil herausdenkt, auf den es „ankommt":
„daß man nicht *zwei* Stäbe finden wird aus *derselben* Holzart, gleich in Stärke, aber von *ungleicher* Größe" (S. 5).
Salviati, hocherfreut („So ist es, Herr Sagredo!") nimmt diese Vorstellung sofort auf und wiederholt sie in einer nun schon raffinierten, fast infinitesimalen Fassung, die den Mathematiker erkennen läßt, ohne doch dem Anfänger unverständlich zu sein:
„... wenn wir einen Holzstab in horizontaler Stellung in eine senkrechte Mauer einlassen, denselben aber von solcher Länge und Breite wählen, daß er sich *gerade noch* erhalten kann, um *eines Haares Dicke* aber verlängert, *schon* zerbrechen müßte durch das eigene Gewicht – ein Unicum freilich – ...: alle von *größeren* Dimensionen werden zerbrechen, nur die *kleineren* werden noch belastet werden dürfen" (S. 5).
Die Einsicht, die er bereits besitzt, seine Partner noch nicht, begeistert ihn:
„Möchten Sie aber, meine Herren, alle Beide" (Simplicio hat noch nichts gesagt; aber nach dem, was später folgt, dürfen wir annehmen, daß er sehr aufmerksam ist, vermutlich mit gerunzelter Stirn und vielleicht mit aufgestützten Armen) „bemerken, wie sehr diese Behauptungen wahr sind, obwohl sie zunächst unwahrscheinlich erscheinen. Aber, nach einiger Überlegung fällt der die Wahrheit verhüllende Schleier, und einfach und nackt erblicken wir ihre schöne Gestalt" (S. 5 f.).
Er spricht jetzt in gehobener Stimmung, und sie trägt ihm neue Beispiele zu. (Vermutlich *weiß* er etwas von seinem Rausch und spricht lächelnd und mit lebhaften Gesten):
„Ist es nicht klar, daß ein Pferd, welches 3 oder 4 Ellen hoch herabfällt, sich die

Beine brechen kann, während ein *Hund* keinen Schaden erlitte, desgleichen eine *Katze* selbst von 8 oder 10 Ellen Höhe, ja eine *Grille* von einer Turmspitze und eine *Ameise,* wenn sie vom Monde herabfiele? Kleine Kinder erleiden beim Fall keinen Schaden, wo sich Bejahrte Arm und Bein zerbrechen" (S. 6).

Vermutlich lächelt auch Sagredo über soviel Überschwang, erhebt vielleicht sogar leicht abwehrend die Hand und die Augenbrauen: Denn die Katze versteht sich aufs Fallen, die Grille profitiert vom Luftwiderstand, und die Ameise – nein, daß sie vom Mond festgehalten werden würde, das wußte wohl weder Salviati noch Sagredo (aber Kepler hätte es vermutet). Und alte Leute brechen sich so leicht die Glieder doch auch deshalb, weil ihre Knochen spröde geworden sind.

Salviati weiß es. Erkehrt auf die Erde zurck: daß also eine große Eiche andere Proportionen haben muß als eine kleine, um sich zu halten, und daß es keine Riesen geben kann „außer durch Wunder" oder mit überdicken Knochen. Dann kommt er wieder auf Säulen und erzählt einen Unfall (der hier zu weit führen, aber alle Buben interessieren würde) und der Simplicio sein erstes Wort („wahrhaftig merkwürdig") entlockt.

Das Gespräch, das bis jetzt etwa eine halbe Stunde gedauert hat (es wird sich sechs *Tage* fortsetzen!), hat hier eine Stau-Stufe erreicht: *Alle wissen nun, worum es geht.* Zielsicher hat es die Frage Schritt für Schritt präzisiert. Hätte Salviati es nicht auch in kürzerer Zeit vortragen können? Sicherlich. Aber Galilei weiß: im Unterricht genügt es nicht, daß der Lehrer die Frage kurz und gut formuliert. Sie muß durch Gespräch bei allen zünden.

Es ist soweit. Nun wollen sie alle „den Grund ... einsehen" (S. 7).

Salviati läßt es sich nicht zweimal sagen, und nach dem üblichen bescheidenen Vorspruch:

„Ich stehe zu Diensten, wenn mein Gedächtnis mir nur das wieder vorführt, was ich bereits von unserem Adademiker gelernt habe..."

(auch er hat es also gelernt, von Galilei?) räuspert er sich wohl, hebt an zu dozieren und stellt die Frage sogleich in ihrer *letzten* Verdichtung:

„untersuchen, was *eigentlich* geschieht, wenn man ein Stück Holz zerbricht oder einen anderen festen Körper"; (S. 7)

„Eigentlich", das heißt hier: „physikalisch gesehen". Der „reine Fall" (Spranger) ist erreicht.

Salviati hat nun offenbar die Absicht, die angestaute Spannung in einem von *ihm* schön gefaßten Kanal abzuleiten. Aber ausgerechnet Simplicio wirft ihm gleich wie Steine drei Fragen auf einmal in den Weg – man lese sie nach –, die schon ahnen lassen, daß er keineswegs ein „Simpel" ist, sondern ein Repräsentant des gesunden Menschenverstandes, nicht dumm, etwas langsam und etwas konservativ. Salviati spürt die Versuchung eines jeden allzu gut vorbereiteten Lehrers, die Zündschnur auszutreten, die er selber angesteckt hat, weil er an das Ziel („der Stunde") denkt:

„In neue Spekulationen, die unserem Ziele ferner stehen, können wir eingehen, wenn wir die bereits angedeuteten Schwierigkeiten gelöst haben" (S. 8).

Der vermittelnde Sagredo läßt ihm indessen diese systematisch-autoritäre Wallung nicht durchgehen:

„Aber wenn unser *Abschweifen* uns zur Erkenntnis neuer Wahrheiten führt, was sollte uns, die wir *nicht gezwungen* sind, in gedrängter conciser Methode vorzugehen, sondern zu unserer *eigenen Freude* unsere Zusammenkünfte veranstalten, was sollte uns hindern, *abzuschweifen,* um Fragen zu erörtern, denen wir *zufällig* begegnen, während sich möglichenfalls ein anderes Mal keine Gelegenheit dazu böte? Und ferner: wer weiß, ob wir nicht recht oft auf Dinge verfallen, die schöner und interessanter sind als die ursprünglich aufgestellten Sätze?" (S. 8).

Salviati („Wohlan denn, weil Sie es wünschen.") gibt nach, verzichtet darauf, alles am Schnürchen seines Konzeptes durchzunehmen und folgt der Zündschnur. Oder, in einem anderen Bild: die Fragen Simplicios verwandeln den kanalisierten Vortrag in einen Sturzbach von Einfällen, Exkursen, Einlenkungen (auch Totwassern: wenn Salviati allzu euklidisch wird), so daß erst am Mittag des zweiten Tages das Thema zielgerecht wieder auftaucht! (S. 108 ff.)

Wir folgen dem Strudel nicht weiter. Der Lehrer findet einen reichen, nicht ausgebeuteten Vorrat an Einstiegen und Lehrgängen. Nur einige Andeutungen: Warum ein Seil „hält" und warum Marmor? Horror vacui (zwischen den „Teilchen") oder „Bindemittel" (Kohäsion)? Bei Wasser? Pumpenerfahrungen („Die Wassersäule zerreißt wie ein Seil") (S. 17). Neue Skrupel Salviatis gegen „inopportune" Abschweifung. Aber Sagredo: „... *Gewinn ... der lebendigen Unterhaltung ...; welch ein Unterschied gegen* tote Bücher, *die tausend Zweifel erregen, deren keiner gehoben wird ...* insbesondere *müssen die von Herrn Simplicio geäußerten Bedenken erledigt werden."* (!, S. 26). Atomismus oder Continuum? Blei-Schmelzen durch Hohlspiegel; Wärme und Bewegung; ob Licht Zeit braucht (S. 39), wieweit Gold verdünnbar ist (S. 47). Fall-Gesetze (S. 59), Fallen und Schweben im Wasser, in Luft; Wägung der Luft, Auftrieb; Pendel ... Und so fort!

Genug: Man lese. Da nun der Text wieder jedem erreichbar ist[2], mag der Traum sich erfüllen, daß Studenten eines Pädagogischen Seminars Teile dieses Dramas aufführen, dieses Lehr-Spiel dreier unsterblich gewordener Gestalten; in der Kleidung und in einem Gemach der Zeit, durch dessen offenes Fenster man den Mast der Galeere schaukeln sieht.

---

2 Ein Neudruck der „Untersuchungen" ist bei der (unter Naturwissenschaftlern zu wenig bekannten) „Wissenschaftlichen Buchgesellschaft" (Darmstadt) 1964 erschienen.

# 10 Lehren mit Respekt/Dialogische Allgemeinbildung in Mittelamerika (1975–77)

*„...die Erkenntnis des einen und die Empfindung der anderen führen einen Kampf, dessen Ausgang ganz ungewiß ist, da man ... all das kennen müßte, was im Innersten des Menschen vor sich geht und was der Mensch selbst fast niemals kennt. Daraus erhellt: wovon man auch überzeugen wolle, man muß auf den Menschen achten, den man überzeugen will; man muß seinen Geist und sein Herz kennen und wissen, welche Prinzipien er anerkennt, welche Dinge er liebt."*    Blaise Pascal

*1. Um beim ICECU als Redakteur zu arbeiten, müssen Sie wissen, daß Sie jedes natürliche Phänomen, jedes wissenschaftliche Problem und jede menschliche Philosophie jeder Person, einschließlich dem Analphabeten, verständlich machen müssen. „Nur mit Blut gelangt man zu Kenntnissen", sagte man früher. Wir sagen: mit dem Blut des Redakteurs.*

*2. Versuchen Sie niemals zu erklären, was Sie selbst nicht vorher vollständig begriffen haben. Verlassen Sie sich nicht auf Ihre Kenntnisse. Zweifeln Sie, forschen Sie, überlegen Sie und dann sprechen Sie.*

*3. Ihre Antwort muß den Hörer davon überzeugen, daß er alle geistigen Fähigkeiten habe, um das vorliegende Problem zu begreifen. Niemals dürfen Sie den Eindruck entstehen lassen, daß Sie ein höheres Wesen seien und über ein für ihn unerreichbares Wissen verfügen.*

*4. Reduzieren Sie Ihr Vokabularium auf direkte und simple Ausdrücke. Das zwingt Sie selbst zu konkreter Ausdruckweise und erleichtert das Verständnis.*

*5. Ihr Hörer verfügt im allgemeinen über größere menschliche Reife und mehr Erfahrungen als Sie. Er ist kein kleiner Junge. Erklären Sie, vermeiden Sie es jedoch, Belehrungen zu erteilen. Seien Sie ernsthaft, aber nicht dogmatisch.*

*6. Ihre Philosophie bzw. Lebensanschauung und die des Hörers sind sehr verschieden – schon wegen der unterschiedlichen Erfahrungen, die Sie und ihn geformt haben. Man kann keine Philosophie aufzwingen. Sie erwächst aus der Information und wird in freier Überlegung geboren. Sie haben die Information zu geben.*

*7. Sie dürfen niemals bei Ihren Hörern Kenntnisse voraussetzen.*

*8. Ihr Hörer ist müde und hat persönliche Probleme. Nur ein großes Interesse vermag ihn am Radio zu halten. Ermüden Sie ihn nicht, indem sie ihn zu akrobatischen geistigen Handlungen zwingen. Überfüttern Sie ihn nicht mit unnötigen Daten. Seien Sie faszinierend, klar und kurz. Ihre Anstrengung steht im umgekehrten Verhältnis zu der des Hörers.*

*8. Ihr Hörer ist bereit, nachzudenken. Das Nachdenken ist die Grundlage menschlicher Entwicklung. Bieten Sie ihm Überlegungsmöglichkeiten an und nicht Kenntnisse, die diesen Prozeß zum Stillstand bringen könnten wie z. B. Verzeichnisse, Daten, Formeln etc.*

*10. Ein Sprichwort sagt, daß Ratschläge nur den unterhalten, der sie gibt. Beschränken Sie sich darauf, Ratschläge nur zu erteilen, wenn Sie darum gebeten werden.*

Ein Dekalog der Didaktik? Bei einigen dieser Gebote wird sich ein Leser, der Lehrer ist, betroffen fühlen: gleich beim ersten, beim zweiten wieder, auch beim dritten und vierten … Bei anderen wird klar: eine übliche „Schule" kann das nicht sein. „Redakteure", „Hörer", „Radio": diese Wörter deuten darauf hin, daß die Gebotstafel sich wendet an Vortragende, an Dozenten, die im Rundfunk sprechen. Zu Hörern allerdings von absonderlicher Art: Analphabeten vielleicht (1) ohne alle Kenntnisse (7) und doch – unglaublicherweise – von größerer menschlicher Reife (5) als selbst der Dozent, im Besitz einer „Philosophie bzw. Weltanschauung" (5) …
So kommt man schließlich zu der Vermutung, es werde sich um Radiovorträge handeln in einem sogenannten Entwicklungsland?
So ist es denn auch, und die Überschrift lautet

„Dekalog für Redaktionsmitarbeiter
des Instituto Centroamericano de Extension de la Cultura"

Das Institut („ICECU") hat seinen Sitz in San José (Costa Rica). Es wendet sich an zwei Millionen Land-Arbeiter („Campesinos") in entlegenen Bezirken. Dort gibt es wenig Schulen und keine Tageszeitungen oder gar Zeitschriften.

Ist es so schwierig, diesen einfachen Landarbeitern (Indios und Mischlingen) die Grundzüge unserer Kultur mitzuteilen, wie diese anspruchsvollen Regeln vermuten lassen? Die Mühen eines Fachlehrers schon in unserem eigenen Land, seine Mühe, wieder herauszutreten aus den Wänden seiner „Disziplin" (etwa der Mathematik), in den freien Raum seiner noch unbefangenen Schüler: sie sind gering, vergleicht man sie mit der beinahe unlösbaren Aufgabe, die Menschen der „Entwicklungsvölker" in die moderne Welt unbeschädigt hinüberzugeleiten.
Auch diese Menschen bewegen sich zwar auf Straßen, in Plantagen, Urwäldern, Werkstätten; auch sie sehen über sich den Mond zwischen ziehenden Wolken. Aber sie sehen und verstehen alles das anders als wir: Die Überlieferung der Ahnen wohnt noch in ihnen, mögen sie auch Autos lenken und Radio hören[1].
Als die Engländer in der Mitte des vorigen Jahrhunderts Telegrafenleitungen durch Indien zogen, mußten die Eingeborenen ihnen zutrauen, daß sie etwas vermöchten, was sonst nur den Heiligen möglich schien: die Überwindung von Raum und Zeit: Anderswo sein, ohne hingehen zu müssen. Es gab unerfüllbare Glaubenserwartungen der Massen und Proteste der Priester, es gab Verwirrung. (Nach W. u. B. Kölver in „Die Zeit" vom 26.3.76, S. 78)
Paulo Freire (Verfasser des Buches: Pädagogik der Unterdrückten, Stuttgart 1971) berichtete bei einem Pädagogen-Symposion in S. José, daß in Peru Indios Wind-

---

1 Der Geist ist verschlossen für neue Informationen und Erkenntnisse, solange alte Fragen offenbleiben. Was kultiviert werden soll, darf nicht isoliert werden. Wenn wir nur nackte Informationen verordnen, erzeugen wir bloß eine andere Form des Mystizismus hinter der Maske der Wissenschaftlichkeit. Die neue Magie der Wissenschaft nimmt die Stelle der alten Mythologie ein, beide unzugänglich dem rationalen Verstehen. – Denselben Zwiespalt, dieselbe Doppelbödigkeit finden wir auch noch in unseren industriell und wissenschaftlich hochentwickelten Ländern. Roderich Thuns Unternehmen ist deshalb nicht nur an sich interessant, sondern zukunftweisend für alle Länder, eingeschlossen solche mit einem hohen Grad formaler Schulung.

mühlen, die man ihnen einfach hingesetzt hatte, zerstörten – aus magischer Angst, diese unverständlichen Gebilde könnten ihnen den Wind verwirren. Wind ist für sie eine samentragende, erntebestimmende Macht. Wir dagegen verstehen sie physikalistisch: „nichts anderes als Luftbewegung".

Als die Campesinos Mittelamerikas auf dem Fernsehschirm oder in Zeitungen abgebildet sahen, wie vermummte Amerikaner den Fuß auf den Mond setzten, konnte man zwei Meinungen unter ihnen hören: Grober Fernseh-Schwindel, oder, sollte es doch war sein: ein ungeheurer Frevel.

Frevel? wieso? fragen wir da schnell.[2] Sind *wir* jetzt die Verwirrten, so wie die Indios vor den Windmühlen. Weiße, die noch als Kinder mit den Campesinos aufgewachsen sind, verstehen es noch: „Der Mond ist für unsere Bauern ... ein unbegreifliches Zeichen göttlicher Präsenz von Kind an."

Direkt und am hellen Tage befragt findet der „wissenschaftsorientierte" Weiße da nichts Unbegreifliches: Der Mond ist längst begriffen, und seit kurzem mit Händen (freilich in Astronauten-Handschuhen), er „ist nichts anderes als" eine wüste Felskugel.

Bei Nacht aber verspüren auch wir ihn doch bisweilen sehr anders. Da ist er ganz und gar nicht jener durch einen Akt isolierter Intelligenz aus dem Firmament herausgeschälte und hinausgeworfene „Körper". Da haben wir ihn selber vor uns inmitten seiner Sterne und Wolken, und er blickt uns an (was sein Fernsehbild niemals fertigbringt). Wenn er seine goldene flirrende Lichtlanze übers Meer legt und auf jeden einzelnen richtet, der am Strande steht; aber auch wenn sein kalkiges Warnlicht auf fremde Hauswände fällt: Es gibt Menschen auch unter uns, die in solchen Augenblicken gebannt sind und flüstern mögen: Es ist nicht auszudenken, wie es wäre, wenn wir unseren Mond nicht hätten! In einer solchen Stimmung sind wir ganz vollständig, den Indios eine Spur näher als sonst; nicht benommen von der physikalischen Reduktion, in deren Sprache zwar das Wort „Masse" vorkommt, aber das Wort „Frevel" keinen Ort mehr hat.

Was kann man tun, um dieser abgeschnittenen Menschengruppe über die Kluft hinwegzuhelfen, die ihr inneres Leben trennt von dem äußeren und distanzierten Umgang mit den Nachkommen der „Eroberer", deren unverstandene Gedanken und undurchschaubare Maschinen sich breitgemacht haben in den Städten? Soll man die in Urwalddörfern und Plantagen Verstreuten in Volkshochschulen zusammenrufen, soll man sie an ihren Wohn- und Arbeitsplätzen durch das Radio überfluten mit üblichen Informationen über die Grundzüge modernen Wissens, mit Vorträgen, ausgedacht an fernen Schreibtischen, soll man Programme ablaufen lassen, wie sie von wirtschaftlichen, religiösen, politischen Interessengruppen ausgehen? Solche Sendungen würden gar nicht aufgenommen werden können, bevor nicht etwas wie ein Boden allgemeiner Bildung bereitet, eine persönliche Vertrauensbindung herge-

---

2 „Wir" haben uns, angesichts dieses großen Gegenüber, davon gemacht in eine Flucht nach vorn. Nun haben wir dafür *zwei* Monde zur Wahl: den der Dichter und den der Physik, der auch der Astronautenmond ist. (Und was würden wir wohl sagen, ernsthaft ins Gebet genommen mit der Frage: Welcher von den beiden Monden ist nun der „*wirkliche*"?)

stellt wäre an einige Städter. Die innere Welt der Campesinos würde durch die sterilen Sedimente solcher gutgemeinten Kollektiv-Sendungen wie durch einen Aschenregen begraben, also nicht erreicht werden. Wenn man die Vergeblichkeit solcher Oberflächen-Information erkannt hat, zu der ein Redefluß verurteilt ist, der sich an Massen richtet, deren (um mit Pascal zu reden) Prinzipien und Herzen man nicht kennt, deren Neigungen man nur ahnt: Erst dann wird man die unglaubliche Genialität der Konzeption würdigen, mit welcher der Gründer und Leiter jenes ICECU, Dr. Roderich Thun, seinen Weg erkannte: Man darf nicht die Massen mit ausgedachten Belehrungen überschütten, man muß sie erst fragen, was sie denn wissen wollen, jeden einzelnen, und sie müssen die Möglichkeit und das Zutrauen haben, auszusprechen, was sie verwundert und was sie erfahren und verstehen möchten. Es muß, mit anderen Worten, ein Gespräch mit den Millionen Einzelnen in Gang gesetzt werden.

Eine Idee, so selbstverständlich wie undurchführbar, möchte da mancher auf den ersten Blick meinen, und es läßt sich ausmalen, welche Einwände anfangs in der Luft gelegen haben mögen: Wollen denn „die" überhaupt etwas wissen? Man sieht doch, wie gleichgültig und verantwortungsunfähig sie sind! Außerdem: wie will man denn erfahren, was der Einzelne wissen möchte, und wie ihm die rechte persönliche Auskunft zukommen lassen? Der Gedanke Thuns ist von produktiver Unbefangenheit: Sie sollen Briefe schreiben können, ihm und seinem Team, mit ihren persönlichen Fragen, jeder in seiner Sprache. Wer nicht schreiben kann, und das sind viele, findet sicher einen, der es für ihn tut. Und dann wird man ihnen durch Radiosendungen antworten!

Man spürt, daß dieser Plan nur Menschen gelingen kann, die mit den Campesinos durch ernsten Respekt und tiefe Sympathie verbunden sind. Hier liegt die Quelle ihrer Energie. Und daß Frau Manuela Thun in Costa Rica aufgewachsen ist und als Kind mit den Campesinos eng vertraut war, ist eine besondere Gunst. Der Keim der Thunschen Unternehmung ist ihre gemeinsame Erfahrung, daß die Campesinos tatsächlich vieles fragen möchten (und an Intelligenz und kritischer Lernlust den Weißen durchaus nicht unterlegen sich zeigen); wenn sie nur wüßten, wem sie vertrauen könnten. Da die Thuns dieses Vertrauen ausstrahlten, konnte man beginnen, und da sie es in wachsenden Ringen ausbreiteten, ist heute, vierzehn Jahre nach der Gründung (1963), die Lage dieses imponierenden unaufhörlichen Dialogs mit zwei Millionen Menschen zwischen Südmexiko und Venezuela die folgende:

Die Zelle: ein kleines einstöckiges Gebäude am Rand der Hauptstadt San José (dort wohnen 300000 Menschen in 1300 Meter Höhe). Wenige Mitarbeiter: jene „Redakteure". In einem der Räume sind die Wände bedeckt mit Briefordnern. Sie bewahren bis jetzt weit über 100000 Fragen auf (mitsamt ihren Antworten), die seit 1963 in immer dichteren Schwärmen dort mit der Post eingekehrt sind (1975 waren es 8175 Briefe mit 15061 Fragen), und zwar kommen sie aus der ganzen, 3000 km langen, vulkangekrönten Landbrücke Mittelamerikas (etwa die Hälfte aus den sechs eigentlichen zentralamerikanischen Ländern Guatemala, Honduras, San Salvador, Nicaragua, Costa Rica, Panama). Alle diese Briefe werden von den Redakteuren im Geiste jener „Zehn Gebote" gelesen und beantwortet, alle. Und zwar so, daß es alle hören können: 50, meist kommerzielle Sendestationen in den sechs Staaten strahlen die Antworten aus, spanisch (in Costa Rica und Guatemals und auch in indianischen Sprachen). Empfangen werden sie mit den billigen und tragbaren Transistor-Geräten bei der Landarbeit oder in den Familienkreisen der entlegenen Dörfer. Tausende können hören, was einer von ihnen wissen wollte und was auch sie gern gefragt hätten und nun beantwortet finden. So kommt und bleibt in Gang ein ständig sich potenzierendes Gespräch, das auch die Einsamsten mit allen im Nachdenken vereinigt.

Das Programm wird sechsmal in der Woche eine halbe Stunde am Tage gesendet. Manche Themen wiederholen sich und können aus dem Archiv von neuem ihre Antwort bekommen. Aber, gegen alle Erwartung, ist heute noch, nach zehn Jahren, die Häfte aller Fragen neu.

Themen von besonders allgemeinem Interesse, soweit sie nur durch Zeichnungen und Fotos verständlich gemacht werden können, führten zur Ausgabe von einer Art „Bauernkalender" (Almanaque; Scuola per todos – Schule für alle). Dieses „Jahrbuch" erreichte 1975 eine Auflage von 500 000 Exemplaren. Jedes kostet soviel wie 1 Mark 40.

Die Arbeit der ICECU wird moralisch, pädagogisch und finanziell getragen von der Republik Costa Rica, dem Deutschen Volkshochschulverband und dem Bundesministerium für wirtschaftliche Zusammenarbeit.

„Entscheidend ist für die Ausrichtung der Redaktion des Radioprogramms und des Lesematerials die Zielsetzung, welche im Gründungsgesetz dem Institut gegeben wurde: Wir haben, so heißt es dort, für jene zu arbeiten, die keine oder nur wenig Schulbildung haben. Dieses Ziel nicht aus den Augen zu verlieren, ist nicht nur wichtig, sondern auch schwierig. Aus diesem Grunde arbeitet die Redaktion sowohl bei der Beantwortung der Fragen wie auch bei der Verfassung der Artikel für den „Bauernkalender" in zwei Gruppen. Die erste Gruppe ist für die sachliche, wissenschaftliche Richtigkeit der Texte zuständig. In ihr arbeiten auch Wissenschaftler aus verschiedenen Fachgebieten. Die zweite Redaktionsgruppe muß die oft schwierigen Erklärungen der Fachleute so darstellen, daß auch der einfache analphabetische Radiohörer sie verstehen kann. –

Entscheidend für den Erfolg war wohl die Grundregel dieses Instituts, jede, auch die anscheinend törichteste Frage ernst zu beantworten … Es gibt kein Gebiet menschlichen Denkens und Handelns, das nicht berührt würde; dabei sind die konkret für die Arbeit des Fragenden nützlichen Themen durchaus nicht in der Mehrzahl."
(Thun)

Gleichwohl sind die Fragen aus dem Bereich der Landwirtschaft und der Viehhaltung natürlich sehr häufig, und das Landwirtschafts-Ministerium von Costa Rica hat einen seiner besten Fachleute seit Jahren ganz an das ICECU abgeordnet, damit auch neue Verfahren und Techniken vorgestellt werden.

Die kleine Auswahl von Fragen, die hier folgt, möge bei solchen praktischen Problemen beginnen und sich dann in lockerer Anordnung zu Fragen des Weltbildes hin fortsetzen[3].

Was enthält diese sandige Asche, daß sie den Mais und die Bohnen vernichtet?
Einer meiner Brüder möchte wissen, wie ein Kaffeearbeiter es macht, zwei Körbe Kaffeebohnen pro Tag zu schälen.
Welche Pflanzen sind am besten, um sie in die Nähe von kleinen Brunnen zu setzen, ohne daß diese austrocknen?
Welche sind die besten Sorten von Mais, Bohnen und Reis?
Wie kann ich ein Maß herstellen, um Mais zu messen?
Ist es wahr, daß Süßkartoffeln, wenn man sie nicht rechtzeitig erntet, sich in eine andere Frucht verwandeln?
Eine Kuh hat anscheinend Rheuma. Alle Mittel haben nicht geholfen. (Beschreibt die Krankheit?)
Was kann man einer Stute geben, damit sie zunimmt und stark wird?
Wenn die Grille nicht jedesmal neu ersteht, was macht sie dann im Winter?
Ich möchte wissen, ob der Kolibri zu dem Ort zurückkehrt, von dem er weggeflogen ist für eine solch lange Reise?
Denken die Tiere? Zum Beispiel ein Hund beißt seinen Herrn nicht. Kühe und Pferde gehen nicht dorthin, wo Gefahr droht.
Warum regnet es jetzt nicht? Ist es eine Sache Gottes oder ist es so, daß die Bäume den Regen rufen?
Warum gibt es Pflanzen, die beim Dunkelwerden einschlafen?
Es gibt einen Baum, „Macano" genannt, weil er immer weint. Wenn man sich unter ihn stellt, merkt man, daß Wassertropfen von seinen Zweigen fallen, im Winter und im Sommer. Warum ist das so?
Ist es gesund, Regenwasser zu trinken?
Wo wächst das Wasser, das täglich aus der Erde geboren wird?
Ich möchte wissen, warum man an allen Stellen der Erde, wenn man 25 Meter tief gräbt, Wasser begegnet. Könnte es nicht sein, daß die Erde auf Wasser ruht?
Warum, wenn doch dieselbe Sonne die ganze Erde bescheint, gibt es Gebiete, die übermäßig kalt, die warm und die sehr heiß sind?
Wie vermehren sich die Steine, denn in den Flüssen sind viele, und jeden Tag erscheinen mehr?
Warum leuchtet der Mond, und was enthält er innen?
Was sind das für Sterne, die man wandern sieht?
Was ist der Wind, von was bildet er sich und woher kommt er?
Wo entstehen die Wolken, die in der Luft stehen, und mit was sind sie beladen?
Womit bewegt sich der Geier am Firmament, ohne die Flügel zu schlagen?
Was macht ein Flugzeug, sich zu erheben, voll von Last? Ist es nur die Kraft der Motoren oder gibt es andere Kräfte, die ihm helfen?
Warum haben wir dieses Jahr einen so langen Sommer?

---

3 Wieviel den Campesinos an den Sendungen gelegen ist, zeigt der Besuch einer Indio-Frau, die, aus dem 500 km entfernten Honduras kommend, sich im ICECU in San José meldete mit zwanzig Fragen ihrer Dorf-Nachbarn. Sie hatte sie zur Sicherheit auswendig gelernt.

Was für Lichter können das sein, die auf dem Gut meines Vaters erscheinen? Man sieht sie nur in der Dunkelheit, und sie bewegen sich nicht.

Von was kommt das Licht der Leuchtkäfer?

Ist es richtig, daß sich unter der Erde eine andere Welt befindet und daß dort andere Leute leben?

Ist es richtig, daß oberhalb von dem, was wir die Wolken nennen, eine andere Welt ist, mit Menschen und Tieren?

Vor einem Monat hatten wir einen Erdrutsch um 11 Uhr vormittags, und es donnerte dort, während es regnete. Man sagt, daß ein großes Tier dort herauskommen wird. Was für ein Tier ist das? Wo wird es leben?

Ist es wahr, daß die Sonne baden geht? Ich habe sie oft in einem siebenfarbigen Kreis gesehen. Ist es wahr, wenn sie sich früh badet, daß es dann später regnet?

Warum stolpert einer, der Marihuana raucht, nicht ebenso wie ein Betrunkener? Ich möchte alles wissen, was mit Drogen zusammenhängt.

Wie heilt man eine Person, die eine angezauberte Krankheit hat?

Warum gibt es dort, wo ein Ehepaar streitet, keine Haustauben?

Einen Brief mit roter Tinte zu schreiben, schadet doch, glaube ich, niemandem. Denn die rote Farbe hat doch mit dem Bösen nichts zu tun?

Wo klagt man eine Person an, die einen mit Zauberei bedroht?

Ich arbeite auf einer ausländischen Kautschukplantage. Wie heißt dieser Kautschuk? Ist es wahr, daß man in seiner Nähe abmagert und blaß wird, und warum?

Was für ein Mittel gibt es, einen Spinnenstich zu heilen? Die Spinne ist eine „Pica Caballos" (eine Art Tarantel).

Ist es wahr, daß Kinder, die mit Strümpfen schlafen, kurzsichtig werden?

Ist es richtig, daß die Sirene, die auf den Sardinen erscheint (auf den Sardinen-Büchsen aufgedruckt), ein Mädchen war, und wo war das?

Es wird erzählt, daß die Erde vor zweitausend Jahren aufhörte, daß alle Menschen ertranken und daß nur einer überlebte. Dieser eine fing an, die Menschheit wieder zahlreich zu machen. Stimmt das?

Ist es wahr, was in der Bibel steht: daß die Flüsse ins Meer kommen, und daß das Meer überfließt, und daß die Flüsse wieder zurückkehren?

Ich möchte wissen, wo die Hölle ist.

Vorigen Monat fragte ich Sie, wie Sie Ihre Idee begründen, daß die Hölle die Abwesenheit Gottes bedeute. Viele Sünder wären froh, daß Gott sie nicht sieht. Die schlimmste Strafe für Kain war ja, daß das Auge Gottes immer auf ihm ruhte. – Ich erwarte Ihre Erklärung.

Ich möchte wissen, wie Sie es machen, um eine Fotografie des Fegefeuers zu machen, wie man sie am Bild der Jungfrau von Carmen sieht, oder ob es eine Erfindung ist, denn mir scheint, daß von uns, die wir auf dieser Erde leben, keiner kann das Fegefeuer kennen.

Wo liegt das Paradies auf Erden, wo Adam und Eva lebten? Was gibt es jetzt dort?

Wenn in Wahrheit die primitiven Indianer Kinder von Adam und Eva waren, wie haben sie es gemacht, diese Meere zu kreuzen, wenn doch Kolumbus mit solchen Schwierigkeiten Amerika entdeckt hat?

Ich möchte wissen, wer jetzt die Welt beherrscht, ob es Gott ist oder der Satanas? Wie ist die Grundlage unserer Erde? Denn wenn sie rund ist wie eine Apfelsine und in der Luft schwebt, wie ist es möglich, daß es so viele Städte gibt? Wie ist es möglich, daß die Menschen nicht umfallen und die Meere nicht auslaufen?[4; 5]

Fragen wie diese, von Erwachsenen offen und dringend vorgebracht: das ist bei uns schwer vorstellbar. („Bei uns": in Ländern der westlichen Zivilisation mit ausgebildetem Schulwesen.) Daraus zu schließen, daß „uns" Derartiges ja völlig klar sei, wäre indessen eine unvorsichtige Vermutung. Wer sich selber streng und unnachgiebig und andere freundlich und gründlich prüft, wird herausfinden, daß diese (und andere) Probleme bei den meisten von uns durch die Schule nicht so sehr überzeugend geklärt als „zum Schweigen gebracht" worden sind. Wer die traditionelle Schule kennt, weiß, daß dieser Effekt damit zusammenhängt, daß sie bisher kaum auf das hinhört (und davon ausgeht), wonach Kinder von sich aus fragen und wovon

---

4 Gemeint ist wahrscheinlich folgendes:
   a) Wenn wir „jetzt" auf der Erdkugel „oben" stehen und sie dreht sich, so werden wir in 12 Stunden mit den Köpfen nach unten hängen und also die Füße oben haben.
   b) Geht man von den obersten Gegenden der apfelsinenförmigen Erde weg, so wird der Boden immer abschüssiger: Städte, Menschen und Meere gleiten ab.
5 Vieles kann leicht und schnell erledigt werden: „Ist es richtig, daß die Welt in Rom endet und sich dort ein dunkler Abgrund auftut?" Nun, so ist es nicht, wird man dann zunächst (in Erwartung einer Rückfrage) mitteilen können. Die Welt geht weiter. – „Wie viele Sprachen gibt es auf der Welt, und wie heißen sie?" – „Wie kann man einen Schnupfen loswerden, wie einen Hexenschuß?" – „Ist Coca Cola im Übermaß ungesund? Und abgestandener Reis oder Kaffee?"
„Ob es wahr ist, daß dort, wo ein Blitz einschlägt, nach sieben Jahren ein Stein erscheint, der mit dem Blitz heruntergegangen ist?" Hier wird man ausholen müssen, um eine halbe Richtigkeit auszugraben.
„Wie schneidet man einen Bananenstrauch aus, wie pfropft man Obstbäume", und „Warum haben wir dieses Jahr einen so langen Sommer?"
Mancher außenstehende Beobachter wird einige dieser Fragen für so wichtig nicht halten, als daß er ihnen Zeit „opfert". Und doch wäre wahrscheinlich nichts falscher, als gerade sie zu überhören. Denn es geht nicht einfach nur um die Auskunft, es geht um totales Ernstnehmen, um Respekt-Erweisung. Ist das Vertrauen gewonnen, dann kommt es so weit, daß ein junger Mann fragt: „Was kann ich tun, damit ein Mädchen sich in mich verliebt?", und ein Mädchen: „Was soll ich tun? Da ist ein sehr guter Junge, der mich heiraten will. Ich mag ihn nicht. Und außerdem bin ich erst 15 Jahre alt, also viel zu jung, um zu heiraten. Wie soll ich mit ihm sprechen, ohne ihn zu verletzen? Bitte geben Sie mir einen Rat!"
Nicht weniger Takt als solche privaten Fragen erfordert die ernsteste Klippe der Verständigung: die Notwendigkeit, wenn nicht Abschied, so doch Abstand zu nehmen von der überlieferten magischen Denkwelt. Uns ist das kausale und rationale Denken von Kind an durch die moderne Welt so früh nahegelegt worden, daß wir als Erwachsene kaum noch begreifen, daß es Gesellschaften gab und gibt, die mit dem magischen Verstehen durchaus sinnvoll leben können.
Das kausale Verbinden der Erscheinungen liegt keineswegs so nahe, wie wir glauben möchten. Gibt es doch sogenannte „primitive" Gruppen, die nicht wissen, daß die Zeugung die „Bedingung" der Geburt ist und daß es donnert, „weil" es geblitzt hat, das heißt, daß der Donner zu einem Blitz „gehört", der ihm voranging. Das anhaltende Getöse tropischer Gewitter läßt solche Zuordnungen gar nicht vermuten, selbst wenn man sie suchte. Man sucht ganz woanders: „Man sagt, daß der Donner die Sprache der Vulkane ist; daß sie miteinander reden, weil es um lebendige Wesen handelt." Es wäre töricht, hier grob zu verneinen, zumal das Wort „Donner" eben Lärm verschiedener Herkunft bedeutet. Und was dort „lebendes Wesen" genannt wird, wird kaum das sein, was der Biologe so nennt. – Es gibt noch eine andere „Donner"-Frage, die wohl leichter zu den vordergründigen physikalischen Zusammenhängen hinführt: „Auf welche Weise und womit formt sich und wo steckt der alte Donner? Ist es wahr, daß er im Meer sitzt? Manche behaupten, daß ihn die Seeleute auf hoher See ebensogut hören, wie diejenigen, die auf dem Festland wohnen. Sei es in der Nähe oder in der Ferne vom Meer, man hört ihn überall gleich stark." –

sie etwas wissen wollen. Statt dessen übersättigt die Schule sie mit Informationen, nach denen sie nicht gefragt haben; von denen nur wir wünschen, daß sie sie lernten und behielten. Indessen: Die unerwünschte Belehrung wird nicht Besitz. (Joseph Conrad, in einem seiner Romane, spricht davon, daß der Drang, andere ungebeten zu belehren, ein Zeichen extremer Unbildung sei.)

Sie haben berichtet, daß die Erde sich dreht. Einige behaupten, das wäre absurd; denn dann würden die Füße oben sein. Und das ist nicht so!

Was für ein Interesse können die Forscher haben, zum Mond zu gelangen, wenn sie doch wissen, daß dieser Ort unbewohnbar ist, weil er kein Wasser hat.

Was für ein Interesse kann der Vertreter einer politischen Partei haben, sich als Präsidentschaftskandidat zu stellen: Macht er es aus Liebe zum Vaterland oder aus Liebe zum Geld?

Das natur-religiöse Weltbild der indianischen Ureinwohner ist in den letzten Jahrhunderten zweimal und in verschiedenen Richtungen zugeschüttet worden: durch die christliche Kirche und durch die Naturwissenschaft.[6] Aus vielen Briefen hat man den Eindruck, daß die heutigen Enkel gegenüber dem, was ihnen da eingeprägt werden sollte, weniger leichtgläubig und nicht so scheu reagieren wie wir. Deshalb gibt es vielfach Rückfragen.

So fragte ein Bauarbeiter zurück, nachdem er gehört hatte, die Erdkugel drehe sich: Wenn das wahr wäre, so müsse er es merken: Oben auf seinem Bau sitzend, und eine Wasserwaage horizontal auf den Knien (in der Ost-West-Richtung versteht sich, in der ja die Rundreise gehen solle): müßte dann nicht schon in recht kurzer Zeit die Waage schräg liegen und das anzeigen? Nichts davon!

Die alten Weisheiten werden selten ausgesprochen. Aber es kommt vor. Die Erdbeben, der Schrecken dieser Länder, woher kommen sie? Man hatte auf diese Frage dargestellt, wie man sich das heute denkt. Es kam eine Rückfrage: ,,Ihr habt uns gelehrt, wie die Erdbeben entstehen. Aber unsere Alten sagen, das sei das Zucken der Großen Schlange, auf der die Erde ruht.''

Die Antwort: ,,Von der Großen Schlange wissen wir nichts mehr. Was wir euch sagten, ist die Überzeugung der Gelehrten in Europa.''

Diese weise Auskunft ist nicht ausweichend. Das indianische Bild kann nicht in die naturwissenschaftliche Sprache übersetzt werden ohne Verflachung. Jene ,,Große

---

6 Um die Leistung des ICECU zu würdigen, muß man die Geschichte der mittelamerikanischen Länder bedenken:

Die Nachkommen alter Kulturzentren, von den Eroberern nicht nur ihrer Reichtümer beraubt, sondern auch in ihrer geistigen Welt verstört, leben seit Jahrhunderten in einem nahezu resignierenden Widerstand. Entwurzelung zerstört. Bloße Anpassung an den wirtschaftlichen Entwicklungsprozeß hilft wenig, besonders dann, wenn der sich hilfreich Glaubende die Zurückhaltung der Eingeborenen als ,,Passivität'' oder gar ,,Verantwortungslosigkeit'' mißdeutet und ihre befremdende Mentalität als Mangel an ,,Intelligenz''. Aber unsere Methode der Intelligenzmessung ist bei ihnen nicht anwendbar. Intelligenz zeigt sich hier eher im Schweigen als im Antworten auf Standardfragen fremder Leute. Sie tritt hervor, überraschend (und nicht sie allein) in eigenen Fragen gegenüber Menschen, zu denen Vertrauen zu fassen möglich wurde.

Schlange" trägt die ganze Erde und symbolisiert damit die ungewisse Grundlage unserer irdischen Existenz.

*Literatur*

H. Becker: Weltweite Erwachsenenbildung – Bildung und Erziehung in neuen Dimensionen, in: Neue Sammlung 1967/2, S. 91.

# 11 Zum hessischen Versuch einer konstruktiven Auflockerung der Prima (1952)

Konservative Naturen pflegen zu fordern, man solle der Schule heute nur die Ruhe geben, um sie wieder zu Kräften kommen zu lassen. Das scheint uns nicht auszureichen: wir erwarten nämlich dann die Selbsterstickung des Dickichts. Wir möchten deshalb eher so sagen: was vor allem der Ruhe bedarf, das sind die wohlüberlegten Vorversuche, zu neuen Wegen und Lichtungen zu kommen. Unser Versuch braucht solche Ruhe, er bedarf der Teilnahme, ja der Fürbitte – und nicht der voreiligen Skepsis – aller derer, denen daran liegt, den jungen Menschen endlich echte und gangbare Bildungswege zu eröffnen. Wege, die ihnen erlauben, in sich die Kostbarkeiten des Werdeganges unserer bedrohten Kultur zu bergen.

# 12 Wesen und Unwesen der Schule (1956)

Es ist ein guter Grundsatz des Lehrers, eine Sache, die er auseinandersetzen will, mit dem sogenannten „Lebensnahen" zu beginnen, mit der Seite der Sache, mit der man im Alltag am häufigsten zu tun hat. Für mein Thema hieße das wohl, mit dem Unwesen anfangen. Denn ich gestehe, je länger ich in der Schule als Lehrer drinnen war – etwa dreißig Jahre –, desto mehr drängte sich meinem Blick das Unwesen auf. Das ist nicht resignierend gemeint, bemüht sich aber um einen nüchternen Blick auf die menschliche Natur überhaupt. Wir gehen ja immer an einem Abhang, sind mehr als wir ahnen Marionetten des Zeitgeistes und brauchen unsere ganze Kraft, um uns zu halten oder wenigstens zu unterscheiden, wo oben und wo unten ist.
Wir sind geneigt, kausal zu sehen und, wenn nicht „Schuldige", so doch Ursachen zu suchen. Das kann man auch bis zu einem gewissen Grad. Aber man darf nicht glauben, man könne auch ebenso leicht kausal angreifen, um etwas zu ändern. Die eigentlichen Gründe liegen zu tief, in Wertungen unbewußter Art, so wie sie die große Masse der Menschen unserer Zeit empfindet. Und Institutionen sind ja viel weniger, als wir glauben, von bewußten, rationalen Erwägungen bestimmt.

Beginnen wir zum Beispiel mit den *zu großen Klassen,* über die jedermann klagt und die sich doch kaum ändern, jedenfalls zu langsam[1]. Dahinter steckt ja etwas, und zwar nicht nur Krieg, sondern offenbar eine tiefe Unsicherheit, ja Unwissenheit (nicht der Pädagogen – ihr Einfluß ist gering –, sondern) des heutigen Menschen über das, was *Lernen* heißt. Die unbewußte Meinung ist, es sei doch im Grunde kaum ein Unterschied, ob es der Lehrer vor zwanzig oder, ebenso billig, vor fünfzig Schülern sagt. Mit dem Lautsprecher könnte man ja noch mehr „erfassen". Das Bild des Einfüllens in untergehaltene Näpfe beherrscht die unbedachte Vorstellung. Seltsamerweise halten viele die großen Klassen für „nun mal nicht zu ändern". Und da der Deutsche dazu neigt, überall nach den „Zuständigen" zu blicken, die es „angeht", also den Lehrern und den Kultusministern, so ist man leider entweder einfach passiv unzufrieden mit ihnen, oder man nimmt es als unabänderlich hin, weil selbst sie es nicht ändern können. In Wirklichkeit stehen ja gerade die Lehrer und die Kultusministerien in einem immerwährenden Kampf um diese Selbstverständlichkeit kleiner Klassen. Aber sie bekommen nicht genug Geld dazu, um so viele Lehrer zu bezahlen und Räume zu bauen, wie dazu nötig wären. Aber auch der Finanzminister ist nicht einfach „schuld". Er sagt, er habe das Geld nicht zur Verfügung. Sollte es an den Landtagen liegen, an den Kulturausschüssen der Parteien, an den Parteien selbst? Ja, das hieße doch: sollte es vielleicht an uns allen, an jedem von uns liegen, daß wir das Geld nicht richtig verteilen, das Geld, das ja „da" ist, nicht dahin rücken, wo es am besten und am sichersten angelegt ist, in den Kindern? Wie gut wäre es, wenn die Politiker sich einmal mit den Pädagogen zusammensetzten, und zwar *die* Politiker, von denen es abhängt, wohin das Geld des Staates fließt.

Es ist sehr merkwürdig, wie wenig es bekannt ist, daß überfüllte Klassen die Demokratie, ehe sie aufkommen kann, in der Wurzel zerstören (und sie hat ja ohnehin ein schweres Aufkommen bei uns). Ein Lehrer, der sich vor vierzig oder fünfzig bewegungslustigen, eingesperrten Kindern „behaupten" will, ist ja beinahe gezwungen (er sei denn ein pädagogisches Genie, was vorkommen kann, womit man aber nicht rechnen darf), diktatorisch zu werden und mit Gewalt allein zu regieren. Unsere Schule kann deshalb heute noch keine gute Schule der Demokratie sein.

Wenn Lehrerverbände dann in ihrer Not die Wiedereinführung des Schlagens fordern, so empört das den Demokraten. Tatsächlich ist diese Forderung ein Kurzschluß. Er wird deutlich, wenn man – ironisch – einen Schritt weiter geht und sich

---

1 *Zusatz 1965:* Die Zahlen, die beim ersten Erscheinen dieses Vortrages (1956) über die durchschnittlichen Klassenfrequenzen der Volksschulen in den verschiedenen Ländern (Europas, der USA und Rußlands) vorlagen und genannt waren, haben sich inzwischen dort, wo es am nötigsten war, bei uns, merklich verbessert (1948: 46,3; 1962: 36) und sich den vergleichsweise niedrigen und wenig veränderten Zahlen der anderen Länder angenähert. Aber noch immer scheint die Bundesrepublik am ungünstigsten dazustehen. (Schweden: etwa 29 – Hessen meldet in einer Pressenotiz für 1962/1963 bereits 33,3 und erreicht damit beinahme den englischen Stand.) Bedenkt man aber, daß diese Zahlen Durchschnittswerte sind, so wird klar, daß eine weitere Senkung *dringend* notwendig bleibt. (Vgl. auch F. Edding: Internationale Tendenzen in der Entwicklung der Ausgaben für Schulen und Hochschulen. Kieler Studien. Nr. 47. Kiel 1958 insbes. Anhang, S. 155/156.) – Nach einem Bericht der Süddeutschen Zeitung vom 7./8. 11. 1964 mußten in München infolge des Lehrermangels „gegenwärtig ... in 23 Klassen mehr als 50 und in 110 Klassen 45 bis 50 Kinder unterrichtet werden".

fragt, warum man die Lehrer nicht gleich bewaffnen solle? Tatsächlich sind die Lehrer in einer verzweifelten Lage. Aber sie sollten nichts tun, als mit aller Macht auf die Voraussetzungen ihrer Arbeit drängen, auf kleine Klassen, und nicht resignierend auf die Prügel zurückkommen, die doch sogar in der Hundeerziehung heute als schädlich erkannt sind. Naturvölker schlagen ihre Kinder nicht. Selbst die kriegerischen Indianer, die gewiß nicht zimperlich waren, sahen dieses Erziehungsmittel der Weißen mit Kopfschütteln.

Manche Eltern hört man sagen, die Kinder seien doch so nichtsnutzig, sie hätten nun mal keine Lust zur Schule, und sie müsse doch sein; sie hätten dummes Zeug im Kopf.

Nun ist es ja wirklich sehr schwer, Schule vorurteilslos zu sehen. Denn wir alle lernten sie in einem kritiklosen Alter kennen und meinen, sie sei gottgegeben wie die anderen Dinge, die wir in der Kindheit erfuhren: Tag und Nacht, Weihnachten und Ostern. Macht man sich klar, daß kein Beruf so in sich selber verfangen ist wie der des Lehrers?: Denn nicht alle Ärzte sind schon schwer krank gewesen, und von den Richtern, die einmal Verbrecher waren, hört man wenig. Aber wir Lehrer waren alle einmal Schüler, überhaupt wir alle. So erzählen wir uns immer wieder die alten Märchen, wie auch dieses von den „Kindern, die nicht lernen wollen", die dazu „angehalten" werden müssen. Wir müssen es ja wissen, wir waren ja dabei, „wir haben es alle durchgemacht".

Ich halte das für einen tragischen Irrtum. Ich wußte es anfangs auch nicht. Ich bemerkte es, als ich die öffentliche Schule für fast ein Jahrzehnt verließ und in einer freien Schulgemeinde, es war die Odenwaldschule Paul Geheebs, erfuhr, was Kinder sind. Es ist nämlich so: „Schulkinder" – ich meine damit jetzt das, was die Schule, ohne es zu wollen und meist ohne es zu merken, aus ihnen macht – Schulkinder und Kinder sind zweierlei, so verschieden voneinander wie das Zootier von dem freien Tier ist. Man kann im Zoo manches über Tiere lernen, doch nicht das, was sie von sich aus sind und wollen.

Von sich aus aber *will* das Kind lernen, nichts als lernen! – Ich sah vor kurzem ein knapp zweijähriges Kind – es war ein kleiner Italiener, Claudio, blond mit dunklen Augen –, wie es entdeckt hatte, daß ein dicker Ast, der in der Küche lag, sich in das Schwarz einer Herdöffnung, von der das Kind sich dunkel und drohend angeblickt fühlen mochte, hineinstecken ließ. Das Kind tat es mehrmals, und über sein kluges und staunendes Gesicht lief das Wetterleuchten des Geistes. In der Tat war Claudio dabei, die Geometrie zu entdecken (die des Raumes, versteht sich). Er wiederholte es langsam mehrmals, sah lächelnd und überwältigt auf die Erwachsenen (das ist wichtig), zeigte mit dem Finger darauf und tat es nochmals. Er „übte"! Er *will* üben, denken Sie! Und er setzte den Lehrgang systematisch fort. Nachdem er das mit dem Feuerloch ausgelernt hatte, ging er zu „ähnlichen" Problemen über, zum Beispiel dazu, wie man ein Fenster aufmacht, wie man einen Riegel schiebt und dergleichen. Ein paar Tage später war er schon zur Physik übergegangen und stand bei der Gravitation. Er hatte die Schwerkraft entdeckt. Und zwar war er tiefer darin als wir. Sie erstaunte ihn noch, während wir das erst wieder lernen müssen. Er stand, völlig in sein Tun versunken, auf einer mit Kies belegten Terrasse. Er hockte sich nieder, nahm in beide Hände soviel Kiesel, wie sie fassen konnten, stand dann langsam auf, die Hände vor sich, die Handflächen nach oben, den Blick darauf gerichtet. Dann, der Blick auf uns: Jetzt kommt es! Und es kam: Er brauchte nur die Hände zu öffnen, und die Steine fielen von selbst zur Erde, ganz von selbst. Er wurde nicht müde, es zu wiederholen; und jedesmal das kaum merkliche Lächeln zu uns: das Zeichen des Geistes. Siehst du es: es geht immer. Er hatte die Regel entdeckt, das Naturgesetz[2].

Dies alles geschah mit Stille, Leidenschaft, Freude und einem unglaublichen Ernst. Wir glauben, das lasse nach, wenn das Schulalter kommt. Aber es ändert nur seine Form. Sehen Sie doch Knaben an in dem gesegneten Alter von elf Jahren, wenn sie den Schmied umstehen. Oder lesen wir bei Carlo Levi, in seinem Buch „Christus kam nur bis Eboli", wie er von den Kindern erzählt, die damals in der Schule seines Verbannungsortes vernachlässigt wurden und nichts lernten. „Sie sahen, wie ich schrieb, und fragten, ob ich es ihnen beibringen wolle." „So gewöhnten sie sich aus eigenem Antrieb an, manchmal abends zum Schreiben in meine Küche zu kommen." „... ein guter Lehrer hätte nirgends eine bessere, von einem fast unglaublichen Eifer beseelte Schülerschaft finden können." Sie sehen, es war ihm „fast unglaublich", er hatte wohl auch etwas von dem Vorurteil in sich.

Oder erinnern wir uns an die seltsame Zeit, Mitte, Ende 1945, als wir zu unserem Erstaunen überlebt hatten, als es keine Schule mehr gab und nach einigen Monaten die Kinder der Umgebung zu dem oder jenem Lehrer kamen und fragten: „Könnten Sie uns nicht Schule halten?" Was für eine große Gunst ging da an uns vorüber, kaum hörten wir ihren Mantel rauschen. Wir waren ein müdes und mißbrauchtes Volk.

Jedenfalls lernte ich zuerst in jener Odenwaldschule dies: Daß der Eindruck entsteht, Kinder wollten nicht lernen, liegt nicht so sehr an ihnen wie an uns. Wir verleiden ihnen die angeborene Lernleidenschaft durch die Überfüllung der Räume mit Kindern und das nicht minder zerstörerische, auf das ich nun kommen möchte: die Überfüllung der Köpfe mit sogenannten Lehrstoffen, und zwar schon lange, schon seit fünfzig bis hundert Jahren. Man kann den schönsten Hunger in Abscheu verwandeln, wenn man den Hungrigen zwangsweise füttert. Die Klage über die Stofffülle ist ein Kennzeichen unseres Jahrhunderts. Es ist so fortgeschritten, daß es seine Errungenschaften nicht mehr in den Köpfen stapeln kann, so viele sind es, und glaubt doch immer noch, es zu müssen. Manchmal kommt es mir vor, als hielten die Eltern diejenige Schule für die beste, die ihre Kinder fähig macht, bei den Quizkonkurrenzen am besten abzuschneiden, schnell und reich an Wortwissen. Und es lohnt sich, wie jene Stenotypistin erfuhr, die in Amerika einmal 16000 Dollar gewann, weil sie binnen 30 Sekunden 7 Brüder Josephs aus dem Alten Testament aufzuzählen wußte.

Seltsam nur, daß das Handwerk, die Industrie und die Hochschulen gleichzeitig und

---

2 Wenn auch freilich nicht im Sinne der Physik schon, sondern – wahrscheinlich – als ein immer wieder glückhaftes Gelingen einer in seine Hände und in die Steine gelegten Zauberkraft.

zunehmend darüber klagen, daß die jungen Menschen nicht mehr selbständig denken und urteilen können.

Es ist eine alte Gefahr des Menschen. „Die Gelehrsamkeit", notiert Lichtenberg, „kann auch ins Laub treiben. Man findet so sehr seichte Köpfe, die zum Erstaunen viel wissen." Wie verzweifelt die Lage heute geworden ist, sagt ein Satz der vielzitierten und wenig befolgten Tübinger Resolution von 1951, zu der sich Lehrer der Hochschulen und Höheren Schulen zusammenfanden. Er spricht von der Gefahr einer drohenden „Erstickung des geistigen Lebens mindestens in den Höheren Schulen und Hochschulen" infolge der Stoffülle.

Es will mir scheinen, daß wir die Lage zu harmlos und noch vom Blickpunkt des Jahres 1900 aus sehen, wenn wir das „Überbürdung" nennen. Denn dazu kommt es nicht, es kommt zu Schlimmerem: Der Rucksack, den wir unseren Schülern überfüllen, reißt; es läuft unten aus, was wir oben fleißig einfüllen, und zwar läuft die schwere Substanz aus, und die leichten Verpackungen bleiben als Attrappen zurück, ohne von der Öffentlichkeit durchschaut zu werden. So geraten wir in eine unrentable und unredliche Scheinarbeit und verlieren die Beziehung zum geistigen Tun.

Manche sagen dazu, das sei zwar schlimm, aber eben die Kehrseite des Fortschritts; es sei leider unerläßlich und unabdingbar, dies und das zu verlangen, das Leben fordere es, woher sonst die vielen Prüfungen.

Ich glaube, daß es einfach nicht stimmt, daß man das alles braucht; und zwar deshalb nicht, weil wir es auch heute nicht haben, sondern nur zu haben *scheinen*. Ich würde es nicht durchschauen können, wenn ich nicht selber Lehrer wäre.

Am deutlichsten wird es in der Mathematik. Die wunderbare Wirkung, die das mathematische Denken auf den erwachenden Geist des jungen Menschen hat, kommt nur dann zustande, wenn der Funke der echten und vollkommenen Einsicht zündet. Dazu gehört nichts als der gesunde Menschenverstand; und jeder von uns kann das, wenn ihm nur eines gegönnt ist: die Möglichkeit zum ruhigen, selbsttätigen, eindringlichen und inständigen Nachdenken. Gerade das ist uns nicht gegönnt, wir gönnen es nicht dem Lehrer und nicht dem Schüler. Die Stoffjagd und der Massenbetrieb verführen zu Kurzstunden, die nicht ausreichen, um das echte, tiefgehende Nachdenken auch nur anfangen zu lassen. Was kann da, von Ausnahmen abgesehen, übrigbleiben als Dressuren? So kommt es, daß dieser wunderbare Garten des menschlichen Geistes, der wie kein anderer allen offen steht, den meisten wie ein staubiger und steiniger Exerzierplatz vorkommt. Zeugnisnoten sagen wenig. Ich kenne kluge Leute, die dieses Fach mit der Note gut spielend hinter sich brachten und doch der Mathematik selber (das heißt dem, was in einem Menschen vorgeht, der von einem mathematischen Problem ergriffen ist und ihm standhält), der Mathematik selber nie begegnet sind; und das wußten sie selbst.

Von einer mathematischen Volksbildung kann man gar nicht reden. Ihr Niveau ist dadurch gekennzeichnet, daß man eine Zeitlang einen Pullover, der quer gestreift ist statt längs, einen Parallelo nannte, wo er doch eigentlich Horizontalo heißen müßte. Und wie wenig unsere sogenannten Gebildeten wissen, was Mathematik ist, das zeigt der unsinnige Ruf, in den sie bei den meisten, auch von ihnen, gekommen ist, den einer Geheimwissenschaft.

Die Art, wie auf diese Weise trotz ernster und mühsamer Anstrengung von Lehrern und Schülern unser Unterricht oft nur zu einem Scheinerfolg führt, diese Art hat eine Parallele in der Weise, wie man heute reist.

Solange man in überfüllten Autobussen in drei Tagen die Schweiz „abmacht" und in zwei Wochen alle wesentlichen Orte des Mittelmeers – wie die Zeugnisse der Hotelzettel auf den Koffern ausweisen –, kann man es nicht dem Schüler und nicht dem Lehrer vorwerfen, daß auch die Schule heute in den Zustand der Touristik zu geraten droht und die Redlichkeit ihrer Arbeit in Gefahr kommt. Wir knipsen, ehe wir gesehen haben. Ähnlich ist es in der Schule. Ja, man darf noch einen Schritt weiter gehen und folgenden Scherz bedenken, den ich vor kurzem erzählt bekam: „Wie war's in Italien?", wird da einer gefragt, und er antwortet: „Weiß nicht, die Filme sind noch nicht entwickelt." Ich fürchte, mancher Lehrer wäre entsetzt, wenn er wüßte, wie vieles von dem, was er seinen Schülern alles exponiert, niemals entwickelt wird. Nicht Überbürdung, sondern Ungründlichkeit, Scheinbildung droht; oder vielmehr, sie droht nicht mehr, sie ist da; sie macht Ernst; sie hat Folgen.

Es wäre übrigens nicht recht, dafür nur den touristischen Massenmenschen unserer Motorkultur verantwortlich zu machen, dem Geschwindigkeit und Überholen alles sind. Wenn ich nicht sehr irre, kommt hier ein zweiter Einfluß zur Geltung, von ganz anderer Seite her: von manchen wissenschaftlichen Berufsverbänden, Standesorganisationen, manchen Gelehrten, Fakultäten, also gerade von den Gebildeten. Sie haben gemeinsam, daß sie die Schule, die Höhere Schule im besonderen, dafür bestimmt halten, gerade ihrem Sektor, ihrer Fakultät, ihrem Berufszweig den „Nachwuchs" zu liefern, und zwar schon möglichst weit vorgebildet. Der Kurzschluß kommt daher, daß sie nicht daran denken, daß die anderen Sektoren dasselbe fordern und daß so der Schüler ein Fachmann auf allen Gebieten zugleich werden soll, was natürlich zu einer gefährlichen Ungründlichkeit und Scheinhaftigkeit führen muß und bei manchen Fächern eben zu dem Ruf der Geheimwissenschaft, was ihre Lehrpläne immer mehr zu einem Reservat der Fachleute macht.

Gewiß ist es richtig, daß die Fachlehrpläne von Fachleuten gemacht werden. Aber ich frage mich, ob es nicht gefährlich ist, wenn die Verantwortung *nur* von den Fachleuten getragen werden soll. Wir verwöhnen die Fachleute ein wenig, scheint mir, denn manchmal sind sie an Bildungsfragen nicht interessiert. Die Schule, die Höhere Schule wie die Volksschule, ist aber eine allgemeinbildende Schule. Und wenn Lehrplan und Lehrbuch, ohne sich dessen ganz bewußt zu sein, nur an die drei (von dreißig) denken, die sich einmal diesem Fach beruflich zuwenden wollen, so erzeugen sie drei Spezialisten und siebenundzwanzig Scheingebildete.

Der Ausweg ist so einfach wie unpopulär und keineswegs neu. Er führt den nicht gerade glücklichen Namen *Exemplarisches Lehren*. Lichtenberg (gestorben 1799) zeigt ihn uns schon, indem er den vorhin zitierten Satz so fortsetzt: „Was man sich selbst erfinden muß, läßt im Verstand die Bahn zurück, die auch bei anderer Gelegenheit gebraucht werden kann." Der Physiker Ernst Mach schreibt 1880: „Ich wäre zufrieden, wenn jeder Jüngling einige wenige mathematische oder naturwissenschaftliche Entdeckungen sozusagen miterlebt und in ihre weiteren Konsequenzen verfolgt hätte." – Die Tübinger Resolution (1951) enthält den Satz: „Ursprüngliche Phänomene der geistigen Welt können am Beispiel eines einzigen vom Schüler wirklich erfaßten Gegenstandes sichtbar werden." Und „wirklich erfassen", das tun wir heute nicht mehr. „Wir haben keine Zeit mehr, irgend etwas kennenzulernen", schreibt St. Exupéry.

Welche Wege nun heute überhaupt gesehen werden, um das Wesen der Schule im Auge zu behalten, ja ihm näher zu kommen, untersuchte eine bemerkenswerte Arbeit, die im Dezember 1954 in der Zeitschrift „Merkur" erschien: Hellmut Becker: Die verwaltete Schule. Diese Arbeit hat die ernste Beachtung einiger Kultusministerien gefunden. Sie wendet sich gegen die übermäßige Verwaltetheit unserer Staatsschule und fordert, in Übereinstimmung mit der Tübinger Resolution, Versuchsschulen, die neue Wege in Freiheit erproben (so auch den des exemplarischen Lehrens) und Nachahmer gewinnen[3].

Dazu bedarf es unser aller Hilfe. Fühlen wir uns alle verantwortlich, wenn das Wesen der Schule manchmal vor Unwesen nicht zu sehen ist. Schieben wir die Verantwortung nicht ab; weder an die Kinder, indem wir sie verkennen und in einer falschen Richtung bedrängen, noch nach oben an die Ministerien, indem wir erwarten, sie sollten das Richtige auf dem Verwaltungswege einfach verfügen.

Verfügungen helfen nicht, sie lassen sich nicht echt ausführen, wenn alte Vorurteile verhindern, daß sie verstanden werden. Deshalb halte ich es für so wichtig, daß jeder von uns, auch wenn er nicht Lehrer ist, über diese Dinge einmal frisch nachdenkt. Und diejenigen, die um der Kinder willen den Trieb in sich spüren, Lehrer zu werden, sie sollten sich von dem Unwesen nicht abschrecken lassen. Wir brauchen gerade solche, die einmal vor dem Unwesen erschrocken sind, so daß sie dann unerschrocken auf das Wesen hindrängen.

Dieses Wesen, ich komme noch einmal darauf zurück und fasse, worauf es mir ankommt, noch einmal in etwas veränderter Weise zusammen, scheint mir in dem Bericht von dem kleinen Claudio eingeschlossen zu sein. Ich weiß, es ist ein weiter Weg von ihm zur Massenschule, die wir haben. Aber auch in ihr muß sein Bild uns vorschweben als das Inbild des lernenwollenden Menschenkindes und nicht das Zerrbild eines Haufens widerspenstig gemachter Schulkinder. Und es soll auch mit dieser Geschichte nicht gesagt sein, daß Kinder Engel wären. (Wie sollten sie, da sie von uns abstammen und wir aus ihnen werden!) Aber es soll gesagt sein, daß in ihnen *wartet:* die Lust zu lernen, die Bereitschaft zu üben, zur Selbstdisziplin, zur geistigen Zucht und der Wunsch, von uns Hilfe zu finden und Geleit, wo sie nicht weiterwissen.

Der eigentlich tragische Knotenpunkt des Schulproblems scheint mir also in dieser Verkennung und Umkehr zu liegen: Der Widerstand, den der von sich aus lernhungrige und tätige Kindergeist unserem Ungeschick bietet (dem Ungeschick, das sich in der Überfüllung der Räume mit Kindern und der Köpfe mit Stoffen äußert),

---

3 *Zusatz 1965:* Die weitere Entwicklung – langsam, nicht geradlinig, nicht abzusehen (Rahmenplan, Rahmenvereinbarung usw.) bis zu G. Pichts Alarmruf „Die deutsche Bildungskatastrophe" (Freiburg i. B., 1964) – darf als bekannt angenommen werden, da der Bildungsnotstand der Bundesrepublik inzwischen wenigstens in das Bewußtsein der Öffentlichkeit gedrungen ist.

diesen Widerstand falsch zu deuten, als eine in der Menschennatur liegende Trägheit, Widerspenstigkeit und Ungeistigkeit zu verstehen und – damit zieht sich der Knoten noch fester zu – nun mit noch mehr von dieser Art falschem Lernzwang zu reagieren. Gelegentlich ist der Lehrer in dieses Knotengeflecht so mit einbezogen, daß er den Zwang, den er ausüben muß auf den gesunden Widerstand des Kindes gegen Paukerei, Dressur und Scheinbildung, daß er diesen Zwang mit „geistiger Zucht" verwechselt, die er doch eigentlich meint. Aber diese Art Zwang, zu der der Lehrer sich gezwungen sieht, hat mit Geist wenig zu tun.

Selbstverständlich kommt es auch darauf an, das Gedächtnis zu üben, die Willenskraft, die Selbstüberwindung. Aber die Dinge der geistigen Welt dürfen nicht bloßes Übungsmaterial zur Erziehung dieser Tugenden werden, sonst verlieren sie ihre Geistigkeit. Mathematik ist nicht da, um Ordnung zu lernen. Aber wer von einem· mathematischen Problem ergriffen ist und ihm standhält, der lernt neben Wichtigerem auch Ordnung, und zwar von selbst, gern, im Sog der Sache, nicht weil es aufgegeben ist. Die bildenden Begegnungen mit der geistigen Welt sind Anlässe, bei denen man lernt, diese Tugenden selber zu wollen, als Mittel, um dahin zu kommen, wohin die Sache, die uns ergriffen hat und die wir ergreifen, uns zieht und erzieht. Das kennt jeder, der geistige Arbeit kennt. Das verkennt jeder, der meint, Kinder hätten zunächst mit dem Geist nichts zu tun. Glauben wir das, so verlieren wir in der Schule allmählich die Beziehung zum Geist sowohl wie zu den Kindern, was notwendig dasselbe ist, denn die Kinder sind im Geiste beheimatet. Argumentationen wie diese hier werden deshalb auch sehr oft dahin falsch verstanden, als wolle man keine „Anforderungen" mehr an das Kind stellen. Ganz im Gegenteil: Wir stellen zu geringe Anforderungen, geistige nämlich kaum noch. Die Schule ist zu leicht geworden. Das Kind fordert von uns, daß wir seinem Geiste etwas zu tun geben.

# 13    Der Knabe mit dem Apfel   (1945)

Der Mathematik-Lehrer erkannte mit einem Male, daß die Stunde, die er jetzt gab, gelang. Er spielte auf der Klasse der sechzehnjährigen Jungen wie mit den Stimmen eines Orchesters. Bisweilen aber auch fühlte er sich von ihnen getrieben wie ein Segel. In Wahrheit war er wohl eins mit ihnen geworden, und sie alle wurden bewegt und geführt von dem Gegenstand seines Unterrichtes, von der „Aufgabe", die ihrer vorbestimmten, in ihr selbst beschlossenen Lösung zudrängte. Sie durchwogte und formte diese Gemeinschaft wie eine noch unerkannte, unter einem Tuch verborgene Gestalt, hier und dort aufleuchtend, in vielen kleinen Lichtblitzen, die über die Gesichter liefen, so sich fortpflanzend in den Boden einer neuen Generation.

Während ihm dies durch den Sinn ging, führte er das Gespräch weiter, hier hemmend, dort lockernd, mit Hand und Auge. Dabei fiel sein gleitender Blick auf einen tiefroten Apfel, der, vordem nicht dagewesen, in der Hand eines seiner Knaben erschienen war. Nur streifend, wie der Schatten eines Vogels, berührte ihn einen Augenblick lang der Verdacht, es könnte hier einer vom Teufel der Flegelei geritten sein und in der Stunde vor den Augen des Lehrers essen wollen.

Aber schon die Hand, wie sie den Apfel hielt, war nicht die eines Essers: Auf den Ellenbogen gestützt trug der Unterarm in der leicht geöffneten Hand zwischen den Fingerspitzen den Apfel wie einen Globus. Diese Hand griff nicht zu, um der Zerstörung zuzuführen, sie stellte dar, sie rühmte. Sie hielt die Frucht in den Strom des Blickes. Über dieses reine Gesicht nun liefen wie leichte Blitze die Gedanken, die das Unterrichtsgespräch in dem griechisch anmutenden Kopf entzündete. Er ließ dabei keinen Blick von dem Apfel, als lese er in ihm, und nur, wenn er, um eine Antwort ins Gespräch zu geben, den Finger hob und sich dem Lehrer meldete, suchte ein heller Aufblick die Verständigung mit dem Außen. Um dann gleich wieder zurückzusinken auf den Apfel, den die Hand nun langsam drehte, wie in einen Brunnen.

Der Lehrer hütete sich wohl, zu verraten, was er sah. Ja, er zwang sich, den beglükkenden und lockenden Anblick nicht mehr aufzusuchen, und begnügte sich, den roten Schein des Apfels wie einen Talisman am Rande seines Gesichtsfeldes glänzen zu sehen, als wäre er für diese Stunde der geheime Quellpunkt des Gelingens.

Es schien ihm, als wäre diesem Knaben im Anfühlen, Anblicken und Einatmen dieser Frucht der Boden geschenkt, der seinen keimenden Geist ernährte. Ihm allein von allen war wohl die tiefe, die fruchtbare Aufmerksamkeit gegeben, die am Ziel vorbeisieht auf das Vorbild einer lebenden Gestalt, an welcher sich der Geist erbaut. Nicht anders erging es ihm, dem Lehrer: wie dem Knaben aus der Frucht, so strömten ihm aus dem Anblick seiner Klasse, dieses Frucht- und Blütenstandes, die Kräfte zu, derer sein geistiges Leben bedurfte.

## 14 Die letzte Stunde oder die Wiedergeburt des Geistes aus dem Gelächter (1941)

In der sechsten Klasse wird man zum ersten Male Sie genannt, aber noch als Du empfunden. Im Laufe des Vormittags tritt das Du immer deutlicher auch objektiv hervor und in der sechsten Stunde dominiert es. Der Nachmittag ist nahe. Eine lokkere Schläfrigkeit liegt über der Bande und täuscht Ordnung vor. Aber es ist die Ruhe eines Sandhaufens, der durch einen leichten Knall in stäubendes Rutschen kommen kann. Es muß nur das rechte Wort fallen.

Ich sehe die Hefte an, und E. erhebt sich und sagt, er hat seine Hefte nicht da, er hat gemeint, es wäre Flieger-Alarm gewesen in der Nacht[1]. „Ist es Ihnen also wie mir gegangen", sagte ich, „ich dachte es auch".

---

1 *Zusatz 1965:* Nach nächtlichem Sirenenalarm fiel üblicherweise die letzte Vormittagsstunde aus.

„Übrigens", wende ich mich zu allen, „waren das nun eigentlich englische Flugzeuge oder eigene?"

So eine außersachliche Frage zwischendurch, wenn man durch die Reihen geht, ist gar nicht übel. Sie stellt den Kontakt her, sie erregt das Gemeinschaftsgefühl und durchstößt die starre Scheibe, die sich leicht ausbildet zwischen dem Lehrer und der Klasse, besonders wenn sie müde ist – und er auch.

Aber was geschah hier? Du machst dir keine Vorstellung, wie diese Frage zündete! Es war wie wenn du mit einem Stock in einen Ameisenhaufen fährst, das Streichholz in das Pulverfaß wirfst. Das eben noch still brütende Meer der Klassenseele steht im Nu auf in einem Sturm von Rufen, zuerst an mich gerichtet („Es waren Engländer! – Nein, es waren Deutsche!") dann sich gegeneinander wendend, und im Widerspruch rasend anwachsend. „Deutsche!" sagt laut und kalt der kühle G., „wie er im Scheinwerfer war, hat er grüne Positionslichter gezeigt!" Der kleine rote L., der kluge Windhund, antwortet auf diesen so offenbaren Unsinn mit einem gellenden Schrei der Empörung und Verachtung, kopf- und fäusteschüttelnd: „Du Idiot!" Eine brausende Lachsalve setzt die Gegensätze unter Wasser. Ich lehne erschöpft und entsetzt an der Wandtafel und sehe die Wellen des Amüsements durch die Klasse branden. „Nein", sage ich, „nie wieder werd' ich sowas fragen!" Sie lächeln fast geschmeichelt; die Anerkennung ihres Temperaments, des Sturmes, der in ihnen schlummert, hat sie satt und milder gemacht, aber für eine kleine Zeit nur: ihr Auge funkelt nach neuen Stürmen und ist doch schon halb bedeckt vom schläfrigen Lid.

Nun soll ich also unterrichten, an den Geist mich wenden? Und bin doch auch so müde! 12 Uhr 45! Ich weiß genau, was nun das Vorbildliche wäre: scharf, jung, heiter und *ehern* die Klasse auf *mich* lenken, jeden Matten beispielgebend anfeuern, jeden Widerstrebenden mit Härte zum „Einsatz zwingen"! – Der bloße Versuch würde eine Karikatur aus mir machen. Also: Lockerheit!, Lockerheit!, sage ich mir, sie tätig werden lassen, nicht auf sie einreden, gib ihnen zu tun und nicht zu denken, stell dich zurück, verschwinde, dabei erholst du dich!

Ich stelle mich vorn hin und zwinge mich, für zwei Minuten klar, frisch und fest zu erscheinen. Ich lege die Hand auf die Influenzmaschine und sage: „Der eine Pol ist positiv, der andere negativ elektrisch. Stellen Sie fest, stellen Sie fest durch ein Experiment, *welcher* Pol der negative ist! Es stehen zur Verfügung: ein Hartgummistab, dieses Katzenfell, ein Elektroskop. Bitte!" Ich trete ab und in den Hintergrund. Sie sehen sich um: sie wollen Befehle. „Bitte, bitte!" und entziehe mich, „wer will!" Zögern, Fingerkrümmen, T. will es versuchen! Er erhebt sich, knöpft den Rock zu, fährt sich durch die blonde Mähne und steuert nach vorn, die Augen voll von bestimmten Absichten schon auf den Hartgummistab gerichtet. T. trägt lange Hosen, einen ganz erwachsenen Anzug, der sogar schon eine Geschichte haben könnte. Ein lebhafter Unternehmungsgeist kämpft in seinem Gesicht mit Schwäche und einem Zug von Verlegenheit. Bei Hamsun wäre er ein gescheiterter Ingenieur. Die Klasse ist schon aufmerksam geworden, sie erwartet etwas von ihm, etwas Unternehmendes, Lustiges. Was hat er vor? Er reibt den Stab auf eine schuhputzerisch gründliche Art mit dem Fell, dreht die Maschine bis es blitzt und nähert dann vorsichtig den

Stab der einen Messingkugel. Er ist gefesselt und erwartungsvoll, eine E. T. A. Hoffmannsche Beschwörungsszene könnte ähnlich gespielt werden. Die Aufmerksamkeit der anderen ist weiter gewachsen. Sie liegen mit vorgestreckten Köpfen auf den Armen und lächeln. In diesem Augenblick kommt er der Maschine zu nahe, und ein kräftiger Blitz von einigen tausend Volt fährt ihm in den Knöchel. Die getroffene Hand wirft den Stab heftig von sich und flüchtet in die Hosentasche, verharrt in dieser souveränen Stellung, während der ganze Mensch einen Satz nach hinten tut, einen Augenblick erstarrt stehenbleibt, die Augen auf die böse Maschine gerichtet mit einem Ausdruck äußerster Furcht, ja des Hasses. Er würde wieder schlagen, wenn er sich nicht so fürchtete. So wendet er seine Angst in Verachtung und zieht sich mit einer wegwerfenden Bewegung der freien Hand in seine Bank zurück. In aller Augen: eine Niederlage, eine Flucht! Die Klasse jubelt, und das Lachen schüttelt sie wie der Wind das Ährenfeld. Wie wir wieder zu uns kommen, sind wir nur noch halb so müde: der Wetteifer ist erwacht.

Ein anderer meldet sich, der lange K., auch so einer in langen Hosen, ein schöner, junger Herr mit einer schon gepflegt tiefen Stimme, aber doch nicht ohne sanfte Kindlichkeit dabei. Er ist bekannt als guter Physiker, wahrscheinlich hat er einen guten Gedanken. Er nähert sich der Apparatur mit Vorsicht und bewegt sich langsam und mit einer großen Unbefangenheit, die noch ganz kindlich ist und mich rührt. Er wägt den Stab in der einen, das Fell in der anderen Hand. Offenbar überlegt er noch, was zu tun ist. Es ist mäuschenstill, die Gehirne rauchen vor Spannung. Nein, er legt das Fell wieder hin und holt statt dessen mit der Linken sein weißes Taschentuch aus der Hosentasche, noch immer zögernd. Offenbar will er den Stab nicht mit dem Fell, sondern mit dem Tuch reiben, eine merkwürdige Idee, das empfinden wir alle. „Ach, Sie wollen *niesen!*" rufe ich ihm zu. (Ich bin schon so erholt, daß ich tollkühn werde.) In der Tat provoziere ich damit ein rasendes Gelächter. Vorn, der Arme, sieht sich verständnislos um, er hat meine Frage nicht verstanden und also das Gelächter auch nicht. Nun also, was wird er jetzt tun, mit seinem Taschentuch? Die donnernde Energie des Gelächters hat sich in knisternde Aufmerksamkeit verdichtet, er vorn wendet sich dem Problem wieder zu, und – was geschieht? Er putzt sich in der Tat die Nase! Er hat es immer vorgehabt! Es war nur ein privates kleines Präludium gewesen, was sich da abgespielt hatte, in aller Unschuld und Langsamkeit. Die Wirkung ist erschütternd. Sie lachen so, daß man Mitleid mit ihnen haben könnte, so schüttelt es sie. Ich verstehe das, denn auch mich wirft es hin und her, ich muß mir das Gesicht zuhalten. Es schreit aus ihnen, es zerreißt sie. Sie werfen sich nach hinten über und brechen nach vorn zusammen. Es endet in Wimmern und Stöhnen. Dann müsen sie wieder an den Anfang denken, sie sehen es wieder vor sich, ein neuer Ausbruch wirft bald diesen, bald jenen in die Höhe. Zuletzt liegen sie in Zuckungen, sie sind erledigt, wir sind erledigt, wir sind *einig*, wir sind alle der Komik unterlegen, und, heißt das nicht, daß wir dem *Geiste* geopfert haben? Durch Tränen sehen wir uns an. Nachdem der Blick sich geklärt hat, erkenne ich, daß der Platz vorn leer ist. Der Bedauernswerte hat, ohne jedes Verständnis natürlich für den Sinn der Heiterkeit, und traurig, daß er nicht daran teilhaben konnte, das Feld geräumt. Wir lächeln ihn alle zärtlich an: nein, wir haben ihn nicht ausgelacht, er lächelt wieder, wenn auch nicht verstehend, so doch weise ahnend, und ist nun auch in die Gemeinschaft aufgenommen.

Nun ist es gut. Wir sind nicht mehr müde, wir sind einig und tatenlustig, ja zum *Denken* begierig, zum *ernsten Denken,* denn *Lachen können* wir nun gar nicht mehr! Der Vorrat ist verbraucht. Zehn Minuten scheinen verloren, aber wir fühlen: diese Stunde wird gelingen, als wäre sie die erste.

Ich gehe nach vorn. Die Klasse rappelt sich zusammen und sieht mich gläubig an: ich kann beginnen. Ruhe und Gedanken strömen in mich ein, und der neu erwachte Geist der Klasse wendet sich mir zu.


## 15    Paul Geheeb in der Ecole d'Humanité   (1950)

*Zu seinem 80. Geburtstag (10. Oktober 1950)*

Der Autobus fährt uns vom Brünig aus zum 1100 Meter hohen, weit zerstreuten Dorf Goldern. Wir kommen ohne genaue Anmeldung, aber Paulus (wie er in seiner Schule und bei seinen Freunden heißt) hat uns zufällig erspäht und kommt uns entgegen, nicht anders, als er uns aus dem Jahr 1933 in Erinnerung ist: mit wehendem weißen Bart, hellem Anzug, kurzen Kniehosen, nackten braunen Waden, Sandalen, kommt er gelaufen und nimmt die Koffer mit so überzeugender Jugendlichkeit, daß ein Protest gar nicht in Frage kommt.

Es ist Sonntag abend, alle sind gerade dabei, zur „Andacht" zu gehen. Der bunte Strom der sommerlich gekleideten Gestalten, unter denen viele sind, von denen niemand sagen könnte, ob sie zu den „Lehrern" oder den „Schülern" zu zählen wären – sie heißen nach wie vor „Mitarbeiter" und „Kameraden" –, der Strom nimmt uns auf (Gäste sind nichts Ungewöhnliches), und wir sind ohne weiteres wieder zu Hause. Es ist nicht die große Aula der Odenwaldschule von früher, die Schar ist kleiner, sie sitzen um einen großen Tisch herum: Mädchen, Jungen, Kleine, Große, Erwachsene, und hören die Erzählung von Tolstoi: „Wieviel Erde braucht der Mensch?". Wir kennen sie genau, denn wir haben sie oft gehört, von derselben halblauten, behutsamen, unpathetischen Stimme. Nicht jedes Wort erinnern wir, aber einzelne Sätze leuchten wie brennend auf; wie wenn ein neuer Wind eine alte, fast vergessene Glut entfachte.

Wie ich ihm nach sechzehnjähriger Pause gegenübersitze und wieder seinen einzigartigen Blick sehe (die Iris ist grau umkränzt: so bekommt der Blick etwas Rauhreifhaftes, das die buschigen, noch dunklen Augbrauen verstärken, der langwehende Bart ist ganz weiß geworden), diesen unvergeßlichen Blick, in dem Güte und Distanz, Vertrauen und Forderung, Schalk und Ernst sich mischen – ein wahrhaft pädagogischer Blick –, da ist mir gegenwärtig, wie mir vor nun fünfundzwanzig Jahren zu Mute war, als ich ihn zum erstenmal in seiner Odenwaldschule aufsuchte: Endlich einmal kein „Vorgesetzter", kein Schablonenprediger; einer, der dich in deiner Unvollkommenheit und Unfertigkeit ganz ernst nimmt und dir das gibt, was du vor allem brauchst: die Freiheit, du selbst zu werden.

Im Fenster steht jetzt nicht mehr wie damals, für ihn fünfundzwanzig Jahre, für mich neun Jahre lang, das harmonische Hambachtal vor der meeresgleichen Rheinebene. Es ist ausgefüllt von dem Kristallklotz der Wetterhörner, der jenseits des Meiringer Tales prangt und droht und in seinem furchtbaren Ernst die Sommerlieblichkeit der Alpwiesen genau so ergänzt, wie sich uns überhaupt der Blick auf die Welt vervollkommnet hat. Paul Geheeb hat sich in den fünfzehn Jahren, seit er Deutschland, seine Schule und den Odenwald aufgab, so wenig verändert wie dieser Berg. Und diese – bleibt man in rein biologischer Betrachtung stehen, kaum begreifliche – Jugendlichkeit hat er sich bewahrt nach einer Zeit schweren Kämpfens. Erst am vierten Ort seiner Schweizer Odyssee – Versoix, Murten, Schwarzsee, Goldern – konnte er für seine Schule endgültig Heimat finden.

Am meisten fällt uns in den ersten Tagen auf: die Kinder sind glücklich hier. Den zehn kleinen Gestalten des Kindergartens zuzusehen, ist eine tägliche Freude; wie sie, einer Vogelschar vergleichbar, durch den Garten treiben, Blumen gießen und betrachten, von den Blumen zum Baden, vom Baden zur Schaukel gelockt. Sie sind ein wesentliches Element der Erziehungsgemeinschaft. Nach außen ist es vielleicht nicht unnötig zu erwähnen, hier ist es in keiner Weise auffällig oder beabsichtigt oder der Rede wert, wenn etwa Paulus so einer kleinen verwehten Gestalt, wie sie, einen Teller in jeder Hand und ein Stück Brot im Mund, vor der Küchentüre steht, diese Türe im Vorbeigehen öffnet, nicht im geringsten weniger chevaleresk als einer Erwachsenen, und das kleine Wesen dann „hanke!" sagt und hineingeht.

Es kommt nicht vor, was wir in unseren öffentlichen Schulen so schmerzlich immer wieder sehen, daß „Schülergespräche" abbrechen, wenn ein „Lehrer" nahekommt, daß die Augen an ihm vorbeigehen, wenn er einen Schüler anspricht, oder daß die Kinder dabei „Haltung annehmen". Mancher neu eingetroffene Lehrer autoritärer Herkunft mag sich hier so fühlen, als würde er von den Kindern wie Luft behandelt. Aber dann mißversteht er es: Er wird so sehr als einbezogen behandelt wie die Luft dieser Berge.

Es gibt keinen einzigen „Dienstboten" in dieser Schule. – Wieder sind es die Kleinen, die Vier- bis Fünfjährigen, die ihre Arbeit auf die liebenswürdigste Weise tun. Morgens, während die Betten gemacht und die Stuben gefegt werden, während man das Poltern der Besen auf den Treppenstufen hört, nähert sich ihre Horde mit zartem Getöse. Von Stockwerk zu Stockwerk tönt ihr vorankündender Ruf: „Papier-Körbe! Bis es dann zaghaft klopft, eine kleine ostpreußische Baronesse im Türspalt erscheint und leise fragt: „Hast du Papier??" Schüttelt man den Kopf, stäubt sie erleichtert davon, ist der Korb voll, so umarmt sie ihn entschlossen, sagt auch noch „Danke!" und schleppt ihn in den Keller, auf ihrem Wege von den stufenstürmenden Großen schonend umgangen. – Nach dem Essen beginnt eine in ihrer Zusammensetzung immer wechselnde, doch immer muntere Gruppe von Jung und Alt das Geschirr zu spülen. – Am Nachmittag sieht man ein Kindergrüppchen in der Sonne sitzen und Bohnen abzupfen. Ein Mitarbeiter geht vorhei, ein Holländer, er erklärt in seiner niederländischen Aussprache, wie dort die Bohnen heißen, die Erbsen und das andere Gemüse. Eine Siebenjährige sieht gläubig zu ihm auf, während ihre Hände weiterarbeiten, eine Fünfjährige kann die Aufmerksamkeitsteilung noch nicht aufbringen: sie schält erst mit Stirnfalte weiter und entschließt sich dann fürs Zuhören. Die helle heitere Einigkeit fällt mir auf, niemand arbeitet unlustig, die Kleinen langsam, die Großen schnell.

Eine holländische Helferin hat Volkstänze englischer Herkunft einstudiert. Geige, Flöte und Klavier machen die Musik dazu. Wir finden Jungen und Mädchen zwischen zwölf und achtzehn Jahren, Helferinnen, die junge deutsch-russische Zeichenlehrerin und den holländischen Mathematiklehrer, der nicht zuletzt ein Flötenspieler und Bergsteiger ist, in buntester und lebendigster Bewegung. Dazu kommt, froh begrüßt, noch der dreißigjährige schweizerische Koch. Was auffällt, ist die unbefangene Heiterkeit aller, die Gelöstheit der Bewegungen, viele tänzerisch Begabte, und, ein Zeichen, wie gut Jungen und Mädchen hier miteinander umgehen: die großen Mädchen tanzen mit den kleinen zwölfjährigen Jungen nicht minder zugeneigt wie mit den gleichaltrigen: Der Tanz lebt nicht aus privater Erotik, sondern aus dem Zusammenklang aller.

Musikabend. Im Saal sitzt sich die Schule in zwei etwa gleich großen Gruppen gegenüber, Singende und Hörende. Der junge Lehrer, ein Schweizer, hat mit feinfühligem Ernst und der hellen heiteren Gewalt des geborenen Pädagogen einen Monat lang geübt. Die singende Gruppe ist eine ungewöhnlich gelöste und in Milde disziplinierte, schöne Gestalt. Hier „Teile“ zu unterscheiden, Lehrer – Schüler, Jungen – Mädchen, kommt keinem in den Sinn; die natürliche und sommerliche Kleidung vereinigt sie ebenso wie die gelöste Eintracht ihrer offenen, zum Dirigenten aufgerichteten Gesichter. Auf unserer, der Zuhörer, Seite sitzen in der ersten Reihe die Kleinen, der Kindergarten, sehr aufmerksam. Sie schaukeln zwar mit den Beinen oder ziehen sie auf den Sitz, aber das stört keinen. Mitten unter ihnen Paulus; er redet in der Pause eindringlich (und englisch) mit einem dieser Kleinen, der gerade mit dem Flugzeug aus Kairo gekommen ist und sich hier schon so still und vergnügt bewegt, als wäre er zu Hause. – Sie singen Schubert und Schütz. Dazwischen tritt eine Gruppe von Flötenden und Geigenden in den Raum zwischen den beiden Gruppen der Schule. Als der junge Lehrer sagt, es sei nun aus, bleibt man noch eine Weile sitzen, die gemeinschaftsbildende Macht der Musik hält uns zusammen. Zu klatschen kommt keinem in den Sinn. Man ist natürlich und dankbar.

„Theoretische Konferenz.“ Hier kommen nicht nur die Lehrer und Helfer zusammen wie in der praktischen Konferenz, hier ist auch der „Kameradenrat“ anwesend, eine Gruppe von etwa zwölf der – weniger nach dem Alter als nach dem Grad ihres Einstehens für die Gemeinschaft – reifsten Kameraden. Auch hier ist also die Grenze zwischen Lehrern und Schülern fließend, man sitzt in Paulus' Zimmer bunt durcheinander, und, konnte man in der praktischen Konferenz die Mitarbeiterinnen nähen sehen, heute sind einige ältere Jungen strümpfestopfend beschäftigt. Während in der praktischen Konferenz die Mitarbeiter unter sich sind und die konkreten erzieherischen Aufgaben erwägen, die das einzelne Kind ihnen, den Erwachsenen stellt, werden hier allgemein pädagogische Fragen besprochen. Daß dabei die „Gegenstände" der Pädagogik anwesend sind, mag manche von Draußen Kommende befremden. In einer Gemeinschaft, die sich selbst erzieht, sind die Kinder nicht Gegenstände, sondern Teilnehmer und Mit-Handelnde. Und da die Erziehung den Menschen zu sich selber und zur Gemeinschaft führen will, so ist es nur natürlich, auch die älteren Kinder mit einzubeziehen, wenn man etwa Kerschensteiner oder Goethes „Pädagogische Provinz" liest, wie es hier in den letzten Wochen geschah.

In der „Schulgemeinde" sitzen alle, die ganze große Familie, durcheinander, um einen Riesentisch herum versammelt. – Auch die kleinen Kindergartengestalten sind dabei. Daß sie von der Verhandlung manchmal nichts begreifen, schadet gar nichts. Zum mindesten spüren sie, daß Gemeinsames geschieht und daß sie dazugehören. Auch können sie das gemeinsame Eingangslied verstehen, das, von dem jungen geigenden Lehrer geführt, alle zusammenschließt: *Der Wächter auf dem Turme saß / Und rief mit heller Stimme: / Ist noch einer da, der im Schlummer leit, / Er steh nur auf, es ist nun Zeit, / Der Tag hat sich gezeiget. / Drum hebt das Tagwerk fröhlich an, / Ihr Leute allerorten, / Beginnet es mit Fröhlichkeit, / Und seid zu gutem Tun bereit, / Bis daß der Tag sich neiget.*

Am Ende der vierwöchigen Arbeitsperiode nehmen wir an einer besonderen, der „Kurs-Schluß-Schulgemeinde" teil. Wir kennen diesen Brauch aus der alten Odenwaldschule. „Klassen" gibt es auch hier nicht. Was ein „Kurs" getan hat und ob er gelungen ist, geht die ganze Schule an. Hier sind nicht nur die „Lehrer", sondern auch die „Schüler" „pädagogisch interessiert", ohne daß sie das Wort Pädagogik zu kennen brauchen. Für den an öffentliche Schulen gewohnten Leser ist es nicht unwichtig zu sagen, daß auch hier, wie immer, Alte und Junge, Eltern und Gäste zwanglos durcheinander sitzen, und daß auch Paulus nur einer der Zuhörer ist. Vorn steht ein Tisch mit Stühlen, an dem sich die gerade berichtende Arbeitsgruppe vollständig oder in Vertretern versammeln soll. Im Nebenraum kann man eine Ausstellung sichtbarer und greifbarer Ergebnisse sehen: Hefte, geographische Zeichnungen und Reliefs, keramische Arbeiten, Aquarelle.
Eines davon berührt mich stark. Ein Dreizehnjähriger aus der französischen Schweiz hat das Motiv von seiner Hilfsarbeit bei den Bauern mitgebracht. Da hat er stundenlang in der Luke der Scheune über der Leiter gehockt und hat die Heubündel in Empfang genommen. So blickt man denn von der Luke die steile Leiter hinab auf die Wiese, die von einem Waldrand geborgen und eingerahmt ist, und auf dieser Wiese sieht man einen Bauern zur Scheune steigen unter dem Riesenheubündel gebückt, das er über sich trägt und das einen schweren Schatten auf das Grün wirft. Der Mensch in seiner Arbeit, einsam, klein, fast überwältigt von Last und Sonne, aber kraftvoll steigend, tragend, vorsorgend.
Drei junge Mitarbeiter, der schweizerische Elementarlehrer, eine schweizerische Helferin und der holländische Mathematiker, spielen einige Sätze von Corelli für zwei Flöten und Geige, dann beginnt der Bericht. Er dauert zwei Stunden. Man paßt auf wie im Theater.

Als erster zeigt der Elementarlehrer, wie er die ganz Kleinen Möglichkeits-Sätze formen und üben läßt. Er hat ein großes Fenster an die Tafel gemalt, an dem eine Scheibe zerbrochen ist. Ein großes schwarzes Fragezeichen, so sieht das Loch die Kleinen an, die vorne sitzen und nun sagen, „was sein könnte": „vielleicht" hat einer beim Kehren den Besen zu tief gefaßt? „Es könnte auch sein, daß" ein Junge einen Wutanfall gekriegt hat? oder daß der Wind ... Aber warum ist die Scheibe noch nicht ausgebessert: „es könnte sein, daß" die Frau des Schreiners es ihm nicht weitergesagt hat? oder daß er keine Lust hat? – Was uns so gefällt, ist die völlige Unbefangenheit der Kinder und des Lehrers und die große und warme Teilnahme aller.

Aus einem der Deutsch-Kurse für Ausländer zeigte ein kleiner Amerikaner, daß er schon ein indisches Märchen, das lustig und nachdenklich ist, deutsch frei erzählen kann.

Ein Literatur-Kurs für Fortgeschrittene verliest kurze Arbeiten über impressionistische Kunst, über Gerhardt Hauptmann und Thomas Mann.

Wie stark die Schule mit dem ganzen Europa kommuniziert, zeigt besonders eindringlich ein Kurs für Anfänger in der russischen Sprache. Leiter: ein in Moskau geborener Balte. Teilnehmer: der sechzehnjährige Sohn eines im Tessin lebenden Weißrussen, der an eine Rückkehr glaubt, eine vierzehnjährige esthnische Jüdin aus Palästina, die sich für den Kommunismus interessiert, wie auch die achtzehnjährige Tochter eines französischen Fabrikanten und ein Siebzehnjähriger aus der deutschen Ostzone, der seine dort begonnenen russischen Sprachkenntnisse fortführen will.

Auch der Kurs, den ich leiten durfte, berichtet. Wir hatten einige Wochen täglich 60 Minuten lang ein paar mathematische und physikalische Fragen durchgedacht: ob es eine letzte Primzahl gibt[1], ob die Quadratwurzel aus 2 ein Bruch sein kann[2], warum das Wasser im Heber bergauf fließt, und warum der Mond um die Erde läuft[3]. Und da hier nicht nur der Stoff, sondern auch die Methode die Sache aller ist, und wir um „sokratische Methode" bemüht waren, so führen heute drei Kameraden aus der Gruppe die bekannte Szene aus Platons Dialog „Menon" auf, in welcher Sokrates den Sklaven das mathematische Wissen in sich auffinden läßt.

Paulus würde, glaube ich, nicht leben können, wenn er nicht gelegentlich aus dem Ring seiner Pflichten einen Tag ausbräche und auf die Berge ginge. Fast zwei Wochen hat er es an seinem Schreibtisch aushalten müssen. Heute, sofort nach der Kurs-Schluß-Schulgemeinde, nimmt er uns und eine junge Französin mit auf die Arnis-Alp. Da ein gemeinsamer Spaziergang schon gezeigt hatte, daß wir dem um fast dreißig Jahre Älteren nicht zu folgen vermögen, hat er sorgfältig einen Weg gewählt, der „fast immer abwärts führt". Wenn das auch eine schalkhafte Übertreibung ist, wenn man von 1100 schließlich auf 1600 Meter kommen soll, so gelingt es

---

1 Siehe Aufsatz 44 der vorliegenden Sammlung.
2 Siehe Aufsatz 45 der vorliegenden Sammlung.
3 Siehe das Kapitel „Der Mond und seine Bewegung" in meinem Buch: Natur physikalisch gesehen, Westermann, Braunschweig (1975), S. 59–81.

dadurch, daß wir in ein Erdbeerparadies geraten, wo er ständig den Weg verläßt und uns umkreist, Beeren sammelnd und Beeren an uns verfütternd, dabei mit Selbstverständlichkeit im Rucksack den Proviant für viere tragend. Man wehrt sich schon gar nicht dagegen, denn seine Überlegenheit ist so überzeugend, daß man unwillkürlich meint, es sei dem Menschen natürlich, daß seine Kräfte mit den Jahren wachsen (wie es Tolstoi erzählt in der Geschichte vom „eigroßen Korn"). Wenn er, wie ein altersloser, kraftvoller Berggeist, um uns herumklettert, sieht und wittert er aufmerksam Kräuter und Schmetterlinge. Er wird nicht müde, uns seine Lieblingsblumen zu zeigen, die er alle mit ihren lateinischen Namen nennt; eine Notwendigkeit, wie er erklärt, in einem so übernationalen Kreis. Da ist der gelbe Fingerhut (Digitalis ambigua), der Adlerfarn, die große Sterndolde (Astrantia major), die aufrechte blasse, bewimperte Campanula barbata, die große Kornblume (Centaurea montana). Viele gibt es auch in seiner heimatlichen Rhön, und er zeigt uns auch die Moose, die sein Vater, der bekannte Moosforscher und Apotheker in Geisa, dort sammelte und dessen Moosgärten ihm aus der Kindheit vor Augen stehen. Auf der Arnis-Alp sucht er alljährlich die Raupen des Wolfsmilchschwämers, eine „durchaus humane Handlung", wie er lächelnd versichert, „denn sie überwintern gefahrlos bei mir, ich freue mich am Ausschlupfen der Falter und lasse sie dann in den Frühling fliegen". Nachdem er fünf Raupen aufgespürt (wir sehen keine) und uns alle von einem schwarzbärtigen Alp-Bauern, dem er komplementär gegenüber steht, mit Milch hat sättigen lassen, steigen wir wieder ab. Eine sehr drohende Gewitterwolke streift er nur flüchtig mit dem Auge, und während wir in einen zeitweise heftigen Strichregen kommen, sehe ich auf seinem hellen Rock keine Tropfen. Es will uns kaum verwundern, als bliebe er unberührt von ihnen, kugelfest.
Auf dieser Wanderung wurde es wieder offenbar, wie sehr dieser Mensch, der in Goethe lebt und dessen Handschrift jeder Graphologe in die Zeit Wilhelm von Humboldts verlegt (mit Recht), zugleich ein Elementarwesen ist. Als ein Gast der Schule, ein bekannter Paläontologe (und ehemals einer der ersten Schüler der alten Odenwaldschule vom Jahre 1912), einen Vortrag für uns über den von ihm in Java entdeckten Urmenschen, Homo meganthropus, hielt und dabei erwähnte, daß Linné zuerst nur den Homo sapiens und den Homo troglodytes (den Höhlenmenschen) unterschied, flüsterte mir Paulus lächelnd ins Ohr: „Und zu welchem würdest du mich rechnen?"
Daß er ohne Brille liest und ins Nahe und Weite sieht, daß er gut hört, daß er zum Erstaunen des Bergführers Hochtouren macht, ohne den Kopf gegen die Sonne zu schützen, dies zeigt, wie ein Mensch, der von einer Idee getragen ist und dem es gelingt, sie zu verwirklichen, nicht im üblichen Sinne altert.
Daß ihm die Verwirklichung gelang, das verdanken wir in einem hohen Grade seiner Frau Edith. Nicht nur stand sie als Gefährtin seines Lebens und seines Werkes in geistiger Kameradschaft unablässig und unveränderlich zu ihm, sie bahnte auch im praktischen Bereich seine Wege und stützte sie ab. Neben der Bewältigung des wirtschaftlichen Apparates ist sie den ganzen Tag warmherzig und schwesterlich bereit für die kleinen und großen Ratlosen, die von früh bis spät zu ihr kommen.
Ihre Adressenbücher enthalten Hunderte von Namen aus allen Kontinenten, denn

es gibt heute einen internationalen Kreis früherer Schüler und Mitarbeiter Paul und Edith Geheebs um Paulus' symbolstarke Gestalt.

In der Glückwunschadresse, die er 1931 an den befreundeten Tagore zu dessen siebzigstem Geburtstag richtete, hat er ausgesprochen, was er an ihm als Erzieher verehrt, und wir dürfen annehmen, es sei das gleiche, was er selber erstrebt, der sich seinen „dankbaren Schüler" nennt:

„Dem tapferen Kämpfer für die Befreiung der Erziehung von der Pädagogik, … dem in Santiniketan das einzigartige Glück gelang, denen, die dort heranwachsen, eine ganz glückliche Kindheit und Jugend zu sichern, sie religiös in völliger Natürlichkeit und Unbefangenheit, durch keinerlei Dogmatismus gestört zu Gottes Kindern entwickeln zu lassen, geschützt von jeder äußeren oder inneren Vergewaltigung durch Erwachsene."

## 16 Erinnerung an Paul Geheeb (1968)

Wir alten Mitarbeiter Paul Geheebs – nicht mehr allzu viele –, wenn wir nach ihm gefragt werden, wie es bei ihm war damals, gefragt von den Heutigen, Jüngeren: was sollen wir sagen?

Sollen wir sagen: das war eine „schöne Zeit"? – Es *war* eine schöne Zeit. Aber wir sollten uns so nicht ausdrücken, wir könnten mißverstanden werden. Es war eine glückliche Zeit. Und zwar deshalb, weil um uns und in uns pädagogische Wahrheit *Wirklichkeit* wurde; und daran war und ist keinen Augenblick ein Zweifel möglich. *Daher* kommt es auch, daß ich eine ganze Reihe von „Kameraden" (Schülern) aus dieser Zeit – ich war damals zwischen achtundzwanzig und siebenunddreißig Jahren alt – heute, nach Jahrzehnten noch, so gegenwärtig vor meinem inneren Auge sich bewegen sehe und vor dem inneren Ohr reden und schweigen höre, daß mir bisweilen einer von ihnen auf der Straße zu begegnen scheint, so leicht zaubert eine zufällige Ähnlichkeit sie mir heran.

Wenn wir also heute gefragt werden, so sollten wir nicht diesen oder jenen romantischen Zug beschwören und den Zuhörer „sagenhaft! " auszurufen in Versuchungbringen. Wir können gar *nicht nüchtern genug* berichten, indem wie das aussprechen, was aus dieser Zeit herkommend zeitunabhängig geworden, nicht mit den „Zwanziger Jahren" versunken ist; was als eine damals erprobte Entdeckung *bleibt,* mag es auch hie und da und hin und wieder in halbe Vergessenheit geraten. – Es scheint mir etwa das Folgende zu sein.

Zuerst, damals atmosphärisch an Paul Geheeb, an „Paulus" gebunden, die Gewißheit: *Schule ohne Vertrauen hat keine Zukunft.* – Dieses Vertrauen, weit entfernt von Vertraulichkeit, ging von Paulus' Gestalt aus. Wenn er mit seinem immer etwas eiligen, federnden Gang zwischen den Häusern seiner Schule dahinschritt, stets zugleich gegenwärtig und anderswo, und den Begegnenden, sofern er nicht durch ihn hindurchsah, in seinen geheimnisvollen grauen Blick nahm, dann war darin Vertrauen und Distanz unbeschreiblich gemischt. Er hatte nicht wenig vom „lieben Gott" für die Kinder.

Vertrauen zwischen den Erwachsenen und den Kindern und dazu, im Unterricht, das Vertrauen in die Sache, *sachlicher Unterricht,* beide sind notwendig. Gegründet auf die – immer wieder vergessene und verleumdete – anthropologische Wahrheit, daß Kinder lernen *wollen* – es sei denn, die Schule treibt es ihnen aus – und daß die Motive ihres Lernens nicht Angst, Ehrgeiz und Berechnung werden dürfen. Sonst wird der Wirkungsgrad nach einem „befriedigend" benoteten Scheinerfolg sich bald als nichtig erweisen. Man kann deshalb nicht in irgendeine Schulorganisation eine „innere Schulreform" hineinpredigen, sondern umgekehrt: Aus der Basis des Vertrauens und der sachlichen Motivation des Lernens *folgen* Ordnungen, ähnlich denen, die wir damals hatten und an deren Richtigkeit und Effektivität niemand mehr zweifeln kann, der sie einmal erproben durfte.

Sie lassen sich leicht aufzählen (ich beschränke mich dabei auf den Unterricht):
1. Keine Jahresklassen, kein entmutigendes und zeitverschwendendes Sitzenbleiben. Statt dessen Fachgruppen und Kursunterricht.
2. Epochenunterricht. Also Bruch mit der heillosen Gewohnheit, den Unterrichtsvormittag in unzusammenhängende kurze Teilstücke aus 5 bis 6 Fächern zu zerreißen und so zu verhindern, daß das Gelernte Wurzeln faßt.
3. Koedukations-Unterricht (für den das Kurssystem die beste Voraussetzung bildet; denn Jungen und Mädchen, die gut zusammenarbeiten, sind nicht immer gleichaltrig).
4. Radikale Verdichtung des sogenannten Lehrstoffes auf wesentliche Themenkreise.
5. Keine „Noten" und damit Ausschaltung des unsachlichen Ehrgeizes und der Angst als Lernmotiv (wohl aber Urteile).
6. Eine gewisse Wahlfreiheit des Kindes und Konzentration der Fächer um das, was wir heute „Wahlleistungsfach" nennen.
7. Handwerk, musisches Leben und Sport als konstitutive (nicht dekorative) Elemente des bildenden Lernens.

Daß diese Grundsätze nicht Theorie bleiben müssen, sondern erprobte Einrichtungen werden können, an denen auch die öffentliche Schule gesunden kann, diese Gewißheit verdanken wir (neben anderen Erziehern seiner Zeit) vor allem Paul Geheeb – und, was bisweilen übersehen wird, seiner Frau Edith: noch heute das pädagogische Herdfeuer der Ecole d'Humanité in Goldern.

Diese Wahrheiten sind von vielen unvergessen: ungezählten ehemaligen „Kameraden", und also über den ganzen Globus ausgesät. Sie geben uns etwas auf, was gewiß nicht von heut auf morgen allgemein „eingeführt" werden kann, was aber der Kompaß sein muß, dessen Weisung die „Ausschöpfung der Begabungsreserven" – oder sagen wir lieber: die Erweckung der Begabungen – ebenso wie die Erneuerung der Lehrerbildung zu einem guten Ende führen kann.

## 17     Dankrede aus Anlaß der Verleihung der Würde eines Doktors der Naturwissenschaften Ehren halber (Dr. rer. nat. h. c.) der Technischen Hochschule Darmstadt am 1. Februar 1978

Ich möchte Ihnen allen herzlich danken.

Als ich durch Herrn Artmann und Herrn Laugwitz von der unerwarteten Auszeichnung erfuhr, sagte ich: „Aber ich bin doch ein Outsider!" Herr Laugwitz entgegnete: „Eben deshalb!" Das gefiel mir sehr.

Erlauben Sie mir, meinen Dank für die freundlichen Worte, mit denen Sie mich heute aufgenommen haben, in der Form auszusprechen, daß ich kurz erzähle, wie das kam, ein Außenseiter zu werden.

Es kam von selbst, absichtslos. Und daß es bleiben konnte, verdanke ich immer wiederkehrenden, von außen anklopfenden Impulsen der Ermutigung. Dafür einige Beispiele:

Als Schüler war ich vielseitig interessiert, wählte aber dann als Studium entschieden das der Mathematik und Physik. Warum? Ich dachte mir: Das ist eine solide Sache! Eine objektive Methode, geeignet als Basis, um von ihr aus dermaleinst *alles* verstehen zu können.

Diesem physikalistischen Irrtum hingen damals auch große Leute anfangs an. Max Born erzählt davon. – Die Überwindung dieses Fehlschlusses bedeutete für mich später einen wichtigen Wendepunkt.

Inzwischen wissen die nachdenklichen Physiker (noch nicht aber weiß es die Öffentlichkeit), daß die physikalische Methode nicht voraussetzungslos ist und deshalb die Naturerfahrung reduziert.

Unerschütterlicher Grund dieser Naturwissenschaft blieben mir immer die Naturphänomene.

Nur ein Achtel meines Lebens wohnte ich in Städten. – Als Kind kam ich zu mir neben einer einsamen großen Ziegelei zwischen Wiesen und Waldhorizonten an riesigen Tongruben, eine halbe Stunde vor der Stadt. Nachts unter einem lautlosen Himmel voller Sterne.

Alle Schulwege führten über Land.

Unter meinen Universitätslehrern ist es besonders der Mathematiker Ludwig Schlesinger in Gießen, an den ich gern denke: ein wirksamer Lehrer dadurch, daß er die Begriffe in *statu nascendi*, als notwendig werdende, entwickelte. Seine genetischen Plaudereien machten mir klar, daß die großen Entdeckungen und Ideen (ich glaube, es war Cauchy, aus dessen Briefwechsel er vorlas), daß die großen Entdeckungen Gewicht und Zauber verlieren, wenn man sie uns nur *nach* der Tat, wie selbstverständlich und als widerspruchsfrei Definierbares berichtet.

Aber Derartiges blieb selten. Im ganzen erschien mir der Raum der Wissenschaft zu menschenleer. – Aber auch Lehrer wurde ich nur zögernd.

Das Studienseminar, bei aller Freundlichkeit der Beteiligten, verließ ich mit dem noch unklaren aber völlig sicheren Eindruck, daß in der Öffentlichen Schule etwas Fundamentales nicht stimmen könne.

Ich flüchtete in die Odenwaldschule, vom damals sehr liberalen Staat beurlaubt; nach und nach wurden es neun Jahre. Was ich dort in dieser an einen hohen Waldrand geschmiegten Pädagogischen Provinz ihrem Leiter Paul Geheeb zutiefst dankte, war dies, daß er seinen, untereinander sehr verschiedenen, Mitarbeitern fast unbeschränkte Freiheit gab, sofern sie nur dem von ihm oft zitierten Pindar-Spruch sich stellten: „Werde der du bist", sich selbst und jedem einzelnen der Kinder gegenüber.

Hier stand ich nicht mehr vor Klassen von Schülern: ich sah mich von Kindern umgeben. Kinder sind ja etwas anderes als Schüler. Wenn sie Kinder *bleiben* dürfen, dann *wollen* sie lernen.

Der, im Sommer fast unaufhörliche, belebende, bisweilen auch störende Durchzug von Gästen aus der pädagogischen Internationale brachte auch deutsche Gelehrte. So saß eines Tages Otto Toeplitz bei mir im Mathematik-Kurs, der Verfasser einer Genesis der Infinitesimalrechnung. Ich habe selten einen so ernsten und noblen Hospitierenden gehabt. Ein wichtiger Ermutiger im folgenden Gespräch und Briefwechsel.

Eines Tages, noch dort in der Odenwaldschule, entdeckte ich bei Ernst Mach zwei heute hundert Jahre alte Sätze:

„Ich kenne nichts Schrecklicheres als die armen Menschen, die *zuviel* gelernt haben. Statt des gesunden, kräftigen Urteils, welches sich vielleicht eingestellt hätte, wenn sie *nichts* gelernt hätten, schleichen ihre Gedanken ängstlich und hypnotisch einigen Worten, Sätzen und Formeln nach, immer auf denselben Wegen. Was sie besitzen, ist ein Spinnengewebe von Gedanken, zu schwach, um sich darauf zu stützen, aber kompliziert genug, um zu verwirren."

Dann Machs Folgerung:

„Ich wäre zufrieden, wenn jeder Jüngling einige wenige mathematische oder naturwissenschaftliche Entdeckungen sozusagen *mit erlebt* und in ihre weiteren Konsequenzen verfolgt hätte. Der Unterricht würde sich da vorzüglich und natürlich an die ausgewählte Lektüre der großen naturwissenschaftlichen Klassiker anschließen."

Für mich erleuchtende und bestärkende Sätze, die Grundlage des exemplarischen wie des genetischen Prinzips. – Das sagte ein Physiker und Psychologe, und kein Physiklehrer richtete sich danach?!

Wieder hundert Jahre zuvor schon hatte *auch* ein Physiker und Psychologe, und nahezu Darmstädter, Entsprechendes angemerkt: „Was man sich selbst erfinden muß, läßt im Verstand die Bahn zurück, die auch bei anderer Gelegenheit gebraucht werden kann." (Lichtenberg)

Die Odenwaldschule hatte meinen Lebensweg im Pädagogischen verwurzelt. Daß ich dann, auch später, ohne sie und bis heute, die Fühlung mit dem anfänglichen Denken auch der jungen Kinder nicht verlor, verdanke ich einem zweiten und nicht geringeren Einfluß, dem meiner Frau.

Die eigenen Erfahrungen ihrer künstlerisch angelegten Natur mit „Schule" waren durchweg abschreckend gewesen. Sie hatte sich ihr, wo sie konnte, entzogen, in schweren Fällen sogar – und unbesorgt – mit Hilfe des gestempelten Namenszuges ihres geliebten und mächtigen Vaters.

So gewann ich in ihr einen Menschen mit ganz unverstelltem Blick und dazu der einzigartigen Fähigkeit, klare Erinnerungen an frühe Forschungswege ihres eigensten Denkens in sich aufsteigen zu lassen. Zugleich wurde sie der Zensor meiner Vorträge und Aufsätze, indem sie das Unklare bloßlegte, das Polemische entschärfte, den Fachjargon fortlachte.

Nach den Odenwald-Lehrjahren hat die öffentliche Schule in der Zeit der Diktatur gerade meine Schulstunden noch am wenigsten gelähmt. Im übrigen zog ich den Kopf ein und schrieb mein erstes, heute vergriffenes Buch „Zusammenhänge der Naturkräfte", offenbar ein Versuch, das System der Physik rein phänomenologisch, unmathematisch und streng allgemeinverständlich zu entwerfen. Naiv genug schickte ich es an Max Planck. Seine freundliche handschriftliche Zustimmung war mir ein Trost und Lichtblick in dieser Zeit.

Nach 1945: aufatmende praktische Unterrichtsversuche zur Oberstufen-Reform in exemplarischen Themenkreisen. Veröffentlichungen im Rahmen des damaligen „Landesschulbeirats für Hessen" führten zu Kontakten und Treffen mit Weizsäkker, auch Gerlach und Picht und anderen zur Vorbereitung des bekannten „Tübinger Gesprächs" von 1951. Ich referierte dort über „Selbstkritik der Höheren Schule". Herr Schmieden war dabei.

Um diese Zeit beginnt eine freundliche Strömung von seiten der Pädagogen. Lehrauftrag an der Technischen Hochschule Darmstadt, an der ich mich immer frei und also wohl fühlen durfte.

Persönliche Bekanntschaft mit Litt, Spranger, Nohl, Wilhelm Flitner und anderen Pädagogen. Manche, so schien es mir, bemerkten erst in solchen Gesprächen, daß Physik auch verstehbar ist, oft mit nur wenig Mathematik: eigentlich eine menschliche Angelegenheit. Nur Bollnow wußte das schon lange, da er Physiker gewesen war, bevor er Pädagoge wurde. Er hatte mich schon in meiner Frühzeit unerschütterlich in meiner Richtung bestärkt. 1956, meine Ernennung zum Honorarprofessor in Tübingen verstand ich *auch* als eine Annäherung der Pädagogen an eine humane Naturwissenschaft.

Ich fasse mich nun kürzer: Darauf folgte eine Periode ziemlich eisigen Gegenwindes aus der Richtung einiger Physiklehrer, die das exemplarisch-genetische Prinzip für Wissenschaftlichkeit und Systematik fürchten ließ: ein Mißverständnis.

Das hat sich in den letzten Jahren sehr gewandelt. Deshalb bin ich dankbar für Ihre Auszeichnung gerade jetzt. Denn sie geht ja von der Seite meiner *fach*wissenschaftlichen Herkunft aus und schließt den Bogen zur Pädagogik. Sie könnte also bedeutsam und hilfreich werden, um Vertrauen zu wecken für unsere fachdidaktische und pädagogische Aufgabe gerade heute: zu sorgen für einen Schulunterricht, der auf den Naturphänomenen ruht und aus ihnen die begriffliche Welt überzeugend entdecken und damit verstehen läßt.

## II.
## Die Kunst
## des genetischen Lehrens –
## Konzepte und Exempel

# A   Naturtreu und sinnfällig Lehren: das Licht

## 18   Rettet die Phänomene! (Der Vorrang des Unmittelbaren) (1976)

Es scheint, daß die meisten Erwachsenen nach dem Abschluß ihrer Schulzeit die Strukturen der Physik für die materielle oder magische „Ursache" der Naturphänomene halten. Wenn wir diesen wissenschaftstheoretisch wie pädagogisch bedenklichen Irrtum verhüten wollen, genügt es nicht, einige wenige Abiturienten davor zu bewahren. Wirksam ist nur, in allen Schularten von Anfang an und immer wieder dem Grundsatz zu folgen: Zum Verstehen gehört: Stehen auf den Phänomenen.

Zwei Beispiele, die ich ohnehin brauche, mögen andeuten, in welchem Sinn das Wort „Natur-Phänomen" im folgenden gemeint ist.

Man kann sich leicht davon überzeugen, daß nur ein sehr kleiner Teil der Physik-Studenten – vielleicht fünf von Hundert – jemals einen Planeten am Himmel gesehen oder gar verfolgt hat; ihn selbst, mit freiem Auge, im Freien. Es war niemand da, der auf ihn aufmerksam machte. – Ein bemerkenswerter Befund, wenn man bedenkt, daß im 16., im 17. Jahrhundert die Wiege der Physik von den Planeten umstanden war.

Aber es geht nicht um Geschichte: Auch die „Brownsche Bewegung" haben nur sehr wenige zu Gesicht bekommen: sie selbst, die tanzenden Partikel, nicht nur die aus allen Lehrbüchern bekannte Zick-Zack-Figur. Nicht ganz mit freiem Auge ist diese Bewegung zu sehen, aber doch mit nur leicht „bewaffnetem". Solche einfachen, noch durchschaubaren Laborphänomene möchte ich als „Naturphänomene" noch zulassen.

Ich spreche also von Naturerscheinungen, die uns unmittelbar (oder auf einfache, durchschaubare Weise vermittelt) sich selbst sinnenhaft zeigen; und zwar so, daß wir sie als ein Gegenüber empfinden und auf uns wirken lassen noch ohne Vorurteil und Eingriff, auch wir also unbefangen, noch nicht festgelegt auf einen bestimmten Aspekt, sei es der physikalische, der ästhetische oder sonst einer.

Das bedeutet freilich nicht ein blindes Anstarren, nicht das, was Paracelsus so schön drastisch ausdrückt: „anglotzen wie ein Kalb einen Bischof" oder wie eine Gans das Morgenrot[1].

Wir nehmen das Phänomen wahr als Menschen, das heißt: als Fragende.

Physik ist eine Naturwissenschaft. Naturphänomene, wie die genannten, nicht selbst (sie selbst, und in uns selber) wahrgenommen zu haben, also nicht zu kennen, nicht

---

1 H. Schipperges: Vom Licht der Natur im Weltbild des Paracelsus. In: Scheidewege, Heft 1, S. 38. – Stuttgart: Klett 1976.

„kennen gelernt" zu haben, das ist für einen Diplomphysiker nicht unbedingt tragisch zu nehmen, falls er sich der Industrie oder der Forschung zuwendet.

Bei einem künftigen Physik-Lehrer aber, der Schule oder der Hochschule, hat eine solche Verarmung Folgen. Folgen für das öffentliche Bewußtsein und Unterbewußtsein der Laien; oder besser gesagt bei der Mehrheit unserer „Mitbürger": Ich bin überzeugt, daß wir mit dem Verlust – oder auch nur dem Schwinden – der freien Naturphänomene im naturwissenschaftlichen Unterricht der Schulen und Hochschulen keineswegs nur etwas wie einen schönen Schein abwerfen, sondern daß wir damit unsere eigenen Fundamente und damit die der Naturwissenschaft gering achten. Damit stellen wir aber unsere Lehrerfolge in Frage. Wir könnten an Vertrauenswürdigkeit und Glaubhaftigkeit verlieren.

Was uns dabei anwandelt, ist nun eine freilich allgemeine und alte didaktische Versuchung. Vor zweihundert Jahren – er war damals 36 Jahre alt – schrieb in einem Brief Pestalozzi: *„Die Schule bringt dem Menschen das Urteil in den Kopf, ehe er die Sache sieht und kennt …"* [2].

Was sich daraus leicht entwickeln kann, ist eine Vorbelastung des Schülers in dem alten Rangstreit zwischen der Sache (der ersten, der phänomenalen Wirklichkeit) und dem, was wir uns dazu *denken,* und *dazu* denken, hier: der physikalischen Denkwelt.

Die Spannung zwischen beiden zeigt sich schon früh, in den ersten Anfängen der Physik, bei Demokrit, der vor vierundzwanzig Jahrhunderten die Atome erdachte. Es ist von ihm ein innerer Dialog überliefert – vielleicht zwischen „zwei Seelen in seiner Brust".

Erst spricht der Verstand zu den Sinnen und sagt: „Die Leute meinen zwar, es gebe euch: das Bunte, das Süße, das Bittere …, aber in Wirklichkeit" (da steht schon das schillernde Wort) „gibt es nur die Atome und leeren Raum." – Darauf kehren die Sinne den Spieß um und erwidern: „Du armer Verstand. Von uns nahmst Du doch die Beweisstücke, wie kannst Du uns damit besiegen wollen! [3] "

So scheint es also schon ganz früh gegen die Physik den Vorwurf gegeben zu haben, sie habe es darauf angelegt, uns die Sinne zu verleiden. Es fällt auf, daß diese Meinung auch heute nicht selten ist. Wenn man irgendeinem eindringlich sagt: „Musik, nicht wahr, ist ja doch in Wirklichkeit nichts anderes als Lufterschütterung, Wärme an sich nur Molekularbewegung, Farbe eigentlich nichts als elektromagnetische Wellenlänge", so kommt es oft vor, daß der so Angesprochene nickt, wenn auch etwas trübsinnig.

Dieser Verzicht kann allerdings auch ins Heroische umschlagen: Max Frisch [4], in seinem Roman „Homo Faber", läßt seinen Helden nach einer Notlandung in der

---

2 J. H. Pestalozzi: Brief an den Hauslehrer Peter Petersen in Basel, Frühjahr 1782. In: Sämtliche Briefe, Bd. 3, S. 147. Berlin: de Gruyter 1949.

3 Wörtlich: *„Der gebräuchlichen Redeweise nach gibt es Farbe, Süßes, Bitteres; in Wirklichkeit aber nur Atome und Leeres. – Die Sinne sprechen da zum Verstand: „Armer Verstand, von uns nahmst du die Beweisstücke und willst uns damit niederwerfen? Zum Fall wird dir der Niederwurf."* W. Kranz: Vorsokratische Denker. S. 147. – Berlin: Weidmann 1939.

4 M. Frisch: Homo Faber. S. 28. – Frankfurt: Suhrkamp 1969.

mondbeschienenen mexikanischen Wüste stehen. Während ein Mitreisender diese Landschaft als schön erlebt, sagt sich der „homo faber": *„Ich bin Techniker und gewohnt, die Dinge zu sehen wie sie sind. Ich sehe: den Mond über der Wüste, klarer als je, mag sein, aber eine errechenbare Masse, die um unseren Planeten kreist, eine Sache der Gravitation, interessant, aber wieso ein Erlebnis??"*

Dabei denken die Physiker selber ganz anders: Max Born[5], im Alter: *„Mein einstiger Glaube an die Überlegenheit der naturwissenschaftlichen Denkweise über andere Wege zum Verstehen und Handeln, scheint mir jetzt eine Selbsttäuschung."* – C.F. v. Weizsäcker[6]: *„Das physikalische Weltbild hat nicht unrecht mit dem, was es behauptet, sondern mit dem, was es verschweigt."* – Einstein [7], Geigespieler, wird gefragt: „Ja glauben Sie denn, daß sich einfach alles auf naturwissenschaftliche Weise wird abbilden lassen?" Er antwortet: *„Ja, das ist denkbar, aber es hätte doch keinen Sinn. Es wäre eine Abbildung mit inadäquaten Mitteln, so als ob man eine Beethoven-Symphonie als Luftdruckkurve darstellte."*

Horchen wir nun in eine andere Menschengruppe hinein. Neunjährige Buben in der Versuchsschule der Tübinger Universität[8]; ein meist schweigender Lehrer (er redet ihnen nichts ein) hat sie gelehrt, miteinander zu sprechen und nur zur Sache; alles zu sagen, was sie denken, aber auch alles zu denken, was sie sagen. Sie reden mehrere Stunden lang darüber, warum der Schall eines entfernten Preßlufthammers oder einer Trommel dem Anblick ihrer Bewegungen so nachhinkt. Sie untersuchen das Fell der Trommel mit Auge, Finger und Zunge, sie merken und sagen (laut Tonband), „es hoppelt so zittrig, das zittert so kitzlig, und es brennt beinahe" (auf der Zunge). Sie finden schließlich: das Späterkommen, das liegt an der Luft; die „trägt" den Schall zu uns; das braucht Zeit. – Aber wie „trägt" sie? Ergebnis nach langem Gespräch und Experimenten: „Wenn ich an das Trommelfell schlage, dann wackelt es. Die Luft wird weggeschubst. Da wackelt sich die Luft so hin und her, die da ist ... Die Luft schubst die andere Luft und die wieder weiter ... Da wackelt's durch die Luft bis zu meinem Ohr."

Später werden diese Kinder lernen, das Gewackel an einem Ort zwischen Trommel und Ohr durch einen mechanischen Schallempfänger aufzeichnen zu lassen. Das gibt dann so etwas wie die „Luftdruckkurve".

Was haben sie, was haben wir, nun damit gewonnen? Die Antwort liegt zwar auf der Hand, aber ich habe sie seltsamerweise in keinem Schulbuch gefunden, nämlich: Wir haben genau das gewonnen, was vom Schall bliebe für einen Gehörlosen.

Würde nun der Lehrer vor dieser Kurve sagen: „Seht ihr, der Schall ist also in Wirklichkeit nichts als diese Lufterschütterung", so wäre das absurd. Denn warum sollte ausgerechnet das Ohr für den Schall weniger Wirklichkeitswert haben als die anderen, weniger zuständigen Sinne? Ich behaupte nicht, daß Lehrer jenen „nichts-

---

5 M. Born: Physik im Wandel meiner Zeit. Einleitung. – Braunschweig: Vieweg 1957.
6 C.F. v. Weizsäcker: Zum Weltbild der Physik. 6. Aufl. S. 17. – Stuttgart: Hirzel 1954.
7 M. Born: Erinnerungen an Einstein. – Phys. Bl. 21 (1965) 300.
8 S. Thiel: Grundschulkinder zwischen Umgangserfahrung und Naturwissenschaft. In: Wagenschein – Banholzer – Thiel: Kinder auf dem Wege zur Physik. S. 90–154. – Stuttgart: Klett 1973.

als"-Satz aussprechen. Aber ich vermisse, daß die Schulbücher ihn ausdrücklich dementieren. Denn er scheint in der Luft zu liegen, zwischen den Zeilen. Es ist, als würde er mitgelernt.

Der Lehrer kann nur, und er muß es hier sagen, was wahr ist: in der Physik hat man sich entschlossen, sich allein um das Mechanische, die Luftdruckkurve, zu kümmern. Die „physikalische Akustik" enthält dann also in der Tat das, was vom Schall, von Musik bleibt für einen, der taub ist.

Er muß, der Lehrer, dann freilich auch bewußt machen, woher dieser Entschluß kommt: An der Luftdruckkurve kann man messen; an dem, was wir unmittelbar hören, nicht.

So kann er hier schon vorbereiten auf die grundlegende Einsicht: Physik ist eine sich selbst *beschränkende*, eine auf kluge Weise verzichtende Wissenschaft. –

Übrigens müssen wir noch zweierlei bedenken: Erstens, daß wir mit dem Rückzug auf das Meßbare den Sinnen nicht entgehen: Wir schätzen, wir messen mit Auge und Hand, mit dem ganzen Körper, wir messen Ab„stände", Zeit„spannen" und Muskel„kräfte".

Wir müssen uns zweitens darüber klar sein, daß der Rückzug vom gehörten Schall zur Luftdruckkurve eine Einbahnstraße ist: Wir können dem Gehörlosen aus der Luftdruckkurve auf keine Weise ganz mitteilen, wie sich ein Ton, eine singende Stimme, ein Gong anhört. Das ist mit Worten nur zu umschreiben. In der Luftdruckkurve, in einer anderen Weise, ist er nur, wie Einstein sagte: „abzubilden", beschränkt abzubilden.

Wenn der Lehrer bei den Schall-Forschungen seiner Neunjährigen das „Gewackel" der Luft in solcher Weise kritisch bedenken läßt, und wenn er bei dieser Lehrweise bleibt, dann kann er sie früh empfänglich machen für das, was sie später über moderne Physik lernen oder lesen werden:

Physik ist, nach der Meinung der heute führenden Forscher, nur einer – wenn auch der mächtigste – der möglichen Natur-Aspekte; nicht voraussetzungslos, sondern von vornherein sich selbst beschränkend auf das mit Maßstab, Waage und Uhr Meßbare, soweit wir so Gemessenes in mathematisierten Strukturen miteinander in Beziehung setzen, einander zuordnen können. Es entsteht so ein besonderes „Natur-Bild", eine „Denkwelt" können wir auch sagen. (Ein vor kurzem erschienenes authentisches Sammelwerk führt den Titel „The Physicist's Conception of Nature".[9])

Nach Vergleichen, die von Physikern selbst herrühren, bildet es die uns umgebende sinnenhafte Wirklichkeit der Phänomene so ab wie eine Landkarte die Landschaft, wie die Partitur eine Symphonie, wie der Schatten seinen Gegenstand.

Dabei aber bildet es so scharf und so richtig ab, wie eben der Schatten eines Blütenbaumes an der Mauer sich abzeichnet. Nur: der Baum selber kann der Schatten nicht sein wollen. Von nur seiner Struktur, seiner Geometrie, ist etwas geblieben, aber es fehlen Farbe und Duft, Räumlichkeit und das Rauschen seiner Blätter.

---

9  J. Mehra (Hrsg.): The Physicist's Conception of Nature. – Dordrecht: Reidel 1973.

Physiker sehen es also nicht so, wie die erste (die mechanistische) Stimme Demokrits es darstellt, als sei hinter den Phänomenen Atombewegung, allgemein Teilchenmechanik, das „Eigentliche", was es „wirklich gibt".

Es ist auch gar nicht zu erwarten, daß der Mensch, der ja der Natur angehört, die Frage nach dem „Wesen" der Naturerscheinungen mit rationalen Mitteln definieren, geschweige denn die Antwort finden könne. Es leuchtet ein, daß wir die Antwort nur in der Schwebe wechselnder Aspekte (deren jeder ein beschränkender ist, wie auch die Physik) zu umschreiben vermögen. Ein Geheimnis wird umkreist. Physikunterricht darf *von vornherein* nicht den Eindruck begünstigen, das Zentrum dieses Geheimnisses sei durch Physik jemals erreichbar. Bertrand Russell sagt deutlich, wie wenig Physik Ontologie, Wesenserkenntnis sein kann: „*Was wir über die physikalische Welt wissen, ist viel abstrakter, als man früher annahm. ... über die Gesetze, nach denen diese Vorgänge ablaufen, wissen wir gerade soviel, wie in mathematischen Formeln ausgedrückt werden kann, – aber über ihre Natur wissen wir nichts.*" [10]

Er gebraucht dann noch den hübschen Vergleich mit dem Finanzmann, der mit Weizen und Baumwolle praktisch handeln kann, ohne je etwas von beiden gesehen zu haben.

(An derselben Stelle ist auch der Vergleich des physikalischen Verstehens mit dem Lesen einer Partitur durch einen „Stocktauben" ausgeführt.)

Leider ist es nicht so (und das läßt sich leicht nachprüfen), daß alle, oder auch nur die meisten, Physikstudenten (spätere Lehrer einbegriffen) über diese wissenschaftstheoretische Seite ihrer Kenntnisse zum Nachdenken veranlaßt werden. Die Wirkung ihres Unterrichts auf die große Mehrheit ist entsprechend. Die oben angedeuteten Gespräche mit Neunjährigen über die Schallverspätung lassen, glaube ich, schon erkennen, *wie früh* und ohne viel „Philosophie" hier dem modischen Physikalismus vorgebeugt werden könnte [11].

Die erste Stufe zu dieser Einsicht kann in der Schule, wie ich zu zeigen versuchte, bei der Akustik gelegt werden. Die nächste, wesentlich steilere, bei der Wärmelehre. Denn die physikalische Abbildung auf Bewegung gibt es, wie beim Schall, nun auch hier. Das Phänomen Wärme erlebt jeder, der in der Sonne sitzt. Die physikalische

---

10 B. Russell: Das ABC der Relativitätstheorie. S. 178. – Reinbek: Rowohlt 1972.
11 H. Glubrecht: Von Thales zu Einstein. – Phys. Bl. 32 (1976) 193 bzw. 241.
In einer bemerkenswerten Abhandlung in den Heften 5 und 6 der Physikalischen Blätter 1976 schreibt H. Glubrecht: „*Seltsamerweise ist diese Spezifität (des naturwissenschaftlichen Denkens) keineswegs allen Naturwissenschaftlern bewußt, noch viel weniger ist sie es den Außenstehenden. Darin liegt meines Erachtens die Wurzel der zwiespältigen Einstellung unserer Zeitgenossen zur Naturwissenschaft, ihrer Überschätzung ebenso wie ihrer Verkennung.*" (S. 194) Und (S. 247): „*Die Enttäuschten könnten dann leicht zu Bilderstürmern werden.*"
Die Wochenzeitung „DIE ZEIT" berichtete auf S. 16 ihrer Ausgabe vom 7. Mai 1976 über ein ernstzunehmendes „Anti-scientific-movement" in den USA.
*Nachtrag, 1978*
Im Septemberheft der „Physikalischen Blätter" vom Jahre 1978, S. 421 f. wurde berichtet über mehrere ernsthafte Untersuchungen zum Physikunterricht an Gymnasien, mit dem Ergebnis, „daß mit zunehmendem Alter der Physikunterricht für den Schüler immer unbeliebter und mit Attributen wie *langweilig, trocken, schwierig, abstrakt, abschreckend* usw. versehen wird." Und: „Physik ist ein äußerst unbeliebtes Fach."

Betrachtungsweise hat zur Wärme nun etwas sehr Merkwürdiges und Sehenswertes herausgefunden: Daß nämlich jedes Ding, sei es Stein oder Wasser oder Luft, eine unaufhörliche, unsichtbare, sehr feine, zitternde Bewegung in sich hat, die mit der Temperatur steigt und fällt.

Seit ich zum ersten Mal die Brownsche Bewegung kleiner Rutil-Kristalle im Dunkelfeld der Mikroprojektion gesehen habe, mit Kindern, nahe vor dem Schirm, plädiere ich dafür, *allen* Schulkindern diesen Anblick eines torkelnden Sternhimmels in Ruhe zu eröffnen.

Man muß das gesehen haben! Es ist schwer begreiflich, daß nicht alle Schulen allen Kindern dieses fundamentale Phänomen zeigen, statt ihnen voreilig von Atomen und Elektronen zu erzählen. Man setze sie vor den Schirm und sage möglichst nichts. Sie sehen hier etwas Wirkliches.

Den Idealfall vorausgesetzt, daß sie noch nichts von „Molekülen" „wissen" (oder daß man ihnen diesen Glauben erst einmal sokratisch wieder ausreden kann), eröffnet sich hier ein zwingender Vorstoß zur Diskontinuität und zu der modernen Einsicht, daß die in großen Dimensionen gewonnenen Begriffe im kleinen nicht ausreichen: Wir haben ein Motivations-, ein Initiations-Phänomen ersten Ranges vor uns. Die Fragen drängen sich: Warum bewegen sich die Stäubchen? Sind sie lebendig? Nein: auch gewöhnliche Rußbröckchen, Kristallsplitter, Fettröpfchen tun das, wenn sie nur winzig genug sind. – Sie „bewegen *sich*" also gar nicht, nicht „freiwillig", tun selber nichts, tun nur mit! Wo aber ist der Treiber? – Das kann nur das Wasser sein. Aber das Wasser ist doch ganz still?

Offenbar doch nicht. Die Hypothese ist kaum zu umgehen: Wir müssen uns im tiefsten Innern des Wassers eine ständige stoßende Unruhe vorstellen (Lenard nannte sie „Kleinwimmel"), einen ganz geheimen Aufruhr, ein Mikro-Fiebern, ein unaufhörliches, das immer da ist, das einfach dazugehört zur Materie und zur Wärme: es steigt und fällt mit der Temperatur. Wenn wir den Schülern die Zeit und damit das Selber-Denken erlauben (worauf sie ja Anspruch haben), so werden sie diese Hypothese des Dauerwimmels für unbrauchbar erklären. Ja aber, werden sie sagen: das wäre doch ein „perpetuum mobile", und noch dazu ein richtiges, ein reibendes! Dieser Wimmel könnte nicht fortdauern, er müßte sich bald in Reibung ersticken (und dabei das Wasser ein wenig erwärmt haben)! Dieser Einwand ist zwingend, und er zwingt uns weiter zu einer befremdenden Vorstellung. Das Wasser, so wie wir es als Kinder kennen lernten, wenn wir anfingen, mit ihm zu spielen, das Wasser das uns durch die Finger rann, das Wasser das immer von selbst ganz still wurde, mochten wir es noch so wild umgerührt haben: Dieses vertraute Wasser muß in seinem tiefsten Innern und in dessen winzigsten Räumen ganz anders vorgestellt werden, als es im großen ist: es darf dort keine „innere Reibung" geben, und das heißt: keine Berührungsflächen in sich selber (Wasser an Wasser), es kann also nicht lückenlos, es kann – gelehrt gesprochen – kein Continuum sein! Es ist ein ständig bewegtes Discontinuum.
Dies scheint mir kein schlechter erster Zugang zum Atomismus. In Verbindung mit anderen (chemischen) Schlüssen führt er später weiter.
Dieser Vorstoß zum Atomismus steht hier als Exkurs. Für das, worauf ich im Augenblick hinaus wollte, bedarf es der Moleküle noch gar nicht. Es genügt die Entdeckung: es gibt eine geheime wirre innere Bewegung, deren Heftigkeit an den Wärmegrad gebunden ist.

Sollen wir hier nun wieder der Nichts-als-Philosophie verfallen und sagen: Wäre ist in „Wirklichkeit" nichts als innere Bewegung[12]? – Wir dürfen nur sagen: Zunehmende Wärmeempfindung ist immer begleitet von sichtbar zunehmender innerer Unruhe des warmen Körpers und umgekehrt. Oder: Die innere Bewegung ist das, was von der Wärme für einen Menschen bliebe, der Wärme nicht fühlen könnte. Oder noch deutlicher: Physik entschließt sich auch hier zum Verzicht. Sie beschränkt sich auf die „Abbildung" der Wärme, auf das Meßbare: Bewegung.

Hier bei der Brownschen Bewegung nähern wir uns einer Grenze. Diese torkelnden Lichtpunkte sind der letzte optische Reflex, den wir aus der innersten Kleinwelt gewöhnlicher Materie noch herauslocken können.

Für die Vorgänge, die noch tiefer dringen, in den winzigsten Räumen ablaufen, da ist es nun nach den überraschenden Einsichten der letzten 50 Jahre mit der Anschaulichkeit grundsätzlich schlecht bestellt.

Wenn man den folgenden Satz Heisenbergs[13] bedenkt: *„Das Atom ist seinem Wesen nach nicht ein materielles Gebilde in Raum und Zeit, sondern gewissermaßen nur ein Symbol, bei dessen Einführung die Naturgesetze eine besonders einfache Form annehmen"*, dann wird man beim Blättern in den Lehrbüchern schon der Sekundarstufe I ein recht unbehagliches Gefühl nicht los und muß dem zustimmen, was ein anderer ausgezeichneter Quantenphysiker, Walter Heitler[14], Zürich (der pädagogische Fragen sehr ernst nimmt) dazu sagt: *„Es ist ein Vergehen an jungen Menschen, ihnen etwas beibringen zu wollen, was sie unmöglich verstehen können, oder, um es verständlich zu machen, es falsch darzustellen."* – *„Ich glaube nicht, daß es gut ist, in der Mittelschule viel von Atomphysik und Elektronen zu reden. Jede anschaulich räumliche Vorstellung dieser Gebilde ist ganz einfach falsch."* Es scheint, daß die Schule, gerade aus dem Bestreben, modern zu sein, es hier eben nicht ist, indem sie Kindern ganz unnötig früh von Atomen und Elektronen so anschaulich erzählt, als seien es Erbsen, und auch nicht sagt, wie man dazu gekommen ist. Hier steht sie nicht mehr auf der Basis der Phänomene.

Diese verfahrene Lage in Ordnung zu bringen, ist wohl das wichtigste und schwierigste Problem für eine zukünftige Pädagogik der Physik.

Sobald Physik als ein besonderer Aspekt erkannt ist und auch gelehrt werden soll, kann man den Folgerungen nicht ausweichen:

1. Als ein beschränkender Aspekt kann sie *nur genetisch* wirklich verstanden werden, denn man muß zuerst die unbeschränkte Wirklichkeit unmittelbar vor sich ha-

---

12  F. Bacon: In: J. Tyndall: Die Wärme betrachtet als eine Art der Bewegung. S. 69 f. – Braunschweig: Vieweg 1867.
    Francis Bacon, Galileis Zeitgenosse, hat (wie auch Demokrit und Lukrez) diese verborgene Bewegung vorausgeahnt und ist ganz unbedenklich der „Nichts-Als-Philosophie" verfallen. Er schrieb 1620: *„Man verstehe wohl, wir sagen ... daß Wärme nichts anders als Bewegung sei ... eine expansive, gehemmte, die kleineren Teile durchdringende Bewegung."* [12]
13  W. Heisenberg: Wandlungen in den Grundlagen der Naturwissenschaften. 7. Aufl. S. 97. – Stuttgart: Hirzel 1947.
14  W. Heitler: Vom Wesen der Quantenchemie. – Phys. Bl. 29 (1973) 252, 256.

ben, um überhaupt zu bemerken, daß beschränkt wird. Mit anderen Worten: „Wissenschaftsorientiert" kann nicht werden, wer nicht in den Anfängen der Wissenschaft heimisch geworden ist und dann ihr Fortschreiten kritisch verfolgt hat.

2. Der unmittelbare Umgang mit den Phänomenen ist der Zugang zur Physik.

3. Phänomene können nicht mit schon isoliertem Intellekt, ist müssen mit dem ganzen Organismus („am ganzen Leibe") erfahren werden. Auch wir müssen anfangs unbeschränkt sein.

4. Apparaturen, Fachsprache, Mathematisierung, Modellvorstellungen sollten nicht eher auftreten, als bis sie von einem beunruhigend problematischen Phänomen gefordert werden.

5. Auch auf höheren und späteren Stufen der Abstraktion muß der Durchblick bis zu den Phänomenen und auch der Rückweg zur Umgangssprache immer offengehalten werden.

6. Das Feld des Schulunterrichts ist nicht schon die hastig bestiegene Ebene der physikalischen Begriffe. Das Feld der Schule ist der Weg zwischen den Phänomenen und der physikalischen Denkwelt, hin und auch immer wieder zurück.

7. Die Schule sollte (in der Grundschule und in der Sekundarstufe I), anders als bisher, so lehren, daß aus allen Schülern wissenschaftsverständige Mitbürger werden. Dann können später einige von ihnen fundierte Fachleute werden, und zwar solche, die auch mit Laien sich zu verständigen fähig sind.

8. Das Fachstudium des Physiklehrers muß also einen anderen Charakter haben als das des Diplomphysikers: einen genetischen.

Dies alles gälte schon gegenüber Erwachsenen, die noch nichts von Physik wissen, wieviel mehr bei Kindern.

Kinder, in einer Altersstufe, in der sie noch, und sehr zu Recht, nur Greifbares begreifen und zugleich autoritätsbedürftig sind, glauben dem Lehrer seine Lehrbuch-Bilder und Berichte zur Atomistik kritiklos und gegenständlich. Und allem Anschein nach ist es eine Illusion zu hoffen, eine *spätere* Sublimierung dieser laufenden, rollenden, harten (und womöglich blauen) kreisenden Elektronenkugeln werde noch gelingen. Es kommt hinzu, daß eine nachträgliche Richtigstellung, selbst wenn sie gelänge, nur eine kleine Minderheit noch erreichen würde: *einige* Schüler der Sekundarstufe II.

Das Mißverständnis, etwa Elektronen für Gegenstände, nur kleine, zu halten, scheint durchweg resistent zu sein, und es trägt schwerwiegend dazu bei, daß so viele Laien an eine reale, mechanische Welt als ursächliche Basis glauben und die Phänomene für „nichts als" ihren „nur subjektiven" Sekundäreffekt halten.

Man kann bekanntlich in einer Weise informieren, die ausreicht, um fertige, aber nicht durchschaute Ergebnisse dennoch richtig zu nutzen: Autofahren, Fernsehen, überhaupt Apparaturen richtig zu bedienen, auch mathematische Formeln also, das gehört hierher. Es ist stellenweise unumgänglich. Aber um ein „Verstehen" in diesem Sinne darf es in allgemeinbildenden Schulen jedenfalls nicht in erster Linie gehen. Verstehen heißt hier: *Stehen auf den Phänomenen.* Anders gesagt: Erfahren, wie Physik, *wie Naturwissenschaft überhaupt möglich ist und möglich wird.*

Bei dieser Aufgabe können die außerordentlichen Fortschritte der modernen Physik von der Schule nicht nur als ein Mehr an sogenanntem Stoff bewältigt werden. Denn in unserem Jahrhundert sind sie, mehr als jemals zuvor, auch immer Schritte gewesen fort von den Fundamenten, das heißt: der primären, phänomenalen Wirklichkeit des Kindes und des Laien: fort von der freien Natur zur Apparatur, vom Wort zum Symbol, vom Satz zur Gleichung, von der Anschauung zu abstrakten Strukturen, vom Phänomen zur Modellvorstellung. Pädagogisch gesehen sind das Schritte von nie dagewesener Spannweite der Abstraktion. Ein nur hastig konsumierender Unterricht gefährdet die Kontinuität des Verstehens.

*Axiomatik und Deduktion bieten keinen Ausweg.* Denn abstrakte Begriffe, die nicht in ihrer *Herkunft* aus den Phänomenen („genetisch") zustande gekommen sind, werden *mißverstanden:* als nicht von uns konstruierte, sondern als vorgefundene, grob materielle oder auch magische Wesenheiten, von denen man dann glaubt, daß sie als letzte Ursachen hinter allem stecken, was es gibt, und die Phänomene verursachen: das ontologische Mißverständnis der Physik.

Ich kann dieses Thema hier nicht in seinem ganzen Umfang verfolgen. Ich versuche nun, einige positive Beispiele vorzulegen dafür, daß man, ohne schon von Molekülen, Atomen, Elektronen reden zu müssen, also ganz in der Sphäre der Phänomene bleibend, Einsichten in das Innere der Materie gewinnen kann, von denen man sich nichts träumen ließ. Das erste Thema sei noch einmal die durch die „Brownsche Bewegung" schon vorgestellte „Innere Unruhe". Diesmal aber nicht – wie vorhin dargestellt – einfach vom Lehrer hingesetzt, sondern als ein Weg (wenn Sie wollen ein „Curriculum"), der von unmittelbaren Alltagserfahrungen ausgeht und in Gang gesetzt (motiviert) wird durch eine Sonderbarkeit.

Ein Stein, eine polierte Metallfläche, ein stehendes Gewässer, das Wasser im Glas, die eingeschlossene Luft des Zimmers, sie alle machen den Eindruck völliger Ruhe. Wenn Nichts und Niemand eingreift, kein Wind, keine Wärme, kein Stoß, dann blickt man auf eine tote, eine passive Szenerie. – Mit einer Ausnahme: Das Wasser, wenn man ihm Zeit läßt, verschwindet heimlich aus dem Glas, „verdunstet", erobert den Raum, wenn auch langsam. – Ist es nun von der Luft entführt, oder ist es selber schuld, will es flüchten? – Wir können die Luft ja wegnehmen: Stellen wir das Glas mit dem Wasser unter eine dichte Glocke und pumpen aus ihr die Luft heraus. Dann erleben wir einen überraschenden Ausbruch: Das Wasser, das kalte Wasser, beginnt in großen Blasen zu kochen, zu verkochen. Es hat also offenbar nur darauf gewartet, die Luftlast loszuwerden: es will kochen. Wenn wir ihm den Luftdruck wegnehmen, so helfen wir ihm also nur zu dem, was es von sich aus anstrebt. – Die Ruhe des Teiches ist Täuschung.

Da das Wasser nun bekanntlich auch unter der Last des Luftdrucks, trotz ihm, zum Kochen zu bringen ist, nämlich durch Erhitzung, so dürfen wir sagen: es sieht so aus, als werde ein innerer Drang zum Sieden durch Wärme nur unterstützt. Das Wasser hat, fassen wir alles zusammen, allein in sich selber die Tendenz, zu Dampf zu werden.

Aufmerksam geworden suchen wir nach Ähnlichem: Zucker löst sich im Wasser selbsttätig auf. – Verschiedene Flüssigkeiten übereinander geschichtet vermischen sich in tagelanger Heimlichkeit von selber. – Dasselbe finden wir bei Gasen. – Schließlich gibt es auch die unglaubhafte Diffusion fester Stoffe ineinander: Gold, angepreßt an Blei jahrelang, wandert allmählich in feinsten Vorposten von selbst ins Blei hinein. Schließlich, und das ist ja am bekanntesten: Luft, Dampf, alle Gase sind immer auf dem Sprung, jeden Raum zu erobern, den man ihnen öffnet, sei er leer oder von einem anderen Gas besetzt. Sie sind in ständiger Aggression, und wo kein Ausbruch möglich ist, da drücken sie gegen die Wand.

Folgt jetzt, als Höhepunkt, noch die Vorführung der Brownschen Bewegung, dann merkt man vielleicht, wie gut es dahinein paßt, daß heftiges Reiben und Rühren alle Dinge wärmer macht: Der innere Aufruhr bekommt Zufuhr von außen.

Dieser rein phänomenologische Lehrgang könnte zeigen:

1. Recht tiefgehende, wenn auch nur vorbereitende Zusammenhänge sind, ohne alle Mathematik und ohne von Molekülen zu reden, einsichtig zu machen.
2. Schon gewöhnliche Materie zeigt sich hier von einer neuen, einer drohenden Seite. Wir können noch von Glück sagen. Vorsicht ist geboten.

Sie wird noch dringlicher durch einen zweiten, ebenfalls rein auf Phänomene gestützten Einblick. Er ist zwar künstlich, aber einfach gebaut. Es geht hier nicht um gewöhnliche Materie wie bei der Brownschen Bewegung, sondern um eine besonders bedrohliche Sorte, um radioaktive Stoffe.

Man blicke durch eine gewöhnliche Lupe auf die Schicht eines Materials, das die besondere Eigenschaft hat, an den Stellen, wo man es mit einer Nadel ritzt, einen winzigen Lichtblitz von sich zu geben. Wie es das macht, ist eine Sache für sich, die wir hier nicht zu verstehen brauchen, da wir sie nur benutzen.

Zwischen Lupe und Schicht, auf einem dünnen Draht, ist nun eine winzige Menge eines Radiumsalzes angebracht, und zwar auf der vom Auge abgewandten Seite des Drahtes, nach der Schicht hin also offen. Die Lupe ist auf die Schicht eingestellt. Im Stockdunkeln und mit ausgeruhtem Auge, am besten mitten in der Nacht, sieht man dann etwas ebenso Unvergeßliches, wie es die Brownsche Bewegung ist. Nicht torkelnde Sterne, sondern nur aufblitzende und wieder verschwindende, bald hier bald da. Ein flackernder Sternhimmel. – Nun kann man, das ist vorgesehen, während man hineinblickt, das Radiumsalz etwas von der Schicht zurückziehen. Die Sterne werden dann seltener. Schließlich kommen gar keine mehr. Umgekehrt: nähert man das Radiumsalz der Schicht, so nimmt das Flimmern überhand.

„Sind das die Atome?“ fragt das überinformierte Kind. Nein, es sind Lichtblitze („Szintillationen“). Aber man hat den Eindruck, daß dieses Radiumsalz von selber feinste Trümmer aussprüht, die die Schicht ritzen. Zwar hat man dann nicht gerade Atome gesehen, aber doch sind wir nahe daran. So nahe, wie die Fußspur eines Vogels dem Vogel selber ist, der sich für einen Augenblick auf dem Schnee niederließ. Dieser kleine und billige Atomguckkasten ist natürlich nur ein Anfang in der Erkundung der Radioaktivität. Das Kind wird weiter fragen: Wird das Radium jetzt weniger? – Ja, nicht schnell, aber nach vielen Jahren ist es zu merken. Man sieht: jetzt ist das Messen und Rechnen unumgänglich.

Lassen Sie mich hier etwas einschalten: Ich spreche nicht gegen das Mathematisieren und nicht gegen maßvolle Atomphysik in der Schule. Ich wende mich nicht im mindesten gegen die Pflege der abstrahierenden Intelligenz, aber ich wende mich gegen ihre Isolation. Ich spreche nicht für eine Flucht in die Phänomene, ich spreche für ihren Vorrang und ihre ständige Präsenz. Ich werbe für etwas: dafür, daß solche Erfahrungen, wie ich sie hier beschreibe, fundamental sein und bleiben müssen. Sie verlangen nun allerdings Zeit für ruhiges Anschauen, Besinnung und Gespräch. Es ist bemerkenswert, daß man die Voraussetzungen dafür in den Schulen meist vergeblich suchen muß.

Noch ein Beispiel: Lichtwellen.
Wenn man, am besten wieder in der Nacht, eine brennende Kerze aufstellt, vor dunklem Hintergrund, etwa acht Meter entfernt, und sie dann durch einen senkrechten engen Spalt betrachtet, $1/2$ mm breit, am besten zwischen zwei geraden Messerklingen, die man ganz nah vors Auge hält, dann sieht man Merkwürdiges: rechts und links neben der Kerze flackern noch viele andere, schwächere, Gespensterflämmchen, aufgereiht, nach außen immer schwächer sich verlierend, richtige Abbilder. Jene Geisterflammen haben farbige Ränder, rot außen, blau-violett innen, die anderen Farben dazwischen.
Daß die bunten Farben aus weißem Licht hervorgehen können, ist dem Schüler nicht neu: Wassertropfen können das fertigbringen (beim Regenbogen) und das Glasprisma; in beide muß das Licht eindringen. In unserem Fall genügt nun sogar das Vorbeistreifen an den Rändern des Spaltes.
Ganz neu aber ist, daß dabei *viele* Abbilder auftreten, in regelmäßiger Wiederkehr. Mit einem Fremdwort gesagt: die Periodizität dieser Erscheinung. Da von einer Periodizität weder in der Kerze noch im Spalt etwas vorgeformt ist, darf man schließen, daß sie dem Licht selber eigen ist. Und außerdem den Farben in verschiedenem Maße: rotes Licht ist an relativ große Strukturen gebunden, blaues an feinere.
Wenn es stimmt, daß die Periodizität ein für das Licht charakteristisches Struktur-Phänomen ist, dann müßte man erwarten dürfen, daß es sich auch bei anderen Umständen kundgeben müßte, nicht nur beim Passieren eines Spaltes.
So ist es, und zwar kommt es ganz von selbst auf uns zu, so daß ein Curriculum davon ausgehen könnte: Die Ölflecken, die Autos auf nassem Asphalt hinterlassen, zeigen meist undeutlich, oft ganz klar, eine periodisch gebaute bunte Figur: konzentrische farbige Ringe. Auch hier kann es nicht an dem Ölfleck liegen. Er wird nach außen nur gleichmäßig dünner, er hat nicht etwa Ring-Wälle.
Sind das nun die „Lichtwellen"? fragt das überinformierte Kind oder der fernbelehrte Mitbürger. Nein, die kann man nicht sehen. Es sind die dem Licht eigenen periodischen Phänomene, aus denen dann, im Zusammenhang mit anderen Lichterfahrungen, die Physiker das Denkbild der Lichtwellen entwickelt haben.
Ich meine, daß jeder die Periodizität des Lichtes und seiner Farben mit diesen einfachen Mitteln in der Schule gesehen und bedacht haben sollte. Angenommen, er weiß nur dies, so frage ich: Weiß er dann nicht mehr als einer, an dem künstlichere Experimente, Begriffe und Mathematik über Lichtwellen vorbeigerauscht sind?
Was ich bis jetzt an Beispielen angeführt habe zugunsten der Präsenz und des Vor-

rangs der Phänomene, liegt schon nahe an der Dämmerungszone, in der die physikalischen Begriffe ihre Anschaulichkeit aufgeben müssen. Gerade hier sollten nach Möglichkeit die Phänomene noch frei von instrumentellen Komplikationen, in unvergeßlicher Eindringlichkeit und vor aller Messung, ohne Rücksicht auf den Zeitaufwand gegenwärtig gehalten werden. Eine Nebelkammer ist ein relativ einfaches Instrument. Jeder Schüler sollte einmal hineingeblickt haben, ehe man ihm Fotos zeigt oder gar deutet. Vielleicht sollte man ihm dazu folgenden Satz Heisenbergs vorlesen und weiter gar nichts sagen: „Es gab keine wirkliche Bahn des Elektrons in der Nebelkammer. Es gab eine Reihe von Wassertröpfchen. Jedes Tröpfchen bestimmt ungenau die Lage des Elektrons, und die Geschwindigkeit konnte – auch wieder ungenau – aus der Reihe der Tröpfchen ermittelt werden." [15]

Aber auch in der alten Physik des Vordergrundes, wo Pendel, Lichtbrechung und dergleichen auf dem Programm stehen, sind im Schulunterricht schon seit vielen Jahren die Naturphänomene allzu geschwind in den unvermeidlich verfremdenden Belehrungsapparaturen untergegangen, sozusagen beigesetzt. Die üblichen Meßgeräte zum Brechungsgesetz, zum Fallgesetz sind darauf angelegt, in *einem* Akt quantitativ und schnell ans Ziel zu kommen. Ist es aber für das Unbewußte der Kinder noch glaubhaft, daß es Naturerscheinungen sein sollen, die da in der Elektrizitätslehre bisweilen in Kästen und hinter elektrischen Drahtverhauen verschanzt, nur noch durch Zeigerbewegungen vor bezifferten Skalen sich kundgeben? Solche Demonstrationen müßten zwar nicht unbedingt verstörend wirken. Sie tun es aber, wenn sie nicht allmählich *entstehen*. Aber der Lehrer, nach seinem Fachstudium, je wissenschaftlicher und moderner es war desto mehr, unterschätzt den Klimawechsel zwischen Natur und Labor, zwischen dem freiwillig erscheinenden Phänomen und seinem im Gefängnis der Meßinstrumente umstellten Vertreter.
Bisweilen genügt zur Verfremdung schon die Übertragung in einen verkleinerten Maßstab.

Das Pendel: Sicherlich ist es richtig, von den Erinnerungen auszugehen, die alle Kinder vom Schaukeln haben. Aber eine kleine Messingkugel an einem dünnen kurzen Faden: ist das dasselbe? Für den Physiker schon, für das Kind aber eine Entwürdigung ins Unernste, Puppenstubenhafte hinein.
Ich erinnere mich aus der Frühzeit meines Unterrichtens, wie mir das einmal aufging. Also schleppte ich eines Nachmittags einen kopfgroßen Felsbrocken in die Schule und hängte ihn an einem dicken Seil an der fünf Meter hohen Decke auf. Anderntags in der Physikstunde sagte ich gar nichts und ließ nur das schwere Pendel von der Seite her ins Blickfeld schwingen. Wie langsam! Das bloße Zusehen macht ruhig. Von selbst lockt es die Jungen und Mädchen von ihren Plätzen. Sie umstehen dicht und respektvoll den gefährlichen Schwingungsraum. Zu sagen ist nichts. Die Fühlung bedarf keiner Aufforderung, sie bedarf nur der Zeit, die die Schule sich so selten nehmen darf. Alle Köpfe gehen mit, auf und ab, hin und her. Das leise Anlau-

15  W. Heisenberg: Bemerkungen über die Entstehung der Unbestimmtheitsrelation. – Phys. Bl. 31 (1975) 195.

fen, der sausende Sturm durch die Mitte – ein aufgefangener Fall –, drüben der zögernde Aufstieg bis zum Umkehrpunkt; er kommt nicht ganz so hoch wie er war, der Brocken. – Die vertraute Schaukel ist jetzt objektiviert, ein Gegenüber geworden. Sie schaukelt allein, fast unermüdlich, ohne daß einer sie antreibt, ihrer selbst ganz sicher. Das bloße Anschauen lenkt den Sinn aufs Maßvolle. Dieses Pendel trägt das Maß seines Schwingens, seines besonders langsamen Schwingens, in sich. Warum schwingt das lange Pendel so langsam? Es ist zu spüren: die Zahl nähert sich, das Gesetz. – Am großen Pendel sieht man Fragen, die das kleine eilige nie erregt, zum ersten Mal: der rätselhafte höchste Punkt, an dem der Felsbrocken umkehrt. In diesem Augenblick: bewegt er sich da oder nicht? Hält er an, oder? Wie lang währt die Pause der Bewegungslosigkeit? – Ist diese Frage einmal gesehen, so beginnt ein nicht vorauszusehendes Gespräch, in der Umgangssprache versteht sich, noch nicht in der Sprache der Physik. Der Lehrer braucht gar nichts zu sagen. Höchstens am Ende kann er zusammenfassen: Es ist ein Stillstand ohne Dauer; das was der Physiker einen „Zeitpunkt" nennt. Kürzer als jeder Augenblick, kleiner als jeder Moment, unter aller Zahl. Seine Dauer ist Null. Da steht ein Körper und steht doch nicht still – so etwas gibt es also.

Diese einführende Betrachtung, die ich hier andeutete, schließt nicht nur nicht aus, daß wir danach zur Pendelformel kommen: im Gegenteil, sie erschließt erst die Sache, so daß sie redet, und die Schüler, daß sie „dabei sind". Eile verdirbt alles.

Genug von dem großen Pendel. Ich führte es hier nur als Beispiel an für möglichst große, instrumental einfache Demonstrationen von Phänomenen, nur zum ruhigen Anschauen, vor aller Messung. – Ich nenne noch: meterlange leuchtende Spektren, die Farbenspiele der sogenannten Gasentladungen, das Foucaultsche Pendel, die Gravitationswaage, und schließlich, den Schulbaumeistern empfohlen, eine große ständige Camera obscura, zum Hineingehen. Man sieht dann an der Wand den bewegten Farbfilm der Nachbarstraße oder auch der wehenden Bäume eines Parks, rätselhaft hervorgebracht und auf den Kopf gestellt durch das Einfachste, was man sich denken kann: ein leeres kleines Loch.

Ich war auf das Pendel gekommen von der Erfahrung her, daß schon räumliche Verkleinerungen, und viel mehr noch der übereilte Einbau in Meßapparate, das Phänomen verkümmert erscheinen lassen können. Vorher hatte ich versucht zu zeigen, daß es seinen Rang als primäre Grundlage des Verstehens verliert, wenn symbolhafte Strukturen (etwa das Atom), als richtige körperliche kleine Dinge mißdeutet, für die Ursachen der Phänomene gehalten werden; eine totale Umkehrung des Verhältnisses zwischen dem Phänomen und seinem physikalischen Bild.
Eine ebenso umkehrende Wirkung scheint vorzukommen, wenn die Phänomene auch wieder als nur Folgen eingeschätzt werden, aber jetzt nicht von materiell gedachten Dingen, sondern von magisch verstandenen „Naturkräften". Das geschieht da, wo Begriffe, die das Gefühl „Kraft" enthalten (Zentrifugalkraft, Gravitation, Arbeit, Energie), nicht kritisch genug entwickelt werden, so daß sie noch der Willenskraft verwandt erscheinen.
Neigt nicht der Autofahrer dazu, sich in der Kurve von einer im Raume wesenden

„Zentrifugalkraft" ergriffen zu fühlen? Während doch nichts weiter geschieht, als daß sein Körper die Kurve nicht mitmacht. – Wir sagen heute nicht mehr, daß die Naturkraft Gravitation die Planeten in ihre Bahnen zwingt. Wir sagen: sie laufen, wie wir beobachtet haben, und um diesen Lauf mathematisch beschreiben zu können, haben wir die Gravitationskraft definiert, mit stillschweigender Zustimmung der Phänomene: eben der Planetenbahnen am Himmel. Diese Definition ist ständig korrigierbar. (In der Allgemeinen Relativitätstheorie ist der Begriff Kraft ganz entbehrlich geworden.)

Ich fasse zusammen und nenne die Folgen.

Ruhige Gespräche mit Studenten, durch Jahre fortgesetzt, und auch mit Laien, lassen erkennen: Ein verfrühender und übereilter, meist sogar vorwegnehmender Einmarsch in das Reich der quantitativ belehrenden Apparate, der nur nachgeahmten Fachsprache, der nur bedienten Formeln, der handgreiflich mißverständlichen Modellvorstellungen, ein solcher Unterricht zerreißt für viele schon in frühen Schuljahren unwiederbringlich die Verbindung zu den Naturphänomenen und stört ihre Wahrnehmung, statt sie zu steigern. Er reduziert die Sensibilität für Phänomene und für Sprache gleichermaßen.

Viele erinnern sich deshalb ihrer Schulphysik nicht gern, und ihre Kenntnisse zerfallen in kürzester Zeit.

Diese Hinfälligkeit der physikalischen Schulkenntnisse (bei genauem Zusehen genügt schon ein halbes Jahr nach dem Ende der Schulzeit, sie verlöschen zu lassen) ist beunruhigend, da sie von den Lehrern kaum wahrgenommen und deshalb nicht geglaubt wird. Sieht man bei den einzelnen Studenten genau hin, so häufen sich die Fälle, bei denen das vermeintliche Wissen zerfallen ist, weil es sich vom Phänomen abgeschnürt hat, und es oft genug sogar verdunkelt, statt es zu erhellen. Wäre es sonst möglich, daß etwa 9 von 10 Deutschen zwar Monat für Monat den Mond seine Lichtgestalt wandeln sehen und doch lebenslang glauben in der Schule gelernt zu haben (vermutlich an Lampe, Apfel und Nuß demonstriert statt am Phänomen, am Himmel), daran sei der „Erdschatten" schuld, statt einmal hinzusehen, wie die Sonne immer gerade nahe bei der schmalen, also stark verschatteten, Mondsichel steht und nicht ihr gegenüber (wie es sein müßte, wenn sie den Erdschatten auf den Mond zeichnen sollte).

Es gibt nicht wenige solcher Beispiele. Schlimmer als solche Einzel-Irrtümer ist es, daß Physik von vielen Laien überhaupt nicht verstanden wird. Ein Vergleich drängt sich auf:

So wie in den ersten Lebensjahren des Kindes die Mutter nicht ersetzbar ist durch ein noch so hygienisches Kinder-Hospital, so kann im anfänglichen Physikunterricht das Naturphänomen nicht vertreten werden durch noch so exakte quantitative Labor-Effekte und schon gar nicht durch Modellvorstellungen.

Physik erscheint sonst dem Lernenden nicht als das, was sie ist: jenes zwar einschränkende aber erhellende Denkbild, das die ursprüngliche Natur bereichernd überwölbt. Sie zeigt, im Gegenteil, verdunkelnd und verödend eine unheimliche Natura denaturata[16]).

Ich hatte meine Betrachtung mit Demokrit begonnen: („nichts als Atome") und dem „Homo faber" („Wieso ein Erlebnis!?").

Lassen Sie mich schließen mit dem Bericht von Marie Curie über die Zeit, als sie mit ihrem Mann Pierre Curie das Radium entdeckt hatte. Sie schreibt: „Wir beobachteten mit besonderer Freude, daß unsere an Radium angereicherten Produkte alle von selbst leuchteten. – Es kam wohl vor, daß wir abends nach dem Nachtmahl nochmals hingingen, um einen Blick in unser Reich zu tun. … Unsere kostbarsten Produkte lagen auf Tischen und Brettern verstreut; von allen Seiten sah man ihre schwachleuchtenden Umrisse, und diese Lichter, die im Dunkeln zu schweben schienen, waren uns ein immer neuer Anlaß der Rührung und des Entzückens[17])."

# 19 „Lichtbrechung" – wie sieht das aus? *(1971, Ausschnitt)

Eine Gruppe von zehn nicht-naturwissenschaftlichen Studenten einer Universität bat ich (bei der vergeblichen Suche nach dem verlorenen „Brechungs-Gesetz"), sich in Ruhe wenigstens daran zu erinnern, wie ein Ruder aussieht, das schräg ins ruhige klare Wasser hineinhängt (oder, ebensogut, ein Löffel, der schräg in den wassergefüllten Topf eintaucht)? Zu meinem Erstaunen stimmten sie alle der Zeichnung zu, die einer von ihnen skizzierte: Der ins Wasser eingetauchte Teil werde nach unten abgeknickt (statt, wie es ist, nach oben). Der Grund für diese Verblendung ist klar: Das ist die (allerdings zuständige) Lehrbuchfigur für den Knick, den nicht das Ruder macht, sondern ein Lichtbündel, das die Wasseroberfläche kreuzt. Das Lehrbuchwissen machte blind, verdeckte das Phänomen, das es erklären könnte, und verfälschte es sogar.

---

16 Um den verödeten Sinn für die Phänomene im öffentlichen Bewußtsein wieder zu wecken, ist das von H. Kükelhaus geschaffene „Versuchsfeld zur Organerfahrung" seit 1975 in mehreren deutschen Städten (in jeder immer etwa 4 Wochen lang) unterwegs gewesen (München, Hagen, Darmstadt, Hannover, Osnabrück, Kiel, Zürich) und setzt seine Reise fort. Das Interesse ist groß.
H. Kükelhaus: Fassen, Fühlen, Bilden. – Köln: Gaia 1975.
Wer Chemie unterrichtet, hat es noch schwerer als der Physiklehrer, lange genug bei den Phänomenen zu bleiben und mit Atomen und Atommodellen hinreichend lange zu warten. Einen bemerkenswerten Beitrag hat vor kurzem Manfred v. Mackensen gegeben: „Wie wirken atomistischer Modellvorstellungen auf das Naturverständnis des (jungen) Menschen?"
17 M. Curie: P. Curie, Wien 1950. – Phys. Bl. 17 (1961) 168.
M. v. Mackensen: Ein Entwicklungsprojekt zur Späteinführung der Modelle im Unterricht. In: E. Fukke: Berufliche und allgemeine Bildung in der Sekundarstufe II. – Stuttgart: Klett 1976.

*Wagenscheins Frage (und Erläuterung):*

Eis ist farblos, durchsichtig, Schnee (d. h. Eisflocken) weiß. Warum? (Auch wenn Sie den Eisblock schaben, wird der Haufen Späne weiß.)

*Vierzehn Studenten antworten schriftlich:*

1. Bei Eis sind Kristalle harmonisch geordnet. Bei Schnee sind sie ungeordnet.

2. Ursache des verschiedenartigen Aussehens sind die verschiedenen Formen der zwei Körper und die dadurch verschiedenartige Lichtbrechung.

3. Durchsichtiges Eis entsteht dadurch, daß Wasser in größerer Menge gefriert, während bei Schnee Tröpfchen zu kleinen Kristallen gefrieren, dadurch viele Oberflächen bilden, die die Ursache der weißen Farbe sind.

4. Schnee besteht aus einer großen Anzahl von kleinen Eiskörnchen. Die Bruchkanten überlagern sich und dadurch wird das Gesamte undurchsichtig, farblos, wir nennen es weiß.

5. Macht man z. B. den Versuch und schabt mit einem Messer von einem Eisblock Flocken ab, so kann man feststellen, daß diese Flocken im Gegensatz zum Eis weiß sind. Ich erkläre mir das so, daß Luft bei dem Schabvorgang in die Flocken eindringt und sie dadurch weiß erscheinen.

6. Die weiße Farbe entsteht durch die Bruchstellen der Schneekristalle, denn wenn auf einem zugefrorenen Weiher das Eis bricht, wird es auch weiß.

7. Das habe ich mich auch schon gefragt, normalerweise müßte doch der Schnee durchsichtig sein.

8. Schnee setzt sich aus einzelnen Kristallen zusammen. So ist es klar, daß ein Stoff im gefrorenen Zustand anders aussieht als das Kristall desselben Stoffes.

9. Eis entsteht, wenn sich Wasser bis unter den Gefrierpunkt abkühlt.

10. Ich glaube, daß wir bei einer zerbrochenen Fensterscheibe dieselbe Erscheinung haben. Als ganze Scheibe ist sie durchsichtig, weil sie glatt ist an der Außenseite und in sich gefügt. Wird sie zerschlagen, entstehen an jeder Bruchstelle winzige gehäufte Unebenheiten. Die weiße Farbe des Schnees entsteht meiner Ansicht nach ebenfalls durch die Unebenheiten in der Oberfläche, die eine dauernde Strahlenbrechung verursachen.

11. Bei Eis haben die Kristalle glatte Oberfläche. Bei Flocken nicht mehr, ebenso wie geritztes Glas. Die sehr kleinen – bei Flocken – Teilchen werden das Licht wohl stärker reflektieren, so daß die weiße Farbe erscheint.

12. Ein Eiskörper ist ein durch seine gleichmäßige Struktur gleichmäßiger Körper. Schnee ist ein Konglomerat einzelner im ganzen nicht gerichteter Eiskristalle.

13. Die Eisflocken sind deshalb weiß, weil das Licht, das auf die einzelnen winzigen Teilchen fällt, eine andere Brechung hat, als wenn es auf die kompakte Eismasse fällt. Ein anderes Beispiel, das meiner Ansicht nach in diese Richtung fällt, sind die Metalle, die ihren metallischen Glanz haben, und die Metallteilchen (Pulver), die immer dunkler aussehen als das große Stück Metall.

14. Da habe ich gefehlt, aber ich kann mir so etwas denken. Wenn man mehrere Glasplatten aufeinander legt, so sehen sie auch nicht mehr durchsichtig aus, sondern weiß. Dies kommt wohl daher, daß zwischen den Platten noch Luft ist und durch die Lichtbrechung die ganze Sache weiß erscheint.

*Wagenscheins Antwort:*

Am Eisblock wird das Licht nur zweimal, vorn und hinten (innen) reflektiert. Im Schnee wegen der vielen Grenzflächen sehr oft. Es kommt also viel mehr Licht aus den verschiedensten Richtungen zurück und viel weniger aus dem Raum hinter dem Schnee, durch ihn hindurch. „Weiß" bedeutet aber: Diffuse Reflexion von viel Licht.

## 21   „Linienspektrum" – Woher Linien?   *(1960, Ausschnitt)

*Wagenscheins Frage (und Erläuterung):*

(Das sind die Linien, die Sie ja kennen, quer zur Ausdehnung des Spektrums (rot-violett) (Skizze). Warum sind das solche schmalen geraden, streichholzförmigen Linien, warum nicht Kreise, Brezeln oder ausgedehnte Tupfen?)

*Vierzehn Studenten antworten schriftlich:*

1. Das liegt *vielleicht* an der Brechung des Lichtes oder an der Beschaffenheit des Körpers (Prismas), durch den das Licht gebrochen wird.

2. Licht hat Wellenbewegung, deshalb keine Punkt- oder Kreisgestalt.

3. Keine Ahnung

4. ................................................................

5. ................................................................

6. Die Linienstruktur entsteht deshalb, weil auf der Glasplatte feine Linien eingeritzt sind. Es könnten ebensogut auch andere Formen entstehen, wenn man sie auf der Glasplatte einritzte.

7. Keine Ahnung, vielleicht Zufall.

8. Daß wir beim Linienspektrum Linien sehen, kann ich mir so erklären, daß das menschliche Auge einzelne Farbpunkte als Linie wahrnehmen kann.

9. Das normale Licht wird durch ein Prisma in ein Linienspektrum zerlegt. Die Linien kommen zustande durch die Brechung des Lichtes an dem Prisma. Die einzelnen Farben, die in dem Licht enthalten sind, haben verschiedene Wellenlängen und erscheinen deshalb als Linien.

10. ............................................................

11. Ich weiß zwar die Anwendung, kann aber „warum Linien" nicht erklären.

12. Bedaure, weiß ich nicht.

13. Keine Ahnung!

14. Wenn ein Bündel Lichtstrahlen durch ein Prisma geht, so werden die verschiedenen Wellenlängen verschieden stark gebrochen, so daß das Bündel zu einem Band auseinandergezogen wird, wobei jede Welle ihren bestimmten Bereich hat, d.h. die einzelnen Wellenlängen können Linien bilden (wenn sie z.B. besonders stark vertreten sind).

*Wagenscheins Antwort:*

Die „Linien" sind optische Bilder der linienförmigen Lichtquelle. (Spalt, parallel zur brechenden Kante des Prismas). Wäre die Lichtquelle brezelförmig, so ließen auch die Spektrallinien Brezelform erkennen.
(Ich kam darauf durch, gelegentlich auch gedruckte, Wendungen wie: „Das Licht enthält Spektrallinien" oder „sendet sie aus".)

## 22    Kinder und Licht, Schatten, Spiegelbild, Augentäuschendes Wasser    *(1973, Ausschnitt)

## Licht

*Wettstreit der Lichter*

Aufzeichnung von Frau W. in der Erinnerung an die Zeit um 1910, als sie 11 Jahre alt war:

„Wir haben elektrisches Licht bekommen. Wie ich es zum erstenmal anknipse, bin ich erschrocken. Es hat den Mondschein auf meinem Bett umgebracht.
Der hat es auch sonst schwer, aber das ist nicht so schlimm. Wenn eine Wolke vorübergeht, verkriecht er sich wie eine Maus im Moos, lebt aber weiter, zugedeckt. Scheint noch ein bißchen darunter heraus und wartet.
Man kann ihn auch mit einer Kerze oder Petroleumlampe umschleichen, dann bleibt er doch liegen, wird nur etwas matter. Wenn das Kerzenlicht auf das vom Mond nur halb beschienene weiße Bett fällt, dann wird nur dessen eine Hälfte gelblich, und die andere, wo die beiden sich mischen, bläulichgrau: Der Mondschein lebt weiter.
Aber das Elektrische hat ihn zugeschüttet.

Ist es, weil dies kalte Licht so plötzlich herangeschossen kommt, daß der Mondschein sich nicht mehr wehrt, wie beim langsamen Hellerwerden von Kerze und Lampe?
Oder weil es so überallhin auseinanderplatzt, daß man sich nirgendwo verstecken kann?
Oder weil es so gewaltig hell ist, daß das darunterliegende Sanftere sich nicht mehr erkennen läßt, trotzdem es vielleicht noch da ist?
Wenn ich das Elektrische wieder ausknipse, kommt das Mondlicht langsam zurück. Ist es noch das gleiche, wie vorhin? Oder hat der Mond neues vergossen an die leere Stelle?"

Keine Rede von „Lichtstrahlen". Sie sind nicht das „Gegebene". Lichter liegen da, vermischen sich, und es gibt viele Fragen und Möglichkeiten.

## Schatten

*Nicht zu haschen*

Uwe (1 Jahr, 3 Monate). Aufzeichnung des Vaters:

„Als Uwe an der Wand stand, versuchte er seinen Schatten zu erhaschen."

*Abbildung*

Volkmar (2 Jahre, 3 Monate). Aufzeichnung des Vaters:

„Volkmar sah, durch die Nachttischlampe verursacht, den Schatten der Mutter an der Decke: ,Da, Decka Mama, große Mama Decka.' "

Die folgenden Geschichten sprechen nicht dafür, daß Volkmar schon den Zusammenhang mit der Lampe entdeckt hat. Wohl aber den zwischen der Mutter und ihrem Bild. Wahrscheinlich sieht er beide zugleich, gleich an Gestalt, gleichzeitig in der Bewegung.

*Nicht zu fangen*

Frau W. erzählt aus der Zeit, da sie noch sehr klein war, aber gerade schon laufen konnte:

„Ich erinnere mich genau, wie ich merkte, daß es etwas gibt, das es doch nicht gibt. – Ich sah in unserem Garten auf einem grauen glatten Stein den zierlichen schwarzen Schatten einer Grasrispe, ohne ihn aber als Schatten zu erkennen. – Ich nahm den Stein auf: Da war er leer, es war weg. Erschrocken legte ich ihn wieder hin: Nun war es wieder da! Noch mal: Wieder hoch – wieder weg! – Nun machte ich den Versuch: Ich legte den Stein wieder hin (da war es wieder), nahm ihn aber nun in beide hohle Hände (so wie wenn eine Raupe darauf säße), trug ihn weit weg und guckte dann ganz vorsichtig durch die Ritze zwischen den Fingern: Doch weg! – Damals habe ich wohl resigniert. Das Gras selbst habe ich nicht bemerkt. – Erst später wurde alles klar."

Hier geht es nur um „Erhaltung". Es ist etwas „weg", ohne daß sein „Weg" zu sehen war. Das Kind ist noch zu klein, um das Hinuntergleiten des Schattens vom *langsam* gehobenen Stein „scharf" zu „beobachten". Aber es macht, wie bei dem Raben ein „Experiment", freilich ein magisches: Den Stein mit den Händen umschließen, das unbekannte Wesen also „fangen", hätte, so scheint es uns, genügt. Dem Kind genügt es nicht: Es will „den Stein, bei dem etwas nicht stimmt, in Sicherheit bringen, fort von dem Ort, wo es nicht geheuer ist und wo die Umgebung zusehen kann".

## Untilgbare Flecken

Bericht von Frau W. am italienischen Strand:

„Ein kleines italienisches Mädchen, etwa drei Jahre alt, hält einen riesigen Ball im Ellenbogen an sich gepreßt; das Händchen ist abgespreizt: Der Schatten der Finger liegt auf der blanken Wölbung.
Mit der anderen Hand versucht die Kleine vergebens, ihn wegzuwischen. ‚Voglio pulire!' (‚Will ihn saubermachen!') sagt sie klagend und bleibt vor mir stehen. Ich lege meine eine Hand unter den Ball, löse mit der anderen den haltenden Arm und zeige ihr, daß der Schattenflecken verschwunden ist: weg! – ‚Wohin?' fragt sie, ratlos auf die leere Stelle starrend. ‚Warum?'
‚Das hat die Sonne gemacht', sagte ich und deute nach oben. Und dann auf mein dunkles Bild auf dem Sand.
Nachdenklich umkreist sie mich. Dann, mit gekrauster Nase und zugekniffenen Augen mal nach oben, mal nach unten spähend, hält sie der Sonne den Ball hin und den Fuß. Dreht sich um und entdeckt den eigenen beweglichen Schatten. ‚Hiergeblieben!' (‚Resta qui!') sagt sie streng und baut ihm aus Steinen einen Käfig. Aber er kümmert sich nicht darum und flattert ihr nach wie ein Rabe. Da läßt sie ihn fahren und beschleicht dafür einen hölzernen Pfosten. Und dort findet sie, was sie sucht: einen soliden, verläßlichen Schatten.
Schon von weitem durchschrillt ihr ‚Capito!' die Brandung, wie sie – nun ohne Stirnfalte – zu mir zurückhüpft und zu ihrem Ball: ‚Ich hab's!' "

Viel ist hier zu verstehen gewesen: Daß die Beziehung zwischen der Sonne, der Hand und den Flecken schnurgerade ist. Daß der Schatten des Dinges durch die Sonne „geworfen" wird. Daß er deshalb seinem Ding immer folgen muß.
So gehörte viel Hinsehen, viel Tun und Denken dazu. Was das Kind von der Frau als Hilfe erfahren hat, ist „nur" das eine und allerdings Wichtige: Das hat mit der Sonne zu tun. Alles sonst hat es selbst herausgebracht. Kein Wunder, daß es glücklich ist.
Mit der Beziehung zur Sonne ist aber noch nicht alles entdeckt. Das zeigt die nächste Geschichte.
Ohne die Hilfe der Erwachsenen würde dieses italienische Kind wohl noch haben warten müssen, wie Arnhild:

## Bald vorn, bald hinten

Arnhild (5 Jahre, 8 Monate). Aufzeichnung des Vaters:

„Arnhild wunderte sich, als sie abends mit der Großmutter draußen war, wieso der Schatten (bei den Laternen) einmal vor ihnen, einmal hinter ihnen war."

Hier kommt verwirrend hinzu, daß nicht die eine Sonne, sondern mehrere Lampen durcheinander spielten.
Auch wenn die Beziehung zur Sonne erkannt ist, bleibt noch ein letzter Schritt zu tun, bis „Physik" erreicht ist:

*Verwandlung*

Aufzeichnung der Mutter:

Johannes, siebenjährig, sagt: „Die Sonne geht durch einen durch – und hinten kommt sie als Schatten wieder heraus. Und wenn keine Sonne da ist, gibt es ja auch keinen Schatten."

Der Schatten ist für ihn nichts Negatives, wie für den Physiker. Dem ist er einfach nichts als „Mangel" an Licht. Hier ist er noch der schwarze Doppelgänger. Wir treffen den Johannes mitten auf dem Wege zur Physik: Er hat die Beziehung zur Sonne durchschaut. Aber er glaubt noch eher an Verwandlung als an Subtraktion.

*Nachwort*

Herauszufinden, wo der Schatten herkommt, ist viel schwieriger, als der Erwachsene glaubt. Es genügt nicht, nur den Schatten anzusehen, so wie es ausreicht, die Blume allein genau zu betrachten, die man kennenlernen will. Man darf nicht starren, man muß „sich umsehen". Es ist nötig, drei Dinge in ihrem Zusammenhang zu entdecken, die zunächst nichts „miteinander zu tun haben", da sie weit auseinanderliegen können, wenn auch auf gerader Linie: der Schatten, das Ding, das ihn „wirft", und die Sonne. (Ist das Ding „man selber", so sieht man das Problem kaum unbefangener.)
Verstehen heißt: Zusammenhänge entdecken. An die Stelle der „stückhaft verbissenen Sorgfalt" muß das „strukturelle Erfassen" treten[1]. Der lockere, der gleitende Blick ist eine Voraussetzung des „produktiven Denkens", nicht der fixierende.
Wo in unseren Lehrbüchern der geometrischen Optik von Schatten die Rede ist, da pflegen auch „Lichtstrahlen" gezeichnet zu sein. Aber sie gehören nicht zu den „Phänomenen", sie sind unsere nützliche Erfindung:
„Von Strahlen ist gar die Rede nicht: sie sind eine Abstraktion, die erfunden wurde, um das Phänomen in seiner größten Einfalt allenfalls darzustellen", schreibt Goethe[2]. Und der moderne Physiker Stephan Toulmin[3] nennt sie „neuartige" und „revolutionäre" Vorstellungen. Sie sind nicht zu sehen, außer als schwarze Linien in unseren Zeichnungen.

## Das Spiegelbild

*Andere Kinder – andere Agnes*

Aufzeichnung des Bruders (Student):

„Als Agnes zwei bis zweieinhalb Jahre alt war, entdeckte sie die mit zwei Spiegeltüren versehene Kommode. Als sie zum Essen kommen sollte (ihren Kopf zwischen die beiden beweglichen Spiegeltüren haltend): ‚Ich muß noch die vielen Kinder sehen.' Später sprach sie noch gerne, sooft nur ein Spiegelbild da war, von der ‚anderen Agnes'."

---

1 M. Wertheimer, Produktives Denken, Frankfurt, 1957.
2 Naturwissenschaftliche Schriften, Insel-Ausgabe, Bd. II, S. 513.
3 Einführung in die Philosophie der Wissenschaft, Bd. 308 S, der Kleinen Vandenhoeck-Reihe, S. 15 ff.

## Zwei Stücke Arnhild

Aufzeichnung des Vaters:

Arnhild (zwei Jahre, ein Monat) schaut in den Spiegel: „Zwei Stücke Arnhild." (Sie zeigt auf sich und das Spiegelbild.)

## Verkehrt herum

Aufzeichnung des Vaters:

Volkmar (zwei Jahre, drei Monate) sah auf der Glasplatte des Wohnzimmertisches das Spiegelbild des Nachbarhauses: „Da din kehrt-hum (verkehrt-rum) Haus."

## Hinter dem Spiegel

Aufzeichnung des Vaters:

Arnhild (zwei Jahre, zehn Monate) hat vor sich ein Stück Brot liegen, hält dahinter einen Taschenspiegel. Interessiert schaut sie in den Spiegel und sucht mit dem anderen Händchen hinter dem Spiegel das Brot fortzuholen.

## Wie weit dahinter?

Aufzeichnung der Mutter:

(Konrad: Fünf Jahre, neun Monate.)
„Konrad hat einen Maggibüchsendeckel, in dem er sich spiegelt. ‚Mama, was meint mer denn, wie weit ich im Spiegel von dem Deckel entfernt wär?' – ‚Das Bild von dir ist da im Deckel[4].' – Er lacht: ‚Das weiß ich doch; aber was meint mer, hab ich dich gefragt. Gell, so weit *hinterm* Deckel, wie ich vorm Deckel bin.'"

## Anmerkungen

sind im einzelnen nicht nötig. Der Fortschritt des Erkennens und der Genauigkeit des Sehens ist deutlich. Von Konrad muß man wissen, daß er ein Hochbegabter war.


# Augentäuschendes Wasser (Brechung)

## Kurze Finger

Brief der Mutter:

Judith (3 Jahre): „In der Badewanne beschäftigt sie sich ein halbes Jahr lang mit den verkürzt aussehenden Fingern. Einfach nur sich wundernd und die Finger abwechselnd außerhalb des Wassers und im Wasser ansehend. Ohne Erklärungsversuche.
Mit vier Jahren beobachtete sie im Schwimmbad, ‚daß ihre Beine kürzer werden'. Wieder nur Feststellung."

## Tasse im Wasser, so klein?

Nach dem Bericht der Mutter:

„Der Vierjährige sieht im Spülstein eine Tasse stehen, eine ihm wohlbekannte, unter Wasser. Er ruft die Mutter: ‚Guck, die Tasse ist ja auf einmal viel kleiner?' (Er meint: niedriger. ‚Auf

---

4 Aus: S. Merten, Das Forschen eines Kindes, Neue Sammlung, 4/1970, S. 431.

einmal': man hat ihr vorher noch gar nichts angesehen!) – Nun probiert er: holt sie heraus: da ist sie wieder richtig; taucht sie wieder ein: da ist sie wieder niedrig! Immer wieder."

Er sah etwas Absonderliches. Denn Tassen bleiben sonst, wie sie sind; sie sind nicht aus Gummi. – Er sah genau hin. Dann experimentierte er: Er wiederholte. Genau wie das Mädchen auf der grünen Bank und wie das Montessori-Kind, genau auch wie der Physiker prüfte er die „beliebige Reproduzierbarkeit". Und die „Objektivität": Jeder andere muß es bestätigen können. Deshalb holt er die Mutter und fragt, ob auch sie es sieht.

Der Bericht sagt nichts darüber, wie er wohl weiter gedacht hat. Eltern nehmen sich meistens nicht die Zeit, so etwas unauffällig zu verfolgen und sogleich zu notieren. Es wäre wichtig, über solche spontanen Forschungen viel zu wissen. „Es wird am Wasser liegen", wird er wohl gegrübelt haben. Das Wasser muß „schuld" sein. Das Wort „Licht" wird in seinen Gedanken wahrscheinlich nicht vorgekommen sein. Denn „Sehen" ist ihm noch kein Problem. Daß gar „von der Tasse Licht ausgehe", bis dahin ist noch ein weiter Weg, und ein noch längerer führt zum „Brechungsgesetz". Es zu kennen ist nicht schlecht. So scharfsichtig wie dieser Kleine zu bleiben ist wichtiger. Beides zu verbinden ist viel.

Möglich, daß er sich fragt, ob die Tasse „wirklich" niedriger geworden ist? „Wollen wir mal messen", hätte man dann zu ihm sagen können, „mit dem Lineal?" Ein Fall, bei welchem Messen sich empfiehlt und sogleich problematisch wird; der Maßstab selbst erliegt der Verzauberung: Er macht mit. Das Wasser muß schuld sein!

*Der Maßstab macht mit*

Nach der Erinnerung von Frau W.:

Als Kind von etwa vier Jahren schräg in das Halblitermaß blickend, das, wie sie wußte, innen schwarze Striche trug, die in gleichen Abständen bis zum Rand aufstiegen; das aber nun mit Wasser halb gefüllt war, so daß die obersten drei Striche noch im Trockenen saßen, die unteren alle unter Wasser getaucht, sah sie: daß die eingetauchten Striche enger aneinanderlagen als die oben in der Luft. Sie erklärte sich das damals so: Die da unten, die sitzen alle gedrückt und bedrückt im Wasser. Was sich aber oben herausgeschafft hat, das atmet auf. Wenn man aufatmet, wird man größer.

Das ist richtig gesehen; und gedeutet durch eine (animistische) Theorie, die den Vergleich herstellt mit eigenen Erfahrungen.

*Wasserlinsen im Sieb*

Konrad (5 Jahre, 10 Monate). Aufzeichnung der Mutter[5]:

„Konrad hat mein Sieb mit Löchern von etwa 3 mm Durchmesser. Läßt Wasser durchlaufen, merkt, daß Wasser in einigen Löchern als eine Art Haut bleibt, schaut und ruft begeistert: ‚Guck, das sind lauter kleine Spiegele, da sieht mer alles ganz klein drin. Guck, da, jetzt is es Lorle ganz klein da drin und da auch und da auch.' Nach einer Weile: ‚Spiegele sind's nit, sonst tät ich ja mich sehen. Es is wie beim Photographen-Apparat.'"

---

5 Aus: S. Merten, Ein Kind forscht, a. a. O. S. 431.

# 23    Der Wasserspiegel    *(1956, Ausschnitt)

Aus dem See blickt dich das Sonnenbild im Kranze seiner Wolken viel bezaubernder an als vom Himmel ihr blendendes Selbst.
(Nicht nur, weil ihr Licht so milde ist, indem die Strahlenflut, die sie auf das Wasser niedergießt, dort etwas hergeben muß, ehe sie umkehrt: das Licht, das ins Wasser hineingelangt und nun da drinnen das nasse Reich erhellt, daß wir seine Steine, Molche, Fische sehen können –:)
Es ist diese Dreischichtigkeit des Anblicks: der Himmel im Wasser mit seinen buntgesäumten, leise dahintreibenden Wolken, der Seegrund, von Steinen funkelnd, und als drittes, körperlos darüber ausgespannt: die Urheberin dieses Spiegelzaubers: die Wasserfläche, blankgestrichen noch vom Nachtwind, so daß die Blätter sich am Ufer drängen; an sich selber unsichtbar, wie es makellose Spiegel sind.
(Sie lassen ja das anflutende Licht ganz ohne Störung umwenden; es geschieht ihm nichts als diese geordnete Umkehr. Deshalb können wir es solchem Spiegel glauben, es käme das Licht aus der Seetiefe hervor, und es läge eine wirkliche Sonne in ihr verloren. – Während alles auch nur leise Rauhe, wie dieser selbe See, wenn der Wind ihn kräuselt, oder wie Stein und Baum an ihrer matten Außenfläche die geordneten Lichtbahnen durcheinanderwirft und verstrickt, so daß sie ihre erste, alte Herkunft nicht mehr erkennen lassen: sie sprühen dann an all der Rauheit auseinander, als entsprängen sie dort *neu*, als leuchteten Baum und Stein von selber.)

# 24    Das Licht und die Dinge    (1952)

## Einführung in die Optik

*Vorbemerkung:*

Es geht hier um nichts anderes als *Physik*. Oder, wenn man das nicht gelten lassen will, um eine Vorstufe der Physik, die nicht deshalb unwichtig ist, weil sie „nur" Vorstufe ist, sondern die eben als Vorstufe für die Physik so wichtig ist wie die Wurzel für den Baum. Wir pflegen sie im Unterricht meist zu vergessen. Nur wer sie im stillen empfunden und in einer Vorform des Denkens durchschritten hat, vermag die gepreßten und getrockneten Formen zu verstehen, die das Herbarium des Lehrbuches zusammenstellt (indem es etwa sagt: „Licht wird von Strahlen hervorgerufen, die von den Körpern ausgehen. Dabei unterscheiden wir Lichtquellen und dunkle Körper, die nur dann sichtbar werden …" und so fort). Nur wer aus jener Vorstufe diese abgezogenen Formen selber hergestellt hat, kann verstehen, was sie an Erlebbarem in sich bergen. – Dieser Stufe im Unterricht Raum zu geben, ist sehr leicht. Man stelle mit Scheinwerfer und Staub in der dunklen Stube die Situation her, versammle die enggedrängte Kindergruppe nah um dieses Wunder und – rede nichts, sondern lasse sie reden. Dann wird so etwas Ähnliches kommen, wie hier geschrieben ist, und sich leicht ein wenig ordnen und katalytisch zur Kristallisation bringen lassen. Schreiben dies die Kinder nun auf, so haben sie, was sie brauchen. Der künftige Lehrer der Physik aber braucht nichts dringender als, ungeachtet seiner präzisen Fachkenntnisse, fähig zu bleiben oder wieder zu werden, auf diese Vorstufe sich zurücksinken zu lassen.

Als er erwachte, schien die Sonne auf sein Bett. Er schüttelte die Decke zurecht, legte sich zurück und blickte in die Welt der Sonnenstäubchen, die er aufgewirbelt hatte. Lichtenberg fiel ihm ein: „Was man so sehr prächtig Sonnenstäubchen nennt, sind doch eigentlich Dreckstäubchen." Ihr glänzendes Treiben vor dem Hintergrund des dunklen Schrankes erinnerte ihn an die Bewegungen von Schwärmen aufgescheuchter Fische. Nach und nach wurden sie ruhiger und einig in einem ganz langsamen Herniedersinken, er wunderte sich, wie langsam. Manche flimmerten dabei, im Wechsel hell aufblitzend und erlöschend, und er dachte gleich an die Art, wie manche Blätter drehend fallen, so daß einmal eine glänzende Breitseite, dann wieder eine unscheinbare Kante in den Blick kommt. So verrieten diese Stäubchen ihre winzige Schuppengestalt, ohne doch ihren Umriß sehen zu lassen.

Allmählich wurde sein Blick aber nicht mehr von den einzelnen Sternchen angezogen, sondern von dem Ganzen ihrer Wolke, deren Grenzen er freilich nicht überschauen konnte: Er klopfte wieder auf die Decke, und aus dem Hellen trieben die Stäubchen verlöschend ins Finstere. Anderswo strömten dafür aus der Dunkelheit neue ein in den auserwählten Bereich, der aus grauem Staub silberne Sterne machte. Das ganze Zimmer mußte voll von diesen Stäubchen schweben, aber leuchten durften sie nur in dem Lichtbalken, der starr und wie gleichgültig im Raume stand, während sie ihn durchspielten. Nicht gerade frei, aber doch anmutig ihrer Führung folgend; zwei Führungen: der immer neu gestalteten Strömung – fächerig oder wirbelnd – die eines ans nächste band, und der eintönigen und allen gemeinsamen Nötigung des Fallens. Aber der Lichtbalken stand unbewegt.

Solange die Sonne schien! Eine Wolke trat vor sie, und alles erlosch. Der starre Balken und sein lockeres Sterngetriebe, zugleich mußten sie vergehen. Denn sie waren gar nicht zweierlei, das sah er jetzt. Ohne den Lichtbalken gab es die Stäubchen nicht zu sehen, und ohne die Sternchen war kein Lichtbalken da. – So also, sagte er sich, ist das Licht: An sich selber ist es nicht zu sehen, nur an den Dingen; und auch die Dinge sind aus sich selber nicht zu sehen, sondern nur im Licht.

## 25  Kerze und Schnee – zwei Lehrgangskizzen
*(1962, Ausschnitt)

### Lehrgangsformen in dem Feld zwischen Lebensbereich und System

Betrachten wir jetzt Lehrgangsformen, wie sie vorkommen und wie sie denkbar sind, in etwa altersgemäßer Folge, und achten dabei auf das Verhältnis des Situationsgebundenen und des auf das System Zielenden, das in ihnen wirksam ist.

Je jünger das Kind ist, desto ferner liegt das System seinem Blick und seinem Suchen. Das System ist insgeheim aber anwesend im Bewußtsein des Lehrers. Die Kinder haben anfangs andere Absichten als die, welche dem Hintergedanken des Lehrers entsprechen.

Wenn sie z. B. auf der Anfangsstufe ein *Gewächshaus* bauen, so ist bei diesem Werkvorhaben ihre Absicht nicht eigentlich Naturbetrachtung. Was sie wollen, ist vor allem: Das Werk vollenden, etwas „hinkriegen". Dabei aber, bei dieser Gelegenheit, fast ungewollt angezündet, kommt Merkwürdiges und Erstaunliches zutage. Es wird gesammelt und geordnet. Wichtig: die *Fülle* der Erfahrung. Ergebnis: Anfänge des Verstehens, kein Gedanke an „Fächer", erst zuletzt (7. Schuljahr) eine Ahnung von ihnen.

Die „ungefächerte Naturbetrachtung", wie wir sie etwa in dem Thema *„Am Wasser"* berührt haben, liegt schon anders, insofern die Absicht der Kinder nicht ist, das Werk zu vollenden, sondern schon Forschen. Auch hier geht es noch ungefächert zu, aber das Ziel ist schon: Horchen, Beobachten, Beschreiben, Unterscheiden und Verbinden. Anfangen zu erfahren, was „verstehen" heißt und die Fächer zu sehen beginnen.

Diese beiden Anfangsformen sind also noch gar nicht rein physikalisch gerichtet. Sie werfen auch Ergebnisse ab, die der späteren Chemie, Mathematik, Biologie den Nährboden liefern. – Die physikalischen Funde gehören, wie es nicht anders sein kann, fast ausnahmslos auf die „Vorderseite" des physikalischen Grundgefüges. Sie liegen aber weit auseinander; bald hier, bald dort innerhalb des (vorläufig nur dem Lehrer gegenwärtigen) Grundgefüges blitzt ein Fund auf.

Die Zentrierung der Einzelfunde liegt bei dieser Form des Vorgehens in der Einheit des Lebensbereiches, dem Hausbau, dem Verkehr, dem Dorfteich und so fort. Es gibt eine zweite, viel weniger erprobte, obwohl wir für sie ein klassisches Vorbild haben: Michael Faradays „Naturgeschichte einer Kerze"[1]. Es lohnt sich, ohne allzu engen Anschluß an Faraday, diese Möglichkeit etwas genauer zu verfolgen. Hier strahlen die physikalischen (und auch chemischen) Erfahrungen aus von einem einzigen Ding.

Noch dazu ist dieses Ding eine *Kerze:* Sie zieht die Blicke an, sie macht die Augen rund und sammelt die Köpfe um sich, sie erregt das Nachdenken in ihnen auf eine ei-

---

1 Reclams Univ. Bibl., Nr. 6019/20; neuerdings bei Franzbecker, Bad Salzdetfurth 1979.

gentümliche sanfte Weise und beschenkt uns mit Verbindungen zur ganzen Physik (des Vordergrundes). Faradays „Kerze" sollte jeder Lehrer kennen! Was alles in ihr steckt! Das Handwerk des Kerzenziehens, der Anreiz, selber eine zu machen, die drei Aggregatzustände des Wachses: fest, als Vorrat unten in der Kerzenmasse bereitstehend, flüssig zubereitet in dem kleinen See, der oben auf der Kerze schwimmt mit seinem praktischen kleinen Außen-Wall, und das „Gas", drinnen in der Flamme. Man meint erst, sie sei ein „Ding", oben aufgesetzt wie ein Blatt, ein feuriges. Aber das ist sie nicht; wenn man genauer hinblickt: Sie ist ein „Prozeß", ein Vorgang, ein Geschehnis. Denn die Kerze verbrennt ja, verzehrt sich, wie man sieht. Wo bleibt sie? Folgen wir dem Brennstoff: Flüssig geworden, saugt er sich in dem Docht hoch (wie macht er das?); und um den Docht herum und über ihm steht dann der geheimnisvolle blaudunkle Raum, der Kern der Flamme. Was ist darin? Man kann „es" (Faraday, Seite 39) abzapfen durch ein Röhrchen und am Ende des Röhrchens entzünden: es ist ein „Gas", das brennt, es kommt aus dem Docht, und es brennt also außen, da wo die Luft ist. Aber wo bleibt es?

Hier zweigt Chemie ab, ein „Einstieg" in sie eröffnet sich; ich lasse sie beiseite (bei Faraday findet man vieles dazu), denn auch Physik ist ja noch lange nicht fertig: Was tut die Luft dabei, die das Äußere brennen macht? Raucht man eine Zigarette dazu, oder betrachtet man den Schatten der Kerze im Sonnenlicht (Faraday, S. 32), so *sieht* man ihre Strömung, dieselbe, die jeder Ofen um sich herum in Gang bringt, und der Wassertopf in sich, der auf dem Herd steht. Woher die Strömung, wer ruft die Luft herzu? Die Kerze selber: „Wärme steigt auf" (aber warum?). Sie macht die Strömung, aber sie braucht sie auch, damit immer neue Luft an sie heran kann, denn die Luft „verbraucht sich" wie in jedem Feuer. – Was für eine zweckmäßig kleine Maschine eine solche Kerze ist! Einmal entzündet, erhält sich der Betrieb dieser kleinen Gasfabrik und regelt sich von selbst. Die Gas-Zunge oben, indem sie verbrennt, gibt Wärme; dieselbe Wärme schmilzt das Wachs. Im Docht steigt das flüssige Wachs „von selbst" auf (wirklich, von selbst?), und oben erzeugt die Verbrennungs-Wärme den Luftstrom, den die Flamme zum Leben wieder braucht. Zwei Aufgaben hat sie und löst sie zugleich: den Brennstoff schmelzen, verdampfen, bereit machen, und die Brennluft heranholen. Dazu die dritte, die uns die wichtigste ist: Sie leuchtet ihr warmes Licht. Sie lockt uns hinein in die Optik. –

Nicht die Sonne des Alltags, nicht das blendende elektrische Licht, sondern ihr, der Kerze, doch auch schon künstliches Licht im dunklen Zimmer ist der beste Führer: Wie die Schatten tanzen und dadurch auf sich aufmerksam machen, wie die Dinge widerstrahlen, wie das Licht sich verliert, eine Höhle macht in die Dunkelheit, ohne scharfe Wände, wie es also draußen immer dunkler wird: und warum eigentlich? Läuft das Licht sich müde? Saugt die Luft es auf, so wie das Wasser im Sande verrinnt? Oder ist es nur, weil es immer weiter sich öffnen muß, weil es sich verdünnt, verteilt, auseinanderstrahlt? „Strahlen" – gibt es sie? Kann man sie zählen? ...

Genug; brechen wir ab, und sagen wir es trocken, was alles in ihr steckt: Chemie, Verbrennung, Physik, Aggregatzustände und ihre Umwandlung durch die Wärme. Kapillarität, Wärmeströmung und Wärmestrahlung, Auftrieb, Luftdruck, Optik: Schatten, Beleuchtungsstärke. (Wenn man will, liegt übrigens auch die Periodizität des Lichtes sehr nahe. Man betrachte die Kerze aus großer Entfernung durch den engen, nahe vors Auge gehaltenen Spalt zwischen zwei parallel zur Nase gerichteten Fingern: Da ist die Periodizität: lauter kleine Geisterflämmchen, rechts und links von der Kerze, unwirkliche Gespenster; eine Periodizität, die nur im Lichte liegen kann, denn in dem Fingerspalt steckt sie nicht, mag er sie auch hervorrufen.)

Nicht zu reden von den tieferen Bezügen: In einem ausreichend großen geschlossenen Glasgefäß eingesperrt (so daß sie noch lange brennen würde) und dann mit dem Glas zusammen fallen gelassen (unten wartet ein Sprungtuch, gehalten von vier Knaben, wie bei der Feuerwehr): geht die Kerze unterwegs fast aus, erstickt[2]. Warum?: Im Fahrstuhl, der stürzt, wiegen wir nichts mehr; der Boden, unter uns mit uns fallend, spürt unsere Füße nicht mehr; das Gewicht ist in bezug auf ihn nicht mehr da („das Gravitationsfeld ist wegtransformiert"). So auch hier, in der frei fallenden Flasche gibt es nichts, was in bezug auf sie noch etwas wöge, auch die eingeschlossene Luft nicht. Wo kein Gewicht ist, fehlt auch der „Auftrieb", und deshalb hört die Luftzirkulation um die Flamme herum gleich auf, die Verbrennungsprodukte bleiben anstehen, frische Luft kommt nicht mehr heran, die Flamme erstickt, die Kerze geht fast aus. (Das gibt sogar einen Einstieg in die allgemeine Relativitätstheorie; für Gymnasien.)

Aber die Kerze führt auch aus der Physik wieder heraus: Die Flamme ist kein Ding, sie ist ein Prozeß. So wie der Fluß, die Fontäne, der Wirbelwind (der im Herbst als rasselnder Turm welker Blätter auf dem Acker vor dem Waldrand sichtbar steht), die Kumuluswolke (die das Kind lange für eine Art Federbett hält oder – wie auch viele Erwachsene vermutlich lebenslang – für ein wassergefülltes schlauchartiges „Ding"). – Aber auch der Organismus, „wir selbst", unsere Körper sind nicht „Körper", sondern Prozesse. – Dabei aber ist die Kerze kein biologischer Prozeß. Denn sie kann vieles nicht, was die Organismen können. Das Entscheidende kann sie nicht. – So ist die Kerze auch insofern eine Leuchte, als sie uns hineinführt in die Physik und wieder hinaus.

Hier bei der Kerze liegen die verschiedenen Funde im Gefüge der Physik günstig. Da nämlich die Kerze die Linie Aggregatzustände – Wärmelehre – Optik in sich selbst als Achse und gleichsam historisch, als Schicksal des Brennstoffs trägt, ist es nachher verhältnismäßig leicht, von dem Einzelnen aus, das sie liefert, die Zwischenräume auszufüllen.

Es fällt nicht leicht, der Kerze noch ein zweites, ebenso glückliches Beispiel derselben Art zur Seite zu stellen.

Vielleicht könnte man den *Schnee* nennen, den *Schneefall.* Es genügt, in Stichworten anzudeuten:

---

2 Vgl. den Hinweis auf Clusius: „Erlischt eine Kerze im schwerefreien Raum?" In: Der math. u. naturwiss. Unt. XVI (1963, 64), S. 328, und Literaturangaben in: Physikal. Blätter, 1967, S. 287.

*Mechanik:*

| | |
|---|---|
| Fallende Flocken, große und kleine | Fall in Luft, Beharrungsvermögen und Gewicht |
| Ski und Schlitten | Reibung |
| Lawine[3] | Kettenreaktion, „Auslösung" (Atombombe) |

*Wärmelehre:*

| | |
|---|---|
| Wachsende Kristalle | Aggregatzustände |
| Eisblumen | Kristallisation |
| Schwindender Schnee | Sublimation |
| Langsame Erwärmung bei Schneedecke | Verdampfungswärme |
| | Fixpunkt Null Grad |
| Tauen unter der Schlittenkufe | Regelation[4] |
| Gepreßter und vereister Schneeball in der Faust | |
| Auftauen mit Salz | Gefrierpunktserniedrigung |
| Eskimos nackt in der Schneehütte | Wärmeleitung |
| Schnee bleibt liegen auf feinem Kies, taut auf Felsboden | Wärmeleitung |
| Schwarzer und weißer Strumpf – sonst gleicher | Was „schwarz" ist |
| Art – auf den besonnten Schnee gelegt, tauen verschieden tief ein | Emission |
| | Absorption |
| Südhänge tauen eher als waagerechte Flächen | Bestrahlungsstärke („cos $\varphi$ …") |

*Optik:*

| | |
|---|---|
| Glitzernde Schneedecke | Reflexion, Totalreflexion |
| Farbig funkelnde Einzelkristalle auf der Schneedecke | Brechung, Dispersion |

*Physiologie:*

| | |
|---|---|
| Farbige Schatten | Hier wird deutlich, daß es Phänomene gibt, die nicht zur |
| Die Liste wird sich vermutlich noch ergänzen lassen. | Physik gehören |

Es folgen nun zwei Lehrgangsformen, die bemüht sind, die Einzelfunde, die der situationsgebundene Unterricht aufgebracht hat, entweder bald in die Häfen des Systems einzuordnen oder die Situation dem System anzugleichen.
Zuerst das zweite: Man kann (worauf ein Vorschlag von G. Simon hinauszulaufen scheint) Lebensbereiche auswählen, die sich annähernd mit Teilbereichen des Faches Physik decken: „Elektrizität im Haushalt", „Schutz vor Kälte", „Das Wasser".
– Die konventionelle Folge Mechanik–Wärme–Optik–Elektrizität wird nicht beachtet, wenigstens zunächst nicht. (Dagegen ist nichts einzuwenden. Die Tatsachen eines Gebietes sind weitgehend in sich verstehbar. Der ängstliche Rückblick auf die mechanischen Grundbegriffe wäre hier ganz verfrüht und ist es in der Volksschule überhaupt.)

---

3 Siehe Adalbert Stifters Beschreibung einer Lawine in „Das alte Siegel". (Vgl. Kapitel VII: Physikunterricht und Sprache, Dimension, S. 119.)
4 Vgl. J. Tyndall, Die Wärme. Braunschweig 1867, S. 260 ff.

Die andere Möglichkeit ist die, daß man gleichzeitig auf beiden Bahnen fährt. Dem Unterricht in Lebensbereichen läuft ein zweiter zeitlich parallel, der annähernd systematisch vorgeht, wenigstens innerhalb der Teilgebiete, und das nebenan Abfallende einordnet und transponiert, aus der einen Ordnung in die andere versetzt: so etwa den Ofen aus seinen winterlichen Lebenszusammenhängen in seine physikalischen Bezüge innerhalb der Wärmelehre. – Es ist dabei nur ein Vorteil, wenn der lebenskundliche Unterrichts-Strang außer Physik auch Chemie und Biologie anregen kann.

## 26  Die periodische Struktur des Lichtes  (1968)

### I.

Wollte jemand – was mir vorgekommen ist – behaupten, der Physikunterricht unserer Zeit sei „wirklichkeitsfremd", so wäre man zunächst geneigt, heftig zu widersprechen, da doch Physik eine Disziplin ist, die mehr als fast alle anderen mit offenbaren handfesten oder doch sinnfälligen Realitäten zu tun hat und sich auf Experimente stützt. Aber so ist es auch nicht gemeint: Schon die *Experimente,* meint jener, der sich seiner Schulzeit erinnert, erscheinen ihm zu wirklichkeitsfern. Sind sie das? – In Wahrheit sind sie doch immer aus Anzeigen der *un*mittelbar betrachteten Natur „hervorgegangen".
Aber dieser „Anlauf" kommt in der Schule oft zu kurz. Nicht, daß er einfach übersprungen würde. Er wird jedoch vom Lehrer, der ja heute stets unter Zeitdruck und dem Leitbild aktueller Wissenschaftlichkeit steht, vernachlässigt und deshalb vom Schüler leicht vergessen. In dessen Gedächtnis bleibt später allenfalls *die* Station, bei der es ernst wurde: das entscheidende Experiment des Hörsaals oder gar seine Abbildung aus dem Lehrbuch.
Das wurde mir vor Jahren bewußt, als ich einen Lehrer im Wahlfach Physik prüfen sollte, der sich für den Realschuldienst gemeldet hatte – Spezialgebiet Optik. Es war gewiß nicht Bosheit, daß ich beim, wie ich meinte, Naheliegenden anfing, nämlich mit der Frage, was man denn von den sogenannten Lichtwellen im Alltag oder doch mit einfachsten Mitteln zu sehen bekommen könne? Ich wies ihn auf den lichterfüllten Garten hin, der sich vor dem Fenster des Prüfungsraumes ausbreitete. Aber das war offenbar nicht der richtige „Einstieg" für einen Kandidaten. Man ist auf anderes gefaßt und vorbereitet. Hier auf die Frage: Welches ist das bekannteste Experiment, das die Wellennatur des Lichtes zeigt? Dann wäre gekommen – und es kam auch sofort, als ich nun so fragte – jene richtige Standardantwort: Der „Fresnelsche Spiegelversuch".
Den aber nur einer ausdenken konnte, der schon von den Wellen *wußte,* aus Vorzei-

chen, die offenbar aus bescheideneren, „natürlicheren" Anlässen sich mußten bemerkbar gemacht haben (aus solchen etwa, wie sie im Abschnitt 2 beschrieben sind).

Diese Situation ist nun nicht ganz selten: Auf die „Gravitationswaage" etwa, wie auch auf den „Foucaultschen Pendelversuch", konnte nur kommen, wer schon vorher sehr deutliche Anzeichen dafür hatte, daß alle Körper zueinander drängen und daß die Erdkugel sich umwälzt.

Wenn also der Physikunterricht dem Lernenden und späteren Laien ein zutreffendes Bild der lebenden, nicht nur der verwalteten, Wissenschaft geben will, so muß er sich davor hüten, ihm in Erinnerung zu bleiben als eine Kette von „gesuchten"Laborunternehmungen, ausgedacht von sehr klugen Leuten, die schon fast alles vorher wußten. Man sollte sich also darum bemühen, die „Anläufe" wichtiger zu nehmen. Und sie nicht mit „Geschichte der Physik" zu verwechseln. Denn „genetisch" vorgehen heißt hier nur: den Weg vom ersten unmittelbaren Anzeichen zum Experiment hin mindestens ebenso ernst zu nehmen wie die dann folgende zweite Etappe: vom Experiment zur endgültigen, womöglich quantitativ formulierten Einsicht.

Physiker dürfen sich nicht wundern, wenn Schüler, die nicht gerade Physik als Hobby oder Beruf wählen, später keinen rechten Begriff davon behalten, wie diese Wissenschaft eigentlich zustande kommt und daß sie nicht nur im Experimentierraum lebt, sondern in derselben Wirklichkeit, in welcher sich die Gärtner, die Germanisten und die Politiker tummeln (unter denen die letzteren ja nicht selten darüber entscheiden, welches Gewicht der Physikunterricht in den Schulen haben soll). Nun sind die Periodizitäten des Lichtes in der Tat nicht ganz leicht zu sehen. Grund genug, gerade darauf besonders zu achten. Sie *sind* zu bemerken, denn sonst wäre niemand auf sie gekommen. Zuerst sah sie der Jesuit Grimaldi (1665)[1], und zwar an den Rändern von Schatten, also nicht genau so, wie unsere Betrachtung im Abschnitt 2 anfängt. Huygens, der Urheber der „Undulationstheorie", wußte gleichwohl offenbar nichts von Periodizitäten[2]. Newton dagegen hat sie genau beobachtet und gezeichnet am Schatten eines Spalts und wellenhafte Vorstellungen erwogen[3]. Der genetische Weg ist also nicht notwendig mit dem historischen identisch. Geschichtliche Studien aber werden eine Kur, die den Lehrer nicht etwa zu einer Art Antiquitätenhändler macht, sondern ihn im Gegenteil verjüngt, indem sie ihn ein wenig herauslöst aus der starren Frontal-Rüstung, die ihm ein Fachstudium anlegt, das noch immer so eingerichtet ist, als solle aus ihm ein Physiker werden und sonst nichts. Aber er braucht mehr: eine Genetisierung seines Fachwissens. (Von Pädagogik ist dabei noch gar nicht die Rede.) Es wird vielleicht auch deutlich, daß dabei historische Studien weniger eine geschichtliche Gesamtübersicht aufsuchen sollten

---

1 Ernst Mach, Die Prinzipien der physikalischen Optik, Leipzig 1921, S. 185.
2 „... braucht man sich auch nicht vorzustellen, daß die Wellen selbst in gleichen Abständen aufeinander folgen." Abhandlung über das Licht (1678), Ostwalds Klassiker der Exakten Wissenschaften, Bd. 20, Leipzig 1903, S. 17.
3 Opticks (von 1730), Dover-Publications, 1952, S. 333 und 278 „... state, which in the progress of the Ray returns at equal Intervals."

als Vertiefung in einzelne Themen der Physik-Geschichte. Daraus wird dann von selbst eine „erkenntnispsychologische" Betrachtung, wie Mach sie nannte.

Wie sehr das Endexperiment oder gar nur sein Lehrbuch-Bild (fettgedruckt, neuerdings bunt) unser aus der Schulzeit nachhallendes sogenanntes Wissen bestimmt, zeigt sich noch krasser bei sogar solchen Erscheinungen, die keineswegs so heimlich um uns herum existieren wie „Lichtwellen". Gespräche, die ich mit Studenten (nicht Physikern) über das „Brechungsgesetz" hatte, brachten zutage – jeder kann solche Befunde nachprüfen –, daß von diesem Gesetz nur verbale Trümmer „da waren", so daß ich schließlich zum Phänomen zurückging: ob man sich erinnere, wie denn ein schräg ins Wasser gehaltenes Ruder *aussehe?* Keiner konnte sich dessen entsinnen (auch nicht, als ich zu bedenken gab, es dürfe ja auch eine Zahnbürste sein, schräg im Wasserglas lehnend, oder, entsprechend, ein Löffel im Wassertopf). Aber die Lehrbuchfigur vom „gebrochenen *Licht*strahl war da", schob sich vor die Wirklichkeit, und man meinte, das Ruder erscheine nach unten abgeknickt (statt nach oben): Verdunkelndes Wissen[4]. (Es kamen noch andere Vorschläge, in denen sich als Vorbilder die Figuren zur „Planparallelen Platte" oder gar zur „Doppelbrechung" vermuten lassen.)

Vielleicht wird am konkreten Fall deutlich: Es geht beim genetischen Verfahren weder um einen romantisierenden noch um einen historisierenden Unterricht, sondern um einen, dem die *Qualität* des Wissens wichtig ist. Ein Wissen sollte es sein, das *fundiert* ist (und *bleibt)* auf möglichst unmittelbare und ungekünstelte Erfahrung. Nicht nur weil es dann besser „sitzt", sondern vor allem um der *Spaltung* vorzubeugen, die zunehmend die Gesellschaft (wie die einzelne Person) bedroht: in eine unverwurzelte Oberschicht, die sich nicht mehr verständlich machen kann der großen Menge, die nun so leicht wissenschaftsgläubig oder auch wissenschaftsfeindlich reagiert, statt wissenschaftsverständig. Es geht in der Tat um die für die Lehrerbildung und die Schule rechte *Wissenschaftlichkeit.*

## II. Dialog[5]

*Besucher:* Da wir gerade in Ihrem Labor sind: Könnten Sie mir nicht einmal „Licht-Wellen" zeigen?

*Physiker:* Hm –

*Besucher:* Aber wenn es Ihnen Mühe macht, die Apparatur aufzubauen …, und sicher bin ich überhaupt zu dumm dazu …

*Physiker:* Aber nein. Und einen Apparat brauchen wir nicht gleich. – Gehen wir also lieber von hier weg, ins Freie, in den Garten!

---

4 Andere Beispiele in: „Verdunkelndes Wissen?" In: Verstehen lehren. Beltz, Weinheim ⁶1977, S. 41–54.
5 Der Abschnitt II erschien in der Zeitschrift „Der mathematische und naturwissenschaftliche Unterricht" unter dem Titel „Natur und Apparatur" (20. Band, Heft 3, 1. 6. 67, S. 109–112) – Er ist nicht unmittelbares Vorbild für eine Schulstunde, möchte aber gewisse Gesichtspunkte deutlich machen, die dem Verfasser für den Unterricht wichtig erscheinen.

*Besucher:* Kein Apparat? Das wäre mir sehr lieb! Denn ich muß Ihnen gestehen: obwohl ich von diesen Dingen ja einmal irgend etwas gehört und auch gesehen habe: es ist nicht richtig „an mich gegangen", nicht „angekommen", obwohl es mich wohl schon hätte interessieren können! Eben wegen der Apparatur hatte ich keinen Zugang.

*Physiker:* Aber wieso? Man könnte doch sagen: die Apparaturen eröffnen ihn ja gerade.

*Besucher:* Sie tun es oft nicht, weil sie „künstlich" sind; oder doch jedenfalls dem Anfänger und dem Laien manchmal noch zeitlebens so vorkommen: „unnatürlich". Und dabei sollen sie doch von etwas überzeugen, das „von Natur aus" da sein muß, auch ohne sie. Deshalb, wenn Sie ohne Apparate mir die Lichtwellen zeigen könnten, wäre ich sehr erfreut und von einer Befremdung befreit.

*Physiker:* Sie haben durchaus recht: Was in der Natur da ist, muß sich von sich aus zeigen können. Wäre es anders, so hätten wir es nicht bemerkt. Jedenfalls gilt das für die Anfänge. – Versuchen wir es also. –
Nur: erwarten Sie nichts Unmögliches; „die Lichtwellen" selbst, die kann Ihnen, fürchte ich, niemand zeigen, weder ohne noch mit Apparatur.

*Besucher:* Aber es gibt sie doch hoffentlich?

*Physiker:* „Es gibt sie" gewiß. Nur muß man sich bei dieser Redewendung das Richtige denken.

*Besucher:* Ich dachte: Was es gibt, das kann man auch sehen?

*Physiker:* Glauben Sie das im Ernst?

*Besucher:* Nun ja –, aber in der Optik doch! Geht es da nicht genau um das, was man *sehen* kann?

*Physiker:* Nicht nur. Der Physiker sammelt sogar in der Optik nicht einfach die Sehenswürdigkeiten, er *denkt* sich auch etwas dazu. Und: er denkt sich etwas *dazu!*

*Besucher:* Da*zu?* Fügt er etwas hinzu?

*Physiker:* Wie das gemeint ist, kann man wohl nur am konkreten Fall verstehen. Jedenfalls gehören die Licht*wellen* zu dem, was man sich dazu *denkt, ...*

*Besucher:* Man phantasiert?

*Physiker:* ... was man sich dazu denken *muß*, wenn man alles unter einen Hut bringen will. – Ich möchte Ihnen also nicht „die Lichtwellen" zeigen – das kann man nicht –, sondern einige *Phänomene ...*

*Besucher:* Das heißt?

*Physiker:* Das heißt etwa: das unmittelbar Vorzeigbare, das Sichtbare in unserem Fall. – „Phänomene" also, die uns zu der Wellenlehre *gezwungen* haben. Diese Theorie selbst scheint mir zu kompliziert für unser Gespräch. Die Hauptsache ist, daß Sie die *Periodizität* des Lichtes sehen ...

*Besucher:* Was bedeutet das?

*Physiker:* Es ist schwer zu verdeutschen. Kann man „Wechselhaftigkeit" sagen? Ich fand das Wort „Periodizität" bei Ernst Mach[6]. Es soll sagen, daß im Licht etwas –

---

6 Ernst Mach, Die Prinzipien der physikalischen Optik, Leipzig 1921, S. 185 ff.

regelmäßig Wechselndes vor sich geht. Das ist der Kernpunkt der Wellenlehre des Lichts.

*Besucher:* „Etwas regelmäßig Wechselndes vor sich geht?" Ich kann mir nichts Rechtes dabei denken.

*Physiker:* Das ist ein gutes Zeichen. In einer Weile werden wir es deutlicher haben, falls es mir gelingt, klar zu sein. – Also? Gehen wir hinaus?

*Besucher:* Gern! – Und ich dachte immer, es seien gleich komplizierte Apparate nötig: „Linsen", „Prismen" und was alles!

*Phsyiker:* Spätzustand! Nichts für Anfänger. Nichts für Sie. Physik gibt's überall. Sie ist nicht im Labor entstanden.

*Besucher:* Ja, aber …

*Physiker:* Gewiß. Was *sie heute neu* entdeckt, *das* allerdings setzt Apparaturen, sogar Technik, setzt schon alle Vordergrund-Physik voraus und enthüllt sich nur noch im Labor, in sehr künstlichen Arrangements, die der Natur „zusetzen". Aber die *Anfänge* der Physik kommen uns entgegen, ja sie drängen sich auf. – Für den Laien ist es wichtig zu erfahren, daß dieser Eindruck der Künstlichkeit falsch ist, wenn man ihn auf die Physik *überhaupt* ausdehnt. – Deshalb zeige ich Ihnen jetzt solche Phänomene, die in der Natur vorkommen, aus ihr hervorkommen, uns gewissermaßen zuzwinkern. – Bei der Periodizität des Lichtes, da ist es freilich so, daß es ganz winzige und fast verborgene Winke sind, die uns gegeben werden. *Deshalb* entsteht dann sehr bald auf ganz natürliche Weise etwas wie eine Apparatur, die einem Unvorbereiteten unnatürlich vorkommen kann, wenn er nicht persönlich den Weg gegangen ist, der sich zu ihr von selber eröffnet.

*Physiker:* Hier ist es günstig: die Sonne steht schon tief, so daß Sie sie vor sich haben, und hinter diesem hohen Blätterdach der Buchen blitzt sie dann an einigen Stellen durch. Setzen Sie sich so, daß Sie ein kleines Stückchen der Sonne durch einen schmalen Blätterschlitz hindurch sehen können. – Haben Sie's?

*Besucher:* Ja. – Gut. – Es blendet ein bißchen. Man muß die Augen zukneifen.

*Physiker:* Gerade das brauchen wir: Fest zukneifen!

*Besucher:* Strahlen! Bunte Strahlen! – Sind das die „Lichtstrahlen"?

*Physiker:* N-nein. – Aber lassen Sie, bitte, diese Frage erst einmal beiseite. – Was sehen Sie noch?

*Besucher:* Viele Farben, Sterne, alles sehr wechselnd. – Man kann nicht ruhig halten.

*Physiker:* Ja, das liegt an uns. Die Lider zittern, der Kopf hält nicht still …

*Besucher:* Und auch draußen: der Wind spielt mit den Blättern …

*Physiker:* Und die Sonne wandert …

*Besucher:* Man müßte das alles festlegen und mehr in die Hand bekommen …

*Physiker:* Nicht wahr? Bemerken Sie, daß Sie auf dem Wege zu einer Apparatur sind? – Gehen wir also hinein. Die Sonne geht auch schon unter. – Aber noch nicht ins Labor. Nur in mein Arbeitszimmer.

*Physiker:* Ich ziehe die Vorhänge zu, dann wird es bald ganz dunkel sein.

*Besucher:* Ist es nicht merkwürdig, daß ein Physiker, der das Licht kennenlernen will, erst dunkel machen muß? Das erinnert an solche Biologen, die das Lebendige erst töten, ehe sie es untersuchen.

*Physiker:* Es gibt da Zusammenhänge. – Aber dies hier ist doch harmlos: Ich mache ja nur dunkel, um diese Kerze anzustecken. *Sie* erscheint Ihnen doch wohl noch nicht als „Apparat"?

*Besucher:* Nein. Ich denke an Weihnachten.

*Physiker:* Und dabei ist die Kerze schon ein recht kunstvolles Gebilde.

*Besucher:* Aber ich frage mich jetzt trotzdem: Warum machen Sie erst dunkel, wenn Sie es nachher wieder hell haben wollen?

*Physiker:* Sie haben den Eindruck, ich wolle das Zimmer wieder erleuchten? Nein, das ist meine Absicht nicht. Ich will nur dieses Stückchen Sonnenscheibe hinter dem Blätterdach durch eine feststehende Kerzenflamme ersetzen und damit „in die Hand bekommen". Daß die Zimmerwände etwas hell werden, stört mich nur.

*Besucher:* Warum?

*Physiker:* Die Physik isoliert gern. Sie untersucht scharf abgegrenzte Teile.

*Besucher:* Die Tapete ist zu hell. Hängen wir meinen schwarzen Mantel hinter die Kerze? – So?

*Physiker:* Schön! Und setzen Sie sich recht weit weg von der Kerze, so weit wie möglich.

*Besucher:* Warum?

*Physiker:* Die Physik liebt es, die Teile, die sie herausgreift, recht klein zu machen. Und je weiter die Flamme von uns absteht, desto kleiner sieht sie ja aus. Wir brauchen ein kleines, oder doch schmales, isoliertes und fixiertes Licht. Auch Newton machte den Laden zu und ließ nur ein kleines Loch für die Sonne offen. – Das ärgerte Goethe. Er empfand ähnlich wie Sie. Es kam ihm schon unnatürlich vor.

*Besucher:* Ist es ja auch.

*Physiker:* So scheint es: eine Auswahl, eine Einengung, ein Eingriff. Aber es ist doch wohl *erlaubt:* ist Augenzukneifen unnatürlich?

*Besucher:* Eigentlich nicht. – Wollen sehen, was sich zeigt, wenn ich sie nun zukneife. – Ja, es sieht dann ganz ähnlich aus, wie vorhin das draußen.

*Physiker:* Es ist also keine Angelegenheit der Sonne, sondern des Lichts!

*Besucher:* Ach ja! – Geht es auch mit einem Glühwurm?

*Physiker:* Ich gestehe, daß ich es noch nicht versucht habe. Aber ich bin ohne Sorge! Ich möchte jetzt, damit wir etwas geschwinder vorankommen, noch eine Änderung vorschlagen, einen Eingriff, wenn Sie wollen: So ein Auge ist kompliziert. Auch schon der Teil, auf dessen Zukneifen es hier ankommt. Da ist erstens der Lidspalt und zweitens, quer dazu, der Wimpernvorhang. Man weiß nicht, auf welches von beiden „es ankommt".

*Besucher:* Erst mal ohne Wimpern!

*Physiker:* Wie aber?

*Besucher:* Künstliche Lider ohne Wimpern, nah vor dem weit geöffneten Auge!

*Physiker:* Ausgezeichnet! – Wie wollen Sie's machen?

*Besucher:* Ja, einfach zwischen zwei Fingern durchgucken?

124

*Physiker:* Das wäre das natürlichste. – Ja, genauso; am besten zwischen den beiden Zeigefingern. Und nah; und das Auge weit auf.

*Besucher:* Aber dann läuft der Spalt senkrecht. Der Lidspalt lief waagerecht!

*Physiker:* Sie haben recht. Drehen Sie's mal, daß der Handspalt waagerecht liegt.

*Besucher:* Ja, das geht auch, aber schlechter wird's dann. – Ich verstehe: weil die Kerze senkrecht steht, paßt es besser, wenn der Handspalt dazu parallel läuft. – Also senkrecht. Ja, wieder diese „Strahlen".

*Physiker:* Wie laufen sie?

*Besucher:* Waagerecht.

*Physiker:* Und wenn Sie Ihren Handspalt so drehen, daß er waagerecht liegt?

*Besucher:* Dann laufen die „Strahlen" senkrecht. Also immer quer zum Spalt! Aber wenn die Strahlen senkrecht laufen, ist es nicht so schön.

*Physiker:* Also: senkrecht der Spalt! – Können Sie nun beschreiben, was Sie sehen?

*Besucher:* Was soll ich sehen?

*Physiker:* Ich werde mich hüten, das zu sagen! Die *Sache* muß reden! Lassen Sie sich ruhig Zeit.

*Besucher:* Da seh' ich diese Strahlen. Oder, besser, ein Lichtband. – Immer quer zum Spalt. –

Manchmal ist das Band auch aufgerauht. – Es zerfällt! – Es zerfällt in Flämmchen, eng nebeneinandergereihte! –

Es kommt darauf an, an welcher Stelle des Spaltes man durchguckt. Mir scheint: wenn der Schlitz eng ist, dann sieht man immer eine Reihe von Flämmchen. – Sie stehen rechts und links von der Kerzenflamme. Dunkler sind diese Nebenflammen. Und nach außen, nach den Seiten, nach links und nach rechts, da werden sie immer schwächer. Verlieren sich, ins Dunkel. –

Wenn die Kerze flackert, dann flackern die Geisterflämmchen mit! Und Farben! Übrigens stehen diese Lichtgespenster dort *hinten,* im Raum, von mir eben so weit weg wie die Kerzenflamme selbst. Da, wo doch in Wirklichkeit kein Feuer ist. Ein Vorhang ist da. Er brennt nicht an. –

Aber es stört, daß der Spalt zwischen den Fingern nicht überall gleich breit ist. Und die Finger zittern immer etwas. Man müßte ...

*Physiker:* Ja?

*Besucher:* Haben Sie zwei Küchenmesser?

*Physiker:* Es scheint, daß Sie eine Apparatur aufbauen wollen. Hier: zwei Rasierklingen. –

*Besucher:* Jetzt ist es viel schöner.

*Physiker:* Die Physik liebt, wie die Mathematik, das Geradlinige. Und die Natur und wir sind so aufeinander eingerichtet, daß Geradlinigkeit die Sache klärt. Ich ...

*Besucher:* Die Hände wackeln aber zu sehr. Man müßte noch ...

*Physiker:* Ja?

*Besucher:* ... die Klingen irgendwie befestigen.

*Physiker:* Hier haben Sie einen Apfel, da können Sie sie hineinstecken. Und ein Buch als Unterlage! – Nun werden Sie bald nach Komfort rufen und sagen: man müßte noch den Spalt bequem verstellen können, ohne daß er seine Parallelität verliert.

*Besucher:* Das müßte man.

*Physiker:* Sehen Sie. – So etwas gibt es. Der Physiker nennt das einen „Spalt". In einem Metallrahmen zwei verschiebbare Bleche mit scharfen Kanten, parallel. Wenn man an einer Schraube dreht, öffnet sich zwischen den beiden Kanten ein Spalt. Eng oder weit, wie man will. Das Ganze an einem Stiel, in einem Stativ befestigt. – Aber wir brauchen ihn vorläufig noch nicht. Sie sehen auch so schon das Wesentliche: Periodizität!

*Besucher:* Zu deutsch also: regelmäßige Wechsel zwischen Hell und Dunkel. Ja, es ist deutlich.

Und höchst merkwürdig!

*Physiker:* Warum?

*Besucher:* Es ist durch nichts motiviert! Dahinten am Vorhang *stehen* keine Kerzen! Es sind Gespenster!

*Physiker:* Ja.

*Besucher:* Sie wundern sich auch?

*Physiker:* O ja, immer noch!

*Besucher:* Obwohl Sie es verstehen?

*Physiker:* Auch Sie werden es verstehen und können dann selbst spüren, wie weit uns dieses Verständnis bringt.

Den ersten Schritt dahin werden Sie sicherlich allein tun können: Das Kerzenlicht kommt an den Spalt. Dieses Licht und der Spalt „tun" nun irgend etwas miteinander. Es fragt sich: welcher von beiden ist nun „schuld" an der Periodizität?

*Besucher:* Ich möchte annehmen: das Licht. Denn der Spalt ist ja einfach. Er hat von sich aus nichts Periodisches an sich. Stünde an seiner Stelle ein Kamm, so wäre das anders.

*Physiker:* Können wir also nicht schon jetzt, und vielleicht noch etwas vorsichtiger, so sagen: Es „liegt am" Licht. Aber es wird bemerkbar erst dann, wenn es mit dem Spalt in Konflikt kommt?

*Besucher:* Ja, damit würde man also ausdrücken: das Licht ist zu periodischen Phänomenen *fähig* – eben dann (und seltsamerweise), wenn der Spalt im Weg steht.

*Physiker:* Nicht nur fähig, sondern *bereit*. Das Licht hat die *Neigung* zu periodischen Phänomenen *in sich*. – Sie zögern?

*Besucher:* Ja, schon: es dürfte dann nämlich nicht nur gerade am *Spalt* zu periodischen Phänomenen kommen!

*Physiker:* Ausgezeichnet! (Vielleicht ist doch ein Physiker an Ihnen verlorengegangen ...)

*Besucher:* Diese Neigung des Lichtes müßte sich dann auch bei *anderen* Gelegenheiten, Anlässen ...

*Physiker:* ... Konstellationen, Arrangements, Versuchsanordnungen, Apparaturen äußern. Ja, ohne Zweifel.

*Besucher:* Erst dann ...

*Physiker:* Ja, erst dann ...

*Besucher:* ... würden wir sicher sein dürfen, daß „es am Licht liegt".

*Physiker:* Ja!

*Besucher:* Nach so etwas müßte man also *suchen*. Können Sie mir solche Arrangements zeigen?

*Physiker:* Später! Das ist noch ein langer Weg. – Vorerst müssen wir uns das, was wir heute entdeckt haben, erst einmal richtig *genau* betrachten. Sie haben noch nicht alles gesehen. Es hat uns noch mehr zu sagen. Beschreiben Sie doch bitte noch einmal, und genauer, was Sie sehen. Besonders: wie sich das Bild ändert, wenn Sie den Spalt immer enger machen.


## III.

Wie die Untersuchung weitergehen könnte, soll hier nicht verfolgt werden. Allenfalls den nächsten Schritt kann jeder noch selber tun. – Nur soviel: Es *ist* so, daß auch bei gewissen *anderen* Anlässen das Licht periodische Strukturen hervorbringt. Sie sind immer farbig, auch wenn das Licht weiß war: Rot tritt in relativ groben, Violett in enger gedrängten, gitterartigen Strukturen auf. (Die anderen Farbtöne ordnen sich dazwischen.) –

Angenommen, ein Laie wüßte nur dies (und hätte es eindringlich gesehen), so wüßte er schon recht viel vom Licht. Könnte er zur Not nicht eher auf die „Lichtwellen" verzichten (die „hinter" den Phänomenen als Modelle sich sehr nützlich erweisen) als umgekehrt: von jenen Wellen zwar „gehört haben", aber nicht wissen, daß er im Licht des Alltags und in der eigenen guten Stube die periodischen Gestalten hervorrufen kann, die das *Sichtbare* an den Lichtwellen sind?

Es ist bemerkenswert, daß die Volksschule (Hauptschule) die ganze „physikalische", die „Wellen"-Optik wegläßt und, soviel ich weiß, auch diesen ersten, hier beschriebenen Schritt, der noch innerhalb der Phänomene bleibt. Daß sie dagegen bemüht ist, in die Sphäre der Atommodelle einzudringen, von der *kein* so unmittelbares Phänomen zeugt wie jene Geisterflämmchen, die neben der Kerze so leicht zu beschwören sind.


## 27    Im Wasser Flamme   (1953)

In: Natur physikalisch gesehen.
Didaktische Beiträge zum Vorrang des Verstehens.

*Westermann, Braunschweig 1975, S. 82–88*

## Ein Beispiel aus der Physik: Farbe

Es soll zeigen: a) wie man ohne Vorkenntnisse angreifen kann, und b), daß man *dadurch* von vornherein darauf achten lassen kann, „was man tut". (Und was nicht oder nur schwer geschieht unter der Suggestion des Vorrats-Lernens: Geradlinige Ausbreitung – Reflexion – Brechung – Brechungsgesetz – Dispersion und so weiter.)

Statt dessen: Ausgehen von etwas, das den „ganzen" Menschen angeht, sagen wir: einer Kunstbetrachtung. Da mag ein aufregendes Rot eines Mantels im Spiel sein, „Tizianrot" vielleicht. Warum bezaubert es uns so? – Man holt und fragt den Physiker. – Der lächelt bescheiden und verlegen: Nein, das könne er nicht sagen. Da sei er unzuständig. Ihn interessiere Rot *überhaupt, alles Rot;* und eben nicht, wie es auf uns wirkt. (Seltsam, denkt der Anfänger, dazu ist Rot doch da!) – Sondern? – Nun sagt der Physiker hoffentlich nicht, er wolle wissen, was Rot „an sich" sei, unabhängig vom Menschen, „ohne uns" (denn wie sollten wir das wissen, ja überhaupt nur fragen können!). Sondern hoffentlich sagt er gleich die Wahrheit: ihn interessiere nur, ob er an Rot etwas *Meßbares* finden könne, das es zum Beispiel von Grün unterscheide.

Hier schon versteht der Sekundaner, daß der Physiker einer ist, der von vielem und Wichtigem *absieht,* selbst in der Lehre vom Sichtbaren, der Optik.

So wird zwar die ursprüngliche Frage beiseite geschoben, aber eine neue, reizvolle entsteht: Was kann er damit meinen?

Und wie soll man da angreifen? Mit dem genialen Gedanken, das in solchen Fällen zu untersuchen, wo das Rot und das Grün, wo alle Farben hervortreten aus dem Nichts, aus dem Farblosen, und das in verschiedener Weise. Wo geschieht das in unserer natürlichen Welt (zu der „das Prisma" nicht gehört)?: im Regenbogen.

Betrachtung des Regenbogens und der Bedingungen seines Auftretens. – Ähnliches sonstwo?: Zersprühender Wasserfall – Nachahmung im Experiment: Dusche in der Sonne.

Der Schritt ins Kleine: *Ein* Tropfen – Nachahmung im Großen: wassergefüllter Rundkolben. Die Lichtwege in ihm und Farben – Aussondern der Einzelphänomene: Brechung und Reflexion.

Untersuchung der Brechung im einfachsten Fall: Übergang von einem Medium in ein anderes: Wassertonne: weiße Steine, am Boden liegend, erscheinen gehoben und bunt gerandet. – Versuche mit ausgesonderten Bündeln. – Einfachste Form des Brechungsgesetzes und der Dispersion (die ja bei jeder einzelnen Brechung auftritt). –

Ergebnis: Die Farben gehen bei der Brechung aus dem farblosen Licht hervor (vorsichtiger formuliert als: „sind darin enthalten"). Jeder Farbe ist eine Brechbarkeit zugeordnet: Quantitative Erfassung.

Am besten gleich weiter zu einer anderen Erscheinung, bei der ebenfalls das Bunte aus dem Farblosen entsteht: Dünne Schichten, Spalt. Einfachste Gelegenheit zur Messung der Wellenlänge am einfachen Spalt (subjektiv: in Mathematik genügen ähnliche Dreiecke). Ich gehe schnell weg über das, was hier an Wellenlehre als „Bild" sich aufdrängt (nicht etwa von früher her bereitgestellt ist).

Endergebnis: Nicht in falscher (fahrlässiger) Formulierung: Farbe ist „an sich nur" Wellenlänge („Die Welt ist eigentlich nicht bunt, das ist nur subjektive Täuschung"), sondern, in richtiger Fassung: Die Quantität der Wellenlänge (bzw. der Schwingungszahl) ist das, was von der Wirklichkeit „Rot" im Netz der Physik, im *Aspekt* der Physik, übrigbleibt. Dem Rot ist eine Zahl „zugeordnet".

Man sieht vielleicht trotz der nur andeutenden Darstellung, wie ein solches Vorgehen verstehen läßt, wie Physik aus der Betrachtung der freien Natur Teilprozesse im „Experiment" einengt. Was ein Naturgesetz (hier das Brechungsgesetz) und was ein „Modell" ist. Und vor allem: In welchem Sinn die Physik nur einen eingeschränkten „Aspekt" der Wirklichkeit gibt.

Das Kriterium für das Verständnis wäre es, wenn der Primaner folgender Frage standhalten, das heißt, sie als eine Scheinfrage enthüllen könnte:
Dieses Scheinproblem entsteht, wenn man, wie das W. Klumpp[1] beschrieben hat, auf biologischen Wegen physikalistisch verführend, so vorgeht: Die elektromagnetische Welle kommt von „draußen" an, dringt ins Auge ein: Linsen, Netzhautbild, Sehnerv, „Umsetzen" der optischen in chemische Prozesse, Reizleitung, Gehirn, Sehzentrum ... Und nun wandelt sich die optische, die chemische Energie in die Empfindung Rot um?
Die Verführung zu dieser Formulierung ist alt und ehrwürdig: Newton[2]: „... do not the most refrangible Rays excite the shortest Vibrations for making (!) a sensation of deep violet ...?" (Ein Satz, der nebenbei auch zeigt, wie genau Newton von den „Vibrations" wußte, während Huygens nichts von ihrer Regelmäßigkeit und der Beziehung zu den Farben ahnte, nichts von „Wellenlänge".)
Die Frage zerfällt zu nichts, wenn man sie zuspitzt: „Wie kommt es, daß gerade diese Schwingungszahl gerade *diese* Empfindung, die wir ‚Rot' nennen, verursacht?" Denn man erkennt dann, daß hier eine Frage innerhalb des physikalischen Kategorienfeldes gestellt wir, die dort nicht gestellt werden kann (noch weniger also beantwortet), weil die Qualität Rot, wie jede Qualität, von vornherein aus der physikalischen Betrachtung ausgenommen ist. Worauf man von vornherein verzichtet hat, kann man nicht nachträglich suchen wollen. Eine Scheinfrage.
So kann der Primaner einsehen, was man in der Physik tut: sehr wenig, und doch sehr viel.

---

1 W. Klumpp: Über die Zusammenarbeit der naturwissenschaftlichen und der geisteswissenschaftlichen Fächer. In: Die päd. Provinz (1920), H. 12, S. 625 ff.
2 Isaac Newton: Opticks. Dover Publications. 1952. S. 345/6 (Query 13).

Mit zunehmender Erhitzung eines Körpers (in anderer Betrachtungsweise: mit der Steigerung seiner inneren Aktivität) geht von ihm schließlich nicht nur *dunkle* Wärmestrahlung aus, sondern auch *leuchtende,* in der Folge von Rot–Gelb–Weiß. Mit ihrer außerordentlichen Schnelligkeit durchsetzt sie, geradlinig schattenwerfend, den Raum (am besten den leeren), in der doppelten Entfernung also auf die vierfache Kugelfläche sich verdünnend[32].

Manche Stoffe wie Glas, Wasser, Luft erhellt und durchläuft sie kaum geschwächt und ohne sie denn auch zu wärmen. Die undurchsichtigen halten sie auf und bewahren sie: sie werden warm davon[33] (Rot wärmt besser als Blau).

Alle Körper, durchsichtig oder nicht, werfen an ihrer Oberfläche einen Teil des einfallenden Lichtes als Widerschein zurück[34] und streuen es in alle Richtungen, in jedes Auge: Dadurch werden uns die Dinge erst sichtbar. Nur Stoffe wie Ruß geben fast gar kein Licht mehr zurück und lassen auch keines durch. Deshalb sehen sie schwarz aus und werden in der Sonne besonders heiß[35]. Je glatter (polierter) die Oberfläche, desto weniger verändert ist der Widerschein in seiner Farbe und Helligkeit und desto regelmäßiger geschieht die Zurückwerfung, desto weniger also mischt das Material sich ein. Aus der Streuung wird die *Spiegelung*: Das Licht wird dann genau auf die Art eines scharf gegen die Wand geworfenen Balles zurückgeschnellt[36]. Dieses Gesetz, auf alle Strahlen angewandt, die – zum Beispiel – von einem Baum ausgehen, erklärt vollkommen sein Spiegelbild im glatten See[37].

Derselbe Wasserspiegel, der uns das Bild des Baumes wiedergibt, ist für den Fisch ein Luftspiegel: In ihm sieht er über sich die Steine des Grundes, sich selbst und seine ganze Wasserwelt noch einmal.

So wird also Licht, das im durchsichtigen Element unterwegs ist und durch eine glatte Grenzfläche hindurch in einen anderen durchsichtigen Stoff hinübergehen will, in jedem Fall weggespiegelt. Aber nur zu einem Teil – die Sonne ist heller als ihr Spiegelbild.

Der andere Teil nun, der eindringt, schlägt im Durchgang durch die glatte Grenzfläche eine neue Richtung ein: Der auf dem Grund des Wasserbeckens liegende Stein sieht aus, als wäre er (zusammen mit diesem Grund) gehoben. Darin gibt sich als Gesetz zu erkennen: Ein Lichtbündel wird beim Passieren der Grenzfläche immer in Richtung auf den dichteren Stoff hin abgeknickt, „gebrochen"[38], je schräger es ein-

---

32 Photometrie, Beleuchtungsstärke.
33 Absorption.
34 Reflexion.
35 Körperfarben.
36 Reflexionsgesetz.
37 Ebener Spiegel.
38 Brechungsgesetz.

fällt, desto mehr. Diese Schwenkung der Lichtfront erinnert an die Schwenkung einer Wellenfront, die aus tiefem Wasser plötzlich in seichteres (hinderlicheres) Wasser übergeht. Ein Teil aber wird immer weggespiegelt. Dieses Gesetz hat notwendig zur Folge, daß dem Licht, das aus Wasser (Glas, Kristall) *sehr* schräg gegen die innere Oberfläche anläuft, der Austritt in die Luft verwehrt ist, und ihm nichts anderes übrigbleibt, als sich mit seinem vollen Glanz wieder ins Wasser-Innere zurückzuspiegeln[39], wie es an Tautropfen zu sehen ist. –

Der weiße kleine Stein auf dunklem Grund klaren Wassers erscheint nicht nur gehoben, sondern auch farbig in die Höhe verzogen. Das bedeutet, daß aus dem weißen Lichtbündel bei der brechenden Begegnung mit Materie der Fächer der Regenbogenfarben hervorgerufen wird[40].

Die Farben unterscheiden sich also voneinander auch durch ihre verschieden starke Brechbarkeit. So werden sie meßbar. – Zweimal nacheinander gebrochen zieht sich das weiße Lichtbündel zu einem um so breiteren Farbenband auseinander: im Tau, in den Regentropfen, die das Sonnenlicht als Regenbogen in unsere Augen zurückbrechen und -spiegeln, und im geschliffenen Prisma, mit dem wir das Farbenband[41] künstlich herstellen. – Es hat also das weiße Sonnenlicht die Fähigkeit, im Zusammenwirken mit der Materie alle Farben aus sich zu entlassen: Die Rose ist rot, indem sie aus dem Sonnenlicht nur das rote Licht wieder hergibt, alles übrige als Wärme behält[42]. Das Auge ist so eingerichtet, daß es, von allen Farben zugleich[43] (oder aber auch von zweien, wenn sie richtig gewählt sind, wie rot und grün, oder blau und gelb[44]) getroffen, wieder weiß empfindet.

Das Farbenband des aufglühenden Körpers entfaltet sich von Rot her, und auch die dem Leuchten vorausgehenden dunklen Wärmestrahlen (die den Nebel durchdringen) finden in ihm ihren Platz vor dem Rot[45], während sich jenseits des anderen, des violetten Endes, ein ebenfalls unsichtbares, aber – zum Beispiel – unsere Haut bräunendes „Licht"[46] angliedert.

Das Licht der Weißglut – in sein lückenlos[47] ineinanderfließendes Farbband zerlegbar – senden *alle* genügend heißen festen und flüssigen Stoffe *gleichermaßen* aus. Sobald aber der selbstleuchtende Stoff verdampft ist, gibt er als Gas ein Licht von völlig anderem, nämlich stoffeigenem Verhalten: Es bekommt eine für den Stoff seiner Herkunft kennzeichnende *Farbe* (Natriumdampf gelb, Wasserstoff rot, Eisendampf grün), und zwar eine Mischfarbe besonderer Art: Denn ihr Farbenband zerfällt bei der Brechung[48] in eine gesetzmäßige Folge einzelner, scharf voneinander abgesetzter Lichtarten, zwischen denen breite dunkle Lücken liegen. (Während also

---

39 Totalreflexion.
40 Farbenzerstreuung oder Dispersion.
41 Spektrum.
42 Körperfarben.
43 „Experimentum crucis" Newtons.
44 Komplementärfarben.
45 Infrarot.
46 Ultraviolett.
47 Kontinuierliches Spektrum.
48 Emissions- oder Linienspektrum.

die *Gase* in ihrer *Wärme*ausdehnung einander alle *gleich* werden, gewinnen sie in ihrer *Licht*äußerung gerade ihre *Eigenart*). So wird es möglich, einen Stoff allein an dem Licht zu erkennen, das er aussendet, mag er nun in der Flamme glühen oder in fernen Sternen[49].

## Die periodische Struktur des Lichts

Eine schmale Kerzenflamme, die weit entfernt im dunklen Raum steht, und die man durch einen engen ($^1/_2$ mm), senkrechten Spalt betrachtet (ganz nah vor dem weit geöffneten Auge), bekommt rechts wie links eine Reihe schwacher Ebenbilder ihrer selbst; farbig gerandet und nach außen immer blasser sich verlierend. – Es braucht keine Flamme zu sein; ein schmaler Sonnenreflex an einer Nickelkanne tut es auch. Dieser Wiederholungszwang äußert sich auch unter ganz *anderen* Umständen. Runde Ölflecke, wie wir sie auf glatten nassen Straßen finden, zeigen bunte Ringe, die einander umschließen.

Die Neigung zu solchen „periodischen Strukturen" müssen wir dem Licht selber zuschreiben: es bedarf zwar immer der Kollision mit körperlichen Dingen, aber diese Dinge brauchen an sich selber *keine* solche Struktur zu besitzen. (Ein Kamm etwa besitzt sie, der Spalt, der Ölfleck nicht.)

Alle diese Erscheinungen (die man in Apparaturen sowohl verfeinern wie auffälliger machen kann) lassen sich unter *einer* Modellvorstellung zusammenfassen und beschreiben, den „Lichtwellen". Der Weg zu ihnen ist aber lang und kann hier nicht einmal angedeutet werden.

Es ist der Überlegung wert, warum man bisher Kinder der Volksschule mit der „physikalischen Optik" verschont hat. Auch ich bemerkte erst bei der 3. Auflage, daß ich, nur aus Gewohnheit, dieses Kapitel vergessen hatte. Die Auslassung der Wellenoptik ist um so auffälliger, als man sich jetzt um den Atomismus mit mehr Energie und Selbstverständlichkeit als Erfolg bemüht. Dabei ist die Periodizität des Lichtes längst nicht so verborgen wie die körnige Struktur der Materie. Wenn man nicht bis zu den „Lichtwellen" vordringen kann, so ist das kein Grund, die Phänomene zu übersehen, die ihnen zugrunde liegen.

---

49 Spektralanalyse.

# B  Muttersprachlich Lehren: der Magnet

## 30  Die Sprache im Physikunterricht  (1968)

Ich komme aus einer ganz anderen Ecke als wohl die meisten von Ihnen: aus der
Welt der Dinge; und zwar der Dinge, wie die Physik sie sieht und anspricht. Aber ich
spreche nicht als Physiker, denn ich fühle mich nicht als solcher. Ich spreche als Physik-Lehrer von einigen Erfahrungen mit der „Sprache im Physikunterricht"; die etwas anderes ist als die „Sprache der Physik".
Ich glaube, daß das *Verstehen* der Physik für unsere Welt, und noch mehr für die
künftige Welt unserer Kinder, lebensnotwendig ist.
Nicht nur, weil ohne Galilei, Faraday, O. Hahn das technische Gerüst nicht da wäre,
in welches sich die Menschheit in so kurzer Zeit eingebaut hat, eingelebt, einge-
wöhnt, eingefangen; und an dem sie festhalten muß, um weiter zu existieren.
Nicht weniger wohl dadurch, daß das wissenschaftliche Denken und Sprechen, und
auch das Sprechen für „weitere Kreise", sich zunehmend physikalisiert. Die ma-
thematisierende Denkweise bezaubert uns durch ihre großartige Präzision und
Macht. Vielleicht auch verleitet sie uns zu einem noch nicht genügend kritischen
Glauben an die Macht der Zahl außerhalb der Physik.
Deshalb ist Physik für die Schulen und Hochschulen nicht einfach ein umzufüllender
Speicher von Informationen neben vielen anderen.
Es ist für *jeden* lebensnotwendig geworden, die *Art* ihres Vorgehens zu verstehen,
die Art ihres Verstehens zu verstehen.
Ich spreche also von der physikalischen Laienbildung.
Entsprechen nun die *Ergebnisse,* die Erfolge, entspricht die *Qualität des Physikun-
terrichts* dieser seiner Bedeutung?
Beginnt ein Zahlen-Aberglaube nicht schon damit, daß wir ein Maß für den Erfolg
in den Zeugnisnoten zu besitzen hoffen? Die doch nur *in* der Schulzeit, oder *sofort
nach* ihr, in vorbereiteten Prüfungen zustande gebracht werden. Käme es nicht
vielmehr auf das an, was Jahre später der Laie noch weiß und wirklich versteht? Weder die Schule noch die empirische pädagogische Forschung scheint sich bisher einer
solchen Analyse anzunehmen.
Sie wäre auch nicht einfach. Ihre Form könnte nur das zwanglose und geduldige sokratische Gespräch sein, das nicht den *Partner* „prüft", sondern mit ihm gemeinsam
die Beschaffenheit der Verstehens-Rückstände, die sich noch aufbringen lassen[1].

---

1 Man vermißt präzise Vorstellungen der Lehrer und Lehrbuchverfasser schon davon, welcher *Art* der
  Rückstand sein soll, den man nach Jahren vorzufinden hofft. – Mein eigener Versuch einer dokumentie-

Ich bin in der seltenen und günstigen Lage, nach drei Jahrzehnten des Physikunterrichts an Gymnasien seit zehn Jahren an Hochschulen mit Studenten aller Fachrichtungen solche Gespräche führen zu können. Dabei interessieren mich vorwiegend solche, die nicht Physik studieren und sie auch nicht zu ihrem Hobby gemacht haben. Aus ihnen werden ja wichtige Leute: Politiker, Lehrer, Pädagogen, Ministerialbeamte ...

Ich habe den Eindruck – übrigens schon lange vor der „Saarbrücker Rahmenvereinbarung" – einer fast abenteuerlichen Hinfälligkeit der Kenntnisse. Man blickt nicht wie in einen geordneten Wohnraum; eher in eine Art Rumpelkammer von Formelfragmenten ($1/2\,g \cdot t^2$, aber „was war doch $g$"?) und Satztrümmern (wie – bei der Lichtbrechung: – „Einfallslot"). Allenfalls, und auch das nur selten, werden starre Lehrbuchtexte „apportiert" (wie Lichtenberg das nannte); kaum je ist eine Aussage persönlich und doch präzis gefaßt. Fast immer ist sie ohne Beziehung zu den Phänomenen, die sie klären sollte. (Bei der Lichtbrechung wären das etwa die kurzen Unterschenkel der Leute, die bis zu den Knien im ruhigen, klaren Wasser stehen.)

Kenntnisse können als Gespenster auftreten. Auch das ist eine „Bildungskatastrophe".

Die Sachen sind verfremdet, und die Sprache stockt.

Meine Überzeugung, wenn ich sie einmal kurz und grob sagen darf: Seit Jahrzehnten ist der Physikunterricht unter der Peitsche der „Stoff"bedrängnis und der Klingelsignale dabei, sich zu vergaloppieren, auf dem hohen Roß der Wissenschaftlichkeit. (Womit nichts gegen das Roß gesagt ist.) Empirische Erforschung des Späterfolgs ist nötig, wenn die Schule nicht zu einem wissenschaftlichen wie wirtschaftlichen Verlustunternehmen werden soll (ohne es selber zu merken). – Aber das ist ein Riesenproblem. Ich rede hier davon, da es mit der Sprache zu tun hat.

Mit der Sprache im Unterricht und, was etwas anderes ist, mit der Sprache der Physiker.

Die Sprache der Physik ergibt sich aus ihrem Vorgehen. Das *physikalische Weltbild* wird häufig für „unvoreingenommen" gehalten. Das ist insofern nicht richtig, als es (wie C. F. v. Weizsäcker sagt) „nicht unrecht (hat) mit dem, was es behauptet, sondern mit dem, was es verschweigt"[2]. Sein so angenehm scharf abgegrenzter Begriffs-Horizont *beschränkt,* uns und die Natur, auf: in Raum und Zeit am Materiellen meßbare Größen („Centimeter, Gramm, Sekunde") und ihren mathematisierbaren Zusammenhang, „Strukturen", wie wir heute sagen.

Da ist vieles „nicht drin": weder die Farbqualität „Rot" noch der Begriff „Verantwortung". Trotzdem ist die physikalische Abbildung „richtig"; so wie eine Landkarte richtig ist, ohne doch die „Wahrheit" ihrer Landschaft zu sein.

---

renden Befragung „Was bleibt unseren Abiturienten vom Physikunterricht?" (vgl. im vorliegenden Band: 4, 20, 21, 31, 49) hat noch die Form einer schriftlichen Befragung, erlaubt aber schon ein gewisses Urteil. – Siehe auch meinen Beitrag „Was bleibt? Verfolgt am Beispiel der Physik" in dem von J. Flügge herausgegebenen Sammelband „Zur Pathologie des Unterrichts", J. Klinkhardt Verlag. Bad Heilbrunn, 1970. (Ausschnitte in diesem Band: 3, 19, 37, 50)

2 C. F. v. Weizsäcker, Zum Weltbild der Physik, 6. Aufl., Stuttgart 1954, S. 17.

Diese Einschränkung führt notwendig zu einer reduzierten, einer Kunst-Sprache. Diese gemeinsame *Fachsprache* aller Physiker der Welt ist von allen ihren Mutter-Sprachen qualitativ verschieden. Während die Geschmeidigkeit der Muttersprachen gerade voraussetzt, daß ihre Wortfelder ineinanderfließen, führt die physikalische Abblendung dahin, daß diese Felder schrumpfen, zu relativ wenigen Punkten (wobei auch neue Punkte hervorgebracht werden), die durch eindeutige Gelenke miteinander verbunden sind. Im Endzustand schnürt sich die physikalische Aussage sogar von der Sprache ab und verdichtet sich in mathematischen Symbolen. (Trotzdem ist alles, was in einer Gleichung sich darstellt, grundsätzlich – wenn auch umständlich – in Worten zu sagen.)

Es ist klar, daß ein jahrelanger allzu ausschließlicher Aufenthalt in einem so kargen Sprachklima die gesamte *Sprachwelt eines Physik-Studenten* (bei aller Prägnanz im Fachlichen) negativ verändern kann: verarmend (durch Auslöschen der Nuancen) oder spaltend. Schlecht für einen künftigen Lehrer!

Denn von ihm erhoffen wir ja gerade, daß er die Spaltung heilen hilft, welche die moderne Gesellschaft zerschneidet, in eine dünne Schicht unverständlicher Experten und die große Menge der nur oberflächlich Informierten, die verlernt haben, was Verstehen heißt, und die dann wissenschaftsfeindlich oder (was nicht besser ist) wissenschaftsgläubig reagieren. Der Lehrer sollte *alle* seine Schüler zur *Wissenschafts-Verständigkeit* erziehen. Er darf nicht vorwiegend an den Nachwuchs der Physiker denken (besser wohl: „*Es* darf in ihm nicht so denken").

Ein Beispiel (für viele) zur sprachlichen Verarmung: Ich erinnere mich eines Gespräches mit nur naturwissenschaftlichen Studenten. Ich gebrauchte, im pädagogischen Zusammenhang, das Wort „spontan", hatte ein taubes Gefühl und fragte, ob sie wüßten, was das ist? Nach sehr langer Pause kam *ein* Vorschlag: „momentan". Genau das, was im physikalischen Begriffsnetz davon hängenbleiben konnte. Lichtenberg, der ja sowohl deutsch wie physikalisch reden konnte, hat seinerzeit notiert: „Ich muß gestehen, daß ich Freudentränen vergossen habe, als ich sah, daß man in meinem Vaterlande anfange zu begreifen, was Wurzelzeichen sind." Wäre er dabeigewesen, bei jener Spontan-Übersetzung, so würden sie ihm wohl schnell wieder getrocknet sein.

Solche Studenten *leiden* entweder unter dieser Dürre, oder sie machen eine Tugend aus ihrer Not und halten philosophische *und* auch pädagogische Texte für unexaktes Gerede (auch dann, wenn sie es wirklich nicht sind). Und der Satz Rilkes „Er war ein Dichter, denn er haßte das Ungefähre" scheint ihnen nur zu bestätigen, daß Dichter nicht wissen, was sie sagen.

An Wittenberg – er starb jung als Mathematikprofessor in Toronto (Sie kennen vielleicht sein Buch „Bildung und Mathematik"[3]) – schrieb ich einmal: „Was meinen *Sie*, sollte der Lehrer der Mathematik oder Physik sich unbedingt verpflichtet fühlen, weiterhin wissenschaftlich in seinem Fach zu arbeiten?" Seine Antwort: „Nein, nein, nein!! Ins Theater soll er gehen!"

---

3 Alexander Israel Wittenberg, Bildung und Mathematik, Ernst Klett Verlag, Stuttgart 1963.

Ich stimme ihm zu. Eine naturwissenschaftliche Bildung, die mit Sprachverlust erkauft wird, ist keine.

Der sprachliche Graben zwischen den Physikern und den *Pädagogen* ist auch von der Seite der Pädagogen her schwer zu nehmen: Zu sehr erscheint der Bezirk der Physik ihnen versiegelt durch jene Symbole, deren grundsätzliche Harmlosigkeit ihre eigene Schulzeit ihnen hätte enthüllen sollen. Es bleibt achtungsvolle Befremdung und Nichteinmischung.

Oder auch Anpassung: indem man selber in physikalischer Weise zu denken und zu schreiben sich angewöhnt: „Arbeit" und „Leistung" haben wir schon gemeinsam. Kürzlich las ich „Lerngeschwindigkeit"[4]. Kommt eine Grundgleichung der physikalistischen Didaktik auf uns zu: „Lernbeschleunigung gleich Lernkraft durch Lernmasse?"

Gibt es auch eine *Verstehens*geschwindigkeit? Wer einmal selbst produktiv verstanden hat, weiß, daß hier ein unberechenbarer, zeitlich nicht stetig vordringender, ein oszillierender Prozeß in ihm geschieht, der in Stößen der Erleuchtung und der Wiederverdunkelung vor sich geht. Galilei wußte es und ließ es seinen Sagredo sagen: „Wie eine Wolke vom Blitze erleuchtet wird, so ahne ich ein plötzliches Licht, das mich wie aus weiter Ferne erleuchtet und sofort wieder verwirrt, indem es mir fremde und undurchdachte Vorstellungen erweckt".[5]

Aber zurück zu *dem* Physik-Studenten, der Physik*lehrer* werden wird, und seiner *Sprache*.

Er wird – unglücklicherweise – fachlich noch immer nicht anders ausgebildet als ein Berufsphysiker, nämlich ganz *un*genetisch, sozusagen als End-Physiker. Das heißt: er wird auf Wegen zu den Ergebnissen geführt, die nur von diesen Ergebnissen her, noch dazu den modernsten, so direkt und rationell angelegt werden können. Er muß zwar zugeben, daß alles so ist, wie es ist. Er erfährt aber nicht, ja er vergißt die ganze Fragestellung, wie man als Unwissender darauf kommen konnte und also kommen kann. Und damit droht ihm das *Werden* (und also das Wesen) des physikalischen Aspektes der Natur aus dem Blick zu kommen.

Ist es nicht eben das, was er als Lehrer wissen müßte? (Didaktik ist das noch nicht. Es wird aber später ihr Ansatzpunkt.) Solche Fragen fallen der „stürmischen Entwicklung" (deren sich die Naturwissenschaft begreiflicherweise gerne rühmt) leicht zum Opfer: Sturm*schäden* für die Didaktik des Elementaren und für die physikalische Laienbildung.

Er lernt zwar, der Physikstudent, sich in dem schon etablierten physikalischen Begriffshorizont mit Sicherheit zu bewegen. Er verlernt, wie dieser Horizont aus dem

---

4 „Der lernt aber schnell", das ist eine harmlose Wendung. Spricht man aber von einer „hohen Lerngeschwindigkeit", so legt sich die Vorstellung nahe, es handle sich um „die Anzahl der pro Sekunde zurückgelegten Lehrbuchseiten". Wenn nicht, um *welche* meßbare Größe? Und wenn sie meßbar ist, trifft sie das, was wir unter „Lernen" verstehen wollen? Der Fall könnte ähnlich liegen wie bei der bekannten ironischen Definition: „Intelligenz ist das, was der IQ mißt".
5 Galileo Galilei, Unterredungen und mathematische Demonstrationen, Ostwalds Klassiker der exakten Wissenschaften, Bd. 11, S. 5.

Begreifen, Denken, *Sprechen* des Alltags sich allmählich ausspannt und abgrenzt. Er rechnet das zur Psychologie und Geschichte und findet es abwegig. Er lernt sich begnügen mit der verwalteten Wissenschaft.

Deshalb wird auch das *Werden* der exakten, der Fach-*Sprache* vergessen, und ihre Vorstufen finden als eine Art Abraum nur geringes Interesse.

Nimmt man hinzu, daß die Fach-Seminare nur selten von Psychologie und Pädagogik schon erreicht sind und daß später der Lehrer in einem zerrütteten Stundenplan durch die Fluchten illusionärer Stoffpläne getrieben ist, so wird aus dem, was ihm als „Pflege des exakten Ausdrucks" ans Herz gelegt wird, sehr leicht nichts als ein lästiger Rodungsprozeß der unbefangenen Sprache. Der Lehrer kann zu ihr zwar ein gutmütiges, aber nur duldendes, im Grunde ungeduldiges Verhalten sich leisten. Im wesentlichen befleißigt er sich selber asketisch der exakten Sprache und der Fachsprache und erwartet sie von den Schülern zurück. Fehler werden mit knappen Korrekturen zurückgeschnitten, so wie man eine Hecke in Form bringt. Nach Konfuzius ist das das Verfahren des schlechten Lehrers: „Er schleppt seine Schüler hinter sich her", sagt er. In der Tat: Nachahmung ist anspruchslos und *also* unwirksam bei allen Dingen, die *rational* verstanden werden sollen. Wir dürfen uns dann nicht wundern über Verfremdung und Vergessen. Der Prozeß kann vielleicht verglichen werden mit der Abstoßung eines eingepflanzten körperfremden Organs.

Ich versuche nun, eigene Erfahrungen (an Kindern, jungen Leuten, Studenten, Erwachsenen) und Überlegungen zuerst zusammenzufassen, dann in einigen Anmerkungen zu erläutern.

Als fundamentales Ziel des Physikunterrichts sehe ich an, Physik *verstehen* zu lehren. Verstehen als Akt des Verstehenden, der ihm von keinem anderen abgenommen oder vorgemacht, wenn auch begünstigt werden kann. Er muß ihn aus der Sache selber leisten.

Die Erfahrung – nichts anderes – hat mich gelehrt, daß dieser Akt – nicht: so kurz wie möglich, sondern: so lang wie nötig – in der vollkommen ungezwungenen Muttersprache sich vollziehen oder doch anbahnen muß, wenn er eindringlichen und nachhaltigen Erfolg haben soll. Mit anderen Worten: daß die Zone der erst stammelnden, dann genauen Muttersprache nicht, wie ein lästiges Vorzimmer, überrannt werden darf, sondern der eigentliche Verweil-Raum sein sollte, aus dem erst mit letzten Schritten die exakte Fachsprache heraustritt.

*Die Muttersprache ist die Sprache des Verstehens, die Fachsprache besiegelt es, als Sprache des Verstandenen.*

Die Sprache der *Physik* ist also nicht einfach die Sprache des Physik*unterrichts*. Muttersprache ist nicht Abraum, sondern Fundament. Sie führt zur Fachsprache, sie beschränkt *sich* auf sie *hin*. Sie entläßt sie mit ihrem Segen, und nicht darf sie (wie so oft) ihr verstummend Platz machen. (Ich halte also nichts von einer „volkstümlichen Bildung" eigener Art.)

Diese Art der *Fundierung,* die *genetische,* ist eine ganz andere als die logisch-experimentell-systematische Solidität, die der übliche Unterricht – nicht selten und irrtümlich – für ausreichend hält. Ein im strengen Stil errichtetes Gebäude kann gleichwohl bald nach der Besichtigung im Moor versinken.

Ich spreche im folgenden nur von (nicht allzu seltenen und immer wiederkehrenden – sozusagen) Kernprozessen des Physikunterrichts, das sind solche, bei denen es um radikales *Verstehen* geht (nicht von den davon abhängigen, relativ schnellen informatorischen Kursen, die sich mit beipflichtender Kenntnisnahme begnügen können).

Verstehen zu lernen gelingt nur, wo etwas zu verstehen *ist*. Wo also vom Lehrer ein möglichst ungekünsteltes, unpräpariertes und unzerstückeltes Phänomen „exponiert" wird, das danach „schreit"; indem es erstaunlich ist, das heißt: die gewohnte feste Ordnung durchbricht.

Was ist da „los"?, ruft man dann. Eine Frage, die mir, als ich Referendar war, als „unexakt" verboten wurde. Gerade sie führt zur Sache; ebenso wie die spontane Frage: „Woher kommt das?"

Es ist bemerkenswert, wie viele Wendungen unsere Sprache anbietet, die uns sagen, was Verstehen heißt: *Verknüpfen.*

*„Wie kommt es?" „Woher kommt es?":* Wir hoffen, daß es von etwas anderem, Vertrauterem herkommt, mit dem es *„zusammenhängt",* mit dem es *„zu tun hat".* Jenes andere, *„an dem es liegt",* suchen wir in allen Richtungen des geistigen Raumes: hinter ihm, dann wollen wir *„dahinterkommen"* und es *„herauskriegen",* weil ja eines das andere *„nach sich zieht".* Oder wir sehen das andere oben, dann *„hängt"* das staunenswerte Faktum *„von ihm ab",* wie die Frucht vom Ast. Am zufriedensten sind wir, wenn wir es so empfinden dürfen, daß ihm etwas anderes, möglichst Letztes *„zugrunde liegt".* Wir haben dann den *„Grund",* auf dem es *„beruht".* Und sind dann selber beruhigt.

Dieses Fragen nach dem „Warum", nach dem „Grund", ist ursprünglich, bei jungen Kindern, noch sehr weitherzig; sie unterscheiden noch nicht kausale, anthropomorphe, finale, animistische, ja magische Deutungen:

Eine spiralige Papierschlange, auf eine Nadel locker aufgesetzt, dreht „sich" immerfort, ganz „von selbst". Der Lehrer weiß, daß das von der heißen Luft „kommt", die an ihr entlangstreifend aufsteigt; denn die kleine Mühle steht auf der Heizung. Ein Kind des ersten oder zweiten Schuljahres kann noch ernstlich meinen „...dann wird sie lebendig. Sonst könnte sie doch nicht so 'rumgehen!"[6]. (Es gibt zu denken, daß wir selber ebenfalls sagen: „sie dreht *sich".*)

Ein anderes Kind dieses Alters erklärt auf die Frage, warum die Holzkugel nicht auch so hüpfen kann wie der Ball: „Die ist halt dumm"[7].

Solchen Kindern sollte man mit Physik nicht kommen.

Die *Ernüchterung* kommt von selbst, früh genug und reif geworden. – „So traurig", heißt es bei Wilhelm Flitner, „sein (des Kindes) Blick sich einen Augenblick verschleiert, wenn die Enthüllungen kommen, so unersättlich ist es doch, zu wissen, so fest in seinem Willen, nicht getäuscht zu werden"[8].

---

6 Aus der Sammlung spontaner Kinderaussagen von Agnes Banholzer, Die Auffassung physikalischer Sachverhalte im Schulalter, Tübinger Dissertation, Stuttgart 1936, S. 60.
7 Banholzer, a. a. O., S. 7.
8 Wilhelm Flitner, Laienbildung, Langensalza 1931, S. 48.

Dieser Ernüchterungs-Schub bereitet den physikalischen Begriffshorizont vor. Ein Beispiel:

Wir kennen alle das Kunststück: auf dem glatten Tisch liegt ein Bogen glattes Papier und auf ihm ein, sagen wir, Zweimarkstück. Zieht man das Papier nun seitlich rasch weg, so geht das Geldstück nicht mit. Es bleibt, wo es war. „Woher kommt das?"

Ich lese vor, was ein zwölfjähriges Mädchen dazu sagt[9]: „Wenn da (anstelle der Münze) ein Kind sitzen würde, dann würde ich sagen, das hat nicht aufgepaßt, wie man mit dem Ziehen angefangen hat. Dann ist es nimmer mitgekommen. Aber das stimmt nicht. Es ist bloß so ähnlich. Aber (denn, meint es) das Geld ist wie Metall. Das kann gar nicht aufpassen, oder so. Das liegt bloß da."

Hier wird die anthropomorphe, die animistische Deutung und das entsprechende Sagen verabschiedet. („So kann man nicht sagen", heißt es dann oft.)

Der physikalische Begriffshorizont beginnt sich auszuspannen. – Zugleich wird das Anorganische entdeckt als der Bereich, der sich ihm willig ergibt. – (Interessant auch die Bemerkung: „Das Geld ist wie Metall": die wertfreie Wissenschaft. – Vielleicht wird zugleich die Magie des Bildnisses abgelehnt. Das Bild Max Plancks auf der Münze hat physikalisch nichts zu sagen, auch wenn es das eines Physikers ist.)

Ich sagte, die anthropomorphe – allgemein: die animistische – Deutung sei von diesem Mädchen verabschiedet. Eine zwielichte Zone, die vorhergeht, ist durchschritten.

„Endlich!" ist der Physiker geneigt zu sagen: Nun ist diese Art zu reden, und also zu denken, vorbei. Der Schüler ist nun anzuhalten, sich *ständig* „exakt auszudrücken". Im Gegensatz zu dieser zugleich stolzen wie ängstlichen Haltung kann ich es nun gar nicht bestätigen, daß das nötig ist, und nicht einmal, daß es sich bewährt.

Es mag sein, daß in der Phase dieses Mädchens (das gerade eben erkannt haben mag, „so darf man nicht sagen") diese Klarstellung sehr zu betonen ist, weil es da noch ernsthafte Rückfälle ins animistische Denken geben könnte.

Aber sehr bald danach werden die Kinder realistisch und bleiben es. Von da an ist es gar nicht mehr nötig aufzupassen. Sowenig, wie wir *uns* verbieten müssen zu sagen, das Papiermühlchen *„drehe sich".* Wer später noch animistisch *spricht,* der *denkt* es im Ernst längst nicht mehr. Hier schon gleich einen physikalischen Purismus zu fordern kommt mir wie Gespensterfurcht vor.

Ist es nötig, Newton anzurufen, der sogar schreibt, und noch in einer späten Auflage seiner Optik: „as the Poles of two Magnets *answer* to one another?"[10].

Ich meine also: Ist die animistische *Denk*weise und Deutung erst einmal ernstlich entlassen, so braucht das für die animistische *Sprech*weise gerade nicht mehr zu gelten. Wir sind jetzt sicher genug, noch spielen zu können. Das gilt auch für Studenten. Mehr noch: Dieses Spiel ist nicht nur unschädlich, es ist für den Prozeß des Verstehens höchst fruchtbar, denn es bewirkt die Fühlung mit der Sache, bewirkt das Sich-hinein-„*Ver*setzen", das „*Ver*stehen". Während das Durchhalten der sterilen Sprechweise ablenkt, verfremdet, das Denken umbringt. Solange das Verstehen

9  Banholzer, a. a. O., S. 61.
10  Newton, Opticks (1730), Dover Publications 1952, S. 373.

noch zu leisten ist, sollten wir weiter animistisch sprechen lassen (und auch grammatisch zunächst, wie's kommt; sonst kommt nichts).

Sogar der Lehrer selber darf es. Der Lehrer muß alles können.

Meine Empfehlung, vor jedem Problem (ein solches muß es freilich sein, nicht ein kanalisierter Lehrbuch-Text), vor jedem unzerteilten Problem zuerst und lang genug in der völlig unbehauenen Alltagssprache denken zu lassen, gilt also nicht nur für den Anfänger-Unterricht (als solle man bis zum 13. Jahr deutsch und dann physikalisch reden lassen). Meine ganze Erfahrung läßt mich nicht zweifeln, daß der Schüler auf jeder Stufe, auch als Primaner und sogar als Student, vor jedem neuen Fortschritt, solange er die Lösung *sucht,* immer wieder als Laie und als Anfänger anzusprechen ist, und selber muß sprechen können, „wie ihm der Schnabel gewachsen ist". Sie *Sache* muß reden und reden *lehren.* Der Lehrer darf dabei weder grammatisch dreinfahrend noch duldend und gönnerhaft sein. Man kann mit Primanern und Studenten ebenso ernsthaft wie mit Kindern sprechen, in derselben *Art* ernsthaft. Wir sprechen dann mit ihnen im Grunde so, wie wir innerlich mit uns selber reden, wenn wir Neues denken. Und vielleicht ist es das Wichtigste, was der Lehrer lernen muß, das, was er längst weiß, jedesmal wieder als ein Neues und Verborgenes zu sehen und anzusprechen, *und nicht nur zum Spaß.*

Ein Beispiel für *erlaubtes anthropomorphes Sprechen:*

Warum steigt die Luftblase im Wasser nach oben? Auf Anhieb sagen wir alle noch, nach wie vor aristotelisch: „Nun klar: weil sie leicht ist." Sie will nach oben. – Nur stimmt das nicht, denn Luft ist schwer, 1 Gramm das Liter. Sie *„will"* also nach unten. Und geht doch aufwärts. „Woran liegt das?" Was ist „schuld"? Wer ist „schuld"? Lauter physikalisch unmögliche Vokabeln. Gerade sie führen uns aber in die Situation.

Die Entdeckung dann: Das Wasser ist „schuld". Und zwar, da es fast 1000 mal schwerer ist als Luft, drängt es viel stärker nach unten als die Luftblase. Und, lassen wir Kepler[11] sprechen: „Lufft lesser sich durchs Wasser, wölliches undersich begehret, ybersich treiben." Kurz: die Luftblase *muß,* gegen ihren *„Willen".*

In dieser anthropomorph gesagten (und auch physikalisch noch vorläufigen) Formulierung steckt mehr Verstehen als in dem von jedem Abiturienten andeutungsweise hergesagten „archimedischen Gesetz", wonach (Sie wissen es noch) „jeder Körper unter Wasser scheinbar so viel an Gewicht verliert, wie das von ihm verdrängte Wasser wiegt". Ein nützlicher Satz für Physiker. Von Nicht-Physikern wird er meist mißverstanden, so als sei das verdrängte Wasser die Ursache, während es ja gerade das anwesende Wasser ist, nicht das verdrängte, sondern das drängende. – Die Wendung „Woran liegt das?" stimmt hier genau: es „liegt am" Wasser, das der Luftblase anliegt, rundum, und von unten mehr als von oben drückt. Wenn man auch mit Studenten (nicht naturwissenschaftlicher Richtung) so spricht, so kann man sich an erstaunlichen Wiederbelebungen verschütteten physikalischen Interesses erfreuen. Ein ungläubiges Lächeln steigt in ihre Augen, wenn sie merken, daß

---

11 Aus Nikolaus Kopernikus, Erster Entwurf seines Weltbildes ... Hrsg. v. F. Rossmann, München 1948; Neudruck Wiss. Buchges. Darmstadt, Best.-Nr. 3336, S. 85 f.

man im Ernst so reden darf, wie es in einem ungeniert sprechen möchte, und daß man gerade dann versteht. – Keine Furcht also: Reden wir zuerst einmal so, als wären die Dinge Wesen „wie du und ich".

Und *vermeiden* wir die *Fachausdrücke,* solange noch gedacht wird. Sie haben Zeit. Das Licht darf laufen, fließen, rennen, sausen, nicht immer nur „Strecken zurücklegen", von der fürchterlichen „Fortpflanzung" gar nicht zu reden und von der immer nur „herrschenden" Spannung.

Auch Wittenberg[12] warnt, für die Anfänge der Geometrie, davor. – Ich erinnere mich aus meiner Schulkind-Zeit, wie die vorgreifende Beschlagnahme einer geometrischen Figur mit A, B, C, $\alpha$, $\beta$, $\gamma$ ... diese Figur sogleich ruinierte. Sie sah aus wie eine vorher interessante Landschaft, bei der nun hinter jedem Hügel feindliche Vorposten auftauchten. – Ich kannte einen Reitlehrer, der, nachdem er seinen Schüler glücklich aufs Pferd gebracht hatte, den Unterricht mit den Worten begann: „Das Pferd besteht aus drei Teilen: Vorderhand, Hinterhand, Mittelhand." Schon war es kein Pferd mehr.

Keine Furcht auch vor der *emotionalen,* der stammelnden Rede, dem ehrwürdigen Anzeichen für den Durchbruch der Erkenntnis.

Etwa bei einem kleinen Jungen[13], der angesichts des einfachen Flaschenzug-Rätsels (daß man mit halber Kraft die ganze Last halten kann) erst zögert, dann aufleuchtet, dann schnell stottert: „weil, weil ... das Seil ... von zwei Seiten kommt!" Was dann ein anderer schon genauer sagen kann: „Die Last verteilt sich auf zwei Seile" (und eines nur halte ich, das andere der Haken).

Es gibt auch Emotionen anderer, leiser Art: etwa, wenn einer vor der Tafel steht, einen Kreis malt, langsam, und sagt (sagt fast zum *Kreis):* „Wenn das *meine* Erde ist, und das" (er malt eine Rosine daneben) „das mein Mond ...", und so weiter. Solche Kinder, ja auch Studenten, werden in diesem Augenblick gleichsam eins mit ihrem Gegenstand und sprechen aus dieser Verschmelzung heraus, etwas versunken, nicht laut, den Rücken womöglich gegen die anderen gewendet, und doch hört man ihnen gern und aufmerksam zu. Denn hier zeigt sich Fühlung, und die steckt an.

Ob nun mit oder ohne sachliche Emotion, mit oder ohne Animismen, stammelnd oder nicht, sobald die *physikalische,* die kausale Ebene des Verstehens erreicht ist, gilt auch hier wieder fürs erste: *Verstehen* heißt: ein anderes *Vertrauteres* finden, das „mit ihm zusammenhängt", ihm „zugrundeliegt". Man kann sagen: Verstehen heißt: einen Fremden bei näherer Betrachtung als einen nur verkleideten *alten Bekannten* wiedererkennen[14].

Ein Beispiel: das reizvolle Rätsel, daß man eine gefüllte, aber offene Milchkanne in

---

12 Wittenberg, a. a. O., „... daß der Lehrer äußerst geizig mit Fachausdrücken sein wird – ganz besonders am Anfang." (80) – „Erwarten wir vom Schüler die Mitteilung durchdachter Gedanken –, ja erwarten wir überhaupt von ihm, daß er Gedanken durchdenke –, so muß er hierzu das Instrument meistern: seine Muttersprache." (160).

13 Nach R. Kluge, Der Kran. In: Erkenntniswege im Physikunterricht, Stuttgart 1970, S. 46.

14 Vgl. M. Schlick, Allgemeine Erkenntnislehre, Berlin 1918, S. 97. – E. Mach, Beschreibung und Erklärung. In: Populärwissenschaftliche Vorlesungen, 5. Aufl., 1923, S. 411–427, insbes. S. 413.

hohem Bogen über den Kopf hinwegschleudern kann, ohne daß die Milch auf dem höchsten Punkt ihrer Bahn ausläuft. – Man versteht es, man staunt nicht mehr, wenn man erkennt, daß es dieser Milch nicht anders gehen kann (im Rahmen der Physik) als einem Stein, der da oben waagerecht fortgeschleudert wird. Auch er wird ja nicht gleich senkrecht hinunterplumpsen, sondern im Bogen, allmählich, sich abwärts bewegen, genau wie die Milch. Auch sie ist geworfen. – Hier ist die befremdende scheinbare Schwerelosigkeit der Milch ganz entlarvt als „ein alter Bekannter": das Fliegen des Steins. „Daher kommt es, darauf beruht es", daß die Milch nicht ausläuft!

Die Wertfreiheit der Physik kommt auch hier heraus: Milch ist nichts Besseres als Stein. – Und wenn man bei der Gravitation sagt, daß nicht nur diese zwei Bleikugeln einander anziehen (die man eigens aus dem Schrank geholt hat, in dem sie ein Jahr lang auf nur dieses Experiment gewartet haben), sondern auch zwei – Brötchen, so folgt ein Gelächter, schockiertes Gelächter: fast hätte man die Beschränktheit des physikalischen Aspektes vergessen.

Wie führt nun der *Weg* von der muttersprachlichen Fassung eines *Ergebnisses* zur exakten, fachgemäßen Fixierung? Ich deute in Stichworten einige Etappen des „Boyleschen Gesetzes" an (falls Sie sich noch erinnern: $p \cdot v$ = const).

Da ist eine Fahrradpumpe, unten verschlossen. Von oben preßt man die Luft zusammen. (Temperaturänderungen seien ausgeschlossen.)

*1. Fassung: Wenn ich die eingesperrte Luft zusammendrücke, dann geht das immer schwerer.*

Gut. Aber das „Ich" muß heraus, der Mensch überhaupt. Die Luft ist die Hauptperson.

*2. Fassung: Je weniger Platz die Luft noch hat, desto mehr wehrt sie sich.*

Wenn die Luft ein Tier wäre, dürften wir so sagen.

*3. Fassung: Je kleiner der Raum der Luft geworden ist, desto größer ihr Druck.*

Das ist die sogenannte „qualitative", die „Je-desto-Fassung". – Sie genügt nicht. Physik will Zahlen sehen: *wie* klein, *wie* groß!

*4. Fassung:* Nach *Messung* zusammengehöriger Werte ergibt sich ein Gesetz von erstaunlicher Einfachheit:

*Wenn das Volumen des Gases 5mal kleiner geworden ist, dann ist der Druck in ihm auch gerade 5mal* (aber nicht kleiner, sondern) *größer* geworden. Allgemein: *n*-mal. (Ganz leise, nebenbei: Das nennt man „umgekehrte Proportionalität". Vergeßt es schnell wieder, ganz unwichtig. – Dann behalten sie's nämlich.)

*5. Fassung:* Mathematische Formalisierung ohne Worte: Neue Betrachtung der Tabelle. Das eben Gesagte äußert sich mathematisch darin, daß *das Produkt Druck mal Volumen immer dasselbe bleibt:* $p \cdot v$ = const. Damit ist inhaltlich nichts gewonnen. Wir haben uns nur einen hübschen kleinen Rechenautomaten geschaffen, der uns die Worte abnimmt.

Falls wir nun, wie leider meist, auf diese letzte Fassung vor*preschen,* uns an sie *klammern* wie an das endlich erreichte Ufer, *sie* memorieren, statt uns den *Weg* zu ihr vertraut zu halten, durch Hin- *und Zurück*finden, so ist es eine nur gesunde, eine anerkennenswerte Reaktion des Laien, wenn er das Halbverstandene später *ganz* aus seinem Gedächtnis hinauswirft.

Was Krönung sein sollte, wird Verschüttung. *Die Etappe wird verbrannt.* Die Brücke wird abgebrochen. „Frontgeist" des Unterrichts bewirkt Kapitulation der Laien.

Mehr noch als vor 80 Jahren gilt heute der Vorwurf Ernst Machs: „... schleichen ihre (der Schüler) Gedanken ängstlich und hypnotisch einigen Worten, Sätzen und Formeln nach, immer auf denselben Wegen. Was sie besitzen, ist ein Spinnengewebe von Gedanken, zu schwach, um sich darauf zu stützen, aber kompliziert genug, um zu verwirren"[15].

Das Brechungsgesetz (Sie erinnern sich? –: „... zum Einfallslot hin ... vom Einfallslot weg ...") würde, wenn schon auswendig, besser in der (wenn auch noch unvollständigen) Fassung Keplers gelernt: „Je schiefer das Licht auffällt, mit einem um so größeren Winkel wird es gebrochen"[16]. Noch vernünftiger erschiene es mir, gar nichts memorieren zu lassen, sondern vom Schüler seine eigene, aus dem nachdenklichen Sich-Besinnen aufsteigende Formulierung zu fordern (nicht leicht für ihn, nicht bequem für den Lehrer), etwa: „Je schräger das Licht die Grenzfläche durchsetzt, desto mehr wird seine Bahn abgeknickt, und zwar immer zum dichteren Stoff hin; und die ganze Bahn bleibt in einer Ebene, die auf der Grenzfläche senkrecht steht."

Physikunterricht hat zu lehren, *wie Physik und damit ihre Sprache entsteht; wie* die Muttersprache sich, *gemäß* der Enge des physikalischen Aspektes, zurückziehen *muß*.

Von wo aus anders kann sich dieser Rückzug verständlich, ja notwendig und vertrauenswürdig einsehen lassen, wenn nicht von der Muttersprache *aus* und *in* ihr? Die Muttersprache kann nur in ihr selbst und durch sich selbst verabschiedet – oder nein: für die Dauer physikalischen Sehens *beurlaubt* – werden.

Bisher dachte ich an das *Gespräch,* das sokratisch-galileische, mit seinem, wie Galilei sagt[17], „eccitamento", seiner „libertà" und seinen „capricci", dem erregenden Spiel der freien Einfälle.

Ich wende mich jetzt, immer noch auf dem Boden der Muttersprache, vom Gespräch zur *Niederschrift:* kein Stammeln mehr, nichts Überflüssiges, aber alles für das Verstehen, die Inständigkeit des Schreibers Notwendige: „genau". Die „Umsetzung", wie Blumenberg[18] sagt (über Galileis Sidereus Nuncius) „von Erregung in Beschreibung"; in Worte gefaßt von einzelnen Kindern und zuletzt von der Gruppe.

Zunächst die Beschreibung einer *Ausgangs-Situation:*

Obwohl es kein reines, kein intensives Anschauen des exponierten Problems gibt, ohne daß das Nachdenken über die Lösung unaufhaltsam gleich mit dabei wäre,

---

15 E. Mach, a. a. O., S. 344 (Der relative Bildungswert der wissenschaftlichen Unterrichtsfächer).

16 J. Kepler, Grundlagen der geometrischen Optik, Ostwalds Klassiker der exakten Wissenschaften, Nr. 198, S. 60. – Leider steht auch hier schon „gebrochen". Kinder sehen genau und sagen richtiger „geknickt".

17 Nach der von H. Blumenberg herausgegebenen Galilei-Auswahl, sammlung insel I, S. 131.

18 Blumenberg, a. a. O., S. 76.

empfiehlt es sich doch oft, trennen zu lassen: 1. „was siehst du?", und 2. „was *denkst*
du dazu (und da*zu*)?" (Auch um das innere Gerede zum Schweigen zu bringen, das
die Massen-Berieselungsmittel den Kindern schon insinuiert haben.)
Es gibt Vorbilder, Vergleichstexte, die dem Lehrer und auch den Kindern zeigen
können, was etwa im vollkommensten Falle gemeint sein mag.
Hier ein Text, der zugleich als Vorbild der eindringlichen Beschreibung einer Versuchsanordnung gelten kann:
„Nimm ein rundes Holzgefäß, ... lege da hinein den Magnetstein, ... und dieses nun,
mit dem Stein darin, setze in ein anderes, großes Gefäß voll Wasser, so daß der Stein
im ersten Gefäß sitzt wie der Schiffer im Schiff; das erste Gefäß aber sitze im zweiten, geräumigen, wie das Schiff auf den Fluten treibt ... Der so gelagerte Stein wendet nun sein kleines Gefäß, bis der Nordpol des Steins gerade auf den Nordpol des
Himmels zu steht und sein Südpol gerade auf den Südpol des Himmels. Und, selbstverständlich, wird er, wenn er tausendmal weggedreht wird, tausendmal in seine
Lage zurückgewendet, nach Gottes Ratschluß."
So schreibt der Kreuzritter Pierre de Maricourt 1269 während der Belagerung von
Lucera[19].
Stifters Darstellung einer Lawinenbildung (wenn man nur wenige, heute nicht recht
erträgliche, erbauliche Wendungen herausnimmt) verbindet naturwissenschaftliche
Präzision mit literarischem Rang: „... wenn ein tauiger, sonnenheller, lauer Winter-
tag über der weichen, klafterdicken Schneehülle der Berge steht und nur oben ... ein
Maultier schnauft – daß sich da ein zartes Flöckchen von der Hülle löset und um ei-
nen Zoll tiefer rieselt, der feuchte Flaum ... legt sich um dasselbe, und im nächsten
Augenblicke hüpft ein Knöllchen einige Handbreit weiter – aber ehe du die Augen
dreimal schließest und öffnest, springt es wie ein Riesenhaupt so groß über die Ber-
gesstufen abwärts, rings um Klümpchen schleudernd, die wieder hüpfende, sprin-
gende, in weiten Bogen schießende Riesenhäupter werden – längs der ganzen
Bergwand wird es lebendig – das Krachen, das du darauf hörest, als ob viele tausend
Späne zerbrochen würden, ist der zerschmetterte Wald – das Ächzen sind die ge-
schobenen Felsen – dann noch ein wehendes Sausen und dann ein dumpfer Knall
und Schlag – dann Totenstille – nur daß ein feiner weißer Staub gegen das reine
Himmelsblau emporzieht, ... und daß das Echo den fernen Donner durch die Berge
rollt – dann ist es aus, die Sonne glänzt, der blaue Himmel lächelt freundlich..."[20].
Nun ein anderes Beispiel für fast reine Beschreibung dessen, was man sieht. Den
Verfasser nenne ich später. Es handelt sich auch hier um natürliche Magnetsteine:
„Sie hatte zwei Steine mitgebracht. Auf dem Tisch lag ein graues Pulver, das ein
klein wenig glänzte, und der Stein hatte eine gelb-bräunliche Farbe. Er war so groß
wie eine geballte Kinderfaust. Sie hielt den Stein nah an das Pulver, in das dann Leben kam. Ehe man sichs versah, richtete es sich auf, in Bündeln. Ein Teil des Pulvers

---

19 Neudrucke von Schriften und Karten über Meteorologie und Erdmagnetismus. Hrsg. v. G. Heldmann,
Berlin, Nr. 10, Rara Magnetica, Petrus Peregrinus de Maricourt, De Magnete, S. 3, des lateinischen Textes; hier frei übertragen.
20 A. Stifter, Erzählungen in der Urform, Adam Kraft Verlag, Augsburg 1953, Das alte Siegel, S. 244.

flog an den Stein. Es klammerte sich daran fest, und hing wie Kletten an ihm, als wenn es keine Schwerkraft gäbe. Es bildeten sich kleine schmale Zapfen, wie Eiszapfen im Winter, die oben breit und unten dünner wurden. Der Staub hing dann wie eine feste Masse zusammen und riß am unteren Ende ab, wenn er zu schwer wurde. Es fielen auch einige kleine Zapfen von dem Stein, wenn sie ihn bewegte. Aber ein Teil blieb immer hängen, so daß er zum Schluß aussah wie ein grauer Igel. Vorher war es nur Staub. Jetzt sieht es aus wie kleine Fäden. – Ich meine, daß die einzelnen Körnchen sich aneinanderreihen. So ist es dann wieder nur graues Pulver. Die Körnchen haben sich bestimmt wieder voneinander gelöst."

Ich las das Studenten vor und fragte sie: Von wem könnte das sein? Hier ihre Zurufe:

„Von wem das sein könnte? – Gut jedenfalls! – Ja, genau und lebendig! – Aber von einem Physiker gewiß nicht. – Höchstens von einem mit literarischen Ambitionen! – Oder von einem Dichter! – Mit physikalischen Ambitionen? – Nicht mal. – Der die Sonnenfinsternis beschrieben hat, wie hieß er doch? – Wiechert? – Stifter! – Möglich! Aber der schrieb langwieriger. – Der Goethe hat auch so Sachen gemacht! – Böll? – Jünger? – Ach nein! – Muß es denn ein Dichter sein? Es ist doch sehr sachlich! – Ein Bauer vielleicht, ein besonderer? – Es könnte auch ein Kind sein!"

*Es waren* Kinder, viele. Eine neunte, großstädtische, gemischte Volksschulklasse. Die Lehrerin zeigte und hantierte wortlos inmitten der Kinder und gab ihnen auf, zu Hause genau aufzuschreiben, was sie gesehen hatten, und nur das! – Sie gab mir die Zettel. Ich unterstrich die Sätze, die mir am besten gefielen, und fügte dann neunzehn unveränderte Fragmente zu dem vorgelesenen Text zusammen. Ich bin also nur unwesentlich beteiligt.

Eine so offene, doch genaue Weise des Sehens und Sagens, reich an starken Bildern, weder poetisch noch in der Diktion der Physik, zeugt von einer erstaunlich unangefochtenen Kraft der Aussage, die ich bei Großstadt-Teenagern von 1966 nicht erwartet hätte.

Die Schule beschreibt vorwiegend Experimente und Ergebnisse. Wäre es nicht mindestens so wichtig, *Problemstellungen* zu formulieren?
Aristoteles zum Problem des Schwimmens (man glaubt einen Dialog zu hören; das Quälende des Widerspruches äußert sich notwendig in Wiederholungen):
„(Warum schwimmt ein aufgeblasener Schlauch?)
Doch wohl weil die Luft (immer) nach oben steigt. Denn wenn der Schlauch leer ist, sinkt er nach unten. Wenn er aber aufgeblasen ist, bleibt er oben, weil (die Luft) ihn nach oben trägt.
Wenn die Luft aber leichter macht und verhindert, daß sie (die Schläuche) nach unten sinken, warum werden sie dann schwerer, wenn sie aufgeblasen werden? Und wie kommt es, daß ein Schlauch, wenn er schwerer ist, an der Oberfläche bleibt, wenn er aber leichter geworden ist, nach unten sinkt?"[21]

---

21 Aristoteles, Problemata Physica, übers. v. H. Flashar, Wiss. Buchges. Darmstadt, 1962, S. 213 ff. – Die Gliederung in Absätze habe ich vorgenommen. – Auch Newton bringt am Ende seiner Opticks (a. a. O., S. 339) „Queries". Sie beginnen mit „Do not …".

*Versuchsbeschreibungen* werden genau, lebendig und frei von jeder Schablone, wenn eine Schulklasse ein Experiment selber ausdenkt und ausführt und wenn nachher jeder Schüler für sich aufschreibt, was geschah.

So entstand in einer 7. Realschulklasse dieser Bericht eines Knaben: „Wir füllten uns ein Fäßchen halb mit Wasser und ebenfalls zwei Gummischläuche, die wir vorn und hinten mit Gummipfropfen verschlossen." (Diese Schläuche wurden *ganz* gefüllt.) „Dann gingen wir vor den Glockenturm der katholischen Kirche" (Unwesentlich? Fürs Behalten nicht!) „und stellten das Fäßchen dort auf. Das untere Ende des 7-m-Schlauches legten wir in das Fäßchen mit Wasser, und einer ging mit dem anderen Ende hoch in den Glockenturm. Als er oben angelangt war, machten wir den Stopfen im Fäßchen auf, und siehe da, das Wasser im Schlauch hielt sich. Als wir es mit dem 20-m-Schlauch genauso machten, sank das Wasser fast bis zur Hälfte."

Ich wende mich zur Beschreibung des *Verstandenen,* soweit es keiner Fachsprache bedarf, und lese einen Satz Leonardos vor zur Erklärung des sogenannten aschgrauen Lichtes der von der feinsten Mondsichel umschlossenen übrigen Mondscheibe. Er degradiert den Leser nicht schon, unnötigerweise, zum außenstehenden Zuschauer, er spaltet ihn nicht, läßt ihn als Teilnehmer und Einwohner in seiner Welt bleiben.
So gelingt ihm volle Klärung ohne Wirklichkeitsverlust:
„Der Mond hat kein Licht von sich aus, und soviel die Sonne von ihm sieht, soviel beleuchtet sie;
und von dieser Beleuchtung sehen wir soviel, wieviel davon uns sieht.
Und seine Nacht empfängt so viel Helligkeit, wie unsere Gewässer ihm spenden, indem sie das Bild der Sonne widerspiegeln, die sich in allen jenen (Gewässern) spiegelt, welche die Sonne und den Mond sehen"[22].
Da ich nicht unter Physikern bin, wage[23] ich es, noch eine zauberhafte Stelle von Jean Paul vorzulesen. Er beschreibt ungefähr dasselbe wie Leonardo. Was aber dort auseinandergelegt ist in die Laufbahnen der Lichtbotschaften zwischen Sonne, Mond und uns, das ist bei Jean Paul in einen einzigen Satz verschmolzen, weniger genau, aber noch die *Bewegungen* der beiden Gestirne einbeziehend und den wahrnehmenden Menschen ganz bei sich selber lassend, und nicht nur als denkenden:
„Der Mond hob sich und brannte mir als Zauberspiegel des Sonnentages, der unter der Erde zog, glänzend ins Auge"[24].

Von ganz anderer Art, unmittelbar für die Schule brauchbar, ist Hebels „Belehrung über das Wetterglas".

„Merke: Erstlich: Ein braves Wetterglas hat an der Spitze des Kölbleins oder Köpfleins, worin sich das Quecksilber sammelt, eine kleine Öffnung. Zweitens: Sonst meint man, wo nichts anderes ist, dort sei doch wenigstens Luft. Aber oben in der langen Röhre, wo das Quecksilber

---

22  Leonardo da Vinci, Philosophische Tagebücher, Rowohlts Klassiker, 1958, Bd. 25, S. 69.
23  Physiker neigen dazu, ein solches, nun wirklich poetisches, Zitat für ein Anzeichen von Rückfälligkeit zu halten, für Verunreinigung der „saubereren", Aufweichung der „strengen", der „exakten" Aussage. Sie verwechseln die Richtungen: Ein solches Zitat ist nicht als *zu*sätzlicher Zierat gemeint. Es führt zur Physik *hin, ohne* die Brücke hinter sich zu zerstören.
24  Jean Paul, Junius Nachtgedanken (nach: Piper-Bote, Sommer 1924, S. 46).

aufhört, bis ganz oben, wo die Röhre auch aufhört, ist keine Luft, sondern nichts, reines klares, offenbares, nie gewesenes Nichts. Dies wird erkannt, wenn man das Wetterglas langsam in eine schiefe Richtung bringt, als wollte man es umlegen, so fährt das Quecksilber durch den leeren Raum hinauf bis an das Ende der Röhre, und man hört einen kleinen Knall. Dies könnte nicht geschehen, wenn noch Luft drin wäre. Sie würde sagen: ‚Ich bin auch da. Ich muß auch Platz haben.'

Drittens: Die Luft, die die Erde und alles umgibt, drückt unaufhörlich von oben gegen die Erde hinab, ja sie will, vermöge einer inwendigen Kraft, unaufhörlich nach allen Seiten ausgedehnt und sozusagen ausgespannt sein bis auf ein Gewisses.

... Also geht die Luft durch jede offene Tür, ja durch jedwedes Spältlein in die Häuser und aus einem Gehalt (Zimmer) in das andere, und durch die kleine Öffnung an der Spitze des Kölbleins hinein und drückt auf das Quecksilber, und die Luft, welche noch außen ist, drückt immer nach und will auch noch hinein. Ei, sie drückt und treibt das Quecksilber in der langen Röhre gewöhnlich zwischen 27 und 28 Zoll weit in die Höhe, bis sie nimmer weiter kann. Denn wenn das Quecksilber in der Röhre einmal eine gewisse Höhe erreicht hat, so drückt es, vermöge seiner eigentümlichen Schwere, der Luft wieder dergestalt entgegen, daß beide in das Gleichgewicht treten. Da strebt gleiche Kraft gegen gleiche Kraft, und keines kann dem anderen mehr etwas anhaben. Die Luft spricht: ‚Gelt, du mußt droben bleiben!'. Das Quecksilber spricht: ‚Gelt, du bringst mich nimmer höher!'

Daß aber die Luft allein es sei, welche imstande ist, mit wunderbarer Kraft das Quecksilber 28 Zoll hoch in die Röhre hinaufzutreiben und in dieser Höhe schwebend zu erhalten, ist der Beweis: wenn die Röhre oben an der Spitze abbricht, und die Luft jetzt dort auch hineinkommt, wo vorher keine war, fällt das Quecksilber in der Röhre auf einmal so tief herab, bis es demjenigen, als in dem Kölblein steht, gleich ist, und hat alsdann alles ein Ende: denn die Luft in der Röhre und die Luft in dem Kölblein drückt jetzt mit gleicher Gewalt gegeneinander und vernichtet ihre Kräfte an sich selber, als daß das Quecksilber freies Spiel bekommt und seiner eigenen Natur folgen kann, die da ist, daß es vermöge seiner Schwere hinuntersitzt bis auf den Boden und auf das Unterste des Raumes, worin es eingeschlossen ist."

Dies und ähnliches gehört, meine ich, nicht in Lesebücher, sondern in die Physikbücher, und nicht etwa nur der Hauptschule. Und zwar in den sachlichen Text hinein[25]. Wenn ich *Forscher* aus *der Frühzeit* der Naturwissenschaft anführe, so meine ich damit nicht, daß sie nun nahezu nachzuahmen seien, sie sollen auch keine historischen Kenntnisse einschmuggeln, auch nicht etwa bloß „beleben", „illustrieren"; ich empfehle sie, weil sie der primären Wirklichkeit nahe sind; und was den Lehrer betrifft: zu seiner *Verjüngung:* „Wann werde ich soweit sein, um alles, was ich gelernt, in mir zu zerstören, und nur selbst zu erfinden, was ich denke und lerne und glaube" (Herder)[26].

---

25  J. P. Hebel, Alemannische Gedichte, Schatzkästlein des Rheinländischen Hausfreundes, Betrachtende Schriften, Belehrung über das Wetterglas –, Carl Hanser Verlag, München, o. J., S. 493 ff.
   Zusatz 1970: Ein freundlicher Leser (und verstehender Pädagoge) schreibt mir zu dem Hebel-Text: „Daß Hebels ‚Belehrung über das Wetterglas' ins Physikbuch soll, ja, aber dann müßte in diesem Physikbuch auch der Weg ganz detailliert aufgezeigt werden, wie aus dieser ‚Belehrung' nun eine Physik des Wetterglases wird, so, wie Sie das ja am Beispiel des freien Falls (‚Dimension') gemacht haben. Sonst besteht die Gefahr, daß sich der Lehrer an der Vorphysik und ihren großartigen Formulierungen so ergötzt, oder sich über sie so ärgert, daß er über ihr die Physik vergißt. Das wollen Sie ja gerade nicht; aber vielleicht müßte in der Tat immer wieder deutlich gemacht werden, daß es Ihnen um das Verständnis der Physik im Unterricht geht, daß es aber auf dem Weg dorthin Etappen gibt, entscheidende Etappen." Ich kann dazu nur sagen: genau. Es geht um eine Etappe von größter Wichtigkeit, die Verfremdung zu verhüten, die von der nicht entwickelten, sondern statuierten Fachsprache bei zahllosen Schülern angerichtet wird, die sich dann von der Naturwissenschaft abwenden.
26  Herder, Journal meiner Reise ..., Herders sämtliche Werke. Hrsg. v. Bernhard Suphan, IV. Band, Berlin 1878, S. 349.

In einer Zeit, in der alte Kulturen vergehen wie Gras, in einer Zeit, in der wir den sogenannten unterentwickelten Völkern den sehnlichen und wohl unvermeidlichen Wunsch erfüllen müssen, ihre Etappe zu verbrennen, sollten *wir* wissen, daß wir selber unsere Etappe bewahren, ja wieder mit Leben erfüllen sollten, wenn wir nicht (ich weiß nicht mehr, bei wem ich es mir abgeschrieben habe) „immer mehr Fremdling werden wollen in der Welt, die wir uns selber schaffen".

Ob man dem, was ich vorgetragen habe, zustimmen kann, läuft hinaus auf eine *Entscheidung,* die – als pädagogische – davon abhängig ist, wie man sich den Menschen der *Zukunft* wünscht.

Ich meine: In Bezug auf sein Verhältnis zur Physik sollten wir ihn uns wünschen: bewußt seiner Verantwortung, kritisch und produktiv verstehend, gewiß nicht ohne Spannungen, aber jedenfalls *nicht* gespalten[27].

# 31    Wie macht das der Magnet ...?   *(1960, Ausschnitt)

*Wagenscheins Frage (und Erläuterung):*

Ist man sich heute darüber klar, wie ein Magnet das macht, daß er ein Stück Eisen von weitem anzieht, ja sogar durch eine Tischplatte hindurch?

(Das ist doch seltsam, nicht? Hier ist der Magnet, und dort, ganz woanders, das Eisen. Wie kann er dorthin wirken?)

*Vierzehn Studenten antworten schriftlich:*

1. Ein Magnet zieht ein Stück Eisen an, wenn sich dieses innerhalb des Kraftfeldes befindet. Die Kraftlinien, die das Eisen sozusagen herbeiziehen, werden durch die Tischplatte nicht aufgehalten, sondern durchdringen sie.

2. Der Magnet kann Eisen von weitem anziehen, da er Magnetlinien besitzt, die das Eisen anziehen.

3. Keine Ahnung.

4. Es bilden sich Kraftlinien, ein Kraftfeld, mit dieser Kraft wird das Eisen angezogen.

5. ............................................................

6. ............................................................

7. Ich weiß nicht, ob man sich darüber klar ist, ich bin es mir nicht.

---

27  Der vorliegende Vortrag wird ergänzt in Kapitel VII (Physikunterricht und Sprache), aber auch durch Teile der Kapitel IV und V meines Buches „Die pädagogische Dimension der Physik", Braunschweig, 3. Aufl. 1970. – Diskussionsbeiträge zu dem vorliegenden Vortrag findet man in dem Beiheft 7 der Z. f. Päd. auf den Seiten 125, 146–149, 211, 237f.

8. Ich nehme an, daß der Wirkungsbereich der Kraftlinien so weitreichend und intensiv ist, daß ihm das Dazwischengeben eines Hindernisses nicht viel ausmacht.

9. Ich glaube, die Fähigkeit des Magnetismus, Eisen sogar durch eine Tischplatte hindurch anzuziehen, erklärt sich durch die Wirkkraft des magnetischen Feldes, das den Magneten umgibt, dessen Feldlinien so stark sind, daß sie durch die Tischplatte hindurchgehen und die Eisenteile anzuziehen vermögen.

10. ........................................................................

11. Die Kraftlinien des Magneten werden durch nichtmetallische Stoffe nicht beeinflußt, also ist die Wirkung des Magneten durch die Tischplatte dieselbe. Über die „Beschaffenheit" der Kraftlinien habe ich keine konkrete Vorstellung.

12. Mit Hilfe der von dem Magneten ausgehenden gerichteten Feldlinien.

13. Ob man sich darüber klar ist, wie das kommt, weiß ich nicht. Ich nehme an, daß hier die magnetischen Kraftlinien wirken.

14. Soviel ich weiß, kann man den Magnetismus in seinem Wesen nicht erklären, er ist eben vorhanden, genauso wie die Gravitation.

*Wagenscheins Antwort:*

Das weiß niemand. (Die magnetischen Feldlinien sind lediglich mathematische Beschreibungsformen dieses Tatbestandes.)
Die Frage wurde mir, in diesem Wortlaut, von einem Tübinger Studenten (der Pädagogik) gestellt. Er fügte hinzu: „Das fragen mich die Kinder. Aber ich wage mich an den Magnetismus nicht heran, weil ich so etwas nicht weiß."
Die Antwort würde ich, so wie die Frage gemeint ist, für die richtige Antwort an ein Kind oder einen Laien halten. Die Kraftlinien sind nicht die Ursache, sondern die geometrische Umschreibung des Tatbestandes. (Faraday: „Die Linien sind imaginär.")[1]

## 32    Kinder und der Magnet    *(1973, Ausschnitt)

### Bewegen, ohne zu berühren? (Der Magnet)

*Jakob von Uexküll*

Der Biologe Jakob von Uexküll schreibt in seinen Lebenserinnerungen:

„Ich war ein dreijähriger Knabe und saß auf dem Schoß meines Großvaters Boris vor dessen Schreibtisch, der, von einer Lampe beschienen, sich grell vom Dunkel des übrigen Zimmers

---

1 Näheres in Kap. F (S. 276) meines Buches „Die pädagogische Dimension der Physik".

abhob. In dem Schein der Lampe tauchte hin und wieder das mit Runzeln bedeckte Gesicht eines alten Mannes auf. Aber nicht dieses Gesicht war das Bemerkenswerte, sondern ein gekrümmtes Eisen, das imstande war, ein anderes Eisenstück an sich heranzuziehen, ohne daß sie beide mit einem Faden verbunden waren. – Damals gewann ich die Grundüberzeugung meines Lebens, daß es Wunder in der Natur gibt ... Auch heute noch ist der Magnet für mich ein Wunder."[1]

*Albert Einstein*

erinnert sich:

„Ein Wunder solcher Art erlebte ich als Kind von vier oder fünf Jahren, als mir mein Vater einen Kompaß zeigte. Daß diese Nadel in so bestimmter Weise sich benahm, paßt so gar nicht in die Art des Geschehens hinein, die in der unbewußten Begriffswelt Platz finden konnte. (An ‚Berührung' geknüpftes Wirken.) Ich erinnere mich noch jetzt – oder glaube mich zu erinnern –, daß dies Erlebnis tiefen und bleibenden Eindruck auf mich gemacht hat. Da mußte etwas hinter den Dingen sein, das tief verborgen war."[2]

Es ist nicht ganz dasselbe wie bei Uexküll: Ein zweiter wirksamer Körper ist nicht zu sehen. Aber auch hier zieht „etwas" aus einer bestimmten Richtung wie an unsichtbarem Faden.

*Erstes Gerücht*

Bericht des Vaters:

„Arnhild (4 Jahre, 4 Monate): ‚Der Eckhard hat ein Ding, da kann Eisen dran springen.'"

Sie kommt *nicht* auf die Lehrbuchformel: Das „Ding" „zieht das Eisen an". Sie faßt mit dem Wort „springt" schon das berührungslose Wirken durch den freien Raum hindurch. – Sie läßt zwar keinen Zweifel, daß das „*Ding*" schuld ist. Aber indem sie die Aktion des Eisens betont, ist sie schon vorbereitet auf die spätere Einsicht, daß es sich hier (wie immer bei physikalischen „Kräften" – von den Trägheitskräften abgesehen –) um eine Aktion auf Gegenseitigkeit handelt. Ist der Magnet der beweglichere, so springt *er*. Sind beide einigermaßen gleich beweglich, so springen sie *einander* an.

*Erste Bekanntschaft*

Brief des Vaters:

„Lorenz (4 Jahre, 4 Monate) bekam von mir einen kleinen Lastwagen mit Anhänger mitgebracht; der Witz: Statt Haken sind da zwei kleine runde Magnete, die verbinden, Aneinanderkuppeln geschieht magnetisch, der eine Wagen zieht den anderen ein kleines Stück an sich heran. Ich zeige es ihm, wie es geht (törichterweise). Er wiederholt es, zunächst sprachlos, immer wieder; dann lautes stoßartiges Lachen, Jubel, schaut mich dabei an (beim Lachen), strahlend, fassungslos; er betrachtet die Kuppelmagnete immer wieder mal genau, fährt mit dem Finger

1 Jakob von Uexküll: Niegeschaute Welten, S. Fischer Verlag, Berlin, 6. und 7. Auflage 1936, S. 25.
2 Albert Einstein: Autobiographisches, in: Albert Einstein als Philosoph und Naturforscher, W. Kohlhammer, Stuttgart, 1951, S. 1 bis 35.

drüber hin – er sitzt dabei auf meinem Schoß, ich sage fast nichts, er spricht vor sich hin (ich kritzele mit), zuweilen mehr für sich, zuweilen sich nachdrücklich an mich wendend (Pausen dazwischen!): ‚Wie fährt das denn so?' – ‚Merkt der das?' – (Dringlicher an mich gewandt:) ‚Wie fährt das denn da so?' – ‚Das schließt sich dann von selbst zusammen.' – ‚Kann man das auch immer wieder abmachen?' – ‚Das hat da gar keinen Kopf, wo's 'reingeht, und wieso fährt das?' – ‚Wo geht das nur so hin?' – Ich: ‚Was meinst du denn?' – Er: ‚Ich mein' gar nix.' – ‚Das hat kein Knopf, wo man da drücken muß, daß es sich anhängt.' – ‚Gell, in der Fahrt geht das nie auseinander, weil's ja aneinanderbleibt.' – ‚Das war 'n Knüller.' – ‚Daß es so was gibt.'

(Fünf Minuten treibt er was anderes, schreibt ...)
Wiederholt das Aneinanderkuppeln:

‚Warum kann man das denn so lustig aneinanderhängen?'
Plötzlich, etwas leidenschaftlich, rufend (jetzt steht er neben mir): ‚Ich hab' schon wieder was entdeckt.' (Er zeigt's mir – die Magnete sind schwenkbar, der Magnet kann den anderen auch 'rüberziehen, aus seiner alten Richtung, das probiert er jetzt immer wieder:) ‚Des geht 'rüber, wenn des da steht.' (Glücklich:) ‚Jetzt hab' ich was entdeckt, gell! Jetzt hab' ich auch was entdeckt, gell!' "

## Magnet-Steine im Eisenstaub

In einem schweizerischen Landerziehungsheim findet der neuneinhalbjährige Chris im Zimmer seiner Lehrerin eine Schachtel, in welcher zwei Natur-Magnetsteine liegen, in Eisenstaub gehüllt. „Magnetische Viecher!" ruft er. (Und wirklich sehen sie aus wie zwei aneinandergeschmiegte hellgraue Mäuse.)
Während er sie untersucht, spricht er zu einem dabeistehenden Zwölfjährigen, dessen beziehungslose Belehrungen über „Elektromagnetismus" er spielend überhört.
Aus den Notizen der unauffällig mitschreibenden Lehrerin:

„Er staunt das Pulver an. ‚Was ist denn magnetisch dran? Haben Sie feine Klebe dazugeschmiert? Sonst würde es nicht zusammenkleben ... Sobald man's von den andern wegnimmt, zerfällt's in den Händen!'
‚Wo findet man die?' – Ich erkläre ihnen, das seien richtige Magnete, wie man sie in der Erde findet. Beifälliges Nicken. ‚Ja, die werden nie leer.' "

Er wundert sich nicht *darüber*, daß der Stein das Pulver anzieht. So etwas kennt er schon. Er staunt, weil das Pulver *in sich* zusammenhält, also ein Korn für das andere magnetische Klebekraft entfaltet, und das nur so lange, wie die Strähnen am Stein festhängen. Streift er sie ab, so werden sie dem „Einfluß" des Magnetsteins entzogen, und „es zerfällt in den Händen". (Man meint, er spräche von einem dahinsiechenden Wesen.)
Warum nickt er so beifällig, so beruhigt, als er hört, der Stein werde, so wie er ist, in der Erde gefunden: „Die werden nie leer"? Er traut wohl der Mutter Erde zu, daß sie ihn versorgt, der aus ihrem Schoß genommen ist. Er weiß noch nicht, daß der einzelne Stein, wenn er lange Zeit und einsam, ohne seinen eisernen Anhang, daliegt, sehr wohl fast „leer" wird. Aber er hat insofern recht, als das magnetische Gestein, solange es beisammen in der Erde ruht, durch die Jahrtausende „sich hält". Er ver-

steht es noch nicht physikalisch. Aber es wäre nicht schwer, ihn das Weitere suchen und finden zu lassen.

In den Gymnasien kommt der Magnetismus erst „an die Reihe", wenn die Kinder ein paar Jahre älter sind als Chris. Sehr selten gibt eine Schule jedem Schüler einen Magnetstein (er kostet weniger als zehn Mark) in die Hand zu unbeeinflußtem, selbständig forschendem Spiel. Es wird vielleicht einmal einer von weitem gezeigt. Eine antiquiert anmutende Reliquie im Vergleich zu den glänzenden rechteckigen Artefakten, wie sie, noch dazu immer mit verschieden bunt lackierten Enden, den Schulen leider fertig geliefert werden. – Manchmal wird der Magnetismus sogar erst später, als ein Anhängsel an die Lehre vom elektrischen Strom, geboten. Muß er dann nicht vielen Kindern ganz und gar wie Menschenwerk erscheinen?

## 33  Die Eisenbärte  (1959)

Welch ein Schauspiel für Kinder – und für das Kind in uns allen:
Noch nicht die üblichen „Kraftlinien-Bilder" sind gemeint, wo ein Magnet versteckt wird unter weißer Pappe, auf die man nun von oben aus der Streubüchse das Eisenfeil-Pulver niederregnen läßt, das dann in seltsamen Figuren sich reiht; eine ja schon sehr festgelegte Unternehmung.
Mit diesem Pulver – es war ein Einfall von Descartes, es dem Magneten vorzuwerfen und damit das Spiel mit den Nägeln fast zu verflüssigen –, mit diesen winzigen Eisensplitterchen wird man ja zuerst etwas anderes tun, etwas Ursprünglicheres.
Heute besonders, wo so viele Spielzeuge, ja schon Seifenhalter, Magnete in sich stecken haben – wie bald wird auch dies Elementarische domestiziert sein! –, heute ist es möglich, daß das Kind zwei solche modernen Magnetplättchen, geformt wie dicke Münzen, stark, leicht und ausdauernd, in die Hand bekommt und die nun einfach eintaucht in das Eisenpulver.
Dann sieht es, wie ihnen Haare wachsen, Bärte, rundherum; am heftigsten an zwei Stellen einander gegenüber, die dann wie starre Schöpfe auf den Hinterköpfen kleiner schwarzhaariger Buben aussehen, nicht gedreht zwar, aber doch deutlich steil entspringend – oder auch einmündend, ganz wie man es sehen will.
Und zwischen diesen Polen zieht sich so ein Magnet schnell einen gestreiften Eisen-Pelz-Mantel an, in welchem die an den Polen entspringenden Bartsträhnen rundherum seitlich sich verbinden und so den Magneten einhüllen. Das Ganze sieht aus wie ein kleiner gestreifter Kürbis. So verpackt er sich und igelt sich ein in sein störrisches Eisenfell, das ihn nun nicht wieder herausgeben will. Fast ist er nicht mehr auszuschälen, so rückfällig schlüpfen die Stäubchen zwischen den Fingerspitzen immer wieder an den Magneten heran; wie Junge, die zur Mutter flüchten.
Nun gar *zwei* Magnete, jeder in eine Hand genommen, und wie Katzen einander dicht gegenübergestellt: Hat es sich ergeben, daß sie zueinander wollen – sie sind dann kaum zu halten –, so werden auch die Bärte in dem Zwischenraum zu Pföt-

chen, zu Armen und Händen, gelenkigen, biegsamen, die nacheinander greifen, in Girlanden-Bögen sich fassen, halten, ziehen und nicht loslassen wollen, wenn man sie trennen möchte. Bis sie dann doch reißen, und nur noch, wie suchend, über den Abgrund aufeinander zu sich richten, recken und wedelnd winken.

Wenn man dann einen dieser Magnete umdreht, wandelt sich das Verlangen in Unlust; und davon kann man die Augen fast noch weniger ablassen, so überzeugend ist die Gebärde des Abscheus auf beiden Seiten. Die Fäden wollen sich nicht mehr anfassen. Sie weichen einander aus, mögen nichts mehr miteinander zu tun haben, gehen sich aus dem Wege. Die Magneten sehen dann aus wie Katzenköpfe, welche die Augen zukneifen und Ohren und Schnurrhaare anlegen. Man könnte auch meinen, sie bliesen sich gegenseitig an.

„Da sind zwei Vöglein drin; die blasen", sagt denn auch ein siebenjähriger Schwabe[1]. Nicht anders Georg Hartmann[2] in seinem Brief an den Herzog Albrecht von Preußen vom 4. März 1544: „So ich aber die nadel halt zu dem magnete an das ort/welches dem vorigen ort geradt entgege ist; so zeucht der magnet die nadel do selbst nit mehr zu sich sonder treybts und *plests* von sich."

Dies „Blasen" ist kein schlechtes Bild, eher ein besseres als unser formelhaft gewordenes „ab-stoßen", denn es ist keine Stange zu sehen, wie sie der Fährmann gebraucht. Und die Eisenfäden, die einander „abstoßen", hüten sich gerade davor, eine Stange zu formieren. Freilich, daß es „plest", ist auch nur ein Gleichnis; denn Abneigung wie Zuwendung gehen durch Wände aus Kupfer und Glas hindurch und queren den leeren Raum; so leer, daß kein Wind mehr darin wehen kann. Die Magnete wittern einander und handeln danach.

Wenn man das Betragen dieser fühlsamen, sympathisierenden oder antipathischen Fäden anschaut (von dem ja die *ebenen* Kraftlinien-Bilder auf dem Papier nur eine erstarrte, aber übersichtliche, fast schon mathematisierte Pose festhalten), so ist einem, als verstünde, als „begriffe" man nun etwas mehr von dem Geheimnis des Magneten.

Ein anderer Siebenjähriger hat dieses Geheimnis in den unübertrefflichen Satz gebracht:

„Das hopft schon, wenn's noch weg ist"[3]; und Einstein erzählt: „Ein Wunder solcher Art erlebte ich als Kind von 4 oder 5 Jahren, als mir mein Vater einen Kompaß zeigte. Daß diese Nadel in so bestimmter Weise sich benahm, paßte so gar nicht in die Art des Geschehens hinein, die in der unbewußten Begriffswelt Platz finden konnte (an ‚Berührung' geknüpftes Wirken). Ich erinnere mich noch jetzt – oder glaube mich zu erinnern –, daß dieses Erlebnis tiefen und bleibenden Eindruck auf mich gemacht hat. Da mußte etwas hinter den Dingen sein, das tief verborgen war."[4]

---

1 A. Banholzer: Die Auffassung physikalischer Sachverhalte im Schulalter. Tübinger Dissertation 1936, S. 48.
2 Rara magnetica. In: Neudrucke und Schriften über Meteorologie und Erdmagnetismus. Hrsg. v. G. Heldmann. Nr. 10. Berlin 1897. Einleitung. S. 7. („plest" ist im Original nicht hervorgehoben.)
3 Banholzer: a. a. O., S. 45.
4 A. Einstein: Autobiographisches. In: Albert Einstein als Philosoph und Naturforscher. Stuttgart: W. Kohlhammer Verlag 1951, S. 3.

An den Eisenfäden sehen wir nun auch mit Augen, was zuvor nur unsere Hände spürten, als sie die zwei Magnete hielten: wie die „Kraft" in den Raum hinein „greift" und „reicht" und so das Reich des Magneten beherrscht, das wir sein „Feld" nennen. Wir sehen Vertrautes: Gebärden des Suchens und Meidens, die einen Willen anzudeuten scheinen, der das Handeln verständlich macht, wie unter Menschen und Tieren.

Wenn man dieses belebende und bezauberte, dies animistisch-magische Verstehen ein wenig in sich zurücknehmen kann, dann wird man sich sagen: es ist wahr: die Abweisung zwischen den zweien, die so auffällig und unbegreiflich ist, und die wir anfangs nur als Kraft in unseren Händen erlebten, indem wir sie aushielten, die *sehen* wir nun auch: Sie zeigt sich im Zwischenraum; die Magnete übertragen sie auf ihre Eisenstaub-Anhänger. Die sind getreue Gefolgsleute geworden, des nächsten Herrn, dem sie zufällig in den Griff gekommen sind. Sie tun wie er. Ein Feilstäubchen hüben und eines drüben, vorher friedlich und gleichgültig beieinander im Kasten gelegen, haben jetzt Feindschaft, nachdem sie feindseligen Herren sich angeschlossen haben, und sind sich zugetan, wenn es die Meister sind, denen sie anhängen.

Aber machen sie dadurch das Tun ihres Herrn begreiflich? Nicht dem, der genau hinsieht. Wenn man auf der weißen Pappe die Eisenkörnchen ganz dünn sät und ihnen mit dem Blick auf den Fersen bleibt, um ihnen auf die Schliche zu kommen, mit denen sie die Fäden weben, so sieht man's: Noch ehe sie einander berühren, und noch bevor die Kette zum Magneten hin geschlossen ist, verspüren sie schon seinen Befehl durch den leeren Raum hindurch: wo zwei von ihnen vereinzelt, doch einander nahe genug daliegen, schlupfen sie zusammen und gehen auf Vordermann. Die Kette schließt sich *vermöge* des den Raum durchdringenden Befehls, und nicht wird durch die Kette dieser Befehl verständlich. Was sie anzeigt, ist nur seine Richtung.

Wenn zwei Königinnen einander begegnen, und der Haß-auf-den-ersten-Blick läßt sie voreinander ausweichen, und dieser Haß überträgt sich auf den Hofstaat, der jeder von beiden vorangeht, so ist das Ausweichzeremoniell dieser Hofschranzen nicht die Ursache für den fernwirkenden Haß, sondern umgekehrt.

So dürfen wir gewiß nicht sagen, daß die Eisenbärte und ihr Lauf das Rätsel der Magnete begreiflich machen. Denn Anziehung wie Abstoßung zwischen den beiden Magneten sind auch ohne sie da. Und sogar im luftleeren, im ganz materiefreien Raum.

Aber was kann es heißen, wenn man hört, *ohne* die Eisenspänchen, auch im leeren Raum, seien die Kraftlinien „schon da" und würden durch das Eisen „nur sichtbar gemacht"? Unsichtbar seien sie „da" und so die „Ursache" des Anziehens und Abstoßens?

Wer wollte nach einem „Schnürl-Regen" sagen, die „Schnürl" (die den Kraftlinien des „Schwerefeldes" folgen) seien auch ohne den Regen da und die Ursache des Fallens? Kann er mehr damit sagen wollen als dies: daß wir diese Linien *denken* dürfen als solche, die uns anzeigen – nicht: die verursachen –, wohin ein Regentröpfchen fallen *würde*, brächten wir es dorthin? Und entsprechend die magnetischen

Kraftlinien als gedachte, der Wirklichkeit nach-gedachte; solche nämlich, in welche sich die Eisenkörnchen, jedes einzelne im Banne des magnetischen Befehls, aneinander ketten *würden, wenn* man sie an diesen Ort brächte?

Der Regen macht die anziehende Kraft der Erde nicht begreiflich und die Eisenstäubchen nicht das Treiben der Magnete. Der Regenfall wie die Eisenbärte sind Ausdruck dieses Unbegriffenen in seinem Verlauf, das darin besteht, daß Erdboden und Regentropfen, daß Magnet und Eisenkorn einander wittern und richten durch das Nichts hindurch.

Und doch wird die Redeweise, daß etwas geschehe auch im *leeren* Raum, uns aufgedrängt. Durch eine ganz andere Tatsache, schwer zu finden, spät gefunden, nicht unmittelbar vorzuführen, aber außer Zweifel und deutlich zu berichten: Der Befehl *braucht Zeit,* auch im luftleeren Raum. Es „hopft" zwar, „wenn's noch weg ist", aber je weiter es weg ist, desto später merkt es den Ruf des Magneten (wenn wir uns denken, er sei auf einmal plötzlich an seinen Ort gesetzt). Die Verspätung ist klein, aber sie ist da: erst für einen Abstand von dreitausend Kilometern würde sie sich auf eine Hundertstel Sekunde auswachsen. Und ein Eisenkorn, das doppelt soweit entfernt läge, würde die doppelte Zeit warten müssen, bis es den Magneten spürte, sei er groß oder klein.

Das zwingt uns, zu sagen und zu denken: Es ist „Etwas unterwegs", im Zwischenraum zur Zwischenzeit, auch dort, wo kein Eisenkorn wartet, wo „Nichts" ist, nichts Materielles (nichts „Leibhaftes", wie Kepler sagte). Obwohl wir wissen, daß wir damit nur das meinen dürfen, was – erst in der Nähe, später weiter draußen – geschehen würde, *wenn* wir ein Eisenkorn dorthin brächten[5]. Eine – wohlbestimmte – *Möglichkeit* ist „unterwegs", nichts Körperliches, wohl aber diese gewisse Aussicht, daß Körpern etwas Bestimmtes zustoßen wird: daß sie „hopfen" (was der Physiker „sich beschleunigen" nennt).

Daß so etwas im „leeren" Raum geschehen könne, fällt uns so schwer zu denken, weil wir gewohnt sind, ihn als einen Abgrund zu empfinden, der die Dinge voneinander *trennt.* Weil wir die Grenzen der Dinge dort setzen, wo wir an sie *stoßen.*

Aber vielleicht können wir uns umgewöhnen und schon den Kindern sagen (wenn sie fragen, wie der Magnet soweit reichen könne): Er „reicht" eben soweit! Das heißt: Der Baum, der Stein, der Magnet, sie sind „zu Ende" dort, wo der Finger merkt, daß er nicht weiter kann, nicht in ihn „hinein". Und für das Auge ist er an derselben Stelle zu Ende: das Licht, das dort hingeht, kehrt um. Es ist ein Glücksfall, daß Finger und Auge einig sind in ihrem Urteil. Aber es ist nicht selbstverständlich. Die Fensterscheibe zeigt es uns gelegentlich, uns und den Vögeln.

Auch über das Ende des Magneten sind Auge und Hand einig: es liegt dort, wo man

---

5 „Man macht sich ein Bild von der ‚Ausbreitung' einer Modifikation im ‚Feld', aber experimentell beobachtet man nur den Weg, auf dem eine Kraft, die im Augenblick an einem Testkörper wirkt, einen Augenblick später an einem anderen Testkörper wirkt. Man hat in keiner Weise das Geheimnis des sukzessiven Erscheinens einer Kraft an sukzessiven Testkörpern durch die Erfindung des Feldbegriffes lösen können." P. W. Bridgeman: Einsteins Theorien vom methodologischen Gesichtspunkt. In: Albert Einstein als Philosoph und Naturforscher. A. a. O. S. 225–242, insbes. S. 240.

aufgehalten, „abgestoßen", weg„geblasen" wird. Hätten wir aber eine eiserne Hand, und wäre sie in gleichem Sinne magnetisiert wie der Pol eines starken Magneten, den wir mit ihr boxen wollten, so würde die Hand nicht zu ihm hinkommen, nicht bis an sein sichtbares Ende. Der Aufprall wäre nicht so plötzlich wie sonst; er würde weiter außen schon allmählich aufgefangen, entlang einer längeren Anlaufbahn. Wir dürften dann sagen: Der Magnet reicht für die Eisenhand viel weiter, als unsere Augen und unsere nackten Händen beurteilen. Er ist dort nicht zu Ende, wo sie meinen; für die magnetische Eisenhand nicht. Er verliert sich allmählich. – Und die Eisenfeil-Bärte, die sich ihm anhängen, tun nichts anderes, als die Richtungen vorzuweisen dieses Weiter-Reichens, dieses Vorgreifens und Sich-Verlierens.

So gewöhnen wir uns vielleicht daran, den leeren Raum nicht als ein Nichts, nicht als trennenden Abgrund zwischen den Wänden der Dinge zu empfinden, sondern als das Verbindende zwischen ihren Leibern; das, woraus sie sich nähren, und aus dem sie voneinander wissen, indem er Kraft, Licht und Wärme weitermeldet, auf eine Weise, die wir nur im Gleichnis beschreiben können[6].

## 34   Die nicht handgreiflichen Realitäten der Physik am Beispiel der Feldlinien betrachtet

*„Man suche nur nichts hinter den Phänomenen; sie selbst sind die Lehre."*

Goethe[1]

Die folgende Betrachtung gilt physikalischen Wirklichkeiten, die nicht unmittelbar vorzeigbar sind, die man also dem Kinde „nicht ohne weiteres" in die Hand geben, vorführen, die man es nicht anfühlen, anschauen, anhören, riechen lassen kann, die also weder körperliche Gegenstände sind noch von ihnen unmittelbar herrührende sinnliche Erscheinungen. „Nicht ohne weiteres", das heißt hier: Die der Physik eigentümliche gedankliche Konstruktion steckt in ihnen, so daß sie in gleichem Maße Realitäten wie Gedankendinge genannt werden können, nicht etwa willkürlich ausgedachte Hirngespinste, aber ebensowenig vom Alltags-Erleben und Nachsinnen Vorgefundenes. Herausfördernde Schöpfungen des menschlichen Geistes, aus dem Brunnen der Natur heraus durch eine bestimmte einschränkende und konstruierende Begriffsbildung. Es ist also – in einem sehr weiten Sinne – das gemeint, was wir Bilder, Hilfsvorstellungen, Modelle nennen und wovon in den vorhergehenden Kapiteln vorgreifend schon mehrmals die Rede war:
Sie sollen jetzt am Beispiel der magnetischen Feldlinien genauer betrachtet werden.

### a) Die Feldlinien im heutigen Unterricht

Ein etwa 35jähriger Volksschullehrer sagte mir vor wenigen Jahren: „An den Magnetismus wage ich mich in der Schule gar nicht recht heran. Ich weiß nicht genug.

---

6 Das Thema ist weiter ausgeführt auf den Seiten 294–305 meines Buches: Die pädagogische Dimension der Physik. Braunschweig, 3. Aufl. 1971. Im vorliegenden Band der folgende Aufsatz; Nr. 34.
1 Werke. Leipzig 1885 (Cotta), Bd. 4, „Über Naturwissenschaft, IV. Sprüche, Spruch 30, S. 217.

Wenn die Kinder fragen, wie das kommt, daß der Magnet durch die Tischplatte hindurch den Nagel bewegt ...: Weiß man heute eigentlich, wie der Magnet das macht?"

Bei der schon erwähnten schriftlichen und anonymen Befragung von Studierenden Pädagogischer Hochschulen[2] stellte ich deshalb auch diese Frage:

„Ist man sich heute darüber klar, wie ein Magnet das macht, daß er ein Stück Eisen von weitem anzieht, ja sogar durch eine Tischplatte hindurch!?"

Von 32 der Befragten schreiben 16 zu dieser Frage gar nichts, 4 antworten unklar. 12 nennen das magnetische Feld; und zwar sprechen sie von Kraftlinien, die um den Magneten „wachsen", „sich bilden" oder die er „besitzt". Sie „wirken", „ziehen sozusagen herbei" und durchdringen dabei Holz ...; mit „ihrer Hilfe" gelingt die Anziehung. Einer nennt sie Strahlen, ein anderer vergleicht sie mit Wasserwellen. – Nur einer (der übrigens als Reifezeugnis-Note für Physik 1 angibt) schreibt, der Magnetismus sei „in seinem Wesen unerkennbar".

Dieselbe Frage in Oldenburg an 56 Studierende gestellt, ergab kein wesentlich anderes Bild; 9 schrieben nichts, 20 sprachen unklar von etwas anderem (diese beiden Kategorien zusammen machten also hier wie in Jugenheim etwas über die Hälfte aus). 19 nennen als Ursache das Feld (34 %; in Jugenheim 37,5 %), wobei die Feldlinien oft als „Strahlen" bezeichnet werden, einmal als „Wellen". Der Magnet „gibt sie von sich", „schickt sie aus", „sendet sie aus", „bildet sie aus", „besitzt sie". Ihre Unsichtbarkeit wird manchmal betont. Sie „ziehen heran", „wirken anziehend", sie „durchdringen" Holz. Einige sagen auch nur: In ihrem Bereich wird Eisen angezogen. 3 zielen auf eine Art Polarisation des Zwischenmediums, 5 betonen die Unerklärbarkeit.

Die Übereinstimmung zwischen den beiden Befragungen geht weit. Nur etwas mehr als ein Drittel der Befragten antwortet. Von ihnen machen fast alle die Feldlinien in einem Sinne verantwortlich, der nach dem Wortlaut nur als mechanistisch bezeichnet werden kann. Die Ausdrucksweise legt den Verdacht sehr nahe, daß sie glauben, daß die Feldlinien es „tun". Sie ziehen heran. Sie werden, wenn nicht als Ursachen, so doch als eine Art ausführende Organe vorgestellt. Bei nur wenigen finden sich Anzeichen, daß sie über die Realitätsstufe dieser Kraftlinien einmal nachzudenken gelehrt worden wären.

Es sieht also so aus, als seien die Vorstellungen der meisten Abiturienten bestimmt: nicht einmal von dem alten Faradayschen Mechanismus der Zug- und Druckspannungen in einem hypothetischen Medium längs bzw. quer zu den Feldlinien, sondern von einem noch viel primitiveren Mechanismus, zu dem sich urtümliches animistisches Denken mit unverstandenem wissenschaftlichem Hörensagen auf eine nebelhafte Art verdichtet hat: die Kraftlinien werden greifende, angelnde, strudelnde Auswüchse von verschämt materieller Natur. Gewiß auch ein „Bild", aber nicht das, welches ein Abiturient haben dürfte, der, falls er Lehrer wird, die Aufgabe

---

2 Ungekürzte Veröffentlichung in Z. f. Päd. VI. 1960, S. 29–43. – enthalten (ergänzt) als Nr. 63 in „Ursprüngliches Verstehen...", Bd. I. (Im vorliegenden Band vgl. 31 und 3, 4, 19, 20, 21, 37, 49, 50)

hat, solche Bilder behutsam aufzulösen und entweder zu den wissenschaftlichen Modellen hin zu sublimieren oder aber sie in einer schlichten und doch richtigen Weise zu umschreiben.

Der junge Volksschullehrer wird durch manche Volksschullehrerbücher in seiner Unklarheit erhalten und von den Lehrbüchern der Gymnasien nur selten von ihr befreit:

Fast alle Volksschul-Lehrbücher pflegen die Kraftlinienbilder zu zeigen, und natürlich mit Recht. Manche verzichten auf Erklärungsversuche und sagen damit auch nichts Falsches. Andere schreiben oder legen nahe zu verstehen, man sähe an den Kraftlinien die „Ursache" der Anziehung und der Abstoßung. – Einige berichten, daß die Linien aus dem Nordpol entspringen und in den Südpol einmünden (wovon der kluge Schüler, wenn er den Versuch macht, auch nicht die mindeste Andeutung entdecken kann). – Einige nähern sich der vorschnellen Formulierung, der die Gymnasialbücher zustreben: Der Magnetismus sitze also gar nicht in den Magneten, sondern im Raum, sogar im leeren Raum.

Einige Lehrbücher der Gymnasien sind als Vorbilder solcher voreiliger Schlüsse nicht unbeteiligt (wofür auch die Ergebnisse der oben erwähnten Befragung sprechen). In diesen Büchern, besonders in den älteren, zeigt sich die Tendenz, etwa aus der Parallelrichtung von Papierfähnchen im homogenen Kondensatorfeld kurzerhand zu „schließen", der leere Raum sei „Träger elektrischer (und entsprechend magnetischer) Eigenschaften". Auch die Aussage, die Feldlinien seien zweifellos schon da, bevor die Eisenfeilspäne dazukämen, entbehrt eines klaren Sinnes. Der Schüler wird hier zu Redewendungen mehr überredet als von ihrer Berechtigung überzeugt. Die Wendung, der Raum sei Träger elektrischer Eigenschaften, bekommt ihren Sinn ja erst aus weiterführenden Erfahrungen. (Siehe Abschnitt c dieses Kapitels.)

Das Verfahren wird verständlich aus der Neigung des Gymnasialunterrichtes, schnell (und, im Hinblick auf die vermeintlich notwendige Bewältigung eines umfangreichen Stoffes, rationell) zu modernen Vorstellungen vorzustoßen (Entsprechendes geschieht bei der Einführung der Atome und der Elektronen) und sie dabei – psychologisch unbesorgt – zu verfrühen in der Hoffnung auf spätere Berichtigung und Verfeinerung. Eine Hoffnung, die nach allen meinen Erfahrungen (und auch nach der genannten Befragung) trügt.

Moderne Lehrbücher, z. B. Dorn, verfahren denn auch viel vorsichtiger und betonen, daß es sich zunächst, d. h. jedenfalls auf der Mittelstufe der Höheren Schule und der Oberstufe der Volksschule sowie der Mittelschule, um Denk- und Anschauungshilfen handelt, die die Kräfte beschreiben aber nicht erklären[3].

Wenn R. W. Pohl schreibt[4]: „Man soll am Anfang ganz naiv und unbefangen verfahren. Man möge ruhig in drastischer Vergröberung eine elektrische Feldlinie mit ei-

---

3  K. Hahn, Physik. Braunschweig 1952, S. 436/37. Postke-Bavink-Wolski, Physik. Bd. II, kleine Ausgabe, Braunschweig 1951, S. 67. A. Hoischen, Physikalisches Experimentierbuch, S. 154. Dorn, Physik. Hannover 1957, Bd. II, Oberstufe, S. 121.
4  R. W. Pohl, Elektrizitätslehre. 10 u. 11. Aufl., Berlin 1954, S. 17.

ner sichtbaren Kette von Faserstaub gleichsetzen. Späterhin wird man von selbst zwischen den elektrischen Feldlinien und ihrem grobanschaulichen Bild zu unterscheiden wissen", so mag das für Studenten wohl zutreffen. Die drastischen Vorstellungen aber der Volksschüler werden ja niemals, die der Gymnasiasten offenbar selten geklärt.

Wohin es führt, wenn diese Klärung nicht eintritt, hat Pohl einmal sehr lustig erläutert, indem er darauf hinwies, daß man sich nicht vorstellen dürfe, daß die Feldlinien eines homogenen Magnetfeldes, das sich zwischen zwei zylindrischen Polen ausspannt, etwa zu einem *Zopf* zusammengedreht werden, wenn man die beiden Zylinder um ihre gemeinsame Achse in entgegengesetztem Sinne gegeneinander verdreht[4a].

## b) Der Tatbestand für Elf- bis Fünfzehnjährige

Wie stellt sich nun die Sache einem 11- bis 15jährigen Kinde – gleichviel welcher Schulart – dar, wenn es genau beobachtet und vorsichtig schließt?

Nehmen wir an, die Phänomene des natürlichen Magnetismus seien durch eingehende Betrachtung soweit wie möglich geordnet. Als das Wichtigste wäre dann gewonnen:

Der Magnetstein (der natürliche Magnet) zieht Eisen von weitem an.

Er hat Stellen, an denen er besonders stark ist.

Seine Fähigkeit wirkt ansteckend auf angenäherte Eisenstücke: Sie werden selbst Magnete. – Zwei Magnete, zueinander gebracht, zeigen als neu: auch Abstoßung.

Bezeichnet man zwei Pole als gleich, wenn sie auf einen dritten in gleicher Weise wirken, so gilt das magnetische Grundgesetz, das sagt, daß gleiche Pole einander abstoßen und ungleiche einander anziehen.

Die Anziehung unmagnetischen Eisens wird jetzt verständlich durch die Entdekkung, daß ein dem Pol angenähertes Eisenstück dem magnetisierenden Pol gegenüber zunächst einen *un*gleichen Pol entwickelt, also einen anziehenden. Daß Magnete Eisen anziehen, wird damit darauf zurückgeführt, daß ungleiche Pole einander anziehen. Trotz dieser echten Erklärung bleibt es unverständlich, ,,wie der Magnet es macht", das Eisen von weitem zum Magneten zu machen. ,,Es hopft schon, wenn's noch weg ist", damit hat der siebenjährige Schwabe unübertrefflich gesagt, was uns alle wundert. Die Luft als ,,Träger" oder ,,Vermittler" erweist sich als unschuldig: Der Magnet in ein Konservenglas eingesperrt, regiert das Eisen, das draußen blieb, ungestört weiter, durch das Glas hindurch und sogar aus dem Vakuum heraus.

Was können nun die Eisenfeldlinien dazu beitragen, dieses Wirken in die Ferne zu verstehen?

Viel faszinierender und natürlicher als die *ebenen* Figuren[5] (die entstehen, wenn man den Magneten unter einem waagerechten Karton versteckt und die Eisenfeile

---

4a  R. W. Pohl und F. Stöckmann, Zum Induktionsgesetz. In: Elektrotechnische Zeitschrift, 72. Jg., Heft 20 v. 15. 10. 1951.

5  Ein Gedanke von Descartes: Renati Descartis Principia Philosophiae. Amsterdam 1692, Pars Quarta CLIII, Seite 198.

obenauf streut) sind ja die Bärte[6], die an den Polen anwachsen, wenn man den ganzen Magneten in Eisenpulver wälzt! Besonders geeignet sind die modernen leichten, starken und ausdauernden Magnete, wie sie heute in Spielzeugen verwendet werden, am besten von zylindrischer Form. Welch ein Anblick für die Kinder, wenn jedes zwei solcher Magnete in die Hände bekommt! Wie dann, zwischen ungleichen Polen, diese Bärte zu greifenden, gelenkigen und biegsamen Händen und Fingern werden. Wie sich die Magnete diese Hände geben, sich festhalten, ziehen, nicht loslassen wollen, wenn man sie auseinanderzerrt. Sind es zwei gleiche Pole, die man zueinander wendet, so ist die Feindseligkeit, die Einander-Abgewandtheit beider fast noch eindrucksvoller. An den Bärten ist sie unmißverständlich zu sehen. Wie Schnecken, die die Fühler einziehen oder abwenden, wollen sie nichts miteinander zu tun haben. Sie gehen sich aus dem Wege. Jedes Kind, und im Grunde auch jeder Erwachsene, „versteht" das, was er da sieht, als *Gebärde,* als Ausdrucksbewegung.

Das übliche ebene Kraftlinienbild erleichtert den Schritt von diesem animistisch-magischen zum physikalischen Verstehen deshalb, weil man, sehr sparsam streuend, den Eisenspänchen auf die Schliche kommen kann, mit denen sie sich aneinanderketten: Man sieht, wie sie, einzeln und ganz isoliert daliegend, bei Erschütterungen der Pappe auf die Pole zurutschen („Das hopft, wenn's noch weg ist") und wenn zwei sich nahe kommen, sich aneinanderhängen: Jedes für sich ist, dank der Nähe des Magneten, selber ein Magnet geworden. Es ist deutlich zu sehen, daß das einzelne Eisenkorn keines Vordermannes und Zwischenträgers bedarf, um von dem Befehl des Poles erreicht zu werden. Es bedarf dazu der Kette nicht. Umgekehrt: Die Kette bedarf zu ihrer Bildung des über den leeren Raum hinwegwirkenden Einvernehmens, das zwischen dem Magnetpol und dem einzelnen Eisenfeil-Splitterchen besteht, ebenso des Einvernehmens, das zwischen den Splitterchen entsteht.

Ist also die Ausbildung der Eisenfeil-Linien aus den oben angeführten Grundphänomenen des Magnetismus verständlich? Sie ist es ganz und gar.
Oder machen uns, umgekehrt, die Eisenfeil-Ketten verständlich, was uns wundert: *wie* nämlich der Magnet es „hinbringt", daß er jedes einzelne Eisenkorn zum Magnet macht? Offenbar ganz und gar nicht!
Will man es noch deutlicher haben, so braucht man nur die Eisenfeilkörnchen zu ersetzen durch eine Schar kleiner auf Spitzen drehbarer Magnetnadeln (besser Weicheisennadeln), d. h. sie zu vergrößern. – Nehmen wir der Einfachheit halber an, es handele sich zunächst um das Feld *eines* Pols. Ein Stabmagnet stehe also senkrecht auf der waagerechten Tischplatte. Man stellt die Nadeln um seinen unteren Pol herum auf: Sie richten sich alle radial auf ihn hin, starren ihn gleichsam an. (Denn sie werden, jede einzeln, auf Distanz magnetisch angesteckt, und zwar auf Anziehung hin polarisiert.) – Schiebt man zwei von ihnen nahe hintereinander, so bilden sie Kette, „gehen auf Vordermann": Das Vorderende des Äußeren hängt sich an das Hinterende des Vorderen. So kann man lange Ketten zusammenbauen.

---

6  Vgl. meinen Aufsatz „Die Eisenbärte"; Nr. 33 (Teile sind von dort übernommen).

Sogar *eine* Weicheisennadel genügt schon: man führe sie immer in der Richtung, welche sie selber anzeigt: Man erhält dieselben geraden, radial verlaufenden Kraftlinien.

Schon ein einzelner *Pol* genügt: *ein* Pol einer magnetisierten langen Stricknadel, die senkrecht an einem langen Faden hängt oder, senkrecht in einen Kork gesteckt, auf Wasser schwimmt, in der Höhe des Magnetpols: Ihr so vereinzelter Pol wandert (nahezu) auf einer Kraftlinie, angezogen oder abgetrieben (nahezu, weil die Stricknadel Trägheit hat).

Hat man *zwei Pole,* etwa zwei in ihrer Polarität verschiedene, deren Feld man untersuchen will – einen Stabmagneten also, waagerecht auf der Tischplatte liegend –, so lassen sich alle diese Stationen übertragen: Eisenfeilspäne, *viele* Weicheisen*nadeln, eine* solche Nadel, *ein* einigermaßen isolierter *Pol.* Es überlagern sich dann immer zwei Befehle und einigen sich zu einem mittleren, nach dem Parallelogramm der Kräfte. Die Linie wird krumm. – Sie läßt sich auch konstruieren, wenn man beachtet, daß der doppelt so weit entfernte Pol viermal, der dreimal so weit entfernte neunmal schwächer wirkt, und so fort (wie das Licht!). Darauf soll nicht eingegangen werden, denn es ändert nichts an dem, worauf es hier (d.h. für diese Altersstufe des Schülers und für den hier vorliegenden Vorrat von Beobachtungen) ankommt: Man kann die Eisenfeil-Linie verstehen aus dem raumdurchdringenden Einvernehmen; nicht umgekehrt.

Was „sind" nun also auf dieser Stufe, der Mittelstufe der Höheren Schule und der Oberstufe der Volksschule, die Kraftlinien? Sie sind

die Linien, in welchen sich die Eisenfeilspäne verketten,

die Linien, in welchen sich kleine Weicheisennadeln (und natürlich auch kleine Magnetnadeln) einstellen,

die Linien, die an jedem Ort die Richtung der dort herrschenden Kraft angeben (nach Vereinbarung: auf einen Nordpol wirkend, der dorthin gebracht wird),

die Linien, längs derer ein dorthin gebrachter Einzel-(Nord-)Pol sich in Bewegung setzt.

Diese Definitionen sind identisch, sie sagen dasselbe.

Kann man nun sagen, die Kraftlinien seien auch ohne Eisenfeilspäne da? Auch im leeren Raum?

Hier ist ein Vergleich sehr nützlich, nämlich der Vergleich mit der Schwerkraft, bei welcher die Verhältnisse, soweit wir sie bisher betrachtet haben, ganz analog liegen und bei der es die Lehrbücher keineswg so eilig haben, Feldlinien verantwortlich zu machen. Denken wir uns einen „Schnürl-Regen", so wird deutlich: Die Regentropfen fallen auf den Kraftlinien des „Schwerefeldes". Sind diese Gravitationskraftlinien *auch* „da", wenn es *nicht* regnet? Offenbar nur in *dem* Sinn: *Wenn* man einen Regentropfen irgendwohin setzt, *dann* fällt er auf der durch diesen Ort hindurchführenden Kraftlinie. In diesem Sinne ist die Kraftlinie auch ohne Regen und vorher da, als von uns gedachte, dem beobachteten Geschehen nachgedachte Linie. Sie bezeichnet etwas, was unter bestimmten Umständen geschehen würde. Sie hat konjunktivische Existenz. Sie ist kein Hirngespinst. Aber der Sinn ihrer Existenz wird erst deutlich, wenn ich einen Körper, den Wassertropfen, ins Feld hineinsetze.

Entsprechend sind die magnetischen Feldlinien auch ohne das Eisen „da", in *dem* Sinn, daß sie anzeigen und im ganzen Raum übersichtlich darstellen, was geschehen *würde, wenn* ich einen Körper, hier eine kleine Magnetnadel, hierhin oder dorthin setzen *würde*.

Kann man sagen, die Kraftlinien seien die *„Ursache"* der Anziehung oder Abstoßung, die wir zwischen Magnetpolen beobachten? Sie sind so wenig die Ursache, wie die von den Regentropfen bezeichneten und durchlaufenen Gravitations-Kraftlinien die Ursache sind dafür, daß der Regen fällt. Denn so sagen, hieße: Der Regen fällt, weil − er fällt.

Für die Kinder der Oberstufe der Volksschule und die gleichaltrigen der Mittelstufe der Gymnasien scheint es mir angemessen, ihnen über Kraftlinien nicht mit Formulierungen zu kommen, die sie mißverstehen müssen. Bedenken wir die begrifflichen Schwierigkeiten, die aus der Betrachtung der geschichtlichen Entwicklung deutlich werden und die für jedes Kind wieder überwunden werden müssen:

„... wie stand es mit den Anziehungskräften, die alle materiellen Teilchen aufeinander ausüben sollten? Vergessen wir nicht, daß diese Kräfte in den Augen von Huygens und Leibniz den Gipfel der Unvorstellbarkeit bedeuten (was sie übrigens, wenn man sie als physikalische Erklärungsprinzipien und nicht als mathematische Beschreibungsmittel auffaßt, auch wohl sind).
... einzusehen, wie diese Punkte es fertigbringen, sich gegenseitig über einen leeren Raum hinweg zu beeinflussen, vermag ich nicht. Die Begreiflichkeit, die das Wort „Kraft" bei oberflächlicher Betrachtung vortäuscht, ist eine Illusion, hervorgerufen durch die Gleichnamigkeit mit Kräften, die durch Kontakt wirken (deren Begreiflichkeit übrigens auch eine Illusion ist)."[7]

Bringen wir auf dieser Stufe das Bild der ziehenden und sich drängenden Kraftlinien zu früh oder zu unbedacht, so säen wir die mechanistisch-animistischen Mißverständnisse, die bei der oben angeführten Abiturientenbefragung offenbar wurden. Eine dieser Stufe allenfalls angemessene und saubere Darstellung dieses Bildes scheint mir etwa die zu sein, die sich bei Lawrence Bragg[8] findet (Hervorhebungen sind hinzugefügt):

„Ich möchte nun ein *gedankliches Bild* einführen, das es uns ermöglicht, in *anschaulicher* Weise das Verhalten eines jeden elektrischen Systems zu *verfolgen*. Es ist das berühmte *Bild* der „Kraftlinien", von dem großen Forscher Faraday vor hundert Jahren entwickelt. Wenn wir diesen Kraftlinien*begriff* benutzen, können wir alle in diesem Kapitel beschriebenen Versuche sehr einfach *deuten* ...
*Es ist als wären* unsichtbare elastische Fäden zwischen den ungleichnamigen Ladungen gespannt, die sich ausdehnen, wenn man die Ladungen trennt, und sich entspannen, wenn man sie zusammenbringt...
*Natürlich existieren* diese elastischen Fäden nicht „*wirklich*", sie dienen uns lediglich als *Symbole*. Wenn wir aber bestimmte Regeln für das Verhalten der elastischen Fäden festlegen, ist

---

7 E. J. Dijksterhuis, Die Mechanisierung des Weltbildes. Physikalische Blätter 1956, Heft 11, Seite 493 u. 488.
8 Sir L. Bragg, Elektrizität. Eine gemeinverständliche Einführung in die Elektrophysik und deren technische Anwendungen. Wien 1951, S. 15/16. (Das Buch dieses Nobelpreisträgers ist für den Lehrer in jeder Hinsicht sehr wertvoll.)

das *Bild* gleichwohl ein *wahres* in dem Sinn, daß es die *richtige* Antwort auf jedes Problem gibt. Denken wir an die Schichtenlinien, die in eine Landkarte eingezeichnet werden, um die Höhenunterschiede des Geländes darzustellen! Eine solche Schichtenlinie verbindet die Stellen gleicher Höhe über dem Meeresspiegel. Im Gegensatz zu den Linien, welche die Straßen und Eisenbahnlinien kennzeichnen, existieren diese Schichtenlinien nicht „wirklich", denn es gibt auf der Erde keine in dieser Weise verlaufenden Linien. Andererseits sind sie aber „wahr", wenn die Karte richtig gezeichnet wurde. Es sind, wie gesagt, nur *Symbole* ... Ein ähnliches *Hilfsmittel* sind die Kraftlinien: sie haben die Richtung und Stärke des elektrischen Kraftfeldes darzustellen."

Übrigens würde die von Bragg herangezogene Parallele noch treffender werden, wenn man statt der Höhenlinien die Fall-Linien wählte: Man denke sich einen Berg von beliebiger Form und glatter Oberfläche. Eine Kugel, an irgendeine Stelle seines Hanges hingelegt, wird sich bergabwärts in Bewegungen setzen. Die Richtung ihres Startes werde durch einen Pfeil auf dem Hang bezeichnet. Wird dieses Verfahren an vielen Punkten der Bergfläche wiederholt, so ist sie mit Pfeilen bedeckt. Die Linien, deren Tangenten diese Pfeile sind, die Fall-Linien, laufen senkrecht zu den Linien gleicher Höhe. Sie sind die Schwerkraftlinien auf der Fläche. Sie erklären nicht das Abwärtsrollen der Kugel, sie beschreiben nur, was geschehen würde, wenn wir eine Kugel da oder dort hinlegen würden. Sie sind nicht wirklich, insofern man in der Landschaft nicht über sie stolpern kann. Sie sind aber richtig, insofern sie etwas, das unter bestimmten Umständen stattfinden wird, symbolisieren.

Faraday[9] selbst hat sehr vorsichtig unterschieden, was gewiß ist:

„Ich wünsche die Bedeutung des Ausdrucks Kraftlinie so zu beschränken, daß er nicht mehr enthält als den Zustand der Kraft hinsichtlich ihrer Stärke und Richtung an einer gegebenen Stelle",

von den folgenden „Spekulationen":

„Doch liegt in dem Versuche, auf diesem Wege die Erregung, das Dasein und die Fortpflanzung der physikalischen Kräfte begreiflich zu machen, nichts Unstatthaftes ... Ich für meine Person ... neige mehr zu der Vorstellung, daß die Fortpflanzung der Kraft auf einem derartigen Vorgang außerhalb des Magneten beruhe, als daß sie eine bloße Fernwirkung von Anziehung und Abstoßung sei ... wenn es überhaupt einen Äther gibt..."

Nun gibt es, wie wir heute durch den Michelson-Versuch wissen, den Äther nicht, und Faradays mechanistische Spekulation über Spannungszustände dieses Mediums sind nicht mehr zu halten[10].

## c) Das Feld als Realität (Oberstufe der Gymnasien)

Die Erfahrungen, die uns heute trotzdem sagen lassen
„Man sieht heute das elektromagnetische Feld als eine der fundamentalen Realitäten der Natur an..."[11],

---

9 In einer Abhandlung über magnetische Kraftlinien vom Jahre 1851. (Hier zitiert nach H. Schimank, Epochen der Naturforschung, Berlin 1930, S. 283/84; Neue Ausgabe, München 1964.)

10 J. C. Maxwell: „The line described by a point moving always in the direction of the resultant (magnetic) force is called a Line of Force" (A Traeting on Electricity and Magnetism. vol. I, § 47). – Vgl. hierzu auch: A. March, Das neue Denken der modernen Physik, rde Bd. 37, S. 47 ff.

11 C. F. v. Weizsäcker – J. Juilfs, Die Physik der Gegenwart, Bonn 1952, S. 59.

gehören auf die Oberstufe des Gymnasiums und sollen in diesem Kapitel nur erwähnt werden. Das entscheidende Faktum ist die Entdeckung von Maxwell und Hertz, daß die elektrische und die magnetische Kraft *Zeit* brauchen, mit anderen Worten, sich mit endlicher Geschwindigkeit ausbreiten. Das heißt: Ein Eisenfeilkorn, das von einem Magnetpol, den wir uns plötzlich hingesetzt denken, 3000 km entfernt liegt, wird nicht sofort „hopfen", sondern mit einer Verspätung von $1/100$ Sekunde. Und ein in der Mitte dazwischen wartendes Eisenkorn (das also nur 1500 km vom Pol entfernt liegt) wird schon nach der halben Zeit dem Befehl folgen. Fehlt dieses mittlere Korn, so können wir trotzdem nicht umhin, uns vorzustellen, daß inzwischen „etwas" unterwegs ist, auch im leeren Raum.

„Will man nicht annehmen, daß sie (Energie und Impuls) während dieser Zeit verschwunden sind, so muß man schließen, daß sie sich während dieser Zeit auf dem Wege von dem einen Körper nach dem anderen befinden."[12]

Es ist also die Rücksicht auf fundamentale einfache Begriffe, Sätze und Gleichungen, wenige an der Zahl, auf welche die Physik die Vielfalt der verwickelten Naturerscheinungen zurückführt, etwa die Newtonschen Axiome der Mechanik, den Energiesatz, die Maxwellschen Gleichungen und die dazugehörigen Bilder.

Die – nicht einfache – erkenntnistheoretische Situation erscheint mir am klarsten in den folgenden Sätzen dargestellt:

„Der Mensch, der mit diesen Begriffen zunächst zu tun hat, bekommt das unweigerliche Bedürfnis, zu fragen: Was sind diese Felder denn nun eigentlich? Er ist enttäuscht, wenn er darauf keine andere Antwort bekommt als etwa eine mathematische Formel, die das Verhalten der Felder gesetzmäßig beschreibt. Er muß sich aber klarmachen, daß er zuviel fragt. Die Frage, was ein Feld denn eigentlich sei, ist nur dann überhaupt beantwortet, wenn man eine Gegenstand angeben kann, der mir schon bekannt ist und von dem man sagen kann: Der ist eigentlich das, was ein Feld ist. Nun wollen wir aber ja doch in der Physik gerade die bekannten Gegenstände, die so sehr verwickelte Eigenschaften haben, auf einfachere Gegenstände zurückführen. Diese anderen, einfacheren Gegenstände sind uns zunächst nicht bekannt. Die Felder sind zum Beispiel solche einfacheren Gegenstände. Wollte man nun umgekehrt die Felder wieder durch andere bekannte Gegenstände erklären, so hätte man im Kreis geschlossen. Man muß in der Physik irgend etwas als existent voraussetzen; und dieses wird zwar für den, der die Gesetze der Physik kennt, sich als besonders einfach erweisen, es wird aber nicht etwas schon sinnlich Bekanntes sein. Infolgedessen wird man es sich auch nicht leicht anschaulich vorstellen können. Wer mehr als dies verlangt, versteht es nicht, was physikalisches Erklären heißt"[13]. (Das Wort „Gegenstand" ist hier natürlich in einem sehr weiten Sinne gemeint und bezeichnet nicht nur körperliche Gegenstände.)

Es kommt hier also darauf an, mit den nicht mehr einschichtigen Begriffen „Existenz", „real", „wirklich" in den Schulbüchern vorsichtig umzugehen. Obwohl die Diskussion darüber nicht abgeschlossen ist[14], würde es doch wohl schon möglich und lohnend sein, den Weg zur „Realität" des Feldes in den Oberstufen-Lehrbü-

---

12  W. Westphal, Physik, 12. Aufl., Berlin 1947, S. 58.
13  C. F. v. Weizsäcker, Atomenergie und Atomzeitalter. 1957, Fischer-Bücherei, Bd. 188, S. 30.
14  Man vgl. etwa die Diskussion Born-Dingle in den Physikalischen Blättern 1951, S. 481 ff.; 1954, S. 49 ff.

chern des Gymnasiums mit mehr erkenntnistheoretischer Gewissenhaftigkeit darzulegen, als es im allgemeinen geschieht.

Fragt man, ob das „Geheimnis", das die Frage des kleinen Einstein meint, gelöst sei,
so kann man wohl nur verneinen.

„Man macht sich ein Bild von der Ausbreitung einer Modifikation im Feld, aber experimentell beobachtet man nur den Weg, auf dem eine Kraft, die im Augenblick an
einem Testkörper wirkt, einen Augenblick später an einem anderen Testkörper
wirkt. Man hat in keiner Weise das Geheimnis des sukzessiven Erscheinens einer
Kraft an sukzessiven Testkörpern durch die Erfindung des Feldbegriffes lösen können"[15].

Das Feld ist nicht etwas (vgl. das Goethe-Motto), das unabhängig vom Menschen
„hinter den Phänomenen" steckte wie die Drähte hinter dem Puppenspiel. Es ist der
Inbegriff dessen, was die (ihm zugeordneten) Phänomene hergeben, wenn der
Mensch sie innerhalb des physikalischen Aspektes ordnet. Er konstruiert es dann
aus ihnen heraus und sie hinein. Insofern *ist* das Feld das Gesamt seiner Phänomene
und insofern „sind sie die Lehre".

*d) Erklärung mit und ohne Feldlinien*

Es ist sehr nützlich und eindrucksvoll, das „Verhalten" eines elektromagnetischen Systems mit
Hilfe der Kraftlinienbilder zu „verfolgen" (Bragg, S. 281). Es ist aber dabei empfehlenswert,
den Vorgang einmal ohne sie und einmal mit ihnen zu „erklären". Zumindest für 11- bis
16jährige ist es befriedigender, ein Phänomen aus einem Phänomen zu verstehen als aus einem
Modell. Dafür ein Beispiel:

Ein gerades stromdurchflossenes Leiterstück, das im annähernd homogenen Feld die Kraftlinien quer kreuzt, wird seitlich hinausgeworfen (Abb. 1).

Die Kraftliniendeutung (Abb. 2), wenn sie allein gebracht wird, wirkt leicht nur in *dem* Sinne
erklärend: „Man sieht es ja!", ohne daß dabei der Zusammenhang des Vorgangs mit anderen
Vorgängen bewußt wird. – Hier würde diese Verbindung darin bestehen, das Phänomen zurückzuführen nicht auf ein Modell, sondern auf ein anderes Phänomen. Das ist in diesem Fall
die Grundtatsache des Elektromagnetismus: ein isoliert gedachter magnetischer Nordpol ro-
tiert nach der bekannten Regel (Daumen der rechten Hand in die Richtung des Stromes, Rotieren des Poles in Richtung der gekrümmten Finger) um den Stromleiter (Abb. 3). Danach
würde (Abb. 4), wäre der Strom*leiter fest*gehalten und wären die beiden *Pole* einzeln *beweglich*
(was bei einem Hufeisenmagneten natürlich nicht geht), jeder der Pole sich auf der von ihm aus

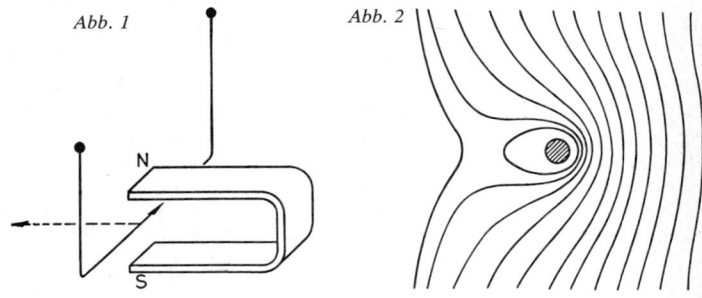

*Abb. 1*            *Abb. 2*

15 P. W. Bridgeman: Einsteins Theorien vom methodologischen Gesichtspunkt. In: Albert Einstein als
    Philosoph und Naturforscher. Stuttgart 1949 u. 1951, S. 225 bis 242, insbes. 240.

gezeichneten punktierten Kreisbahn in Gang setzen. Nun sind aber die Pole *fest*, und der *Leiter* ist beweglich. Es geschieht also nach dem Prinzip von Aktion und Reaktion das, was – relativ – *dasselbe* ist: Der Leiter muß zu den beiden (in Abb. 5 punktierten) Kreisbewegungen ansetzen. Sie vereinigen sich, indem sie ihn in der mittleren Richtung aus dem Feld hinauswerfen. – Die Kraftliniendeutung kommt auf ganz anderem Wege zu demselben Ziel.

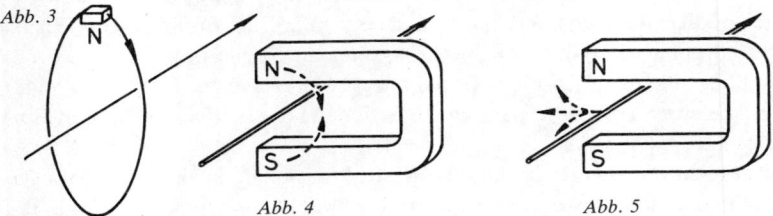

*Abb. 3*

*Abb. 4*          *Abb. 5*

Ein anderes Beispiel: Man findet Volksschul-Lehrbücher, in denen der Grundversuch zur elektromagnetischen Induktion, den man zum Verständnis der Dynamomaschine haben will, in folgender Weise „erklärt" und gemerkt wird: *Wenn* ein Leiterstück die Kraftlinien senkrecht schneidet, *dann* wird in ihm eine elektrische Spannung induziert. Das wird manchmal *ohne* Bezug auf ein anderes Phänomen vorgebracht und als isolierter *Kausal*zusammenhang „verstanden". In *dem* Sinne: „*Dadurch, daß* die Kraftlinien geschnitten werden, entsteht der Stromstoß." Ähnlich also, wie man mit Recht sagen kann: „Dadurch, daß ich mit dem Stock auf den ausgespannten Draht schlage, entsteht ein Ton", werden hier die Kraftlinien vom Schüler zu Unrecht als halbmaterielle Wesenheiten begriffen, die etwas „tun" (den Stromstoß induzieren), wenn sie „geschnitten" werden. Warum sie das „tun", bleibt auf sich beruhen. In Wahrheit ist aber mit diesem Satz nur etwas gesagt über die *Richtung*, in welcher man den Draht im Magnetfeld zwischen den Magnetpolen bewegen muß, um in ihm am wirksamsten [nämlich: induktiv am wirksamsten ist diejenige Bewegung – oder auch die umgekehrt gerichtete –, die von selber geschehen würde, wenn der Strom schon flösse. Je mehr die induzierende (Relativ-)Bewegung quer dazu verläuft, desto unwirksamer wird sie] eine Spannung zu induzieren. Verstanden, d. h. in Zusammenhang mit anderen Phänomenen gebracht ist damit nichts.

Dieser Zusammenhang ist nun ohne Kraftlinien sehr leicht zu geben. Der Versuch von Abb. 1, bei dem der Strom Ursache der Bewegung wird, erweist sich als ein „umkehrbarer Vorgang", Ursache und Wirkung sind vertauschbar (nicht alle Vorgänge sind umkehrbar!), nämlich: Die Bewegung des *(stromlosen!)* Leiters erzeugt in ihm einen Stromstoß! Daß dieser Stromstoß *umgekehrt* gerichtet ist wie derjenige, der gemäß Abb. 1 *die* Bewegung erzeugt *hätte*, die *ich* jetzt von mir aus gemacht habe, ergibt sich aus dem Energiesatz (Lenzsche Regel): Es würde sonst ein sich ständig aufschaukelnder, Energie aus dem Nichts erzeugender Prozeß anlaufen. Diese Überlegungen, die, bei genügender Breite der Darstellung, ebenso einfach sind, wie sie das Denken schulen, setzen den Versuch mit anderen Phänomenen (Abb. 1 und den Erfahrungen, die dem Energiesatz zugrunde liegen) in Verbindung, machen ihn also verständlich. Wird der Versuch nur mit Hilfe der Kraftlinien („*weil* sie geschnitten werden!") „erklärt", ohne Bezug auf den umgekehrten Versuch von Abb. 1 (der gleichwohl ein paar Seiten vorher im Buch gedruckt steht), so ist das *dem* Leser, der Physik, also Natur*zusammenhänge* sucht, ein Greuel. Ein drittes Beispiel: Gelegentlich werden im Kapitel „Elektrische Wellen" die von einem linearen Sender sich nierenförmig ablösenden elektrischen Kraftlinien als Beweis dafür angeführt, daß das Feld ohne materiellen Träger frei im Raum existiere. Man kann das sagen. Aber es ist wichtig, sich klarzumachen, daß solche Bilder über diese Existenz nicht *mehr* aussagen, als schon die Tatsache der endlichen Ausbreitungsgeschwindigkeit überhaupt aussagt. Denn dieser nierenförmige Verlauf bedeutet ja nichts anderes, als daß an einer Stelle des Feldes schon die eine Ladungsverteilung des Senders sich auswirkt, während nicht weit davon noch die vorige zu spüren ist (falls ein Empfänger dasteht!).

166

*e) Mögliche Antworten auf eine Kinderfrage*

Um auf die Ausgangsfrage zurückzukommen: Was soll nun der Volksschullehrer (und ebenso der Physiklehrer der Mittelstufe des Gymnasiums) dem Kinde sagen, das ihn fragt: „Wie macht das der Magnet, daß er das Eisen von weitem anzieht, sogar durch die Tischplatte hindurch?" Ich sehe drei Möglichkeiten, zu antworten, verschieden an Reichweite, Zeitaufwand und abhängig von der Altersstufe: Die erste wäre: „Das weiß ich nicht. Das weiß niemand."

So wie die Frage gestellt ist, scheint mir das eine richtige, kurze und für alle Altersstufen mögliche Auskunft zu sein, während die Auskunft „mit Hilfe der Kraftlinien" falsch ist.

Die zweite Antwort dauert ebenfalls nicht lange und erfordert keine Kenntnis von Einzeltatsachen. Sie wird nicht nach jedermanns Geschmack sein, aber ich gestehe, daß sie mir am besten gefällt[16]: Sieh: Hier ist der Magnet „zu Ende", und hier der Tisch. Bleiben wir einmal beim Tisch. Daß er hier aufhört oder anfängt (wie man will), das merkt der Finger, indem er anstößt. Er kommt nicht weiter, kann nicht hinein. Man könnte ruhig sagen: Er wird plötzlich „abgestoßen", wenn er weiter will. Besonders im Dunkeln könnte man sich so ausdrücken. (Daß das vom Tisch-Aufgehalten-Werden *auch* ein „Abstoßen" ist, sieht man nicht gleich ein. Man hat vom abstoßenden Magnetpol den Eindruck, er sei aktiv, vom Tisch aber nur den, er sei einfach „da". Bei genauerem Überlegen muß man sich aber zugeben, daß der plötzliche Widerstand, den der Tisch uns bietet, sich von dem weicheren, nachgiebigeren Widerstand des abstoßenden Poles (seines Feldes) nur durch die winzige Reichweite und den steileren Anstieg der Kraft unterscheidet. Eine Schraubenfeder ist geeignet, als Übergangsbeispiel zu dienen.) – Das Auge stimmt im Hellen dem Finger zu. Das Licht kann an derselben Stelle nicht weiter wie der Finger. – Auge und Hand sind sich also darüber einig, daß „hier!" der Tisch zu Ende ist. Diese Einigkeit ist nicht selbstverständlich. Bei der Fensterscheibe ist sie schon nicht mehr da. Das merken die Vögel, wenn sie dagegenflattern. (Auch wir werden manchmal getäuscht.) – Das Durchsichtige hat für das Licht kein Ende. (Dieser Satz ist nur grob richtig: Alles Durchsichtige spiegelt ein wenig, trotz seiner Durchlässigkeit für das Licht.)

Nun der Magnetstab: Auch über sein Ende sind sich Auge und Hand einig. Man sieht und spürt: So weit „reicht" er. – Was uns nun wundert, das ist – so dürfen wir sagen –, daß er unter Umständen *weiter* „reicht". Unter Umständen, das heißt: für Eisen und andere Magnete.

Am deutlichsten ist das für die Abstoßung: Denke, du hättest einen eisernen Handschuh, und so magnetisiert, daß er von einem Pol des Magnetstabs, von dem wir sprechen und der ein sehr großer und starker Magnet sein soll, abgestoßen werden würde. Versuche nun – in Gedanken – diesen, vor dir festgemachten Magneten mit deiner magnetischen Faust zu boxen: Sie spürt die Abstoßung nicht erst da, wo für

---

16 Angeregt wurde sie vermutlich durch Gespräche über die am Schluß dieses Kapitels angeführten Quellen.

Auge und Hand der Magnet anfängt (zu Ende ist), sondern schon eher, schon draußen. Und der Stoß ist nicht so heftig: Er wird längs eines langen Bremsweges aufgefangen. Wenn der Magnet *sehr* stark ist, wird es dir gar nicht gelingen, mit der Hand bis dahin zu kommen, wo er „eigentlich" (d. h. für Auge und Hand) anfängt. Das heißt, für deine magnetisierte Eisenhand „reicht" der Magnet eben viel weiter, und er hat kein bestimmtes, kein abgehacktes Ende, sondern er verläuft sich ins sogenannte Leere. Die Eisenbärte zeigen die Richtungen seines Hinausreichens, seines Sichverlierens an. Daß er durch die Tischplatte hindurchreicht, ist zwar erstaunlich, aber vielleicht nicht wunderbarer, als daß die Sonne durch Glas und Wasser hindurchgelangt. Auch von ihr könnte man fast sagen, sie sei nicht dort zu Ende, wo ihr scharfer Rand es anzeigt, sondern sie reiche, so weit sie leuchtet.

Die Antwort auf die Frage, „wie der Magnet das macht", wäre also: „Er *reicht* eben so weit, für das Eisen." – Ist das ein Verstehen? Vielleicht ist es nur ein Umgewöhnen. Man kann sich daran gewöhnen, daß der Magnet für das Eisen nicht dort zu Ende ist, wo er für Hand und Auge aufhört.

Das bedeutet eine Umgewöhnung nicht nur für unser Nachdenken über den Magneten, sondern auch für unser Nachdenken über den leeren Raum. Wir empfinden ihn im allgemeinen als Zwischenraum zwischen den Körpern, als einen Abgrund zwischen ihren Wänden. Wo nicht Materie, wo nicht einmal Luft ist, da ist „Nichts", so sagen wir. Aber vielleicht können wir uns mit dem Gefühl vertraut machen, daß der materiefreie Raum nicht etwas Trennendes ist zwischen den Ballungen der Materie, sondern gerade das Verbindende. Denn die Erfahrung zeigt ja, daß sie voneinander „wissen". Sie „spüren", sie „wittern" einander, insofern sie ihrer Schwere zueinander folgen, sich strahlend wärmen und anleuchten, elektrisch und magnetisch einander suchen oder meiden. Der sogenannte leere Raum ist dann kein Abgrund, sondern ein Überbrücker; ist das, welches sie miteinander „ins Einvernehmen setzt".

Die dritte Antwort ist die solideste. Sie folgt ungefähr den Seiten 163–167 dieses Kapitels und setzt an den schwierigsten Stellen voraus, daß die Kinder etwa 13 oder 14 Jahre alt sind.

Zum Schluß lasse ich einige Auszüge aus Quellen folgen, die für den Begriff des Feldes überhaupt und im besonderen für die zweite Darstellung (e), von Interesse sind[17].

1. Bacon: „Es ist gewiß, daß alle Körper, wenn sie auch keine Sinnesorgane haben, doch Perzeption haben ... Und manchmal ist die Perzeption viel subtiler als die Sinneswahrnehmung, die ein grobes Ding ist im Vergleich mit der Perzeption ... Diese erfolgt manchmal auf Entfernung, manchmal durch Kontakt ... Denn wenn man zwei Körper zusammenbringt, erfolgt eine Art von Wahl, um das Unerwünschte zu vertreiben oder das Angenehme zu erfassen: ... stets geht der Handlung eine Perzeption voraus; denn sonst würden sich alle Körper gleich zueinander verhalten."[18]

---

17 Ich verdanke Herrn Prof. Walter Jung (Frankfurt a. M.) den freundlichen Hinweis auf diese Stellen. Er hat sie auch übersetzt.

18 Instauratio Magna, 3. Teil. – Zitiert nach A. H. Whitehead, Science and the modern World. New York 1949, S. 42.

2. Faraday: „Schon 1847 bemerkte Faraday in einem Artikel im Philosophical Magazine, diese Theorie der Kraftlinien bedeute, daß in gewissem Sinne eine elektrische Ladung überall ist" („an electric charge is everywhere")[19].
3. C. S. Pearce (1839–1914)[20]: „Man kann sagen, ein Ding ist, wo es wirkt" („A thing may be said to be where ever it acts").

Am Ende möge eine Erinnerung Einsteins aus seiner Kindheit stehen, die mir erst bei der letzten Korrektur wieder in die Hände kam. Nicht nur wegen ihres Bezuges auf mehrere Stellen dieses Buches, sondern vor allem als ein Zeichen der Grundüberzeugung: daß ein ungestörter Weg vom kindlichen zum wissenschaftlichen Denken zu finden ist.

*„Ein Wunder solcher Art erlebte ich als Kind von 4 oder 5 Jahren, als mir mein Vater einen Kompaß zeigte. Daß diese Nadel in so bestimmter Weise sich benahm, paßte so gar nicht in die Art des Geschehens hinein, die in der unbewußten Begriffswelt Platz finden konnte (an „Berührung" geknüpftes Wirken). Ich erinnere mich noch jetzt – oder glaube mich zu erinnern –, daß dieses Erlebnis tiefen und bleibenden Eindruck auf mich gemacht hat. Da mußte etwas hinter den Dingen sein, das tief verborgen war*[21]".

# 35    Die magnetische Kraft    (1962, Ausschnitt)

Der Magnetismus erscheint zunächst als ein besonderer Zustand, dessen nur Stücke aus festem Eisen, Nickel oder Kobalt fähig sind. Von zwei Stellen größter Kraftäußerung aus (den Polen) können sie ursprünglich unmagnetisch gewesene Stücke von ihresgleichen – schon bei Annäherung – selber zu Magneten machen und anziehen. Frei beweglich gemacht stellen sie sich annähernd in die Nord-Süd-Richtung ein. – Da zwei Magnete einander mit gleichartigen Polen abstoßen, mit ungleichartigen anziehen, wirkt also der Erdball wie ein Magnet. (Da er nicht genug festes Eisen enthält, ist diese Erscheinung nicht ohne weiteres verständlich.) Da der Magnet, wenn er zerbricht, lauter neue Magnetchen gibt, da ferner das Magnetisieren eines Eisenstückes die Stärke des Magneten, der dies bewirkt, nicht mindert, dürfen wir uns vom Magnetisieren folgendes Bild machen:

Es ist etwas wie ein Gleichrichten kleiner Urmagnetchen, aus denen auch vorher schon das gewöhnliche (unmagnetische) Eisen besteht.

Die Kraftwirkung eines Magneten reicht, genau wie Licht sich verdünnend, grenzenlos weit. Der Raum dieser Wirksamkeit heißt „das magnetische Feld". Die (gedachten) „Feldlinien" geben für jede Stelle des Feldes die Richtung an, in welcher ein in das Feld gesetzter Nordpol sich in Bewegung setzen würde. Eisenfeilspäne werden im Feld zu Magneten und verketten sich deshalb längs dieser Linien.

---

19  A. H. Whitehead, The concept of Nature. Cambridge, 4. Aufl., 1955, S. 146.
20  The collected papers of Charles S. Pearce. Edited by Ch. Hartsborne and P. Weiss, Cambridge. Vol. 1, 1932, S. 16. (Erste Publikation dieser Stelle: 1880.)
21  A. Einstein, Autobiographisches, in: Albert Einstein als Philosoph und Naturforscher, Stuttgart 1951, S. 3.

# C  Gründlich Lehren: das Fallgesetz

## 36  Das Exemplarische Lehren als ein Weg zur Erneuerung des Unterrichts an den Gymnasien  (1953)

*Mit besonderer Beachtung der Physik*

## I.  Anzeichen und Gründe der inneren Gefährdung der Höheren Schule; Scheinbildung

Ich möchte dem Folgenden ein Wort voranstellen, das die Richtung meines Vorgehens bezeichnen soll: einen Satz aus dem liebenswerten Buch des französischen Fliegers und Dichters Antoine de St. Exupéry, „Der kleine Prinz". (Dieser kleine Prinz ist ja kein anderer als das Kind überhaupt, das, wie Tagore sagte, „die Botschaft bringt, daß Gott die Lust am Menschen noch nicht verloren hat".) Dieser Satz Exupérys spricht vom Lernen, vom Kennen-Lernen und sagt:

„Die Menschen haben keine Zeit mehr, irgend etwas kennenzulernen."

Daneben könnte man die kleine Geschichte stellen, die kürzlich in der Zeitung stand, von Einstein und einer jungen Dame, die ihm beim Essen gegenübersaß, ohne ihn zu kennen, und ihn fragte, welchen Beruf er denn habe. – „Ich widme mich dem Studium der Physik", sagte er. „Was!" rief das Mädchen, „noch in Ihrem Alter? Ich bin schon seit zwei Jahren damit fertig!"

Aber ich muß noch mehr und ernstere Beispiele berichten, um zunächst – nur kurz – die Erkrankungssymptome der Höheren Schule deutlich genug zu bezeichnen, über deren Heilung ich mit Ihnen nachdenken möchte. Es sind dieselben, die in der Tübinger Resolution, die Ihnen wahrscheinlich bekannt ist, bezeichnet und angegangen wurden, und ich lehne mich hier an mein damaliges Referat[1] „Zur Selbstkritik der Höheren Schule" an.

Ich denke dabei vor allem an die Oberstufe der Gymnasien, und ich wähle meine Beispiele vorwiegend aus den Gebieten, deren schulische Entartungsformen mir vertraut sind, Mathematik und Physik (ohne etwa sagen zu wollen, daß die Lage der anderen Fächer günstiger wäre). Ich brauche wohl nicht zu betonen, daß das Folgende kein „Angriff auf die Höhere Schule" ist, sondern der Versuch einer Diagnose, der zu ihrer Erneuerung beitragen möchte. Ich bezweifle nicht, daß es Ausnahmen gibt; aber kann ein Schulwesen genügen, in dem das, was es will, nur aus-

---

1  Siehe Aufsatz Nr. 34 aus UI

nahmsweise zu verwirklichen ist? Übrigens kommen diese Symptome nicht nur bei den Gymnasien zum Ausdruck, sondern – nur wenig verschoben – bei den Hochschulen, den Volksschulen, den Berufsschulen, kurz: sie sind wesensgleich mit allgemeinen Verfallssymptomen unseres Bildungswesens, ja unseres, und nicht nur des deutschen, Lebens überhaupt, das ja, wie wir alle wissen, immer mehr zum „Betrieb" zu entarten droht.

Ich beginne mit der *Mathematik*. Sie zeigt nämlich, dank der Klarheit, die ihr eigen ist, auch die Mängel unseres Unterrichtes am durchsichtigsten. Daß hier etwas ganz Grundlegendes nicht „stimmt", ergibt sich weniger daraus, daß die mathematischen Lehrsätze oder ihre Beweise vergessen sind (das braucht gar nichts zu schaden), sondern daß die Mathematik selbst, ich meine das, was in einem Menschen vorgeht, der sich mathematische Gedanken macht, besser: den ein mathematisches Problem erfaßt hat und nicht losläßt, daß also das, was Mathematik *ist,* daß dies durch unseren Unterricht offenbar nicht erhellt, sondern beschattet, ja in ein unheimliches Dunkel gehüllt wird. Wir Mathematiker kennen es ja, wie der bis dahin zutrauliche Reisegefährte zusammenschrickt, wenn wir ihm gestehen, daß wir solche Mathematiker und noch dazu Mathematiklehrer sind. Wir stehen im Geruch der Scharfrichter. Außerdem hält man uns für die Bewahrer einer Geheimwissenschaft, in die einzudringen nur den Trägern einer besonderen Begabung möglich ist. Daß trotzdem ein jeder, auch wenn ihm jene Begabung nicht gegeben ist, durch die Labyrinthe dieser Wissenschaft zwangsläufig hindurchgeschleust werden muß, und sei es auch nur zum Schein – wenn er sich den Schein des „Gebildeten" erwerben will –: das gehört zu den Unbegreiflichkeiten der Weltordnung, die wir so jung kennenlernen, daß wir sie ohne Widerstand hinnehmen. Ein Professor der Mathemaik an einer Technischen Hochschule schrieb mir kürzlich: „Ich habe mich viel mit Nicht-Mathematikern über ihre Schulmathematik unterhalten und war doch sehr oft betroffen über das unverhohlene Grauen, das allein übrig ist." Ich kann das nur bestätigen. Ich habe manchmal den verzweifelten Eindruck, daß – von Ausnahmen abgesehen – eine allgemeine Angstneurose der Haupterfolg unseres mathematischen Unterrichts ist. Dieses Elend des mathematischen Unterrichts steht zum Glanz der Mathematik selber in einem traurigen Gegensatz. Bei den bisher geltenden Lehrplänen *muß* aber dieser Unterricht darauf hinauslaufen – und tragischerweise wider Willen und unter großen Mühen von Lehrern und Schülern –, dem Schüler die echte Begegnung mit der Mathematik zu verbergen (was nicht ausschließt, daß wir Ungezählte fähig machen, Rechenschemata richtig anzusetzen und zu bedienen; aber das ist ja etwas anderes).

Denn, was geschieht in der Schule?

Die Schüler können mit Logarithmen rechnen und üben es wochenlang, obwohl es heute außerhalb der Schule fast nirgendwo gebraucht wird. – Aber sie wissen sehr bald nicht mehr, was ein Logarithmus ist (und zwar deshalb, weil ihnen infolge dieser ausgedehnten Rechenaufgaben die Zeit dazu fehlt, es wirklich aufzunehmen. Sie rechnen schematisch und meist ohne es zu verstehen, Aufgaben wie etwa diese: In welche Richtung fällt der Schatten eines Schornsteines in Madrid am 5. November um 17.20 MEZ. – Aber es gibt unter denselben nicht wenige, die nicht wissen, warum der Mond manchmal nicht ganz ist. Und wer von unseren Abiturienten und Akademikern wäre imstande, das kopernikanische System, eine Hauptsäule des modernen Denkens, zu verteidigen gegen die Argumente des 16. und 17. Jahrhunderts?

Wir müssen sie darauf abrichten, allerlei Funktionen, auch transzendente, auf Maxima und Minima abzusuchen mit Hilfe des Kalküls der Differentialrechnung. – Aber der Begriff des Grenzwertes, der dem zugrunde liegt, einer der würdigsten Gegenstände für den mathematischen Unterricht unserer Oberstufe, muß eben deshalb in Eile überfahren werden und verkommt im Halbdunkel. In den Ausstellungshallen unserer Reifeprüfungen steht er in einer selten abgestaubten Ecke. – Wie oft habe ich erfahren, daß ein einziges Gespräch von einer halben Stunde ausreiche, um eine Begegnung mit der Mathematik, selbst noch nach solch einer jahrelangen Scheintätigkeit, anzubahnen. Wer das an sich erlebt, sieht ganze Schuljahre abgesessener Mathematikstunden wie einen Schutthaufen zusammensinken. – Ich erhielt vor kurzem die Zuschrift eines süddeutschen Pädagogen, aus der ich folgendes wiedergeben darf: „Mit der Mathematik ist es mir merkwürdig ergangen. Als Schüler war ich ein sehr schlechter Mathematiker. Ich verstand sehr vieles nicht und wurde immer mehr verwirrt. Die 6. Klasse mußte ich wiederholen, weil meine Leistungen in Mathematik ,mangelhaft' waren. – Im Reifezeugnis hatte ich in Mathematik ,sehr gut'. Wie kam das? Ich hatte mit der Zeit die Entdeckung gemacht, daß meine Mitschüler genauso wenig von der Sache verstanden wie ich, aber konsequent und stur die Formeln und Regeln anwandten, wie sie's gelernt hatten, und dadurch gute Erfolge hatten. Seitdem ich unter Verzicht auf Verstehen genauso verfuhr, ging es mir in Mathematik sehr gut. Ich wußte schon damals genau, daß dies eigentlich Hochstapelei war, aber ich tröstete mich damit, daß sie allgemein üblich war. Ein persönliches Verhältnis zur Mathematik bekam ich erst, als ich in der Volksschule mathematische Propädeutik lehren mußte. Hier gelang es mir immer besser, alles aus den Elementen unter starker Beteiligung der Schüler aufzubauen, und damit entdeckte ich erst, was Mathematik ist." – Ich führe dieses Zeugnis an, weil ich weiß, daß es für Tausende steht[1a].

Wer die Mathematik kennt und wer die Kinder kennt, weiß, daß das mathematische Denken, angepaßt an die Reifestufe des Lernenden, eine wunderbar klärende, beruhigende, ermutigende Wirkung auf den jugendlichen Geist hat, und daß dazu nichts weiter gehört als der gesunde Menschenverstand. Descartes schrieb[2]: „Ich glaube, daß selbst zur Entdeckung der schwierigsten Wahrheiten, wenn man nur recht geleitet wird, nichts als der sogenannte gemeine Menschenverstand erforderlich ist."

Wenn die meisten Schüler unsere Schulen mit einem Zerrbild der Mathematik verlassen, so ist das ein Zeichen, daß etwas nicht in Ordnung ist.

---

1a Lesenswert für jeden Mathematiklehrer und jeden Lehrer überhaupt sind die Schulerinnerungen von C. G. Jung in: „Erinnerungen, Träume, Gedanken." Zürich und Stuttgart 1963. S. 34 f. Auch er mußte sich für lange Zeit „durchbetrügen".

2 Descartes: Die Regeln zur Leitung des Geistes. Philos. Bibl. Bd. 26 b. Leiüzig: Felix Meixner 1948. S. 134.

Der Grund ist deutlich erkennbar: Die ungeheuerliche Überladung unserer Lehrpläne mit Stoff und die Hetze, die daraus folgt. Sie erlaubt dem Lehrer nicht, eindringlich zu unterrichten, erlaubt ihm nicht, eine echte Begegnung mit der Mathematik stattfinden zu lassen.

Einige Beispiele aus der *Physik* lassen vielleicht noch einige andere Gründe erkennen:

Fragen Sie irgendwo, in irgendeiner Oberstufenklasse oder auch Studenten oder sogar physikalische Studienreferendare nach dem „Auftrieb". Auf dieses Stichwort hin kommt zuverlässig und wörtlich ein „Satz", das „Archimedische Prinzip": „Jeder Körper verliert unter Wasser so viel an Gewicht, wie das Wasser wiegt, das er verdrängt." Dieser Satz gehört seltsamerweise zu dem Wenigen, was lebenslang präsent bleibt. Ich halte ihn übrigens für entbehrlich. Nicht überflüssig scheint mir aber das, was fast niemand mehr weiß, was aber viel einfacher ist: woher der Auftrieb *kommt; warum* denn ein jeder Körper, auch unser eigener, überhaupt unter Wasser leichter wird (ganz abgesehen davon, um wieviel). Weil nämlich das schwere Wasser auf sich selber lastet, je tiefer desto mehr, und so in der Tiefe – auf der Unterseite des eingetauchten Körpers – ihn mehr bedrängt als oben. Würden wir uns für diese Dinge Zeit lassen, statt hier wie überall das Messen und die Formel in einen flüchtig abrollenden Vordergrund zu schieben, so könnten wir plötzlich eine Weite erreichen, die aus der Enge des Apparativen hinausführt in die Natur und die Himmelswelt und aus der Physik in die Geistesgeschichte. Wir würden dann dem Umschlag des aristotelischen Denkens nachspüren können und am deutlichsten bei Kepler nachlesen, der es so wunderbar einfach und eindringlich sagt in seiner bildkräftigen Sprache, daß Aristoteles zwar geschrieben habe, daß der „Vnderschaid der leichten vnd schwären geschöpffe ist zuvor fürhanden, ... der verursacht jnen, das die schwäre sachen in die mitte khommen", während „dem feür sein aigner vnd gewisser ort von Natur außgezaichnet ist, nämlich der eüsseriste an der welt", aber er, Kepler, sage: „das füer begehret nit in den Himmel hinauf ... es weichet dem lufft, der da vil schwärer ist dan es"[2a]. Wie aber sollte ein solcher Unterricht möglich sein, wenn die Fach-Lehrerausbildung diese, nämlich die bildende, Seite der Sache nicht bemerkt und sich auf das (zweifellos viel zu „hoch" – statt in die Tiefe – getriebene) Theoretische beschränkt? (So daß man es, dieses geistesgeschichtliche Elementare, erst nach dem Studium in Jahrzehnten aus zufälligen Funden sammeln muß?) –

Ein anderes Beispiel aus der Physik: In einem Kreis von jungen Volksschullehrern war die Rede davon, wie man sich davon überzeugen könne, daß die Erde sich dreht. Wenn sie sich schneller, schnell genug, drehte, meinte einer, „müßten ja die Steine und wir selber wegfliegen, abfliegen". In welche Richtung würden wir starten? Es bildeten sich zwei Parteien. Die einen meinten, wortgläubig: „zentrifugal natürlich", also senkrecht hoch, mit „der Kraft $m \cdot v^2/r$", die anderen sagten: „Unsinn, natürlich tangential, der Trägheit folgend, also waagerecht." – So kann man die Formel wissen und bedienen, ohne dessen innezuwerden, daß ja Trägheit und Zen-

---

2a Siehe Rossmann (Fußn. 25). S. 67 f. u. 88.

trifugalkraft Ausdruck desselben sind, unterschieden nur durch die Wahl des Bezugssystems. Das ist *einfach,* insofern ich keine Formel dazu brauche und es jedem Kind verständlich gemacht werden kann. Aber es geht doch *tief,* denn es zeigt, wie unsere physikalischen Begriffe entstehen und was sie sind, daß es „Kraft" nicht in dem Sinne „gibt" oder nicht gibt wie etwa Steine, sondern daß Kraft ein Begriff ist, den wir schaffen, geführt von der Natur. Aber objektiv insofern nicht, als sie für ein mitrotierendes Bezugssystem existiert und für einen draußenstehenden Beobachter nicht.

*Das* wäre wichtig, aber wir scheuen das Einfache und – wie man sieht – Exemplarische, weil es so nahe ans echt Schwere, Tiefgründige grenzt, und weil es also Nachdenken kostet, Zeit und Besinnung. Wir ziehen es vor (sehr schön experimentell, in Kürze, und doch „arbeitsunterrichtlich"), die Formel $m \cdot v^2/r$ herzuleiten. Sie reicht aus, „einsatzfähige" Hilfsarbeiter zu schulen, aber sie hat nicht den mindesten Bildungswert. Ja, sie reicht nicht einmal hin, um die einfache Frage zu entscheiden, in welcher Richtung wir uns abheben würden von einer immer schneller drehenden Erde.

Meine Beispiele können vielleicht dahin mißverstanden werden, als wollten sie etwas gegen das Messen und gegen die Formel sagen. Ganz im Gegenteil. Wir sollten es *ernster* nehmen: nicht immerfort flüchtig, in jeder Stunde, bei jeder neuen Erscheinung über hohle Fundamente hinweg (nämlich über Unerlebtes, Ungeschautes, Unbedachtes), sondern exemplarisch ausführlich an wenigen Anlässen. Ich möchte nachher dafür Beispiele geben. Auch meine ich nicht, daß die Lehrer schuld sind. Wir können kaum anders, solange wir Lehrplänen und Schulorganisationen unterworfen sind, die aus dem Zeitgeist hervorgehen und uns zu Marionetten machen.

Welches sind die – wenn man so sagen darf – unbewußten, die dumpfen Prinzipien dieses Zeitgeistes?
Eine aus Weltangst entspringende, gänzlich unsouveräne Sucht nach lückenloser Vollständigkeit, die uns zur Hetze und Oberflächlichkeit zwingt, zu einer geistigen Fassadenkletterei. Schlimmer noch: Blindheit gegen die Unredlichkeit dieses Verfahrens, das den Kindern leere Schaupackungen in die Hände gibt. Wissenschaftliches Gebaren, im Grunde unwissenschaftliche Ungründlichkeit, verschüttet den Zugang zur humanisierenden, zur menschenbildenden Tiefe. Diese Krankheit ist sehr ernst zu nehmen. Sie greift, wenn ich die Formulierung eines norddeutschen Kollegen verwenden darf, „an die Wurzeln des Wahrheitserlebnisses".
Georg Picht hat vor kurzem bemerkt, daß wohl nicht Platon der Vater der Höheren Schule zu nennen sei, sondern eher sein Gegenspieler Protagoras. Tatsächlich läßt es sich übertragen, was Gorgias[3] über die Rhetorik sagt, auf das, was die Schule tut: „Die Dinge selbst braucht sie nicht zu kennen nach ihrem Wesen, aber ein Mittel der Überredung muß sie gefunden haben, um dem Unkundigen gegenüber den Schein zu erwecken, als verstehe man mehr davon als die Sachverständigen."

---

3 Platon: Sämtliche Werke. Bd. I. Berlin: Lambert Schneider. S. 319.

Unser Unterrichtsverfahren wird dadurch zurückgedrängt zur Primitivität, zur Ver-
kommenheit. Wir montieren nur; nicht einmal das: wir füllen ein. Wir bilden nicht.
Wir führen die isolierten Türme der Fächer auf und summieren dann in den Zeug-
nissen und in der Reifeprüfung mit Hilfe der Noten, an die wir unsere Verantwortung abschieben. Als wären wir exakt, wenn wir so unexakt sind, Wesenheiten an
Zahlen zu messen, die sich der Zahl entziehen. Wir sind Galileis abgründigem Satz
verfallen: „Messen, was meßbar ist" (soweit läßt es sich hören, aber nun wird es ver-
hängnisvoll:), „meßbar machen, was es nicht ist."

## II. Der Ausweg: Systematik als Ziel, nicht als Geleis; Der „Einstieg"

Aber genug des Negativen, zumal ich weiß, daß das hier Angedeutete allein nicht
überzeugen kann[4].
Wie können wir helfen?
Die Tübinger Resolution hat wichtige brauchbare Vorschläge gemacht, die auch bereits hier und dort aufgenommen worden sind. – Ich gehe nun darüber hinaus und
möchte fragen: Wie können wir der Lehrplanüberfüllung entgehen, wie können wir
das praktisch begünstigen, was Minna Specht einmal als „Mut zur Lücke" formuliert
hat, eine Wendung, die man nun immer öfter hört[5]. Wie können wir das „exemplarische Lernen", wie es der Göttinger Historiker Heimpel in Tübingen nannte, prakti-
zieren, und zwar zunächst in den Naturwissenschaften?
Ich greife zurück (und betone damit, daß ich gar nichts Neues sage). Schon bei
Heraklit finden sich Ausfälle gegen die Stoffhuberei. Höchst klar sagt Lichtenberg:
„Der allzu schnelle Zuwachs an Kenntnissen, der mit zu wenigem eigenem Zutun
erhalten wird, ist nicht sehr fruchtbar; die Gelehrsamkeit kann auch ins Laub treiben, ohne Früchte zu tragen. – Man findet so sehr seichte Köpfe, die zum Erstaunen
viel wissen. Was man sich selbst erfinden muß, läßt im Verstand die Bahn zurück, die
auch bei anderer Gelegenheit gebraucht werden kann." – Vor allem weise ich hin
auf ein Wort von Ernst Mach[6], der, als Physiker und Psychologe, schon 1880 (!) die
Situation im Schulunterricht der Physik unerträglich fand, ganz klar sah und seinen –
leider ungehörten – Rat gab. Er sagte: „Ich kenne nichts Schrecklicheres als die armen Menschen, die zuviel gelernt haben. Statt des gesunden kräftigen Urteils, welches sich vielleicht eingestellt hätte, wenn sie nichts gelernt hätten, schleichen ihre
Gedanken ängstlich und hypnotisch einigen Worten, Sätzen und Formeln nach, immer auf denselben Wegen. Was sie besitzen, ist ein Spinnengewebe von Gedanken,
zu schwach, um sich darauf zu stützen, aber kompliziert genug, um zu verwirren. –
Wie soll nun aber eine bessere mathematisch-naturwissenschaftliche Erziehung mit

---

4 Vgl. Fußnote 1.
5 *Anmerkung zur 2. Auflage, 1958:* Da sie manchmal mißverstanden wird: Sie enthält immer auch: den Mut
zur Gründlichkeit. – Das exemplarische Lehren spart also nicht: Zeit, sondern es hat einen höheren Wirkungsgrad. Das ist wichtig für die Verfasser von Stundentafeln.
6 Populärwissenschaftliche Vorlesungen. Leipzig 1923. S. 344.

Verminderung des Stoffes vereinigt werden? Ich glaube einfach durch Aufgeben des systematischen Unterrichts, wenigstens soweit er für alle Zöglinge gemeinsam ist ... Ich wäre zufrieden, wenn jeder Jüngling einige wenige mathematische oder naturwissenschaftliche Entdeckungen sozusagen miterlebt und in ihre weiteren Konsequenzen verfolgt hätte."

Man ist diesem Rufe nicht gefolgt. Man hat im Gegenteil das viele, das seit 1880 in der Physik sich neu ereignet hat, noch *dazu* in die Lehrpläne der Schulen hineingepreßt, ohne doch das systematische Durchlaufen des Ganzen aufgeben zu können. Denn dagegen haben sich immer wieder Bedenken erhoben, denn man fürchtet, in ein uferloses „Schwimmen" zu geraten.

Es ist gewiß unbezweifelbar, daß, wie Alexander von Humboldt sagt, nicht die Fülle, sondern die Verbindung der Tatsachen das Wesen der naturwissenschaftlichen Bildung ausmacht. Auch ist nichts einleuchtender als der Gedanke, man müsse, um das Komplizierte zu begreifen, mit dem Elementaren beginnen. Aber gerade weil daran etwas Wahres ist, ist diese halbe Wahrheit ein gefährlich halber Irrtum.

Darf man daraus folgern, man müsse beim Erlernen des Klavierspiels erst die linke Hand allein üben lassen, dann die rechte, dann beide zusammen? Nach meinen Kindheitserfahrungen gewiß nicht. – Ich hörte einen Reitlehrer seinen Unterricht auf die elementare Feststellung aufbauen: Das Pferd besteht aus drei Teilen: Vorderhand, Mittelhand und Hinterhand. – Lernt man schreiben und lesen am besten so, daß man erst die einzelnen Buchstaben vornimmt und sie dann zusammenbaut? Wie man allmählich merkt, ist das wohl nicht sehr glücklich. – Lernt man singen, indem man zuerst die einzelnen Vokale artikuliert, Geometrie so, daß man zuerst die Axiome einsieht? Das taten wir einmal. Wir haben es zum Glück aufgegeben. – Immerhin durchläuft das Gymnasium doch, indem es ein bißchen oberhalb der Axiome einsetzt, das Gebäude der Mathematik linear von unten nach oben. Denn hier, wie nirgendwo so sehr, baut sich ja eins aufs andere. In der Physik glauben noch manche Lehrbücher und Lehrgänge, mit der Mechanik beginnen zu müssen, bisweilen wird sogar eine Vorschule des Messens von Längen, Zeiten und Gewichten vorangestellt, denn – nicht wahr? – wie sollte man Physik verstehen, wenn man nicht „erst einmal" und „von vornherein" exakt messen lernt? Manche wollen auch die Grundbegriffe, wie zum Beispiel den der Masse, „von vornherein" exakt und früh zugrunde legen. Das klingt alles so unheimlich einleuchtend.

Merkwürdigerweise ist aber so ein Unterricht, der mit den Axiomen, mit dem Artikulieren, mit den Newtonschen Prinzipen, mit der Undurchdringlichkeit der Körper, mit dem Messen um des Messens willen anfängt, auch so unheimlich langweilig, stagnierend und niemals spontan.

Nun höre ich, vielleicht nicht unter Ihnen, aber vielleicht aus anderem Kreise, die Stimme: Aha, wieder so einer, der nur spielen will, der es den Kindern nur leicht machen will, der sie nicht hartes Holz bohren läßt, der nichts „verlangt". Vielleicht ist ein solches Mißverständnis aber gar nicht zu verwundern. Ich möchte also, um deutlich genug zu sein, einige *Beispiele* geben.

Es kommt vor, daß man in der Prima den „Strahlensatz" braucht, und er ist nicht mehr „da". Im Wortlaut vielleicht, aber doch substantiell so wenig, daß man denkt:

besser wäre er gar nie „dagewesen". In solchen Fällen klettert man ja auch nicht von unten wieder hoch, sondern man nimmt den Strahlensatz unmittelbar aufs Korn. Unbefangen, unbelastet winkt man seinen Haufen Primaner in eine dunkle Ecke, zündet eine Kerze an, und da ist auch schon der Schatten der Hand an der Wand. Größer als die Hand; wievielmal? – Sie sehen, wie das weitergeht: Experimentalgeometrie: Ist die Hand in der Mitte zwischen Kerze und Wand, so ist der Schatten doppelt so groß wie sie (wie es scheint). So geht es weiter, der Strahlensatz kommt. Die sogenannte „Ähnlichkeit" steckt darin, das quadratische Zunehmen der Flächen, die Optik, die Beleuchtungsstärke, die Proportionen. – Keine Mathematik, sagen Sie. – Gewiß nicht. Aber ein „Einstieg" in die Mathematik, ein wunderbarer. Und zwar einer, der als solcher keine Vorkenntnisse braucht und doch zur Mathematik selbst hinführt. Denken wir aber jetzt einmal an Unwissende, Unschuldige, nicht an Primaner. Wenn man die nun fragt, ob das auch *sicher* ist, was da so zu sein scheint, und wenn wir dem nun nachgehen, wenn die Kinder aus dem Denken ihrer Altersstufe dieses selber von sich aus fragen oder mitfragen, so entdecken sie Verbindungen, sie entdecken Tieferliegendes, das diesem hier zugrunde liegt, das heißt, sie lernen „beweisen".

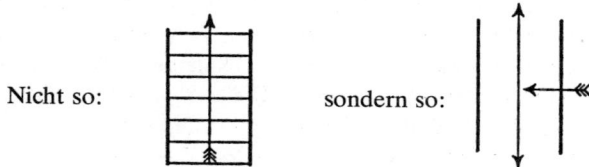

Nicht so:                    sondern so:

sind wir jetzt vorgegangen.
Nicht ein Durch-Steigen des Turmes von unten her, sondern ein „Einstieg" – irgendwo, an geeigneter Stelle – und Aufspüren der Verbindungslinien. Nicht aller, nicht bis ganz hinunter, nicht bis ganz hinauf.
Systematik? Natürlich. Aber sie ist *Ziel*. Man gewinnt sie nicht, man verfehlt sie, wenn man an ihr, die dann ja nur im Kopf des Lehrers präexistiert, entlangläuft. Man muß sie aus dem Chaos aufspüren lassen. Hat man den Faden, so kann man dann der selbstgefundenen Ordnung folgen.
Also: *Hin* zur Systematik, hin zum echten Ordnungserlebnis, irgendwo, exemplarisch, ein Stück weiter.
Aber *nicht*: Systematik als Geleise. Das führt, um einmal ein Beispiel aus anderen Gebieten zu nehmen, zu so komischen Geschichten, daß ein Lehrer sich weigert, den Maikäfer zu „behandeln", obgleich ihm einer in Sexta zufliegt, in die Klasse hinein, mit dem Hinweis, der sei als Insekt zu „kompliziert", der komme erst in Obertertia. – Oder in gewisser Weise umgekehrt, wenn mancher ausgezeichnete Geographielehrer glaubt, er müsse den Rheingraben schon in Sexta einbrechen lassen, weil das „so fundamental" sei. (Ich glaube dagegen, daß die Märchenerzählung vom Einbruch des Rheingrabens und vom Inlandeis in den Unterklassen das Denken einschläfert und das Gegenteil ist einer Vorbereitung zu wissenschaftlichem Denken.) – Die Verfrühung, deren sich die Höhere Schule ständig schuldig macht,

indem sie den systematischen Aufbau des fertigen Faches als Lehr-Bahn vor Augen hat und das Kind vergißt; indem sie also versäumt, ihre Wissenschaft als eine werdende und gewordene zu sehen, und sie den Werdestufen des Kindes anzuordnen, diese Verfrühungen zeigen sich, wo man hinblickt. Ich vermute, daß ein zunächst etwas paradox anmutender Satz Lichtenbergs hier seinen Platz hat: „Wenn man nur die Kinder dahin erziehen könnte, daß ihnen alles Undeutliche völlig unverständlich wäre. – Ich bin überzeugt, daß die vermeintliche Gründlichkeit beim Vortrage der Anfangsgründe sehr schadet. Es ist gar nicht nötig, daß ein Lehrer dem Anfänger die Sache gründlich vorträgt, aber der Lehrer, der diesen Vortrag wählt, muß sie gründlich verstehen; alsdann ist gewiß für den Anfänger gesorgt." –

Noch ein Beispiel zugunsten des „Einstieges", aus der Physik, und zwar aus der Mechanik, dem „Paradies der mechanischen Wissenschaften", wie Leonardo sagt; in der Schule aber für viele „trocken", deshalb unbeliebt. Vielleicht *auch* deshalb, weil man „unten" anfängt und alles der Reihe nach durchnimmt: Trägheit, Gewicht, Geschwindigkeit, Beschleunigung, Kraft gleich Masse mal Beschleunigung, Zentrifugalkraft usw. – Diese Ordnung ist einleuchtend. Sie erscheint rational. Aber ich möchte doch ermutigen, es auch hier einmal mit einem Einstieg zu versuchen, und gleich, prima vista, mit einem so verwickelten Problem zu beginnen, wie mit der Frage: Wohin fällt ein Stein, der von einem hohen Turm losgelassen wird? Senkrecht herunter? Oder wegen der Erdrotation, zurückbleibend? Ein Problem, das die Geister zu Keplers Zeit sehr beschäftigt hat, und bei dem man nicht befürchten muß, es könnte langweilen. Es entzündet in jedem Kreise eine Debatte, und der Lehrer braucht nur ein wenig zu lenken auf die Fragen: Wie das entscheiden? Wo gibt es Ähnliches? Wie experimentieren? – Immer tiefer steigt dann das Gespräch in das Fundament hinunter, bis das Trägheitsgesetz, der Unabhängigkeitssatz sich enthüllen und nun, von da aus, das Newtonsche Konstruktionsgewebe in einigen Wochen vorgetrieben werden kann bis zu der Gleichung „Kraft gleich Masse mal Beschleunigung". Und sie, zutiefst verstanden, *genügt*. Eingänge zur Relativitätstheorie, zur Astronomie, zur Geistesgeschichte, öffnen sich von selbst.

Natürlich reicht die Andeutung dieses Einstiegs nicht aus, um von seiner Brauchbarkeit zu überzeugen. Vielleicht kann ich dieses von mir oft auf seine (psychologisch gesehen) Zündkraft und (physikalisch gesehen) Tiefgründigkeit erprobte Thema – mehrmals mit 40 bis 50 ehemaligen Kriegsteilnehmern – einmal ausführlich, fast protokollarisch, mitteilen.

So kann man in einem Teilgebiet der Physik, etwa der Mechanik, durch einen geeigneten „Einstieg" zu einem lebendigen Aufspüren der Zusammenhänge, des Ordnungsgefüges und der Begriffskonstruktion gelangen.


## III. Das Exemplarische

Man kann aber auch aus einer Einzelfrage das *Ganze* des Faches erreichen. Ein Beispiel aus dem Unterricht in der hessischen Versuchsform der „aufgelockerten Oberstufe"[7]:

Ausgehend von der Messung von Lichtwellenlängen – in Gruppen, nach verschiedenen Methoden (Newtonglas, Spalt, Doppelspalt, Gitter) – standen wir unversehens vor dem Schluß, daß an jeder Stelle eines, sagen wir: rotglühenden, Körpers ein Prozeß von – uns vorläufig – unbekannter Art 4 mal $10^{14}$ mal in der Sekunde zwischen seinen Extremen hin- und herschwankt. Man kann dieses Ergebnis natürlich ungerührt zur Kenntnis nehmen. („Was ist schon an der Zahl 14 erstaunlich!") Aber aus irgendeinem Grunde (wahrscheinlich, weil wir uns vorgenommen hatten, *gründlich* nachzudenken) ging sie uns auch „zu Herzen". Irgend etwas in einigen Schülern verweigerte die Aufnahme dieser unglaubhaften Zahl[8]. Merkwürdig genug, da wir doch den Weg zu dieser Zahl hin selbst gegangen waren! Wir hatten offenbar nicht recht aufgepaßt. – Statt nun, wie sonst üblich, ohne Besinnung „weiterzugehen", tasteten wir den Weg zurück, soweit wie möglich und mit äußerster Bewußtheit. Wir fragten: Auf welchen Fundamenten *ruht* diese einzelne Erkenntnis $4 \times 10^{14}$ Hz? Es zeigt sich, daß ihre Wurzeln die ganze Physik durchsetzen: Ihr Stammbaum ist weit verzweigt. Ich deute an:

Wir hatten die Zahl $4 \times 10^{14}$ Hz aus der Wellenlänge ($\lambda$) des roten Lichtes gewonnen. Diese Wellenlänge, die mehr als tausendmal auf den Millimeter geht, die hatten wir selbst, eigenhändig, erfahren und gemessen. Aber auch das hatten wir offenbar nicht ganz bedacht. Es war schon merkwürdig genug, daß wir etwas so Kleines überhaupt messen konnten. Wie war das gekommen?: Wir hatten große, meterlange Dreiecke (aus Lichtstrahlen) ausgemessen, dann aber von ihnen, mit etwas Geometrie, auf winzig kleine, andere Dreiecke, doch von gleicher Form, schließen können, in denen dieses $\lambda$ vorkam. In diesen kleinen, gedachten Dreiecken steckte schon das „Wellenbild" (in Form der Huygensschen „Elementarwellen"), das uns die Interferenz- und Beugungserscheinungen so zwingend nahegelegt hatten.

Wie waren wir nun zu der Zahl $4 \times 10^{14}$ gekommen? So viele von diesen kurzen Wellen auf die sekundliche Laufstrecke des Lichtes gehen, soviel sind eben auch in einer Sekunde aus der Lichtquelle herausgesprungen. Diese Laufstrecke ist aber sehr groß: 300 000 km. Und Großes geteilt durch Kleines ergibt *Sehr*-Großes. 300 000 km fassen die Tausendstel-Millimeter eben etwa $10^{14}$ mal. So verstehen wir also jetzt, woher das Sehr-Große in unsere Hand kommt.

Nun hatten wir die Wellenlänge *selbst* gemessen, aber die Lichtgeschwindigkeit (300 000 km/sec.), die hatten wir früher einmal „gelernt". Worauf ruht denn sie? Wir verfolgen damit eine zweite Wurzel. Ich kann mich dabei kürzer fassen. Sie ruht, wenn ich mich halte an die historisch älteste Methode (diejenige, welche uns die Natur selbst anbot, als wir soweit waren, „die mit den Jupitermonden", die des Dänen Roemer aus dem 17. Jahrhundert), sie ruht auf dem Abstand Erde–Sonne, das heißt für uns hier: der Spanne, um welche sich die bewegte Erde, dem Jupiterlicht davon- oder entgegenlaufend, während eines halben Jahres versetzt. Der Sonnenabstand

---

7 Näheres: „Neue Wege in der Prima." Sonderheft der Zeitschrift „Die Pädagogische Provinz". Frankfurt a. M. (Märzheft 1953).

8 Zum Vergleich: $10^{14}$ Sekunden sind etwa $10^7$ Jahre, das ist das Alter der Alpen. Man stauche diesen Zeitraum auf eine Sekunde zusammen, lasse aber die $10^{14}$ Pulsationen darin, so hat man eine „Vorstellung".

seinerseits ruht wieder, nach Aristarchs genialer Idee (die jedem Kinde am Himmel selber nachvollziehbar ist), auf dem Abstand des Mondes. Und der wieder, nicht anders gemessen als die Höhe eines Flugzeuges, verlangt als Basis die Maße des Erdballs (Eratosthenes). – Wir stoßen also in Sprüngen in den Raum vor. – Übrigens bleiben auch die Fixsterne nicht außer Betracht: an ihnen erst spiegelt sich („Parallaxe") die jährliche Bewegung der Erde und erweist sich damit als richtig. So mußte die Frage nach der Richtigkeit des kopernikanischen Systems in unsere Erwägungen mit aufgenommen werden. Sie drängen uns dann, von der kinematischen zur dynamischen Betrachtung überzugehen, die wir ohnedies brauchen: die Doppelsterne überzeugen uns davon, daß die Lichtgeschwindigkeit im leeren Raum von ihrer Farbe unabhängig ist, ein wichtiges Glied der Schlußkette. Ich möchte das nicht alles ausmalen. Es genügt mir, wenn man sieht: in durchaus elementarer Betrachtungsweise erkennt man, wie das „In-die-Tiefe-Gehen", das gründliche Nachdenken, das von irgendeinem Ergebnis ausgeht, hier von diesen $10^{14}$ Schwingungen, sich in die halbe Physik hineinfrißt wie ein Brand. – Und wenn Sie wollen, in die *ganze* Physik: Die Periodizität des Lichtes, die wir da gemessen haben, ist bis jetzt anonym. Das heißt: Wir können mit ihr arbeiten, ohne zu wissen, was das „ist", was da schwingt. Was für ein Zustand. Folgen wir aber jetzt der Entdeckung von Heinrich Hertz, so wird deutlich, daß dies ein elektromagnetischer Zustand ist. So schlagen wir die Brücke zu einer anderen tragenden Säule, zur Elektrizitätslehre.

Wenn wir wollen, daß heißt, wenn wir *noch* gründlicher sind, und wenn wir dabei ganz offen bleiben, keine Faser unserer menschlichen Natur abschneiden, dann kommen wir sogar – notwendig – aus der Physik *heraus*. Schon wenn wir Bessel, Olaf Roemer, Kopernikus, Eratosthenes, Aristarch in den *Quellen* lesen, weht es uns nicht mehr nur „physikalisch", sondern geistesgeschichtlich an. Die Physik ist kein Katalog objektiver Gegebenheiten, sie ist ein gewordener und werdender Aspekt der Natur. – Aber davon abgesehen: allein schon am Sammelpunkt unserer Betrachtungen, in jenen $10^{14}$ werden wir in unserer menschlichen Mitte erschüttert, wenn es uns anwandelt zu sagen: Farbe sei „nichts als" Wellenlänge, und zu glauben, damit hätten wir „das Wesen" des Lichtes erkannt. Wenn der physikalische Unterricht nicht dieses Aberwissen erschüttert und durch eine wissenschaftstheoretische Betrachtung den Streit Goethe-Newton fruchtbar macht, dann hat er mit Bildung wenig zu tun[9].

Die Auflösung der Fachwände zeigt sich auch bei der vorhin berührten Frage nach dem *Auftrieb:* woher kommt er? Dann bricht ja die Frage auf, wer nun „recht" habe, wir Heutigen oder vielleicht doch auch Aristoteles, der sagt, Luft im Wasser strebe nach oben (weil sie ihren Ort sucht, wohin sie gehört, ihre Heimat sei oben, außen). Und noch weiter draußen sei die Heimat der warmen Luft und des Feuers. Während Galilei und Guericke die Luft *wägen,* das heißt: sie von ihrer Umgebung isolieren, und zeigen, daß auch sie, wenn sie nicht unter Wasser, sondern allein ist, nach unten

---

9 Vgl. T. Litt: Naturwissenschaft und Menschenbildung. 3. Aufl. Heidelberg 1958. – C. Münster und G. Picht: Naturwissenschaft und Bildung, Würzburg: Werkbund Verlag 1953. – W. Heisenberg: Wandlungen in den Grundlagen der Naturwissenschaften. 8. Aufl. Stuttgart 1949, S. 54 ff.

strebt. Man könnte dagegen sagen, dies sei ein Begriff, der die Luft aus ihrer natürlichen Umgebung isoliere. Das wäre ein Einwand, verwandt dem Goethes gegen Newton, daß erst das Einengen des Lichtstrahls ihn zwinge, alle Farben zu bekennen [10]. – Diese Fragen sind nicht leicht zu nehmen und wirken wahrhaft bildend. Unsere Fachlehrerbildung geht an ihnen meist vorüber. Aber gerade hier öffnet sich eine wissenschaftstheoretische Sicht, ohne die Naturwissenschaft nicht bildend wirken kann. Recht geleitet, wird aber der naturwissenschaftliche Unterricht selbst ein großer Einstieg zur philosophischen Propädeutik.

Noch ein Beispiel für die fachsprengende, humanisierende Wirkung, die ein Einzelproblem nach sich ziehen kann.

Einer Gruppe von „Schmalspurmathematikern", die im Rahmen unserer „aufgelockerten Oberstufe" aus eigenem Antrieb Mathematik gewählt hatten, stellte ich, ohne zu ahnen, wohin der Weg führen würde, die Ausgangsfrage: Wodurch eigentlich empfiehlt sich die Zahl 10 so sehr, daß sie Grundzahl unserer dezimalen Schreibweise wurde? – Das Ergebnis des Nachdenkens (durch gar nichts, was ihren Zahlenwert angeht, nur durch ihre „Handlichkeit"!) war fast allen neu (wie auch den meisten erwachsenen „Gebildeten", trotz allem Mathematikunterricht). (Vielleicht wäre hier gleich ein Exkurs ins Biologische möglich gewesen; wir machten nicht davon Gebrauch.) So kamen wir auf das Grundsätzliche der indischen Stellenwert-Schreibweise zu sprechen. Spontan bildeten sich Gruppen von zweien, die sich je ein Zahlensystem ausbauten (Grundzahlen 2; 5; 12) und in ihrer Freizeit darin mit dem Eifer eines Geheimbundes solange spielten, neue Zahlzeichen und Zahlworte erfindend, zum Beispiel:

$$2\frown = \text{elf-und-doz} = 11 + (2 \text{ mal } 12) = 35,$$

bis sie eine solche Fertigkeit im Schreiben und Vorrechnen aller vier Grundoperationen und auch der Bruchrechnung entwickelten, daß ich nur *eine* Sorge zu haben brauchte: daß ich mitkäme. Ganz von selbst mußte sich die Betrachtung verbreitern auf Zahlworte, Zahlzeichen, ihre Geschichte und ihr Nachleben in der Gegenwart. Gelegenheit zu Referaten ergab sich etwa über das Buch von Karl Menninger „Zur Kulturgeschichte der Zahlen" oder die Brauchbarkeit des Dualsystems für die modernen Rechenmaschinen. So wurden wir ethnologisch, linguistisch, archäologisch, psychologisch, und es machte uns sehr nachdenklich, daß es einen Indianerstamm gibt, der ein anderes Zahl-Wort gebraucht, wenn er 3 Büffel meint, als wenn er 3 Bäume bezeichnen will. (Man vergleiche mit dieser „Primitivität" die viel größere eigene, mit welcher wir die mathematischen Schulleistungen zweier Schüler mit demselben Zeichen 3 bewerten, obwohl der eine Schüler es mit dem Fleiß, der andere mit der schnellen Intelligenz schafft.)

Besonders staunen aber machte es uns, daß die Griechen, ein Volk mit unentwickelter und unpraktischer Zahlenschreibweise, einen so guten mathematischen Ruf genießen. Dem wollten wir doch einmal nachgehen, und wir taten es so, daß wir einige

---

10  Man vergleiche hierzu auch P. Frank: Einstein. München: Paul List Verlag 1949, S. 50 f. – M. Heidegger: Holzwege. Frankfurt a. M. 1950, S. 71.

Proben griechischen Denkens in aller Ruhe und in sokratischer Weise ins Auge faßten: den Satz über das Nichtabbrechen der Primzahlen-Reihe, wie er bei Euklid sich findet, und seine Abschätzung darüber, wie groß die Lücken in dieser Reihe werden können und wo sie liegen. Dann folgten wir, indem wir aus der Welt des „unendlichen Großen" in die des „unendlichen Kleinen" einkehrten, dem Beweis für die Irrationalität der Wurzel aus 2. Es wurde uns klar, daß die „Praktischheit" der Zahlen*schreibweise* nichts dazu beiträgt, ins *Wesen* der Zahlen einzudringen, ja einem solchen Nachdenken sogar schädlich sein kann. Das in mathematischem Sinn „Irrationale" zog uns an, den anderen Sinn desselben Wortes im philosophischen Gebrauch zu betrachten: Die Entdeckung des mathematisch Irrationalen ist eine rein „rationale Angelegenheit", wie die ganze Mathematik.

Ein wenig anders wird es, wenn man sich fragt, ob sich die Zahlen auch als Naturgegebenheiten finden, besonders die ganzen Zahlen in den Naturgesetzen. Hier bot sich das Fallgesetz an, in dem sich beim Experiment die Zahlen 1, 3, 5, 7 ... aus dem ausgemessenen Naturgeschehen „von selbst" und in immer kleiner werdenden Streu-Bereichen herausmitteln, je genauer und je öfter wir messen. Grund genug sich zu wundern, und auch um den Gewißheitsgrad der physikalischen Erkenntnis zu vergleichen mit dem absoluten der Mathematik.

So hatte sich also als Thema dieses Kurses nachträglich herausgestellt, daß wir über die *Zahlen* uns klarer geworden waren, die Zahlen gesehen als Zeichen zuerst, dann als Wesenheiten in ihrem eigenen Seinsbereich und schließlich als Auskunft der zahlenhaft angeschnittenen Naturerscheinung, die damit unserer Frage in einem Maße entgegenkommt, das wir nur hinnehmen, aber nicht als selbstverständlich erwarten dürfen.

So verlassen wir das Fach, indem wir uns in es selbst versenken. Die Zahlen, so möchte man sagen (in Anlehnung an eine Bemerkung Pascals), führten uns auf Gedanken, die mehr wert sind als die ganze Zahlenlehre.

Aber ich möchte Ihnen diesen Satz Pascals im Wortlaut vorlesen. Er steht in seiner Abhandlung „De l'esprit géométrique"[11]. Er spricht von den beiden wunderbaren Unendlichkeiten, den „deux merveilleuses infinités", die uns allenthalben umgeben, dem unendlich Großen und dem Nichts (denselben, die uns auch in den zwei vorhin erwähnten griechischen Untersuchungen begegneten). Da sagt er: „Daraus kann man lernen, sich selbst nach seinem rechten Wert einzuschätzen und sich Gedanken zu machen, die mehr wert sind als die ganze Geometrie selbst" („qui valent mieux que tout le reste de la géométrie même").

Und so glaube ich, daß auch wir nichts verlieren, sondern gewinnen, wenn wir uns auf einen so kleinen Ausschnitt der Mathematik beschränken und auf den „Rest" verzichten, für solche Schüler der Oberstufe, die ihren Bildungs*schwer*punkt nicht in der Mathematik haben.

Ich möchte das, was meine Beispiele sagen wollten, zusammenfassen in zwei Sätzen, *zwei Thesen:*

---

11 Pascal: De l'esprit géométrique. Band 3 der „Kleinen Reihe" Claassen und Würth. Darmstadt 1948 (französisch und deutsch).

1. Je tiefer man sich eindringlich und inständig in die Klärung eines geeigneten Einzelproblems eines Faches versenkt, desto mehr gewinnt man von selbst das Ganze des Faches.

2. Je tiefer man sich in ein Fach versenkt, desto notwendiger lösen sich die Wände des Faches von selber auf und man erreicht die kommunizierende, die humanisierende Tiefe, in welcher wir als ganze Menschen wurzeln, und so berührt, erschüttert, verwandelt und also gebildet werden.

„Gebildet". Denn das Entlang-Gejagtwerden längs den Geleisen des Systems bildet nicht. Wir wollen Geleisleger erwecken, nicht Geleisfahrer machen.

Das alles ist nichts Neues. Arbeitsunterricht, Selbsttätigkeit, Aktivität, wie man es auch nennen mag, alles ist dieselbe, die einzige uralte Methode, seit Sokrates. Aber es scheint, daß wir heute allmählich wieder zurücksinken in die primitivste Art des Gestaltens: das Prägen (ja Stempeln), das nur dem Anorganischen gemäß ist, der Anisbäckerei. Und während wir die Linienzüge unserer „objektiven" Fachkonstruktionen dem Kinde wie einem Gebäck aufprägen, glauben wir, der Verbindung mit der geistigen Welt sicher zu sein? Sehen womöglich herab auf Begriffe wie „Wachstum" oder „Natürliches Lernen", als wären das Biologismen? Ohne zu bemerken, daß sie schon Fortschritte sind, die uns über den Bereich des Lebendigen hinweg vielleicht auch in den des Geistes hinüberleiten? In dem wir nun freilich weder prägen noch uns mit dem Wachsen begnügen können, in dem wir vielmehr auf das Erwecken, das Zeugen warten müssen.

*Warten* sage ich, um zu warnen, daß nicht die Aktivität, die Selbsttätigkeit, der Arbeitsunterricht zum äußerlichen Betrieb werde. Gewiß muß das Kind zugreifen, aber es darf nicht zu dem enzyklopädischen Raffen verführt werden, dem wir weithin in unseren Schulen verfallen sind, dem Zur-Kenntnis-Nehmen, dem Mitnehmen von Sehenswürdigkeiten, dem Durchnehmen und auch dem Sich-Übernehmen.

Wir wollen ja nicht, daß das Kind in *diesem* Sinne „aktiv" sei und nehme, wir möchten, daß es lausche und vernehme und dann ergriffen werde und hineingenommen in den Sog der Sache, und daß es dann freilich zugreife.

Dieses *ergriffene Ergreifen* scheint mir das Kennzeichen des Bildungsprozesses zu sein. Und Kerschensteiners Grundaxiom, mag es auch in seiner Formulierung angreifbar sein, scheint mir doch insofern recht zu behalten, als der Mensch nur gebildet werden kann durch eine Begegnung, die ihn *ergreift,* der er sich *hingibt* und die ihn *dann* zum Greifen und Begreifen bewegt. Und dies, meine ich, geschieht durch Einstiege.

## IV. Entwurf von Funktionsplänen (an Stelle von Stoffplänen) für den physikalischen Unterricht

Ich könnte aber verstehen, wenn Sie noch Bedenken hätten und den Einbruch der Willkür fürchteten. Nun meine ich zwar, daß es schlimmer kaum kommen kann, als es ist, da ja eben der Gehalt und die Ordnung unserer Schulkenntnisse in einem schrecklichen Maß nur Schein sind. Aber auch ich glaube, daß es noch einiger Sicherungen bedarf, wenn man den Lehrplan in dem Sinne aufgibt, daß man von einer verpflichtenden *Stoff*liste für die Oberstufe absieht (denn darauf würde es ja wohl hinauslaufen).

Ich möchte wieder die Physik wählen und einen Vorschlag machen, wie man ohne Stoffpläne doch gewisse bestimmte Forderungen präzisieren könnte[12]:

Unsere *Lehrpläne* sehen seit Jahrzehnten etwa so aus, daß allgemeine Ziele, erzieherische, an den Anfang gestellt werden. Sie sagen, was der physikalische Unterricht erreichen will. Hier findet man meist: die scharfe Beobachtung, das logische Schließen, manchmal auch die Disziplinierung der Phantasie, die Ehrfurcht und anderes genannt, und mit Recht.

Doch hat dieser Teil bei aller Feierlichkeit immer einen etwas dekorativen Eindruck auf mich gemacht. Denn *nach* ihm erst wird es Ernst. Es folgen die Stoffpläne, und sie sind verbindlich. Das heißt: der Lehrer, besonders der junge Lehrer, der sich – hier buchstäblich – noch „nichts herausnehmen" darf, steht bangen Blickes vor diesem Manometer des Stoffdrucks und ist immer in Sorge, ob er auch „fertig" wird. „Wie weit sind Sie eigentlich?" ist eine nicht seltene Frage in Lehrerzimmern. Er bemerkt sehr bald, daß die am Anfang genannten hohen Ziele durch das erbarmungslose Fließband des Lehrplans nicht zu ihrem Recht kommen, er hat immer ein schlechtes Gewissen.

Sollten wir nicht versuchen, diesem Elend durch eine ganze entschiedene Kehrtwendung in absehbarer Zeit ein Ende zu setzen? Indem wir auf der Oberstufe den Stoff nicht mehr als das Primäre ansehen; indem wir es wagen, nicht mehr eine verbindliche Stoffliste hinzuschreiben, sondern ... Es läßt sich nur ganz konkret sagen: In der Physik hieß es bisher: das Wichtigste aus der Mechanik *und* aus der Wärmelehre *und* aus der Optik *und* so weiter. Könnte man nun nicht an Stelle dieser vielen Plus-Zeichen lieber sagen: An der Mechanik *oder* an der Elektrizitätslehre *oder* an ... ist ... etwas *exemplarisch Physikalisches* zu erreichen? – Aber was ist das? Jene oben angedeuteten hohen Ziele? Sie wären damit zu unbestimmt bezeichnet. Sie müßten nun streng, im Sinne der Sache, des Faches, seiner Eigengesetzlichkeit, einzeln gefaßt werden. – Das wären dann *nicht Stofflisten, sondern „Funktionspläne".* Es wären bestimmte typische geistige Funktionen, Begegnungsweisen, die an ausgewählten Stoffen „ein für allemal" zu erfahren wären. –

Ich möchte jetzt versuchen, die wichtigsten Funktionsziele des physikalischen Unterrichts zu entwerfen:

1. Beginnen wir vielleicht mit dem, womit wohl die Physik selbst entstanden ist, womit auch der Unterricht beginnen muß, wenn er gelingen soll. Damit, daß wir uns wundern, daß wir staunen.

Etwa beim Heber, in dem das Wasser bergauf läuft, oder bei dem sogenannten „hydrostatischen Paradoxon", weil da eine kleine Menge Wasser einen Druck auf den

---

12 Die drei folgenden Absätze sind entnommen meinem Aufsatz: „Mehr lernen, weniger durchnehmen, auch in der Physik!" Nr. 37 aus UI.

Boden ihres Behälters äußert, der seiner winzigen Menge gar nicht zugetraut werden kann und irgendwie von der Form des nach oben sich verengenden Gefäßes bestimmt sein muß.

So etwas will man „verstehen", „erklären". Und das ist geschehen, wenn das Wunder in Verbindung gebracht wird mit etwas anderem, das uns vertraut ist, und wenn wir in dem Wunderbaren auf einmal einen nur verkleideten alten Bekannten erkennen. So im Heber das Seil, das sich, überhängend, selber von der Tischplatte herunterschafft, auch über eine kleine Erhöhung hinweg. Und in der unverständlich großen Kraft, mit der das Wasser auf den Boden des Gefäßes sich stemmt, eine Mit- und Rückwirkung der nach innen überhängenden Gefäßwand.

Ein klassisches, keiner Stoffbeschränkung je zu opferndes Beispiel wird immer bleiben, wie Newton das unbegreifliche Kreisen des Mondes als einen Wurf verstehen lehrte. Heisenberg[13] schreibt darüber: „Wir können uns heute kaum mehr vorstellen, welch ein außerordentliches Erlebnis es für die Forscher der damaligen Zeit gewesen sein muß, zu erkennen, daß die Bewegungen der Sterne und Bewegungen der Körper auf der Erde auf ein und dasselbe einfache System von Gesetzen zurückgeführt werden können; wer nicht selbst ein wenig von der Bedeutung dieses Wunders verspürt hat, kann nie hoffen, etwas vom Geist der modernen Naturwissenschaft zu verstehen."

Erkennen wir so im Heberwasser das Seil, im Mondflug den Steinwurf, in der Sache die Ursache, so haben wir etwas exemplarisch Naturwissenschaftliches erfahren.

In der Titelvignette von Stevins Werk (Hypomnemata Mathematica, Leiden, 1605)[14] findet sich der Satz *„Wonder en is ghen wonder"*. Genau das meine ich. Auch hier ist freilich ein Mißverständnis möglich, und zwar ein für den Unterricht tödliches (es kann allerdings nur dem wissenschaftlich ungebildeten Lehrer vorkommen): der Lehrer nicht als Wundertäter, sondern als Wundertöter. Der Mann, der den Kindern das Staunen austreibt und alles in das Einerlei der Selbstverständlichkeit rücken zu können glaubt. Wer vom Geist der Wissenschaft angerührt ist, weiß, daß die Angliederung eines ungewohnten Wunders an ein gewohntes die Zahl der Wunder nicht vermindert, sondern erhöht: Aus Zwei wird nicht Eins, sondern aus zwei Kleinen wird ein Großes und immer Größeres. Das Wunder der immer mehr sich lichtenden Ordnung und das Geheimnis der letzten Fundamente, auf die der Bogen dieser Ordnung sich stützt.

Ich möchte das *1. Funktionsziel* so formulieren:

*Erfahren, was in der exakten Naturwissenschaft heißt: verstehen, erklären, die Ursache finden.*

2. Ob man bei einem solchen Erklärungsversuch irrt oder nicht, darüber entscheidet nun in der Naturwissenschaft das Experiment, und wenn es physikalisch wird, müssen wir hinzufügen: das messende Experiment.

Damit erreichen wir ein neues Funktionsziel:

---

13 Vgl. Fußnote 9.
14 Nach E. Mach: Mechanik. S. 31. Selbst Mach bemerkt dazu: „Wirklich ist jeder aufklärende wissenschaftliche Fortschritt mit einem gewissen Gefühl der Enttäuschung verbunden."

Erfahren, wie man ein Experiment, als eine Frage an die Natur, ausdenkt, ausführt, auswertet, und zwar ein messendes Experiment mit dem letzten Ziel der Mathematisierung.

Wie man also ein Naturgesetz (in diesem Sinne verstanden) findet, wie man es „macht"; was es heißt, wenn Galilei sagt, die „natura" sei „scritta in lingua mathematica"; moderner gesagt: sie erlaube es uns, solche Gesetze aus ihr herauszuschreiben, ihr zuzuschreiben.

Dazu gehört: Wovon die Genauigkeit einer Messung abhängt; wie man die Funktion findet, wieweit hier Gewißheit gewonnen wird – etwa verglichen mit der mathematischen Sicherheit oder der historischen.

Verfolgen wir etwa, messend, das Hinabrollen eines Wagens auf einer geneigten, ebenen Bahn, so treten bekanntlich und unheimlicherweise die ganzen Zahlen 1, 3, 5, 7 ... auf. Von selbst. Sie stecken in der Natur. Was wir hineintun, ist nur die Zeitmessung, d. h. die Festlegung des Ortes des Wagens nach gleichen Zeitspannen. Sind nun diese Zahlen 1, 3, 5, 7 ... genau? Dazu muß man es selber ausführlich tun, dieses Messen. Dann erkennt man die Fehler, man fragt sich, warum eigentlich die Wiederholung einer ungenauen Messung und die Mittelbildung unser Vertrauen zum Ergebnis steigert. Man erkennt dann, daß diese Zahlen 1, 3, 5, 7 ... niemals genau auftreten, daß wir nur sagen dürfen: je größer unsere Meßgenauigkeit, desto mehr streben sie diesen Werten zu, und je öfter wir den Versuch machen (nein: irgend jemand ihn macht!), desto näher drängen die Mittelwerte an diese Zahlen 1, 3, 5, 7 ... heran[15].

Es gibt noch mehr Nachdenkenswertes:

Wir haben das Gefühl, daß eine Meßreihe „stimmt", wenn die Punkte, in ein Koordinatensystem eingetragen, eine „schöne" glatte Kurve geben. Welch seltsame Einmischung ästhetischer Gesichtspunkte! Dahinter steckt, daß die Natur wirklich einen Hang zur Einfachheit hat und daß das Schlichte sich als das Ebenmaß der Funktionskurve kundgibt.

Das sind Fragen, die sich einstellen bei dem *Funktionsziel 2*. Ich wiederhole es: *Erfahren, wie man ein messendes Experiment ausdenkt, ausführt, auswertet, und wie man aus dem Experiment die mathematische Funktion gewinnt.*

3. Das Kreisen des Mondes erklärt sich als Wurf. Eine einzelne Sache fand so ihre Ursache, und sich in ihr wieder.

Das wiederholt sich nun im großen: Ein ganzes Gebiet der Physik, etwa der Magnetismus, wird von einem anderen Bereich, hier der Elektrizitätslehre, aufgesogen „annektiert". Das muß man mindestens *ein*mal erlebt und Schritt für Schritt mitgemacht haben. Wie es auf einmal keinen Magnetismus, keinen echten, selbständigen Magnetismus mehr gibt, sondern nur Wechselwirkung zwischen Strömen! Wie also ein Glied der Brücke sich errichtet, von der Faraday träumte, als er schrieb: „Längst hegte ich ... die fast an Überzeugung grenzende Meinung, daß die verschiedenen

---

15 Eine ausführliche Darstellung dieses Lehrgangs findet sich auf S. 270 bis 275 meines Buches „Die pädagogische Dimension der Physik". Braunschweig 1962, 3. Aufl. 1970.

Formen, unter denen die Naturkräfte sich offenbaren, einen gemeinsamen Ursprung haben..." So geht die Wärmelehre in der Mechanik auf, die Optik und der Magnetismus in der Elektrizitätslehre.

*Funktionsziel 3: Erfahren, wie ein ganzes Teilgebiet der Physik sich mit einem anderen in Beziehung setzen und gleichsam darin auflösen läßt.*

Dies zu erfahren, wäre freilich nichts wert, ohne äußerste Bewußtheit dessen, was wir bei einer solchen Auflösung des einen Gebietes in einem anderen tun:

4. Man kann die Wärmelehre in der Mechanik nicht aufgehen lassen, ohne das Feld der Phänomene zu verlassen und sich von der Materie ein atomistisches „Bild" zu machen; den Magnetismus nicht in der Elektrizität, ohne die Vorstellung atomarer Kreisströme zu konstruieren.

Es wird also nötig, über dem Feld der Phänomene eine Kuppel der Bilder, eine Modellwelt, eine Modellnatur auszudenken. Diesen Prozeß in *einem* Falle genau verfolgt zu haben, ist von der allergrößten Bedeutung. Denn es zeigt sich dann – und es läßt sich im Gymnasium zeigen[16] –, daß die Elemente dieser Modellwelt, etwa die Elektronen, keine Dinge in Raum und Zeit sind, keine kleinen Gegenstände, und daß sie dennoch nicht einfach Hirngespinste genannt werden dürfen. Hieran hängt die Überwindung materialistischen Aberglaubens, an dessen Auflösung unserer Physik ernstlich, unsere Schulen noch kaum herangegangen sind: Dies sei zusammengefaßt in dem *Funktionsziel 4:*

*Erfahren, was in der Physik ein „Modell" ist.*

5. Weiter verfolgt und vervollständigt, führt es uns zu dem nächsten, dem *Funktionsziel 5.* Ich nenne es gleich:

*Erfahren, wie schließlich – aufbauend auf alles Vorangegangene – der physikalische Forschungsweg selber zum Gegenstand der Betrachtung wird, einer wissenschaftstheoretischen Betrachtung.*

Dabei wird die Physik als ein *Aspekt* erkannt, nicht als ein Turm von „objektiven" Ergebnissen, sondern als eine Schauweise und eine Bauweise.

Es gibt andere Aspekte, etwa den biologischen, oder Aspekt früherer Zeiten, etwa den des Aristoteles. Durch Vergleich werden wir uns des Aspektcharakters bewußt und damit zugleich der Grenzen und der Grenzüberschreitungen, die so häufig sind. Ich berühre damit das Thema, das Theodor Litt in großer Klarheit in seinem Buch: „Naturwissenschaft und Menschenbildung" darstellt[17]. Er zeigt, daß mit der Erreichung dieses Funktionszieles die menschenbildende Macht der Physik und der anderen Naturwissenschaften steht und fällt.

Das Netz, mit dem wir die Natur auf physikalische Art sieben, ist das messende Netz. Der Felsblock, aus dem Wasser gehoben, wird schwerer. Dieses Erlebnis ist dem physikalischen Zugriff zugänglich, die wägende Hand kann man durch eine messende Federwaage ersetzen. Nur das wird von der Physik gesehen und beachtet, was

---

16 Wie es sich zeigen läßt, kann in der Kürze dieses Vortrages nicht angedeutet werden. Man findet Vorschläge im Aufsatz 16 aus UI.

17 Vgl. Fußnote 9.

sich dem fügt. Aber, wieviel es uns leichter ums Herz wird, wenn die sorgenvolle Nacht sich lichtet, das ist mit der Waage nicht meßbar. Und was Rilke vom „archaischen Apoll" sagt, das fällt durch das physikalische Netz hindurch. Es behält nur einen Marmorblock darin, so geformt, so schwer, so groß, so hart, so glänzend, so mattglänzend – aber: „du must dein Leben ändern", davon weiß dieses Netz nichts. Die Physik weiß davon nichts. Sobald wir aber sagen: „Der Physiker" weiß davon nichts, so verleumden wir ihn, so entmenschlichen wir ihn, wir verarmen ihm die Welt, indem wir ihm nachsagen, er glaube nur noch das, was er gefangen hat in seinem Netz. Dennoch gibt es solche Physiker, schon zu Beginn der Neuzeit gab es sie. Gian Battista Vico[18] wandte sich gegen sie: „Da sagen aber die Gelehrten, eben diese Physik, so wie sie sie lehren, sei die Natur selbst; und wo immer man sich hinwende, um das Universum zu betrachten, immer habe man diese Physik vor Augen." Dies zu klären, ist Sache des Physiklehrers. „Widmen wir uns also der Physik als Philosophen", sagt derselbe Vico. Wir dürfen das nicht dem Deutschlehrer aufladen, der meist von der Physik und ihren Herrlichkeiten nur ein verzerrtes Bild kennt, das eben dadurch entstanden ist, daß er den Eindruck in seiner Schulzeit erhielt, diese Physik beanspruche, die Natur zu zeichnen, so wie sie an sich selber sei.

Stellen, an denen sich der Aspektcharakter der Physik besonders deutlich machen läßt, sind die falsche Gleichung Farbe = Wellenlänge (d. h. der Streit Goethe–Newton; siehe Abschnitt III dieses Vortrages) oder die Einführung der Atome. Wie wenig unser Unterricht auf diese Aufgaben achtet, das zeigen in den Büchern Überschriften wie „Das Wesen des Lichtes", „Das Wesen der Wärme" und die Harmlosigkeit, mit welcher man oft schon in den Unterklassen die Atome und Elektronen wie bare Handgreiflichkeiten dogmatisch einführt.

6. Wenn die Physik ein Aspekt ist, eine Schau- und Bauweise, eine Art, die Natur zu behandeln, und nicht ein Inventar objektiver Gegebenheiten, wenn man sie also nicht naiv nimmt, sondern sie versteht als einen Fang-im-Netz (des Quantitativen), als ein Filtrat und nicht als „die Wirklichkeit", so kann sie in dieser ernsthaften Weise nur angeeignet werden als eine *gewordene* und als eine *werdende*. Nur so, als ein Schau- und Bauwerk der Menschheit aufgefaßt, kann sie also bilden, da sie nur auf diese Weise ihre Verhaftung mit dem *ganzen* Menschen zu erkennen gibt (und nicht etwa nur den Bezug auf den durch sie bereits geprägten und eingeengten – oder auch zerspaltenen – Menschen unserer Zeit).
In Carl Friedrich von Weizsäcker „Geschichte der Natur"[19] finden wir den Satz „... der Mensch war nötig, damit es Begriffe von der Natur geben konnte. Es ist möglich und notwendig, die Naturwissenschaften als einen Teil des menschlichen Geisteslebens zu verstehen." Ich schließe daraus: Es ist möglich und notwendig, die Physik geistesgeschichtlich zu sehen, wenn sie nicht nur informieren (und dann mißverständlich), sondern bilden soll.

---

18  Vom Wesen und Weg der geistigen Bildung. Godesberg 1947. Mit einem Nachwort von C. F. von Weizsäcker.
19  C. F. von Weizsäcker: Die Geschichte der Natur. Göttingen 1946. S. 8.

Ehe wir uns überlegen, wie das in der Schule möglich und wie es notwendig sei, möchte ich aber zur Verdeutlichung des Zieles einige Sätze vorlesen aus Pascals „Fragment eines Vorwortes zur Abhandlung über den leeren Raum"[20], Sätze von, wie mir scheint, wunderbarer Klarheit und Hellsicht:

„Die Geschehnisse der Natur sind verborgen; obgleich sie immer tätig ist, entdecken wir nicht immer ihre Wirkungen: die Zeit enthüllt sie von Geschlecht zu Geschlecht, und obwohl sie stets sich selbst gleich ist, wird sie nicht stets in derselben Weise erkannt ... So müssen wir die Gesamtheit der Menschen im Verlaufe so vieler Jahrhunderte wie einen einzigen Menschen betrachten, der noch immer da ist und ohne Unterlaß lernt."

Erkennt man eine solche Forderung an den physikalischen Unterricht an, so kann er sie doch nicht auf eine solche Weise erfüllen, daß er nun geschichtliche Berichte einschiebt oder am Schluß zusammenstellt (wie die – vermutlich falsche – Geschichte, nach der Galilei seine Fallversuche am schiefen Turm in Pisa gemacht habe, was vielleicht ein Reisebüro interessieren könnte) oder durch ein paar biographische Daten aus Keplers Leben. Das wäre ja nur wieder stoffliche Ablagerung, Lexikonsweisheit. (Dem entspricht es, daß es Lehrbücher der Geschichte gibt, in denen die Keplerschen Gesetze in ihrem klassischen Wortlaut angeführt werden. So dient eine Attrappe der anderen zur Verzierung.)

Echt kann es nur so geschehen, daß an vielen Stellen, wo physikalische Grundbegriffe „auftreten", sie nicht gegeben, sondern entwickelt werden, konstruiert, und daß dann das Werden dieser Begriffe in die Zeiten zurückverfolgt wird, denen wir sie verdanken. Und auch dies nicht so, daß wir unsere heutigen Begriffe (wie Trägheit, Kraft usw.) „lernen" und dann, ein wenig gönnerhaft, nachsehen, wie unvollkommen und vage doch unsere Vorfahren noch dachten: während wir ihnen doch verdanken, daß wir heute so klug zu sein glauben, „... denn die ersten Erkenntnisse, die sie (die Alten) uns geschenkt haben, dienten unserer Erkenntnis als Stufe, und so schulden wir ihnen auf Grund dieser Vorteile den Dank für unsere Überlegenheit über sie[21]". Sondern so, daß das Denken der Lernenden dahin geleitet wird, diese Begriffe selbst zu konstruieren. Es wird dann dieselben Stufen durchsteigen, die wir in die Geistesgeschichte eingegraben finden. Und wenn der Schüler seine eigene erste Meinung in Keplers Worten wiedererkennt, so wird er sich dem großen Manne vereint fühlen und mit Achtung die nächsten Stufen mitsteigen bis zu dem glatten und scheinbar planierten Gipfel unseres heutigen Standes. Es ist ein erbarmungswürdiger Unfug, wenn Volksschulbücher der Naturlehre gleich am Anfang das Newtonsche Trägheitsgesetz auf die Seite zaubern. So einfach war das nicht, und so einfach geht es also auch heute im Kinde nicht.

Lassen wir als ein Beispiel gerade diese Entwicklungsgeschichte des Beharrungsgesetzes vor uns vorbeiziehen[22]. Ich nenne ohne weitere Erläuterung das, was die Ahnen darüber dachten, einer nach dem anderen:

---

20  Pascal: Die kleinen Schriften. Sammlung Dietrich. Bd. 16. Wiesbaden 1947. S. 5 und 7.
21  Pascal: A. a. O.
22  Vgl. Fußnote 15 (a. a. O., S. 246–257).

Aristoteles[23]: „Alles, was sich bewegt, bewegt sich entweder von Natur oder durch eine äußere Kraft oder vermöge seines freien Willens."

Leonardo[24]: „Es kann aber kein Ding lange in seiner Bewegung verbleiben; denn wenn die Ursachen fehlen, bleiben die Wirkungen aus."

Kepler[25]: „... zum stilstehen oder pleiben ... ist genug, das es (das ding) unartig sey zu einiger bewegnuß, wan ein ding also ist und hatt zumahl khainen treiber, so stehet es still an wölliches ort es immer gesetzt würt."

Galilei[26]: „Wenn ein Körper ohne allen Widerstand sich horizontal bewegt, so ist ... bekannt, daß diese Bewegung eine gleichförmige sei und unaufhörlich fortbestehe auf einer unendlichen Ebene."

Descartes[27]: „Denn es ist gewiß, daß ein Körper allein deswegen, weil er seine Bewegung begonnen hat, in sich die Kraft zur Fortsetzung seiner Bewegung hat, wie er ebenso allein deswegen, weil er an einem Ort aufgehalten ist, die Kraft hat, sein dortiges Verhalten fortzusetzen."

Newton: „Jeder Körper beharrt in seinem Zustand der Ruhe oder der gleichförmigen geradlinigen Bewegung, wenn er nicht durch einwirkende Kraft gezwungen wird, seinen Zustand zu ändern."

Einstein[28]: „Ein von anderen Körpern hinreichend weit entfernter Körper verharrt im Zustande der Ruhe oder der gleichförmig geradlinigen Bewegung."

Wer diese Folge hin und wieder denkt, der sieht, wie eine Schneise in die Wirklichkeit geschlagen wird, immer schärfer, immer lichter, immer trennender. Er sieht die „Gesamtheit der Menschen ... wie einen einzigen ..., der noch immer da ist und ohne Unterlaß lernt" und denkt.

Ein solcher Unterricht, der die Begriffe aus ihrer Herkunft und Geschichte gegenwärtig macht, braucht sich nicht etwa auf theoretische Betrachtungen zu beschränken. Ramsauer[29] hat an der Technischen Hochschule Berlin Experimentalvorlesungen mit den historischen Apparaturen gehalten, so wie man Konzerte gibt auf alten Instrumenten. Und Ernst Mach[30] hat vor schon 85 Jahren vorgeschlagen, eine „zweckmäßige Zusammenstellung von Lesestücken aus den Schriften von Galilei, Huygens, Newton usw. mit den Schülern durchzusprechen und durchzuexperimentieren. Und zwar mit solchen Schülern der Oberklassen, „die auf einen systematischen Unterricht in den Naturwissenschaften nicht reflektieren". Er fügt ahnungsvoll hinzu: „Ich zweifle übrigens nicht, daß man auf so radikale Änderung nur langsam eingehen wird!"

---

23 Nach „Antike Astronomie". 1. Aufl. München 1949. S. 115 (herausgegeben von Heinrich Balss, Verlag Ernst Heimeran).

24 Aus Leonardo da Vinci: Tagebücher und Aufzeichnungen. München: Paul List Verlag.

25 F. Rossmann: Nikolaus Kopernikus. Erster Entwurf seines Weltbildes sowie eine Auseinandersetzung Johannes Keplers mit Aristoteles über die Bewegung der Erde. S. 88.

26 Ostwalds Klassiker der exakten Naturwissenschaften. Bd. 24. S. 81. – Siehe auch E. Mach: Mechanik. S. 264.

27 Descartes: Briefe. Herausgegeben von M. Bense. Köln: Staufen Verlag 1949. S. 205.

28 A. Einstein: Die spezielle und allgemeine Relativitätstheorie. Braunschweig 1917. S. 7.

29 C. Ramsauer: Grundversuche der Physik in historischer Darstellung. Springer Verlag 1953.

30 Vgl. Fußnote 6.

In diesem Sinne nenne ich als *Funktionsziel 6* des physikalischen Unterrichts: *An einigen Begriffsbildungen erfahren, wie die physikalische Art, die Natur zu lichten, geistesgeschichtlich geworden ist.*

7. Das 7. *Funktionsziel* möchte ich so fassen:
*Erfahren, wie sich das technische (das erfindende) Denken von dem entdeckenden Denken unterscheidet.*
Wie wenig man es unterscheidet, ist bekannt. Jede Leihbibliothek führt „Naturwissenschaften und Technik" unter einer Abteilung. Und in Knabenbüchern findet man bisweilen unter „Naturwissenschaften" nichts als Technik. Und nicht wenige von denen, die mit der Naturwissenschaft nichts zu tun haben wollen, argumentieren so, daß die Naturwissenschaft schon in ihrem Ansatz auf Beherrschung ausgehe und die Technik mit all ihren Gefahren zwangsläufig nach sich ziehe.
Diese Auffassung ist gewiß nicht einfach Unsinn. Es ist etwas daran. Aber wir müssen darüber wachen, daß keine fälschende Vereinfachung daraus wird. Deshalb ist es wichtig, daß der Schüler mit Bewußtsein erfährt, was „entdecken" heißt, und was es bedeutet, eine „technische" Erfindung zu machen. Für jedes ein Beispiel:
a) Entdecken: Oersted entdeckt, und so entdecken auch wir in der Schule, daß der elektrische Strom magnetische Wirkungen hat. Eine tiefgreifende Entdeckung: Zwei ursprünglich ganz verschiedene Naturkräfte zeigen, daß sie „miteinander zu tun" haben. Wir wissen, wie nun Oersted weiter dachte, er, Ampère und Faraday. Sie dachten etwa (und so denkt jeder, der etwas Neues „herauskriegt"): „Was ist das?" – „Wie fügt es sich zum Bekannten?" – „Welche Gewohnheiten hat das neue Unbekannte sonst?" – „Alle seine Gewohnheiten will ich wissen, will wissen, wie das geht, wie das muß!" – Ich stelle Fragen, ich experimentiere. Jede Frage benutzt das bisher Gewußte und Gefundene, und jedes gelungene Experiment erfährt Neues dazu. – Bis ein gewisser Abschluß sich rundet. (Im Beispiel: Wenn man, von Oersteds Grundversuch ausgehend, den Leiter zum Kreis, zur Spule windet, die Spule als einen vollgültigen Magnetersatz erkennt, zwei Spulen zueinander bringt und schließlich beim elektrodynamischen Grundgesetz endet, das keinen Magnetismus mehr kennt, ein Urgesetz ist.) Dann kennt man alles, „was dazu gehört". Wie ein neu entdecktes Tier bekannt werden kann.
b) Erfinden: Es setzt das Entdecken, und zwar das gelungene Entdecken voraus. Das wird jetzt „gebraucht". Aber man fragt jetzt ganz anders. Man fragt nicht mehr „wer bist du?" Man sucht nicht etwas Unbekanntes, man will etwas Bestimmtes: nicht erfahren, sondern tun lassen. Man kann das im Unterricht an etwas sehr Einfachem deutlich werden lassen, indem man die Aufgabe stellt, etwa den „Wagnerschen Hammer" zu erfinden. Das heißt: eine Schaltung auszudenken, in der ein elektrischer Strom sich selbst ausschaltet, sich selber umbringt, und dann wieder ins Leben ruft, und immer so weiter, wechselnd. Ich will also das Ding etwas tun lassen. Ich zwinge es. Aber: gemäß seiner Natur. „Naturam parendo vincimus", wie Bacon sagt: „Die Natur besiegen wir, indem wir uns ihr fügen." Es ist genauso wie bei der Dressur eines Tieres. Entdecken heißt: ein neues wildes Tier belauschen, bis ich es kenne. Dressur heißt: dieses Tier auf Grund meiner nun gewonnenen Kenntnis sei-

ner Natur, etwas von mir Gewünschtes tun lassen. Ein Ende gibt es auch hier, wenn die Aufgabe gelöst ist, wenn der Selbstunterbrecher dasteht und „geht", wenn das Ding „tut".

Zum Unterschied gegenüber dem Entdecker erfahre ich dabei nichts Neues. Ich werde nie überrascht durch das, was die Natur nun, im Apparat gebändigt tut. Ich wußte es ja vorher, was sie tun muß unter allen nur möglichen Umständen, denn ich hatte ja den Tatbestand erforscht. Überrascht werde ich nur durch meine Einfälle, meine Erfindungen.

Das Entdecken ist also reicher als das Erfinden: die Natur und ich, wir überraschen uns dabei gegenseitig, in Einfall und Auskunft. Das Erfinden ist ärmer. Denn es macht mich zufrieden nur mit mir selbst. Ich sehe die Natur nur gehorchen. Beim Entdecken befriedigt mich die Natur, sie befriedigt meine Unruhe zu ihr. Sie offenbart sich; so hilft sie mir, ehrfürchtig zu werden.

Wo die Forschung nur im Hinblick auf die Anwendung betrieben wird, nähert sie sich der List. Die Geschichte zeigt, daß die großen Entdecker nur um der Wahrheit willen suchten und fanden. Die List trägt nicht weit.

Trotzdem kann man im gewissen Sinne sagen, daß auch die Forschung zwingt. Sie zwingt, so scheint es, zur Auskunft. Das ist ja das, was Goethe am Newtonschen Experiment so peinigte. Aber diese Nötigung ist nicht unbedingt. Abgesehen davon, daß nur quantitative Auskünfte zu erwarten sind: Wir haben im 20. Jahrhundert erfahren, daß es uns dabei geschehen kann, daß die Natur, wie lächelnd, die Auskunft verweigert, und wir dumm dastehen. Wenn wir zum Beispiel alles anschaulich haben wollen. Auch führen die Auskünfte keineswegs in eine Ecke, in der die Natur sich ergeben müßte. Sie führen uns ins Weite, sind eben „Auskünfte", nicht nur zu uns hin, sondern auch von uns weg. (Man denke an die Elementarbausteine der Materie, die sich in einer ungemütlichen Weise vermehren.)

Die Unterscheidung zwischen dem entdeckenden und dem erfindenden Denken wird dadurch erschwert, daß beide sich in der Praxis der Forschung ständig vermischen. Ganz besonders bei messenden, eine Konstante messenden, Versuchen. Bezeichnenderweise neigt der Unterricht der Höheren Schule gerade dazu, solche messenden Versuche in (notwendig) flüchtiger Weise zu häufen (aus dem – unbewußten – Drang unserer Zeit nach wissenschaftlicher Fassade und nach Stoffbewältigung), so daß die Trennung dem Lernenden schwerfällt. Die Frage, ob Licht Zeit braucht, ist eine viel reiner forschende als die nächste, schon nicht mehr staunende, sondern bereits festnagelnde: wieviel Zeit es braucht. Deshalb zeigt die Roemersche Beobachtung das Entdecken viel deutlicher als die geniale Zahnrad-Spiegel-Kombination Fizeaus. Diese Maschine ist ein Beispiel technischen Denkens, das gleichwohl im Dienst der Forschung steht.

Das Erfinden verdient unsere Bewunderung. Aber es ist zweierlei: die Ehrfurcht vor der Natur und der Respekt vor unserem findigen Verstand. Achten wir auf die rührende Andacht, mit welcher unsere Knaben vor einem neuen Auto stehen oder vor einem Kran. Darin ist etwas Echtes. Aber sie können noch nicht unterscheiden. Eben dazu müssen wir ihnen in der Schule helfen. Sonst verkommen sie und verehren schließlich den Kran mehr als den Kranich-Zug.

8. Als letztes Funktionsziel füge ich in einem gewissen Abstand eines hinzu, das im Gegensatz zu den vorigen vor allem für die Mittelstufe der Gymnasien und für die Volksschule wichig ist. *8. Funktions-Ziel:*

*Erfahren, wie ohne verfrühte Mathematisierung und ohne Modellvorstellungen ein phänomenologischer (und „qualitativer") Zusammenhang herzustellen ist, der das ganze Grundgefüge der Physik gliedert und zusammenhält.*

Ich denke es mir so, daß man auf dieser Stufe das Messen und die Aufstellung der Funktion nur an wenigen Beispielen, dort aber ganz gründlich, vollzieht. Im übrigen aber in einer rein phänomenologischen Weise das Alltägliche, das Auffällige und das Wunderbare zusammenbindet. Diese Art Bindung, die noch nicht typisch physikalisch, noch nicht kausal, mehr goethisch-morphologisch anmuten könnte, möchte ich durch ein Beispiel erläutern. Sie liegt mir besonders am Herzen, weil ich glaube, daß in ihr der Bruch zwischen Erlebnis und Abstraktion, zwischen schauender und analysierender Naturforschung geheilt werden könnte[31]. Das Beispiel für solche Betrachtung und Einsicht sei die Entdeckung einer verborgenen inneren Aktivität aller Materie (nicht die Radioaktivität ist gemeint, sondern, physikalisch gesprochen: die kinetische Molekulartheorie, die sagt, daß das Innere aller Materie aus lauter ständig bewegten Körnchen bestehend vorgestellt werden muß). – Dies aber nur zu Ihrer Einstimmung, denn ich sage auf der Unterstufe dem Kinde nichts von Molekülen, ich bleibe im Reich der Phänomene, im Vorhandenen, im Offenbaren. Und doch gibt sich diese geheime Aktivität dort kund, und zwar so:

Nichts Toteres, Passiveres, scheint es zu geben als den Stein, die Wasserlache, die eingeschlossene Luft eines Zimmers. Sehen wir aber näher zu: das Wasser verdunstet, es erobert den Raum, und zwar spontan. Nicht etwa angelockt und verführt von der Luft, sondern es selbst ist schuld, es will so, von sich aus: Nehmen wir die drückende Luft weg, so erleben wir einen überraschenden Ausbruch. Es kocht, ohne warm zu sein; es hat nur darauf gewartet, die Luftlast loszuwerden: alles Wasser will kochen! Wenn wir heizen oder den Luftdruck wegnehmen, so helfen wir ihm nur zu dem, wozu es von sich aus strebt. Die Ruhe des Teiches ist Schein.

Dazu kommt nun die Diffusion der Gase und Flüssigkeiten. (Zucker löst sich im Wasser selbsttätig auf.) – Schließlich die unglaubhafte Diffusion fester Körper ineinander: Gold angepreßt an Blei, jahrelang, wandert in feinsten Vorposten spontan in das Blei hinein. – Aller Stein also will auswandern, alles Wasser will vorkochen, und – das ist ja am bekanntesten – Luft, Dampf, alle Gase wollen jeden Raum erobern sind ständig in der Aggression, und wo es nicht geht, drücken sie auf die Wände ihres Gefängnisses.

Ich breche ab: die enge Verbindung dieses destruktiven Strebens mit der Wärme, dem Wärmegrad, der Temperatur, die unsere Hände unmittelbar spüren, ist bekannt und führt uns den nächsten Schritt.

Sie sehen: kein Wort, vorläufig, vom Messen, von Zahlen, von Molekülen, und

---

31 Näheres hierzu, wie zu dem Thema dieses Vortrages überhaupt, in meinem Buch: „Natur physikalisch gesehen". 1953; jetzt: Westermann, Braunschweig 1975.

doch, ein Zusammenhang: Noch nicht eigentliche Physik, doch in keiner Weise ein Widerspruch zu ihr, vielmehr eine Vorbereitung.

Goethisch: „Man suche nur nichts hinter den Phänomenen; sie selber sind die Lehre." (Werke, Leipzig 1885, Bd. 4, Über Naturwissenschaft, S. 217.)

Höchst bildend, meine ich. Besonders für die Mittelstufe, für die Mädchen, für solche Jungen auch der Oberstufe, denen die Physik durch übermäßige Mathematisierung oder Technisierung verstellt worden ist.

Diese Liste der Funktionsziele ist ein Entwurf, wahrscheinlich weder vollständig noch endgültig genug gegliedert[32]. Vielleicht läßt sich aber schon erkennen: wenn wir diese Ziele erreichen, so ist das „Stoff-Wissen" ein selbstverständliches Nebenergebnis. Denn diese hier zusammengestellten Einsichten können nur konkret, können nur am Stoff, nur exemplarisch erfaßt werden.


## V. Zusammenfassung

Ich möchte versuchen, noch einmal zusammenzufassen, was ich habe sagen wollen: Vielleicht können wir der Gefahr der lückenlosen und systematischen Summation der Lehrstoffe – wenigstens und zunächst auf der Oberstufe – entgehen, wenn wir irgendwo – in der beschriebenen Weise – in ein Einzelproblem „einsteigen" und von ihm aus die konstruktiven Verbindungslinien des Faches erspüren und in einige Knotenpunkte und Fundamente verfolgen.

Ein solches Vorgehen führt nicht zum Spezialistentum. Es führt, wenn nur die Gruppe inständig und eindringlich arbeitet (und das tut sie, wenn sie ergriffen ist und wenn sie zugreift, angezogen und herausgefordert von dem gewählten Gegenstand), es führt in die Tiefe und damit in das Ganze des Faches.

Ja sogar: das Eindringen in den Grund des Faches sprengt dessen Wände und läßt uns ein in das kommunizierende Grundelement, in dem wir als ganze Menschen an unseren Wurzeln angerührt und also gebildet werden.

So wird das Grundgefüge, der Fächer und der geistigen Welt überhaupt, nicht verloren, sondern auswählend und exemaplarisch gewonnen.

Auf Stoffpläne wird man dann, wenigstens auf der Oberstufe, verzichten können. An irgendeinem geeigneten, ausgewählten Gegenstand werden die typischen Verfahrensweisen und Erfahrungen des Faches exemplarisch, also übertragbar, einmal für andere Male gewonnen. An Stelle von Stoffplänen können, um den unerfahrenen Lehrer leicht zu führen, Funktionspläne treten (oder wie man sie nennen will), welche die besonderen und charakteristischen Verfahren und Erfahrungen zusammenstellen, die in diesem Fache, an welchem Gegenstand auch immer, zu machen sind.

---

32 Siehe auch: Beitrag 45 aus UI.

Sechzig Studierende einer Technischen Hochschule, alle künftige Studienräte von verschiedener Semesterzahl, drei Viertel von ihnen mit Physik befaßt, 1968. – Ich stellte die Aufgabe, das Fallgesetz auf Deutsch zu sagen. Schon die Formel $s = g/2 \cdot t^2$ schwebte recht unbestimmt im Raum und wurde deshalb an der Tafel festgehalten. Es ging darum, ihren Tatbestand ohne Verlust an Exaktheit in Worten zu sagen; ohne Fachausdrücke, Symbole, Vorkenntnisse. Also im ernstesten Sinne allgemeinverständlich, möglichst einfach, verständlich für jeden Zwölfjährigen. Staunen über so eine Frage! Zögern; zehn Minuten lang lebhaftes Besprechen in kleinen Gruppen. (Der Saal dröhnte wie ein Bierkeller.)
Ergebnis: Es kam manches, aber von keinem das zu Erwartende. Es liegt offenbar ziemlich außerhalb des Gewohnten und Geübten, eine Formel in Sprache zurückzuübersetzen.

Ich sage jetzt schnell, was da zu erwarten gewesen wäre. Und urteilen Sie bitte, ob so etwas unwichtig und überflüssig ist, oder nur ein Sport: Wenn dies (ich zeige zwischen zwei senkrecht übereinander gehaltenen Fingerspitzen irgendeine Strecke) die Strecke bedeutet, die der Stein in der ersten Zeiteinheit fällt – es braucht nicht die Sekunde zu sein –, dann läuft er in der nächsten, der 2. Zeiteinheit das – nein, nicht 2fache, sondern – 3fache dieser Strecke; in der dann wieder nächsten, dritten, das 5fache; dann das 7fache, das 9fache und so fort. Sie sehen, die ungeraden natürlichen Zahlen treten der Reihe nach auf.
Das ist das Fallgesetz auf Deutsch, in Sprache. Bei Galilei steht es entsprechend italienisch; ist das nun wichtig oder überholt? Nur in dieser Form wird das von Pythagoras bis Heisenberg Erstaunliche bemerkbar: die nicht zu erwartende Einfachheit vieler elementarer Gesetze und jedenfalls ihre Mathematisierbarkeit.
Gewiß muß heute jeder Hauptschüler schon die bekannten Vorzüge der Formel kennen und schätzen lernen, aber er muß auch wissen, daß sie keine Geheimsprache oder Zauberei ist, er muß zu ihr aufsteigen, ohne sich am Ende verstiegen vorzukommen. Er muß auch wieder auf den Boden zurückfinden können.
Das Beispiel ist repräsentativ. Es will sagen:
Die wissenschaftliche Tendenz unserer Schulen könnte auf beinahe tragische Weise zu ihrem Gegenteil geraten: Sie legt den Weg zur Formel (allgemein: zum abstrakten Endergebnis) als eine schnelle Einbahnstraße an, als ginge es hier „durch Nacht zum Licht!" Wird aber nicht auch der Rückweg genauso stark geübt, so ist das Ende Verdunkelung. Mit anderen Worten: Wie oft lernen unsere Schüler eine Sache in solcher Form, daß sie sie „wissen", ohne doch eigentlich zu verstehen, was sie „wissen"? Sie können sie nur manipulieren, und das heißt, daß sie selbst manipuliert sind.
Eine *Ergänzung* zu diesem Beispiel: Ein Lehrer-Student (Wahlfach Physik), (der schon zuviel Physik wußte, nämlich mehr als er verstand), reagierte auf jene Frage nach dem Fallgesetz-auf-Deutsch so: Er bemerkt ganz richtig, daß g/2 die „Dimen-

sion" einer „Beschleunigung" habe, und hält es deshalb für unerläßlich, zuerst einmal diese beiden Begriffe zu erläutern. Meine Verdeutschung dagegen erscheint ihm höchst bedenklich, nicht „streng" (er „hat Skrupel"), denn wie käme ich dazu, diese Konstante g/2 als den in der 1. Sekunde zurückgelegten „Weg" zu verstehen?! „Weg" sei etwas anderes als „Beschleunigung"! Er nimmt also die Frage, wie das Fallgesetz auf Deutsch laute, als Aufforderung, *alles* in Worte zu bringen, was sich ein Physiker bei der Formel denken kann. Während es gerade darum geht, zu erkennen, was ausreicht, um das Gesetz ohne Verlust an Richtigkeit auf einfachste Weise auszusprechen. Das Problem der *Vereinfachung* (ohne Verzicht auf Exaktheit, aber mit Preisgabe des Komforts), gerade das ist es, was der Lehrer üben sollte.

Eine zweite Geschichte aus derselben Seminarsitzung. Einer der Studenten wollte wohl darauf hinaus (was ja ebenfalls zum Fallgesetz gehört und nicht weniger erstaunlich ist als das mathematische Gesetz), daß (im Vacuum) alle Dinge gleich fallen, also ein Stein Kopf-an-Kopf mit dem Samen des Löwenzahns. Ebenso: faustgroße Steine und kleine Kiesel. Er sagte folgendes (ziemlich wörtlich): „Also wenn man zwei Kugeln fallen läßt ... so wie der Galilei das gemacht hat, ... vom schiefen Turm in Pisa" („Legende", werfe ich ein, „touristische Legende, daß das *dort* war.", „Na, ist ja egal", sagt er, und da hat er recht, „zwei Kugeln, gleich groß ... wegen dem Luftwiderstand, aber verschieden schwer, ... dann kommen die gleichzeitig unten an!" ... So sagte er. Das war ja nun eine etwas kühne Behauptung, wenn man sich dabei eine Tischtenniskugel vorstellte und eine *gleich* große Bleikugel. Deshalb sagte ich: „Und ... das stimmt? *Glauben* Sie das?" Darauf er, sehr erstaunt: „Ja *nein!* Ich mein' nur: das ist das, was ich aus der Schule *weiß!*" Sein Gesicht ..., sein beinahe vorwurfsvolles, schien mir zu sagen: „Wie? Glauben soll man das auch noch? Nicht bloß hersagen?" Auch so etwas ist nicht vereinzelt. Daß die Erde sich dreht, das kann man Studenten mit guten Gründen beinahe ausreden. (Nicht ganz. Sie sind zu autoritätsgläubig.)

Mit diesem zweiten Beispiel will ich fragen: Wie oft lernen unsere Schüler Lehrsätze aufsagen, ohne daß sie sich überhaupt noch *fragen,* ob sie von deren Richtigkeit *überzeugt* sind?

## 38 Kinder: Steinchen fallen lassen *(1973, Ausschnitt)

Der unvergeßliche kleine zweijährige Italiener-Knabe Claudio, mit blonden Haaren und dunklen Augen. Er steht auf der Kiesterrasse und entdeckt, daß es Dinge gibt, die sich wiederholen lassen und uns so lehren, daß wir der Welt vertrauen dürfen. Tief versunken und unglaublich ernst hockt er sich nieder, füllt beide Hände mit den hellen Kieseln, steht langsam auf, den Blick auf die Hände gerichtet, daß nichts verlorengeht, und öffnet sie dann langsam: Von selber fallen die Steine zur Erde, und immer wieder: Er wird nicht müde, es immer wieder zu tun, es in Frage zu stellen, herauszufordern, sich von neuem bestätigen zu lassen; ja, es zu üben, es aus-zu-üben, was er sucht und braucht: Verläßlichkeit. Das Lächeln verläßt ihn zuletzt nicht mehr, und jedesmal, wenn „es" wieder gelingt, hebt er seinen dunklen Blick zu mir herauf, als wollte er sagen: Hast du es *auch* gesehen? Was ich kann? Was ich tun lassen kann?

Sprechen konnte er noch kaum. Und zu sagen brauchte auch ich nichts. Ganz allein machte er die uralte Grunderfahrung, aus der schließlich einmal Naturwissenschaft hervorbrechen sollte: Ordnung, Wiederkehr, Voraussagbarkeit ist – unter Umständen – in unsere Hände gegeben.

Bald wird Claudio nicht mehr staunen. Er wird sich gewöhnen. Es wird ihm selbstverständlich werden, daß man „wohnen" kann in dieser Welt. Er wird nicht mehr fragen, nicht mit Blicken, nicht mit Worten: Warum fallen die Steine?

Aber es kann sein, daß er nach vielen Jahren wieder dahin kommen wird, in ganz anderer Weise: Er wird vielleicht Physik gelernt haben: Sie beginnt zwar mit dem Verwundern über das Ungewöhnliche, aber sie gewinnt das Staunen über die gewohnte Ordnung zurück.

## 39    „Will" der Stein oder „muß" er fallen?    (1955)

*Vorbemerkung:* Die folgende Betrachtung möchte andeuten, wie die Geschichte der Physik in den Unterricht sich hineinfügen kann, nicht als historisches Anhängsel, sondern so, daß die alten Forscher gleichsam mit ins Gespräch gezogen werden und die Gedankengänge der Kinder aufnehmen, begleiten und ermutigen.

Dieses Gespräch fand in einer sehr „jungen" und zutraulichen Obersekunda statt. Ich bin aber überzeugt, daß es unter jüngeren wie unter älteren Schülern, ja auch Erwachsenen, nicht viel anders vor sich ginge:

Ehe von Gravitation die Rede war, während der Überlegungen, die das Fallgesetz anregt, erhoben sich folgende Fragen:

*Warum* fällt der Stein eigentlich?

*Will* er fallen oder *muß* er fallen?

Zwei Fragen, die wir leicht als „unwissenschaftlich" abzutun geneigt sind. Aber sie sind uns nur ungewohnt. Ungewohnt gründlich und ungewohnt wenig in der Sprache unserer fertigen Naturwissenschaft formuliert.

Wie ernst wir sie nehmen müssen, zeigt ein Satz von Aristoteles[1]:

„Alles, was sich bewegt, bewegt sich entweder von Natur oder durch eine äußere Kraft oder vermöge seines freien Willens."

Und eine Stelle in Leonhard Eulers, des großen Mathematikers aus dem 18. Jahrhundert, „Briefe an eine deutsche Prinzessin über verschiedene Gegenstände aus der Physik und Philosophie"[2]:

„Die Philosophen streiten sehr darüber, ob es wirklich eine solche Kraft gebe, die unsichtbar auf alle Körper wirkt und sie nach unten treibt; oder ob es vielmehr eine

---

1 Nach H. Balss: Antike Astronomie. Tusculum-Bücherei Ernst Heimeran. München 1949. S. 115.
2 Leipzig 1773. S. 158 f.

innere, in dem Wesen aller Körper liegende Eigenschaft, und gleichsam eine Art von Instinkt sey, die sie treibt, sich gegen die Erde zu bewegen. Diese Frage läßt sich auf eine andere bringen: ob die Ursache der Schwere in der Natur jedes Körpers selbst, oder ob sie außer ihm existirt ..."

Es ließ sich bald spüren, daß die Kinder (es waren noch Kinder) mit dem, was sie sagten, folgendes meinten:
Die Dinge fallen alle nach dem Mittelpunkt der Erde. Was ist dort eigentlich los? Sitzt da was? Dort in jenem Punkt denken sie sich nämlich ein Kraftzentrum, eine Art Erdgeist, um es gerade herauszusagen. So etwas sagt zwar heute keiner mehr. Schon Kinder fürchten, mit einem solchen Wort ausgelacht zu werden, zum mindesten in der Physikstunde. Aber tatsächlich denken sie „so etwas". Warum auch nicht? Man mache die Probe, und man wird finden, daß nicht wenige Erwachsene es auch so empfinden.
Und zu der anderen Frage, ob der Körper fallen will oder muß: Wie könnte man das prüfen? Sie fanden keine Entscheidungsmöglichkeit. Ich half ihnen: Das Pendel, von hier nach Tibet gebracht, schwingt dort ein bißchen langsamer! – Zu diesem Befund sagten sie etwa folgendes: Ja, *dann muß* er, der fallende Stein. Dann muß nämlich *auch* die Erdkugel dran schuld sein! Dann „will" er nicht von sich aus, dann *muß* er mindestens *auch,* und zwar von *ihr* aus. – Es könnte ja auch sein, daß die Steine von *außen* wie von einer Kraft gegen den Erdboden getrieben würden. Aber *so,* wo das Gewicht in den tieferen Lagen *zu*nimmt, wo es der Erde *näher* ist, muß die Erde mitschuldig sein. Säße die Ursache *außen,* so müßte man in Tibet ja dieser Ursache näher sein, also mehr zu Boden gedrückt werden.
Dies bestärkte die Mittelpunktsanhänger begreiflicherweise in ihrer Vorstellung. Um sie zu erschüttern, erzählte ich nun, daß ein Pendel (ein ruhig hängendes diesmal, kein schwingendes) in die Nähe eines steil ansteigenden Gebirges gebracht, nicht mehr ganz lotrecht zum Erdmittelpunkt hinzeigt, sondern ein wenig zum Gebirge hin schräg hängt.
Euler (S. 190): „Ich habe schon Ew. H. gezeigt, daß man in der That beobachtet haben will, daß ein großer Berg in Amerika eine kleine Attraktion hervorgebracht hätte."
Verwunderung, Nachdenken und dann eine Auskunft, die von einer starken Unabhängigkeit und Ursprünglichkeit des Denkens zeugt: Nein, das *muß nicht* bedeuten, daß der Berg selber zieht (das Erdreich in ihm, nicht der Erdmittelpunkt), sondern das kann auch daher kommen, daß eben einfach der Berg die aus dem Zentrum quellende Kraft besser *„leitet".* – Da stehen wir mit unserer Gelehrsamkeit. – Ich mußte eine Weile nachdenken, bis mir schließlich das entscheidende Experiment einfiel: Das im Bergwerksschacht, tief schon innerhalb des Erdreichs, schwingende Pendel. Was haltet ihr von dem? Sie meinten alle, es werde, dem Kraftzentrum näher, *schneller* schwingen als hier oben bei uns. Nein, berichte ich, es schwingt wieder langsamer, wieder so wie in Tibet!
Euler (S. 175): „Wir sehen also nun ein, daß die Schwere ... auf der Oberfläche der Erde am stärksten wirkt; und daß sie sich vermindert, wenn man sich von dieser

Oberfläche entfernt, es mag dies nun geschehen, indem man in die Erde hinein gegen den Mittelpunkt zugeht, oder indem man von ihr weg in die Höhe steigt." Dies erstaunte sie sehr. Nun versuchte noch einer einen kuriosen Ausweg: Dann sei es also leider nichts mit dem zentralen Sitz der Kraft, dann müsse eben die Zone der Kraft in der Erd*rinde* wohnen! Dieser (sehr elektrostatisch anmutende) Gedanke verblüffte ebenfalls, löste sich aber bald in einem Gelächter: Dann müßte ja im Bergwerk das Pendel Kopf stehen oder doch direktionslos werden!

Damit war die Frage geklärt. Und zwar, so wie ein großer Naturforscher schon 100 Jahre vor Newtons Gravitation die Antwort gab, in einer Sprache, die allen (kleinen und großen) Kindern eingeht wie Milch: Johannes Kepler[3]:

„Das alle sachen nach dem saiger under sich fallen, ... das macht die anziehende gewalt der Erden, die steckht nit im *Centro* sondern im gantzen leib, und ziehen diejenige stuckh am maisten, die dem auffgeworffenen stain am nechsten seind ..." Und an anderer Stelle (er redet von den fallenden Dingen): „... sie begehren nit des orts, wie Aristoteles will, sondern nur des leibes."

*Ergänzung 1965:* Kepler an Herwart von Hohenburg am 28. März 1605: „Würde man neben die an irgend einem Ort ruhend gedachte Erde eine andere größere Erde setzen, so wäre jene Erde tatsächlich schwer im Bezug auf diese größere, d.h. sie würde von dieser angezogen, genau wie unsere Erde die Steine anzieht. *Die Schwere ist somit keine Tätigkeit, sondern ein Erleiden, das den Stein der angezogen wird, betrifft; ...*[4]"

Bacon, Neues Organon:

„Entweder müssen die schweren und gewichtigen Körper vermöge ihrer Natur und durch ihre innere Gestaltung nach dem Mittelpunkt der Erde *streben,* oder sie müssen von der körperlichen Masse der Erde selbst wie von einer Anhäufung gleichgearteter Körper angezogen und *fortgerissen werden*[5].

## 40   Das Fallgesetz im Brunnenstrahl   (1953)

In: Natur physikalisch gesehen.
Didaktische Beiträge zum Vorrang des Verstehens.

*Westermann, Braunschweig 1975; S. 45–58*

---

3 Nach F. Rossmann: Nikolaus Kopernikus ..., S. 88.
4 Aus: M. Caspar und W. von Dyck: Johannes Kepler in seinen Briefen. Band I. München und Berlin 1930. S. 228. – Hervorhebung hinzugefügt.
5 Aus: Franz Bacos Neues Organon. Übers. v. J. H. v. Kirchmann. Berlin 1870. S. 290.

# 41 Das Fallgesetz und naturwissenschaftliche Allgemeinbildung *(1956, Ausschnitt)

## Ein Beispiel für den Bildungseffekt physikalischen Verstehens

Es ist nun an der Zeit zu sagen, woher das Faszinierende, das Beglückende und Bildende kommt, das sich dem auftut, der nun die Position *einnimmt,* von der aus er die physikalische Sicht gewinnt. Ich spreche also jetzt von dem „Bildungseffekt" physikalischen Verstehens.

Der Verstehende gewinnt Einblicke, die ihn weit tiefer bewegen als bloße Informationen (so nötig diese sind), vorausgesetzt, daß es gelingt, daß er „einige … naturwissenschaftliche Entdeckungen sozusagen miterlebt und ihre weiteren Konsequenzen verfolgt". (So formulierte schon 1886 Ernst Mach[1], der ein pädagogisch engagierter Physiker war, das „exemplarische" Prinzip.)

Er erfährt dann unter anderem das, was Heisenberg in einer biographischen Anmerkung aus seiner Schulzeit berichtet: „… daß die Mathematik auf die Gebilde unserer Erfahrung paßt, empfand ich als außerordentlich merkwürdig und aufregend."[2]

Ich muß das an einem Beispiel erläutern: Wenn ein Stein – sei er leicht oder schwer – ohne Luftwiderstand ins Fallen kommt, so geht das immer schneller. Die Beschleunigung erweist sich nun nicht nur als streng geregelt, sondern als besonders einfach geregelt. Nämlich durch natürliche Zahlen (1, 2, 3, 4, 5 …). Diese Zahlen haben ja nun eher mit Nüssen oder Münzen zu tun, die man abzählt, sollte man meinen, als mit einem so fließenden Vorgang wie dem Fallen. Deshalb ist ja auch die Menschheit – obwohl sie schon vor Jahrtausenden ebenso intelligent war wie heute – so richtig erst vor 350 Jahren, in Galilei und anderen, auf den Gedanken gekommen, nach so etwas zu suchen.

Galileis Fund ist nun wirklich aufregend: Wenn *das* (der Vortragende zeigt zwischen zwei senkrecht übereinandergehaltenen Fingerspitzen irgendeine Strecke) die Strecke bedeutet, die der Stein in der ersten Zeiteinheit fällt – es braucht nicht die Sekunde zu sein –, dann läuft er in der nächsten, der 2. Zeiteinheit, das – nein, nicht 2fache, sondern – 3fache dieser Strecke, in der dann wieder nächsten, dritten, das 5fache, dann das 7fache, das 9fache und so fort. Sie sehen: die ungeraden, natürlichen Zahlen treten der Reihe nach auf. Derartiges meint Heisenberg, wenn er sagt, daß die Mathematik auf die Gegenstände der Erfahrung paßt.

Warum ist das merkwürdig? Weil es gar nicht so sein müßte. Es könnte ja auch anders ausgehen, nicht immer gleich oder doch weniger einfach.

Man ist manchmal geneigt, unsere Experimente so zu sehen, als nähmen wir dabei die Natur in einem inquisitorischen Verhör „in die Zange". Aber das Beispiel macht vielleicht schon deutlich: Die Zange brauchte ja nicht zu greifen. Was könnten wir

---

1 Ernst Mach, Populärwissenschaftliche Vorlesungen, 5. Aufl., Leipzig 1923, S. 344 f.
2 W. Heisenberg, Das Naturbild der heutigen Physik, Rowohlt deutsche Enzyklopädie, Bd. 8, S. 39.

denn machen, wenn die Natur *nicht* geruhte, darauf einzugehen, daß wir mathematisch fragen? Wir könnten nichts tun, wenn die Antwort nicht mathematisch faßbar oder doch nicht einfach ausfiele.

In diesem Sinne ist auch der Satz Einsteins zu verstehen[3]: „Das ewig Unbegreifliche an der Natur ist ihre Begreiflichkeit." Was ich eben erzählt habe, ist nichts anderes als das sogenannte Fallgesetz: $s = \frac{1}{2} g t^2$. Sie spüren, daß naturwissenschaftliche Bildung nicht unbedingt durch nur solche *End*fassungen zustande kommt, sondern schon durch einfachste Formulierungen, möglichst noch der Muttersprache. Am allerbesten beim selbständigen Vordringen zum Experiment und seinem Vollzug. Schulunterricht und populäre Werke wirken um so bildender, je mehr sie das wissen und danach handeln. Daß Schulunterricht wissenschaftlich sei, ist notwendig und selbstverständlich, genügt aber nicht: er muß zugleich möglichst allgemeinverständlich sein wollen. Es geht um Laienbildung.

Es ist wohl auch an diesem Beispiel schon zu erkennen: Um solche grundlegenden Einsichten wie die von der Mathematisierbarkeit gewisser natürlicher Abläufe zu gewinnen, bedarf es nicht *vieler* Kenntnisse. Es genügt, sich in wenige Naturgesetze zu vertiefen. „Dabei sein", wie „es kommt", das sollte in den Schulen geschehen. Dabei können sich dann im Lernenden bildende Ereignisse vollziehen. Er erfährt zwei Autoritäten: 1. in ihm selber die Autorität der mathematischen Logik, 2. außer ihm, mit den Worten Heisenbergs[4]:

Dazu kommt 3. die erwähnte rätselhafte Einigkeit beider Autoritäten und schließlich als Gesamtergebnis: 4. Die physikalisch betrachtete Natur enthüllt eine *Ordnung*. Sie gibt einen Beitrag zum Wichtigsten, das wir zum Leben brauchen: zum *Vertrauen* und Selbstvertrauen. Zwar ist das Vertrauen zu den Mitmenschen noch wichtiger. Aber es bedeutet schon etwas, zu erkennen, daß wir in einer zuverlässigen Natur leben, und es stärkt das Selbstvertrauen, daß wir das herausgebracht haben.

---

3 Nach Ph. Frank, Einstein, sein Leben und seine Zeit, München 1949, S. 14.
4 W. Heisenberg, Wandlungen in den Grundlagen der Naturwissenschaft. 7. Aufl., Stuttgart 1947, S. 97.

## 42 Das Fallgesetz als ein für die Mathematisierbarkeit gewisser natürlicher Abläufe „exemplarisches Thema"[1] (1962)

*„Es gibt keine Sicherheit in der Wissenschaft, wo nicht die Mathematik angewandt werden kann."* Leonardo[2]

*„... daß die Mathematik in irgendeiner Weise auf die Gebilde unserer Erfahrung paßt, empfand ich als außerordentlich merkwürdig und aufregend."*
W. Heisenberg[3]

Eine der fundamentalen Erfahrungen, die der physikalische Unterricht vermitteln will, ist die, daß „die Mathematik auf die Dinge der Erfahrung paßt".
Man hat zunächst den Eindruck, daß wir gerade dieses „Funktionsziel" nicht vernachlässigen, in den Gymnasien sicher nicht: fast keine Physikstunde, besonders keine Lehrprobe, bei der nicht gemessen und der Weg von der Beobachtung über die Meßreihe zur mathematischen Funktion gegangen wird.
Und doch erlebt man folgendes: 25 Studierende einer pädagogischen Hochschule, auch einige fertige Lehrer darunter, alle Abiturienten, erinnern sich innerhalb eines zwanglosen Unterrichtsgesprächs (nicht einer Prüfung) des „Fallgesetzes" zunächst überhaupt nicht mehr.
Schließlich kommt zögernd das Formelfragment: „$\frac{1}{2}$ g t²." – „Aber wie wollen Sie das nun Kindern sagen, ‚auf deutsch'?" – Das sei zu schwer, zu hoch, wegen des „hoch zwei". –
Es ist klar, daß so etwas nicht sein dürfte. Dieses „$\frac{1}{2}$ g t²" ist eine Scheinblüte, eine Papierblume. Wer das Kondensierte, das „Wissenschaftliche" nicht auch schlicht zu sagen vermag, besitzt es nicht (wenigstens im Bereich der elementaren Physik). – Natürlich ist diese schlichte Form „dagewesen". Aber zu flüchtig.
Bei Galilei, dem Entdecker des Fallgesetzes, suchen wir vergebens nach einer solchen Formel. Er sagt es *nur* schlicht, wie ja auch die Griechen noch gar nicht anders konnten, als ihre mathematischen Einsichten gleichsam volkstümlich sagen. Sie kannten die geniale, aber dem Mißbrauch zugängliche Formelsprache noch nicht (sicherlich zum Glück für die jungen Leute, die Mathematik lernen wollten). – Bei Galilei steht es so[4]:
„Man sieht also, ... daß ... die in gleichen Zeiten durchlaufenen Wege sich wie die ungeraden Zahlen 1, 3, 5, ... verhalten ..."
was ja nicht weniger und nicht mehr sagt als jene Formel s = $\frac{1}{2}$ g t², denn
„faßt man die Gesamtstrecken zusammen, so wird in doppelter Zeit der vierfache Weg, in dreifacher Zeit der neunfache Weg zurückgelegt, und allgemein werden die Wege wie die Quadrate der Zeiten sich verhalten."

---

1 Dieses Kapitel ist – mit kleinen Abweichungen – in „Anregung", Zeitschr. f. d. Höhere Schule, 1957, Heft 2/3, S. 65 bis 72, erschienen.
2 Rowohlts Monographien, Nr. 153, S. 63.
3 Heisenberg über seine Schulerfahrungen. In: Das Naturbild der heutigen Physik. A. a. O., S. 39.
4 Unterredungen ... A. a. O. (siehe hier Nr. 9). (Ostwalds Klassiker Nr. 24, S. 24.)

Und in dieser Form „1, 3, 5, 7, ..." versteht das jedes Kind, welches das „Knabenalter" erreicht hat.

Hat man die früheren Abiturienten wieder soweit und fragt sie nun: Wundern Sie sich eigentlich gar nicht darüber, daß da die genauen ungeraden Zahlen herauskommen? – Nein, die meisten wundern sich über nichts mehr. Manchmal sogar sagen sie: „Das muß ja so sein!" – Und warum muß es? – „Weil das ein Naturgesetz ist!"

Ich vermute, daß solche Mißerfolge unseres Unterrichts eben daher kommen, daß wir in den Gymnasien in der (natürlich richtigen) Absicht, die so fundamentale Mathematisierbarkeit gewisser natürlicher Abläufe „einzuschärfen", es immer wieder tun, fast in jeder Stunde, eben deshalb aber immer flüchtig, nämlich in 45 Minuten.

Es ist aber schon ohne alle Psychologie nicht zu glauben, daß tausend flüchtige Eindrücke hintereinander *einen* intensiven Eindruck ersetzen können. Das wäre mechanistisch gedacht, im Schlepptau des mangelhaften Wortes „Eindruck". Aber tausend Liebeleien sind nicht eine Liebe wert. Dabei kann alles jedesmal logisch und exakt ablaufen. Wir können aber das physikalisch Fundamentale nicht sichtbar werden lassen, wenn wir uns damit begnügen, eine so periphere Verfassung wie das, was wir in der Schule „Aufmerksamkeit" nennen, künstlich herzustellen und uns nur an die logischen Funktionen des Kindes zu wenden. (Daß wir ihnen *immer* Rechnung tragen müssen, bedeutet nicht, daß wir uns *nur* um sie zu kümmern hätten. Ist das nicht logisch?) Die Erfahrung des Fundamentalen ist aber etwas, das immer den *ganzen* Menschen betrifft, betroffen macht, auch in der Physik.

Aber wie könnte man das erreichen? Jedenfalls ohne jedes „emotionale" Gerede (wie mancher befürchten mag), sondern, wie immer, in einer Atmosphäre strengster Sachlichkeit, allein durch Zeit; die Zeit, die wir lassen. Die Lehrpläne, wie sie bisher waren, lassen uns eigentlich nie Zeit. Müssen wir nicht immer „weitergehen", „fortfahren", „fertig werden"? Und der Erfolg? – In den Bildungsplänen brauchen wir für den Lehrer, wenigstens der Oberstufe, die garantierte Freiheit zur Auswahl und Gestaltung des Stoffes.

Haben wir also den Mut, gelegentlich einmal, beim Fallgesetz zum Beispiel, nicht 45 Minuten, sondern einige Wochen lang zu bleiben, und es vielleicht – es ist nur ein Vorschlag – so oder ähnlich zu versuchen. (Das folgende ist zum größten Teil erprobt, zum kleineren ist es Entwurf:)

Voraussetzung: Aus irgendeinem lebendigen Problemzusammenhang (der in diese Betrachtung nicht einbezogen sein soll) seien die Schüler dafür erwärmt, herauszukriegen, „wie" die Kugel den schräggestellten Tisch hinabläuft. „Wie", das heißt: „wie sie ihr Tempo steigert". „Immer schneller", das genügt uns nicht. *Wie* immer schneller?

Es ist gut, wenn der Lehrer Galilei gelesen hat. (Da ich erst mit fünfzig Jahren dazu kam, bin ich um so mehr überzeugt, daß jeder Physiklehrer es schon in seiner Ausbildungszeit tun sollte.):

„Auf einem Lineale oder sagen wir auf einem Holzbrett von 12 Ellen* Länge, bei einer halben Elle Breite und drei Zoll Dicke, war auf dieser letzten schmalen Seite eine Rinne von etwas mehr als einem Zoll Breite eingegraben. Dieselbe war sehr gerade gezogen, und um die Fläche recht glatt zu haben, war inwendig ein sehr glattes und reines Pergament aufgeklebt; in dieser Rinne ließ man eine sehr harte, völlig runde und glattpolierte Messingkugel laufen. Nach Aufstellung des Brettes wurde dasselbe einerseits gehoben, bald eine, bald zwei Ellen hoch; dann ließ man die Kugel durch den Kanal fallen ...“

Man sieht: eine solide Schreinerarbeit, diese erste Versuchsanordnung der Physik. Wenn wir nun zwar wohl kaum ein Brett von 6,7 m Länge nehmen: so ähnlich sollten auch wir anfangen. Nicht gleich mit einem gekauften Präzisionsinstrument. Genauigkeit begreift nur, wer zuerst ungenau ist.

Auch in der Zeitmessung können wir es ruhig erst einmal mit den einfachsten und natürlichsten Hilfsmitteln versuchen. Zwar werden unsere technisierten Kinder ohne Zögern mit einem Ruck die Armbanduhr entblößen. Aber sie werden auch mit Vergnügen dem Vorschlag des Lehrers folgen, erst einmal ganz „natürlich“ zu bleiben. So wie der geniale Galilei es noch machen mußte, weil er ja vor Huygens lebte und also die Pendeluhr nicht kannte, von der Armbanduhr und der elektrischen Stoppuhr ganz zu schweigen. Er hat doch dieses erste physikalische Experiment der Weltgeschichte gemacht ohne all das. (Natürlich hätte er ein einfaches, mit der Hand immer wieder angestoßenes Fadenpendel verwenden können, das ihm ja vertraut war. Aber er ging, wie sich bald zeigen wird, gleich zur Wägung über, vermutlich weil sie ihm genauer erschien. Riccioni, der die Versuche bald nach Galileis Tod wiederholte, benutzte ein flinkes Pendel[5], 1,15 Zoll = 2,8 cm lang.)
Es scheint, daß Galilei zuerst den Pulsschlag als Uhr benutzte. Denn er schreibt an einer Stelle seines Berichtes:

„... und fanden gar keine Unterschiede, auch nicht einmal von einem Zehntel eines Pulsschlages“ (S. 24).

Und wenn nun heute einer unserer Schüler, die rechte Hand am linken Puls, mit einem Fuß den Takt schlägt, während ein anderer der abwärts eilenden Kugel mit der Kreide in der Hand nachläuft, und jedesmal, bei dem hörbaren Pulsschlag, einen Kreidehieb auf das Brett setzt an die Stelle, wo die Kugel gerade vorbeiflitzt, dann ist das natürlich *sehr* ungenau. Besonders wenn man für möglich hält, daß Galilei (der ja ein Choleriker war) sich bei dem Versuch aufregte, womöglich über den Versuch selber. (Denn es war ja für ihn keine rein logische Angelegenheit. Er war zutiefst davon bewegt.)
Und wenn man nun die Abstände von einem Kreidestrich zum nächsten mißt, so kommt keineswegs 1, 3, 5, 7, ... heraus, sondern vielleicht 1, 3.4, 4.8, ... oder so etwas. – Man wird also die Genauigkeit dieser „Uhr“ steigern. Und sicher werden das die Kinder auch sofort wollen.

---

* 12 Ellen = 6,7 m (nach Ramsauer); 1 Zoll = etwa 2,5 cm.

Aber der Lehrer muß ja nicht alles gleich tun, was sie sagen. Er wird sie leicht ein wenig bremsen können, indem er vorschlägt: gut, gleich. Aber vorher: Angenommen, wir wären auf diese grobe Art angewiesen, müßten dabei bleiben, gibt es dann kein Mittel, diese Ungenauigkeit doch ein bißchen – vielleicht darf er sagen: – „auszugleichen"? Wahrscheinlich kommen sie darauf: Wiederholen! Ob dasselbe herauskommt? Wenn nicht, dann ist es ungenau. Eigentlich ein sehr merkwürdiger Vorschlag. Es wäre interessant, wie sie ihn begründen. Hier geht es nämlich schon sehr kausal her. Es geht um den „Zufall", um „Fehler". „Einflüsse", die nicht zur Sache gehören. Wer bestimmt eigentlich, was „dazu gehört"? Sind wir denn voreingenommen? Machen wir Vorschriften? Offenbar.

Nach vier Versuchen (nehmen wir an, immer mit denselben beiden Beobachtern) sieht das Brett mit seinen Kreidestrichen vielleicht so aus:

Wundern sie sich, daß die Punkthaufen nach unten immer breiter werden? Woher das?

Und wie jetzt die Abstände messen? Von Haufen zu Haufen? Welcher Strich gilt? – Vermutlich werden die Schüler „gefühlsmäßig" den „Schwerpunkt" schätzen und wählen. Das ist auch wieder ein merkwürdiger Eingriff, über den man nachdenklich werden kann. (Es ist durchaus nicht auf allen Stufen nötig, darüber etwas zu präzisieren. Wichtig ist, zu merken, daß man hier ganz von selbst eine gewisse Auslese trifft.)

Man wird auch die Beobachter auswechseln. Und sich fragen, ob man innerhalb derselben Meßreihe die verschiedenen Beobachter mischen darf. Aber nun werden sie überhaupt ungeduldig: Der Beobachter, sein Pulsschlag wenigstens, der muß überhaupt heraus! Der ist zu „subjektiv", „persönlich", unzuverlässig!

Vielleicht kommen sie jetzt auf das Metronom. Sein Ticktack ist besser als der Puls. Alles Menschliche ist ihm fremd. Das Bild auf dem Brett wird nun schon besser. Etwa so:

5  Vgl. C. Piel, Die ältesten Versuche über den freien Fall. Der mathematische und naturwissenschaftliche Unterricht (MNU) VII (1954/55), S. 300.

Immer noch gibt es zwar solche Punkthaufen, aber sie schrumpfen! (Warum schrumpfen sie eigentlich?) Jedenfalls sind die Schwerpunkte jetzt leichter zu messen. Vermutlich gibt es aber immer noch nicht 1, 3, 5, 7, ...
Auch in diesem Schätzen steckt ja der Mensch. Ob man den Schwerpunkt nicht ausrechnen kann? Rechnen wirkt immer genau! Das kann man überlegen. Es zeigt sich dabei, daß man vor dem Rechnen die Lage der einzelnen Striche des Haufens messen muß, mit dem Maßstab. – Genau? Neues Nachdenken darüber, daß so ein Kreidestrich ja immer eine gewisse Dicke haben wird, und übrigens der Strich auf dem Lineal auch. – Hier liegt eine unüberwindliche Grenze.
Verbessern wir also das andere, was noch zu verbessern ist. – Da mögen mancherlei Vorschläge kommen. Auch Galilei hatte übrigens kein Metronom. Und der Puls genügte ihm natürlich nicht. Vermutlich wird kein Schüler auf seinen genialen Gedanken kommen, die Zeit zu *wägen:*

„Zur Ausmessung der Zeit stellten wir einen Eimer voll Wasser auf, in dessen Boden ein enger Kanal angebracht war, durch den ein feiner Wasserstrahl sich ergoß, der mit einem kleinen Becher aufgefangen wurde, während einer jeden beobachteten Fallzeit: Das auf diese Art aufgesammelte Wasser wurde auf einer sehr genauen Waage gewogen; aus den Differenzen der Wägungen erhielten wir die Verhältnisse der Gewichte und die Verhältnisse der Zeiten ...“ (S. 25.)

Das sollte man ruhig einmal machen. Ramsauer, der ja die klassischen Versuche der Physik stilgerecht wiederholt hat, schreibt: „Ich habe die Messungen nachgemacht und war erstaunt, eine wie große Genauigkeit sich mit einer solchen Wasseruhr erreichen läßt[6].“
Inzwischen werden aber die Kinder längst gefunden haben, daß der „Mensch“ noch an einer anderen Stelle aus der Versuchsanordnung heraus muß: da, wo er diese Kreidestriche setzt. Und nun kann man sie auf die Fährte setzen, ob nicht die Kugel (die ja leicht ein Wagen werden kann, der auf einer Schiene läuft), ob nicht der Wagen selber die Uhr tragen, und ob diese Uhr dann nicht während der Fahrt selber die Zeit-Zeichen setzen könnte?
Eine unten am Wagen befestigte Tropfflasche mag da vorgeschlagen werden oder (wie es eine Lehrmittelfirma einmal lieferte) ein Pendel, das nun entweder bei jedem Durchgang durch die Mitte mit seiner Spitze einen schmalen Sandwall durchschlägt, der unter der Laufschiene, parallel zu ihr, auf einer zweiten Latte angehäuft ist; oder besser noch: wenn das Pendel zu einer schwingenden Sanduhr umgebildet wird, einer Papiertüte also, die aus einer feinen Öffnung eine schöne ausklingende Schlangenlinie auf die zweite Latte malt, an der man nun in Ruhe ausmessen kann. (Viele Fragen entstehen da: ob ein Pendel, wenn es erlahmt, die Zeit in noch immer gleiche Stücke zerhackt? Das muß man prüfen.) Noch immer Ungenauigkeiten trotz aller Maschinerie. –
So wird es immer komfortabler: Magnetischer Start des Wagens, elektrische Stoppuhr, automatisch von ihr gesteuert: Funken, die überschlagen zwischen dem Wagen

---

6 C. Ramsauer, Grundversuche der Physik in historischer Darstellung. Berlin 1953, Bd. I, S. 3, Fußnote.

und der rußgeschwärzten Meßlatte unter ihm, wo sie „haarscharfe" Punkte setzen –, und was noch alles. Der Versuch ist „vollautomatisiert". Der „Mensch" hat nur noch zum Start auf den Knopf zu drücken und nachträglich das Ergebnis, das der Wagen hingelegt hat, auszumessen. (Aber man vergesse nicht, daß *er* das Ganze ausgedacht hat.)

Ergebnis? Wann wird es nun wirklich „genau"? Offenbar nie. Also niemals genau 1, 3, 5, 7, …? Stimmt es gar nicht mit den ganzen Zahlen? Es stimmt. Nur in folgendem Sinn, und der ist erstaunlich genug: Die Zahlen 1, 3, 5, 7, … treten so, wie sie da stehen, in dieser blanken Genauigkeit nie auf. Aber: Je genauer wir verfahren (und was das heißt, ist nun klar geworden), desto mehr schrumpfen die Punkthaufen, und desto enger rücken die Abstände ihrer Schwerpunkte an die Reihe 1, 3, 5, 7, … heran. Dieses letzte ist nun schon eine Mitteilung des Lehrers. Denn die noch viel genaueren Versuche kann er nicht in der Schule machen, etwa die, zu denen es gehört, daß alles im leeren Raum, also ohne den Luftwiderstand abläuft. Aber die Schüler werden es ihm unbedingt glauben, nachdem sie den ersten Teil des Weges so gründlich mitgegangen sind.

Und wenn man sie nun fragt, ob sie sich darüber wundern, daß hier und in diesem Sinne, die ungeraden ganzen Zahlen aus der Natur herauskommen, dann werden sie wohl ja sagen. Denn die Natur muß ja nie das tun, was wir wollen. Was wollten wir machen, wenn sie auf die Zahlen 1; 3.12; 4.98 hinaus wollte bei diesem Fallversuch? Dann würden wir *das* lernen in den Schulen, und *das* wäre dann das „Fallgesetz". Übrigens selbst dann wäre noch genug Grund zum Verwundern: daß nämlich immer *dieselben* Zahlen herauskämen, wenn es auch krumme Zahlen wären.

So wie die Natur sich aber nun tatsächlich im Fallgesetz äußert, müssen wir ja doppelt staunen: Nicht nur kommt überall und immer dasselbe heraus, es kommen dieselben *„natürlichen"* Zahlen. Die *Einfachheit* ist das Erstaunlichste. Das ist mehr, als wir erwarten können, ist ein rätselhaftes Entgegenkommen. Es ist das Wunder der „Mathematisierbarkeit", und noch dazu in ganzen Zahlen.

Allerdings ist das Entgegenkommen kein *ganz* spontanes. Natur „kommt" nicht von sich aus. Den ersten Schritt müssen *wir* tun. Wir schlagen ihr ja natürliche Zahlen vor, allerdings in der einfachsten Reihe: 1, 3, 5, 7 Zeiteinheiten. Sie brauchte diesem Vorgehen nicht nachzukommen. Aber sie tut es. Das Staunen wird kaum verkleinert. Es wird nur deutlich, daß ein gewisses Zeremoniell (dazu gehört auch die Wiederholbarkeit, die Unabhängigkeit vom Beobachter, das abgeschlossene System) von uns eingeleitet und eingehalten werden muß.

So bedarf es also nicht der modernen[7] Physik; schon dieser elementare Versuch zeigt klar genug: Physik sagt nicht, wie Natur „ist", sondern wie Natur antwortet. Und es gibt Fälle, wo ihr Zeremoniell Nichts liefert, unergiebig bleibt. Anwendbar ist es immer. Wir können einen Menschen, der um einen Entschluß ringt, mit physikalischen Registrierapparaten umgeben, und sie werden auch etwas feststellen. Aber das ist nichts Wiederholbares, nichts Einfaches, nichts Wesentliches.

---

7 Vgl. Th. Litt, Philosophische Anthropologie und moderne Physik. „Studium Generale" IX. Jahrg. (1956), S. 351 ff.

Merkwürdig, von hier aus gesehen, um wieder auf ihn zurückzukommen: Galilei. Bei ihm lief der Versuch nämlich gar nicht so ab, wie hier bei uns; lang nicht so genau, und nicht so nachdenklich.

Mit der ganzen Unbefangenheit des ersten Entdeckers ist er von vornherein überzeugt, zum mindesten hofft und erwartet er es, daß die Natur mathematisierbar ist, *und* auf eine *ein*fache Weise:

„Endlich hat uns … gleichsam mit der Hand geleitet die aufmerksame Beobachtung des gewöhnlichen Geschehens und der Ordnung der Natur in allen ihren Verrichtungen, bei deren Ausübung sie die allerersten einfachsten und leichtesten Hilfsmittel zu verwenden pflegt; denn, wie ich meine, wird Niemand glauben, daß das Schwimmen und das Fliegen einfacher oder leichter zustande gebracht werden könne, als durch diejenigen Mittel, die die Fische und die Vögel mit natürlichem Instinkt gebrauchen. Wenn ich daher bemerke, daß ein aus der Ruhelage von bedeutender Höhe herabfallender Stein nach und nach neue Zuwüchse an Geschwindigkeit erlangt, warum soll ich nicht glauben, daß solche Zuwüchse in allereinfachster, jedermann plausibler Weise zustanden kommen?" (S. 10. )

Und deshalb verzichtet er ganz darauf, uns auch nur die Werte mitzuteilen, die er gemessen hat. So sind wir erstaunt, „daß Galilei die heutige Pflicht des Experimentators zur genauen Beschreibung aller Versuchsanordnungen, wie Größe der Kugel, Neigung der Fallrinne, sowie zur zahlenmäßigen Wiedergabe aller Versuchsresultate und zur Kritik der Fehlerquellen, noch nicht kennt"[8]. Er wiederholt zwar, bildet aber keine Mittel, sondern findet seine Vermutung nur immer neu bestätigt. Er war, so will es uns scheinen, nicht so gewissenhaft, wie wir heute schon gemeinsam mit Kindern sein müssen. Und doch verdanken wir das ihm; er war so genial, uns den Anfang zu zeigen, an dessen Ende wir nun auch noch gewissenhaft sein können. So finden wir denn bei ihm nur folgendes:

„dann ließ man die Kugel durch den Kanal fallen und verzeichnete die Fallzeit für die ganze Strecke. *Häufig* wiederholten wir … und fanden *gar keine* Unterschiede, auch nicht einmal von einem Zehntel eines Pulsschlages. Darauf ließen wir die Kugel nur durch ein Viertel der Strecke laufen und fanden *stets genau* die halbe Fallzeit gegen früher …, bei *wohl hundertfacher* Wiederholung fanden wir stets, daß die Strecken sich verhielten wie die Quadrate der Zeiten: und dieses zwar für jedwede Neigung des Kanals, in dem die Kugel lief …, und zwar mit solcher Genauigkeit, daß die zahlreichen Beobachtungen *niemals merklich* (di un *notabile momento*) voneinander abwichen." (S. 26, Hervorhebungen hinzugefügt.)

---

8  C. Ramsauer, a. a. O., S. 3. – Übrigens gibt Galilei die Neigung doch an: „bald eine bald zwei Ellen hoch" ist das 12 Ellen lange Brett einerseits gehoben. Dazu gehören Winkel von ungefähr 4° 50' und 9° 30'.

# D  Doppelt gründlich und also wissenschaftlich und auch philosophisch Lehren: Primzahlen/Quadratwurzel aus 2/Pythagoras

## 43  Das Exemplarische Prinzip aus der Sicht der Mathematik und der exakten Naturwissenschaften[1]  (1963)

### I. Scheiternde Schule?

Wenn wir uns eines Schülers annehmen, der durch *individuelle* Störungen seiner Bildsamkeit – um einmal das grausame Wort zu gebrauchen: – zu „scheitern" droht, so müssen wir, da ja sofort geholfen werden muß, die Schule als gegeben nehmen, so wie sie heute ist. Solche Hilfe wird auch demjenigen notwendig erscheinen, der meint, die Schule sei im wesentlichen in Ordnung.

Dieser Glaube ist entschieden im Schwinden. Deshalb muß bei *nicht individuellen* Störungen der Bildsamkeit geprüft werden, ob nicht manche Einrichtungen und Gewohnheiten des heutigen Unterrichtens auch solche Schüler, die der „Begabung" zugänglich sind, unnötigerweise zum Scheitern zu bringen drohen. Der Verdacht besteht seit Jahrzehnten. Mit anderen Worten: ob nicht auch davon gesprochen werden muß, daß die Schule selber „scheitert", und zwar an der Natur des Kindes oder Jugendlichen; für unsere Betrachtung: des *heutigen* Heranwachsenden. Ob also nicht sie, die Schule selber, die Bildsamkeit der Schüler und damit ihren eigenen Unterricht stören kann.

### II. Symptome und ihre Deutung

Störungen dieser Art müssen sich in gemeinsamen Mißerfolgen vieler äußern. Man klagt schon lange, aber heute zunehmend: die Kinder und Jugendlichen „lernen nichts mehr", sie können „kein Interesse aufbringen", man muß „ihnen alles erst schmackhaft machen". Sie können sich nicht „konzentrieren", alles ist „immer gleich vergessen", das „Niveau sinkt", die Urteilskraft, die Selbständigkeit läßt nach, und so fort.

---

1 Die folgenden Betrachtungen gehen aus von den besonderen Verhältnissen der mathematischen Wissenschaften. Sie drängen zwar ins Allgemeine, lassen aber die Frage offen, welche Abwandlungen sich ergeben, wenn man zu anderen Wissenschaften übergeht.

Die Ursachen für solche gemeinsamen Symptome finden wir zum Teil gewiß außerhalb der Schule, etwa im Verfall der Familie und der Technisierung des Lebens. Auch kann man anführen, daß die Höhere Schule Kinder aufnimmt und mitführt, die „eigentlich nicht hinein gehören". Ich glaube (aus Erfahrung) nicht, daß wir uns mit diesen Begründungen begnügen dürfen. Ich habe allzuoft *gesehen*, daß die Unterrichtsweise eine Menge von Kindern unfähig *macht*. Und zwar so, daß wir sie dann nicht mehr recht von den von sich aus Ungeeigneten unterscheiden. Vor den Gewohnheiten des Unterrichts, die hier schuld sind, ist schon vor Jahrzehnten gewarnt worden. (Etwa von Kerschensteiner und von Mach. Die damaligen Kindergenerationen haben die Schädigungen vielleicht noch besser oder doch unauffälliger ertragen als die gegenwärtige. Heute sind die Folgen unerträglich geworden, vielleicht weil die modernen, außerschulischen Störungen dazugekommen sind.)

Die Überzeugung, daß hier geholfen werden muß, führte 1951 zur Tübinger Resolution. Sie enthält die Feststellung: „... daß das deutsche Bildungswesen, zumindest in den Höheren Schulen und Hochschulen, in Gefahr ist, das geistige Leben durch die Fülle des Stoffes zu ersticken", und nennt damit Symptom und Ursache.

In dem bald darauf folgenden Satz ist dann das „exemplarische" oder „paradigmatische" Lehren (ohne daß diese Worte gebraucht werden) empfohlen und definiert: „Arbeiten-Können ist mehr als Vielwisserei. Ursprüngliche Phänomene der geistigen Welt können am Beispiel eines einzelnen, vom Schüler wirklich erfaßten Gegenstandes sichtbar werden..." Wir werden diesen Satz auszulegen haben. Zunächst greifen wir aber auf die Ursachen des Mißerfolges zurück.

## III. Das Vorrats-Lernen

Soweit man hier überhaupt kausal denken darf, möchte ich als tiefsten Grund des Mißerfolges ein übertrieben „lineares", immer vom „Einfachen zum Komplizierteren" fortschreitendes, „Stoff" *auf Vorrat häufendes Lehrverfahren* annehmen. („Heute kommt nach dem Lehrbuch dies. Wir werden es später brauchen.")

Dieses Vorgehen, der exakten Naturwissenschaft besonders naheliegend, ist ausschließlich logisch und quantitativ bestimmt, aber wenig psychologisch und gar nicht pädagogisch. Denn es liegt ihm eine (dem Lehrer meist nicht bewußte) Vorstellung des Lernens als einer Art des Einsammelns[2] zugrunde, des Verstehens als eines kollektiven Nachvollziehens kleiner Einzelschritte, und des Lehrens als einer Zubereitung und Darbietung geeigneter Portionen[3]. Dabei ist also vergessen, was wir schon

---

2 Es scheint, daß wir diese zählebigen Vorstellungen ursprünglich Comenius zu verdanken haben: „Die Kunst wird bloß sein, alle insgesamt und jeden einzelnen so aufmerksam zu machen, daß sie glauben (wie es ja auch wirklich ist), der Mund des Lehrers sei die Quelle, von der die Bächlein der Wissenschaften zu ihm herabfließen, und daß sie sich gewöhnen, ... ihren Becher der Aufmerksamkeit unterzustellen, damit nichts ungenutzt vorbeifließe." (Comenius: Große Didaktik. Hrsg. v. A.Flitner. 2.Aufl. Düsseldorf 1960. S. 123.)

3 „... und er begann das nunmehr abgeschlossene, säuberlich abgeschnürte und handliche Paket seines Wissens in kleine Paketchen zu zerlegen, die er an die Schüler weitergab, auf daß er sie von diesen in Gestalt von Prüfungsergebnissen zurückverlangen könne." (H. Broch: Die Schuldlosen [Roman]. München: Willi Weismann Verlag 1950. S.36 – auch dtv-Taschenbuch 330, S.49.)

einmal wußten: daß wirksames Lernen hervorgehen muß aus einer jedem Kinde innewohnenden Lernlust, ja Verstehensleidenschaft, die von der Schule Ernsteres erwartet, nämlich größere Aufgaben zu lösen; nicht allzu schwierige freilich, aber auch nicht zu sehr zerkleinerte. Der Lehrer muß, wie Maria Montessori[4] sagte, Ziele setzen, *„wohl außerhalb der Reichweite, aber durch ein Sich-Recken des Geistes erreichbar“*. Der Geist reckt sich nur, wenn er *herausgefordert* wird. Das ist es auch, was er *erwartet*. Wir unterschätzen die Kinder, wenn wir ihnen die Schule zu leicht machen. Dadurch enttäuschen wir sie und machen ihnen damit die Schule auf falsche Weise schwierig. In einem *Schrittchen-Verfahren* wird die Lernlust enttäuscht, von Vorrats-Stoffmengen erstickt und in gesunden Widerstand oder scheinbare Dummheit verkehrt. Denn dieses Verfahren zwingt den Lehrer zur Hast und damit zur Oberflächlichkeit des Lernens.

Gerade Mathematik und Naturwissenschaft täuschen leicht darüber hinweg, insofern der Unterricht dabei logisch und experimentell gründlich bleiben kann. Trotzdem geht alles zu schnell, insofern es den Lernenden hindert, intensiv in *Fühlung* mit der Sache zu kommen und zu bleiben, ganz „dabei“ und zutiefst aufmerksam zu sein, im Tun, Anschauen und Anhören. *Daher* das Vergessen und die mangelnde Urteilsfähigkeit. *„Oberflächliches Lernen schädigt unsere inneren Bestände“* (Maria Montessori)[5]. Wird der Lehrer diesem Verfahren allzusehr eingepaßt (nicht immer im Seminar, meist aber durch die nachfolgende atemlose Praxis), so daß er es für das Normale hält und es innerlich anerkennt, so bringt es auch ihm Routine, Langeweile und schließlich nicht selten eine falsche Anthropologie des Kindes als eines von Natur unzureichenden, passiven, oft unwilligen Wesens, dem entweder durch „Schmackhaftmachen“ oder durch Zwang „das Nötige beigebracht“ werden müsse. Der Mißerfolg wird dadurch nur größer.

## IV. Vorformen des exemplarischen Lehrens

*Frühere Versuche,* dem abzuhelfen, gingen entweder von der Methode aus („Selbsttätigkeit“, „Arbeitsunterricht“) oder vom „Stoff“ („Mut zur Lücke“, „Auswahl des Wesentlichen“). Meist erkannte man, daß beides zusammen nötig ist.

Die Bemühungen um *Stoffbeschränkung* haben sich, trotz mancher Fortschritte, noch nicht als stark genug erwiesen, um dem Druck des Vollständigkeitswahns und der mechanistischen Vorstellungen vom Lernen (die ja im wesentlichen von der öffentlichen Meinung der Laien gehegt werden) standzuhalten. Auch der Lehrer wird leicht rückfällig, wenn er die Stoff-„Beschränkung“ als einen verzichtenden Rückzug von etwas Besserem, Reicherem, als „Sparmaßnahme“ versteht.

Die Methode des *Arbeitsunterrichts* ist heute zwar angenommen, er kann aber, da die Hast ungemindert bleibt, schwer davor geschützt werden, zu einem „Betrieb“ von geringer Wirkung zu entarten. Man sieht das an Lehrproben, die gleichwohl als

---

4 M. E. Standing: Maria Montessori. Stuttgart 1952. S. 198.
5 In: Pedagogical Anthropology (1913) S. 32. Zitiert nach B. van Veen-Bosse: Konzentration und Geist; Die Anthropologie in der Pädagogik Maria Montessoris. Diss. Tübingen 1959.

gelungen bezeichnet werden: Die Klasse, gar nicht gelangweilt, zeigt sich in lebhafter äußerer Aktivität: bei dem gemeinsam unternommenen Experiment ist vielen einzelnen eine Tätigkeit angewiesen. Es geht munter her, und doch ist keine Gewähr gegeben, daß dabei wirklich nachgedacht wird. (Wie sollte es auch, wenn der Lehrer die Pflicht annimmt, nach 45 Minuten das „Ziel der Stunde" zu erreichen!) Ebensowenig wie bei Schülerübungen (oder Hochschulpraktika), wenn sie den Schüler (oder Studenten) nach fertigen Rezepten eine Versuchsanordnung aufbauen und eine Messung vornehmen lassen. – Die Selbsttätigkeit beschränkt sich dabei auf Einzelschritte Sie bedeutet für den Lernenden keine Herausforderung, sondern eine Nachfolge und hat deshalb keinen Tiefgang und keine Reichweite.

So sind heute sowohl Stoffbeschränkung wie Arbeitsunterricht zwar akzeptiert, aber auch gleichsam domestiziert: angepaßt an die oben angeführten Leit-Vorstellungen: ein schleuniges Einsammeln auf Vorrat präparierter kleiner Quanten auf dem nur vom Lehrer vorbedachten Wege vom Einfachen zum Komplizierten und zu einem doch immerhin noch möglichst reichhaltigen Kenntnisbestand als Ziel („Minimal"-Pläne).

Beide Prinzipien, Stoffbeschränkung wie Arbeitsunterricht, sind, wie sich zeigen wird, notwendige Elemente des Exemplarischen. Sie müssen aber ernster gefaßt werden:

Das Wort *Stoff,* da es die Vorstellung des Lernens als eines Konsumierens nahelegt, sollte durch ein geeigneteres ersetzt werden. Sagen wir im Anschluß an die Tübinger Resolution: *Gegenstand.* Denn die „Kenntnis" des „Stoffes" ist nicht das primäre Ziel des Exemplarischen Lehrens. (Es wird sich aber zeigen, daß sie ein notwendiges und sicheres Nebenergebnis ist). – Damit würde auch das Wort Stoff-Beschränkung hinfällig und verlöre seinen negativen Klang. Das wäre gut; denn es bedeutet gar nicht einen Rückzug, sondern den befreienden Durchbruch zu dem, was wirksames Lernen schon immer nur sein konnte, wenn es den Forderungen entsprach, die der Lernende an den Unterricht zu stellen das Recht hat. „Gegenstands-Erschließung" wird sich als angemesseneres Wort anbieten.

Die *Selbsttätigkeit* muß gegen die Gefahr geschützt sein, zum Betrieb zu werden. Dazu gehört jedenfalls, daß sie sich nicht nur auf Einzelschritte, sondern auf größere Problemkreise erstreckt, also sozusagen *strategisch* und nicht nur taktisch eingesetzt wird.

Gewisse Sätze von Mach, Grimsehl, Höfler, Kerschensteiner zeigen, daß der Physikunterricht vor der Jahrhundertwende in dieser Richtung in Bewegung kam. Es war wohl nicht günstig für ihn, daß eben zu dieser Zeit die physikalische Forschung eine Flut neuer Entdeckungen auslöste. Neues drängte in die Schule, Altes entbehrte man dafür nur ungern. Schließlich mußte es weichen. *Damit kam aber neben wirklich Überflüssigem auch gerade das Elementare in die Gefahr der Vernachlässigung.* Man hat manchmal den Eindruck, es gebe ein *Gesetz von der Erhaltung des Gedränges:* Man wirft schließlich altes Mobiliar, obwohl man lange Zeit es nicht entbehren zu können meinte, hinaus; doch nur, um in den entstandenen freien Raum moderne Möbel zu stellen. Wir erleben das jetzt bei der Kernphysik und bei den Bemühungen, modernste Mathematik in die Schule einzuführen.

Wenn Mach (1881) sagte: *„Ich wäre zufrieden, wenn jeder Jüngling einige wenige mathematische oder naturwissenschaftliche Entdeckungen sozusagen miterlebt und in ihre weiteren Konsequenzen verfolgt hätte"*[6], und Grimsehl: *„Es sollten einige ausgewählte Kapitel im Schulunterricht mit solcher Gründlichkeit betrieben werden, daß hier die Schüler einen Einblick in die wissenschaftlich-physikalischen Forschungsmethoden erlangen ... Es ist im Grunde genommen gleichgültig, welches Gebiet oder welche Gebiete man ... benutzt"*[7], so wird bereits etwas deutlich, was man „exemplarisch" nennen kann: An einem Unterrichts-Gegenstand (Thema) wird etwas klar, was auch an einem anderen klar werden könnte, was also über die Ebene dieser Exempla hinauslangt. Bei Grimsehl ist das die physikalische *Forschungsmethode; also* nicht (nur) Ergebnisse soll der Lernende kennenlernen, nicht (nur) das Gebäude, sondern von allem die Bauweise, die Methode des physikalischen Forschens.

Hat man etwa das Fallgesetz experimentell gründlich erfahren, so lernt man „experimentieren" (was hier nicht nur im manuellen Sinne gemeint ist, sondern: Fragen an die Natur stellen und ihre Antworten vernehmen) und kann das Gelernte übertragen auf andere physikalische Fragen, bei denen es ebenfalls darum geht, ein „Gesetz" herauszufinden. Oder: Ist man einmal „dabeigewesen", als so etwas wie eine Theorie in den Köpfen aufstieg, oder wie eine „Modellvorstellung" notwendig sich bildete, so weiß man, wie „so etwas" vor sich geht, und kann es nun anderwärts mit einer gewissen Selbständigkeit selber tun oder mittun, kann mindestens den Darlegungen eines anderen oder eines Buches leichter „folgen".

Hat man den Beweis des „Pythagoras" selbsttätig verstanden, so hat man begriffen, was „beweisen" ist, und kann es benutzen, um andere geometrische Vermutungen zu Gewißheiten oder Irrtümern zu machen.

Bis zu einem gewissen Grade hat das so verstandene Exemplarische Lehren heute im Physikunterricht Anklang gefunden[8], und es erheben sich schon die besonderen Fragen: ob einer oder mehrere solcher Lehrgangs-Gegenstände wünschenswert sind und ob außer solchen Tiefenbohrungen (zuvor, gleichzeitig oder danach) ein Continuum (Kompendium, Kanon) nötig ist[9]. Dabei ist es wichtig, zu bedenken: Ist die Methode einmal wirklich verstanden (und nur dann), so kann das „Verfolgen

---

6 E. Mach: Populärwissenschaftliche Vorlesungen. 5. Aufl. Leipzig 1923. S. 344 f.

7 Zitiert nach K. Hahn: Methodik des physikalischen Unterrichts. Heidelberg 1955. S. 175.

8 So in der Schrift von E. Hunger: Die Bildungsfunktion des Physikunterrichts. Braunschweig-Berlin 1959 (die aber bereits mit auf die nächste Stufe vordringt).

9 Ich verweise auf mein Buch: Die pädagogische Dimension der Physik. 3. Aufl. Braunschweig 1970, und deute nur folgendes an: Ich halte einen mit der Mittelstufe abschließenden Kanon für nötig; und auch für möglich, wenn man 1. im Rahmen einer „ungefächerten Naturbetrachtung" auch eine Vor-Physik schon von Sexta her anbahnt, 2. den Kanon möglichst frei hält von unnötigen (d. h. für die Herstellung von Zusammenhängen entbehrlichen) Mathematisierungen und Modellvorstellungen. – Mehrere Themen auf der Oberstufe würde ich für besser halten als eines, wenn die Gründlichkeit (in dem noch zu besprechenden Sinne) garantiert ist. Aber ein Thema allein würde ich schon für wirksamer halten als das, was wir – im allgemeinen – heute erreichen. (Der von H. Ristau in seinem Aufsatz „Überwindung der Stofffülle im Physikunterricht" [Der math. u. naturwiss. Unterr. 13. S. 468 ff.] aus dem Zusammenhang der Arbeit 36 genommene Satz [„einem Gebiet ... der Mechanik oder der Optik oder der Elektrizitätslehre ..."] ist von ihm extrem verstanden worden: Er steht in meiner Arbeit als eine erste *grobe* Kontrastierung des Exemplarischen gegenüber dem Enzyklopädischen [„oder" statt „und"].)

213

in die weiteren Konsequenzen" (Mach; von ihm vermutlich rein fachlich, „stofflich" gemeint), also eine systematische Expansion, auch in einem anderen, schneller fortschreitenden, ja dozierenden Unterrichtsstil vor sich gehen. Nur muß dieser Stil die Ausnahme sein[10].

Diese „stoffliche" Expansion würde im *Falle des „Pythagoras"*[11] von ihm aus etwa zu folgenden Gebieten hinführen können: Irrationale Zahlen, Grenzwert, Infinitesimalrechnung; oder: pythagoreische Zahlentripel, Zahlentheorie; oder: Flächenberechnung, Ähnlichkeitslehre, Trigonometrie, Sphärik, Nicht-euklidische Geometrie.

## VI. Das Unzureichende dieser Stufe

Diese Stufe des Exemplarischen Lehrens ist für die „allgemeinbildende" Schule deshalb nicht ausreichend, weil es offenbar möglich ist, sich auf ihr zu bewegen, ohne den Horizont des Faches zu verlassen. *Man bleibt im Fach.* Aber: „Wer nur Chemie versteht, versteht auch die nicht recht" (Lichtenberg). Man kann so zwar das Ganze des Faches im Exempel repräsentieren, braucht aber nicht „das Ganze der geistigen Welt" zu berühren.

Versucht man die anderen Fächer hinzuzu*addieren,* so hat man den heutigen Zustand der Beziehungslosigkeit. Versucht man eine Synthese, wie bei dem seit einigen Jahren hier und dort erprobten „Kolloquium" der Oberstufe[12], strebt man also „Querverbindungen" an, so ist schon etwas gewonnen. Es gibt aber dabei zwei Gefahren:

a) Es werden nur *Ergebnisse* der verschiedenen Disziplinen zueinander geordnet. Der Lernende kann dann glauben, sie hätten alle dieselbe Daseins-Trivialität, wären alle „einfach da", nur „gefunden", „Tatsachen".

b) Die Verbindung neigt zu einer *unzulässigen Grenzüberschreitung,* einer Annexion, zum Beispiel wenn Biologie als nichts anderes erscheint als Chemie, Soziologie als angewandte Naturwissenschaft.

Beides muß vermieden werden, denn es ist ja so[13], daß die Fächer verschiedene Erschließungsweisen (Verstehens- und Behandlungsweisen, Methoden des Absehens, kategoriale Einschränkungen – und eben dadurch Erschließungen) derselben *einen* Wirklichkeit sind. Physik etwa zeigt nicht, wie die Natur „von sich aus" „ist", sondern wie sie auf bestimmte (nämlich quantitative-funktionale) Fragestellungen antwortet[14].

---

10  Hierzu die Ausführungen über das orientierende Lehren und die kategoriale Bildung im Kap. IV der von K. Strunz herausgegebenen Pädagogisch-psychologischen Praxis an Höheren Schulen. München-Basel 1963. (Im folgenden kurz als Strunz zitiert.) Insbesondere H. Roth: Orientierendes und exemplarisches Lehren. In: Pädagogische Psychologie des Lehrens und Lernens. Hannover 1957.
11  Siehe Aufsatz 67 aus UI; hier Nr. 46.
12  Siehe Strunz, Kap. IV (Konzentrationsunterricht).
13  Th. Litt: Naturwissenschaft und Menschenbildung. 3. Aufl. Heidelberg 1959.
14  Siehe „Pädagogische Psychologie für Höhere Schulen". Hrsg. v. K. Strunz. 2. Aufl. München-Basel 1961. S. 96. – Ferner Aufsatz 42 aus UI.

Es ist also zu wünschen, daß der Lernende von einem bestimmten Fach *nicht nur* *„Ergebnisse"* kennt (darüber sind wir auch längst hinaus), nicht nur auch (was im naturwissenschaftlichen Unterricht seit etwa 1900 angestrebt wird und was zu dem Exemplarischen Lehren 1.Stufe führen kann), *wie* sie gewonnen werden, sondern auch: welche *Einschränkungen* mit dieser Gewinnungsmethode verbunden sind. Daß der Lernende also erfährt, was in diesem Fach „eigentlich" geschieht: er lernt zu *„wissen, was er tut",* wenn er die dem Fach gemäße Haltung (in der Physik die des „Beobachters") einnimmt, und was er *nicht* tut, das heißt auf welche Kategorien er bei der fachorientierten Erschließung seines Gegenstandes verzichtet.

Nun kann man das natürlich am Ende der Schulzeit versuchen, durch eine (nun nicht addierende, sondern) sich distanzierende wissenschaftstheoretische Betrachtung: im Philosophieunterricht (Strunz, Kp.VI) oder im Kolloquium. Das ist wichtig, es kann gelingen, und es ist *notwendig,* wenn vorher die Fächer *ohne* Vorbereitung auf diesen Gesichtspunkt unterrichtet worden sind. Gerade in diesem Fall ist es auch schwierig, denn es heißt unter Umständen: sich etwas abgewöhnen.

## VII. Die zweite Stufe des exemplarischen Lehrens

Dem Begriff des Exemplarischen Lehrens ist es angemessener, diese *Distanzierung schon vorher* anzubahnen oder einzubeziehen, indem das Thema in solche Tiefe verfolgt wird, daß *die Fachgrenzen sich auflösen.*

Auch dies durch *Gründlichkeit.* Worunter nun aber – und das ist wohl sehr wichtig zu sehen – *etwas anderes verstanden werden muß als das, was auf der ersten Stufe des Exemplarischen Lehrens als Gründlichkeit ausreicht.* Dort genügt etwa in Physik: logische und experimentelle Strenge und lückenloser und sauberer Nachvollzug der Gedanken durch den Lernenden, möglichst arbeitsunterrichtlich. Hier aber muß der Grund tiefer gelegt werden; es ist nötig, daß der Schüler nicht nur als Intellekt, sondern als *ganzer Mensch* vom Gegenstand angeredet und auch erreicht, ja *betroffen* wird[15]. Nur dann kann er spüren oder gar bewußt machen, daß die „Disziplin" des Faches auch ihn selber, den Menschen, einschränkt; wodurch allein er eben den bestimmten fachlichen Aspekt der Wirklichkeit zu Gesicht bekommt, von dem er sich nun reflexiv zu distanzieren lernt.

Man kann dann das Exemplarische Lehren vorläufig so definieren: Es erschließt einen „Gegenstand" (der immer etwas Komplexes und Aufforderndes haben muß) im Sinne einer bestimmten „Disziplin". Die mit dieser Eröffnung notwendig verbundene Einschränkung – des Gegenstandes wie des Erschließenden – soll dabei spürbar oder gar bewußt werden. Das Thema soll auf diese Weise also „ausstrahlen" nach zwei Seiten hin: auf *das Ganze der „geistigen Welt"* und auf *das Ganze der Person des Lernenden.*

---

15 Siehe auch A. Welleck: Das Prägnanzproblem der Gestaltpsychologie und das „Exemplarische" in der Pädagogik. In: Z. f. exp. u. angew. Psychologie. Bd. 6 (1959). H. 3.

Man kann es auch so sagen: das „Ganze", von dem die Rede war, ist die *„Wirklichkeit"*: Die „Fächer" entwickeln immer nur *einseitige Bilder*. So ist das physikalische Naturbild nicht die Wirklichkeit der Natur, und was in den Geschichtsbüchern steht, nicht die Wirklichkeit des Gewesenen. Die fachlichen Bilder sind alle nicht primär „wirklich", aber sie kommen alle von der Wirklichkeit her, wenn sie „echt" sind. Sie stammen von ihr ab.

Woran die Schule heute zunehmend krankt (und nicht nur sie), ist, daß die *Wirklichkeit* in ihr *nicht mehr vorkommt*[16], sondern nur diese Nachbildungen; bis vor kurzem noch mit dem Ehrgeiz, vollständig zu sein, neuerdings in der Bemühung um Auswahl. Was wir brauchen, um die zweite Stufe des Exemplarischen Lehrens zu gewinnen, ist aber: in jedem Falle mit der *uneingeschränkten Wirklichkeit zu beginnen und von da aus den Weg zu der jeweilig einseitig ausgerichteten Nachbildung möglichst mit Bewußtsein zu gehen*. (Das ist nicht dasselbe wie „Lebensnähe". „Lebensnah" wird manchmal genannt, daß etwa die Atomenergie „vorkommt". In dem *hier* gemeinten Sinn würde es heißen: Nichts kann vorkommen [hervorkommen], das nicht aus der Wirklichkeit her im ernstesten Sinn verstanden ist.) – Es geht also darum, mit dem „Arbeits-Unterricht", mit dem Prinzip der „Selbsttätigkeit" *Ernst* zu machen. (Denn nur wer sich das Wirklichkeitsverständnis irgendeiner Fach-Richtung selbst erarbeitet hat und sich dabei der perspektivischen Einseitigkeit *bewußt* wird, gewinnt durch dieses reflexive Bewußtsein Verständnis für die *Begrenztheit* der Fachmethode und damit die Einsicht, daß etwa das Naturbild der Physik nicht das Eigentliche der Natur-Wirklichkeit repräsentiert. Entsprechend: daß das Ganze des menschlichen Geistes noch andere Ausprägungen kennt als die diesem Naturbild zugeordneten Erkenntniskategorien.)

Das Exemplarische Lehren ist also notwendig wissenschaftstheoretisch, psychologisch und genetisch, ja anthropologisch gestimmt.

*Wissenschaftstheoretisch,* weil durch dieses Prinzip sowohl das Recht wie auch die Einseitigkeit der fachwissenschaftlichen Bearbeitung der vollen Wirklichkeit in den Blick kommt. – *Psychologisch* nicht im Sinne psychotechnischer Unterrichtshilfen oder geeigneter Prüfungsverfahren, sondern im Sinne Wertheimers und Wolfgang Metzgers[17]: Es geht um das „Produktive Denken" der Menschheit wie des Kindes, von der Wirklichkeit her zu den fachlichen Bildern hin, und nicht um das richtige Nachvollziehen der als „Stoff" schon fertig vorgelegten Nachbildungen. – *Genetisch-anthropologisch,* nicht im Sinne des bloß Historischen, als solle nun das Schulkind auch noch Geschichte der Physik oder der Mathematik oder der Biologie dazulernen (sei es auch nur an markanten „Lebensbildern" bedeutender Pioniere). Es geht nicht um den Ablauf „der Geschichte der Naturwissenschaften", sondern um die „Geschichtlichkeit" der Naturforschung, um die (exemplarisch zu gewinnende) Einsicht, daß Naturwissenschaft nicht einfach „als Bestand von Sachwissen" recht verstanden werden kann, auch daß man nicht „die heutige Naturwissenschaft zum Maßstab für die Naturwissenschaft aller Zeiten" machen darf, daß es vielmehr einen

---

16 Vgl. hierzu: H. Rumpf: Das Schauen als Weg zur Wirklichkeit. In: Neue Sammlung (1961). S. 120.
17 Pädagogische Psychologie für Höhere Schulen. Hrsg. v. K. Strunz. 2. Aufl. Kap. IX.

„Stilwechsel der Naturforschung" gibt. „Denn Naturforschung ist eine menschliche Angelegenheit." „Naturwissenschaft ist eine freigewählte Einstellung menschlicher Existenz[18]."

## VIII. Beispiele

Diskussionen haben gezeigt, daß ohne Beispiele nicht geklärt werden kann, was mit dem Exemplarischen Lehren gemeint sein soll.

*1. Ein Unterrichtsgespräch zu dem Satz Euklids über das Nicht-Abbrechen der Primzahlenreihe*[19]

*2. Kommentar dazu*

Das „Aufregende" ist nicht, daß die Schüler diesen „Satz" nun „wissen", dieses Stück „Stoff" „gehabt haben". Sondern etwas schon der zweiten Stufe Zugehöriges: Das Aufregende entspringt nicht dem logischen Vollzug, sondern – bei Gabi: der bis zum Fenstersprung reichenden Entdeckerfreude und dem (kollektiven!) Stolz –, bei dem älteren K. A.: dem Staunen. Schon bei dem Mädchen ist das Exemplarische der Erfahrung deutlich: „Ein neuer Teil des Gehirns", sagt sie, „ist in Gang (!) gesetzt". Nichts Abgeschlossenes also ist „durchgenommen", „erledigt", sondern es ist etwas in Gang gekommen, eine „Initiation" (nach W. Flitner)[20] hat stattgefunden. Etwas Neues (nicht wiederzuerkennen als das bekannte „Scheußliche", „Langweilige"). – Das Eigentümliche des *produktiven Denkens:* „bei jeder neuen Entdeckung wurde ein neues Licht angeknipst." – Das typische mathematische End-Erlebnis: „lächerlich klar". – Warum lächerlich?: Aus dem Gegensatz: Das anfangs undurchdringlich dunkel Erscheinende ist am Ende völlig durchsichtig, „klar" geworden[21].
Bei dem älteren K. A. ist das Wesentliche noch bewußter geworden, und der rückblickende Erwachsene sagt es vollkommen. Er sieht staunend die Eleganz, die Einfachheit der Mittel im Gegensatz zur unendlichen Schwierigkeit des Problems. Ihm ist nicht zum Lachen zumute, er ist erschrocken über die Macht, die der menschliche Geist hier äußert. Er sieht das Unheimliche der Problematik des Unendlichen im Gegensatz zu der „Kühnheit" des entwerfenden Geistes, der innerhalb dieses nebulosen, grenzenlosen Zahlen-Raumes eine Möglichkeit sieht, Anker zu werfen,

---

18 Die zitierten Wendungen sind entnommen dem Aufsatz von H. Lipps: Zur Morphologie der Naturwissenschaft. Aus dem Buch: Die Wirklichkeit des Menschen. Frankfurt a. M. 1954. S. 9 f. – Hierzu auch: C. F. v. Weizsäcker: Die Unendlichkeit der Welt, eine Studie über das Symbolische in der Naturwissenschaft. In: Zum Weltbild der Physik. 6. Aufl. S. 118–157.

19 Man lese hier den Aufsatz 17 aus UI; im vorliegenden Band Nr. 44.

20 W. Flitner: Die gymnasiale Oberstufe. Heidelberg 1961. S. 42.

21 Wie weit die Ausstrahlung eines an Vorkenntnissen so bescheidenen Beispiels wie des Primzahlensatzes geht, wird deutlich an der Frage: Kann es denkende Maschinen geben? – Wenn hier „produktives Denken" gemeint ist, so braucht man nur *einmal,* wie hier, produktiv gedacht zu haben (d. h. man muß einmal erlebt haben, was ein „Einfall" ist), um zu erkennen: So etwas wie quadratische Gleichungen lösen, deren Formel man in die Maschine hineinsteckt, das kann sie. Aber einen Einfall haben, wie den Euklidischen, das kann sie nicht.

Brücken zu bauen, Sonden einzuführen, einen Kran zu errichten, der immer weiter, ja beliebig weit greift, Primzahlen greift.

Das sind nicht nur Erfahrungen über Zahlen, *das sind Erfahrungen über den Menschen:* Er kann, obwohl er mit seinen leiblichen Armen und physischen Werkzeugen nur über eine begrenzte Reichweite verfügt, mit Problemen innerhalb des offenen, grenzenlosen Zahlenraumes endgültig „fertig" werden. Der Lernende gewinnt damit eine schon nicht mehr nur mathematische, sondern eine anthropologische Einsicht. Das ist etwas anderes als das bloße Verstehen des Beweises. Ein Mensch ist denkbar, der ihn mit vollem Verständnis zur Kenntnis nimmt (wenn er intelligent ist, in 3 Minuten) und trotzdem das Bemerkenswerte dieser Leistung gar nicht sieht. Auch dann nicht, wenn man ihn darauf hinweist. Deshalb nicht, weil er nicht selbst produktiv gedacht hat (er sieht vielleicht nur einen „Trick"). Im anderen Fall aber wird ein Blick getan, der nicht nur innerhalb der mathematischen Sphäre ausgeworfen wird. Der Standpunkt liegt jetzt *über* ihr: man denkt nicht mehr über Zahlen nach, sondern über mathematisches Denken[22]: über das, was in einem Menschen, in einem selber dabei vorgeht. Man hat etwas „überhaupt" erfahren, über die „Häupter" dieses Horizontes blickend.

Es sind also nicht nur die logischen Erfahrungen, auf die es ankommt; auch nicht emotionale Begleitmusik ist gemeint (obwohl die Freude als auslösende Stimmung dazugehört). Mit der logischen Einsicht untrennbar verbunden ist *eine „Bewegung" der ganzen Person,* die bei K. A. einen philosophischen Impuls induziert. Er nähert sich der existentiellen Erschütterung. (Einen Obersekundaner sah ich protestierend erblassen, als er bemerkte, daß man den Inhalt der Pyramide infinitesimal solle *genau* berechnen können, ohne doch je „an ihn heranzukommen".) –

Ich habe gerade dieses Beispiel ungekürzt wiedergegeben, weil es zu spontanen schriftlichen Reflexionen der Schüler kam und weil wesentliche Voraussetzungen deutlich in den Blick kommen: der intensive *Kontakt* der Gruppe mit dem Problem, eine Atmosphäre des *Vertrauens* und *„Epochalunterricht".* Auch spürt man, wie verschieden die Wirkungen desselben Lehrganges je nach Individualität und Lebensalter sind. Noch vieles andere von dem, was im vorigen Abschnitt gesagt wurde, wird der Leser in diesem Beispiel wiedererkennen.

Aber doch *nicht alles;* denn jedes einzelne Beispiel hat seine besonderen Akzente. Auch könnte man aus diesem Beispiel einen *falschen Schluß* ziehen und meinen: nur ganz einfache Fragestellungen, solche, die fast keine „Vorkenntnisse" erfordern (wie es eben beim Primzahlensatz der Fall ist), könnten die Gruppe zu einem so schnellen und eindringlichen Zugreifen bringen; und wie wenige solcher Probleme gebe es doch! So wäre also der Zwang, die Treppe des systematischen Faches von „unten" nach „oben" zu durchsteigen, das leidige, lähmende Vorratslernen, doch nur selten zu vermeiden?

---

22 Siehe A. Wittenberg: Bildung und Mathematik. Stuttgart 1963.

## 3. Der Satz des Pythagoras

Wenn wir an den „Satz des Pythagoras" denken, haben wir dank dem uns einge-wöhnten Vorrats-Lernen das Vorurteil, er könne erst nach ausgiebigen, jahrelangen Vorbereitungen verstanden werden. Zum Glück ist das für ihn (und so auch für nicht wenige andere Themen der Mathematik wie der Naturwissenschaften) nicht wahr. Ein gänzlich kenntnisfreier Mensch kann am „Pythagoras" in wenigen Stunden un-mittelbar in die Welt der Mathematik eingeführt werden, wenn man sich nur dazu entschließt, 1. einen besonders einfachen Beweis zu wählen und 2. die wenigen Vor-aussetzungen, die man bei ihm braucht, erst dann herbeizuschaffen, wenn der Den-kende die Notwendigkeit sieht, über sie zu verfügen. Es ist klar, welch großen päd-agogischen Vorzug ein solcher *Einstieg* hat: Die elementaren Vorkenntnisse werden im Sog des Hauptproblems aufgesucht, und die Selbsttätigkeit bekommt ihre über alles bloß Taktische hinausreichende, schon erwähnte strategische Reichweite[23].

## 4. Das Fallgesetz[24]

## 5. Die Messung von Lichtwellen

ist ein Thema, in dem der Physikunterricht die zweite Stufe des Exemplarischen Lehrens besonders wirksam erreicht. Man kann – auf Stufe I (fachbenommen) – lehren, wie man experimentiert und mißt: verschiedenfarbige Lichter am Spalt, am Gitter oder mit dem Fresnelschen Spiegel. Das kann sehr gründlich, naturwissen-schaftlich gesehen einwandfrei, geschehen und so eine gute Schulung in der physika-lischen Methode geben. – Verläßt man diese Stufe nicht, das heißt, fragt man die Schüler (vielleicht nicht einmal selber) nicht, was man da eigentlich tut, so kann in den Lernenden leicht der Eindruck entstehen, hier werde herausgebracht, was Farbe „an sich" „eigentlich" „sei", nämlich Wellenlänge. (Das braucht nicht aus-drücklich gesagt zu werden, aber die verräterische Überschrift „Vom Wesen des Lichts", die sich in manchen Schulbüchern findet, macht sichtbar, was zwischen den Zeilen gelesen werden kann.) Diese – wissenschaftstheoretisch gesehen – unwissen-schaftliche Haltung als solche zu erhellen, hieße, die Stufe II betreten: einsehen las-sen, daß Physik Grenzen hat.
Mancher junge Mensch erwählt sie in der Hoffnung, von ihr aus das Ganze zu ge-winnen. Aber sie hat Grenzen. Nicht nur in dem Sinn, daß sie *noch* nicht alles bewäl-tigen kann, sondern (und es ist ein „Funktionsziel" des physikalischen Unterrichts, das an einigen konkreten, intensiv erfahrenen Beispielen erkennen zu lassen): Phy-sik schränkt sich selber *von vornherein* ein, indem sie von allem absieht (alles „im Menschen zum Schweigen bringt", wie Litt[25] sagt), was nach anderem fragt als nach dem Meßbaren. Sie verzichtet auf die Qualitäten. Sie „hält sich draußen". Sie gibt nur den kausal-quantitativen *Aspekt* der Natur-Wirklichkeit. Wer das begriffen hat,

---

23 Man lese jetzt die Darstellung des Lehrganges im Beitrag 67 aus UI; hier Nr. 46.
24 Ebenda (Nr. 46).
25 Th. Litt: Naturwissenschaft und Menschenbildung. 3. Aufl. Heidelberg 1959. – W. Heitler: Der Mensch und die naturwissenschaftliche Erkenntnis. Braunschweig 4. Aufl. 1966.

merkt, daß es ein Scheinproblem ist, sich zu fragen, wie die elektromagnetische Frequenz von $4 \cdot 10^{14}$ Hertz es macht, „in unserem Bewußtsein" gerade die Farbempfindung „Rot" zu „erzeugen". Nie kann Physik das sagen wollen. Sie *hat* auf alles Qualitative verzichtet.

*6. Ein biologisches Thema („Lichtsinneswahrnehmung")*

hat Walther Klumpp erprobt und dargestellt[26]. Es kann mit dem vorigen zusammenfließen, und beide vereint würden als „Farbenlehre" in den nächsten Abschnitt 7 gehören.

*7. Fachübergreifende Themen („Übergreifende Gehalte")*

Es gibt zwei Möglichkeiten, die Stufe II – die man ja „Studium generale" nennen kann und die für die Oberstufenreform zu überlegen sein wird – zu gewinnen: Entweder so, wie es bisher beschrieben wurde: Das Thema „klingt" anfangs rein fachlich (Pythagoras, Fallgesetz, Wellenoptik), wird aber schließlich in die Distanzierung vom Fach getrieben. – Ein großer philosophischer Aufwand ist nicht nötig, wie die Beispiele wohl zeigen. – Der nicht mehr spezialistisch ausgebildete Fachlehrer der Zukunft wird dieser Aufgabe gewachsen sein.

Eine andere Möglichkeit ist die, daß die Fragestellung von vornherein fachübergreifend ist. Als Themen könnte man sich etwa denken: Das Experiment in der Physik und in der Biologie – Maschine und Organismus – Farbenlehre. – Ein sehr reizvolles Thema hat Franz Hebel verfolgt: „Weisen der Welterfahrung, dargetan am Beispiel des Orion (Mythos, Kunst, Wissenschaft)"[27].

Die Bearbeitung solcher Themen wird bis auf weiteres nur so gelingen können, daß *mehrere* Lehrer verschiedener Fachrichtungen gleichzeitig oder abwechselnd mit derselben Schülergruppe zusammenarbeiten. Keiner dieser Fachlehrer darf Spezialist sein. Er muß wenigstens den Wunsch haben, sich in die Aspekte der anderen zu versetzen[27a].

## IX. Die inneren Vorbedingungen:
## Der Kernpunkt des Exemplarischen Lehrens

Man kann leicht manche notwendigen äußeren Voraussetzungen des Exemplarischen Lehrens nennen: Epochenunterricht, kleine Gruppen, längere Arbeitszeiten. Wichtiger ist es, die hinreichenden inneren zu finden, von welchen die äußeren bestimmt werden.

---

26 W. Klumpp: Über die Zusammenarbeit der naturwissenschaftlichen und der geisteswissenschaftlichen Fächer. In: Die Pädagog. Provinz (1960). S. 625 ff.

27 F. Hebel: Voraussetzungen und Möglichkeiten der Fächerverbindung. In: Die Pädagogische Provinz (1960). S. 647 ff.

27 a Weitere Beispiele: Empfehlungen und Gutachten des Deutschen Ausschusses für das Erziehungs- und Bildungswesen, Gesamtausgabe, Stuttgart 1966, S. 575 f., 648 ff.

Welches sind die inneren Vorbedingungen dafür, daß Stufe II von selbst erreicht wird? Mit anderen Worten: daß die ganze Person des Lernenden bewegt ist und mit der Wirklichkeit des Gegenstandes intensiv in Fühlung kommt?

Soweit ich sehe, sind es die folgenden (untrennbar verbunden, jedenfalls dann, wenn junge Menschen unterrichtet werden):

1. die Ursprünglichkeit des Denkens, das in der Arbeitsgruppe in Fluß kommt,
2. eine andere Art der „Aufmerksamkeit", als die ist, die wir in der Schule heute fast immer mit diesem Wort bezeichnen,
3. die Ungesichertheit des Lehrgangs.

## 1. Die Ursprünglichkeit (Spontaneität)

soll die ernsteste Form der Selbsttätigkeit bedeuten, gefeit dagegen, zu intellektueller Betriebsamkeit zusammenzuschnurren: Keinen Gegenstand sollte der Lehrer unterrichten im Hinblick nur auf die logische Struktur des fertigen Gebäudes seines Faches; sie ist erst am Ende aktuell. Vorher muß er ausschließlich darauf sehen, *wie der Gegenstand,* den er seiner Gruppe und sich vorgenommen hat, *der Disziplin seines Faches sich eröffnet hat in der Geistesgeschichte und wie er sich – ähnlich – jedem Neuankömmling erschließt.* Mit anderen Worten: *wie* aus der Wirklichkeit die besondere Nachbildung gewonnen wird, die der Disziplin des Faches entspricht. (Darum habe ich für den Physikunterricht als ein Funktionsziel vorgeschlagen: der Schüler soll an einigen Begriffsbildungen erfahren, wie die physikalische Art, die Natur zu lichten, geistesgeschichtlich geworden ist.)

Wenn man damit Ernst macht, hat das gerade in den Naturwissenschaften Folgen, die den (ja leider immer noch fachspezialistisch ausgebildeten) Lehrer befremden können: Auch die Sprache und die Begriffe der exakten Naturwissenschaften – beide notwendigerweise extrem verfestigt und taub gemacht gegen alle emotionalen oder existentiellen Anklänge (man denke an den Begriff „Kraft") –, auch sie haben magische und animistische Ursprünge. Der Unterricht kann deshalb den ungebrochenen und bewußten Übergang zu der sterilen Fachsprache nur so erreichen, daß er nicht mit ihr beginnt und auch im Unterrichtsgespräch nicht allein mit ihr operiert, sondern *die Kinder in der ihnen eigenen, altersgemäßen Sprache reden und denken läßt, so lange, bis die saubere Leere der Fachsprache in den letzten Formulierungen unumgänglich sich herstellt.*

Noch lange spricht die Natur die Schüler (wie früher ausschließlich) auch magischanimistisch an, ehe sie gelernt haben, diesen Verkehr, wie wir, ins Geheime zurückzustellen. Zugleich aber beginnen sie in der realistischen, schon keimenden, vorphysikalischen Weise höchst intelligent nachzudenken und zu handeln, und zwar viel intelligenter, wenn wir sie reden lassen, wie es in ihnen denkt, als wenn wir sie an der Leine der Fachsprache kurzzuhalten versuchen. Nur dann werden sie spontan, produktiv und, innerlich ganz beteiligt, zum Exakten sich hindenken können. Der Lehrer wird also das fließende und treibende „primitive" Denken nicht voreilig schienen wollen.

Diese Tendenz des Exemplarischen Lehrens wird gerade von naturwissenschaftlichen Lehrern bisweilen mißdeutet[28] als „unwissenschaftlich", „rückschrittlich", als „Pflege" des animistischen Denkens oder „Steckenbleiben im Historischen". – Aber man kann das Wissenschaftliche nicht montieren. Wer es verfrüht, erreicht es nur zum Schein. – Man bringt eine Pflanze zum Blühen, indem man ihre Wurzeln wässert, und nicht dadurch, daß man ihre Knospen aufblättert. – Anlauf nehmen ist kein „Rückschritt".

## 2. Erwartende Aufmerksamkeit und Einwurzelung

Auswahl, Verweilen, Selbsttätigkeit und intellektuelle Gründlichkeit allein garantieren das Exemplarische Lehren nicht; nicht im Sinne der wesentlichen Stufe II. Sehe ich mich nach dem Zielpunkt um, den wir *vor* all diesem im Auge behalten müssen, demjenigen, ohne welchen es nicht geht, demjenigen, *mit* dem alles andere von selber kommt, so glaube ich immer mehr, daß es eine neue – eine alte, doch der heutigen Schule wieder neue – Art der „Aufmerksamkeit" ist: das, was Simone Weil als „attente" beschrieben hat und was zu dem führt, was die *Einwurzelung* (enracinement) nennt[29]. Sie allein geleitet zu dem Einlaß, der Einswerdung und der Auseinandersetzung, die nötig sind dafür, daß die „Ausstrahlung" in das Ganze, sowohl der Person wie des Gegenstandes, gelingen kann. Sie steht im *Gegensatz* zu dem, was zu begünstigen der Lehrer unter den heutigen Umständen (überfüllte Klassen, Stoff-Druck, kurze, zusammenhanglos wechselnde Stunden, Noten-Angst oder Noten-Lust) verurteilt ist:

Das ist die mit „Arbeitsunterricht" und dem „Unterrichtsgespräch" scheinbar vereinbare, uns allen bekannte Unterrichtsform: Der Lehrer: straff, drängend, zielbewußt auf sicheren Pfaden. Die Schüler: gespitzt, aufpassend, willentlich und intellektuell angespannt, wendig und folgsam. („Die Klasse geht mit.") Aber: Kein echter Kontakt mit dem Gegenstand, keine Herausforderung des Lernenden durch ihn, denn: es gilt die Forderung des Zeitgeistes an Lehrer und Schüler, sich diesen Kontakt *nicht* zu erlauben; sonst kommt der Lehrer „nicht weiter" und der Schüler „nicht mit". Kurz: die *straffe Flüchtigkeit*. Besonders ausgeprägt ist diese Unterrichtsform in Lehrproben zu beobachten. Es ist die Form, in welcher man den „Stoff" „schafft", durchkommt, „fertig" wird. *Fertig, ohne angefangen zu haben:* „Die Phänomene sind nur noch Material für diese Erklärungsmaschinerie. Es ist, als sei alles schon im voraus erklärt, noch bevor das Phänomen selber erschienen ist. ... Das Phänomen wird bedeckt von Erklärungen und verschwindet in ihnen" (Max Picard)[30].

---

28 So in der unbekümmerten Kritik von H. Ristau in Heft 4 der Schriften des Deutschen Vereins zur Förderung des mathematischen und naturwissenschaftlichen Unterrichts (Fachleitertagung für Physik, 1959), S. 25. – Einige meiner in der Zeitschrift „Die Sammlung" seit 1951 erschienenen Betrachtungen sind sozusagen Etüden auf dem vernachlässigten Felde zwischen dem *ursprünglichen* und dem *exakten Nachdenken* über natürliche Gegenstände.
29 Hierzu der Beitrag 62 aus UI. – Ferner F. Copei: Der fruchtbare Moment im Bildungsprozeß. 4. Aufl. Heidelberg 1958. – W. Metzger in Kap. IX der v. Strunz herausgegebenen Pädagogischen Psychologie für Höhere Schulen und in: Schöpferische Freiheit. 2. Aufl. Frankfurt 1962. S. 92 ff. – S. Weil: Die Einwurzelung (L'enracinement). München 1956. Auf die Bedeutung dieses Werkes für den Geschichtsunterricht wurde hingewiesen durch H. Rumpf: Schule, Geschichtslosigkeit, Entwurzelung. In: Geschichte in Wissenschaft und Unterricht (1960). S. 692–700.

So ist der mathematische Unterricht ohne Sinn, wenn er nicht dem Kinde die Erfahrung schenkt: hat man ein Problem als Frage wirklich begriffen (was mehr ist als „zur Kenntnis genommen"), so, daß das Staunen in einem angehoben hat, so hebt es einen auch schon der Lösung entgegen. Die Frage echt verstehen, heißt schon, auf dem Weg zur Lösung zu sein (mag dieser Weg auch lang und mühsam werden; der Sog der Frage hört nicht auf).

Die bekannte Forderung des Montessori-Kindes an den Lehrer: „Hilf mir, daß ich es von mir aus tue", verschiebt und vertieft sich dann noch, indem sie sich an den Gegenstand wendet: Er, der Gegenstand, sobald er einem „aufgegangen" ist, *lehrt*. Der Schüler gehorcht *ihm*. Der Lehrer tritt zurück.

„‚Kannst du lernen?' fragte (bei Buber) der Rabbi seinen ‚selbstgewissen' Jüngling. ‚Ja' antwortete der. – ‚Weißt du', fragte der Rabbi weiter, ‚was der Sinn des Wortes Thora ist?' – Der Jüngling schwieg. – ‚Der Sinn des Wortes Thora', sagte Rabbi Mendel, ‚ist: Es lehrt. Aber du meinst, du könntest selber lernen – da hat's dich also noch nichts gelehrt'[31]."

Erst wenn wir die „Selbsttätigkeit" ihrer aktivistischen Betriebsamkeit entkleiden und die, jenseits des Gegensatzes aktiv-passiv liegende, erwartende (harrende) Aufmerksamkeit (attente) erreichen, dann gelingt die *Einwurzelung* (enracinement): „Die Verwurzelung ist vielleicht das wichtigste und meistverkannte Bedürfnis der menschlichen Seele … Alles ändert sich, sobald er (der Mensch) kraft seiner wahren Aufmerksamkeit seine Seele leer macht[32]…"

Diese Einwurzelung bedeutet nichts anderes als die Wirklichkeit zu Gesicht bekommen[33]. Die Wirklichkeit des Gegenstandes eröffnet sich, weil der Lernende bei ihr Einlaß gefunden hat. „Packt" er aber den Gegenstand „energisch" an, so erstarrt der Gegenstand zu „Stoff" und läßt sich als solcher widerstandslos zerkleinern, „fertig machen", zunichte machen.

Wie sehr die unbefangene Aufmerksamkeit mit dem Exemplarischen zu tun hat, zeigt in vollkommener Weise ein Essay von Paul Valéry[34] „Der Mensch und die Muschel", selber Muster einer exemplarischen Betrachtung. Der Mensch hebt eine Muschel vom Boden auf und läßt in sich die Fragen entstehen, welche die unbefangen angeschaute Muschel in ihm wachruft. Hier kann man lesen, was es heißt, wenn „der Gegenstand ausstrahlt". Von einem Dichter, der der Mathematik nahestand, kann ja auch zu dieser Frage etwas Genaues erwartet werden. Ich gebe deshalb eine wichtige Stelle ungekürzt wieder, da sie alles, was wir vorher zu fassen versuchten, in sich vereinigt:

„Nach einer solchen, ganz äußerlichen und so allgemein wie nur möglich gehaltenen Beschreibung, die ein Verstand sich von einer beliebigen Muschel gemacht hat,

30  Max Picard: Die Welt des Schweigens. Fischer-Bücherei. Bd. 302. S. 136. – Siehe auch H. Rumpf: Das Schauen als Weg zur Wirklichkeit. A. a. O.
31  M. Buber: Die Erzählungen der Chassidim. Zürich 1949. S. 795.
32  S. Weil: Die Einwurzelung. A. a. O. S. 71 und 422.
33  Vgl. hierzu H. Rumpf: Das Schauen als Weg zur Wirklichkeit. A. a. O.
34  In der Zeitschrift Merkur. 1. Jahrg. (1947). S. 199–218, hier 203. (Die Hervorhebungen sind hinzugefügt.)

könnte er, *sofern er Muße hätte, seine Gedanken nicht stören und zuhören wollte,* was seine *unmittelbaren* Eindrücke *ihn fragen,* sich nun selber eine der *allerkindlichsten* Fragen stellen – eine jener Fragen, die in uns entstehen, ehe uns beifällt, daß wir ja nicht von gestern sind und doch schließlich schon etwas gelernt haben. Man muß sich dieserhalb zunächst entschuldigen und daran erinnern, wie doch ein sehr großer Teil unseres Wissens darin besteht, daß wir zu ,wissen glauben' und glauben, daß andere wissen.

In jeglichem Augenblick weigern wir uns, *unser Ohr dem Unbefangenen zu leihen,* das wir in uns tragen. Wir unterdrücken das *Kind in uns,* welches immer zum *ersten Male sehen* will. Wenn es fragt, weisen wir seine Neugierde zurück. Weil sie grenzenlos sei, schelten wir sie kindisch und brüsten uns damit, in der Schule gewesen zu sein und dort gelernt zu haben, daß es für alles eine Wissenschaft gibt, bei der wir uns nur zu erkundigen brauchen. Es würde doch seine Zeit verlieren heißen, wollte man selber und gar *auf seine eigene Art zu denken anfangen,* sobald irgend etwas von ungefähr uns auffällt und eine Antwort von uns heischt. Vielleicht sind wir uns des aufgespeicherten, ungeheuren Kapitals an Tatsachen und Theorien ein wenig allzu bewußt, dessen wirkungskräftigen Reichtum wir beim Durchblättern der Nachschlagewerke durch Aberhunderte Namen und Wörter belegt finden. Felsenfest sind wir außerdem davon überzeugt, daß sich stets irgendwo irgendwer finden lassen wird, der imstand sein möchte, uns – über welchen Gegenstand auch immer – aufzuklären oder wenigstens mit seinem Wissen zum Schweigen zu bringen. Im Gedanken an diese gelehrten Männer, welche die Schwierigkeit, die *an unserem Verstande rüttelt,* längst ergründet oder zerstreut haben müssen, wenden wir schnellstens unsere Aufmerksamkeit von den meisten Dingen ab, welche sie auf sich zu ziehen beginnen. Aber bisweilen ist diese wohlweise Klugheit Faulheit, und außerdem ist kein Beweis vorhanden, daß wirklich alles, und unter allen Gesichtspunkten, untersucht wurde.

Ich stelle also meine völlig *kindliche Frage.* Ohne jede Schwierigkeiten kann ich mir einbilden, von den Muscheln nur zu wissen, was ich *wirklich* sehe, wenn ich irgendeine aufhebe ...

Wer hat das nur gemacht? ruft mir *der unbefangene Augenblick* zu.''

Ist dank der rechten Aufmerksamkeit in versunkenem Anschauen und Denken ein Problem schließlich gelöst, so beginnt auch schon von selber die glückliche, sichernde, ein-,,heim''-sende *Übung* ... Sie ist in der Vollkommenheit, die im kleinen Kinde noch unbeschädigt erhalten ist, von Maria Montessori entdeckt und unvergeßlich beschrieben worden[35]:

,,Ich beobachtete die (dreijährige) Kleine mit Spannung ... und begann zu zählen, wie oft sie die Übung wiederholte ... Ich zählte 44 Wiederholungen: und als sie endlich aufhörte, tat sie das ganz unabhängig von den Ablenkungen um sie her, die sie hätten stören können, und blickte glücklich umher, als ob sie von erquickendem

---

35 M. Montessori: Mein experimenteller Beitrag. Aus: Montessori-Erziehung für Schulkinder I. Stuttgart 1926. S. 72 ff. (Abgedruckt auch bei W. Flitner: Die Erziehung. Sammlung Dieterich Bd. 99. Wiesbaden 1953. S. 383 ff.)

Schlaf erwacht wäre ... Und jedesmal, wenn eine solche Polarisation der Aufmerksamkeit stattfand, fing das Kind an, sich vollständig zu verändern, ruhiger, man möchte fast sagen, intelligenter und mitteilsamer zu werden."

Das Exemplarische Lehren wird gelegentlich in der Richtung mißverstanden, daß man einwendet: Aber Übung *muß* doch *auch* sein! Die Entdeckung Maria Montessoris zeigt nun aber deutlich (was auch für ältere Kinder und höhere Probleme gilt): *Was recht verstanden ist, „drängt" zur Übung.* Es ist wohl besonders die Fragwürdigkeit des Mathematikunterrichts, wie wir ihn heute geben müssen, schuld daran, daß für viele das Wort „üben" schon identifiziert wird mit dem Wort „Pauken des Unverstandenen". „Üben" ist aber das, was dem – im hier beschriebenen Sinne *wirklichen* – Verstehen von *selber* auf dem Fuße folgt.

Und nicht nur folgt das sichernde Wiederholen desselben. Es folgt auch das *Variieren-Wollen* von selbst: Haben die Kinder entdeckt, was am Auffinden von *zwei* unbekannten Zahlen zu entdecken ist (daß nämlich zwei Gleichungen sowohl notwendig wie ausreichend sind, falls sie einander nicht widersprechen und falls sie nicht dasselbe aussagen)[36], so reizt sie *nun* die Frage, wie es ist, wenn man *drei* Zahlen herausbekommen soll, die sich einer im stillen ausgedacht hat. – Haben sie an Quadratzahlen gewisse Gesetze entdeckt und erprobt, so fragen sie sich eifrig, ob es etwas Ähnliches bei Kubikzahlen gibt[37]. Solche Expansion liegt noch auf der Ebene der Stufe I des Exemplarischen.

Schließlich ist es aber nicht mehr die neue Kenntnis, die sie anlockt, nicht sie allein, es ist das, was Gauß in einem seiner Briefe an Bolyai schreibt: „Es ist nicht das Wissen, sondern das Lernen, nicht das Besitzen, sondern das Erwerben, nicht das Daseyn, sondern das Hinkommen, was den größten Genuß gewährt[38]."

So entsteht in den Kindern, in welchem Fach es auch sei, wenn nur einmal der echte Einlaß in die Wirklichkeit und die Erfahrung einer Wahrheit ihnen selbst gelungen ist, der drängende Wunsch: das möge auf diese Weise *auch anderswo* und auch in anderen Fächern auf *deren* Weise wiederkommen. – Wenn sie einmal von der Lust des Forschens und dem Glück des Findens heimgesucht worden sind, so werden sie – nicht: süchtig, aber – sehnsüchtig danach, diese Art des Verständnis-Suchens auf anderes zu *übertragen*. „Es geht ihnen etwas auf." Ein junger Volksschullehrer, der sich um diese Art des Lehrens bemüht, erzählt, daß sie bitten: „Können wir nicht wieder mal so was machen?" Und deutet es so: „*Wie* das Kind dorthin kam, das will es wieder erleben."

Derartiges gelingt nur in der *erwartenden* Aufmerksamkeit, die Simone Weil beschreibt, denn nur sie ergreift total. Sie ist deshalb auch Vorbedingung dafür, daß der Schüler im reiferen Alter die Stufe II erreichen kann (in der Volksschule ahnend, in der Höheren Schule bewußt): Nur wer total ergriffen war, versteht, was es heißt, sich zu distanzieren.

---

36 A. I. Wittenberg, Soeur Sainte-Jeanne-de-France et F. Lemay: Redécouvrir les mathematiques. Neuchâtel (Schweiz): Delachaux et Niestlé 1963. S. 48.

37 Vgl. Mario Montessori: Diese schreckliche Mathematik. In: Mitteilungen der Deutschen Montessori-Gesellschaft (1960) H. 3/4. S. 8–10. – „sie konnten gar nicht aufhören", heißt es dort.

38 C. F. Gauß: Briefwechsel mit W. Bolyai. Leipzig 1899. S. 94.

Wenn wir zweifelnd meinen, Kinder hätten nicht *so viel Geduld,* so ist das nur ein Zeichen dafür, daß wir sie in ihrer Ursprünglichkeit nicht mehr kennen. Sie sowohl wie der Lehrer haben in der heutigen Schule und in der heutigen Umwelt begreiflicherweise an Geduld verloren. – Auch der Einwand: „Wir können doch nicht lauter Forscher aus den Kindern machen", kennzeichnet nur, wie weit wir vom Wege abgekommen sind: Gewiß nicht Forscher im Sinne der Wissenschaft. Aber Kinder sind als *solche* forschende Wesen, und die Schule hat nicht die Aufgabe, ihnen das abzugewöhnen[39].

### 3. *Der Lehrgang darf nicht abgesichert sein*

Er läuft nur dann ursprünglich und hat nur dann Aussicht, mit der Wirklichkeit zu tun zu bekommen, wenn das auch für den Lehrer gilt. Gerade weil er in seinem Fach „sicher" sein muß, darf er diese Sicherheit nicht in einer seinen Unterricht lähmenden Weise gebrauchen. Das heißt: Wir sollten uns nicht bemühen, eine Liste „todsicherer" Einstiege und Themen aufzustellen. Der Unterricht würde in einer anderen und nicht minder schädlichen Weise erstarren, als es ihm geschieht, wenn er dem System folgt. Man könnte auch so sagen: Der Lehrer muß *wirklich* nachdenken. Das Thema darf nicht so gewählt sein, daß *er* allein das *nicht* mehr nötig hat. Er muß es auch sich selber schwer machen. „... am ehesten öffnet sich der junge Mensch dem, der, ohne gerade sein Licht unter den Scheffel zu stellen, aber auch ohne angemaßte Würde, in ehrlich bekannter Unsicherheit mit dem Schüler zusammen für eine Wegstrecke die Fährnisse des Denkens und des Lebens passieren will. ... Aber ... diese Blickrichtung ... ist keine pädagogische Finesse ... und kein Köder für die Jugend ... ist ... vielmehr das Bekenntnis zu unserer ‚existentiellen' Wirklichkeit." Was hier Konrad Barthel für den Geschichtsunterricht[40] sagt, gilt sogar für die „exakten" Wissenschaften. Durch ihre „Exaktheit" scheinen sie solcher Unsicherheit zu widersprechen. Aber nur dem, der vergißt, daß er sich auf dem pädagogischen Felde bewegt. Der Lehrer muß das Thema so stellen, daß er selber sich anstrengen muß; daß er bei Beginn nicht ganz weiß, wie es weitergeht und endet. (In vollem Gegensatz zu der Lehrprobenregel, er müsse genau wissen, „wohin er wolle".) Er muß außerdem eine Eigenschaft haben oder besser, bewahrt haben, die ihm verlorengeht, wenn er *nur* Fachmann ist: er muß jedesmal *wieder* staunen können. Etwa so, wie es K. A. beim Primzahlensatz ging. Denn *dieses* Staunen läßt nicht nach. – Und wenn er in der Physik das „Foucaultsche Pendel" seine langsame Wendung nehmen sieht, oder wenn er bemerkt, daß der Kork unter Wasser bleibt, falls er genau eben auf dem Boden des Gefäßes aufsitzt: Natürlich muß ihm das „klar" sein, aber er muß ursprünglich genug geblieben sein, jedesmal wieder die kleine Gänsehaut zu spüren. Der Lehrgang darf nicht abgesichert sein, weil der Lehrer – so sicher er in seinem Fach sein muß – immer wieder in den Stand der zweiten Naivität und damit der zweiten Unsicherheit muß eintreten können. Je mehr er selber, und möglichst schweigend, ein ursprünglicher Denker sein kann, desto sicherer wird er das Denken in

---

39 Ich danke Herrn Lehrer Georg Vogel für anregende Gespräche.
40 K. Barthel: Über exemplarisches Lernen im Geschichtsunterricht. In: Die Sammlung (1956) S. 36.

seinen Schülern „induzieren" können (ganz ähnlich wie bei der elektromagnetischen Induktion). „Sicherheitskommissare" wirken auf Jugend nicht, um so mehr
solche, die sich selber der Gefahr des Denkens aussetzen.

## X. Wege zur Verwirklichung

Wenn man, wie hier, versucht, zum Kern eines Verfahrens durchzudringen, so ist es
manchmal schwer, zu vermeiden, daß das Ziel in ungewisse, ja unerreichbare Ferne
zu rücken scheint. Hat es Aussicht, sich um das Exemplarische Lehren zu bemühen,
wenn es mit so vielem in Widerspruch steht, was wir heute tun und noch lange werden tun müssen?
Ich denke, es hat Aussicht: Und gerade dann, wenn man bemerkt, daß es *nicht* von
heute auf morgen „eingeführt" werden kann. Man wird es nicht gleich allgemein
„von oben" verfügen können. Um so wertvoller wird es sein, daß man es von dort
konsequent begünstigt. – Es wäre zwar ein Mißverständnis, wenn man glaubte, es in
45-Minuten-Lehrproben vorführen zu können, aber es ist eine nicht aufzuschie-
bende Forschungsaufgabe für Studienseminare, Lehrerfortbildungs-Akademien,
pädagogische Hochschulen und die pädagogische Forschung der Universitäten.
Dies alles in Verbindung mit den Versuchs-Schulen, ohne welche die deutsche
Schulreform nicht weiterkommen wird. Und wahrscheinlich ist die Oberstufe der
Höheren Schule der Ort, wo man in geeigneten Kollegien schon bald zu faßbaren
Ergebnissen kommen kann, zumal glückliche Ansätze da sind. Dabei ist der drin-
gendste Wunsch an den Staat: Wo er Freiheiten gibt, möge er sie *uneingeschränkt*
geben. (Welche notwendig sind, hat die Tübinger Resolution festgehalten.)
Aber davon abgesehen: ebenso wichtig ist, daß jeder einzelne Lehrer, der das Prinzip im Kerne bejaht, seinem Unterricht auch im Rahmen des normalsten Betriebes
die *Richtung* auf dieses Fernziel geben kann, und dies sofort.
Und zwar – ich spreche aus eigener Erfahrung – auch an öffentlichen Schulen, am
wirksamsten in epochalen „Oasen", die in den eiligen Lauf des Üblichen hier und da
sich einfügen lassen.
Er kann es sogar innerhalb des üblichen Kurzstunden-Betriebes: Was dabei am hin-
derlichsten im Wege steht, ist der in der Ausbildung – nicht ohne Berechtigung, aber
allzu verfestigt – angewöhnte Grundsatz, es müsse in jeder Stunde ein faßbares
„Ziel" erreicht werden, und zwar ein „stofflich" verstandenes. Hier ist eine Kehrtwendung nötig: Was erreicht werden muß, ist nicht, daß man mit etwas fertig werde,
sondern erst einmal, daß etwas anfange, (nämlich die echte Fühlung mit dem Gegenstand und seiner Wirklichkeit)[41]. Wenn eine Stunde „ergebnislos" verlaufen zu

---

41  Der Forscher, der in einer Entdeckung begriffen ist, braucht sich um die Einwurzelung nicht zu bemühen: „Wir beobachteten mit besonderer Freude, daß unsere an Radium angereicherten Produkte alle
von selbst leuchteten. – Es kam wohl vor, daß wir abends nach dem Nachtmahl nochmals hingingen, um
einen Blick in unser Reich zu tun. Unsere kostbarsten Produkte, für welche wir keinen geschützten Platz
hatten, lagen auf Tischen und Brettern verstreut; von allen Seiten sah man ihre schwach-leuchtenden
Umrisse, und diese Lichter, die im Dunkeln zu schweben schienen, waren uns ein immer neuer Anlaß

sein scheint, wenn es aber erreicht ist, daß die Schüler nachdenklich hinausgehen, nachdem die schrille Klingel das beginnende Gedankengewebe zerrissen hat, dann ist mehr gewonnen, als wenn ein fertiges Scheinergebnis aktenkundig wird, das durch seine „Abfragbarkeit" täuscht. (Wann werden wir soweit sein, daß „Lehrproben" nicht gerade darauf hinauslaufen?) In der nächsten Stunde, vielleicht nach drei Tagen erst, beginnt dann zwar wieder alles von vorne: Man rechne von vornherein damit! Aber man wird dann im Anfangen ein Stück weiterkommen. Anzeichen des Erfolges: die Schüler werden auch in der Zwischenzeit daran denken und miteinander davon sprechen. (Das ist etwas anderes als „Hausaufgaben erledigen".) Und – das allerbeste Zeichen, daß man auf dem rechten Wege ist –: Zu Beginn einer neuen Stunde wird nicht der Lehrer ein „Ziel" verkünden müssen („Heute wollen wir mal ..."), sondern er wird nur zu sagen brauchen: „Was nun?" Wenn es dann wieder anhebt, ist es gut. Zeit scheint verloren zu sein. Aber eines Tages kommt das Lernen in Fluß, und in einer ganz verwandelten Atmosphäre wird alles eingeholt und überholt.

So manchen Lehrer gibt es, der in der Stille schon lange in dieser Weise der Schablone gelassen widersteht und diese Erfahrung kennt. Vor solchen öffnet sich der Weg, der zum Exemplarischen Lehren führt.

Das Exemplarische Lehren ist nicht möglich, wenn es nicht ein ursprüngliches Lehren ist. „Ursprüngliche Phänomene der geistigen Welt" können nur durch ein ursprüngliches Lernen und Lehren sichtbar werden.

## 44  Ein Unterrichtsgespräch zu dem Satz Euklids über das Nicht-Abbrechen der Primzahlenfolge  (1949)

*Ist aber die Entdeckung einer Erkenntnis in sich selber nicht ein Akt der Erinnerung?*

Sokrates

*Wechselgespräch ist eine Grundform, an der die Wahrheit an den Tag kommt.*

Jaspers

Der ebenso einfache wie geniale antike Beweis dafür, daß die Folge der Primzahlen niemals abbrechen kann, gehört zu den wenigen wirklich unentbehrlichen Stücken des mathematischen Lehrgutes. Ohne irgendwelche Vorkenntnisse vorauszusetzen, läßt er erfahren, was es heißt, mathematisch zu denken. Für die überhaupt dafür Empfänglichen ist das aktive Begreifen dieses souveränen Verfahrens ein unvergeßliches Erlebnis.

---

der Rührung und des Entzückens." (Marie Curie: P. Curie. Wien 1950. Nach Phys. Bl. (1961) 4. S. 168.) – Wie flüchtig sind dagegen meist die Berührungen, die wir im Unterricht zwischen den Kindern und den Dingen uns und ihnen erlauben können. Aber man *nehme* sich die dafür nötige Zeit: Man erlaube jedem einzelnen, in Ruhe die Brownsche Bewegung im Mikroskop zu sehen und lasse ihn dazu sagen, was ihn drängt. Man gebe jedem Schüler einzeln ein „Spinthariskop" mit nach Hause, damit er in der Stille der Nacht mit ausgeruhtem Auge das Funkenspiel der einschlagenden Atome vor sich habe, solange er will. (Siehe S. 529 in UI.)

Der Beweis geht (in seiner heute üblichen Fassung[1]) bekanntlich so vor, daß das Produkt aller Primzahlen hinauf bis zu irgendeiner, $p$, gebildet wird, und daß dann durch Hinzufügen der Eins eine Zahl entstehen muß,

$$N = 2 \cdot 3 \cdot 5 \cdot 7 \cdot \ldots \cdot p + 1,$$

die durch keine dieser Primzahlen teilbar sein kann. Wenn sie also nicht selber Primzahl ist, so kann sie nur solche Primfaktoren haben, die oberhalb von $p$ liegen. Es gibt also in jedem Falle Primzahlen, die größer sind als $p$.

Das ist schnell gesagt und vom mathematisch Geübten auch leicht verstanden. Es dem Anfänger einfach zu erzählen hieße, das Kind auf den Berg hinauftragen, statt es ihn ersteigen zu lassen. Wie anders sieht es dann die Aussicht, tief atmend, durchblutet, mit weiten Augen. Nur wer die Höhe gewann, weiß, was Höhe ist.

Wie wenige mathematische Fragen ist dieses Problem geeignet, im aktiven Gespräch einer Gruppe *errungen* zu werden. Nur muß die *Frage* erst einmal *gesehen* werden, und dazu muß der Lehrer vieles sagen, ehe er dann schweigt, indem der eigentliche Unterricht beginnt. Er wird sehen lassen, wie die Abstände von Primzahl zu Primzahl sich immer mehr dehnen, wie sie (nicht ausnahmslos, doch im Durchschnitt) immer größer werden. Und das ist begreiflich: je größer eine Zahl ist, desto mehr andere, kleinere stehen unter ihr als Teiler für sie bereit. So sieht man die Lücken sich immer weiter dehnen, und es dämmert die Möglichkeit, daß es einmal mit den Primzahlen ganz aus ist, daß einmal keine mehr kommt, daß sie aussterben, daß es eine letzte, eine größte gibt.

Setzt man diese, recht intensiv so vorbereitete Frage in einen Kreis junger Menschen, so beginnt sofort ein Prozeß, der einer chemischen Reaktion verglichen werden kann in der Gesetzlichkeit seines Ablaufes. Schöner aber und tiefer erscheint der Vergleich mit dem Vorgang der *Erinnerung,* dem Gleichnis, das Platon gebraucht (Menon). Denn es ist gerade so, als sei die Lösung insgeheim gegenwärtig, wie hinter dem Vorhang des Unbewußten, und setze sich langsam und in Stufen durch. Der Lehrer ist dabei unentbehrlich, doch nicht wie einer, der etwas stückweise preisgibt, sondern wie ein Agens, das die Leitungswege gleichsam ionisiert, auf denen das seelische Kollektiv kommuniziert: in sich selbst und mit dem geistigen Reich, in welchem die mathematischen Wahrheiten bestehen.

Als Beispiel für diesen überpersönlichen Verwirklichungsprozeß gebe ich hier den Bericht über den Weg, den das Unterrichtsgespräch genommen hat in einer Gruppe von 13 Jungen und Mädchen verschiedener Nationen im Alter zwischen 14 und 17 Jahren in Paul Geheebs Ecole d'Humanité (Goldern, Schweiz), einer der wenigen Schulen, die noch die „Muße" (was ja der Ursinn des Wortes „Schule" ist) lassen, in der allein Bildung geschehen kann. Ich gebe ihn deshalb, weil sich dabei ganz besonders eindrucksvoll erkennen ließ, wie der antike Beweis sich immer mehr durchsetzte, bewußt wurde, von neuem erwuchs, „an den Tag kam". Ich möchte vermuten,

---

1 Weber-Wellstein: Enzyklopädie der Elementarmathematik. Bd. I, S. 46. – Rademacher und Toeplitz: Von Zahlen und Figuren. Berlin 1930. S. 1 ff.

daß das Gespräch der unbekannten einzelnen Griechen, die diesen Gedanken zuerst dachten, ähnliche Wege gegangen ist.

Um den Bericht anschaulich zu halten, führe ich die einzelnen Mitglieder der Gruppe, soweit sie hervortreten, mit dem Namen an, den sie in der großen Familie dieser Schule tragen. Auch Alter und Nationalität scheinen mir nicht unwesentlich. Wie sehr eine Heimschule wie diese den Bildungsvorgang begünstigt, zeigt sich unter anderem darin, daß die entscheidenden Einfälle und Vorschläge oft nicht in der Unterrichtsstunde, sondern tagsüber in Gesprächen oder gar nachts gefunden worden sind. Zuweilen bildeten die Primzahlen den Gesprächsstoff auf Treppen und Gängen.

Dieses Stehenlassen des Persönlichen darf nicht davon ablenken, daß die folgende Skizze gerade betonen möchte, wie sehr Persönliches hier nur zufällige, nur illustrative Bedeutung hat. Zuletzt ist gleichgültig geworden, ob nun Marianne oder Peter dies oder jenes gefunden hat. Das spüren auch Peter und Marianne, und gerade darin äußert sich ein Bildungswert der Mathematik. Der einzelne bedeutet nur vorübergehend etwas, er ist nur das Sprachrohr, durch welches die Wahrheit sich ankündigt.

Dem Kurs standen täglich 60 Minuten zur Verfügung. „Hausaufgaben" sind in dieser Schule nicht üblich.

Die *erste Stunde* war ganz dazu verbraucht worden, das *Thema* sichtbar zu machen und die Verbindung zwischen ihm und der Gruppe zünden zu lassen.

Schon vor der zweiten Stunde hatte die sechzehnjährige Deutsch-Engländerin Gabi geglaubt, eine Primzahl-Formel gefunden zu haben, nämlich $2n \pm 1$. In der Tat, sie stimmte immer in dem Sinn, daß außer 2 jede Primzahl in diese Form paßte (in der $n$ irgendeine natürliche Zahl bedeutet). Doch hatte Gabi bald bemerkt, daß damit ja nur die Selbstverständlichkeit ausgesagt ist, daß jede Primzahl ungerade sein muß (2 ausgenommen).

In der *zweiten Stunde* wurde deshalb dieser Gedanke gar nicht mehr ganz bewußt ins Auge gefaßt und nur noch historisch gestreift. Im Gespräch mit Gabi war nämlich der vierzehnjährige Deutsche Peter auf einen Satz gekommen, den er zwar noch nicht beweisen konnte, den er aber überzeugt vertrat, zumal alle Stichproben stimmten.

(1) Jede Primzahl (oberhalb 3), behauptete er, habe die Form $6n + 1$ oder (wenn nicht das, so doch) $6n - 1$. $n$ bedeutete dabei wieder eine beliebige natürliche Zahl. Man prüfe: 23; 37; 41; 43.

Wie er darauf gekommen war, konnte er nicht ganz deutlich zurückrufen; aber er hatte, wie er sagte, „die 3 *auch* berücksichtigen" wollen. – Der Kundige bemerkt, wie der Anfang der Operation Euklids, das $2 \cdot 3 \ldots$, sich schon durchsetzt.

Wir verteilten nun aus einer Tabelle[2] die P.Z. (Primzahlen) bis 10000 unter uns zur Durchmusterung: die Formel stimmte immer. Doch war allen klar, daß damit nichts

---

2  Sie fand sich in einem Buch. Besser wäre es gewesen, wir hätten sie selbst gemacht. Das Sieb des Eratosthenes lag nahe („… auch die 3 berücksichtigen").

entschieden war, daß nur ein *Versager* eine endgültige Entscheidung bringen könnte, und daß Peters Satz noch zu beweisen wäre. Es begann ein wildes Suchen. Diesen etwas blinden Wetteifer mußte ich steuern, indem ich daran erinnerte, was wir denn eigentlich wollten. Was würde denn der Satz (1), wäre er richtig, für unsere Frage nach der letzten Primzahl bedeuten? Würde er helfen?

Ja, das würde er, fand man einstimmig, denn dieses $6\,n \pm 1$ ließe sich ja „mit $n$ beliebig hochschrauben".

Nur einer bemerkte hier etwas Entscheidendes: Nein, die Gültigkeit des Satzes (1) werde uns leider gar nichts nutzen (wir brauchten uns also um einen Beweis gar nicht zu bemühen), denn er sage ja nicht, daß $6\,n \pm 1$ *immer* auf eine P.Z. führe!

Es bedurfte eines längeren Gespräches, um fast alle dahin zu bringen, daß sie unterscheiden lernten zwischen einem *Satz* und seiner *Umkehrung.* Wir formulierten gemeinsam jetzt *zwei* Sätze, wozu besonders der sechzehnjährige Israeli Elnis beitrug: Satz I: *„Alle Primzahlen* (oberhalb 3) *passen in die Form* $6\,n \pm 1$." Dieser, wie es scheint, richtige Satz ist von uns nicht bewiesen, braucht aber auch nicht bewiesen zu werden, denn er kann uns nicht weiterhelfen.

Satz II (die Umkehrung von I): *„Alle Zahlen von der Form* $6\,n \pm 1$ *sind Primzahlen" (n* bedeutet in beiden Sätzen eine beliebige natürliche Zahl).

Dieser zweite Satz könnte uns helfen. Leider erwies er sich als *falsch.* Denn bald sammelten wir Versager:

$$6 \cdot 4 + 1 = 25 = 5 \cdot 5; \ 6 \cdot 20 + 1 = 121 = 11 \cdot 11;$$
$$6 \cdot 20 - 1 = 119 = 7 \cdot 17; \ 6 \cdot 11 - 1 = 65 = 5 \cdot 13.$$

*Dritte Stunde.* Das Verständnis für den Unterschied zwischen einem Satz und seiner Umkehrung klärt sich erst jetzt völlig durch die Parallele:

Satz I: Alle Berner sind Schweizer (richtig);

Satz II: Alle Schweizer sind Berner (falsch).

Es nützt uns also gar nichts, wenn wir $6\,n \pm 1$ beliebig hochschrauben können, denn $6\,n \pm 1$ braucht keine P.Z. zu sein. (Was wir hochschrauben können, sind gewiß „Schweizer", aber ob auch „Berner" darunter sind, ist nicht gesagt.) Es könnte sein, daß von einem gewissen $n$ ab der Ausdruck $6\,n \pm 1$ nur noch Nicht-P.Z. lieferte. Unterbrechen wir den Bericht und fragen wir uns, was der (nun „erledigte") Vorschlag $6\,n \pm 1$ eigentlich bedeutet für den, der Bescheid weiß. Die allererste, richtige Vermutung, daß jede P.Z. (oberhalb 2) in die Form $2\,n \pm 1$ passe, löste sich auf als die Trivialität, daß sie natürlich ungerade sein müsse. Die nächste Forderung, jede P.Z. sei in das Schema $6\,n \pm 1$ einzufangen, sagt aber etwas beinahe ebenso Selbstverständliches – und Peter durchschaut es auch und spricht es aus –: daß sie nämlich auch durch 3 nicht teilbar sein darf und nicht nur durch 2 nicht. Weder die 2 noch die 3 darf in ihr stecken. Daher die Form $2 \cdot 3 \cdot n \pm 1$.

(Warum aber nicht nur $6\,n + 1$, sondern auch $6\,n - 1$? Der Finder der Formel fühlte sich offenbar gedrungen, *alle* P.Z. zu fassen, während es ja dem Entdecker des Euklidischen Ansatzes darauf ankommt, *irgendeine,* aber eine möglichst hohe P.Z. zu erzeugen. Schriebe man nur $6\,n + 1$, so würde man nur solche Zahlen treffen, die durch 3 geteilt den Rest 1 lassen. Will ich auch solche haben, die den Rest 2 lassen –

und das sind diejenigen, die um 1 *unter* einem Sechsfachen liegen –, so muß ich auch $6\,n - 1$ berücksichtigen.)

Der Vorschlag $6\,n + 1$ löst sich also für den Wissenden auf in die Selbstverständlichkeit, daß eine P.Z. natürlich nicht nur durch 2 nicht, sondern auch durch 3 nicht teilbar sein darf. Das genügt aber natürlich nicht. Die Bedingung ist notwendig, aber nicht hinreichend. – Diese Einsicht ist den Lernenden noch verdeckt durch die Höhe, die sie noch zu ersteigen haben.

Wesentlich ist, wie der Euklidische Ansatz sich schrittweise verwirklicht.

So auch in dem nächsten Vorschlag, der nun kommt. Elnis glaubt, daß zwar nicht jedes $6\,n \pm 1$ (wo $n$ eine *natürliche* Zahl ist) auf eine P.Z. führt, daß aber (2) $6\,p + 1$ (wo $p$ eine *Prim*zahl ist) immer eine neue (größere!) P.Z. aufbaut! Der Euklidische Ansatz ist jetzt also in der Form $2 \cdot 3 \cdot p + 1$ noch näher gerückt. Wer am Ziel steht, erkennt sofort, daß dieser Satz (2) falsch ist. Denn es ist durch Elnis' Ansatz nun außer 2 und 3 auch der Teiler $p$ ausgeschlossen, aber $p$ ist ja nicht die einzige P.Z. außer 2 und 3, es gibt ja mehr als diese drei.

Die Arbeitsgruppe selbst durchschaute es noch nicht. Aber sie fand, daß der Satz nicht stimmen könne: Der eine Versager $6 \cdot 29 + 1 = 175$ genügt dazu.

Tatsächlich enthält 175 weder 2 noch 3 noch 29, aber damit ist eben die 5 *nicht* verhindert, in 175 zu stecken.

Das eine $p$ ist eben zu wenig. Damit rückt der Euklidische Ansatz in Greifweite. Die Lösung ist leicht zu sehen für den, der sie weiß. Der Neuling tastet ins Dunkel, diesmal wieder Elnis. Und zwar so: Er steht vor der Tafel und schreibt und denkt laut (nach der Stunde): „42 ist 2 mal 3 mal 7. Da ist die 2 drin und die 3 und die 7. Und in 43 sind sie nicht drin. Jetzt müßte man nur noch sehen, ob vielleicht die 5 drin sein könnte. Man müßte die Teilbarkeitsregeln benutzen. Bei 3 die Quersumme usw.?" – Das ist ein guter Weg, sage ich ihm, aber die Teilbarkeitsregeln, die brauchst du nicht! Es geht ohne sie!

Am nächsten Morgen kommt er strahlend zum Frühstück: ich hab' die Lösung! Im Unterricht verkündet er sie:

(3) Wenn $p$ die größte P.Z. ist, die ich kenne, dann ist
$$N = 2 \cdot 3 \cdot 5 \cdot 7 \cdot \ \ldots \ \cdot p + 1$$

(wobei das Produkt *alle* Primzahlen bis $p$ enthalten soll) bestimmt auch eine P.Z., und zwar eine größere als $p$!

Damit hat sich der Euklidische Ansatz durchgesetzt. Wenn auch noch gebunden an einen Irrtum: Elnis' Begründung ist nämlich wörtlich diese: „Diese Zahl ist nicht durch 2, nicht durch 3 usw. und nicht durch $p$, *also durch ‚Nichts'* teilbar!" (Er meint: durch keine Zahl.)

Alle stimmen überzeugt zu. Auch stimmen die Proben:
$$2 + 1 = 3$$
$$2 \cdot 3 + 1 = 7$$
$$2 \cdot 3 \cdot 5 + 1 = 31$$
$$2 \cdot 3 \cdot 5 \cdot 7 + 1 = 211$$
$$2 \cdot 3 \cdot 5 \cdot 7 \cdot 11 + 1 = 2311$$

Soweit stehen sie alle in der Tafel der P.Z. Aber
$$2 \cdot 3 \cdot 5 \cdot 7 \cdot 11 \cdot 13 + 1 = 30\,031$$
wird ja wohl auch eine P.Z. sein, sie sieht so aus.

Ich bleibe zögernd und fordere zu schärfster Kritik und Prüfung auf.

Merkwürdigerweise kommt die Lösung *nicht* auf experimentellem Wege durch Entlarvung der Zahl 30031, wie ich angenommen hatte.

Am Abend überrascht mich die sehr spröde und bisher fast schweigende Marianne, eine aus dem Baltikum vertriebene Fünfzehnjährige, dadurch, daß sie mir den *Fehler* in der Begründung des Satzes (3) klar ausspricht.

Noch mehr: Am Morgen ein Jubelschrei von Gabi: Nicht nur das: sie könne sogar nun beweisen, daß es keine letzte P.Z. geben könne! Sie hat den Beweis wirklich, er ist da.

*Vierte Stunde.* Zuerst gibt einer, der noch an den Satz (3) glaubt (der Finder Elnis selbst ist schon schwankend), noch einmal den vermeintlichen Beweis wieder: (,,... also ist diese Zahl durch *keine* Zahl teilbar.").

Dann lasse ich Marianne ihre Widerlegung geben. Sie sagt (und gibt es mir zugleich auf einen Zettel geschrieben):

,,Die Behauptung von Elnis ist nicht vollständig. Denn es gibt zwischen $P$ und $N$ noch andere P.Z. $N$ kann eine P.Z. sein. Es kann aber auch sein, daß $N$ keine P.Z. ist. Dann gibt es noch P.Z. im Zwischenraum zwischen $p$ und $N$, durch welche die Zahl $N$ teilbar ist."

Das sehen bald alle ein. Zumal ich nun als Illustration verrate und nachprüfen lasse, daß
$$30\,031 = 59 \cdot 509, \text{ also keine P.Z. ist.}$$
59 und 509, das sind also P.Z. zwischen $p$ und $N$.

Damit ist Elnis' Satz (3) ,,*erledigt*".

Nun erst kam das Erstaunliche zur Sprache, das, was Gabi in der Nacht klar geworden und was, wie sich herausstellte, auch Marianne am Abend schon aufgeschrieben hatte. Ihr Zettel geht nämlich weiter:

,,In *beiden* Fällen ist bewiesen, daß es keine letzte P.Z. gibt, da man dies weiterführen kann."

Nun, das ist reichlich konzentriert. Ich bitte Gabi, es zu sagen: Es gelingt ihr in vollendeter Präzision, aber es ist so einfach und klar gesagt, daß keiner die Pointe erkennt. Sie vergißt auszumalen, was hier das ,,Aufregende" ist und es ihr war: daß nämlich das Versagen von Satz (3), seine Widerlegung, gerade eben das schafft, was der erledigte Satz (3) nicht mehr schaffen kann. Der Feind wird zum Freund. Das Blatt wendet sich. Zwar muß die so schön große Zahl $N$ selbst nicht Primzahl sein. Sie ist nicht immer die P.Z., die berufen ist, $p$ zu übertreffen. Aber ihre Teiler, wenn sie welche hat, sind ja *auch* oberhalb $p$, müssen es sein, *sie* leisten das, was $N$ selbst nicht immer leisten kann.

Dieses Stück der Beweisführung müßte ,,feierlich gesagt werden", meint einer, ,,mit Trompetensignalen" ein anderer.

Zunächst haben es vielleicht nur zwei verstanden. Sie wiederholen es nun in ihren eigenen Worten, zur Not auf Französisch oder Englisch, bis neue Anhänger entstehen, die es nun auf ihre Weise noch einmal sagen. So gewinnen wir schließlich fast alle.

Zum Überfluß lasse ich es alle gleichzeitig noch einmal *aufschreiben,* jeden auf einen Zettel. Etwa die Hälfte bringt den Beweis sachlich richtig zuwege. Manche bleiben unvollständig, bei nur wenigen befriedigt auch die sprachliche Präzision. Am besten ist das, was Gabi geschrieben hat. Es ist druckfertig. Kurioserweise tut sie nach der Stunde die Äußerung, dieser Beweis sei wunderbar, aber „Mathematik" sei scheußlich. (Sie meint das, was sie bisher dafür hielt.)

*Fünfte Stunde.* Sie dient ausschließlich der *Formulierung.* Ich hatte mir aus den Niederschriften die besten Stellen herausgezogen; sie lagen vor mir. Dann formten wir aus den Vorschlägen, wie sie bald von diesem, bald von jenem kamen, Satz für Satz. Die ausgesuchten besten schriftlichen Vorschläge bot ich besonders an. Das meiste diktierte Elnis. Obwohl er sonst einen hartnäckigen Widerstand gegen Übungen in der ihm noch ungeläufigen deutschen Sprache zeigte, bewährte er sich hier sehr. Sein Widerspruchsgeist brachte sich selber um: Indem er fast jedem Vorschlag widersprach, konnten wir ihm fast jeden zur endgültigen Fassung übergeben. Sie gelang ihm gut, und er konnte sie dann gleich diktieren. (Im Grunde fand er es überflüssig, Dinge aufzuschreiben, die man begriffen hatte. Gegen Ende der Stunde bemerkte er sehr erstaunt, daß auch ich mitschrieb und fragte [in seinem Anfängerdeutsch]: „Du schreibst den Euklid *auch* noch mal auf??")
Diese gemeinsame *Niederschrift* möge hier folgen. Von mir stammt die Gliederung 1., 2., 3. (Die strategisch wichtige Voranstellung der Vorbemerkungen 2., deren Inhalt sonst die Beweisführung leicht verstopft, ist vom Anfänger nicht zu erwarten.)


*Ein Satz über Primzahlen ·*

1. *Frage*
Jede natürliche Zahl ist in Primfaktoren zerlegbar. $30 = 2 \cdot 3 \cdot 5$. Solche Zahlen, die durch keine andere natürliche Zahl außer 1 und sich selbst teilbar sind, heißen *Primzahlen.*
Man weiß, daß die Primzahlen mit ansteigender Zahlengröße im großen und ganzen immer seltener werden.
Also entsteht die Frage: Gibt es eine letzte Primzahl?

2. *Vorbemerkungen*
a) Das Vielfache von irgendeiner Zahl, um eins vermehrt, ist nicht mehr durch diese Zahl teilbar. 4 mal 3 ist 12, also ist 13 nicht mehr durch 3 teilbar.
b) $a \cdot b \cdot c \cdot d$ ist teilbar sowohl durch $a$, wie durch $b$, wie durch $c$, wie durch $d$.
$a \cdot b \cdot c \cdot d + 1$ ist also durch keine dieser Zahlen teilbar (durch andere vielleicht).

3. *Der eigentliche Beweis*
$p$ sei die letzte Primzahl, die wir kennen.
Wir multiplizieren alle Primzahlen bis $p$ miteinander und addieren 1 dazu. Das Ergebnis
$$N = 2 \cdot 3 \cdot 5 \cdot 7 \cdot 11 \cdot \ldots p + 1$$
ist dann unteilbar durch alle diese Primzahlen.
Es gibt nun *zwei Möglichkeiten:*
*Entweder* ist $N$ selbst eine Primzahl, und zwar (natürlich immer) eine größere als $p$ (z. B. $2 \cdot 3 \cdot 5 \cdot 7 + 1 = 211$).

*Oder N ist eine teilbare* Zahl. Dann muß sie Primfaktoren haben, die höher sind als $p$ (z. B.: $2 \cdot 3 \cdot 5 \cdot 7 \cdot 11 \cdot 13 + 1 = 30031 = 59 \cdot 509$).

In jedem dieser beiden Fälle taucht eine neue Primzahl auf, die *größer* ist als $p$. Im ersten Fall $N$ (211), im zweiten Fall mindestens zwei Primzahlen zwischen $p$ und $N$ (59 und 509, zwischen 13 und 30031). Da das Verfahren fortgesetzt werden kann, indem man die *neue* größte Primzahl 211 bzw. 509 statt $p$ setzt:

$$2 \cdot 3 \cdot 5 \cdot 7 \cdot 11 \cdot \ \dots \ 211 + 1$$
$$\text{bzw. } 2 \cdot 3 \cdot 5 \cdot 7 \cdot 11 \cdot \ \dots \ 509 + 1$$

kann man immer größere Primzahlen bilden.

Die Untersuchung war damit beendet.

Ich gab zum Schluß einige Hinweise darauf, daß die Mathematik selbst ohne Ende ist, indem ein Problem das andere wachruft. Die Euklidische Operation

$$N = 2 \cdot 3 \cdot 5 \cdot 7 \cdot \ \dots \cdot p + 1$$

liefert, wie wir sahen, nicht *jede* Primzahl. Die Genialität dieses Ansatzes liegt ja gerade darin, daß er nur das erzeugt, was er braucht: *große* Primzahlen und immer größere. Eine Formel, die *jede* Primzahl liefert (so wie $2n + 1$ der Reihe nach jede ungerade Zahl herstellt), gibt es bis heute nicht. Es macht dem Anfänger großen Eindruck zu hören, daß Fragen, die – als Fragen – jedes Kind verstehen kann, unlösbar schwierig sein können.

Zuletzt gelang es, eine deutsche Übersetzung von Euklids ,,Die Elemente'' kommen zu lassen und Euklids Formulierung mit unserer eigenen zu vergleichen. Auch sie möge hier folgen[3]:

,,*Es gibt mehr Primzahlen als jede vorgelegte Anzahl von Primzahlen.*
Die vorgelegten Primzahlen seien $a$, $b$, $c$. Ich behaupte, daß es mehr Primzahlen gibt als $a$, $b$, $c$. Man bilde die kleinste von $a$, $b$, $c$ gemessene Zahl. Sie sei $DE$, und man füge zu $DE$ die Einheit $DF$ hinzu. Entweder ist $EF$ dann eine Primzahl, oder nicht. Zunächst sei es eine Primzahl. Dann hat man mehr Primzahlen als $a$, $b$, $c$ gefunden, nämlich $a$, $b$, $c$, $EF$. Zweitens sei $EF$ keine Primzahl. Dann muß es von irgendeiner Primzahl gemessen werden; es werde von der Primzahl $g$ gemessen. Ich behaupte, daß $g$ mit keiner der Zahlen $a$, $b$, $c$ zusammenfällt. Wenn möglich, tue es dies nämlich. $a$, $b$, $c$ messen nun auch $DE$; auch $g$ müßte dann $DE$ messen. Es mißt aber auch $EF$. $g$ müßte also auch den Rest, die Einheit $DF$, messen, während es eine Zahl ist; dies wäre Unsinn. Also fällt $g$ mit keiner der Zahlen $a$, $b$, $c$ zusammen; und es ist eine Primzahl nach Voraussetzung. Man hat also mehr Primzahlen als die vorgelegte Anzahl $a$, $b$, $c$ gefunden, nämlich $a$, $b$, $c$, $g$.''

Wir verglichen diese Fassung – soweit es möglich war, Satz für Satz – mit der eigenen, und es wurde bemerkt, daß Euklids Behauptung bescheidener, sparsamer, aber die unsere selbstverständlich mitumfassend sei; daß ,,unser Text'' zwar ,,verständlicher'', der seine dafür aber (zumal er ja nicht für Kinder geschrieben habe) nicht nur genauer und vollständiger, sondern vor allem ,,rassiger'' sei. Ein Wort, mit dem, glaube ich, etwas sehr Zutreffendes zu sagen versucht wurde.

---

3 Ostwalds Klassiker Nr. 240. Euklid: Die Elemente. 3. Teil. Buch 9. § 20.

Möge es nicht als unbescheiden empfunden werden, wenn ich einen einzigen Lehrgang über einen einzigen Satz, der in 5 Minuten zu verstehen ist und der sich nun über 5 Stunden ausgebreitet hat, so ausführlich wiedergegeben habe. Es scheint mir, daß nur von einem solchen Einzelbeispiel aus ein hinreichend helles Licht fallen kann auf Fragen wie diese: Warum treiben wir in der Schule Mathematik? Was wollen wir erreichen? Wie können wir den Stoff beschränken? Wo sind die wirklich unentbehrlichen Stoffe? (Auch Prüfungsstoffe! Es ist schlechterdings unmöglich, diesen Beweis unverstanden so auswendig zu lernen, daß man eine Diskussion darüber bestehen könnte!) Sind unsere Schulstoffe, die wir in atemloser Hetze durchlaufen, wirklich alle unentbehrlich? Hören wir auf das Wort der kleinen Gabi: *„Das* ist wunderbar, aber Mathematik ist scheußlich!"

*Nachtrag.* Einige Monate später schrieb sie: „Sie ahnen nicht, wie aufregend es war. Wir dachten wirklich an nichts anderes. Ich weiß noch den heißen Nachmittag mit Elnis unter dem Haselnußstrauch, als er den Satz fand: und nachts, oben in der Hütte, war ich so aufgeregt, als ich den fertigen fand, daß ich zum Fenster raus sprang und auf die Bidmisalp ging."

Später: „Mathematik war für mich immer der Inbegriff der Langeweile gewesen, und ich konnte kaum verstehen, wie dieses herrliche Erlebnis auch Mathematik heißen konnte ... Es war, wie wenn ein neuer Teil des Gehirns entdeckt und in Gang gesetzt wurde ... Bei jeder neuen Entdeckung schien ein neues Licht angeknipst zu werden, und das Entdeckte war dann fast lächerlich klar ... Als wir nach mehreren Tagen die Aufgabe gelöst hatten, waren wir so stolz, als wenn das Primzahlenproblem uns unser ganzes Leben lang geplagt hätte und wir die ersten Menschen seien, die den Beweis gefunden hatten. Es wird wohl keiner von uns je wieder dazu verleitet werden, daran zu zweifeln, daß es keine größte Primzahl gibt...[4]."

Wie sehr der „Stolz", den sie hier nennt, mit der Ehrfurcht verträglich ist, wird ausgesprochen in dem folgenden Satz eines heute Erwachsenen, eines Arztes, der in der Erinnerung an ein längst vergangenes, doch unvergessenes Unterrichtsgespräch[5] über eben diesen Primzahlensatz schreibt: „... erinnere ich mich an mein Staunen, daß ein so unendlich schwieriges Problem mit so einfachen Mitteln gelöst werden konnte, und eine gewisse Erschrockenheit über die eigene Kühnheit." – Die Bildungsmacht der Mathematik scheint mir in diesem Satz sehr glücklich gefaßt zu sein[6].

---

4 Aus: Die Idee einer Schule im Spiegel der Zeit. Festschrift für Paul Geheeb zum 80. Geburtstag. In Kommission bei Lambert Schneider Verlag. Heidelberg 1950.
5 (In der Odenwaldschule um 1930).
6 Ein Kommentar zu diesem Unterrichtsgespräch auf S. 459 f. von UI; hier S. 217 f.

# 45 Der antike Beweis für die Irrationalität der Quadratwurzel aus 2 (1950)

Wenn wir, wo nicht heute, so morgen, aus den mathematischen Lehrplänen der Oberstufe der Gymnasien die Gebiete fallen lassen werden, die zu verständnisloser Dressur verführen, so wird das nur Vorarbeit und Voraussetzung dafür sein, daß wir mehr Mathematik, das heißt echtere und schwerere Mathematik pflegen. Zu den Untersuchungen, die sich hierfür – unter anderen – besonders empfehlen, gehört Euklids Beweis für das Nichtabbrechen der Primzahlenreihe und sein Beweis für die Irrationalität der Quadratwurzel aus 2. Beide, da sie das Unendliche umgreifen (der eine in das Große, der andere in das Kleine vordringend), sind kennzeichnend für das Denken der Griechen und damit geistesgeschichtlich bedeutsam.

Alles kommt darauf an, *wie* man diesem Beweis in der Schule sich nähert, wie man ihn angeht.

Euklids Text ist zu auskristallisiert und zu kühl, um zu zünden; er kann vom Lernenden erst als Abschluß gewürdigt werden. Auch in moderne wissenschaftliche Sprache komprimiert, wie man ihn etwa bei Weber-Wellstein[1] findet, wirkt er wie eine konzentrierte Nährstoffpille auf den nüchternen Magen, sie wird vielleicht angenommen, aber sie schlägt nicht an und regt nicht an. Dankbar empfindet man deshalb eine breitere Bearbeitung für unsere Ausdrucksweise, wie sie sich einmal in den „Unterrichtsblättern" fand[2] oder die Darstellung bei Rademacher-Toeplitz[3].

Für den Unterricht muß hinzukommen die Überlegung, wie man diese Gedankengänge „arbeitsunterrichtlich" zugänglich macht. Es gibt kein geeigneteres Verfahren als die *sokratische Methode*[4], um die Schüler in Zucht und Freiheit des mathematischen Verfahrens „inne werden" zu lassen. Dabei soll hier unter „Arbeitsunterricht" jede Lehrweise verstanden werden, die den Lernenden (allein oder als Glied der Gruppe) zu größtmöglicher *Selbsttätigkeit* (Spontaneität) gelangen läßt, indem sie ihn in den Kraftfluß eines Problems, einer „Aufgabe"[5] hineinlockt. Dabei ist der Arbeitsunterricht innerhalb einer Gruppe nicht nur erzieherisch der wertvollere, er führt auch sicherer und schneller zur Lösung; denn was der eine nicht herausfindet, das fällt dem anderen ein; die Gruppe, die in Fahrt ist, ahnt mehr als der einzelne, denn sie tastet mehr Seitenwege und Verästelungen ab und endet nicht so leicht in einer Sackgasse.

---

1 H. Weber und J. Wellstein: Encyklopädie der Elementarmathematik. Bd. I. Leipzig 1909. S. 88. „Dieser Beweis ... zeigt, daß es nicht zwei ganze Zahlen $x$; $y$ ohne gemeinsamen Teiler geben kann, die der Bedingung $2x^2 = y^2$ genügen; denn sonst müßte $y$ gerade, also $y^2$ durch 4 teilbar sein. Dann aber müßte $x^2$ durch 2 teilbar sein, also $x$ gerade sein, was doch nicht möglich ist, da $x$ und $y$ keine gemeinschaftlichen Teiler haben sollen."

2 J. E. Hofmann: „Gleichzeitig gerade und ungerade." Unterrichtsblätter für Mathematik und Naturwissenschaften (1936) S. 16 ff. – Dort auch weitere Literaturangaben.

3 Rademacher-Toeplitz: Von Zahlen und Figuren. Berlin 1930. S. 18.

4 L. Nelson: Die sokratische Methode. Göttingen 1931.

5 G. Geissler: Die Aufgabe im Leben des Menschen und ihre Bedeutung für die Erziehung. Die Sammlung (1950). Novemberheft. S. 43.

Wer dieses Verfahren nur vom Hörensagen kennt, meint, es laufe darauf hinaus, den Lehrer zu schonen und ihn in der Illusion sich wiegen zu lassen, „Die Schüler finden alles von selbst", während in Wahrheit nichts als ein uferloses Gerede abliefe. Gerade dieses Ufer muß der Lehrer sein. Er hat dann mehr und Interessanteres zu tun, als wenn er doziert oder in vorbestimmten Portionen „herausfragt".

Der Beweis für die Irrationalität der Quadratwurzel aus 2 ist sehr geeignet, erkennen zu lassen, *was* der Lehrer dabei tun muß:

1. Er muß ein *Problem auswählen,* das nicht zu leicht und nicht zu schwer ist. Das liegt hier sehr günstig. Es ist leicht und schwer zugleich. Leicht, weil keine Vorkenntnisse nötig sind, schwer insofern es ohne Denken einfach nicht geht. Drill ist ausgeschlossen; wir sind hier nicht auf dem Exerzierplatz, sondern im Garten. – (Wir sollten möglichst viele Probleme in den mathematischen Unterricht hineinbringen, die ein Maximum an mathematischem Gehalt mit einem Minimum an vorausgesetzter Routine [etwa Algebra, logarithmischem Rechnen, analytischer Geometrie usw.] verbinden. Natürlich nicht *nur* solche. Aber sie sind die Trittsteine für die vielen Schüler, die irgendwo im Schulaufbau einen Kalkül nicht verstanden haben, und denen nun nicht nur dieser Kalkül als die Hauptsache vorkommt, sondern denen jeder weitere Tritt in einen Sumpf zu gehen scheint.) – Das Thema ist geeignet für alle Altersstufen oberhalb der Reifezone, an welcher das abstrakte Denken einsetzt. Ich habe es an Vierzehnjährigen wie an Abiturienten in freien und öffentlichen Schulen erprobt, ebenso wie an Studierenden eines pädagogischen Instituts. – Kein abendländisch Gebildeter sollte es entbehren müssen. – Es ist sogar ein sehr geeignetes Reifeprüfungsthema. Ich komme darauf zurück.

2. Er kann die *Beweismittel griffbereit halten.* Hier zum Beispiel gewisse Einsichten über gerade und ungerade und über Quadrat-Zahlen. In manchen Fällen wird es gut sein, die Beweismittel *vorher* zu sammeln und bereit zu halten, ohne daß schon erkennbar ist, wofür sie gebraucht werden sollen. Andere Gedankenzüge sind so geräumig, daß man, ohne zu verwirren, innerhalb ihrer selbst Exkursionen einschalten kann, die den Zweck haben, Werkzeug heranzuholen.

3. Die Hauptaufgabe des Lehrers: Er muß eindringlich helfen, daß alle das Problem, die *Frage* als solche, *sehen.* Mehr nicht, mehr kaum. Aber das ist viel. Ohne dies geht es nicht, aber es genügt auch schon, denn wir dürfen Vertrauen haben – eben dies meint ja Sokrates –, daß das *Inne*werden eines Problems den Suchenden von selbst zur Lösung schon hintreibt. Daß das völlige In-Eins-Kommen mit der *Frage* schon die *Zündung* ist, die nun wie ein Brand um sich greift, bis alles verbergende Dickicht verzehrt ist, und die Zusammenhänge im klaren liegen. Der Lehrer wird alles darauf anlegen. Dabei wird er unter Umständen viel sprechen. Dann wird aber ein Augenblick kommen, wo er im Schweigen verharren muß: Der Unterricht beginnt: Der Lernende unterstellt sich allein der Frage und ihrer Richtkraft.

Das wird sich im einzelnen später noch deutlicher zeigen lassen. Der Lehrer wird dann ab und zu noch helfen müssen. Aber nicht so, daß er vorauseilt und der zögernden Gruppe zuruft: Kommt! kommt! Seht ihr es nicht? Sondern er wird stehenbleiben, sammeln und Spannung *stauen,* indem er nichts tut, als allen bewußt machen: wo stehen wir, was wollen wir? – Diese dritte Aufgabe des Lehrers ist die schwierigste. Man kann nie des Gelingens sicher sein. Aber es gibt Themen, Probleme, die eine gewisse Gewähr geben. Zu ihnen gehört dieser Beweis für die Irrationalität der Quadratwurzel aus 2, und mehr noch der Primzahlensatz.

Es scheint mir deshalb nützlich, hier den fast immer wiederkehrenden Zug des Gedankenganges und Unterrichtsgesprächs, wie ich ihn in drei verschiedenen Lehrgängen (man muß eine bis drei Doppelstunden rechnen) einigermaßen übereinstimmend erfahren habe, andeutend darzustellen.

Das soll nicht heißen, daß man sich darauf verlassen dürfe, daß es nun „immer so geht". Es geht vielleicht „immer so ähnlich", aber niemals genau so. Wenn der Arbeitsunterricht durch die Selbsttätigkeit der Schüler gekennzeichnet ist, so gehört für den Lehrer das Gefühl der Unsicherheit, des Wagnisses dazu. (Deshalb ist es ja auch der Tod des Arbeitsunterrichtes, wenn vom Lehrer verlangt wird, er müsse ein bestimmtes, vom Beginn der Stunde von ihm aufgezeichnetes, „Ziel erreichen". Leider wird dieser Maßstab bei der Lehrerausbildung noch manchmal angelegt.) – Insofern kann auch nur das Wagnis, der Versuch, einen werdenden Lehrer in den Arbeitsunterricht *ein*führen und ihn zu ihm überzeugen. Der Zweck dieses Aufsatzes ist also nicht etwa der, einen Weg vorzuschreiben, sondern: Lust zu machen durch die Beschreibung dessen, was man – zum Beispiel – erfahren kann.

Was im folgenden breit ausgesponnen erscheint, ist in Wirklichkeit nur eine auswählende Andeutung des dichten Gesprächsgewebes, mit dem eine Gruppe das Problem ohne Hast, man möchte sagen: inständig durchdringt, wenn sie spontan wird. *Wenn wir aus der Hetze heraustreten und unseren Schülern Zeit und Vertrauen schenken, so werden wir sie Erstaunliches leisten sehen.*

Ich beginne mit der Vorbereitung: dem Bereitstellen der Beweismittel. (Damit wähle ich die trivialste Anordnung, für lehrende Anfänger vielleicht die geeignetste. Wagt man es – und das Thema erlaubt es – die Beweismittel nicht so, wie es hier dargestellt wird, auf Vorrat anzusammeln, sondern ihre Erwerbung je nach Bedarf in den Gedankengang als Abzweigung an- und einzuschließen, so wird jede Arbeitsgruppe ein wenig anders steuern, kein Lehrgang wird dem andern gleichen, und nichts wird für den Lehrer weniger zu fürchten sein als Wiederholung und Langeweile, sooft er auch das Thema stellen mag.)

Was ist eigentlich eine „*gerade*" Zahl? Eine durch 2 teilbare. Gewiß. Aber das bleibt noch zu sehr im Formalen und Rechnerischen. Gemeint ist: woher weiß ich, ob eine Zahl gerade ist oder nicht? Wie kann ich mich davon überzeugen? Bei 24 zum Beispiel. Ich sehe es an der 4. Ich weiß es eben auswendig, welche Ziffern gerade Zahlen bedeuten. Aber von den Ziffern reden wir nicht, sie sind ja nur Zeichen. 8 ist auch als VIII gerade. Ich darf mir also nicht ihre Zeichen vorstellen, wenn ich denke, sondern sie selber, etwa als eine Menge von Punkten. Man darf keine Scheu haben, auch Erwachsenen einen Haufen Erbsen leibhaftig vorzulegen. Mit ihm kann ich die Geradheit durch ein *Tun* prüfen. Definieren ist herstellen. – Ich brauche nicht einmal zu zählen, brauche das Zeichen nicht zu wissen und kann doch ein kleines Kind davon überzeugen, daß „dies" eine gerade Anzahl ist. Jetzt wird es deutlich: eine gerade Anzahl von Dingen läßt sich in 2 gleiche Haufen teilen. Die gerade Zahl hat eine Hälfte, sie *zerfällt* in 2 Hälften, so die 6:

Das *Wort* „gerade" sagt das nicht deutlich genug, auch das englische „even" ist nicht besser. Das Französische beweist auch hier seine Präzision durch das Wort „pair" = „paarig", wie auch das Italienische in „pari". Gerade ist, was ein Paar Hälften hat, was paarig ist: Wir wollen dies Wort, mindestens für die Dauer der Untersuchung, annehmen, denn es zwingt uns zur Anschauung. Wir folgen damit dem Rat Pascals[6]: Er empfiehlt ein „sehr sicheres und sehr unfehlbares Mittel", sich nicht zu verwirren: „Es besteht darin, in Gedanken die Definition anstelle des Definierten zu setzen und die Definition immer so gegenwärtig zu haben, daß man jedesmal, wenn man von der geraden Zahl (nombre pair) spricht, genau weiß, daß es die ist, welche man in zwei gleiche Teile zerlegen kann, und daß diese beiden Dinge in Gedanken (dans la pensée) verbunden und unabtrennbar sind, daß der Geist, sobald die Rede das eine ausdrückt, das andere unmittelbar damit verknüpft. Denn die Geometer und alle die, welche methodisch vorgehen, geben den Dingen nur Namen, um die Rede abzukürzen, und nicht um die Idee der Dinge, von denen sie sprechen, zu verkleinern oder zu verändern. Und sie verlangen, daß der Geist immer die ganze Definition zu den kurzen Begriffen hinzudenke…" – Auch private Bildungen sind im kleinen Kreise erlaubt. So erwies sich „zwiespältig"[7] oder besser „mittelspältig" als sehr geeignet, das Denken zu führen. Man sah dabei eine Schokoladentafel mit eingepreßten Teilungskerben zwischen lauter gleichen Teilen vor sich. – Die ungeraden Zahlen nenne wir also „unpaarig" oder „nicht-mittelspältig". (Die Engländer sagen dafür auch „odd" = wunderlich, das Hebräische nennt sie Maultierzahlen: sie entstehen durch die Vereinigung des Ungleichartigen.) – Wir sagen also: gerade = 2fach = paarig = zwiespältig = mittelspältig, und entsprechend reden wir auch von 3spältigen und 4spältigen Zahlen.

Was Gerade und Ungerade bedeutet, erscheint nun genügend eingesehen. Was man als das Vornehmere ansehen will, das Gerade oder das Ungerade, ist Geschmackssache. Aber einen Vorrang unter dem gewöhnlichen Zahlenvolk gesteht man wohl den sogenannten *„Quadratzahlen"* 4, 9, 16 … zu. Was ist das Besondere an ihnen? Daß sie entstehen, wenn man eine Zahl mit sich selber multipliziert, bleibt wieder im Rechnerischen. Welche Punkt-Haufen haben diese Besonderheit? Wie prüfe ich eine Zahl daraufhin, ob sie, wie überzeuge ich davon, daß sie „quadratisch" ist? Was

---

6 De l'esprit géometrique. (Vom Geist der Geometrie.) Siehe zum Beispiel die zweisprachige Ausgabe von Claassen und Würth. Darmstadt 1948. S. 21.
7 Der sonst übliche Sinn des Wortes wurde damit für die Dauer des Gesprächs annulliert. Auch wurde ausdrücklich hineingelegt, was das Wort nicht sagt – insofern ist „mittelspältig" besser –, daß die Spaltprodukte einander gleich sein sollen.

ist das, was ich mit dem Kugelhaufen *tun* können muß (ohne daß ich seine Anzahl zähle, kenne oder zu bezeichnen weiß)?

Was ○ ○○ ○ ○ ○ ○ leistet, ○ ○ ○○ aber nicht,

das ist die Möglichkeit einer Gruppierung in eben ein „Quadrat". Das Wort ist unglücklich, es hilft uns beim Denken nicht, da es gerade das Besondere dieses 4-Ecks, dieses „Gevierts", die Regelmäßigkeit, verschweigt. Auch hat es eine, logisch gesehen, schiefe Stellung zum „Quader". Entschließt man sich, im kleinen Kreis statt „regelmäßiges Vieleck", „Gleicheck" zu sagen, so ist das Quadrat ein „4-Gleicheck". – Aber schließlich wissen wir ja, was ein „Quadrat" ist und was die quadratische Gruppierung auszeichnet: der Haufe läßt sich in genau so viele Reihen sortieren, wie die Reihen Punkte haben. Das gelingt mit 4. 9. 16 usw., mit 5, 7, mit den meisten, geht es nicht.

Sehen wir uns nun die Quadratzahl an, besser: zeichnen wir sie hin, so liegt es nahe, sie auf ihre „Geradheit", allgemeiner ihre „Spältigkeit" (Teilbarkeit) zu untersuchen. Es gibt gerade (paarige) wie ungerade (unpaarige) unter ihnen. Überlegt man, woher das jeweils kommt, so bemerkt man, daß paarige Zahlen (wie 2 oder 6) auch immer paarige Quadrate (4 bzw. 36) geben. So sieht es aus. – Muß es sein? Ist es

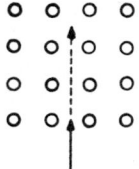

immer so? Natürlich muß es sein: denn, stellen wir uns den quadratisch gruppierten Punkthaufen vor, so muß ja, wenn die Grundreihe paarig ist, eine natürliche Mitte hat, mittelspältig ist, so muß sich dieser Spalt durch das ganze Quadrat fortsetzen, denn eine Reihe ist ja wie die andere.

Und umgekehrt: wenn ich mir einen quadratischen Punkthaufen auf unpaariger Grundreihe vorstelle (wie das 5-Quadrat oder das 7-Quadrat), so brauche ich ihm nur eine seiner Grundreihen wie eine Latte abzutrennen, um den Rest als paarig wahrzunehmen. Das Quadrat übertrifft diesen paarigen Rest um diese unpaarige Latte; es kann also selbst nur eine unpaarige Anzahl in seinem Innern enthalten. Wenn also die paarige Reihe immer zu einem paarigen Quadrat sich aufbaut, und die unpaarige Reihe immer zu einem unpaarigen, dann bleibt keine Möglichkeit, daß *jemals* ein paariges Quadrat aus unpaariger Seite käme oder ein unpaariges Quadrat aus paariger Grundreihe.

Ergebnis: das Quadrat in einer geraden Zahl ist immer selber gerade, und umgekehrt: jede gerade Quadratzahl kommt aus gerader Grundzahl. Entsprechend ist es bei den ungeraden Zahlen. Natürlich kann man das algebraisch schneller und „ra-

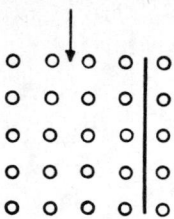

tioneller" haben $[(2\ n + 1)^2 = 4\ n^2 + 4\ n + 1 = 2\ (2\ n^2 + 2\ n) + 1 =$ gerade $+ 1 =$ ungerade; und so fort], aber *die Schnelligkeit darf nicht unser Ziel sein,* wenn sie auf Kosten der Einsicht geht. Der algebraische Automatismus gibt Gewißheit ohne anschauliche Einzeleinsicht, das ist sein Wesen. Er erspart uns Nachdenken. Aber das wollen wir ja gerade nicht ersparen. Wir wollen es uns in einer sinnvollen Weise schwer machen.

Wir können das Ergebnis auch anders aussprechen; nennen wir das „Mal-sich-selber-Nehmen" „quadrieren" (die Handlung also, die aus der Grundreihenanzahl 3 die Anzahl 9 der Punkte im Quadrat macht, das auf dieser Grundreihe sich aufbaut), und nennen wir die umgekehrte Operation das „Quadrat-Wurzel-Ziehen", so können wir sagen: der Verein der geraden Zahlen bleibt durch das Quadrieren und durch das Wurzelziehen (sofern es überhaupt „geht") „unter sich". Gerade bleibt gerade. Und ebenso gerät man durch das Wurzelziehen und durch das Quadrieren im Bereich des Ungeraden immer wieder auf Ungerades.

Nebenbei sehen wir noch etwas: ein Quadrat auf paariger Grundreihe ist selber nicht nur paarig, es ist sogar 4spältig (durch 4 teilbar), denn es kann in zwei zueinander senkrechten Richtungen halbiert, also 4geteilt werden. Statt 4spältig können

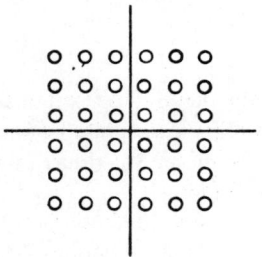

wir auch „doppelpaarig" sagen. Das 4-Spältige hat eine Mitte, und seine Hälften haben wieder Mitten. So ausgerüstet können wir uns dem Problem nun getrost nähern.

Zuerst müssen wir es *sehen:* es handelt sich jetzt nicht um paarige oder unpaarige Haufen unteilbarer Elemente (Punkte, Kugeln), die sich quadratisch gruppieren lassen oder nicht. Es geht um die Auspflasterung (Ausmessung) einer quadratischen Fläche mit kleineren Einheitsquadraten *und* deren Bruchstücken.

Beginnen wir mit der Frage, die Sokrates dem Sklaven des Menon stellte (sie ist eine Vorbereitung des eigentlichen Problems):

Hier ist ein Quadrat. Ich möchte wissen, welches Quadrat genau *doppelt* soviel Fläche faßt. Und zwar möchte ich seine *Seite* wissen, die Seite, auf der es sich aufbaut, gemessen im Vergleich zur Seite des ersten Quadrates.

Der erste Einfall des Sklaven ist unser aller erster Einfall: Die Seite des großen Quadrates sei auch doppelt so groß wie die des alten. Aber das ist natürlich Unsinn: Die Fläche wäre ja dann vierfach geworden, und nicht, wie sie sollte, zweifach:

(I)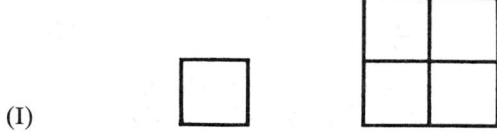

Es empfiehlt sich – vor dem weiteren Nachdenken – die Frage noch etwas anders zu formulieren (weil wir ja am besten verstehen, wenn wir *tun*):

Da ist ein kleines Quadrat, und ich habe es in *zwei* Exemplaren, etwa ausgeschnitten aus Papier. Diese zwei quadratischen Stücke soll ich zu einem *einzigen* neuen großen Quadrat *zusammenfügen*.

Ja, das gibt kein Quadrat, wird der Sklave sagen (wenn wir uns erlauben, das berühmte Gespräch etwas zu variieren), das gibt ein Reckteck:

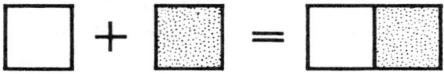

*Sokrates:* Es wird nicht verlangt, daß du die *Form* der zwei Quadrate ganz läßt, nur die *Fläche* soll erhalten bleiben. –

*Sklave:* Die beiden Quadrate brauchen nicht ganz zu bleiben? –

*Sokrates:* Schneide nur zu! Hier ist die Schere. –

*Sklave:*

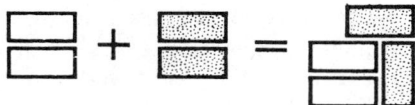

So geht es nicht, es fehlt etwas. –

*Sokrates:* Du kannst vielleicht auch anders schneiden! –

*Sklave:*

(II)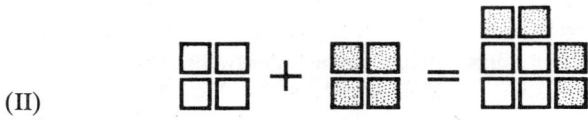

Wieder nichts. Nichts Neues. Es gibt kein Quadrat!

*Sokrates:* Man kann auch *ganz* anders schneiden! –

*Sklave:* Beim Zeus! Sokrates, ich hab's!

243

(III)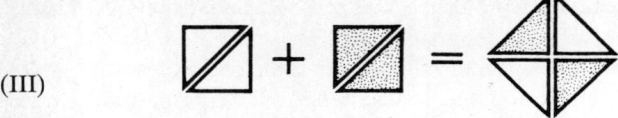

Er hat es: die Seite des großen Quadrates ist die Diagonale des kleinen. Sokrates' Frage an den Sklaven hat damit ihre Antwort gefunden. Die Verdoppelung des Quadrates ist gelungen. Man kann die Sache herstellen durch *Tun,* durch „Konstruieren".

*Unsere* Frage führt aber weiter: Nicht nur sollen wir die neue Seite herstellen können, wir sollen sie auch *messen,* und zwar *an der alten.* Doppelt so lang ist sie nicht, das war des Sklaven erster Vorschlag (I). Und sein zweiter (II) versucht es nun mit dem $1^1/_2$ fachen: er teilt die alte Quadratseite in 2 Teile und nimmt deren 3, um darüber das neue Quadrat aufzubauen. Aber es wird nicht voll. Das Verhältnis 3 : 2 ist also zu groß. 3mal die halbe Seite des kleinen Quadrates gibt nicht genau die Seite des doppelten Quadrates. Gelehrt gesagt: $^3/_2$ ist nicht genau $\sqrt{2}$.

Der Diagonalschnitt (III) ist der richtige. Was sagt er uns über das Seitenverhältnis? Gar nichts. Denn er teilt die *Seite* nicht. Er vermeidet das, er weicht aus, er läuft eben diagonal. Er gibt die zeichnerische Lösung, wir wollen die rechnerische. Sie ist aber nur durch eine quadratische Teilung, ein Karo-Muster von der Art (II) möglich. Für *unsere* Frage gibt (III) keine Auskunft. Wir bestehen auf einer quadratischen Zerstückelung ähnlich wie (II).

Was $^3/_2$ nicht genau geleistet hat, dieses Verhältnis suchen wir *genau.*

Daß ein solches Verhältnis selbstverständlich „existiert", davon ist jeder anfangs so sehr überzeugt, daß er die andere Möglichkeit gar nicht zu denken vermag, ehe er sie nicht Auge in Auge angetroffen hat. Es wären also fast nur leere Worte für ihn, wenn man ihm vorweg ankündigte: „Euklid hat bewiesen, daß es ein solches Verhältnis nicht gibt. Wir wollen uns einmal in diesen Beweis vertiefen." Der Lehrer wird vielmehr dem folgen, was die Gruppe von selber tun wird: nämlich das Verhältnis, das mit $^3/_2$ noch nicht genau getroffen war, nun zu *suchen.*

Der rechte Lehrer wird sich dabei nicht etwa „listig" vorkommen und auch nicht gönnerhaft wirken. Es wäre kein richtiger Lehrer, wenn er nicht jedesmal neu in die Arglosigkeit des Neulings zurücksänke, jedesmal neu das Suchen mitspürte. Es wird ja von den Schülern mit derselben Zuversicht getan, mit welcher wir alle ein *Ding* suchen, das nicht gleich zu finden ist. Denn sie haben die felsenfeste Überzeugung: nichts kann „weg" sein. Der Lehrer wird also jedesmal die Erschütterung neu mitfühlen, die seine Arbeitsgruppe genau so bewegt, wie sie die griechischen Entdecker der Irrationalität der Quadratwurzel aus 2 bewegt hat, als sie fanden: dieses Verhältnis, das wir als *Zahlen*-Verhältnis suchen, ist nicht nur schwer zu finden, mehr als das: es war niemals da, es existiert als Bruch nicht.

Die Gruppe sucht also, sie sucht bessere, treffendere Verhältnisse als $^3/_2$. Man muß ihr Zeit lassen. Jeder sucht für sich, das spart Zeit. Nehmen wir an, sie suchen erst einmal rein rechnerisch, wie das Euler[8] in seiner „Algebra" tut. Die Einschläge ihres

8  L. Euler: Vollständige Anleitung zur Algebra. Stuttgart: Reclam 1959. S. 54 f.

Scheibenschießens lassen sich einzeichnen. Sie gehen alle daneben. Von selbst beginnen sie nun planmäßig weiterzuschießen und erzwingen so ein immer besseres Herankommen: das „babylonische Verfahren" des Wurzelziehens entsteht. ($3/2$ saß nicht; zu hoch. Also ist, gemäß $2 = 3/2 \cdot 4/3$, der Wert $4/3$ zu tief, aber das Mittel zwischen $4/3$ und $3/2$, also: $1/2 \, [4/3 + 3/2] = 17/12$ ist ein schon besserer Treffer; und so fort.) Die Planmäßigkeit dieses Verfahrens stärkt die Hoffnung, daß es noch gelinge. Allmählich aber beginnt die Müdigkeit, und es melden sich die ersten (das sind solche, die später einmal *nicht* Forscher werden), die sagen: „Ach, lassen wir es, es muß diese Zahl, dieses Verhältnis ja geben, auch ohne uns. Was brauchen wir sie unbedingt zu wissen. Das hat ja doch keinen praktischen Zweck. Für die Praxis genügt ja $17/12$. Euch anderen fehlt die Großzügigkeit und der Sinn für das Reale, ihr seid Pedanten und Genauigkeitsfanatiker." – Die andere Partei ist davon wenig berührt. Sie ist nachdenklich und zögernd. Sie ist jetzt bereit, wenn sie darin nur ein wenig ermutigt wird, den Gedanken ins Auge zu fassen, daß da vielleicht Unmögliches versucht wird, so unglaublich es scheint. Noch hundert Jahre lang immer genaueres, aber immer verfehlendes Scheibenschießen, das sehen alle ein, kann keine Entscheidung bringen.

Jetzt darf der Lehrer wohl sagen, daß Euklid diese Frage entschieden *hat,* in wenigen Zeilen, ohne Probieren, ein für allemal, „allgemein".

Wer selbst gesucht hat, und nur er, erkennt darin eine fast übermenschliche Leistung und dringt darauf, sie kennenzulernen. Kann er sie sogar nachleisten (so wie ein Kind das Gehen lernt, von den schützenden Händen des nachfolgenden – nicht des vorangehenden – Erwachsenen vor Fehltritten und Stürzen bewahrt oder doch immer wieder aufgehoben und auf den Weg gebracht, genau so wie ein solches Kind tatsächlich *geht),* so wird das Gelingen dem Lernenden ein begründetes Selbstvertrauen geben, auf das es beim Lernen vor allem ankommt, ohne daß dabei der Respekt vor der Leistung Euklids abnimmt.

Der Lehrer wird sagen dürfen: in der Tat können auch *wir* das, was Euklid (oder sein unbekannter Vorgänger) vermochte, wenn es uns nur gelingt, uns ebenso tief, *tief genug, zu versenken* in das, was wir da *fordern.* Dann werden wir sehen, ob wir etwas Unmögliches verlangen. Sehen wir doch zu (damit wird er das Verfahren des indirekten Beweises andeuten und vorschlagen, das ja im Alltagsdenken recht verbreitet ist): sehen wir doch einmal, „wohin das führt", oder ob es „stimmt", das heißt übereinstimmt, harmoniert mit allem, was richtig und wahr, was erlaubt ist.

Wir erkennen das, wenn wir nicht nur rechnen, sondern anschauen und zu dem Vorschlag (II) des Sklaven zurücksehen. Der entsprach dem Verhältnis $3:2$. Bleiben wir, indem wir unser Problem noch einmal ganz überblicken, in der Anschauung. Die Diagonalteilung (III) des Quadrates nützte uns nichts. Auf quadratischer Zerstückelung nach der Art von (II) mußten wir bestehen. Versuchen wir also eine *Drei*teilung der Seite.

Das gibt zuviel: das 4-Quadrat wird um $2/9$ verfehlt. $4/3 = 1\,1/3$ ist das gesuchte Verhältnis also auch nicht. $4/3$ ist zu klein. Wir müssen offenbar feiner karieren.

Eine *Vier*teilung würde auf $2 \cdot 16 = 32$ führen, also etwas weit ab vom nächsten

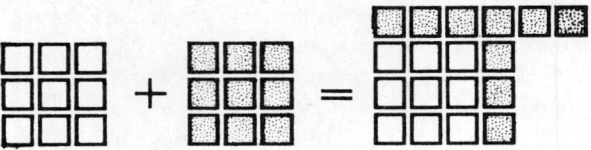

Quadrat 36. Im übrigen wäre es ja nichts anderes als die Zweiteilung, denn $6/4 = 3/2$. Das Verhältnis $6/4$ sagt noch einmal dasselbe wie $3/2$, es ist kein neuer Vorschlag! Dagegen bekommen wir wieder Hoffnung: für die *Fünf*teilung (die kleinen Karos sind jetzt durch Punkte angedeutet, der Einfachheit halber; zugleich wird damit klar, daß unsere Frage als ein Problem unter *ganzen* Zahlen verstanden werden kann):

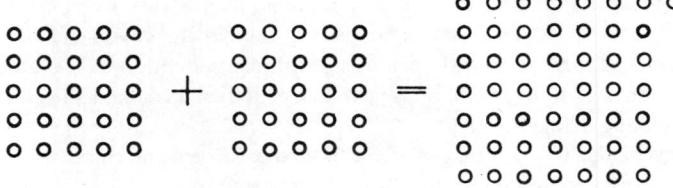

Wäre dieses schwarze Schaf rechts oben, das nicht mehr in die Hürde paßt, *nicht,* so wäre das Ziel mit 5 und 7, das heißt mit dem Verhältnis $7/5$ oder $1\,2/5$ gewonnen. Das heißt: Die Seite des großen Quadrates hätte zu der des kleinen das ganzzahlige Verhältnis 7 : 5, rechnerisch ausgedrückt $7/5 \cdot 7/5$ wäre genau 2. Gelehrter geschrieben: $7/5 = \sqrt{2}$. Aber so ist es eben nicht. $7/5 \cdot 7/5 = 49/25$, und nicht $50/25$. – Vielleicht tut es ein anderes Verhältnis.

$36 + 36 = 72 = 81 - 9$ verfehlt das nächste Quadrat 81 um 9!

Dagegen ist $49 + 49 = 98 = 100 - 2$ nicht weit von einem quadratischen Ziel (100). Das Verhältnis $10/7$ ist sehr nahe am rechten Wert.

So kann man weiter probieren und hoffen, es müsse mit einer immer feineren Teilung schließlich einmal gehen. Aber, da die Hoffnung schwindet:

Was verlangen wir denn, wenn wir das ansetzen, was wir in all den Beispielen taten, die wir während des erfolglosen Suchens rechneten, wenn wir ein Verhältnis $3/2$ oder $10/7$ oder allgemein $p/q$ wünschten, so daß $\frac{p \cdot p}{q \cdot q} = 2$ sei?

Ehe die Gruppe beginnt, sich in dieses Verlangen einzulassen, muß nun aber eines vorweg klargestellt werden, und es scheint, daß hierauf der Lehrer aufmerksam machen muß; denn sonst wird es vergessen und liegt nachher wie ein Riegel im Weg: Was wir in $p/q$ suchen, ist ein Verhältnis ganzer Zahlen wie $3/2$ oder $7/10$. Wie würden wir reagieren, wenn jemand als Neuigkeit $6/4$ vorschlüge oder $21/30$? Wir taten es oben bereits! Wir würden ihm sagen, daß wir kein Interesse daran haben, ein Verhältnis doppelt und dreifach zu buchen, denn $6/4$ ist ja dasselbe wie $3/2$. Wir werden also einsehen, daß wir solche aufgeblähten Schreibarten ablehnen dürfen und müssen. Das heißt: wir beschränken uns auf Verhältnisse in ihrer reinsten, in ihrer „gekürzten" Form. Wir dürfen also verlangen, ohne daß uns irgend etwas entginge, daß $p/q$ nicht „kürzbar" ist, daß es keine Zahl gibt, womit es gekürzt werden könnte, keinen für Zähler und Nenner „gemeinsamen Teiler"; dürfen verlangen, daß $p$ und $q$ „zueinander teilerfremd" sind. Der Lehrer wird das sehr betonen, denn er weiß ja, daß es zum Schluß gerade *darauf* ankommen wird.

*Was* also verlangen wir mit der Forderung $\frac{pp}{qq} = 2$,

(wobei $p$ und $q$ ganze und teilerfremde Zahlen sind)? Ist das etwas Erlaubtes, Mögliches? Wohin führt es?

Hier ist nun wohl der Augenblick gekommen, wo der Lehrer gleichsam hinter einen Vorhang zurücktreten kann und muß. Er darf es, wenn die Zündung in der Mitte der Lernenden gelungen ist. Es gibt ein untrügliches Zeichen dafür: es ist ihm gelungen, wenn die Lernenden vom Lehrer abfallen, wenn ihre Blicke von ihm abfallen und sich nach innen kehren, sinnend werden. Dann darf er, dann muß er in das Schweigen zurücktreten; er muß da sein, als wäre er nicht da. Nicht darf er sich „abhängen" (also etwa Zeitung lesen), nicht darf er bloß „beobachten", der Gruppe zusehen, er muß *mit*machen, er muß auch „wissen, als wüßte er nicht", er muß „werden wie die Kinder".

Was denken sie nun? Was sehen sie nun? Sie sehen nach all der Vorbereitung so etwas:

$$\text{zweimal ein } q\text{-Quadrat} = \text{ein } p\text{-Quadrat}$$
$$2 \cdot q^2 = p^2$$

(1)
$$
\underbrace{\left[\begin{smallmatrix} q \cdot q \\ \text{Punkte} \end{smallmatrix}\right]}_{q \text{ Punkte}}
\;+\;
\underbrace{\left[\begin{smallmatrix} q \cdot q \\ \text{Punkte} \end{smallmatrix}\right]}_{q \text{ Punkte}}
\;=\;
\underbrace{\left[\begin{smallmatrix} p \cdot p \\ \text{Punkte} \end{smallmatrix}\right]}_{p \text{ Punkte}}
\quad, \text{ als Frage:}
$$

Ist es möglich, daß ein quadratischer Punkt-Haufe und noch ein genau solcher, zusammengenommen und umgruppiert, sich in *einen* größeren Haufen von *wieder quadratischer* Gestalt formieren lasse?

Wir hatten Beispiele, in denen es beinahe gelang: $^3/_2$, $^7/_5$, $^{10}/_7$, … Jetzt sehen wir die Forderung allgemein: Alle Beispiele, auch die, welche wir noch ausprobieren könnten, sehen wir in der Bildgleichung (1) zusammen.

Außerdem halten wir uns vor Augen:

(2) was wir über Gerade und Ungerade,

(3) was wir über Quadratzahlen wissen,

(4) daß $p$ und $q$ teilerfremd sind.

Es kommt jetzt darauf an, diese 4 Aussagen, die Forderung (1) und unsere Ausrüstung (2), (3), (4) gleichzeitig anschaulich gegenwärtig zu haben, den Blick gleichsam kreisen zu lassen, um die einzelnen Aussagen miteinander zu konfrontieren; zu hören, „was sie zueinander sagen", wie sie „sich miteinander vertragen" und „zueinander stehen". Der Lehrer wird darauf achten, daß dieses Kreisen sich nicht aus dem Schwerpunkt verliert, indem es eine der 4 Aussagen vernachlässigt oder vergißt. Deshalb muß er hören, was die Gruppe denkt. Es gibt leichtere Gedankenzüge, die von einer Gruppe ganz schweigend genommen werden können, das heißt von jedem fast allein (wobei aber auch die stille Gegenwart der anderen wesentlich, weil „zuträglich" ist). Die Überlegung, der wir hier folgen, ist wohl zu mühsam dazu. Die Gruppe muß sich aussprechen. Das braucht durchaus nicht sofort eine geordnete Diskussion zu sein. Viel wichtiger ist, daß überhaupt jeder zu sprechen das *Vertrauen* hat, daß jeder ohne Scheu hörbar denkt. Daß er nicht fürchtet, *etwas „Ungefähres", Vorläufiges auszusprechen.* Das Falsche ist der Weg zum Richtigen, das Ungefähre die Stufe zum Präzisen; und ohne einen Weg kommt man zu nichts. Die verbreitete Aufforderung, „Drücken Sie sich genauer aus!", kommt meist zu früh und kann sehr schädlich wirken, indem sie abschreckt und nicht nur das Sprechen, sondern auch das Denken blockiert. Eine Gruppe, die gelernt hat, gemeinsam hörbar zu denken, bleibt wie ein Vogelschwarm in „Stimmfühlung", und an diesem, sei es nun ein Gewisper oder Gezeter, ein Gespräch oder gar eine Debatte zu nennen, *merkt* der Lehrer, wie der Blick der Gruppe um die 4 Pfeiler unseres Nachdenkens kuppelbauend kreist, und wann er ihn wieder zentrieren muß, indem er das Vernachlässigte ins Licht rückt. Die Lösung kommt schließlich ganz schnell.

Das erste, was man sieht, ist, daß rechts das $p$-Quadrat eine *paarige* Zahl von Punkten enthalten muß, denn – das sieht man links – es ist ja aus zwei Hälften zusammengesetzt. (Daß diese Hälften selbst Quadrate sind, ist dabei noch nicht benutzt, es muß also später noch benutzt werden.) Wenn aber das $p^2$ paarig ist, so ist es auch das $p$. Hier wird der Lehrer gut tun, sich einzuschalten und gleich festzunageln: und $q$? Wenn $p$ paarig ist, ist $q$ *unpaarig,* da sie teilerfremd sind. (Halten wir das fest: $p$ ist gerade, d. h. der Zähler des Bruches muß gerade sein, wenn $\frac{p}{q} \cdot \frac{p}{q}$ gleich 2 sein soll, und der Nenner muß also unpaarig, ungerade sein. Wieviel Probieren ist damit schon abgetan!: $^7/_5$ wie $^3/_2$ fallen dahin.)

Dies ist das eine, was das paarige $p^2$ sagt. – Es sagt noch mehr: Daß es natürlich vierspältig ist, daß also seine Hälfte wieder eine Hälfte hat. Seine Hälfte, das ist ja das $q^2$ (jetzt kommt es dran, als Quadrat), also auch das muß eine Hälfte haben, muß paarig sein. Und dann also natürlich auch $q$. *Auch q.* – Wie war das?

Da war etwas, das nicht sein kann, wenn wir es zusammenhalten mit dem, was wir 10 Zeilen vorher sagten: $q$ mußte ja zugleich auch ungerade sein. Eben noch. Und *das* kann es nicht leisten zugleich, was wir da von ihm verlangen.

Warum verlangen wir es denn? Wir verlangten es mit dem Ansatz $\frac{p}{q} \cdot \frac{p}{q} = 2$. Dahin führt dieser Ansatz. Dahin würde er führen. Er führt in den Unsinn, und zwar unausweichlich. Deshalb ist es eben *nicht* möglich, daß es ein $\frac{p}{q}$ gibt, das mit sich selbst multipliziert 2 gibt. Kein Bruch, kein Verhältnis ist fähig, die Seite des doppelten Quadrates zu der des einfachen in Vergleich zu setzen. Denn sonst, mit den kühlen Worten Aristoteles': „Denn dann wäre Gerade gleich Ungerade."

Diesen Gipfel, diese Kuppel über den 4-Pfeilern, oder vielmehr diesen Einsturztrichter zwischen ihnen, werden nicht alle gleichzeitig erreichen, mancher wird ihn nur einen Augenblick lang klar sehen, wird dann aber den Weg zu diesem Lichtblick nicht wiederfinden und nicht beschreiten können. Gerade darauf aber wird es *jetzt* ankommen: den Weg festzuhalten und damit für alle gangbar zu machen. Die

Gruppe wird sich dazu in gegenseitiger Hilfe verbinden. Es wird an die Tafel geschrieben, und es entsteht ein Schema, das zuerst die groben Linien festhält, etwa
dieses:

Ist möglich: $\qquad\qquad\qquad \sqrt{2} = \frac{p}{q}$ ?

das heißt: $\qquad\qquad\qquad 2 = \frac{p \cdot p}{q \cdot q}$ ?

das heißt: $\qquad\qquad\qquad 2\,q^2 = p^2$?

das heißt: $\qquad\qquad\qquad q^2 + q^2 = p^2$?

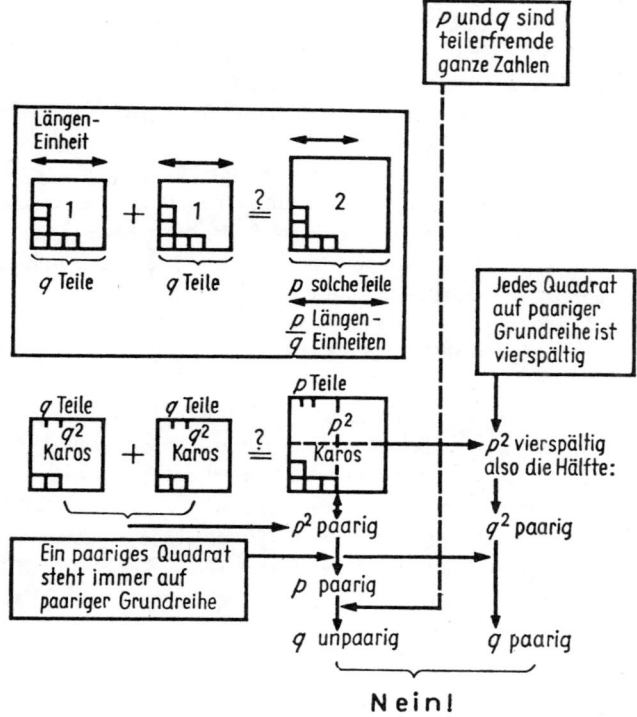

$$\text{N e i n !}$$

Der Lernende steht nun vor der eingesehenen und doch immer wieder staunenswer-
ten Wahrheit: $\sqrt{2}$ „existiert" als anschaubare und konstruierbare Strecke, aber als
Verhältnis existiert sie nicht. Setzt er für das unbedingte und objektivierende „existiert" das deutsche „es gibt", so erfährt er die Weisheit dieser Wendung und kann
damit einen schnellen Schritt tun in den Bereich der Philosophie und der Sprache:
Hinter dem, was es gibt oder nicht, steht „Es", das uns „gibt" oder nicht. Im An-
schaulichen empfangen wir diese Gabe, als Verhältnis (d. h. hier: als Quotient natür-

licher Zahlen) wird sie uns verweigert: Auch in der Mathematik sind wir schließlich, im letzten Grunde, auf das Hinnehmen dessen angewiesen, was Es-uns-„gibt".

Besteht keine Gefahr mehr, den Fund zu verlieren, so beginnt nun die letzte Aufgabe: die präzise *Formulierung* durch ein Satzgefüge, das nichts Überflüssiges sagt und nichts Wesentliches wegläßt, dabei sprachlich richtig ist und möglichst sogar noch einen Rest von Leben und Eingänglichkeit bewahrt. Sie ist unentbehrlich, und sie muß ebenfalls von der Gruppe allein geleistet werden. Sei es, daß erst jeder einzelne seinen Aufsatz schreibt, sei es, daß ein Text durch Zuruf und allgemeine Billigung sich verfestigt, oder daß beides vereint wird. Erst dann, wenn an diesem Text keiner mehr etwas auszusetzen hat, wird die Gruppe das Gefühl haben, mit dem Beweis fertig zu sein.

Jetzt erst ist sie auch in der Lage, den Text etwa bei Weber-Wellstein (vgl. Fußnote 1) zu würdigen oder gar sich an Euklid selbst heranzumachen.

Eine andere Probe dafür, daß wir „fertig" sind, ist das *Überzeugenkönnen* eines anderen, der es noch nicht weiß, eines Freundes, eines Erwachsenen. Erst dann zeigt sich, wer sich den Gedankengang „zu eigen gemacht" hat. Wir Lehrer kennen es ja: Wieviel glaubten wir zu wissen, bis wir vor der Aufgabe, es zu übermitteln, bemerkten, daß es gar nicht unser war.

Manchem erschließt sich dabei ein letzter Durchblick: Die beiden Denkwege, die in dem Widerspruch Gerade = Ungerade zusammenstoßen, können schließlich so schnell durchlaufen werden, daß sie beide im Licht der Gegenwärtigkeit stehen. Nicht nur wird *erinnert,* daß ich vor wenigen Sekunden das Gegenteil des Augenblicklichen einsehen mußte; ich sehe die Gegensätze *zugleich,* wie ineinander gesetzt, in ihrem Widerspruch, wie sie nicht beide bestehen können und sich gegenseitig wegdrücken: das Denkbild bekommt etwas Flirrendes.

Für den Schüler wäre auch das Bestehen eines kritischen Gesprächs mit einem Überlegenen über dieses Thema eines Platzes in der mündlichen *Reifeprüfung* würdig. Es wäre nicht nur schwieriger als das meiste, was wir bei solchen Prüfungen zu hören bekommen, es hätte auch den Vorteil, immerfort, als ein ewiges Thema, gestellt werden zu können. Jeder Schüler dürfte wissen, daß es „drankommt". Er soll es wissen. – Es ist schlechterdings nicht auswendig zu lernen, sondern nur inwendig, und das ist es ja, was wir wünschen. Und *ein paar solcher Einsichten wie diese geben* nach Goethes bekanntem Wort[9] – *„höhere Bildung als Halbheit im Hundertfältigen"*[10].

---

9  Wilhelm Meisters Wanderjahre, 12. Kapitel.
10  Dem Thema der Irrationalzahl ist in dem Buch von Alexander Wittenberg: „Bildung und Mathematik" (Ernst Klett Verlag, Stuttgart 1963) ein Kapitel von etwa 100 Seiten gewidmet, das ins Erkenntnistheoretische und Philosophische ausstrahlt und einen ungleich tiefergreifenden exemplarischen Lehrgang von vielen Wochen entwirft (S. 168–242).

# 46 Das Exemplarische Lehren als fächerverbindendes Prinzip: der Satz des Pythagoras (1960)

*Alle Flüsse werden überschreitbar,*
*wenn man sich den Quellen nähert.*
Xenophon

Wenn ich als Thema den Satz aus Pythagoras wähle, so deshalb, weil man an ihm gut alles zeigen kann, was zum „exemplarischen" (oder „paradigmatischen") Lehren dazugehört.

Er ist zunächst geeignet, weil er eine „Pfeilerstellung" oder, in einem anderen Bild, eine „Schlüsselstellung" im Gefüge der Elementarmathematik einnimmt, zumindest eine beziehungsreiche.

Ich wähle ihn aber auch deshalb, weil sich an ihm gut darstellen läßt, was ein „Einstieg" ist.

Wir sind gewohnt, diesen „Satz" in einem gewissen mittleren Stockwerk des mathematischen Schulturmes angesiedelt zu denken und deshalb zu meinen, wer zu ihm hinwolle, müsse notwendig all die Treppen der sogenannten Vorkenntnisse vorher durchsteigen und hinter sich bringen.

Ich möchte nun gern davon überzeugen, daß das bei ihm – und es gibt noch mehr solcher Sätze – nicht nötig ist; daß es Themen gibt (nicht zu einfach, nicht zu kompliziert), in die man ohne Vorkenntnisse hineinspringen und die man doch aufklären kann; und dies, *ohne* daß dabei der systematische Aufbau der Mathematik zu kurz käme, im Gegenteil.

Welchen Vorteil sollen aber solche „Einstiege" haben, welche Nachteile das übliche (doch so naheliegende und sichere) Verfahren: von unten Schritt für Schritt hinauf zu steigen? Die Erfahrung zeigt, daß diese unsere Unterrichtspläne beherrschende Vorratswirtschaft („Das wird später irgendwann für irgend etwas gebraucht. Merkt es Euch!") zwar logisch nicht falsch ist, sich aber pädagogisch als ärmlich und wenig erfolgreich gezeigt hat: Sie führt zur Häufung der Vorräte, damit zur Eile und vor allem: sie langweilt die Kinder, statt sie herauszufordern. *Deshalb* ist in Kürze fast alles vergessen.

Das Herausfordernde und Aktivierende des Einstieges gehört notwendig zum „Exemplarischen".

Wir sollten deshalb seine erfrischende Wirkung auf allen Stufen ausnutzen.

Ich bin also nicht der häufig zu hörenden Meinung, das „Exemplarische" könne erst einsetzen, nachdem auf der Unterstufe „die erforderlichen Fundamente" gelegt seien. Zwar ist es für den Lehrer, der das Exemplarische Lehren zum erstenmal versuchen will, vielleicht einfacher, es zuerst auf der Oberstufe zu probieren. Aber auch die Fundamente können „exemplarisch" gelegt werden. Das exemplarische Vorgehen steht eben *nicht* im Gegensatz zum „Systemdenken", sondern führt – unter anderem – auch zu ihm hin, wie ich zeigen möchte. –

Gegen ein Verschieben auf die Oberstufe spricht auch dies: Die Geister sind dann häufig schon eingeschlafen vom anhaltenden Vorratslernen und Fundamentlegen.

251

Denken wir uns also Schüler, die zwölf Jahre alt sind, oder älter, und fast ganz frei von mathematischen Kenntnissen. Nur rechnen sollen sie können und verstehen, wie man den Flächeninhalt eines Rechteckes findet. Auch sollen sie mit *Dingen* praktisch, handwerklich umzugehen gelernt haben. – Das Thema ist also nicht unbedingt an die Höhere Schule gebunden. – Auch der Leser, sofern er nicht Mathematiker ist, wird von allen Vorkenntnissen ausdrücklich entbunden, falls das nötig sein sollte. Seine Urteilsfähigkeit wird dadurch nicht eingeschränkt.

Ich muß nun gleich etwas berichtigen und damit das Exemplarische Lehren weiterhin charakterisieren. Nicht eigentlich „der Pythagoras" schon selber ist das Thema. Niemals kann etwas fachlich schon so Auskristallisiertes ein exemplarisches Thema sein.

Der Lehrer darf nicht so anfangen: „Nun wollen wir mal einen Satz betrachten, der nach Pythagoras benannt ist." *Deshalb* nicht, weil er so nicht die Spontaneität der Kinder herausfordert, sondern bestenfalls ihr höfliches Hinhören erreicht. Das Thema darf, ja muß, zwar auf eine Schlüsselstellung zielen, aber nicht dort schon einsetzen. Es muß eine die Spontaneität des Lernenden herausfordernde Staunensfrage sein, die dem „Leben" möglichst nahestehen sollte. Der „Einstieg" ist also nicht als Fenster, sondern als „Gang" zu denken. Er hat einen „lebensnahen" Zugang und einen schon fachlich bestimmten Ausgang; ist aber im ganzen jedenfalls Frage, Problem. (Es kann freilich sein, daß auch *ohne* „Lebensnähe" [im Sinn des „Praktischen"] schon ein reines Zahlen-Problem [wie das des Primzahlensatzes[1]] oder ein Figuren-Wunder[1a] auf Kinder anziehend und auslösend genug ist: die Welt der reinen Zahlen und Figuren „lebt" dann in sich selbst genug und öffnet ihre Tore *ohne* „Gang".)

Ein Beispiel aus der Physik: Man kann die ganze Wellenlehre des Lichtes sehr gut auf den „Fresnelschen Spiegelversuch" gründen. Aber er darf allenfalls am Ausgang des Einstiegs liegen. Der Eingang wäre etwa gekennzeichnet durch die Frage: Wie kommt es, daß die Ölflecke, die auf dem nassen Asphalt liegen, periodische bunte Ringe zeigen? Diese Frage kann die Spontaneität der Lernenden wachrufen; der Fresnelsche Versuch, vom Lehrer am Anfang aufgebaut, könnte nur ihr „Mitgehen" bewirken. Der Einstieg wäre *hier* also ein ziemlich *langer* Gang, der aus einer ersten Analyse der „Farben dünner Blättchen" zu dem Gedanken führt, den reinen Interferenzversuch von Fresnel zu machen.

Hier, beim „Pythagoras", könnte die Zugangs-Frage diese sein: Was steckt dahinter, daß Eisenbahner und Zimmerleute, wenn sie im Gelände einen rechten Winkel abstecken wollen, drei Latten mit den Maßen 3, 4, 5 zu einem Dreieck zusammenfügen?

Es sei gelungen, diese Frage den Kindern zu „stellen". So wie ein Segel gestellt werden muß, damit es vom Wind auch gefaßt wird, so ist die Frage gestellt, wenn die Kinder vom Sog des Problems ergriffen sind. Das kann lange dauern. Diese Zeit

---

1  Vgl. Aufsatz 17 aus UI; hier Nr. 44
1a Vgl.: Entdeckung der Axiomatik. In: M. W.: Verstehen lehren, Beltz, Weinheim 6/1977, S. 104–138.

muß man geben. Exemplarisch Lehren heißt nicht Zeit sparen. Es nützt nur die Zeit wirksam aus. Alles hängt davon ab, daß – in einem anderen Bild gesprochen – die Kinder sich für die Frage erwärmen, vielleicht sogar Feuer fangen.

Der Gedanken„gang" könnte dann etwa folgendermaßen weitergehen:
Der Lehrer berichtet, als Variation, die Seilspannergeschichte: ein geschlossenes Seil mit 12 in gleichen Abständen daran befestigten Kugeln wird gemacht und zum Dreieck (3, 4, 5) gelegt.
Gibt es noch *mehr* „solcher" Seile? Oder handelt es sich bei (3, 4, 5) um einen „Zufall"? – Natürlich wird das Dreieck (6, 8, 10) gefunden. Aber es wird sehr schnell durchschaut als „eigentlich" nichts Neues, eigentlich dasselbe. Man braucht nur eine andere Längeneinheit zu wählen, die halbe etwa, und das Dreieck (6, 8, 10) ist „dasselbe" wie das Dreieck (3, 4, 5) war. Wer geduldig sucht, wird vielleicht noch ein *wirklich* neues finden: das mit 30 Kugeln. Als Dreieck (5, 12, 13) wird es ebenfalls rechtwinklig. Seine Form ist nun aber anders, schmäler als die des Dreiecks (3, 4, 5).
(Die anderen vielen Formen, die es noch gibt, wird wohl keiner ohne Hilfe finden. Der Lehrer hat einstweilen nichts dagegen: Der Seitenweg zu den „pythagoreischen Zahlentripeln" läßt sich später weiter verfolgen.)
Rätselhaft, daß diese beiden Zahlen-Tripel gerade mit der Rechtwinkligkeit zu tun haben sollen. Zahlen können ja gar nichts Rechtwinkliges an sich haben, meint man.

Haben diese Zahlentripel wenigstens etwas unter sich *Gemeinsames?* Man wird sie vergleichend anschauen:

$$3 \quad 4 \quad 5$$
$$5 \quad 12 \quad 13,$$

und nach einigem Spielen wird man – vermutlich erst auf den Vorschlag des Lehrers hin – erst einmal jede der 3 Zahlen mit sich selbst multiplizieren:

$$9 \quad 16 \quad 25$$
$$25 \quad 144 \quad 169$$

und dann etwas sehen. Dann ist nämlich das Gemeinsame dies:

$$9 + 16 = 25$$
$$25 + 144 = 169$$

oder, in den ursprünglichen Zahlen ausgedrückt:

$$3 \cdot 3 + 4 \cdot 4 = 5 \cdot 5$$
$$5 \cdot 5 + 12 \cdot 12 = 13 \cdot 13.$$

„Allgemeine Zahlen" brauchen die Kinder nicht „gehabt" zu haben. Sie werden trotzdem jetzt das Schema
$$(*) \quad a \cdot a + b \cdot b = c \cdot c$$
als das neu entdeckte Gemeinsame erkennen und damit *anfangen,* allgemeine Zahlen zu verstehen. (Das Zeichen $a^2$ ist hier überflüssig, ja störend.)
Hat diese gemeinsame Formel (*) etwas mit der gemeinsamen rechtwinkligen Form des Dreiecks zu tun? Vorläufig ist nicht zu sehen, woher ein Zusammenhang kommen sollte.
Was uns interessierte, sind rechtwinklige Dreiecke, die so zustande kommen, daß

die Seitenlängen ganzzahlige Vielfache derselben Längeneinheit sind. Nun gibt es aber natürlich rechtwinklige Dreiecke, für die das nicht zutrifft, und auf der anderen Seite kann man das Schema (*) ebenfalls durch *nicht*-ganzzahlige Werte erfüllen.

Wenn das Schema (*) etwas mit der Rechtwinkligkeit zu tun hat, dann müßte man zusehen, ob seine Koppelung zwischen $a$, $b$ und $c$ nicht vielleicht auch *dann* Rechtwinkligkeit bedeutet, wenn $a$, $b$ und $c$ *nicht* ganze Zahlen sind.

Machen wir also eine *glatte* Schnur, *ohne* Kugeln. Formen wir aus ihr dann irgendeines der vielen möglichen rechtwinkligen Dreiecke und messen seine Seiten, etwa:

$$2,7 \qquad 5,5 \qquad 6,1.$$

Wir finden, daß wirklich auch hier $2,7 \cdot 2,7 + 5,5 \cdot 5,5$ recht genau $6,1 \cdot 6,1$ ist, denn $7,29 + 30,25 = 37,54$ liegt nahe bei $37,21$.

Neue Proben mit anderen Dreiecken: „Es stimmt immer", sagen die Kinder.

Vorsichtiger: Es *scheint* immer zu stimmen. Weder wissen wir, ob es *genau* stimmt („auf den hundertstel Millimeter"), noch ob es in Zukunft bei neuen Proben immer *wieder* stimmen wird. Die Zukunft kann niemand zwingen.

Jedenfalls aber: Der Zusammenhang der Formel ($a \cdot a + b \cdot b = c \cdot c$) mit der Form des rechtwinkligen Dreiecks ist höchst wahrscheinlich geworden. – Aber „Wie-So"?

Weiter kommt man erst, wenn einem einfällt, daß man sich bei $a \cdot a$ etwas Anschauliches vorstellen kann. Das wäre gut, denn auch die Form ist ja etwas Anschauliches. Soll die Geichung (*) an etwas Anschauliches gebunden verstanden werden, so muß sie selbst anschaulich interpretiert werden.

Nun bedeutet (das sollte ja zu den wenigen Vorkenntnissen gehören) $a \cdot a$ die Fläche des Quadrates, das sich über einer der beiden kleineren Seiten, $a$, aufbauen läßt. Damit wird ($a \cdot a + b \cdot b = c \cdot c$) vorstellbar und sagt aus, daß ein gewisses großes Quadrat (das nämlich, das über der größten Seite $c$ des rechtwinkligen Dreiecks steht) genau so viel Fläche hat wie die zwei Quadrate, die über den beiden kleineren Seiten gebaut werden können, zusammen. Die bekannte Pythagoras-Figur steht da.

($a \cdot a + b \cdot b = c \cdot c$) verstehen, heißt nun also: *Dies* verstehen, daß es bei jedem rechtwinkligen Dreieck der Fall sein soll. (Oder auch umgekehrt, daß jedes Dreieck, wo das der Fall ist, ein rechtwinkliges sein muß. – Daß aus dem einen nicht notwendig das andere folgen muß, die Unterscheidung also zwischen einer Behauptung und ihrer Umkehrung, verschieben wir auf später. Diese Frage darf hier nicht aufhalten.)

Wir wissen jetzt endlich anschaulich, *was* wir verstehen wollen. Die Sache mit den Eisenbahnern hat ein ganz anderes Gesicht angenommen. Sie ist fast vergessen. Wir stehen jetzt am *Ausgang* des Einstiegs.

Praktisch, wie Kinder sind, werden sie es durch Auswägen der ausgeschnittenen Pappquadrate entscheiden wollen: „Es stimmt immer." Die Frage ist nur, ob es genau stimmt! Und „warum" es stimmt. Ob es so sein „muß". Ob man es „einsehen" kann.

Man könnte auch nach Art eines Legespiels das große Quadrat in geeignete Stücke schneiden, die sich dann in den beiden kleineren Quadraten restlos müßten unterbringen lassen, oder umgekehrt. Und vielleicht könnte man das *einsehen*.

Das gibt eine langwierige Schnippelei. Aber sie muß wirklich getan werden, vielleicht eine halbe Stunde lang, von jedem. Gerade um ihrer Vergeblichkeit willen. Denn natürlich wird kein Kind auf den genialen Gedanken kommen, den der Araber Annairizi vor 1000 Jahren hatte, und auf den der Lehrer nun hinauswill. Aber nach einer halben Stunde des vergeblichen Probierens wird jedes Kind einen Sinn für diese Genialität bekommen.

Als weitere notwendige Voraussetzung des exemplarischen Vorgehens wird dabei deutlich: Viel Zeit für Gründlichkeit und vor allem für die Selbsttätigkeit der Lernenden. (Es ist ein Mangel dieses Beispiels, daß die Selbsttätigkeit hier recht beschränkt ist: Der Lehrer muß verhältnismäßig stark führen. Es gibt Beispiele, die in dieser Hinsicht günstiger sind. Ein anderer Mangel: Der „Einstieg" ist zu eng. Aber ein einzelnes Beispiel kann nicht alle Merkmale in gleicher Intensität vorzeigen.) Noch ist nichts darüber gesagt, inwiefern dieses Thema des „Pythagoras" exemplarisch wäre. Man sieht aber wohl einstweilen schon einige notwendige Voraussetzungen: 1. die Schlüsselstellung des angezielten Themas innerhalb des fachlichen Gefüges, 2. der „Einstieg" (als möglichst lebensnahe Staunensfrage), 3. die Selbsttätigkeit. Alles dient derselben Absicht: den Lernenden vom Einzelnen aus in das *Ganze* der Sache zu führen und, zugleich, ihn, den Lernenden, wirklich mit der Sache in Fühlung zu bringen, seine Spontaneität herauszufordern und damit auch *sein* Ganzes, *seine* Mitte in Resonanz zu bringen. Das Exemplarische Lehren drängt auf das Ganze, der Sache wie des Lernenden. – Kehren wir nun zur Sache zurück.

Der Lehrer wird weiterhelfen, indem er nahelegt, daß große Quadrat in den beiden *schon aneinander gesetzten* zwei anderen unterzubringen, die damit als eine neue Figur, ohne Naht, gesehen werden (Figur 2).

Da die Schnitzel sich an die Seiten der Figuren anlehnen und in ihre Ecken passen müssen, wäre es gut– falls es überhaupt eine einfache Lösung gibt –, wenn die Stücke, wenigstens zum Teil, 1. rechte Winkel, 2. hie und da die Seiten $a$, $b$ und $c$ in sich und an sich trügen.

Dabei bietet sich nun das ursprüngliche Dreieck selbst als ideales Schnitzel an! Das wäre freilich fast zu einfach, um aussichtsreich zu sein. Aber versuchen wir's: Legen wir also das als Schnitzel erwählte ursprüngliche rechtwinklige Dreieck *(a, b, c)* in das größte, das $c$-Quadrat, günstig hinein (Figur 1).

Das hätten wir nun an *jeder* der 4 Seiten tun können. Tun wir's also gleich *noch einmal* nebenan. (Das muß jeder mit Papier selber machen.)

Dabei zeigt sich etwas Auffälliges. Sieh da! sagt man sich. Das macht sich gut: die passen nahtlos aneinander.

Der Nachdenkliche hält ein. Der Tätige macht weiter. Folgen wir zunächst ihm. Er könnte also das Dreieck, da es so gut an sich selber sich anfügt, *noch* zweimal unterbringen, viermal im ganzen, rundherum. Ja, das könnte man, wird der Lehrer sagen, aber tut's nicht, ich rate ab! Denn, ob ihr's glaubt oder nicht: mehr als 3 Schnitzel hat der Araber überhaupt nicht nötig gehabt! – Nicht?

Dann müßte es möglich sein, aus nur diesen 3 Schnitzeln der Figur 1 die Figur 2 zusammenzulegen?

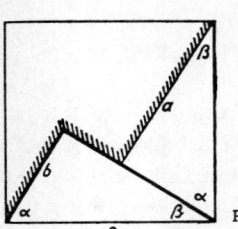

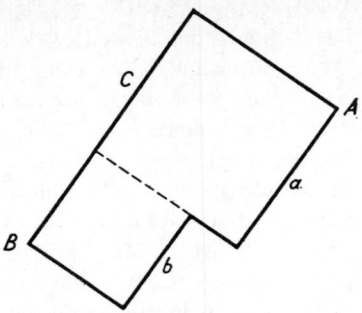

Fig. 1          Fig. 2

Wenn der Lehrer die Figur 2 schon – wie hier geschehen – in die geeignete Stellung bringt, vielleicht auch die Naht zwischen den zwei Quadraten *aa* und *bb* wegläßt, und wenn er gar in Figur 1 noch die (hier schraffierte) gebrochene Linie mit dem Finger entlang fährt, merken sie es vielleicht:

Es geht in der Tat, und am elegantesten durch Drehen! Man kann dann die Figur 1 ohne weiteres (in zwei Akten) in die Figur 2 umwandeln (Figur 3): „Fertig ist die Laube!" (Man kann eine Art Hampelmann-Modell aus Holz bauen: *Ein* Seilzug, und beide Dreiecke klappen herum.) Man erkennt deutlich an der neuen Figur, daß es tatsächlich nur drei Schnitzel waren, die man brauchte. – (Man kann die Umwandlung auch ohne Drehen vorführen, indem man diese drei Schnitzel aus Figur 1 herausschneidet und in Figur 2 herumschiebend verteilt. Dann geht aber die *Einsicht* verloren.)

Fig. 3

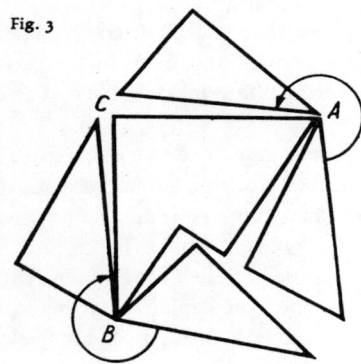

*Haben* wir denn die Einsicht? Es gab da noch ein zweites Mal, wo man „Sieh da!" sagen mußte: Als man nämlich merkte, daß sich die Figur 2 wirklich bildete, die ja aus zwei *Quadraten* bestehen muß.

Der Tätige sieht: „es ist so" und freut sich. Der Nachdenkliche wird tiefsinnig. Folgen wir jetzt *ihm:* Ist es denn auch *wahr?* Gibt das *wirklich* rechte Winkel bei den Drehpunkten A und B? Und eine „Gerade", *ohne Knick* bei C? (Siehe Figuren 2 und 3.)

*Hier zeigt sich, wer von den Lernenden überhaupt so weit ist, daß er sich mit Mathematik abgeben sollte.* Er sollte es nämlich nur dann, wenn in ihm das Organ für diese Frage anspricht. Hier scheiden sich die Geister.

Denn, nicht wahr – *war* das denn überhaupt Mathematik, was wir bis jetzt da machten? Nein, es war Schreinerei. Schreinerei eines Modells für den Mathematik-Unterricht: Mathematik beginnt erst.

Man *sah*, daß es „so kommt", so zu kommen *scheint.* Man sah noch *nicht,* daß es auch so kommen *mußte.*

Zweimal sagte man sich während der Handlung: „Siehe da!" Man staunte an diesen Stellen, man fand es bemerkenswert, daß da etwas so gut „klappte": „Von selbst", „freiwillig". – Kann man „einsehen", daß es *„immer* klappen *muß"?*

Man muß sich hineinfühlen in diese Worte: „Einsehen", „immer", „muß".

1. „Einsehen" heißt: „dahinter kommen"; sehen, was „dahinter steckt"; „woher es kommt"; „womit es zusammenhängt"; „es herausbringen"; „worauf es beruht"; „wie es begründet ist".

2. „Immer" heißt nicht nur: auch morgen und übermorgen und allezeit, sondern: nicht nur für *dieses,* im Bild gerade gezeichnete, Dreieck, sondern für *jedes* rechtwinklige. – (Deshalb brauchen wir mindestens zwei solcher Hampelmann-Modelle.)

3. Und schließlich: Was heißt hier „müssen"? Es heißt: nicht zufällig, nicht aus Freundlichkeit, nicht aus Freiheit. Offenbar herrscht hier etwas wie Zwang, Notwendigkeit. Aber wieso?

Mit dem Nachdenken erst über solche Fragen *beginnt* „Mathematik" und beginnt der *„Beweis".*

Kann man also „einsehen", zunächst daß in Figur 1 die zwei Dreiecke immer aneinander *passen* müssen?

Man kann es, wenn man (siehe Figur 1, rechte untere Ecke) den Befund „$\alpha + \beta =$ einem rechten Winkel" als eine *innere* Angelegenheit des*selben* rechtwinkligen Dreiecks formuliert (das sich ja hier *selbst* begegnet) und als *solche* „einzusehen" versucht: Die zwei Dreiecke passen *dann* immer aneinander, wenn *immer* (d.h. in *jedem* rechtwinkligen Dreieck) die zwei kleinen Winkel zusammen genausoviel geben wie der dritte, der größte, der rechte Winkel[2].

Die Frage ist damit völlig aus dem „Pythagoras"-Zusammenhang herausgelöst und als eine Angelegenheit allein des rechtwinkligen Dreiecks, *jedes* rechtwinkligen Dreiecks, erkannt.

Man kann dem Dreieck, aus Papier geschnitten, die zwei engeren Ecken abreißen und in die dritte Ecke hineinlegen: es stimmt immer. Aber, und hier trennen sich *wieder* die Geister: das gibt *keine Einsicht.* Man weiß nicht, warum. – Es *kann* keine

---

2 Frage eines Referendars: Kann ein Kind ohne Vorkenntnisse hier mitkommen? Muß es nicht erst einmal wissen, was überhaupt ein Winkel ist? Und daß er in Grad gemessen wird? – Eben nicht: Die Einteilung des vollen Winkels in 360° hat gar nichts mit der Sache zu tun. Was ein Winkel ist, insbesondere ein „rechter", weiß jedes Kind, das schon einige praktische Erdenjahre hinter sich hat. Die Definition ergibt sich, sobald sie notwendig wird. Hier kündet sie sich an in den Worten „parallel", „Richtung".

Einsicht geben, weil man die Figur *zerrissen* hat. Die Gestalt geht dabei verloren. Die Einsicht gelingt, wenn man nicht zerreißt, sondern das eine zum andern sich *hinfinden* läßt, indem man die Winkel verschiebt: Wenn man nämlich den einen Winkel, *a*, längs der einen Seite bis zur nächsten Ecke fortgleiten läßt, und zwar so, daß der eine seiner Schenkel auf dieser Seite, sich mit ihr deckend, gleitet. Der andere bleibt dann immer zu sich selbst parallel, er weist immer in dieselbe Richtung, die er auch anfangs hatte (Fig. 4).

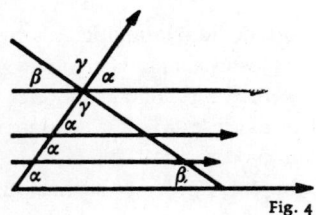

**Fig. 4**

Macht man das Entsprechende mit *β* und erkennt ferner *y* in seinem Gegenüber wieder, so ist man schon fertig. (Und bemerkt *nebenbei,* daß dieses Vorgehen auch dann „geht", wenn das Dreieck gar nicht rechtwinklig ist! Man hat im Vorbeigehen den allgemeinen Satz von der Winkelsumme im Dreieck gefunden: *immer* geben die drei Winkel zusammen zwei Rechte.) Daß auch das zweite „Sieh da!" (kein Knick bei C, und rechte Winkel an den Drehpunkten A und B, Figur 3) aus demselben Satz von der Winkelsumme „hervorgeht", darf dem Nachdenken des Lesers überlassen bleiben.

Für das Kind oder den Jugendlichen, den wir hier voraussetzen, ist an diesem Beweis für die Winkelsumme „alles klar"; „geht in Ordnung". Denn dieses Verschieben der Winkel „geht" immer, und daß die beiden Scheitelwinkel *y* einander gleich sind, ist ebenfalls „selbstverständlich".

Erst wenn man im mathematischen Beweisen anspruchsvoller geworden ist und mißtrauischer gegen das „Selbstverständliche", kann man noch etwas herauswittern, das vielleicht doch nicht selbstverständlich ist: Bleibt der verschobene Schenkel mit Sicherheit sich selbst parallel?

Wohl erst der Primaner wird dafür empfänglich werden; und auch erst dann, wenn er bemerkt, daß ein Dreieck, das er auf eine *Kugel*fläche aus Großkreisstücken gezeichnet hat, den Beweis *nicht* zuläßt, und zwar deshalb nicht, weil sich bei der Verschiebung die Parallelität *nicht* halten läßt.

Sehen wir davon ab, so werden wir also unter Jüngeren mit ihnen feststellen dürfen: Der Satz von der Winkelsumme ruht nur noch darauf, daß es bei der Verschiebung Parallele „gibt". Und diese Aussage ist „selbstverständlich", sie ruht auf nichts mehr, ist ein „Axiom".

So entsteht nun also – blicken wir zurück – für die Begründung, den Beweis, des „Pythagoras" folgendes Schema: Der „Pythagoras" ist richtig, weil der Satz von der Winkelsumme richtig ist, und der ist richtig, weil es Parallelen gibt. Und *das* ist „klar", ist „selbstverständlich". Darüber staunt man nicht mehr.

Das versteht jedes gesunde Kind, das über zwölf Jahre alt ist. Es braucht dazu weder mathematische Vorkenntnisse noch die sagenhafte besondere Begabung, die als angebliche Voraussetzung immer wieder mit gruselnder Verehrung genannt wird.

## II

Vom Exemplarischen war bis jetzt noch kaum die Rede. Um es allmählich zu Gesicht zu bekommen, halte ich hier ein und mache eine Einschaltung:
Man kann den Satz des Pythagoras, und so jeden anderen, auch jeden physikalischen, auf sehr verschiedene Arten *kennen*.
Wenn sie im folgenden als „Stufen" bezeichnet werden, so sind nicht Stufen der zeitlichen Aufeinanderfolge im Unterricht gemeint, sondern Rangstufen.

### 1. Nur verbal:

Das soll bedeuten: Man kann „sagen", wie er „lautet", kennt den „Wortlaut". („Das Quadrat über der Hypotenuse usw. ....") Man weiß nicht, was das bedeutet.
Ich brauchte diese Stufe nicht zu erwähnen, wenn nicht die Sitte, im Lehrbuch gewisse Sätze fett zu drucken, den Verdacht erregte, daß auch das nur „verbale" Kennen solcher „Parolen" bisweilen noch das „Mitkommen" ermöglichte.
Es ist klar, daß das nur halb oder gar nicht verstehende Sagen in den *rationalen* Schulfächern nichts zu suchen hat. Aber auch *nur* dort nicht. Es hat durchaus Sinn, einem Kinde zu erlauben, ein Gedicht zu lernen, das ihm gefällt, obwohl es seinen Gehalt noch nicht recht verstehen kann. So ist es auch mit dem Gebet des kleinen Kindes und dem ersten Lernen der Muttersprache. Diese herausfordernde Wirkung des gehörten und nachgesprochenen, dunklen Wortes findet ihren äußersten paradoxen Ausdruck in einem Satz, den ich oft aus dem Munde Paul Geheebs ansagen hörte – ohne Kommentar –, anfangs zu meiner Befremdung: „Lehre deine Kinder das, was sie niemals verstehen werden." (Timon von Athen.)

### II. Nur technisch (verfügend, bedienend):

Man versteht, was der Satz aussagt, was er meint, seinen Sinn. Die Probe darauf ist, daß man ihn sinngemäß anwenden kann. Das ist die Stufe des ausführenden Technikers. Sie ist unentbehrlich und verdient keine Geringschätzung da, wohin sie gehört. Mancher Techniker, viele Arbeiter, ja jeder von uns im technischen Alltag, bedient Geräte, ohne daß er genau zu wissen braucht, was in ihnen vorgeht. In der *allgemein-bildenden* Schule aber, die eine *Schule des Verstehens* sein sollte, haben im Bericht der *rationalen* Fächer Dressuren mit Bildung nichts zu tun. Das gilt auch für die Einübung unverstandener Kalküle, wie der Bruchrechnung oder der Gleichungen. *Erst nach dem Verstehen hat Übung Sinn und Erfolg.*

### III. Einsichtig (verstehend):

Das ist die Stufe, von der oben beim Beweis des Satzes von Pythagoras die Rede war. Man versteht nicht nur, was der Satz sagt, sondern man weiß, *warum er wahr ist,* worauf er sich gründet, „woher er sich versteht". Man ist überzeugt.

Die Probe: man kann andere überzeugen. Man kann den Satz vertreten. Ist dies die Stufe des Lehrers? Wenn, dann die unterste. Ein solcher Lehrer könnte den „Pythagoras" beweisen, und auf diese Weise viele andere Sätze, jeden einzelnen. Sein Wissen wäre eine Summe von Lokaleinsichten. Können solche lokalen Einsichten nun „exemplarisch" werden? das heißt: ausstrahlend, stellvertretend, repräsentativ? Das hieße, daß aus einer lokalen Kenntnis eine mobile würde. Hier bietet sich zunächst an:

Stufe IV der *fachmethodischen „Schulung"*:
Man lernt an dem lokalen Beispiel die *Methode des Beweisens* auf ähnliche Fälle übertragen. Man lernt also: In der Mathematik „beweisen", in der Physik „experimentieren", in der fremden Sprache „übersetzen".
In allen Fächern, in denen eine *Methode* aus dem Gegebenen das Neue erschließt, wird dem Lernenden also potentiell das Ganze des Faches eröffnet. – Diese fachlich-methodische Schulung ist ausreichend für einen spezialistischen Forscher und für einen guten Lehrer notwendig, aber, wie sich zeigen wird, nicht ausreichend.

Stufe V der *systematischen Expansion*:
Die potentielle Beherrschung des Faches – Stufe IV – wird aktuell, wenn der Lehrer von der Methode Gebrauch macht, um von dem gewählten Beispiel aus andere Stoffe des Faches zu erobern: ein Stück Zusammenhang, ein Stück des Gewebes, des Systems. Provinzen also, oder gar das Ganze.
Das gelingt um so besser, je mehr das gewählte Thema eine Schlüsselposition innerhalb des Systems, eine Pfeilerstellung besitzt.
Beim Satz des Pythagoras würde diese Ausstrahlung so aussehen können, wie folgende Skizze – ohne den Anspruch auf Vollständigkeit – andeutet:

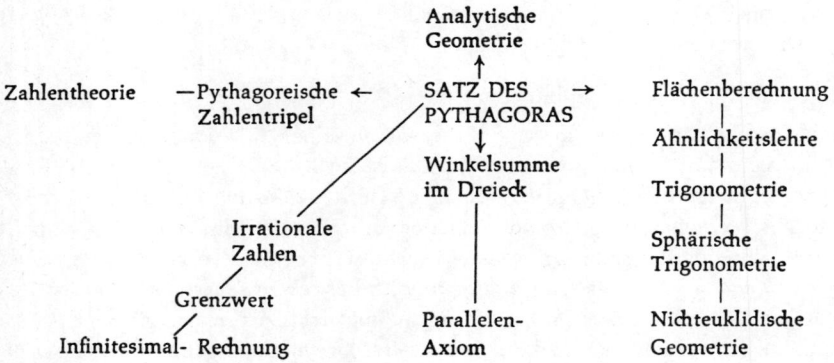

Welche dieser Verbindungen künstlich, welche überzeugend sachgemäß sind, wäre freilich noch zu prüfen.
Die Mathematik scheint, so erschlossen, nicht mehr als ein Turm (die kalte Pracht des euklidischen Marmorturmes), sondern als ein bunter Teppich, dessen Muster man von diesem oder jenem Punkt des Gewebes aus nachgehen kann.

Das exemplarische Vorgehen steht also nicht etwa, wie es manchmal verstanden wird, im Gegensatz zum „Systemdenken", denn man muß unterscheiden:

a) den Lehrgang, der das fertige System „von unten nach oben" als Laufsteg wählt, und

b) das exemplarische Verfahren, das von einem *geeigneten* Knotenpunkt aus die systematischen Beziehungen entdecken läßt, das also die Schienen ins Gelände legt und nicht von den anderen Leuten gelegten Schienen nachfährt.

Wir haben jetzt die Stufe erreicht, die dem guten, dem beweglichen, Fachlehrer angemessen ist.

Ausbildung und Lehrbücher sind ihm manchmal im Wege, so frei zu verfügen. Der Versuch, exemplarisch zu unterrichten, verlangt also viel Vorbereitung und Wachsamkeit.

Er bewahrt aber Schüler und Lehrer vor dem Schlimmsten: dem tödlichen Erstarren in der ewig gleichen Wiederkehr eines kanalisierten Lehrplans. Dagegen durchläuft der exemplarisch arbeitende Lehrer sozusagen in immer wechselnden Mäandern das Tal seines Faches.

Deshalb habe ich starke Bedenken gegen einen *Kanon* exemplarischer Themen, wie er besonders für die Volksschule oft gewünscht wird, denn auch er führt zur Erstarrung. Ich empfehle statt dessen den Austausch und die Veröffentlichung auführlich berichteter exemplarischer Lehrgänge und Erfahrungen – es brauchen nicht durchaus gelungene sein –, nicht zum Nachahmen, sondern zum Überzeugen und Anstekken. So ist auch das hier Berichtete gemeint. – Aber wir sind noch nicht am Ende:

Stufe IV: *Abstandnehmende* („wissenschaftstheoretische") *Betrachtung:*
Die Stufe (V) des guten, das heißt in seinem Fach beweglichen Fachlehrers ist noch nicht die zutiefst exemplarische. Eigentlich bildend wird der Unterricht erst dadurch, daß er sich von seinem Fach distanziert.

„Das Exemplarische liegt hinter dem Stoff", sagte einmal ein junger Volksschullehrer in einer Diskussion. Es liegt hinter *ihm* und *auch* hinter der Methode des Faches; das Wort „hinter" sagt aber, daß man nicht „dahinter kommen" kann, es sei denn *über* den Stoff *durch* die Methode; aus dem Fach heraus.

Kein Fachlehrer kann bildend wirken, dem das nicht gelingt. (Er kann zwar „ganz drin" sein in seinem Fach, aber von ihm benommen.) Selbstverständlich steht diese Forderung nicht im Gegensatz dazu, daß der Fachlehrer sein Fach lieben, von ihm begeistert, in ihm zu Hause sein muß. Er muß *dennoch* Abstand nehmen können. Die These, ein guter Mathematiker sei von selbst auch ein guter Mathematiklehrer, ist nicht richtig.

Es ist wichtig und tröstlich für den um Stoffbeschränkung bemühten Lehrer, daß diese Stufe VI, der wir uns jetzt besonders zuwenden, sofort an die dritte anschließen *kann,* ohne sich bei IV und V lange aufhalten zu müssen (die ja jede ihre Gefahr haben: die vierte, Bildung mit Ausbildung zu verwechseln, die fünfte, enzyklopädisch zu werden.)

Setzen wir also beim „Pythagoras" wieder ein, da, wo wir ihn und nur ihn bewiesen hatten. – Es war uns dabei um ihn allein zu tun gewesen. Um die Frage, ob er auch gewiß wahr sei.

Das Verlassen der Stufe III geschieht fast unmerklich. Wenn wir nämlich den Satz bewiesen haben und auch dieses Beweisen anderswo anwenden, dann kann es geschehen, daß uns auf einmal das Beweisen als *solches* interessanter wird als die Sätze, die wir mit ihm gewinnen.

Ich meine dabei aber nicht mehr die nützliche Schulung (Stufe IV), auch nicht die „formale Bildung", nicht das „Denkenlernen" überhaupt; das kann man auch anderswo lernen, etwa beim Übersetzen aus dem Lateinischen. Sondern ich meine, daß wir etwas spezifisch *Mathematisches* gelernt haben; etwas, was der Mathematik „überhaupt" zukommt, und wofür der Beweis des „Pythagoras" nur ein Beispiel war:

Wir haben gelernt, in welchem Sinne und Grade mathematische Wahrheiten gewiß sind.

Sie stehen nicht voneinander isoliert. Sie ruhen aufeinander, sie tragen einander, sie bestehen mitsammen. Zuunterst liegt Unbeweisbares, Hinzunehmendes, Selbstverständliches. (Für Vierzehnjährige wird man so sagen dürfen. – Erst im letzten Jahr der Höheren Schule wird man sich vielleicht von der Anschauung lösen und im Sinne der impliziten Definition Hilberts zur Willkürlichkeit der Axiome vordringen können.)

Eine mathematische Wahrheit verstehen heißt einsehen, wie sie auf einer einfacheren ruht: Zum Exempel der „Pythagoras" auf dem Winkelsummensatz und der auf dem Parallelenaxiom. Wer das Axiom anerkennt, kann die „Folgen" nicht abstreiten.

Das lokale, das primäre Staunen über „so etwas wie den Pythagoras" weicht dem höheren Staunen darüber, daß es so einen Zusammenhang „gibt".

Seine Entdeckung ist die Leistung der Griechen. „Die Erkenntnis, daß man die Sätze der Mathematik begründen und voneinander ableiten kann, verdankt man den Griechen. Erst mit dieser Einsicht wurde die Mathematik zu einer wirklichen Wissenschaft, d. h. zu einer vom speziellen Beispiel losgelösten Erkenntnis von allgemeiner Gültigkeit. In der kurzen Zeitspanne von zwei Jahrhunderten zwischen Pythagoras (um 500 v. Chr.) und Euklid (um 300 v. Chr.), in deren Mitte Platon steht, haben die Griechen diese gewaltige Geistesarbeit ... geleistet ..."[3].

Diese Einsicht betrifft das *Ganze* der Mathematik. Wer sie am „Pythagoras" begriffen hat, der hat etwas begriffen, was *mehr* ist als der „Pythagoras". Und zwar nicht *noch* so etwas wie er ist, sondern etwas Übergeordnetes. Das Ganze, ohne daß es inhaltlich durchlaufen zu werden braucht, „spiegelt sich" also in diesem Einzelnen. Diese Einsicht in das Aufeinanderruhen der mathematischen Wahrheiten ist ein „*Funktionsziel*" des mathematischen Unterrichts. (Es gibt noch andere.)

---

3 K. Strubecker: Mathematik als Hilfsmittel der modernen Erfahrungswissenschaften. Physikalische Blätter (1960) H. 4. S. 157.

Man könnte einwenden: Was die Höhere Schule in ihrem Mathematik-Unterricht im allgemeinen tut, das System der Mathematik mit aller Sorgfalt von unten bis oben aufzubauen und dabei von vornherein alles exakt zu beweisen (also erst die Winkel an Parallelen, dann – unter anderem – den Satz von der Winkelsumme und später, wenn es soweit ist, den Satz des Pythagoras), dieses Verfahren sei doch wohl eben die sicherste Gewähr, dieses Funktionsziel zu erreichen. Wozu ein anderes, ein exemplarisches Verfahren? – Ich habe mich in drei Jahrzehnten praktischer Unterrichtsarbeit davon überzeugt, daß wir uns einer Selbsttäuschung aussetzen, wenn wir uns diese Argumentation zu eigen machen, gerade weil sie so gut begründet erscheint: wenn man der Reihe nach und in kleinen, sicheren Schritten vom Einfachen zum Komplizierten fortschreitet, scheint sowohl der Logik wie der Psychologie genug getan. Es ist aber gerade das Pädagogische, das fehlt: Es ist das vergessen, womit wahrhaftes und wirksames Lernen erst anfängt: die Spontaneität des Lernenden. Die Anforderungen an den Geist sind zu gering. *Geist ohne Spontaneität gibt es nicht.*

Das heuristische Prinzip – so hohes Ansehen es genießt – kann sich im systematischen und von Stoff überfüllten Lehrplan eigentlich nur als Gewürz behaupten, im Kleinen. Seine Kraft kann aber gesteigert werden, um das lineare Gefüge des Systems umzugliedern und zu lichten, immer wieder anders. Es darf kein taktisches Prinzip bleiben, es kann ein strategisches werden.

Das „Funktionsziel": zu erfahren, was es in der Mathematik heißt, einer Sache gewiß zu sein, wird *ganz* erst klar, wenn wir nicht nur den „Pythagoras", wenn wir die Mathematik selbst *verlassen* und vergleichen: Nirgendwo anders nämlich gibt es das berauschende Maß von Gewißheit, das uns in der Mathematik erreichbar ist. Denn hier sind wir alle uns schließlich einig, weil wir alle dieselben Axiome anerkennen und dieselben Schlußweisen, die uns von dort zu den – anfangs – undurchsichtigen und deshalb erstaunlichen komplexen Wahrheiten geleiten. *Hier gibt es keinen Streit.*

Wenn wir dagegen miteinander über politische, philosophische oder religiöse Probleme nachdenken oder streiten, sind wir nicht in dieser glücklichen Lage, daß es schlimmstenfalls Mißverständnisse geben kann.

Trotzdem ist es aber wichtig, daß der politische Streiter das Vergleichsbild der Mathematik *kennt,* und *nicht* als Vorbild. Denn dann sieht er: Hier, im „weltanschaulichen" Bereich, sind die „Axiome" vom einem zum anderen, oder von einer Gruppe zur anderen, *verschieden,* sind letzte Entscheidungen, Glaubenssätze, Grund-Entschlüsse. Und jedes faire Streitgespräch, solange es sich *logischer* Argumente bedient, kann nur den Sinn haben, beiderseits auf die – nun verschiedenen – Axiome zurückzugehen, jeder auf seine. Das heißt im eigentlichen Sinn des Wortes: „sich auseinandersetzen". Ist das geschehen, so ist das logische Gespräch zu Ende. Jeder hat seine, unbeweisbare, Position bezogen. Man kann den Gegner überführen, daß seine Behauptungen logisch nicht miteinander harmonieren. Ob man seine letzten Grundsätze teilt oder als unerträglich bekämpft, das hat ernstere als nur logische „Gründe".

Damit wird ein Ziel der Selbsterziehung deutlich, das Voraussetzung ist dafür, daß Gespräche einen anständigen Sinn haben: Jeder sollte in sich selbst darüber klar werden, auf welchen *letzten* Überzeugungen seine Urteile über ein bestimmtes, rational *nicht* auflösbares Wirklichkeitsgebiet beruhen. Er sollte Ordnung in seinen Überzeugungen haben, „mit sich ins reine kommen".

Indessen wird die Brauchbarkeit des mathematischen (logischen, linearen) Denkens, sei es deduktiv oder induktiv, auch nur als eines *Vergleichs*bildes, bald *noch* weiter eingeschränkt. Es gibt Bereiche der Wirklichkeit, die sich schon dem *Vergleich* widersetzen.

Wenn wir den Versuch machen, den Charakter eines uns gut bekannten Menschen axiomatisch-linear „aufzurollen", so werden wir ihm nicht gerecht. Der Mensch besteht nicht aus Eigenschaften, die sich logisch aus Ureigenschaften deduzieren ließen, aus solchen also, von denen man sagen könnte: so „sei" er „im Grunde". Sondern wird leben jeder in polaren Spannungsfeldern, so daß scheinbar paradoxe Aussagen richtig sein können, wie: „Wer verschwenderisch ist, der ist auch geizig", oder „Wer die Freiheit sucht, der sucht auch die Anlehnung" und ähnliches. (Womit zusammenhängt, daß mancher am anderen „Eigenschaften" unangenehm empfindet, die er selber „hat".)

Zu den Wirklichkeitsbereichen, die eine solche Struktur haben, sich also einer linearen Axiomatik und Systematik entziehen, gehört auch die Pädagogik[4]. In ihr begegnen wir etwa den Polaritäten „Führen und Wachsenlassen", „Autorität und Freiheit", „Nähe und Distanz". Jedes axiomatische Anklammern an einen der Pole führt aus der Wirklichkeit des Feldes heraus.

Das mathematische Vorbild oder Vergleichsbild ist also nicht überallhin übertragbar.

Die mathematische Welt ist die einfachste aller Welten.

Ich hatte vor vielen Jahren eine Schülerin, die sich mit großer Begabung in die Mathematik verliebte. Sie begründete das auch: „Hier kann man erstens, zweitens, drittens sagen." Sie fand das Leben schwierig und suchte nach etwas, woran sie sich halten könnte. Aber das half alles nichts. Später hörte ich, sie habe sich eines Tages nicht aus dem ersten, dem zweiten, dem dritten, sondern aus irgendeinem sehr hohen Stockwerk eines New Yorker Hauses gestürzt. – Die Tröstungen, die der Umgang mit den ausgedachten Figuren und Zahlen der reinen Mathematik uns gibt, können die Weltangst nicht bannen.

*Physik* scheint schon festerer Boden zu sein. Denn sie fragt ja, wie es „draußen" in der sogenannten „Außenwelt" „mit rechten Dingen zugehe". Und mancher junge Mensch erwählt sie in der Hoffnung, von ihr aus das Ganze zu gewinnen. Aber auch sie hat Grenzen. Nicht in dem Sinn, daß sie *noch nicht* alles bewältigen kann, sondern (und es ist ein „Funktionsziel" des *physikalischen* Unterrichts, das an einigen konkreten, intensiv erfahrenen Beispielen erkennen zu lassen): Physik schränkt sich selber *von vornherein* ein, indem sie von allem *ab*sieht (alles „im Menschen zum Schweigen bringt", wie Litt sagt), was nach anderem fragt als nach dem Meßbaren.

---

4  Siehe H. M. Stimpel: Polarität, Dialektik und systematische Pädagogik. Zeitschr. f. Päd. (1960) S. 22 ff.

Sie verzichtet auf die Qualitäten. Sie „hält sich draußen". Wer das verstanden hat, merkt, daß es ein Scheinproblem ist, sich zu fragen, wie die elektromagnetische Frequenz von $4 \cdot 10^{14}$ Hertz es macht, „in" unserem Bewußtsein gerade die Farbempfindung „Rot" zu „erzeugen". Nie kann Physik das sagen wollen. Sie *hat* auf alles Qualitative verzichtet.

Die sechste Stufe ist eine wissenschaftstheoretische Stufe. Sie ist die eigentlich menschenbildende, weil sie unsere verschiedenen Erschließungskräfte in Vergleich setzt.

Es folgt jetzt eine *Übersicht,* in die auch ein physikalisches Beispiel zum Vergleich eingearbeitet ist.

| Stufen | Mathematik Satz des Pythagoras | Physik Fallgesetz |
|---|---|---|
| **A.** *Lokale Kenntnis* | | |
| I. nur verbal (im Wortlaut) | Sagen können „cequadratgleich…" | „esgleichge…" |
| II. nur technisch (verfügbar) | Anwenden können, ohne den Beweis zu kennen | Falltiefen ausrechnen können |
| III. einsichtig (verstehend, also schon nicht mehr ganz lokal) | Den Beweis von Annairizi kennen | Galileis Versuche kennen |
| **B.** *Exemplarische Kenntnis,* ausstrahlend in das Ganze des *Faches:* | | |
| IV. fachmethodische Schulung (Ausbildung) Gefahr: Spezialistentum | Das Beweisen lernen | Experimentieren lernen |
| V. neue Stoffe (systematisch angliedernd) Gefahr: Vielwisserei | Nachbarstoffe erarbeiten | die Mechanik erarbeiten |
| in das Ganze der *„geistigen Welt":* | | |
| VI. Wissenschaftstheoretische (kategoriale) Betrachtung | Verstehen, „was man tut". (Was heißt „beweisen"? (Was heißt „gewiß"?) | Was ist ein Experiment? Physik als Aspekt |

Die Stufen sind, wie gesagt, nicht solche der zeitlichen Folge im Unterricht. I und II scheiden überhaupt aus. Der zeitliche Beginn liegt bei III. Dann verzweigt sich der Weg im Sinne eines Sowohl-als-auch (deshalb sind IV und V nach rechts eingerückt):

Das übliche Verfahren, das längs des Systems vorratsbildend vorgeht, ist in Gefahr, auf Stufe IV zu einer Ausbildung zu entarten, auf Stufe V enzyklopädisch zu versanden und Stufe VI nicht zu erreichen.

Das *Exemplarische Lehren* gibt die Möglichkeit, von der Stufe III, gewonnen an einem Beispiel, sogleich zu der für die Bildungsaufgabe der Schule, wesentlichen Stufe VI überzugehen (ohne jeden Bruch) und das, was auf den Stufen IV und V für die Schule wirklich notwendig ist, auf ein Mindestmaß zu reduzieren. – Dadurch wird zwar „Stoff", aber keinesfalls Zeit gespart. Nur, und das ist entscheidend: der „Wirkungsgrad" wird erhöht. Zugleich wird das Niveau, die Anforderung an Lehrer und Schüler gesteigert.

## III

In welchem Sinne nun wirkt das Exemplarische Lehren *fächerverbindend?*
Es steht im *Gegensatz* zu der addierenden Verbindung der *Ergebnisse* verschiedener Disziplinen. (Damit meine ich nicht, daß Vermutetes mit Gesichertem verwechselt würde und auch nicht, daß versäumt würde, in den Methoden zu schulen, aus denen diese Ergebnisse hervorgehen.) Gemeint ist diejenige Addition, bei der es dem Lernenden so vorkommt, als seien diese Ergebnisse alle von gleicher Daseins-Trivialität, alle einfach „nun da", gefunden; als Bausteine, aus denen das Weltpanorama aufzuschichten wäre.
Es steht im *Gegensatz* zu den Grenzüberschreitungen, bei denen die Verbindung als *Annexion* verstanden wird: wenn dem Schüler etwa die Biologie als eine Provinz der Chemie, die Soziologie als eine naturwissenschaftliche Disziplin und die Naturwissenschaft „auf dem Wege zur Religion" erscheint.
Es *verbindet* die Fächer, indem es sie *trennt,* als verschiedene Zugänge (Verstehensweisen, Behandlungsweisen, Aspekte, Methoden des Ab-sehens) des Menschen zu *derselben* einen Wirklichkeit. Es distanziert sich vom einzelnen Fach – nachdem es intensiv genug eingedrungen ist, um dazu fähig zu machen – so, daß die kategorialen Voraussetzungen der besonderen Auseinandersetzung, die das Fach *ist,* bewußt werden. Die Welt zerfällt deshalb nicht. Sie bleibt immer dieselbe, und freilich rätselhafte, Wirklichkeit. Nur zeigt sie uns immer ein anderes Antlitz und gibt damit eine andere Antwort, je nach der Art, in der wir sie – und damit auch uns selber – aufrufen.

*Zusatz 1962:* Daß das selbständige mathematische Suchen und Finden auf eine *eigene* Weise das Selbstbewußtsein stärken kann, scheint mir aus einem Brief hervorzugehen, den ich vor kurzem von einer Frau erhielt, zu der ich ohne Verbindung gewesen war, seit sie vor fünfunddreißig Jahren in der Odenwaldschule eine kurze Zeit bei mir mathematisch gearbeitet hatte; allein, außerhalb einer Gruppe, sozusagen beiläufig. Wir nannten das „Einzelarbeit". Sie war etwa sechzehn Jahre alt. Ich erinnere mich an sie sehr wohl, an diese besondere Einzelarbeit nicht. Aber sie; in folgender Weise:
„Sie mögen sich nicht daran erinnern, aber mir ... hat es einen großen und wichtigen Eindruck hinterlassen, als Sie mir die Aufgabe stellten, den pythagoreischen Lehrsatz für mich selbst zu entdecken." (Ich weiß nichts mehr darüber, in welcher Form und nach welchen Vorarbeiten die Frage formuliert war.) „Ich habe mich nie für klug gehalten, und besonders nicht in der Mathematik; aber als ich in den letzten Jahren gänzlich mein Selbstbewußtsein verloren hatte, da fiel mir diese Aufgabe plötzlich wieder ein. Und die Freude und das Selbstvertrauen, das Sie dem Kinde

durch das selbstgelöste pythagoreische Problem gegeben haben, kam nun wieder der Erwachsenen zustatten." – (Was bei dem Mädchen Gabi [S. 236] im Augenblick nur als Stolz und Freude erscheint, kann also tiefe, unterirdische und lange, nachhaltige erzieherische Folgen haben.) „Ihr Unterricht", schreibt sie weiter, „hat mich nicht zur Mathematikerin gemacht, aber er hat mir etwas zu meinem Leben viel Nötigeres gegeben: die Erinnerung, als ich sie nötig brauchte, an die Zuversicht, die ‚self-confidence‘, die ein selbstgelöstes Problem, eine eigene Arbeit geben können." – Handelt es sich auch hier um eine ausstrahlende, eine „exemplarische", das heißt: im Fach Mathematik verwurzelte, aber seine Grenzen überschreitende Wirkung? Oder haben wir hier nur *die* Stärkung vor uns, die *jede* gelingende eigene Leistung hervorruft, auch eine handwerkliche, eine des menschlichen Helfens, oder gar eine „gute Note"? – Mir scheint, es bleibt hier eine facheigene Wurzel erkennbar: Auf keinem anderen Gebiet ist das Gelingen, die Entscheidung über das Gelingen, so unabhängig, sowohl vom äußeren Material wie von Zustimmung oder gar Lob anderer Menschen: absolut zweifelsfrei kommt die Bestätigung aus der Sache allein, die noch dazu eine rein geistige und uns alle verbindende „Sache" ist. – Ich führe diese Geschichte also deshalb an, weil doch die Stärkung des Selbstvertrauens, die eine echte *mathematische* Leistung hervorbringen kann, einen Halt von *besonderer* Art zu geben vermag. (Sehr verschieden, und freilich unterlegen, dem Halt, den eine religiöse Erfahrung auslösen kann.) Diese Wirkung mathematischen Lehrens können wir aber *nur* erwarten, wenn ursprüngliches, selbständiges Denken gelingt, in einer Atmosphäre, die Wolfgang Metzger die der „schöpferischen Freiheit" nennt. – Der Brief bestärkte mich in der Überzeugung, daß es nicht das Ziel eines Mathematik-Lehrers sein sollte, einen Mathematiker *mehr* zu erzeugen – obwohl das etwas sehr Nettes ist, ich kenne es –, sondern allen Schülern den der Mathematik eigenen Beitrag zum Aufbau des Selbstvertrauens zu geben, ohne das niemand leben kann. Unter solchen Umständen und unter solchen Zielen können gerade solche Kinder, denen Mathematik nicht leicht fällt, unsere wichtigsten Schüler sein, mögen wir das auch nicht bemerken.

## 47   Verdunkelndes Wissen   (1966)

In: Verstehen Lehren.
Genetisch – Sokratisch – Exemplarisch.

*Beltz, Weinheim* [6]*1977; S. 41–54*

## 48   Himmelskunde   (1955)

Es wird kaum nötig sein zu sagen, daß der Berichterstatter sich mit dieser Darstellung nicht über irgend jemanden lustig machen will, am allerwenigsten über die Studenten und auch nicht über die Höhere Schule. Wenn man die mühsame Arbeit kennt, die dort getan wird, so erkennt man eine tieftraurige, ja verzweifelte Lage, die aber keineswegs der Höheren Schule vorbehalten ist. Der Berichterstatter sieht aber keinen Grund, weshalb eine ernste Situation auch notwendig wehleidig berichtet werden müßte, zumal die hier geschilderte Stunde (45 Minuten) einen zunehmend heiteren Charakter annahm. Es ist wichtig, zu wissen, daß sich diese Heiterkeit allmählich und unerwartet ergab, daß es sich um keine „Pflichtvorlesung" handelte, und daß der Dozent, der nur einen Lehrauftrag besitzt, niemals in die Lage kommen kann, die Studierenden auch zu prüfen. Sie äußerten sich also in völliger Unbefangenheit. Alle Vorschläge wurden durchaus ernst vorgebracht. Sie erregten das Nachdenken der Mehrheit und die Heiterkeit einer immer wechselnden Minderheit. Diese Heiterkeit ergriff schließlich alle. – Es soll nicht verschwiegen werden, daß ganz zuletzt, ganz verschämt wie ein Luftbläschen, irgendwo das Wort „Gravitation" zu hören war. Aber es war nichts als eine Vokabel, während vorher doch nachgedacht wurde, wenn auch auf seltsame Weise. Deshalb wurde dieses Wort auch nicht in den Bericht selber aufgenommen.

*Ort:* Eine Pädagogische Hochschule.
*Personen:* Etwa fünfundzwanzig naturwissenschaftlich interessierte Studierende, auch einige junge, schon fertige Lehrer; alle ehemalige Abiturienten; der Dozent.
*Thema:* „Himmelskunde".
*Dauer:* Fünfundvierzig Minuten.

*Dozent:* Also –: Himmelskunde, wie anfangen? – – Ja: Glauben Sie, daß es schwer ist, Kinder davon zu überzeugen – *überzeugen* sage ich –, daß die Erde eine Kugel ist? – –

*Studentin:* Ach, – *sehr* schwer dürfte es ja heutzutage eigentlich nicht mehr sein...

*Dozent:* Heutzutage?

*Studentin:* Ja, wo man doch so leicht rundherum fahren kann. Und wenn man dann einen Globus dabei stellt –? Dann – dürfte es *nicht* allzu schwer sein!

*Dozent:* Wenn Sie nun aber das Pech haben, daß unter Ihren Kindern welche sind, die *nachdenken*? Und wenn dann eins fragt, warum die Antipoden nicht *abfallen*, da unten in Australien! Was dann? –

– – – – – –

Ja –, wie denken Sie denn *selbst* darüber? –

*Student A* (träumerisch, Blick nach oben): Aber, die Käfer und die Fliegen, die laufen doch *auch* an der Zimmerdecke...[1].

*Dozent:* Sie meinen, die Australier hätten Saugnäpfchen an den Füßen! –

*Student B:* Ja, also der *Luftdruck*, der spielt doch da mit! –

*Dozent:* Sie glauben, der hält uns fest? –

*Student C:* Ja, der ist doch enorm! Man braucht doch bloß, wenn man in der Badewanne sitzt, ein Bein aus dem Wasser zu heben...(er macht es vor, hebt ein Bein über die Tischplatte) – und dann *merkt* man doch gleich, *wie* schwer das Bein wird, wenn's aus dem Wasser in das Gebiet des *Luftdrucks* kommt![2].

*Student D:* Das hängt doch –, hängt das nicht mit dem „*arithmetischen Prinzip*" zusammen? Heißt es nicht so?

*Dozent:* So ähnlich – Aber davon abgesehen, leuchtet Ihnen der Gedanke ein? –

*Student E:* Ach, das ist ganz anders! Das hat doch mit der *Erdrotation* zu tun! Auf dem Juxplatz, da gibt es diese Teufelsbahnen: die Bahn macht so eine stehende Schleife (Demonstration mit der Hand), und einen Augenblick hängt dann der Wagen kopfunten! *Auch* ohne abzufallen!

*Student F:* Mein Lieber, das wäre doch eigentlich so im Sinne der „Hohlwelttheorie" gedacht!

– – – – – –

---

1 *Zusatz 1965*: Der Gedanke ist nicht neu: Leonhard Euler in seinen berühmten „Briefen an eine deutsche Prinzessin über verschiedene Gegenstände aus der Physik und der Philosophie" (Erster Theil. Zweyte Auflage. Leipzig 1773. S. 167): „In der Verlegenheit über die Schwierigkeit dieser Erfahrung haben einige sie durch die Vergleichung mit einer Kugel zu heben geglaubt, auf deren Oberfläche man oft Fliegen und andere Insekten ebensowohl oben als unten herumlaufen sieht. Aber sie denken nicht daran, daß die Insekten, die unten sind, sich durch ihre Klauen anhaken... Also müßte der Antipode wohl vielleicht Haken an seinen Schuhen haben...; aber er hat keine... In der That, wenn sich jemand an der Decke eines Zimmers mit den Füßen festhalten wollte, so müßten die Haken an seinen Füßen sehr stark seyn, und bey alle dem würde er doch eine sehr traurige Figur vorstellen."

2 *Zusatz 1965*: Auch dieser Student ist mit seiner Vermutung in berühmter Gesellschaft (Vgl. Martin Rang: „Rousseaus Lehre vom Menschen", Göttingen 1959. S. 401) Rousseau meint genau dasselbe. Die Stelle steht in den Oeuvres Complètes, Paris 1846, Tome II, Emile, Livre III, p. 500: „Etant étendu dans le bain, soulevez horizontalement le bras hors de l'eau, vouz le sentirez chargé d'un poids terrible; l'air est donc un corps pesant." (Liegen Sie ausgestreckt im Bade und heben Sie den Arm waagrecht aus dem Wasser, so fühlen sie ihn von einem schrecklichen Gewicht belastet: die Luft ist also ein schwerer Körper.")

*Dozent:* Ja, wie *ist* es denn nun?

*Student G:* Meines Erachtens darf man doch auch die *Größenverhältnisse* nicht ganz außer acht lassen! –

*Dozent:* Größenverhältnisse?

*Student G:* Ich *meine*, wir sind doch sehr *klein* im Verhältnis zur Erdkugel, wir Menschen. Also der Staub auf dem Globus zum Beispiel. Da setzt sich doch Staub an. Und der bleibt *auch* kleben, wenn man den Globus *umdreht*! – Das ist natürlich „Kohäsion". Das ist was andres. – Aber: entsprechend!

*Dozent:* Sie meinen also: Wenn wir Mammuts wären, oder Übermenschen, dann würden wir nicht so gut festgehalten?

*Student G:* (nickt) –

– – – – –

*Studentin:* Aber *irgendwie* muß das doch etwas mit dem *Erdmagnetismus* zu tun haben![3]


## 49 Weltraumfahrt: Wo endet der Anziehungsbereich der Erde? *(1960, Ausschnitt)

*Wagenscheins Frage (und Erläuterung):*

*Weltraumfahrt: Wo endet der Anziehungsbereich der Erde?*
(Man liest doch immer in der Zeitung, daß die Rakete einmal den Anziehungsbereich der Erde verläßt.)

*Vierzehn Studenten antworten schriftlich:*

1. Etwa bei 500 km Entfernung von der Erde.

2. . . . . . . . . . . . . . . . . . . . . . . . . . . . . . . . . . . . . . . . . . . . . . . . . . . . . . . . . . . . . . . . . . . . . . . . . . . . .

3. Frage ist mir nicht klar. Es wird oft geredet, daß künstliche Erdsatelliten um die Erde geschickt werden, die außerhalb des Anziehungsbereiches liegen. Die Entfernung ist nicht allzu groß. – Trotzdem wird aber der Mond von der Erde angezogen.

4. . . . . . . . . . . . . . . . . . . . . . . . . . . . . . . . . . . . . . . . . . . . . . . . . . . . . . . . . . . . . . . . . . . . . . . . . . . . .

5. . . . . . . . . . . . . . . . . . . . . . . . . . . . . . . . . . . . . . . . . . . . . . . . . . . . . . . . . . . . . . . . . . . . . . . . . . . . .

6. . . . . . . . . . . . . . . . . . . . . . . . . . . . . . . . . . . . . . . . . . . . . . . . . . . . . . . . . . . . . . . . . . . . . . . . . . . . .

7. Der Anziehungsbereich der Erde ist unendlich. Die Anziehungskraft der Erde wird mit zunehmender Entfernung nur schwächer und so schwach, daß sie eventuell von einem Raumschiff überwunden werden könnte.

---

3 Kuriose Antworten auf die Antipoden-Frage in: W. Hartnacke u. E. Wohlfahrt: Geist und Torheit auf Primanerbänken, Radebeul-Dresden 1934. S. 28, 43 f., 46 f.

8. Der Anziehungsbereich der Erde ist nicht unendlich. Eine genaue Zahl habe ich nicht im Kopf. Ich glaube jedoch, daß Weltraumfahrt mit Menschen in der Zukunft möglich sein wird. Die neuesten Forschungen auf diesem Gebiet lassen optimistischen Hoffnungen Raum.

9. Ich glaube, der Anziehungsbereich der Erde endet nie. Nach dem Gravitationsgesetz ziehen sich alle Körper gegenseitig an, wobei die Anziehung mit der Entfernung der Körper voneinander abnimmt. Auch die Masse der Körper spielt dabei eine Rolle. Je größer die Massen, desto größer die Anziehung.

10. Mir ist nur bekannt, daß die Schwerkraft quadratisch in einem Verhältnis zur Entfernung steht; ich vermute, daß sie quadratisch zur Entfernung abnimmt und dadurch eben der Punkt erreich wird, wo sie sich auf den fliegenden Gegenstand nicht mehr auswirkt. Man will wohl im geophysikalischen Jahr Satelliten losschikken, die so abgeschossen werden, daß sie über diesen Grenzpunkt nicht mehr hinauskönnen, ihn jedoch nahezu erreicht haben und dadurch einige Zeit um die Erde kreisen können.

11. Ich weiß nicht, ob die Anziehungskraft der Erde mit einer Entfernung zu begrenzen ist. Man hört zwar von einem Ende dieser und einem Raum ohne jegliche Anziehung danach. Ich neige vorstellungsmäßig dazu, daß sich die Kraftlinien der Erde immer mehr verdünnen, bis sie sich mit denen eines anderen „überschneiden". Aber das kann ja nicht sein, da sich sonst die Körper anziehen und zusammenfallen würden. Nun weiß ich nicht, ob die Kraftlinien an einen atmosphärischen Träger gebunden sind, dann wäre mit dessen Ende auch das Ende der Anziehung.

12. Der Anziehungsbereich der Erde endet, wo die Geschwindigkeit eines Körpers (z.B. Rakete) größer ist als die Schwerkraft.

13. Der Anziehungsbereich der Erde endet dort, wo die Schwerkraft der Erde nicht mehr zur Wirkung kommt.

14. Die Anziehungskraft der Erde endet theoretisch nie, sie wird nur immer geringer mit zunehmender Entfernung von der Erde. Dadurch, daß sie von den Gravitationsfeldern anderer Himmelskörper (z.B. der Sonne) überlagert wird, können wir sie vernachlässigen, sobald wir aus dem nächsten Bereich der Erde herausgenommen sind.

*Wagenscheins Antwort:*

Die Anziehungskraft der Erde hört in keiner noch so großen Entfernung ganz auf. Sie verdünnt sich nur, genau wie das Licht.
(Der Satz „Die Rakete verläßt den Anziehungsbereich der Erde" findet sich tatsächlich in fast allen Zeitungsnotizen, die nicht gerade von Fachleuten geschrieben sind.)

## 50   „Zum ersten Mal hat der Mensch das Schwerefeld der Erde verlassen" – denkste   *(1971, Ausschnitt)

Noch eine Geschichte, nicht aus meiner Praxis, sondern der Befund eines ungeplanten, seiner selbst nicht bewußten, Tests von nahezu globalem Ausmaß: Der Flug der Amerikaner um den Mond mit Apollo 9 wurde in der Presse, im Rundfunk, im Fernsehen, übereinstimmend – immer wieder und unwidersprochen, soviel ich weiß – in dem stolzen Satz berichtet: „Zum ersten Male habe der Mensch das Schwerefeld der Erde verlassen." – Gemeint ist Richtiges, und es läßt sich auch einfach sagen: Auf der Reise wurde ein Ort passiert, an dem das Raumschiff ebenso stark heimwärts zur Erde zurückgezogen wurde wie vom Mond vorwärts zu ihm hin. Der zitierte Satz aber sagt Falsches und muß von jedermann, der es nicht besser weiß, dahin verstanden werden, daß von diesem Ort, von dieser Entfernung an, die Schwerkraft der Erde von sich aus endgültig aufhöre. So wie mein Arm eine Reichweite hat. Bis hierher und nicht weiter.

Unser Physikunterricht würde und könnte in Ordnung sein, wenn bei dieser Meldung jeder Hauptschüler hell auflachte und riefe: wenn das wahr wäre, dann wäre der Mond ja schon lange weggeflogen! An ihm, dort bei ihm, zieht ja noch die Erde, *sie* macht das ja, daß er im Kreise fliegt! (Newton: „die Kraft, die den Mond in seiner Bahn erhält, ist mit der irdischen Schwerkraft identisch".)

Dieser Informations-Unfall zeigt: Das Bemühen, sich (unnötig) wissenschaftlich zu geben (hier den vornehmen Feldbegriff zu gebrauchen), dient dem Wissenschaftsverständnis keineswegs so sicher; kann es sogar, wie hier, verfälschen. –

Was ich eben sagte, war nach Apollo 9 notiert. Bei Apollo 10 muß es ein sich verantwortlich fühlender Physiker nicht mehr ausgehalten haben: Es stand jetzt richtig in dem dpa-Bericht vom 19. Mai 1969: „Auf dem Flug zum Mond wird das Raumschiff unter dem Einfluß der immer noch wirksamen Gravitation der Erde seine Geschwindigkeit allmählich bis auf 4300 km/h verringern. Dann beginnt – an der 320 000-Kilometer-Marke – die Anziehungskraft des Mondes zu überwiegen und…"

Zum zweiten Mondflug, mit Apollo 12, hieß es (Houston, dpa) am 18. 11. 1969 richtig: „…hatte das Raumschiff am Montag um 13.52 Uhr (MEZ) die Äquigravgrenze erreicht, von der ab die Anziehungskraft des Mondes stärker wirkt als die der Erde." (Bemerkenswert erscheint, daß bei den beiden letzten, nun genügend vereinfachten Meldungen immerhin zwei überflüssige Fachbegriffe („Gravitation" und – selbst unter Physikern nicht geläufig – „Äquigravgrenze") wie erratische Brocken auf dem Felde der Verständigung liegen bleiben, als sollten sie ausweisen, daß hier „Wissenschaft" sich herabgelassen, dann aber bescheiden, imponierend und noch belehrend sich zurückgezogen habe.)

Bedenkt man, daß schon, als der erste russische Satellit die Erde umkreiste, vom „verlassenen Anziehungsbereich" zu lesen war, daß der Unsinn also 10 Jahre frei herumlaufen durfte, so sieht man, welches technischen Aufwandes es bedarf und welcher Zeiträume, um solche Fehlleistungen der Laienbildung aus dem Bewußtsein der Belehrten heraus und in das der Lehrer hinein zu bringen.

(Die Rede vom „verlassenen Anziehungsbereich" verfälscht hier etwas anderes als bei der Mondrakete: der nur um die Erde kreisende Satellit bleibt oben, weil seine geradlinige Beharrungstendenz ihn dem Sturz immerfort entführt und ihn so auf der Umlaufbahn „hält".)

Wie gerade die Fehlzündungen eines von seinem Gegenstand sich ablösenden und deshalb Mißverständnisse und Verwechslungen lehrenden Unterrichts sich nahezu unvergänglich in der guten Stube der Volksbildung wie „Hausgreuel" einnisten können, dafür ist ja das eindrucksvollste Beispiel die Einigkeit weiter Kreise über die Entstehung der Mondgestalten: der Schatten der Erde sei es, geworfen von der Sonne, der den unsichtbaren Teil des Mondes bedecke, bei Neumond also den ganzen. Schlafwandlerisch, wie in posthypnotischem Bann, sagt das nahezu jeder (Abiturienten eingeschlossen), und keiner sieht sich die Drei – Mond, Sonne, Erde – daraufhin einmal an; kaum jemand bemerkt die Verwechslung mit der „Mondfinsternis", deren „Durchnahme" am Modell offenbar ein solches Glanzstück unseres Unterrichts ist, daß es jeden weiteren Blick auf die Sache selbst unnötig macht.

Ich habe dieses Beispiel für schulische Volksverwirrung schon so oft erwähnt, daß ich es nicht noch einmal tun würde, wenn es nicht gerade zur Zeit des höchsten Mond-Enthusiasmus, in einer offiziellen Zeitungsmeldung, unangefochten triumphierte: (entnommmen der Hannoverschen Allgemeinen Zeitung vom 14. 7. 1969): „Moskau (upi/dpa). Seit Sonntag befindet sich ein unbemanntes sowjetisches Raumfahrzeug auf dem Weg zum Mond... Möglich wäre auch eine Landung auf der Vorderseite des Mondes, die in den nächsten Tagen im Erdschatten liegt." (Am 14. Juli 1969 war Neumond.)

Ob man es aufgeben muß? Inzwischen hat der Mondphasen-Mythos das Mondjahr 1969 unbeschädigt überstanden und hat sogar die progressive pädagogische Literatur unterwandert. Das schöne Bilderbuch „Vorschulkinder", Stuttgart 1969, dem es darauf ankommt (Vorwort „Anstiftung zur Vorschulerziehung"), „die Unabhängigkeit und Kompetenz aller Kinder zu fördern", tut, sobald es naturwissenschaftlich wird, ahnungslos das Gegenteil. Fünfjährigen wird, ohne Blick auf die Sache selbst, autoritär (aber anschaulich) das Falsche eingeredet: „Und wenn die Kinder fragen, weshalb der Mond mal halb, mal ganz, mal überhaupt nicht zu sehen sei, dann nehme ich einen viel kleineren Ball, führe ihn durch den Schatten des größeren Balles und zeige, daß es der Erdschatten ist, der den Mond zum Halbmond macht" (S. 110)[1].

Informationen, die nicht aus ihrem Gegenstand kommen, obwohl sie es könnten, entwöhnen davon, diesen Gegenstand überhaupt noch anzusehen. Es ist unnötig, denn man weiß Bescheid. (Karl Kraus[2]: „In der deutschen Bildung nimmt den ersten Platz die Bescheidwissenschaft ein".)

---

1 Der Mond ist nicht allein betroffen: „Einen Magneten kann man sich selbst herstellen. Vorausgesetzt man reibt nicht Holz oder Plastik, sondern zum Beispiel eine Nadel an einem starken Magneten, dann wird die Nadel magnetisiert. Wenn aber danach die Nadel in zwei Teile geschnitten wird, zeigt sich, daß nur die am Magneten geriebene Hälfte magnetisiert worden ist." (Vorschulkinder, Stuttgart 1969, S. 106). Wenn schon die drei Verfasser nichts merken, wieviele wohl unter den Lesern des Buches?
2 Nachts, Aphorismen, dtv 493. S. 75

... Bildung gewinnt man nicht durch Einbruch ins oberste Stockwerk. Man muß unten hineingehen dürfen, wenn man auf gegründete Weise höher kommen will. Nur wenn wir sehen, wie unser *Wissen* sich bildet, kann es uns bilden. Man sollte wenigstens an *einigen* Stellen verfolgen können, „wie es kommt".

Dazu kurz einige Beispiele: Sie zeigen immer zweierlei zugleich: wie sehr diese Zone heute vernachlässigt ist, zweitens aber, wie erhellend sie wirkt, wenn man sich hier oder dort in sie vertieft.

*Erstes Beispiel:* Planeten. – Wir lassen in vielen Schulen die sogenannten „Keplerschen Gesetze" auswendig lernen: Die Planeten, darunter sogar unsere Erde selber, laufen, wie es heißt, in elliptischen Bahnen um die feststehende Sonne. – Das ist gewiß *nicht* leicht einzusehen. – Ich meine nun, daß dieses bloße Wortwissen allein nichts wert ist, ja sogar ein weltoffenes Auge verdunkelt, wenn es nicht wenigstens *einmal* einen Planeten überhaupt *gesehen* hat. Und zwar als solchen, als „irrenden" Stern, wie man früher sagte, einen Stern, der keinen festen *Platz* in der Himmelskarte der Sternbilder innehat und der durchaus *nicht* auf schönen Ellipsen, sondern auf seltsamen schlingernden Wegen wie suchend umherwandert.

Wer etwa Jupiter (oder Mars) sich einmal zeigen läßt und ihm dann ein paar Wochen lang in jeder klaren Nacht zwei Minuten widmet und aufzeichnet, wo zwischen den Sternen er, Jupiter, gerade steht *und geht,* der weiß wenigstens, wovon die Rede ist. (Von den Ellipsen noch ganz zu schweigen.) Wer um Bildung bemüht ist, wird es von sich weisen, von Dingen etwas herzusagen, die er nicht gesehen hat, *obwohl* sie sehr leicht zu sehen sind und auf unseren Hinblick nur zu warten scheinen.

*Zweites Beispiel:* Die Mondsichel. – Der Mond ist meist nicht vollständig rund. Er ist entweder sichelförmig, „ausgehöhlt", wie Kepler es nennt, oder – sagt er – „bucklig". Ich weiß nun aus vielen Gesprächen, vor allem mit Studenten aus drei Hochschulen, daß unter ihnen, auch unter Naturwissenschaftlern, mindestens jeder vierte dafür „den Schatten der Erdkugel" verantwortlich macht. Nun würde das niemand sagen, der gelernt hat, sich umzusehen in der Natur. Denn man braucht sich ja, vor dem Sichelmond stehend, nur einmal umzusehen nach der Sonne, wo die steht, um ohne alles Papierwissen, auf Grund nur des eigenen Sehens und Urteilens zu erkennen, daß „das mit dem Erdschatten" gar nicht in Frage kommt. Man sollte also lehren, von dem Großartigen und Aufschließenden dieses Anblicks Gebrauch zu machen, das heißt Mondsichel und Sonne einmal *zugleich* und nachdenklich anzuschauen; die beiden Gestirne *selbst*, nicht ein Buch, nicht ein Modell, werden uns dann sogar etwas sagen, werden eine erste Tür des astronomischen Himmels gleichsam aufschließen, eine erste äußerste Türe, und uns *sehen* lassen: daß die Sonne viel weiter als der Mond von uns entfernt sein muß.

# 52    Kinder und der Mond    *(1973, Ausschnitt)

*Guter Mond*

Nach dem Bericht des Vaters:

„Mutti, warum geht der Mond so 'rum?" Die Mutter: „Daß er in jedes Bett schauen kann."

Das ist eine weise Antwort an den Dreijährigen. Hier sind „warum?" und „wofür?" noch eines („pourquoi"), und der Mond ist noch kein Gegenstand der Himmelsmechanik.

*Der Mond läuft mit*

Aus dem Brief des Vaters:

„Benno (gerade drei), sagt beim Anfang eines Spaziergangs (und bei klarem Himmel) immer (nach einem fast beiläufigen Blick hinauf), auch fast beiläufig: ‚Der Mond läuft mit.' – Feststellung, Frage, Vergewisserung des Merkwürdigen?"

Fast alle Kinder haben im frühesten Alter ein leidenschaftliches Interesse am Mond, und viele fragen schon ums zweite Jahr herum: „Mutti, warum geht der Mond mit Marcus immer mit?" (Die Mutter weiß es auch nicht.) Ob Benno sich schon langsam daran gewöhnt?

*Der Mann im Mond geht mit?*

Thomas (fünf Jahre alt) geht mit dem Vater spazieren, gegen Abend, in der Ebene. Kiefern. – Aufzeichnung des Vaters:

*Thomas:* „Siehst du: der Mond geht mit!" (Zerrt heftig an der Hand.) „Jetzt bleib mal stehn!" (Triumphierend:) „Siehst du: Er bleibt! – Aber ich versteh' nicht, woher das kommt, Pappi?!"
*Vater:* „Schau mal die Bäume an im Wald!"
*Thomas:* „Ich seh' nichts!"
*Vater:* „Laufen da nicht Bäume mit? – Schau mal da hinten!"
*Thomas:* (leicht empört): „Nein, da geht keiner mit!" (Triumphierend:) „Die Bäume haben ja keinen *Mann*!! Der Mond, der *hat* doch einen Mann, *der* geht!" (Eifrig:) „Ja, das glaub' ich: Die Bäume, die haben ja keine Beine, da können sie auch nicht laufen." (Sinnierend:) „Aber den Mann hab' ich noch nie gesehen." (Rechthaberisch:) „Siehst du: Die Bäume gehn doch nicht mit." (Hält mich wieder an:) „Jetzt steht er auch wieder –" (Sinniert:) „Das ist der Wind, der den antreibt, der Sturm!"
*Vater:* „Es geht doch gar kein Wind!"
*Thomas:* „Doch! *Der* Wind, der saust so in den Ohren, wenn man geht; der ist das!"

Der Mond übertrifft in der Kunst des Mitlaufens alle irdischen Dinge. Jeder noch so ferne Horizont ist noch nahe, verglichen mit ihm, noch ganz vorn vor dem riesigen Abgrund (die Breite des Neckartales ist nichts dagegen), der ihn von uns trennt. (Richtiger: *Daß* sein Abstand so riesig *ist, erkennen* wir daran, daß er so perfekt mitläuft wie nichts Irdisches.)
Vom Mond abgesehen: Die Unterhaltung mit Thomas ist sehr reizvoll und interessant:

Vermutlich meint Thomas, daß der Mond eine Art Person ist, da der ja einen Mann in sich hat, den „Mann im Mond", und also gehen könne, wie halt Männer können. Die Bäume haben keine Männer, wie man sieht. Auch sind sie festgewachsen. Während, denkt er vielleicht, der Mond ohnehin „so 'rumgeht". – Zum Schluß scheint Thomas ein wenig physikalisch angeweht zu sein: Er erwägt mechanische Ursachen: den Wind. Kein Wunder, daß er, überstürzt vom Denken, *den* Wind wählt, den er selber spürt: den „Fahrtwind". Er durchschaut noch nicht, in der Eile, die Relativität: daß er sich diesen Wind ja selber macht, daß es ein „scheinbarer" Wind ist. Auch die Richtungen verwirren sich ihm: Der Fahrtwind müßte den Mond *zurück* wehen, aber der Mond geht ja *mit*. Wie gut ist aber der Gedanke trotzdem: Thomas hat in diesem Wind etwas gefunden, das nur so lange weht, wie er selber (Thomas) läuft. Und ebenso lang wie Thomas und der Wind läuft ja auch nur der Mond.

Der Wind könnte der Vermittler sein, da er hier sowohl wie auch anderswo (weit entfernt) sein und wehen kann.

Thomas zweifelt, denkt, variiert (indem er wechselnd läuft und steht), er vergleicht (Baum und Mond), er bildet Theorien und springt unbekümmert aus dem magischen Denken (an den Mann im Mond) ins physikalische Argumentieren (mit dem Fahrtwind): ein beweglicher, vordringender Geist.

### Immer dicker, immer später

Frau W. erinnert sich ihrer Kindheit:

Sie mag damals ungefähr fünf Jahre alt gewesen sein. Sie hat gemerkt, immer gegen Abend, daß der Mond jeden Tag später aufgeht, und sie hat auch gesehen, daß er dabei zunimmt. Dann hat sie gedacht: Wie kommt das? Hängt beides zusammen? Kommt der Mond vielleicht deshalb immer später, *weil* er immer dicker wird, immer schwerfälliger? Genau wie Elise, die Köchin; je dicker sie wurde, desto schwerer und langsamer kam sie die Treppe herauf.

Sie sah also beides: das Späterkommen des Mondes und sein Zunehmen. Und sie brachte diese beiden „Veränderlichen" in einen kausal-funktionalen Zusammenhang. Damit gelang es ihr, das eine aus dem anderen zu „verstehen" durch Vergleich mit einer anderen, ähnlich gearteten Abhängigkeit, die ihr vertraut war.

Ein Blick auf unsere Abiturienten fällt trübe aus. Sie sehen am Himmel fast nichts mehr. Der Mond ist für die meisten von ihnen kaum mehr als ein gelegentliches Himmelsrequisit, manchmal da, manchmal nicht, meistens unvollständig. Ein unzuverlässiges Gestirn.

### Sonnen-Feuer

Aufzeichnung des Vaters:

„Volkmar (5 Jahre, 2 Monate): ‚Man denkt, die Sonne wär Feuer.' – ‚Ist sie doch auch!' – ‚Wie kommt das denn, die brennt doch gar nicht und raucht nicht.' "

Dieses „Man denkt" bedeutet: „Man könnte fast meinen, aber . . .". Er hat recht mit seinem Zweifel und mit seinem Argument. Was auf der Sonne geschieht, ist nicht nur heftiger, sondern auch von ganz anderer Art, als „unsere" Feuer sind.

276

Wir Erwachsenen müssen aufpassen, daß wir mit unseren „kindertümlichen" Antworten nicht unter das Niveau der Fragenden geraten.

## Kopernikanische Schnellinformation

Brief des Vaters (Physikprofessor):

„Ich habe das Gespräch mit meiner Tochter mal aufgeschrieben:
Vor ein paar Tagen ist sie 8 Jahre alt geworden. Sie geht jetzt in die 3 Klasse.
„Heute war's in der Schule schön: Wir haben was über die Sonne gelernt."
„Was denn?"
„Wo sie auf- und untergeht. Im Osten geht sie auf und im Westen unter. Und nachts ist sie im Norden." Deutet mit dem Arm in die genannten Himmelsrichtungen. – *(Pause)*
„Aber in Wirklichkeit dreht sich ja die Erde um sich selbst; die Sonne bewegt sich nicht."
„Wie soll sich denn die Erde drehen wie ein Karussell, davon merken wir doch gar nichts? Außerdem kannst du doch sehen, wie sich die Sonne am Himmel bewegt; genauso wie der Mond auch."
„Na, die riesige Sonne soll sich um die kleine Erde drehen?"
„Wieso ist denn die Sonne so riesig? Du weißt doch, wie klein sie am Himmel ist."
„Doch nur, weil sie so weit von uns weg ist!"
„Woher weißt du denn das?"
„Fahr doch mal hin, dann wirst du's schon merken. – Sie ist ein paar Meilen von uns weg."
„Wieso ein paar Meilen?"
„Gibt es denn noch was Größeres als Meilen?"
Kurze Diskussion über Längenmaße; dann fährt meine Tochter fort:
„Aber wenn sich die Erde um sich selber dreht, dann sind wir ja manchmal oben und manchmal unten; mit dem Kopf nach unten! Und fallen trotzdem nicht 'runter!"
An dieser Stelle dachte ich erleichtert: nun sind ihr doch Zweifel gekommen. Aber offenbar war ihre Frage nur rhetorisch gemeint und vermutlich schon von der Lehrerin in dieser Form als rhetorische Frage gestellt worden. Die Antwort kam nämlich gleich darauf:
„Wir fallen nicht 'runter, weil die Erde magnetisch ist und alles anzieht."
„Aber du weißt doch, daß ein Magnet nur Eisen anzieht."
„Na ja, es ist ja nicht richtig magnetisch. Das ist noch zu schwer, das kriegen wir erst später. Und dann: Stell nicht so dumme Fragen, du weißt's ja doch besser als ich."

Könnte es sein, daß manche Eltern, vielleicht auch einige Lehrer, wenig einzuwenden hätten gegen diese Informationen, die das Kind in der Schule empfangen hat? Ist nicht fast alles in Ordnung? (Der Vater ausgenommen, offenbar ein Spezialist, der mit seinem Wissen versucht, das Kind wieder irrezumachen und in Verlegenheit zu setzen. Aber es gibt's ihm!) Hat es die Lehrerin nicht gut gemacht? Und das alles in *einer* Stunde. Das Kind hat etwas mit nach Hause gebracht, etwas Richtiges, und ist glücklich darüber. Es war „schön in der Schule". Auch ist es vernünftig genug, einzusehen, daß es „diese Sache mit dem Magnetismus erst später kriegt".
Alle Lehrpläne und Reformen scheinen bis jetzt nicht daran zu zweifeln, daß es in diesem Alter höchste Zeit ist, aus dem Kind einen Schein-Kopernikaner zu machen. Wo käme es sonst hin! (In die Ecke. Es müßte sich schämen.) Hohe Zeit, nicht mehr für wahr zu halten, was man sieht, sondern zu glauben, was der Lehrer sagt.
„Was die Leute nicht verstehen, das glauben sie noch am ehesten" (schrieb ein Franzose, dessen Namen ich vergessen habe).
Sachlich gibt es übrigens keinen Grund, die Erdrotation so früh zu indoktrinieren.

Um einzusehen, daß es am Äquator so heiß ist, braucht man nichts von ihr zu ahnen. Es genügt zu wissen (und zu *sehen*: warum bliebe sie sonst immer im Süden!), daß die Sonne, immer (mehr oder weniger) über dem Äquator bleibend, in 24 Stunden den Erdball umrundet. Es kommt nur auf die Relativbewegung an.

## Die Neugeborenen

Nach dem Bericht ihres Lehrers:

Zehnjährige, Sextaner, während der Rast auf einem Schulspaziergang, umlagern ihren Lehrer, von dem sie wissen, daß er „Physik gibt": „Ist es wahr, daß man den Erdball wiegen kann?" – „Ja, das kann man, ganz genau!" – Staunen, Schweigen, Weitergehen. – Nach einer Weile ruft plötzlich einer: „Das kann nicht stimmen!" – „Was?" – „Das mit der Erde!" – „Warum nicht?" – „Weil immer neue Kinder geboren werden!"

Schwer zu sagen, was er dabei gedacht hat. Meinte er etwa, daß die kleinen Kinder doch eine Ausnahme machten, indem sie aus dem *Nichts* kämen? Oder glaubte er, was wir von den Meteoriten[1] wissen, daß sie vom Himmel zu uns heruntergebracht würden?

## 53    Zweierlei Wissen    (1948)

Als er Kind war, Schüler, Jüngling, Student, da sagte man ihm: $4\ \pi r^2$, so rechnet man die Fläche der Kugel aus. 4 mal diese Zahl (die etwa 3,14 ist) mal r, der Länge des Halbmessers, und dann mal r noch einmal. Auch bewiesen hatte man es; es ging auf die Griechen zurück.

Erst als er dann später, dreißig Jahre alt, begann, eben dies die Kinder zu lehren, bemerkte er, daß es sich auch anschauen ließ, ja ursprünglich von den Griechen angeschaut worden war und auch nur angeschaut werden konnte. Daß dieses $4\ \pi r^2$ nur eine späte Kurzschrift ist, gemacht für die Berechnenden, nicht mehr für die Schauenden; ein Automat, zu bedienen von jedermann. Daß es ja als „$4$ mal $\pi r^2$" nichts anderes sagte, als daß die Kugeloberfläche genau viermal so groß sei als $\pi r^2$. Dies $\pi r^2$ aber war die Rechenvorschrift für die Fläche des „größten Kreises" der Kugel, den sie, durch ihre Mitte aufgeschnitten, sehen läßt. So ist also, was uns der Apfel in der greifenden Hand als Schale bietet, vierfach das, was er von seinem Innern preisgibt, wenn wir ihn geradewegs mitten durchschneiden und auf die frische Innenfläche blicken.

In seinem einundfünfzigsten Jahr schaute er eines Abends die goldene Mondscheibe an, wie sie über dem Wald aufstieg: da sah er es noch einmal neu! So sehr war es das Alte und doch wieder etwas Neues, daß es ihn überraschen und entzücken konnte.

---

1 Etwa zehntausend Tonnen täglich (Physikal. Blätter, 11/1961, S.544).

Der Mond, so sagte er sich, wie sehe ich ihn doch noch immer so, wie ihn die Kinder sehen und vielleicht wir alle, wenn wir nicht gerade dabei *denken*: als ein flaches Goldblech, an den Himmel geheftet! Obwohl ich weiß, was ja nicht ohne weiteres zu sehen ist, und was irgendwann einmal, vor Sokrates, ein Mensch von eindringlichster Anschauungskraft zum erstenmal eingesehen haben muß – obwohl ich weiß, daß er als Ball im Raum hängt und mir seine Wölbung entgegenrundet.

Da begann er zu grübeln und zu schätzen, wievielmal nun wohl diese von ihm gesehene, wirklich gewölbte Mondfläche größer sei als sie, fälschlich flach gesehen, erscheint? – Bis es ihn durchzuckte, daß er das seit langem wußte (und wohl doch nicht wußte?): daß sie ja eben genau doppelt so groß sein müsse: Denn wenn die ganze Kugel ihren größten Kreis viermal faßt, so muß ihn die halbe Kugel, die allein ich ja übersehen kann, zweimal enthalten. Dieser größte Kreis ist aber gerade das, was ich vom Mond zu sehen *glaube*, indem ich ihn als flachen Teller nehme. Zweimal mehr Fläche bietet mir der Mond, als ich zu sehen meine. Und so ist es bei jeder Kugel, wenn ich sie weit genug von mir halte. Aber der Mond hatte es ihn gelehrt, was der Ausdruck $4 \pi r^2$ oder $2 \pi r^2$ im Grunde sagen will.

So verschmolz ihm die griechische Entdeckung der Formel für die Kugelfläche mit der anderen griechischen Einsicht, daß der Mond nicht Scheibe, sondern Kugel sei, Halbkugel, soweit wir ihn überblicken. Er versank ins Träumen und sah auf die goldene Scheibe, wie sie an dem schwarzblauen Himmel haftete. Klingende Hammerschläge glaubte er zu vernehmen, die den Himmel erschütterten. Einen der hellen, heiteren, der hellenischen Götter meinte er zu hören, einen göttlichen Goldschmied, der von hinten wachen Auges das Goldblech auftrieb und dehnte, ihm entgegen, bis es zur Halbkugel aufgetrieben war, doch ohne den Umriß zu mindern, gleich im Anblick, doch gesteigert im Geiste. Und mit dem letzten Schlag hallten die Himmel von dem Wort zwei. Zwei und nicht mehr und nicht minder, die gottgeschaffene zweite Zahl, die verdoppelte Einheit. Damals bei den Griechen erwuchs diese Blüte. Und nicht nur, daß sie es wußten: sie erwiesen es auch, daß es so und nicht anders sein müsse. So rund und glatt das Ergebnis, so wußten sie doch, es war ein feiner, ein unendlicher Prozeß zu überstehen, ehe man es erkennen konnte. Sie dachten ihn zu Ende, und ihr Scharfsinn ließ sie einen Fund machen von einfachster Anschaulichkeit, der golden an ihrem Himmel stand.

Wie sind wir doch arm geworden und wie tot das Wissen, das wir unseren Kindern vorwerfen in wachsender Menge. Stifters Wort fiel ihm ein: „Es gibt Dinge, die man fünfzig Jahre weiß, und im einundfünfzigsten erstaunt man über die Schwere und Furchtbarkeit ihres Inhaltes", und daß es nicht nur für die furchtbaren, daß es auch für die hellen und herrlichen Dinge gilt.

So zeigt dieses Bekenntnis: man kann sehr wohl etwas „wissen", ohne es doch zu besitzen. Es gibt eine Kenntnis, die diesen Namen nicht verdient, eine erniedrigte und erniedrigende, insofern sie uns zu bloß Ausführenden eines automatischen Ablaufes macht.

So kann man $4 \pi r^2$ wissen und sogar als bewiesen verstehen, ohne doch etwas zu ahnen von der Anschauung einer Kugel und von vier Scheiben von gleichem Durchmesser. Und ist man so weit gekommen, dies vor sich zu sehen, so kann es immer noch eine Entdeckung sein, daß die Kugel viermal soviel Fläche hat, als sie *selbst*, fälschlich als Scheibe angesehen, zu haben *scheint*. – Nun kann man ja die Kugel bestenfalls immer nur zur Hälfte sehen. So ist es ein Schritt weiter zur Wirklichkeit, wenn man nur von der *Halbkugel* spricht und sagt: sie hat, in ihrer Wölbung erkannt, genau doppelt soviel Fläche wie die Scheibe, als welche sie erscheint.

Man bemerkt, daß der Rückweg von 4 $\pi r^2$ bis zu dieser Fassung seltsamerweise nicht leicht fällt. Er ist so schwer, daß er von vielen, von Unzähligen, aus eigenem Antrieb nicht mehr zurückgefunden werden kann.

Ich fürchte recht zu haben, wenn ich glaube, daß ein sehr großer Teil unseres Schulwissens und auch unserer Hochschulkenntnisse von dieser des Menschen unwürdigen, leblosen, unfruchtbaren, nur noch nützlichen Art ist (und nützlich auch nur im beschränkten Verstand). Hätten wir zuerst gelernt und eingesehen, daß die Kreisscheibe, zur Halbkugel gleicher Öffnung aufgehämmert, gerade auf das Doppelte an Fläche gedehnt wird, und wüßten wir die anderen „Formeln" ebenso bildhaft, so brauchten wir nichts weiter als $\pi r^2$ und auch dies nur als das $\pi$-fache r-Quadrat. Dies Beispiel steht also für viele.

Den Rückweg zu finden, ist deshalb so schwer, weil das Übermaß an totem Wissen ein Gefühl der Überladung gibt, das den geistigen Hunger einschläfert. Je mehr einer studiert hat, in der Weise, in welcher heute studiert wird – *noch*, wie wir hoffend hinzufügen wollen –, desto schwerer findet er zurück. Und es bedarf vielleicht des Mondes als eines immer neu an den Himmel gesetzten Fragezeichens, um wieder aktiviert und wieder naiv gemacht zu werden. Der andere, der hilfreichste Weg, ist der Umgang mit Kindern. Sie helfen uns zu dem, was wir ihnen hätten bringen sollen[1].

**54    Zum Keplerschen Gesetz**    *(1935, Ausschnitt)

Die vorbereitende, abtastende, quantitativ noch unbestimmte Erwägung ist nicht nur als Vorbereitung von Wert. Sie wird zum Ersatz, wenn die exakte und abschließende Untersuchung ihr nicht folgen kann, weil sie für die Schule zu schwierig ist. So ist es beim Keplerschen Gesetz.

Die Formel für die Radialkraft sagt aus, daß ein genau abgewogenes Verhältnis zwischen der tangentialen Anfangsgeschwindigkeit und der anziehenden Kraft der Sonne notwendig ist, damit eine Kreisbahn zustande komme. Genaue Kreisbahnen

---

1  Die Volksschule kennt folgende grobe, aber eindringliche Messung: Eine hölzerne Halbkugel trägt im Pol ihrer gekrümmten wie auch im Mittelpunkt ihrer ebenen Grenzfläche je einen herausragenden Nagel. An beiden Nägeln wird je ein dicker Faden befestigt und, auf seiner Fläche immer eng anliegend, in zunehmenden Windungen gewickelt, bis diese Fläche bedeckt ist. Dann braucht man für die halbkugelige Fläche etwa doppelt so viel Faden wie für die ebene.

sind also in der Natur nicht zu erwarten. Die Bahnform, die sich im allgemeinen Fall ausbilden wird, läßt sich durch eine Konstruktion des Bewegungspolygons im groben Umriß feststellen. Doch wird das nicht genügen. Der Schüler versteht oft nicht, daß sich der Planet der Sonne überhaupt wieder entziehen kann, nachdem er ihr unter der Wirkung ihres Zuges einmal so nahe gekommen ist. Wie kommt es, daß „sie ihn wieder losläßt"? Was ihn in die Sonnenferne treibt, ist der „Schwung", den er während seiner Annäherung gesammelt hat. Ihr „Ziel" (die Vereinigung) hätte die Sonne nur dann erreichen können, wenn die Bewegung des Planeten am Anfang keine an der Sonne vorbeizielende Komponente gehabt hätte. Diese – nach dem Prinzip der Unabhängigkeit der Bewegungen *nie* ganz zu unterdrückende – Abweichung ist also die Ursache dafür, daß der Planet über sein Ziel hinaus, an ihm vorbei, und unter der ablenkenden Wirkung der quadratisch wachsenden Kraft um es herum schießt, so daß er weit in die Richtung, aus der er kam, zurück*schwingen* muß. Die Anziehungskraft nimmt nun schnell ab; sie lockert ihre Zügel in demselben Maße, in dem sie sie vorher anzog. So sehr, daß jetzt der entgegengesetzte Zweifel wie am Anfang entstehen kann: wie ist es möglich, daß die Sonne den Trabanten wieder zur Rückkehr zwingen kann, nachdem er sich in so große Ferne verloren hat? Es gelingt ihr dadurch, daß ihre Kraft zwar an Stärke ständig abnimmt, daß sie aber in bezug auf Richtung in eine immer günstigere Lage kommt. Anfangs zieht sie seitwärts, also nur ablenkend, später immer mehr rückwärts, also bremsend. – Daß dieser Gewinn bei einer *zu* großen Anfangsgeschwindigkeit nicht ausreicht, den Planeten zurückzuholen, ist dem Schüler ohne weiteres verständlich.

Derartige einfache Gedankengänge enthalten das 1. und das 2. Keplersche Gesetz im Keim in sich. Daß die Kurve eine Ellipse ist, sagen sie nicht, aber sie machen die exzentrische Lage der Sonne ebenso verständlich wie das Geschwindigkeitsgesetz, dessen einfacher Beweis nun folgen kann.

Wenn ein Schüler nur diese vorbereitenden Überlegungen kennt und darstellen kann, so weiß er vielleicht nicht genug; sicherlich hat er vom physikalischen Gehalt der beiden Keplerschen Gesetze mehr erfaßt als einer, der nur ihren Wortlaut und den Beweis des zweiten reproduzieren kann.

## 55  Fernrohr-Freuden  (1943)

Des Nachts Alarm; ich umgehe das Haus. Der Himmel ist mondlos, von Sternen funkelnd. Der suchende Blick ruht auf dem großen Wagen. Dort nistet, so heißt es, der neue Komet. Da sehe ich ihn schon: wie ein fremdes heimliches Laternchen, so schaukelt er zwischen den Vorderrädern.

Am andern Tag leihe ich mir das Fernrohr des Freundes und richte es gleich auf die starke Sonne dieses Februar. Ich hatte Sonnenflecken und alle anderen Himmelsdinge bisher nur aus schwächsten Fernrohren gekannt. Welch ein Unterschied!

Nicht nur schwarze Punkte auf der lichten Scheibe: ein inneres Gefüge entschleiert sich, eine Gruppe von schaurigen Strudeln, die schwarzen Kerne gegürtet von lichtgrauen Randzonen. Das Ganze hat die Form eines munteren Seepferdchens, das wie ein graziöses Wappentier dem Sonnenteller aufgeprägt erscheint. Das Bild hat Tiefe, Farbe, Bewegung und stürzt in einer Lichtflut ins Auge, ganz unvergleichlich der Fotografie.

Das erste und letzte eigene Fernrohr fällt mir ein, aus der Jugendzeit vor dem Ersten Weltkrieg aus einem Papprohr und zwei Linsen zusammengesteckt. Der Wunsch nach einem größeren verlor sich angesichts der wunderbaren Fotografien, die alles unmittelbar Sichtbare zu ersetzen, ja zu übertreffen schienen. Sie machten, so glaubte ich, Riesenfernrohre zu jedermanns Besitz, und was kein Auge jemals sehen konnte, was nur die geduldige fotografische Platte in Stunden gesammelt hatte, gaben diese Bilder verdichtet jedem preis.

Als ich das lichtstrudelnde Seepferdchen sah, fiel mir dieser Irrtum in einem Augenblick zusammen – der Irrtum des technischen Zeitalters –, und ich erwartete die Sterne der Nacht mit Ungeduld.

Der Komet zwar, den ich als ersten besuchte, gab auch in diesem Rohr einen Schweif nicht zu erkennen. Wie der zarte Samen einer Pusteblume scheint er durch den funkelnden Sternenwald zu segeln. Wie es ja auch ist: durch die Macht der Sonne wird er durch die Räume gezogen, und ihre heißen Strahlen entfachen aus ihm das lichte Wölkchen, das ihn umspült und manchmal schweifend abgetrieben wird.

Jupiter, hoch am Himmel, hellster Stern der Nacht, ist kein so windiger Vagant. Die Frontlinse des Fernrohrs, groß wie ein Handteller, greift soviel Licht aus seiner Strahlensphäre auf, daß ich fast erschrecke über die Macht seines Anblickes. Eine milde Macht: wie ein marmorner Ball hängt er vor der Tiefe. Eine sanfte, doch unerbittliche und genaue Gewalt geht von ihm aus, denn die vier kleinen Lichtpünktchen seiner Monde ordnen sich mit uhrwerkhafter Präzision auf derselben geraden Zone, die auch den Leib Jupiters selber durchsetzt und hier als ein grauer breiter Äquatorgürtel das Wolkenhafte seiner Oberfläche und den Wirbel seiner Eigenbewegung verrät.

Nicht weit von ihm auf dem Tierkreis, der ewigen Heerstraße der Planeten, steht noch ein stiller gelber Stern, in dem ich Saturn vermute. Er ist es, und so viel wundersamer als alle Bilder und Vorstellungen greift sein eigener Anblick in mich ein, daß ich gleich wieder wegsehen muß. Schäme ich mich meiner Neugier, oder fürchte ich seinen Blick? Denn er hat die Form eines halbgeöffneten Auges und sieht durch mich hindurch. Zwiespältig ist die Empfindung, die er wachruft, vergleichbar der Rührung, die ein junger Vogel im Kinde erweckt, worin der Schmerz der Fremdheit und die Lust zur Zärtlichkeit sich mischen. Der Ring hat gerade eine solche Neigung gegen den Blick, daß er die Scheibe des Gestirns elliptisch berührend einschließt, rechts und links eine Lücke lassend. – Wenn das Fernrohr durch die Firnfelder der Fixsterne gleitet über all das kalte, tödlich ernste Funkeln, und auf dieses Wunder trifft, so durchfährt es dich, als fändest du in Eis und Erz den Blütenteller einer Passionsblume.

So sind die Planeten wie Blumen auf dem Himmelsfeld oder, mehr noch, wie pflanzenhafte Seetiere, sanfte Schwimmer über dem tiefsten, mineralisch glitzernden Grund des Himmelsmeeres. Erst im Fernrohr machen sie recht fühlbar, wie nahe sie sind, und wie fern die andern. Nadeldünne Lichtschächte aus der Unendlichkeit, so stechen die Signale der Fixsterne in unsere Welt, hart und unbarmherzig funkelnd. Ich suche den Orion-Nebel. Wie Edelsteine in einem Nest von bergender weicher Watte sich um so blinkender und härter hervortun, so umhüllt dieser Nebel das Sterngeschmeide wie ein steigernder Glast.

Seltsam zu denken, daß Gott diese Einblicke dem natürlichen Menschen verschlossen hat, und welch ein Welt- und Selbst-Gefühl aufgestanden sein muß in dem Ersten, der diese Türe aufstieß: Galilei. ,,Ich bin vor Verwunderung ganz außer mir und sage Gott unendlichen Dank, daß es ihm gefallen hat, so große und allen Jahrhunderten unbekannte Wunder durch mich entdecken zu lassen." Das sind seine Worte in einem Brief, nachdem er Jupiter und Saturn zu sich herangezogen hatte. Aber noch nach 200 Jahren verschmäht der großäugige Goethe das Fernrohr, denn er wittert eine Gefahr: ,,In den Naturwissenschaften gingen meine Richtungen immer nur auf solche Gegenstände, die unmittelbar durch die Sinne wahrgenommen werden konnten; weshalb ich mich denn auch nie mit Astronomie beschäftigt habe, weil hierbei die Sinne nicht mehr ausreichen...". Wie sehr haben wir inzwischen diese Haltung aufgegeben mit unseren Fotoplatten, Spektrographen und unserer Atomphysik! So sehr, daß man zu Goethe zurückzukehren meint, wenn man wieder in das einfache Fernrohr schaut.


# 56    Der gestirnte Himmel über uns    (1956)


Wir wissen: Es gibt Fixsterne und es gibt Planeten. Die Fixsterne – Tausende –, sie bilden die Sternbilder, das Geschmeide der Himmelskuppel.

Die Handvoll Planeten, ausgezeichnet dadurch, daß sie auf einer gewissen Zugstraße langsam vor den Fixsternen sich vorbeibewegen, die Planeten, die heute kaum noch jemand persönlich kennt, von denen soll hier nicht die Rede sein. Sondern eben von den Fixsternen, die fix, fest stehen, angeschmiedet.

Diese ihre Festigkeit und Zuverlässigkeit, ihr ewiges Bestehen und Nacht-für-Nacht-in-Treue-Wiederkommen, heute wie zu den Zeiten des Vaters und Großvaters, im Dreißigjährigen Krieg, über Karls Kaiserkrönung und über den Wogen der Völkerwanderung, hier wie in Sibirien, – das hat sie uns zu etwas Tröstlichem und Verläßlichem gemacht.

Dies meint Kant in seinem viel genannten Wort. Zwei Dinge sind es, die ihn in Erstaunen setzen: das moralische Gesetz in ihm und der gestirnte Himmel über ihm. Wenn wir eines Tages erführen, daß die Fixsterne gar nicht fix, daß sie unzuverlässig wären, so könnte das für viele von uns ein Schlag sein. Wie wenn wir einen Halt verlören.

Dieser Schock ist für manche von uns schon geschehen, wir haben es gelesen oder gar in der Schule gelernt. Es ist wirklich so: Die feinen Beobachtungsmittel der modernen Astronomie, die nun schon seit Jahrzehnten den Himmel argwöhnisch überwacht, haben es herausgebracht: die Sternbilder sind nicht starr. Sie sind im Fließen, in einem langsamen, ziemlich wirren Fließen. Der Große Bär muß in der Steinzeit merklich anders ausgesehen haben, und so alle anderen Sternbilder auch. Nehmen wir noch hinzu, was wir heute auch mit Sicherheit wissen, daß die Fixsterne nicht auf die Himmelsglocke, das Himmelszelt, aufgestickt sind, alle gleichweit weg, sondern in einen Raum ohne Wand gestreut schweben, wie geworfene Sandkörner, der eine näher, der andere ferner, aber alle sehr fern von uns und voneinander, so bildet sich in uns die Vorstellung eines sinnlos durcheinanderstiebenden Schwarmes. Kein tröstlicher Anblick mehr.

Zwar sieht es etwas besser aus, seit man weiß, daß die Sterne, die wir mit freiem Auge sehen, und noch viele unsichtbar feine dazu, nur eine endliche, wenn auch riesige Provinz des Weltraums bevölkern, ein flaches Nest, das in einem feuerradartigen Wirbel sich dreht.

Aber es wird wieder regelloser und trostloser, wenn wir zugleich erfahren, daß es solcher linsengestaltiger Sternennester oder „Weltinseln" eine Unzahl gibt. Und die bilden einen grenzenlosen Archipel, eine unbegrenzte Inselwelt und treiben nun wieder beziehungslos und weit voneinander, gleichgültig aneinander vorbei und durcheinander hindurch. – Soviel wir wissen.

Die Frage, um die es im folgenden geht: Dieses Riesige, Regellose und Grenzenlose, verglichen nun mit dem, was wir hatten, bevor wir wissenschaftlich wurden, dem bergenden Himmelszelt, an das wir glaubten und an das wir vielleicht im Grunde des Herzens immer noch glauben, glauben möchten – kann uns, muß uns, darf uns dieses Sterntreiben unsicher machen?

Da sind also zwei Männer unter dem Sternhimmel, zwei Physiker, nehmen wir an, die sprechen darüber:
A: „...und der gestirnte Himmel über uns...!"
B: Ich verstehe Sie nicht.
A: Was ist daran nicht zu verstehen?
B: Sie haben, wie ich, Physik studiert. Und bisher schien es mir so, als gehörten Sie nicht zu denen, die sich etwas vormachen.
A: Ach! Daran dachte ich doch gar nicht, an Physik.
B: Eben: Doppelte Buchführung! Eine für die Vernunft und eine für die Herzensbedürfnisse! Erlauben Sie, daß ich es ganz deutlich sage: Kant meint doch das, was Sie jetzt auch fühlen: den Eindruck des Ewigen, des Unveränderlichen, das unsere menschlichen Geschicke überdauert. Aber er wußte eben nicht, was wir wissen, heute, daß diese Unwandelbarkeit nicht wahr ist, daß es nur so aussieht. Daß in Wirlichkeit diese sogenannten „Fix"sterne gar keine Fixsterne sind. In 50 000 Jahren sieht alles anders aus. Nicht wiederzuerkennen. Schon die eiszeitlichen Höhlenmaler sahen einen anderen Himmel über sich. Sie machen sich da etwas Ästhetisches zurecht, wenn Sie an dieser gesetzlosen Vergänglichkeit vorbeiwollen. Es gibt doch nur *eine* Wahrheit, wie? Und das ist *mein* moralisches Gesetz! Es verbietet mir, dieses regellose Gewimmel anders zu sehen, als es ist – eben als regellos.
A: Sie übertreiben ein bißchen. So ganz regellos geht's da draußen nicht her. Von weitem sieht das Gewimmel wie ein hübsches Feuerrad aus.
B: Spiralnebel meinen Sie? Sie verschieben die Frage. Alle Spiralnebel zusammen? Ist da Re-

gel? Es sieht nicht so aus. Da sind die Feuerräder selber wieder Mücken. Wo bleiben also Ihre Feuerräder?

A: Es liegt ja außerdem noch ganz anders: das war ganz schief, was ich da sagte – mit den Feuerrädern. Selbst wenn es die gar nicht gäbe, wenn es ein ganz regelloses Gewimmel wäre, auf geologische Zeiträume vorwitzig vermessen und naseweis extrapoliert. Was geht mich das denn an?

B: Bitte, ist das richtig, was ich über die Eigenbewegung der Fixsterne sagte?

A: Natürlich.

B: Es ist Wahrheit. Und die geht Sie nichts an?

A: Es ist – richtig. Ich leugne nicht, daß ich es sehr interessant finde. Aber: Was habe ich denn damit zu tun?

B: Und Sie wollen Physiker sein?

A: Will ich ja gar nicht. Mensch will ich sein, der sich für Physik interessiert!

B: Mir scheint das ein etwas spielerisches Interesse zu sein.

A: Ach so. Sie nehmen das tierisch ernst! Sie richten Ihr Leben danach ein. Wirklich? Sie glauben daran. – B: Sie etwa nicht?

A: Natürlich: aber nicht so. Ich stimme allen Folgerungen zu und halte den Schluß für richtig und nehme also auch an, daß die Saurier andere Sternbilder über ihren nichtsahnenden Köpfchen hatten. Ich meine nur – wie soll ich das klarmachen –, das sagt mir doch nichts. Womit ich etwas anfangen kann! – B: Anfangen?

A: Ja, ein Leben anfangen!

B: Sie verdrängen also Ihre wissenschaftlichen Einsichten, um Ihren Elan nicht zu verlieren.

A: Aber nein. Ich sehe nicht ein, wieso das Gewimmel da oben uns den Elan nehmen sollte. Für mich steht's fest! – B: Was?

A: Die Sterne eben! – B: Wollen sie nicht etwas deutlicher werden?

A: Ja, gerne. Sehen Sie: diese Einheiten über das Sterngestöber, daß sie also gar nicht feststehen, sondern durcheinanderfliegen, das sind Einsichten auf Entfernungen und Zeiträume, die uns nichts angehen, die nicht die unseren sind...

B: Aber sagten Sie nicht, daß Sie sich für Physik interessieren?

A: Ich drücke mich schlecht aus: diese Ergebnisse sind nicht die unseren, weil sie ja doch nur auf der logisch-mathematischen Basis stehen. Wir kommen doch gar nicht mehr mit uns selber mit. Ich kann doch als ganzer Mensch, der ein Gewissen hat und ein – Herz, da kann ich doch nicht mit diesem einseitigen Auswuchs unserer physikalischen Forschung mit, die sich ja um alles das nicht kümmert. Oder besser, er, dieser Auswuchs, kommt nicht mit.

B: Wenn ich nur wüßte, wie Sie dazu gekommen sind, Physiker zu werden!

A: Aber gerade deshalb, mein Lieber! Weil ich das weiß, was ich da eben sagte. Ich finde Physik und Astronomie faszinierend. Aber wenn ich glaubte, danach sollte ich mein Leben einrichten, dann ließe ich's lieber ganz bleiben.

B: Sie glauben also noch wie Kepler an das „Himmelszelt"?

A: Danke, daß Sie das sagten, das ist das rechte Wort. Jawohl. Und da ist nichts, was ich mir vormache. Ich ziehe kein Zelttuch vor. Ich schließe kein bißchen mein Auge vor dem statistischen Sterngewimmel (mit dem es seine Richtigkeit hat und meinetwegen ruhig haben darf). Aber es gilt ja nicht für mein kurzes Leben. Für mich hat dieser Sternhimmel Beständigkeit. Und wenn er uns etwas sagt, dann gerade dies. Er sagt zu mir: „Mag ich wohl für Dein periskopisches, naseweises Denken nur ein Sterngestöber sein und ein Abgrund der Leere: für Dich selber, als ganzen Menschen, der Du ohne Fernrohr aufblickst, ohne Berechnung schaust, ohne Vermessenheit nachdenkst: für Dich bin ich dennoch ein unwandelbares Geschmeide. Für Dich, für Dein Leben, stehe ich fest, stehe ich ein. Halte Dich ruhig an mich, an mein heutiges Gepränge."

Und deshalb hat das Himmelszelt für mich etwas unverändert Bergendes, und zugleich Forderndes. Es sagt mir: *Wer auf das heute zu Tuende blickt, der ist geborgen.* Und das weiß ich, daß auch dort oben ein leises und langsames Fließen am Werke ist, ein Bröckeln und Stöbern... Was tut mir das? Es sagt mir nur, was ich ohnehin wissen sollte: Vergänglichkeit.

# F  Exemplarisch Lehren: Himmelskunde – Teillehrgänge

## 57    Zum Begriff des Exemplarischen Lehrens   (1956)

In: Verstehen Lehren.
Genetisch – Sokratisch – Exemplarisch

*Beltz, Weinheim* [6]*1977; S. 7–39*

## 58    Wissenschafts-Verständigkeit[1]   (1975)

So möchte ich nennen, was zu wünschen wäre für jedermann, was wir aber offenbar
noch nicht haben, nicht genügend lehren in unseren Schulen. Unter „Wissenschaft"
soll dabei verstanden sein die exakte, das heißt die mathematisierende Naturwissenschaft („science"), wobei ich mich beschränke auf Physik. Und Wissenschafts-Verständigkeit (nicht dasselbe wie Wissenschafts-Fähigkeit, die der potentielle Fachmann braucht) soll bedeuten, was für den späteren Laien ausreicht (und dem Fachmann unerläßlich ist). Was damit gemeint ist, soll nachher ein Beispiel verdeutli-
chen.

*Der Laie „auf dem falschen Dampfer"*
Den in der Demokratie so wichtigen Laien, den „Jedermann", haben wir bisher im
Physikunterricht der Schulen eigentlich nur „mitgenommen". Zwar nannten wir die
Schulen allgemeinbildende, aber der Unterricht der Gymnasien geht seit Jahrzehnten darauf aus (ich will nicht sagen alle Schüler „zu Physikern zu machen", aber
doch), sie alle als potentielle Physiker auszubilden, und dabei zu glauben, daß damit
(als Mitläufer) auch alle anderen richtig versorgt seien.
Nachdem ich einige Jahrzehnte an traditionellen wie an progressiven Gymnasien
Physik unterrichtet und dann 15 Jahre lang an Hochschulen in Gesprächen mit Studenten aller Fachrichtungen den Rückständen des gymnasialen Physikunterrichts
nachgegangen bin, seitdem zweifle ich nicht, daß bei dem üblichen Brauch der künftige Laie „auf dem falschen Dampfer sitzt". Er kommt gar nicht dorthin, wohin zu

---

1 Durchgesehene und ergänzte Fassung eines Vortrags beim „Zürcher Forum" vom 18.8.1971, der im
  Rahmen einer Dokumentation „Zeit- u. Leitbilder" erschienen ist.

kommen er ein Anrecht hat. Es gäbe sonst nicht bei den Laien (auch den „gebildeten") so abenteuerliche Scheinkenntnisse[1a], man träfe nicht so viele Verächter der Naturwissenschaft (Mißverstehende, wie ich glaube; zum Mißverständnis durch Schule Verurteilte) und auch nicht so viele Wissenschafts-Gläubige, ja -Hörige, was ja beinahe noch schlimmer ist.

Denn Gläubigkeit ist keine wissenschaftliche Tugend. Wissenschafts-Verständigkeit schließt immer eine wissenschafts-kritische Haltung ein. Niemand braucht sie mehr als der Fachlehrer selbst.

Je mehr wir ihn als bloßen Fachmann ausbilden (wissenschaftsfähig, aber wer weiß, ob immer wissenschafts-verständig), desto selbstverständlicher erscheint ihm eine fachinterne und fachautoritäre Didaktik. Gerade dann erzieht er aber, ob er es merkt oder nicht, nur einige seiner Schüler zur angepaßten Wissenschafts-Fähigkeit, und die größere Zahl, die künftigen Nicht-Fachleute, läßt er leer ausgehen. Sie fahren auf der falschen Linie, weil es die Linie, die sie ernst nimmt, noch gar nicht gibt. Sie würde so aussehen, daß auf ihrer ersten Teilstrecke (der „Sekundarstufe I") nicht mehr ausschließlich und insgeheim an den späteren Physiker gedacht würde, sondern offen und ausdrücklich an den Jedermann. Und das wäre zugleich richtig gedacht für *alle* Schüler, auch die späteren Physiker. Erst auf der Sekundarstufe II würden *sie* sich dann ohne Gefahr und mit Maßen spezialisieren können, d.h. wissenschaftsverständig und wissenschaftskritisch bleiben und dazu noch wissenschaftsfähig werden können.

## Das Laienverständnis der Kosmologie

An einem Beispiel versuche ich nun zu zeigen, daß auf einer solchen, auf *alle* hin orientierten, Sekundarstufe I, mit *einfachen Mitteln* mehr Wissenschaftsverständigkeit gewonnen werden könnte, als es heute selbst für Abiturienten die Regel zu sein scheint.

Als Thema wähle ich: das Verstehen der Kosmologie. Ein weites Feld. Wir können hier nur einige Furchen hindurchziehen.

Ich komme auf dieses Thema aus mehreren ziemlich zufälligen Gründen:

a) Der erste ist ein früher vorgesehener Titel dieser Tagung: „Der neue Himmel", womit gemeint war: der neue Olymp der Wissenschaftsgläubigen. Da ist es naheliegend zu fragen, wie eigentlich der Himmel der Kosmologie, das mathematisch-physikalisch aufgelöste Sterngewölbe, sich heute ausnimmt und eröffnet für den, der die Schule verlassen hat? Was spürt er von der „kopernikanischen Wendung", die angeblich doch hinter uns allen liegt, und die bei festlichen Anlässen immer wieder gefeiert wird – und mit Recht – als eine tiefgreifende Revolution des europäischen Geistes.

b) Das Thema liegt nicht im technologischen Bereich, der sich wie ein wachsender Ring um die Physik gelegt hat. Daß die Physik der Technik in den Schulen heute

---

1a Dokumentation dazu in meinem Buch „Ursprüngliches Verstehen und exaktes Denken, Bd. I, 2. Aufl., Stuttgart 1970, S. 280 f., 385–399, und Bd. II, S. 58–67; ferner in dem Vortrag „Was bleibt?" in dem Sammelband „Zur Pathologie des Unterrichts" (Hrsg. J. Flügge), Bad Heilbrunn, 1970, S. 74–91; im vorliegenden Band Nr. 3, 4, 19, 20, 21, 31, 37, 49, 50.

gebührend behandelt werden muß, ist selbstverständlich. Das Thema der Kosmologie wird erkennen lassen, ob nicht dabei die Physik als Natur-Wissenschaft in einen schmählichen Schatten geraten ist.

c) Ein dritter Anlaß schließlich waren Gespräche mit Studenten. Ein Seminar trug den Titel: „Didaktische Anregungen aus Schriften der naturwissenschaftlichen Pioniere des 17. Jahrhunderts." Was wollte ich da erreichen? Ich wollte es mindestens begünstigen, daß einige kritische und empfängliche Köpfe unter den Studenten später, als Lehrer, geradezu außerstande sein möchten, etwa das Beharrungsgesetz pädagogisch so naiv einzuschmuggeln, wie das nicht selten geschieht. Und zwar dadurch, daß sie sich einmal in einige Dialoge Galileis oder Brunos und in gewisse Bemerkungen Keplers oder Pascals auch nur ein wenig würden vertieft haben. (Ob das gelungen ist, kann man natürlich so schnell nicht sehen.)

## Die Kopernikanische Parole

In unserem Zusammenhang interessiert etwas anderes: in welchem Zustand sich das astronomische Wissen bei Studenten vorfand. Es kam zunächst zutage, was immer bei solchen Gesprächen freigelegt wird ( es waren ja nicht meine ersten), daß das Wissen um die Bewegtheit des Erdbodens, auf dem wir so fest stehen, der „Erde", der Erdkugel, (ihre zweifache Bewegtheit: um sich selber sich umwälzend und die Sonne umlaufend), daß dieses „Wissen" heute, trotz allem Physik-Unterricht nichts als ein nur nachgeredeter Glaubensartikel ist; ohne Überzeugtheit; ja schon ohne das Bedürfnis, überzeugt zu sein; also auch ohne jede Beziehung zu Phänomenen, die am Himmel oder sonstwo, dafür sprächen, „daß es auch wahr ist". Solch ein isoliertes Wortwissen, ein so freischwebendes Gerede, findet man auch bei künftigen Lehrern nicht selten. Für Nicht-Naturwissenschaftler gilt diese Blindheit fast ausnahmslos. Nur ganz wenige erinnern sich vage eines „gewissen Pendelversuches" (selten verstanden, fast nie gesehen). Und nahezu alle werfen die tägliche Rotation sogar zusammen, verwechseln sie, mit der jährlichen Rundreise um die Sonne. – Worauf insbesondere *diese* unglaubliche Behauptung sich stützen könnte, dafür kennt kaum jemand ein Phänomen am Himmel oder auf der Erde[2] (es sei denn Druckerschwärze und Lehrerworte).

Das war mir also nicht neu. Wenn ich auch nicht aufhören kann, jedesmal von neuem mich zu wundern. Nicht so sehr darüber, daß es soweit kommen konnte, daß jene kopernikanische Revolution an unseren Schulen so achtungslos weitergegeben wird; nichts als eine Parole bleibt zurück. Viel mehr darüber, daß die Repräsentanten und Verantwortlichen des naturwissenschaftlichen Unterrichts – und ebenso alle anderen – dieses Vacuum schlicht übersehen, oder (wahrscheinlicher) verdrängen. (Vacua sind wohl eben – Nichts.)

---

2 Näheres in meinem Taschenbuch „Verstehen lehren", Beltz-Bibliothek, Bd. 1, 6. Aufl., 1977, in „Verdunkelndes Wissen".

*Das grenzenlose Universum der Galaxien*

Nun ist ja die Entdeckung der kopernikanischen Bewegtheit des Erdballs nur der Anfang jener „tiefgreifenden Revolution des europäischen Geistes".

So nennt sie Alexandre Koyré in seinem bei Suhrkamp auch in deutscher Sprache erschienenen Buch: „Von der geschlossenen Welt zum unendlichen Universum"[3]. (Der russisch-französische Verfasser lehrte an der Sorbonne und am Institute for advanced studies in Princeton). Ich wünschte, alle Lehrer der Physik sowohl wie der Geschichte zum Studium dieses Buches verführt zu sehen.

Ich las den Studenten ein paar Sätze daraus vor, darunter folgende: „Tiefgreifende Revolution ... die den Rahmen und die innerste Struktur unseres Denkens veränderte" (7) durch „zwei fundamentale Vorgänge ... die Zerstörung des Kosmos und die Geometrisierung des Raumes" (8), des Kosmos, d.h. „die Vorstellung von der Welt als endliches geschlossenes und hierarchisches geschlossenes Ganzes" (12) und „am Ende die völlige Entwertung des Seins, die Scheidung der Welt der Werte von der Welt der Fakten" (12).

Wir kamen in diesem Zusammenhang auf Giordano Bruno zu sprechen, der ja als Erster die Vision der modernen Kosmologie, des offenen und unbegrenzten Himmelsraumes, dargestellt hat: „Ein unermeßlicher Raum", sagt er (47), in welchem unzählige Weltkugeln schweben wie diese auf der wir leben." Und: „Es ist anzunehmen, daß es unzählige Sonnen gibt" (56), „zahllose Erden, die gleichermaßen ihre Sonne umkreisen" (55). Bruno war kein Atheist (ebensowenig wie Kopernikus, Galilei, Kepler, Pascal) und, wie Koyré schreibt: Gott konnte für ihn gar nicht anders als eine unendliche Welt schaffen. „Es gibt" heißt es bei Bruno „keine Mauern, die uns betrögen um die unendliche Fülle der Dinge" (50). Bruno ist auch kein Mechanist: die Planeten sind für ihn lebende Wesen.

Aber aus Brunos räumlicher Vorstellung ist – wenn nun auch in fürchterlicher quantitativer Potenzierung und konsequenter Physikalisierung – das heutige Modell des Kosmos geworden. Ich erinnerte die Studenten an das, was sie darüber (vermutlich) „wußten" (was dieses Wort „wissen" nun auch bezeichnen mag): Nach dem heutigen wissenschaftlichen Stand schwebt die Erde um die Sonne irgendwo innerhalb einer lockeren, riesenhaft ausgedehnten Wolke weit verstreuter, durch die Leere dahintreibender anderer Fixstern-Sonnen. (Nur eine von ihnen ist uns unverhältnismäßig nahe: eben „unsere" Sonne.)

Zu ihnen gehören alle Sterne, die wir des Nachts sehen können, und noch viel mehr solche, die nur durch technische Instrumente (wie das Fernrohr) ermittelt sind, für die also das unbewaffnete menschliche Auge nicht geschaffen ist. Im Ganzen sind es etwa $10^{11}$ solcher Sonnen, unser „Milchstraßen-System".

Nun gibt es solche Milchstraßensysteme, Sonnen-Völker, Galaxien aber noch andere, von denen das auf sich selbst gestellte Auge allerdings keines sieht (ausgenommen eines, das Wölkchen des Andromeda-Nebels, das nächste, 2 Millionen Lichtjahre entfernt, wie man hört). Diese anderen Galaxien liegen also sehr sehr weit fort

---

3 Alexandre Koyré, Von der geschlossenen Welt zum unendlichen Universum, Frankfurt, 1969.

und auch weit auseinander, und es sind nicht etwa noch 5 oder 6 sondern wieder $10^{11}$. (Dieselbe Zahl, dies aber zufällig, nur soviel wie unsere Instrumente heute feststellen, „bis auf weiteres".)

Im Ganzen macht das also $10^{11}$ mal $10^{11}$, zusammen $10^{22}$ Sonnen. Wahrscheinlich viele von ihnen mit Planeten um sich herum. – Eine ganz schöne Zahl.

Der riesige Raum, den sie bevölkern, hat keine Grenzen und bis jetzt registrieren die Apparate Signale, die auf Entfernungen schließen lassen, die schwindeln machen. Das sind die Ergebnisse.

### Der „Schauder" bei Kepler und Pascal

Nachdem ich dieses heutige Bild des Kosmos in Erinnerung gebracht hatte, las ich einen Satz von Kepler vor; Zeitgenosse von Bruno und Kopernikaner wie er. Trotzdem lehnt er Brunos grenzenlosen Raum ab und hält an der Fixsternkuppel fest. Er hält sich daran fest:

Er „fühle" (!), sagt er, daß „gerade diese Überlegung ich weiß nicht welchen (!) Schrecken (!) in sich trägt; tatsächlich irrt man in dieser Unermeßlichkeit umher, der Grenzen und Mittelpunkt und deshalb jeder feste Ort abgesprochen werden" (Koyré, 55).

Man muß dazu wissen, daß Bruno keine Beweise hatte für die Richtigkeit seiner Vision.

Danach zitierte ich noch die berühmte Notiz, die man in Pascals Pensées findet (die aber, wie ich jetzt bei Koyré gelernt habe, nicht Pascals eigene Gefühle beschreibt, sondern die des modernen „libertin", des Freigeistes):

„Das ewige Schweigen dieser unendlichen Räume erschreckt mich". (Koyré, 49)

Keplers geheimer „Schrecken" rationalisiert sich geometrisch; das „Erschrecken", das Pascal meint, ist das eines Menschen, der sich hineinversetzt, ein astronautisches.

### Der Schauder bei Studenten

Unter den Studenten fanden sich nun solche, die dieses Erschrecken, Schaudern, Gruseln vor dem grenzenlosen Raum als solchem kannten. (Also schon ohne seine astronomische Bevölkerung mit den Sonnen. Unbegrenzter Raum ist ja nicht vorstellbar [begrenzter auch nicht], und ich erinnere mich, schon als Kind von dieser Wahl gepeinigt worden zu sein.)

Was nun aber im Besonderen den mit Sternen besetzten Kosmos betrifft, und unsere, der Erde, Verlorenheit in dieser grenzenlosen „mit tausend Sonnen durchbrochenen" „Wüste des Himmels" (wie Jean Paul sagt)[4], so gab es einige Studenten, die sich dazu sehr gelassen gaben. Wieso Schauder? Ob ich etwa zum Gruseln erziehen wolle? Angst sei bekanntlich nicht gut für Kinder! –

Nun, das nicht. Ich sehe eine andere Konsequenz. – Aber mir selbst gruselt etwas vor dieser Unerschrockenheit.

---

4 Aus: Rede des toten Christus vom Weltgebäude herab, daß kein Gott sei.

*Ursache I: Information als Isolation*

Ich sehe (nach vielen analogen Erfahrungen) die Ursache für soviel Mut, oder besser wohl Gleichmut darin, daß man sich bei diesem, sagen wir kurz „$10^{22}$" eigentlich nicht viel mehr denkt als diese 4 Ziffern. Daß also die Schulentlassenen allenfalls gläubig informiert sind, nicht kritisch überzeugt. Sie wissen das gar nicht, was sie „wissen". Schon so mit Informationen versorgt, daß sie keine Sorge darum mehr aufbringen, *wie man denn so etwas wissen könne.* („Es wird schon stimmen. Die Wissenschaftler haben es ausgerechnet.")

Das aber heißt: Die Information ist gar nicht angekommen. – Wir sprechen von Lerninhalten, die durch Lernprozesse „gespeichert" werden. Ich befürchte, es entsteht dabei leicht ewas wie ein doppelter Boden im Speicher, eine Zwischenschicht, in der, was eindringen sollte, stecken bleibt und (gegen aller Lehrer Absicht) eine Isolierwand bildet zwischen Welt und Bewußtsein.

*Ursache II: Apädagogische Mentalität des Fachlehrers*

Steigen wir die Folge der Ursachen weiter zurück, so stoßen wir auf den schon genannten Wesenszug des traditionellen Gymnasiums (von dem ich übrigens nicht sicher bin, daß er so bald das Feld räumen wird. Eher könnte es sein, daß er nach „unten" auf die Hauptschule überzugreifen versucht und dort als „Wissenschaftlichkeit" nicht ungern empfangen wird).

Der Gymnasiallehrer versteht seine Wissenschaftlichkeit bisher als die des Fachmannes, und zwar von der ersten Schulstunde an. Er betritt die unterste Stufe, den Blick schon auf die oberste gerichtet. Er hat in einem langen Studium eine apädagogische Mentalität empfangen. Es ist ihm einfach selbstverständlich geworden, Grundbegriffe (sagen wir „Energie") früh herzustellen und möglichst schnell den Aufstieg ohne Umwege zu *allgemeinen* Regeln zu leisten (etwa dem Energiesatz), mit deren Hilfe man dann bekanntlich manches Problem entscheiden kann, ohne sich in seine Einzelheiten zu vertiefen. – In Verbindung damit stehen: frühe Einübung genauer Meßverfahren (bis zur möglichst genauen Ermittlung wichtiger Konstanten im Unterricht).

Diese Abstraktions-Fortschritte (fort von der primären Wirklichkeit hin zu Apparatur, Nomenklatur und Mathematisierung) werden zu früh und zu schnell vorangetrieben, als daß Kontinuität sich wahren ließe; nicht die Kontinuität der Logik meine ich, sondern des Aufstieges aus der primären, der phänomenologischen Wirklichkeit. Diese Überstürzung allein ist es, wogegen ich meine Bedenken vortrage. Ich wende nichts ein gegen die genannten Ziele als letzte, wenn sie phänomenologisch fundiert sind, wohl aber gegen die Versuchung, das Oberste zu unterst zu kehren.

*Ursache III: Koloniale Abhängigkeit des Fachlehrers von der heutigen Fachwissenschaft*

Gehen wir noch eine Stufe zurück: Der Physiklehrer des Gymnasiums und neuerdings, so sieht es aus, auch der Hauptschule wird fachlich (ich spreche noch gar nicht von Didaktik) erzogen (und läßt es sich gefallen) in einer sozusagen kolonialen Abhängigkeit von der Fachwissenschaft; der Physik der heutigen „Front", der es (begreiflicherweise) fast nur auf schnellen und qualifizierten Nachwuchs ankommt, und die bei dieser Rekrutierung zunächst alle mitnimmt und an das Schicksal der späteren Nicht-Physiker kaum denkt.

## Der unmündig bleibende Laie

Wer später nicht Physik studiert, wird bei dieser Art der wissenschaftlichen Erziehung weniger eingeführt als eingeschüchtert, und wagt nicht mehr mitzureden und zu verstehen. Er wird gläubig oder grämlich. Er merkt es früh, und wählt deshalb, wo er das kann, die Naturwissenschaft ab. Das ist zu bedauern; noch mehr aber, daß die Ursache dieser jugendlichen Entscheidung nur selten als eine Kritik des Unterrichts erkannt wird.

Da der auch für die Schulen bisher maßgebende Fach-Physiker sich, wie es sich für ihn gehört, mit den heutigen Problemen beschäftigt, geraten ihm die schon erledigten Fragen (– wie eben die, welche zur kopernikanischen Entdeckung führten –) in die Etappe, in die Windstille des Vergangenen. Als hätte die unvergängliche Entdeckung es nicht mehr nötig, anwesend zu sein. Sie tritt ab und wird Geschichte, kann als gesichertes Ergebnis „abgeheftet" werden.

Diese Einordnung übernehmen die Studenten, auch die späteren Lehrer (denn man führt sie ja leider nicht gesondert) und von diesen wieder die Schüler, und das heißt Jedermann. So kommt es wohl, daß die Kosmologie in den Lehrbüchern oft nur als Kleingedrucktes, doch bei Festreden als Ruhmesblatt mitgeführt wird.

Als Bewältigtes, vergangen, zergangen, kommt sie schon in den Köpfen der Schüler an. Glaubhaft nur deshalb, weil eine Wissenschaft, die Grundbegriffe und Grundsätze so genau definiert und verifiziert, auch bei den – man darf wohl sagen – atemberaubenden Konsequenzen der Kosmologie auf einen unbegrenzten Kredit rechnen darf.

## Wissenschaft durchschaubar durch Vereinfachung

Ich meine nun: Eine Wissenschaft, die zu Ergebnissen führt, die so sehr aller ursprünglichen Welterfahrung widersprechen, muß, falls sie in den Jedermanns-Schulen einen Platz haben sollte, sich zu einer Allgemeinverständlichkeit aufraffen, die, ohne an Richtigkeit etwas preiszugeben, durchschaubar bleibt bis zu diesen erschreckenden Ergebnissen hin.

Nur dann kann sie wissenschaftsverständige Laien gewinnen. Nur so kann sie verhindern, daß die Gesellschaft zerfällt in die Schicht autoritärer Geheimnisträger und die Mehrheit der bei aller „Wissens"Speicherung unmündig Bleibenden, für die Informierung zur Isolierung wird.

Worauf will ich hinaus? Nicht aufs Gruseln-Machen vor leeren Zahlen, die erzählt worden sind, ohne angekommen zu sein. Sondern: Wir Lehrer sollten lernen in strenger aber konkreter Allgemeinverständlichkeit, das heißt in zulässiger Vereinfachung, verstehen zu lassen, „wie man so etwas wissen kann". *Wie ist Naturwissenschaft überhaut möglich!* Das ist die Frage, welche in allen Schulen Vorrang verdient.

Unsere Schulen kultivieren und honorieren allzu ausschließlich die Genauigkeit des Messens und des Mathematisierens. Der Kult der Dezimalen ist aber ein *zweiter* Schritt; durchaus ein entscheidender, doch erst dann, wenn man vorher entdeckt hat, daß hier überhaupt Quantitatives mit anderem Quantitativem *zusammenhängt* und zuverlässig geschätzt werden kann.

Unsere Schuldidaktik vernachlässigt die Vereinfachung. Diese Kunst steht, als „populär", bei den Deutschen nicht hoch im Kurs. Deshalb werden Physik und Mathematik von den Meisten als etwas selbstverständlich Unverständliches mit der Demutsgebärde des Unmündigen empfangen.

Hat man noch nicht bemerkt, daß es zur unautoritären Erziehung gehört, Wissenschaft auf die einfachste Weise durchschaubar zu machen? (Was ja nicht leicht ist.)

*Vereinfachung am Beispiel der Kosmologie*

Läßt sich denn aber Kosmologie vereinfacht und doch richtig und überzeugend darstellen?

Ja, es geht, nur darf man nicht glauben, dabei anspruchslos zu werden oder Zeit zu sparen. Nur das fix und fertig Vorgeführte geht schnell – vorüber.

Erlauben Sie, daß ich hierzu einige Minuten ganz konkret spreche[5]:

1. Man braucht von Geometrie nichts zu wissen (man kann sie aber bei dieser Gelegenheit entdecken), um zu verstehen, wirklich zu verstehen, wie die Griechen auf höchst einfache Weise aus den trotz gleicher Tageszeit verschiedenen Schattenlängen gleich hoher Gegenstände (wenn nur der eine am oberen, der andere am unteren Nil aufgerichtet ist), die Stärke der Erdkrümmung und damit die Größe der ganzen Erdkugel sehr gut abschätzen konnten[6].

2. Man braucht von Trigonometrie keine Ahnung zu haben, um völlig zu durchschauen, daß man es dem Mond ansehen kann, wie weit er von uns absteht, wenn man nur eben diese Erdgröße schon weiß. (Man visiert ihn von zwei Orten der Erde aus zugleich an.) Wenn man nun weiß, um welchen Bruchteil des Erdumfanges diese beiden Ortshorizonte voneinander entfernt und gegeneinander gekippt sind, so braucht man nichts zu tun als die beobachteten Werte in eine Zeichnung einzutragen, und kann dann auf ihr abgreifen, wieviel Erdkugeln man aufeinander türmen müßte, um den Mond zu erreichen. (Trigonometrie ist nur die Kunst, das viel genauer zu haben. Es gehört zum Verständnis der Trigonometrie, daß man weiß, für welche Zwecke sie überflüssig ist und also verwirrend wirkt.)[7]

3. Man braucht die newtonschen Prinzipien der Mechanik nicht und keine Differentialrechnung, um davon überzeugt zu werden, was sonst unglaubhaft bleibt: daß wir uns hier und jetzt samt der Erdoberfläche mit mehr als Windeseile (und doch ohne Gegenwind) nach Osten bewegen (relativ zum Fixstern-Himmel). Man

---

5 Die im folgenden angedeuteten Lehrgänge sind praktisch erprobt. Näheres in den folgenden Fußnoten.
6 „Mathematik aus der Erde", UI Nr. 70; im vorliegenden Band Nr. 59.
7 „Wie weit ist der Mond von uns entfernt?" S. 250–254 meines Buches „Die pädagogische Dimension der Physik", Braunschweig, 3. Aufl., 1971; im vorliegenden Band Nr. 60.

braucht nämlich nur die vorliegenden Diagramme zu studieren, um ohne Zweifel anzuerkennen, daß Steine, die von sehr hohen Türmen fallen, etwas nach Osten vorausgeschleudert werden. Und zwar deshalb, weil es da oben (das heißt: da außen) schneller herumgeht als am Boden, und der Stein dieses Mehr an Geschwindigkeit im Fallen mitbringt und uns unten hinlegt[8].

4. Wie ist es möglich, daß der Mond, eine riesenhafte Felskugel, dazu gebracht wird, die Erde zu umkreisen? „Im Jahr 1666 begann ich zu denken, daß die Schwerkraft sich bis auf den Mond erstrecke ..." erinnert sich Newton. Und dann „verglich ich die Kraft, die erforderlich ist, um den Mond in seiner Bahn zu halten mit der Schwerkraft an der Oberfläche der Erde und fand, daß sie ziemlich genau paßten." – Auch diese Rechnung läßt sich vereinfachen: Es ist nur der Satz des Pythagoras nötig, nicht aber die Begriffe Beschleunigung, Erdbeschleunigung, Gravitation, Schwerefeld, Kraft (= Masse mal Beschleunigung), um Newtons Entdeckung nachzuvollziehen, daß es die irdische Schwerkraft ist, die den Mond in seiner Kurve führt, und zugleich, daß diese Kraft sich in den Raum hinaus nach demselben Gesetz abschwächt wie das Licht[9].

An diesem Beispiel kann jeder Hauptschüler ohne allen auf Vorrat gestapelten Ballast von Begriffen und höheren Rechenkünsten sich selbst davon überzeugen, daß es physikalische Probleme gibt, die *nur* durch Mathematik entscheidbar sind.

5. Man braucht überhaupt nichts, gar nichts (aus der Mechanik nichts und nichts aus der Optik) zu wissen, nur das, was jeder Zwölfjährige auch ohne Schule weiß, um folgendes zu verstehen. Falls (wie Bruno ahnte), die Fixsterne im Raum in verschiedenen Entfernungen verstreut schweben, so muß man ihnen das *ansehen* können, *falls* auch das andere wahr sein sollte, daß wir mit der Erde wie auf einem Zirkuspferd einen riesigen jährlichen Kreis laufen. Es muß für die Augen des Reiters Verschiebungen geben wie auch im Zirkuszelt: bei den Hängelampen und den Zuschauerköpfen[10].

Wie ich es hier nun so leichthin andeute, kann es gewiß noch kein Verständnis bringen. Es bedarf dazu in der Schule mindestens 10 Stunden genauer Dokumentation, um es im Gespräch den stirnrunzelnden Einwänden von etwa Fünfzehnjährigen so lange auszusetzen, bis sie es durchschauen und genehmigen.

## Die „Déformation professionelle" des Fachlehrers

Aber es dauert, um das einzufügen, zwanzig Stunden, um heutige Physik-Studenten soweit zu regenerieren, daß sie (wie in einer Zentrifuge), was sie an exakten Scheinkenntnissen haben, abwerfen und trennen von ihrem wirklichen Wissen, und dieses dann soweit vereinfachen, wie es im Einzelfall nötig und möglich ist. Es ist kennzeichnend für das physikalische Fachstudium, daß die Studenten mit wachsender

---

8 Band II von „Ursprüngliches Verstehen ...", Kapitel 2: „Die Erfahrung des Erdballs, Beitrag zu einer genetischen Didaktik der Himmelskunde", S. 43–46; im vorliegenden Band Nr. 63.
9 In meinem Buch „Natur physikalisch gesehen", Braunschweig, 5. Aufl., 1975. Im Abschnitt „Der Mond und seine Bewegung", Absatz 17 bis 23.
10 Wie bei Fußnote 8, S. 50–52.

Semesterzahl immer mehr verlernen, solche Vereinfachungen auch nur zu ahnen. Auch sprachlich: Sie können nicht ins Deutsche zurückübersetzen, was sie in der Fachsprache und mathematisch durchaus bewältigen. Das schadet einem Berufsphysiker vielleicht nichts. Einen Lehrer macht es hilflos. Er muß schon beides können.

## Epochenunterricht

Da ich von Schul„stunden" sprach, komme ich zu einem zweiten Grund für das blamable Minimum, das von unseren schulischen Bemühungen auf die Dauer übrigbleibt (und auf die Dauer kommt es allein an, unsere Notengeberei verschleiert das). Das ist die völlig rückständige, längst ad absurdum geführte Atomisierung des Unterrichts in Kurzstunden, die sich in wildem Themenwechsel gegenseitig um ihre Wirkung bringen.

Das Mittel dagegen, der Epochenunterricht, ist längst erprobt. Die Lehrer der öffentlichen Schule scheuen davor zurück. Und das ist auch begreiflich. Denn es gibt Dinge, die man durch Beschreibungen nicht beurteilen und verstehen kann, man muß sie ernstlich und lange Zeit getan haben, erst dann weiß man, wovon die Rede ist, weil völlig neue Erfahrungen zu Tage treten. Täglich 2 Stunden Kosmologie, und das 5 Tage hintereinander, davon ließe sich schon etwas erhoffen. Besser 3 oder 4 Wochen.

## Die Schwierigkeit des gewählten Beispiels

Das Thema ist auch deshalb wichtig, weil bei ihm eigene Beobachtungen leider nicht oder nur sehr schwer möglich sind. Eine starke Führung durch den Lehrer ist nötig, er muß ab und zu verzichten auf die Form, die allerdings die beste wäre, die streng genetische; er fordert dann von sich zwar weniger, aber das ist eben schon viel: zu überzeugen, daß das Behauptete auch wahr ist.

Wir müssen dabei vereinfacht aber streng dokumentieren, bis wir auf Daten kommen, die der *primären* Wirklichkeit angehören. Das sind hier: ägyptische Schattenlängen; Steine, die von Türmen in Bologna fielen; und jene winzigen, jährlich sich wiederholenden Hin- und Herläufe einiger Fixsterne, der nächsten also. (Kein freies Menschenauge wird sie jemals sehen. Starke Fernrohre zeichnen sie auf, und *das* können wir dann sehen.)

Übrigens, auch das, woraus wir schließen, daß der Andromedanebel und die anderen Galaxien von *außen* durch den Schleier unserer Sterne hindurchscheinen, auch das läßt sich vereinfacht verständlich machen, einschließlich seiner hypothetischen Belastung.

In einer derartigen Vereinfachung kann diese Kosmologie schon am Ende der Sekundarstufe I für jedermann wirklich überzeugend sein. Ob ihm dabei gruselt oder nicht, das muß ihm überlassen bleiben.

## Die Mittelbarkeit des kosmologischen Denkbildes

So einfach ist das, hätte ich beinahe gesagt.

Aber es fehlt noch etwas sehr Wichtiges zur Wissenschafts-Verständigkeit. Und das ist für den Jedermann noch dringender nötig als der Übergang zur exakten Mathe-matisierung (obwohl auch der, mindestens exemplarisch, notwendig ist).

Es ist von der Mathematisierung unabhängig. Als Physiklehrer vergißt man es leicht, solange man sich nur als Physiker fühlt. Es ist, kurz gesagt, dies: der Lernende sollte nie vergessen: die Mittelbarkeit dieses kosmologischen Denkbildes, seinen Sekun-därcharakter.

Da ist schon das Fernrohr ein Vermittler. Wir werden zwar nicht mehr so denken wie Galileis Widersacher: das Fernrohr könne ja den Spuk der Jupiter-Monde *er-zeugt* haben, es komme ja „dazwischen"! Aber diese Geschichte macht uns viel-leicht doch wenigstens nachdenklich. Festhalten sollten wir und aussprechen, was hier vorgeht: Schon mit dem Fernrohr wie mit dem Mikroskop überschreiten wir zum ersten Mal die Grenze, die uns gesetzt wäre, wenn wir Naturwesen bleiben wollten. Und die wir auch als geistige Wesen respektieren könnten, wenn wir es wollten: wenn wir uns beschränkten auf die Organe, die uns angeboren sind. Goethe wollte das. (Sein Naturbild als Ausfluß einer bedauerlichen naturwissenschaftlichen Ignoranz mit Herablassung zu registrieren, wäre kein wissenschaftsverständiges Ur-teil, sondern käme schon aus physikalistischer Beschränktheit.)

Ferner ist da die Apparatur der Spektralanalyse im Spiel. Sie läßt uns zuverlässig, aber doch mittelbar sehen, daß Fixsternlicht von der Art unseres Sonnenscheins ist, und erlaubt Rückschlüsse auf das in den Sternen leuchtende Material. Es sind Rück-schlüsse, das muß man wissen. Je weiter unsere Folgerungen in den Raum hinein vordringen, desto mittelbarer wird alles, was wir erfahren. (Daß das mittelbar Er-schlossene *genau* ist, nimmt ihm nichts von seiner Mittelbarkeit!)

Jeder, der diese Mittelbarkeit mitlernt, hat ein anderes, ein kritischeres, ein wissen-schaftlicheres Verhältnis zu den sonst als unmittelbare Fakten erscheinenden Er-gebnissen. Denn erst jetzt sieht er sie so und nimmt sie so, wie der Astronom sie nimmt. Sie sind niemals bare Münze, immer verschlüsselte Kunde. Nicht also kann durch die Betonung der Mittelbarkeit der Respekt vor dem Verfahren der Physik verunsichert werden. Im Gegenteil: Das Bild der Wissenschaft wird authentischer.

*Ein Kriterium der Wissenschafts-Verständigkeit*

So erweist es sich als ein wesentliches Element der Wissenschafts-Verständigkeit, die jedermann möglich ist, daß er die Unterscheidung vollzieht zwischen der unmit-telbar gegebenen und der mittelbar erschlossenen Welt. Dies kann er aber nur dann, wenn er auch die kontinuierliche Verbindung kennt, die durch immer künstlichere Vermittler von der primären zur sekundären Welt hinführt.

Dies alles gehört in die Frage „Gruseln oder nicht" mit hinein. Und es berührt die philosophische Entscheidung, welche der beiden Welten man denn zur eigentlichen, „wirklichen" ernennen will.

Jedenfalls würde ich in der Schule lesen lassen, wie Philosophen, etwa Litt[11], und führende Physiker vom physikalischen Modell des Kosmos bedrängt sind und sich mit ihm auseinandersetzen. Hier hört die Zuständigkeit der Wissenschaft auf.

---

11  Th. Litt, Naturwissenschaft und Menschenbildung, 3. Aufl., Heidelberg, 1959, S. 87–90 (Kosmogonie).

Es mag manchen erstaunen (so wie es auch mich nachdenklich gemacht hat), bei einem modernen Quantenphysiker und Nobelpreisträger die private Bemerkung zu lesen: daß es wohl viele Menschen gebe, „die sich überreden, daß das astronomische Denkbild der Myriaden Sonnen mit möglicherweise bewohnbaren Planeten, der vielen Galaxien, jede mit Myriaden solcher Sonnen … ihnen eine Art ethischer und religiös getrösteter Schau gewährt, die der unbeschreibliche Anblick des gestirnten Himmels in einer klaren Nacht der sinnlichen Anschauung vermittelt. Mir persönlich ist all das maya, wenn auch sehr gesetzmäßige und interessante maya. Mit meinem ewigen Teil (um mich recht mittelalterlich auszudrücken) hat sie wenig zu tun. Aber das ist Ansichtssache." (Erwin Schrödinger)[12].

Und nicht einmal Ansichtssache, sondern unbestreitbar ist der betonte Satz eines anderen Quanten-Physikers, Walter Heitler[13], „Vom Universum existiert als direkte Sinnenwahrnehmung nichts anderes als der bloße Anblick des Sternenhimmels." Das bedeutet in unserem Zusammenhang: das einzig Unmittelbare und damit auch das ganz Zweifelsfreie, was wir vom Kosmos wissen, ist der Anblick des Firmamentes.

*Nachtrag zum Begriff der „unmittelbaren" Erfahrung (1975)*

Einer größeren Gruppe von Studenten (spätere Gymnasiallehrer naturwissenschaftlicher Richtung) stellte ich die Frage: Wie sollte man in der Schule am besten von der Kugelgestalt der Erde überzeugen?

Zwei Meinungen standen einander gegenüber:

1. Man zeige bei einer Mondfinsternis den Schatten der Erde, wie er über den Vollmond hinwegzieht.
2. Man zeige Fotos der Erdkugel, wie sie von den Astronauten geliefert worden sind.

Jede Partei machte geltend, ihre eigene Demonstration sei der der anderen an Unmittelbarkeit überlegen.

Es geht nicht um die Richtigkeit: Kein Zweifel, die Photographie zeigt eine Kugel. Es geht um die Mittelbarkeit. Es handelt sich um die Technik der Photographie und um die Kunst, so hoch in den Raum zu schießen, daß sie von dort aus möglich wird. Die ganze ungeheure Technologie der Raumfahrt steckt wie eine Prothese zwischen dem Bildbetrachter und der wirklichen Erdkugel.

Didaktisch gesehen haben wir die Wahl:

Wollen wir nur zeigen, was Naturwissenschaft und ihre Technik *kann:* uns zwingen, *perfektes* Wissen anzunehmen, obwohl ihre Wege für die allermeisten von uns unerforschlich bleiben?

Oder wollen wir vor allem etwas ganz anderes: Jeden einsehen lassen (etwa an diesem Beispiel), wie Naturwissenschaft überhaupt möglich ist?

Es ist etwas anderes, ob ich die fertige Botschaft auf unnötig hoch kompliziertem Wege zur Kenntnis nehme, oder ob ich unmittelbar, „mit freiem Auge", den ver-

---

12 E. Schrödinger, Mein Weltbild, Fischer Bücherei, 562, S. 146 f.
13 W. Heitler: Der Mensch und die naturwissenschaftliche Erkenntnis, 4. Aufl., Braunschweig, 1966, S. 81.

schatteten Vollmond erblicke und beunruhigt weiterdenke, was jeder, mit Anstrengung und Beistand, selbst vollziehen kann (Das ist ein Schatten, unser Erdschatten, unser runder Erdschatten. Sieh dich nur um, wo die Sonne steht).

*Dabei* kann jeder selbst erfahren, wie Naturwissenschaft überhaupt möglich wird: Am Anfang ist der Mensch der Empfangende eines absonderlichen Zeichens, das seinen Sinnen und seinem Grübeln durch ein unverstelltes Naturphänomen gegeben wird. Hier: ein Vollmond, den Finsternis überwandert.

## 59 Mathematik aus der Erde (Geo-metrie) (1961)

1. Wir sind gewohnt, zu denken: Mathematik müsse erst „dagewesen" sein, ehe sie in der Physik, in der Erdkunde, oder wo es auch sei, „angewandt" werden kann. Das ist die Haltung dessen, der seine Werkzeuge bereitlegt, ehe er darangeht, Möbel zu bauen; logisch in Ordnung und vernünftig, besonders dann, wenn er Möbel „in Serie" herstellen will. Das führt zu Folgerungen wie dieser: Physik kann erst beginnen, „wenn die nötigen mathematischen Voraussetzungen geschaffen sind".

Was logisch richtig ist, kann aber pädagogisch blind oder doch unzureichend sein. Man muß erst wissen, was man in der Schule eigentlich will. Wirklich Kenntnisse in Serie herstellen? Vielleicht wird sich diese Vorstellung streckenweise nicht abweisen lassen. Aber pädagogisch wichiger, oder mindestens komplementär dazu, erscheint ein anderer Grundsatz, der für den mathematischen Unterricht folgendes Ziel setzt: Erfahren lassen, wie Mathematik im ursprünglichen Umgang mit der Welt im Menschen entsteht, aus ihm also und aus den Dingen *hervorgeht*. Dann wird Mathematik nicht an-gewandt, sondern sie löst sich aus erdkundlichen, physikalischen, technischen und anderen *Sach*problemen heraus und ist *zugleich* ein Mittel zu ihrer Bewältigung.

2. Wie tödlich langweilig ist es und allzu leicht zu verstehen, daß an zwei parallelen geraden Linien, die von einer dritten gekreuzt werden, Winkel sich finden lassen (mit schwer zu behaltenden Namen), die gleich groß sind. Langweilig, weil es ohne einen vernünftigeren Anlaß traktiert wird als aus der Gewohnheit, auf Vorrat zu stapeln, was dann später, irgendwann einmal, unter tausend anderen solchen Dingen, „angewandt" werden soll.

Wie anders aber sieht diese Figur aus, wenn sie aus einer unser Denken herausfordernden *Wirklichkeit* herausgelesen wird, herausspringt: „ursprünglich", indem sie uns die Antwort auf eine Frage zuspielt:

Eratosthenes (275 bis 195 v.Chr.) wollte herausbekommen, wie groß die Erdkugel ist. Er wußte schon, daß sie eine schwebende Kugel ist, damals, als niemand sie schon umfahren konnte, damals, als die denkende Mittelmeer-Welt der Antike sich wie eine kleine Lichtinsel von der riesigen Dunkelheit der unbekannten Länder und Völker umschlossen fühlte.

298

Er weiß, daß oben in Ägypten, in Assuan (damals Syene) es vorkommt (an einem bestimmten Tag des Jahres, am 21. Juni), daß die Dinge keinen Schatten werfen; keinen seitlichen wenigstens; nur den kleinen, auf dem sie stehen, den kleinsten. Und ein Obelisk (eine lange, nach oben sich verjüngende Pyramide) wirft also wirklich gar keinen. Er deckt die Stelle zu, auf die sein Schatten fallen sollte. Der Schatten liegt unter ihm bereit, und nachmittags wächst er seitlich heraus. Mittags hat er sich unter der Säule versteckt. Die Sonne steht zu Häupten, im „Zenit". Der Obelisk deutet auf sie.

Auch in Alexandria, im unteren Ägypten, annähernd nördlich von Syene, steht ein solcher Obelisk. Und, worauf es nun ankommt: im gleichen Augenblick, da die Säule in Assuan schattenlos dasteht, hat die in Alexandria einen deutlichen kleinen Schatten neben sich liegen!

Woher kommt das? Ist das nur so wie bei der Straßenlampe, die dem gar keinen Schatten macht, der genau unter ihr steht, einem anderen aber, ein paar Meter davon, sehr wohl?

Oder kommt es von dem, was Eratosthenes interessierte, daher nämlich, daß die beiden Säulen, wie Stacheln auf einem krummen Igelrücken, auf einer *gewölbten* Erde stehen? Eben weil die Erde als Ganzes eine Kugel ist. Wenn der eine Stachel auf die Sonne deutet, so tut es der andere schon nicht mehr. Je weiter er vom ersten weg ist, und je krummer (und das heißt: kleiner) der Erdball ist, desto auffälliger wird das. – Oder trifft beides zusammen: Der Straßenlampen-Effekt (den es auch dann gäbe, wenn die Erde eine ebene Scheibe wäre) und der Igel-Effekt? Dann wäre die Frage leider kompliziert.

Nun ist das, was wir von der Lampe kennen, um so weniger auffällig, je höher sie über der Straße hängt. Und Eratosthenes und die Gelehrten seiner Zeit wußten damals schon, daß die Sonnenlampe so hoch über uns schwebt, so weit fort, daß der ganze große Erdball, mit diesem Abstand verglichen, fast ein Nichts ist.

Er wußte das nicht aus Büchern, wie wir Armen: er sah es. Wir können es auch sehen, und zwar am Mond (im ersten Viertel oder vorher), falls wir zugleich auf die Stellung der Sonne achten. (Es muß also Tag sein, und beide Gestirne müssen am Himmel stehen.) Dann *sieht* man, daß die Sonne *viel* weiter von uns abstehen muß als der Mond. Wenn man sich nämlich klarmacht, daß der Mond ein kalter, nur von der Sonne angeleuchteter Stein-Ball ist. (Das ist freilich schwer zu sehen; aber leicht, wenn man es einmal gesehen hat.) Und da auch der Mond schon sehr weit ist (denn „er geht immer mit", hinter den Bergen, auch wenn wir sehr weit reisen), so ist die Sonne um so mehr fast unvorstellbar fern[1].

Weil sie so fern ist, deshalb sind die beiden Sonnenstrahlen, die die Spitzen der beiden Obelisken treffen, – im Bereich unserer Figur so gut wie – *gleichgerichtet* („parallel"). Damit wird alles einfach:

---

1 Das hier nur Angedeutete habe ich breiter dargestellt in: Natur physikalisch gesehen. 1953; jetzt Westermann, Braunschweig 1975; S. 59 ff. und in: Die Erde unter den Sternen. 3. Aufl. Weinheim 1965. S. 22 ff. – Siehe auch Abschnitt 3.

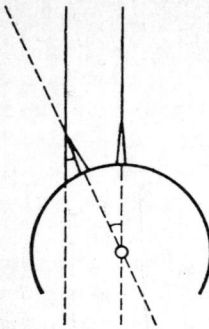

Es ist also nicht so wie bei der Straßenlampe, die über einer ebenen Straße hängt, es ist wie beim Igel: *nur* die Krümmung des Erdbodens, die Krümmung *Ägyptens,* ist daran schuld, daß bei Alexandria ein Schatten hervorkommt. Die beiden Obelisken sind *nicht* parallel.

Mit zwei Streichhölzern, jedes in einem Plastilinsockel im Ägypten des Globus postiert, kann man sich das ganz klarmachen. Eine ferne, helle Lampe als Sonne – oder auch die wirkliche Sonne selber – wirft den Schatten. Wenn man sich dann das, „worauf es ankommt", aus dem Globus heraus an die Tafel zeichnet, so löst sich aus diesem Bild hervor die Figur mit den zwei Parallelen und der dritten Geraden. Wohl dem, der sie noch nicht kennt.

Denn er kann dann die *Entdeckung* machen, daß der Winkel zwischen Assuan und Alexandria (genau: der Winkel zwischen den beiden Erdkugel-Radien, die auf die zwei Obelisken zeigen) – und das ist der Winkel, der uns interessiert, denn er zeigt ja die *Krümmung* an, deretwegen die alexandriner Säule gegen die von Assuan verdreht ist –, daß dieser Winkel, der tief in der Erde steckt, wohin wir nicht können (kein „Schlupf-Winkel"), sich noch einmal wiederfindet an einem anderen Ort, und dort ganz zugänglich: an der Spitze des Obelisken in Alexandria: der Winkel zwischen der Säule selbst und dem seine Spitze streifenden Strahl, der die Spitze des Schattens auf den Boden malt. (Daß man nicht hinaufzuklettern braucht, um ihn zu messen, ist noch eine Entdeckung für sich[2]. Anfangs ist es lustig, sich einen Ägypterknaben vorzustellen, der dort oben, halb geblendet, den Winkel selbst in die Hände zu nehmen sucht.) Haben wir diesen Winkel da oben gemessen, so zeigt sich die Mathematik sofort als *Macht:* Wir können „schließen" auf den anderen, ihm gleichen, der in der unzugänglichen Tiefe des Erdballes steckt, an einem Ort, an dem noch keiner war und wohl auch niemals ein Mensch sein wird, und von dem niemand genau weiß, wie es dort „aussieht". Ist der Winkel, oben in Alexandria am Obelisk, ein fünfzigstel Kreis – und so war es –, so ist es auch der in der Erde. Der Weg von Assuan nach Alexandria ist also ein Fünfzigstel des Weges um die ganze Erde herum; des Weges, den damals noch niemand gehen oder fahren konnte, und von dem keiner wußte, über wie viele Meere, durch welche Wüsten und was für fremde Völkerschaften er führen könnte. Aber wie *weit* dieser Weg sein mußte, das wurde jetzt

---

2 Siehe Abschnitt 3.

klar: Fünfzigmal die Strecke Alexandria-Assuan, und die konnte man messen: 5000 „Stadien", fast 1000 km. Aber auf die Zahl kommt es hier gar nicht so sehr an, ebensowenig wie darauf, daß ein Fünfzigstel des vollen Winkels 7° 12' sind. Diese Zahlen, Einheiten und Zeichen verwirren nur. Es kommt hier nur auf *eine* Zahl an: Fünfzig; und darauf, daß man im Altertum von der Strecke Syene-Alexandria eine Vorstellung hatte[3].

Lernt man den Satz, daß jene zwei Winkel an Parallelen einander gleich sind, an der sterilen Figur, so lernt man fast gar nichts. Lernt man ihn aber gleich bei seiner Entdeckung aus einer *Wirklichkeit* heraus-lesen, so spürt man sofort etwas davon, was Mathematik ist und kann. (Nur *etwas.* Vom „Beweisen" ist noch gar keine Rede. Dazu ist der „Satz" zu selbstverständlich. Man braucht die Gleichheit der beiden Winkel nur zu vermuten und sagt auch schon ja dazu.) Man lernt das Abstrahieren, das Herausholen der Figur aus der Wirklichkeit. Die Wirklichkeit, das ist hier: die Weltinsel der Antike; die ägyptische hohe Sonne; die stillen Schatten im Mittagsglanz; das Tappen der Sohlen der Läufer, die damals die Strecke durchmessen mußten; der mitlaufende, also ferne Mond; die noch fernere, weil sichtlich *hinter* der Mondsichel sitzende Sonne. Aus dieser Wirklichkeit ziehen wir heraus, was damals wie heute gilt. Die unvergänglichen Denklinien der Geometrie, um eine Figur zu gewinnen, die zu einem abstrakten Reich gehört und uns doch die Macht gibt, die ganze Erde zu umspannen, ohne ein kleines Land zu verlassen.

3.   In der Sprache des „Exemplarischen Lehrens" läßt sich dazu sagen: Es handelt sich hier um einen „Einstieg" in die Mathematik. Was dabei deutlich werden soll, ist „exemplarisch" für das Verhältnis der Mathematik zur physischen Welt. Diese Klärung ist aber nur *ein* „Funktions-Ziel" des mathematischen Unterrichtes. Noch ist ja von „Beweisen" nicht die Rede, noch nicht davon also, daß die mathematischen Wahrheiten sich von der materiellen Wirklichkeit ablösen lassen und ein in sich verbundenes, selbständiges Reich bilden, in dem sie eine auf der anderen ruhen. Um dies zu lehren, muß ein nicht so selbstverständlicher Satz, wie es der von den Winkeln an Parallelen für den Anfänger ist, als Exempel gewählt werden, etwa der Satz des Pythagoras[4]. – Man kann aber auch innerhalb der hier skizzierten Erdmessung des Eratosthenes *alle* dabei vorkommenden mathematischen Sätze (Ähnlichkeitssätze, Strahlensatz, Winkelsumme im Dreieck) als eine Kette von Einstiegen mobil machen und sie dann untereinander (beweisend) verbinden. Das ist dann ein Weg zum „System". – Übrigens kam es mir nicht darauf an, einen bestimmten Lehrgang anzuraten, sondern darauf, die übliche Form des Vorgehens (erst das mathemati-

---

3   Es ist vielleicht nicht unnütz, zum Vergleich auszumalen, wie sich die Erdmessungsaufgabe ausnehmen würde, wenn man das Bereitstellungs- und Anwendungsverfahren übertriebe: der Schüler hätte dann irgendwann einmal „gehabt": Begriff des Winkels, Winkelmessung, Winkel an Parallelen, Kreisumfang, Proportionen (mit „Produktengleichung"), einfache Gleichungen. – Nun käme die Aufgabe: Eratosthenes mißt die Strecke Assuan-Alexandria = 5000 Stadien und den Winkel bei Alexandria zu 7° 12'. Wie groß ist der Erdradius r in Stadien? – Lösung: Es gilt die Proportion: $2\pi r : 5000 = 360° : 7°12'$. Und so fort. – Man sieht, wie durch eine Häufung bereitgestellter mathematischer Requisiten der einfache mathematische Gehalt und seine Wirklichkeit leicht zum Verschwinden gebracht werden kann. – Siehe auch Abschnitt 3.

4   Wie das vor sich gehen könnte, ist im Beitrag 67 in UI dargestellt; im vorliegenden Band Nr. 46.

sche System, dann seine Anwendungen) durch ein kontrastierendes Verfahren (von einem Sachproblem zu einem mathematischen Satz und von ihm aus zum System) zu relativieren[5].

Von einer „originalen Begegnung" wird man hier nicht eigentlich sprechen können. Sie ist inszeniert – Schule. Sie ist nicht einmal auf eigene Beobachtungen der Schulkinder gegründet[6]. Die Betrachtung kann also eigentlich nur zeigen, was auch in einem solchen Fall an Einfachheit und Wirklichkeit gerettet werden kann.

## 60    Wie weit ist der Mond von uns entfernt? (1962)

*„Es ist zum Erstaunen, wie weit ein gesunder Menschenverstand reicht. Es ist auch hier wie im gemeinen Leben: der gemeine Mensch geht hin, wohin der Vornehme mit Sechsen fährt."*                                                             G. Chr. Lichtenberg[1]

Dieses Beispiel aus der Himmelskunde soll zeigen, wie eine allzu ausschließliche Bemühung um Genauigkeit das Verständnis des Wesentlichen einer Beobachtung gefährden oder vergessen machen kann.

Wie weit ist der Mond von uns entfernt? Man kann das im Lexikon nachsehen: 384400 km. Man kann es veranschaulichen: etwa 60 Erdradien oder 30 Erddurchmesser.

Ist diese Kenntnis, sind überhaupt astronomische Entfernungsangaben für die Schule wichtig? Jedenfalls ist es viel wichtiger, zu verstehen – und das kann man nicht so leicht nachsehen –, woher man „so etwas" wissen kann! Es ist wichtig, weil die Methode, mit der man den Abstand des Mondes herausbekommt, exemplarisch ist für die sicherste Art, in welcher man die Entfernung aller nicht zu weit entfernter Himmelskörper bestimmt.

*Methode I.* Fragen wir den Abiturienten (den Volksschullehrer), so antwortet er meist, nach einigem Nachdenken, das gelinge „mit Hilfe der Trigonometrie". Tatsächlich kommt im Trigonometrie-Unterricht der Gymnasien das Problem manchmal als krönende Aufgabe vor. Sie verlangt den Sinus-Satz und den Cosinus-Satz

---

5 Vgl. dazu „Der Mathematikunterricht" – Vom Problem zum System. H. 1. 1960.
6 Vielleicht wäre es aber möglich und einen Versuch lohnend, die Erd-Messung so zu modifizieren (allerdings auf Kosten der Einfachheit), daß sie von Schulkindern zweier weit voneinander entfernter deutscher Städte, die in nord-südlicher Linie liegen, selbst ausgeführt werden könnte. Schattenlosigkeit kommt bei uns nicht vor. Immer werfen beide „Obelisken" (oder Bohnenstangen) Schatten, und der nördliche den längeren. Man braucht den Erdkreis der Figur nur ein wenig um den Erdmittelpunkt zu drehen, um diesen Fall vor Augen zu haben. Wie man leicht einsieht, ist dann der nördliche Winkel um soviel größer als der südliche, wie der Winkel zwischen den Radien, die auf die beiden Städte führen. *Zusatz 1965:* – Inzwischen wurde dieses Projekt von einer Arbeitsgruppe der Ecole d'Humanité in Goldern (Berner Oberland) aufgegriffen, die sich mit einer Bremer Schulklasse in Verbindung setzte, 710 km nördlich. Schattenlänge eines lotrechten Ein-Meter-Stabes am Mittag in Goldern: 67 cm, in Bremen: 86 cm.
1 Aus den Sudelheften. Anker-Bücherei, Bd. 37, Stuttgart 1949, S. 20.

und vorher noch die Zerlegung eines Vierecks in zwei Dreiecke. Der Abiturient erinnert sich eines mit Logarithmen eng beschriebenen Blattes, an dessen Ende ein recht genaues Ergebnis stand. – Gut, warum nicht. –

Fragt man aber weiter, ob es möglich sei, nun Volksschulkindern ohne Trigonometrie diese Methode grundsätzlich klarzumachen, so meinen die meisten: nein, wohl kaum. Es ist also mit der Einübung der genauen Methode der schlichte Kern der Sache verschüttet worden: nämlich, daß Trigonometrie hier nichts Wesentliches hilft, sondern nur eben die Genauigkeit steigert mit Hilfe der Tabellen, die andere Leute gemacht haben. Diese Tafeln sind aber nur der minutiöse Extrakt eines Vorgehens, das ohne alle Trigonometrie viel reiner verstanden und von jedem Kind sogar praktiziert werden kann. Nicht einmal braucht es die „Ähnlichkeitssätze" (durch die ja die Tafeln der Trigonometrie ermöglicht werden) dem Wortlaut nach zu kennen. Es braucht nur zu wissen, daß man von einem Haus, einer Stadt, einem Berg ein kleines Bild machen kann, das alle Strecken im gleichen Verhältnis verkürzt und die Form nicht verändert, also auch nicht die Maß-Verhältnisse der Abmessungen zueinander. So ein „ähnliches" (d. h. formgleiches) Bild ist also in allen Längen-Abmessungen in demselben Maße (z. B. 10mal) kleiner als das Original. Vielleicht (wahrscheinlich) erinnert sich der Abiturient daran noch dunkel, wenn man ihm eine frühere Aufgabe nennt, die an der Schwelle der Trigonometrie lag: Wie bestimmt man

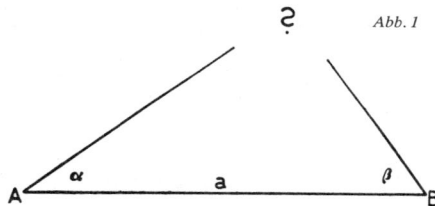

Abb. 1

die Höhe eines Flugzeuges (oder eines Ballons oder eines Meteors) vom Boden aus? Man mißt von 2 Orten A und B des Erdbodens, deren Abstand a bekannt ist, die Winkel α und β, unter denen das Objekt gegen den Boden gesehen wird, und zeichnet sich das so entstehende oben offene Dreieck im verkleinerten Maßstab auf (den man, da a bekannt ist, also kennt). Wo die beiden Visierrichtungen einander schneiden, dort steht der Ballon – auf dem Papier (Abb. 1). Damit weiß man dann aber auch, wo er in der Wirklichkeit steht; denn man kennt den Maßstab der Verkleinerung. – Dieses Wissen wurde dann im mathematischen Unterricht zwar durchaus stetig in das der Trigonometrie hinübergeführt, aber – obgleich es wichtiger ist als die Trigonometrie – flüchtig und schnell, und dann mit wochenlangen Übungsaufgaben zugeschüttet. (Sie sind deshalb so beliebt, weil man mit ihnen lange Zeit große Massen von Schülern prüfen kann. Es fragt sich nur, ob man das Wesentliche prüft, oder ob man es dem Kult der Genauigkeit geopfert hat.)

*Methode II.* Nach dieser Erinnerung gelingt es dem früheren Abiturienten dann leicht, die Frage nach der Mondentfernung ebenso verständnisvoll und unbelastet zu lösen, als hätte er sich nie mit Trigonometrie abgeben müssen. So unbefangen, wie auch der Volksschüler ist.

Unvergeßlich ist mir (wie wohl auch den beteiligten Kindern – 13- bis 17jährigen Jungen und Mädchen, auch Ausländern – mit denen ich einmal – 1947 – in der Odenwaldschule der Mondentfernung nachging) der 3 m lange Streifen Packpapier, der nötig war, um die von mir gegebenen Daten in ein verkleinertes Bild hineinzubringen. So weit weg ist der Mond!

Die Daten: Ein Beobachter in Berlin sieht den Mond im Süden 57° 55' über seinem Horizont, während gleichzeitig ein anderer in Kapstadt denselben Mond im Norden sieht und 34° 17' über seinem Horizont. Es ist nötig, daß diese „Daten" sehr langsam und anschaulich „gegeben" werden. Ein Globus wird als freie Kugel aus seinem Gestänge herausgenommen. Erst lassen wir Berlin „oben" sein und montieren ein Streichholz als den Berliner mit Klebwachs fest, zur Sicherheit auf einem Bierdekkel, der seinen Berliner Horizont bedeutet. Ein zweites Streichholz, in denselben Sockel schräg gesteckt, deutet auf den Mond. Dann kommt Kapstadt nach oben, und dort geschieht das Entsprechende. Dies alles nur zur Veranschaulichung dessen, was man weiß. – Wie weit Kapstadt von Berlin entfernt ist, sagt der Globus auch: etwa ¼ Erdumfang, genauer: 86° 27'[2].

Und die Kinder sehen nun sofort, wie die beiden, der Berliner und der Kapstädter, den Mond „in die Zange bekommen" (Abb. 2). Sie machen auf Packpapier eine Zeichnung, so genau sie können – der Erddurchmesser wird willkürlich gewählt, vielleicht 10 cm – und greifen dann mit diesem Durchmesser die Strecke bis zum Schnitt der Visierlinien ab: 30 Erdkugeln übereinander bauen den Turm zum Mond.

*Abb. 2*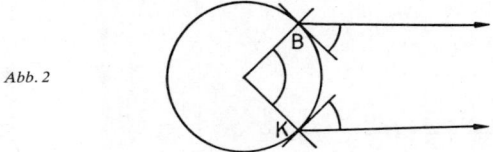

Ändert sich an einem der 3 bekannten Winkel eine Kleinigkeit, so rutscht der Mond weit hin und her. Deshalb ist es sehr wichtig, daß man diese Zeichnung mehrmals, von verschiedenen Gruppen, machen läßt. Jede bekommt etwas (ein wenig) anderes heraus. Jedes halbe Grad, um das man falsch zielt, jagt den Mond im Raum um Hunderte oder Tausende von Kilometern umher. *Das* ist die Schule der Genauigkeit. Es kommt nicht darauf an, daß wir, mit logarithmischen und trigonometrischen Tafeln rechnend, an Formel-Automatismen hantierend, zusammen einen Wert herausbekommen, der sich „sehen lassen kann", sondern daß wir merken, wovon Genauigkeit abhängt. Zu einem Teil von uns, unserer persönlichen Sorgfalt, zu einem anderen Teil von der Grobheit oder Feinheit unserer Werkzeuge, dem Bleistift etwa. Und auch das wird bemerkbar, daß eine Gruppe, die einen guten Wert herausbekommt, noch nicht unbedingt darauf stolz sein darf. Es könnte nämlich „Zufall" sein (indem etwa zwei Fehler sich durch eine glückliche Fügung verdienstlos gegenseitig vernichten). Erst wenn es eine jede Gruppe mehrmals zeichnet und

---

2 Die Zahlen sind entnommen aus: H. C. E. Martus, Astronomische Erdkunde. 3. Aufl., Dresden u. Leipzig 1904, S. 224.

dann den Mittelwert ihrer Ergebnisse vorlegt: Erst dann gibt er ein besseres Maß für die Sorgfalt der Arbeit, wenn man ihn vergleicht mit dem, den „die Gelehrten ausgerechnet haben".

Das kostet freilich Zeit. Dafür strahlt es aus, wirkt „exemplarisch", insofern es zeigt, wie „überhaupt" in der Himmelskunde Entfernungen herauszubringen sind bis zu Gestirnen, zu denen man ja nicht hinlangen kann[3]. Und insofern *spart* es auch wieder Zeit.

Denn wenn es nun später nicht um den Mond geht, sondern um die Sonne oder um einen Stern, so genügt der *Hinweis,* inwiefern man „entsprechend" vorgehen kann. Selbstverständlich: Nichts würde es schaden, nun auch noch die trigonometrische Form dieser Findung folgen zu lassen. Denn nun kann sie ja nichts mehr zuschütten. Nichts steht dem im Wege als Mangel an Zeit. Wenn wir aber diese Zeit nicht haben, so ist klar, was zu opfern ist: nicht der Grundstock, sondern ein *oberes* Stockwerk. Die Auswirkungen des Gymnasial-Unterrichts auf die Volksschule sind hier ganz deutlich. Der Lehrer trägt die Gebrechen des Gymnasiums in sich und gibt sie vervielfacht weiter. Wie oft schaut er nicht mehr auf den Grund seiner ehemals gekonnten Rechenkünste, läßt den Versuch einer Begründung ganz und erzählt nur einfach, der Mond sei so und so weit entfernt, die Gelehrten hätten es so „ausgerechnet".

*Methode III.* Es gibt eine noch schlichtere, eine dritte Fassung wieder fast desselben Verfahrens. Sie ist noch weniger genau. Aber sie ist dafür vielleicht auch noch schöner, noch unmittelbarer einleuchtend; nämlich nur so umgeformt, daß die „Messung" gar nicht in aller Form geschieht, sondern nur als Verschiebung des Anblicks (Parallaxe) sich darbietet.

Man könnte dann etwa so vorgehen: Seht den Mond! Ein kleiner Lampion, hundert Meter hoch? Ein riesiger Glasball, sehr hoch? Man sieht es ihm nicht an. Gestern, als er im Schleier des feinen Gewölks verfangen schien, da sah er niedrig und also klein aus, weit vor der Sternkuppel schwebend. Aber es gibt klare Nächte, wo er von ganz hinten her sein Licht durch ein vordergründiges Sternen-Netz zu schicken scheint. (Und die Vorsokratiker waren denn auch nicht darüber einig: „Anaximandros und andere gaben an, daß ganz zuoberst die Sonne sich befinde, danach komme der Mond, unter ihm aber die Fixsterne und die Planeten."[4]) Nichts sieht man ihm an! Vielleicht kommen die Kinder darauf, was man in solchen Fällen macht, um zu spüren, ob er nah oder weit ist.

Vielleicht hilft ihnen ein Graf-Bobby-Witz. Graf Bobby kommt dazu, wie andere auf einem Rasen stehen und zurückgelegten Kopfes einen Kometen betrachten: „Aber meine Herrschaften", sagt er, „wie unbequem! Treten sie doch ein paar Schritte zurück!"

---

3 Vgl. hierzu und zu der Aufgabe überhaupt ausführlichere Darstellungen in: M. Wagenschein, Die Erde unter den Sternen. A. a. O., insbes. S. 53–56. Die Figuren sind mit freundlicher Erlaubnis des Verlages (dort S. 54 und S. 23) entnommen. – Ebenso: M. Wagenschein, Natur physikalisch gesehen. Westermann, Braunschweig 1975; S. 59 ff.
4 Die Anfänge der abendländischen Philosophie. Zürich 1949, S. 14.

Ein anderer Hinweis: ein kleines Stückchen schwarzes Papier, an die Fensterscheibe geklebt und aus der Tiefe des Zimmers einäugig betrachtet: Ist das nun eine Fliege auf der Scheibe oder eine schwarze Kuh auf dem fernen Wiesenhang, der draußen, weit vor den Fenstern ansteigt? Was machen sie, die Kinder? Sie rucken mit dem Kopf hin und her. Wenn die Fliege mitgeht mit dem Kopf, dann ist sie eine Kuh! Das Nahe bleibt zurück. Wie die Telegraphenstangen beim Eisenbahnfahren. Das Ferne geht mit. Der Mond geht mit. Er rollt über die Gebirgskämme mit uns. Er ist also ferner als das Gebirge. Je vollkommener er mitgeht, desto ferner ist er. Er ist „ziemlich fern", verglichen etwa mit der Gipfelkette der Zentralalpen, die ein west-östlich fahrender nord-schweizerischer Eisenbahnzug sehen läßt.

Aber wir wollten ihn ja mit den Sternen vergleichen, und die gehen auch mit. – Wenn er nun näher ist als sie, so darf er nicht so vollkommen mitgehen wie sie. Er muß dann, an ihnen gemessen, doch etwas zurückbleiben.
Es sieht nicht so aus. – Aber vielleicht fahren wir nicht weit genug? Vielleicht müssen wir uns versetzen bis ans andere Ende der Erde?
Da ist also wieder die Reise Berlin–Kapstadt. Man kann es aber auch schon telephonisch erfahren: „Wo seht ihr den Mond? Von Berlin aus sehen wir ihn wie Abbildung 3":

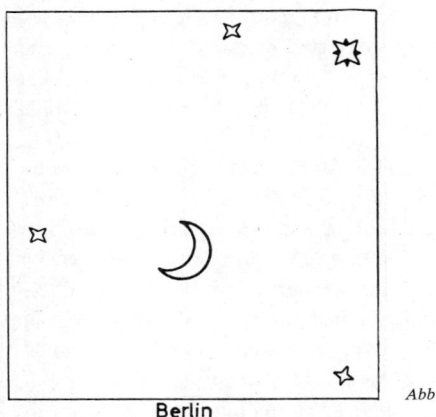

Abb. 3

Berlin

Ich gebe hier den Vorschlag eines Tübinger Studenten weiter, das einmal mit zwei Schulklassen zu versuchen, einer deutschen und einer südafrikanischen. Keine Sternwarte ist nötig. Die Kinder zeichnen, was sie sehen. (Photographieren macht Schwierigkeiten, der Mond überblendet die Sterne, oder die Sterne werden unterbelichtet.)
Es macht ein ganz schönes Stück aus, um das der Mond „springt". (Ich habe es natürlich rückwärts ausgerechnet aus dem bekannten Abstand): Zwei und einen halben Monddurchmesser. Habe ich nicht die Korrespondenz mit der Kapstädter Klasse, so muß ich das den Kindern erzählen. Diese Zahl $2^{1/2}$ und dazu der Abstand Berlin–Kapstadt, diese zwei Zahlen treten an die Stelle der 3 Winkel des Verfahrens II.

306

(Bei der Vorstellung dieser Verschiebung gibt es eine kleine, vom Wesentlichen unserer Überlegung unabhängige, jedenfalls aber lehrreiche Schwierigkeit: Man denkt erst, es genüge, das Möndchen im Rahmen des Berliner Bildchens einfach nord-südlich zu verrücken. Und es ist ein Kriterium des Verstehens, ob die Kinder merken, daß – ganz abgesehen vom Mond – schon das Sternbild kopfstehen, also oben und unten vertauscht haben muß. Denn was der Berliner oben nennt, im Sternbild, das sieht der Kapstädter seinem Erdboden nahe. – Und, sind auch rechts und links vertauscht? Nach einigem Nachdenken: offenbar! Wohin der auf den Mond blickende Berliner seinen rechten Arm ausstreckt, das ist dieselbe Gegend des Raumes, auf die der Kapstädter mit dem linken deuten muß. Auch der Mond muß natürlich sein Oben und Unten, wie auch sein Rechts und Links vertauschen.)

Eine zweite Klippe: die *Richtung,* in welcher der Mond springt. Wenn er vor den Sternen steht, ist sie umgekehrt, als wenn er hinter ihnen zu suchen ist. Die Erfahrung entscheidet es: vor ihnen!

So entsteht das Kapstädter Bild (Abb. 4):

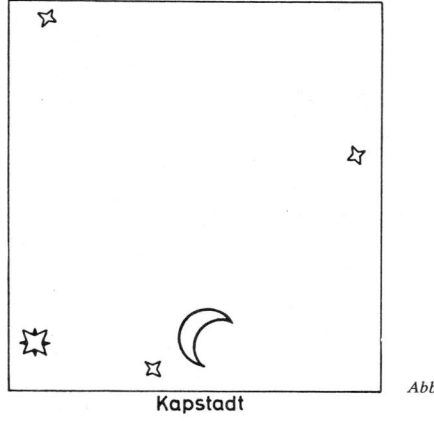

Kapstadt                                   *Abb. 4*

Und das Ergebnis dieser Erfahrung: Wäre die Erde der Kopf eines Riesen, der mit zwei Augen auf den Mond blickte (mit dem einen aus Berlin und dem anderen, 10 000 km davon, aus Kapstadt zum Monde aufblickend, hinausblickend), und kniffe er abwechselnd das eine und das andere dieser Augen zu, so sähe er den Mond springen zwischen den Sternen. So weit ist der Mond von der Erde entfernt!

Nicht wahr: Hier wird mit den Zahlen, die in diesen Sätzen stecken (10 000 Kilometer [das sind etwa 300 Tagemärsche] und 2,5 Monddurchmesser) überhaupt nicht gerechnet und auch nichts gezeichnet; es gibt auch keine Zahl als Ergebnis. Alles bleibt in der unmittelbaren Anschauung. Man hat das „Gefühl", wie weit Kapstadt entfernt ist; man sieht die 2$^1/_2$ Mondbreiten; und man schätzt, man ahnt dann, wie sehr weit der Weg zum Mond ist. – (Die Methode III ist, auch abgesehen von der Genauigkeit, nicht völlig gleichwertig den beiden ersten: Sie vergleicht den Abstand des Mondes mit dem der Sterne, und den eröffnet sie nicht. Methode II braucht keine Sterne. Sie gelänge auch dann, wenn der Mond allein an einem sternlosen Himmel stünde. Trotzdem scheint mir die Methode III wertvoller zu sein als eine nicht durchschaute trigonometrische Rechnung.)

Der Volksschüler, der das verstanden hat, könnte es seinen Eltern, sollten sie es wissen wollen, erklären. Er kann es im heutigen Stadium der Volksschule nicht. – Und der Abiturient der heutigen Höheren Schule zeigt seinen Eltern eine lange Rechnung mit der er ihnen (meist) zu Unrecht imponiert. Zu Unrecht und in Unschuld. Denn er merkt oft selber nicht, wie wenig er davon versteht. Kriterium: ob er es auch *einfach* sagen kann. Genau das wird von ihm verlangt, wenn er Volksschullehrer wird.

Wird er aber nicht Volksschullehrer, sondern Philologe, Jurist, Politiker, Pfarrer, so hat er, meine ich, nicht minder Anspruch auf das in der *einfachsten* Weise gewonnene und deshalb durchsichtige, nicht leicht zu vergessende Verständnis des Grundsätzlichen.

**61**  **Der Mond und seine Bewegung**  (1953)

In: Natur physikalisch gesehen.
Didaktische Beiträge zum Vorrang des Verstehens

*Westermann, Braunschweig 1975; S.59–81*

# G   Genetisch Lehren: Himmelskunde im Zusammenhang

## 62   Zum Problem des Genetischen Lehrens   (1965)

In: Verstehen Lehren.
Genetisch – Sokratisch – Exemplarisch

*Beltz, Weinheim* [6]*1977; S. 55–103*

## 63   Die Erfahrung des Erdballs   (1967)

*Beitrag zu einer genetischen Didaktik der Himmelskunde*[1]

> *„Warum die Mathematik der Planeten lernen, wenn wir den Sinn für die Erde darüber verlieren?"*                                           Charles A. Lindbergh[2]

> *„Heutzutage kann ein Mensch den sogenannten gebildeten Kreisen angehören, ohne einerseits die geringste Vorstellung zu besitzen, worin das Wesen der menschlichen Bestimmung liegen könnte, oder andererseits etwa zu wissen, daß nicht alle Sternbilder zu jeder Jahreszeit sichtbar sind. Man ist gewöhnlich der Ansicht, ein kleiner Bauernjunge, der nur die Volksschule besucht hat, wisse darüber mehr als Pythagoras, weil er gelehrig nachplappert, daß die Erde sich um die Sonne dreht. In Wirklichkeit aber betrachtet er die Gestirne nicht mehr. Jene Sonne, von der im Unterricht die Rede ist, hat für ihn nichts gemein mit der Sonne, die er sieht. Man reißt ihn aus dem Allgesamt seiner Umweltbeziehungen heraus, wie man die kleinen Polynesier aus ihrer Vergangenheit reißt, indem man sie aufzusagen lehrt: Unsere Vorfahren, die Gallier, waren blondhaarig."*                     Simone Weil[3]

---

1  Teile dieser Arbeit erschienen unter gleichem Titel als Beitrag zu der Festschrift für Friedrich Trost. „Erziehung als Beruf und Wissenschaft", hrsg. v. A. Asmus u. J. P. Ruppert, bei Moritz Diesterweg, Frankfurt a. M., 1961, S. 131–143.
2  Mein Flug über den Ozean, Fischer-Bücherei, Nr. 125, S. 306.
3  Die Einwurzelung, München, 1956, S. 75. – Siehe auch Rowohlts Bildmonographie 166 (1970).

# I. Zur Einführung

Der folgende Text ist weder eine physikalische noch eine historische Darstellung. Er versucht aber, Materialien aus beiden Bezirken verwendend, einen Beitrag zu geben zur *genetischen Metamorphose*[4] des sogenannten Lehrstoffes. Sie erscheint mir gegenwärtig als das für den Fachlehrer Wichtigste. Zwar fände sie ihren Ort am wirksamsten und rationellsten in enger und ständiger Parallelführung im Fachstudium der künftigen Lehrer an den Hochschulen. Solange aber diese Aufgabe der fachlichen Lehrerbildung dort noch nicht gesehen wird, müssen wir Lehrer selber den schwierigeren Weg gehen, uns erst nachträglich wieder zu befreien von der starren Auffassung (die für den Berufsphysiker ausreicht, für den Physiklehrer nicht): daß unsere Wissenschaft im Elementaren fertig und nur an ihrer derzeitigen Front aktuell sei. Uns als Lehrern muß *alles* wieder aktuell werden. Wir dürfen unsere Wissenschaft nicht nur als heutige und zukünftige, auch nicht nur als gewordene, sondern als in allen ihren Schichten werdende Wissenschaft sehen, auch in den „hinter" uns „liegenden". Was das heutige Fachstudium uns als das Fertige und Geklärte zu registrieren lehrt, müssen wir erinnern als aus dem Dunkel sich aufrichtende *Fragen*, an denen *vor* uns Klügere als wir gescheitert sind.

Ein Unterricht, der für die moderne Welt produktive Köpfe fördern will, darf sich nicht damit begnügen, *Richtigkeiten sicherzustellen*, er wird, in geeigneten Themenkreisen, das *produktive Finden auszulösen* als seine Aufgabe sehen. Daß die genetische Umwandlung für den Lehrer heute erst nachträglich erfolgen muß, ist verzögernd und unwirtschaftlich. Das darf uns aber nicht hindern, das Notwendige selber zu versuchen. Wir sollten, und das möchte ich vorschlagen, das, was ein jeder bei seinen privaten Regenerationsversuchen, seinem Vordringen zur „zweiten Naivität", gelernt zu haben glaubt, einander mitteilen und austauschen, mag es auch – was jedenfalls für meinen Beitrag gilt – unvollständig und unvollkommen sein, mehr ein Auszubauendes als ein Abgeschlossenes. Die folgende Darstellung kann als Grundlage für einen Lehrgang benutzt werden, ist aber von mir mehr gemeint als ein Auflockerungsprozeß, den jeder in seiner Weise für den Unterricht ausbeuten kann. Sie ist also für keine Schulart oder Altersstufe schon verfestigt. Ich denke an die ganze Reihe, von der Volksschule über das Gymnasium bis in die Universitäten und Pädagogischen Hochschulen hinein. Erst eine zweite, hier nicht darstellbare Umwandlung kann daraus den Unterricht werden lassen, wie er sich unter bestimmten institutionellen, lokalen und persönlichen Umständen verwirklichen wird. Die Sprechweise des Textes ergibt sich aus seiner Absicht. Er wendet sich an Fachgenossen, zugleich aber und streckenweise richtet er sich, während diese gleichsam mithören, an nur vorgestellte, noch nicht persongewordene Lernende.

---

4 Näheres in meinen Aufsatz „Zum Problem des Genetischen Lehrens" Zeitschrift für Pädagogik. 4/1966, S. 305 bis 330. Julius Beltz, Weinheim;

## II. Einleitung

1. Es genügt nicht, Sätze zu lehren („Die Erde läuft um die Sonne"); es genügt auch nicht, sie zu veranschaulichen („So wie dieser Apfel um die Lampe"). – Und doch kommen wir meistens nicht weiter.

Wir müssen *verstehen* lehren. Das heißt nicht: es den Kindern nachweisen, so daß sie es zugeben müssen, ob sie es nun glauben oder nicht. Es heißt: sie einsehen lassen, wie die Menschheit auf den Gedanken kommen konnte (und *kann*), so etwas nachzuweisen, weil die Natur es ihr *anbot* (und weiter anbietet). Und wie es dann gelang und je neu gelingt.

Das ist viel leichter möglich, als wir Lehrer nach dem Unterricht, den wir selber als Kinder und Studenten erfahren haben, glauben können. Die Wege der Beobachtung und des Denkens lassen sich schlichten, ohne an Exaktheit zu verlieren.

Wir erkennen das weniger aus Lehrbüchern als aus der Geschichte. Hier wieder nur selten aus einem Abriß der Geschichte der Astronomie oder der Physik. Mit Sicherheit aber aus den Aufzeichnungen der „alten" Forscher selber (Kopernikus, Kepler, Galilei, Guericke, Descartes, Pascal, Newton) aus der Zeit, da die Naturwissenschaft in einem dramatischen Geschehen entstand: Die „alten" Forscher sind in Wahrheit die jungen, die frühen. Dort wird der Lehrer auf den Ton des ursprünglichen Entdeckens gestimmt, der ihm dann aus den Fragen der Kinder wieder entgegenkommt.

Er darf niemals überreden wollen. Er sollte, im Gegenteil, zum Widerspruch ermutigen. Sonst erfährt er diese Fragen der Kinder nicht und nie ihre so scheuen wie klugen Gedanken.

Er sollte viel Zeit geben. Und der an der Tür Vorübergehende sollte die Stimme des Lehrers am wenigsten hören. Nachdenklich redende Kinderstimmen, das wäre das Richtige.

Wenn die Belehrung aber zu früh, zu aufdringlich, zu schnell, zu mathematisch und nur intellektuell geschieht, so kommt es – trotz rationalen „Verstehens" – zu Heimat-Verlusten und Entfremdungen, und der Schaden kann die Bereicherung überwiegen.

Jeder neue Einblick muß angeeignet, assimiliert, jede Stufe der Entfremdung langsam zurückgewonnen werden, nicht anders, wie das kleine Kind das Treppengehen und Vertrauen lernt.

Ein neues Erd- und Weltgefühl kann sich dann in sorgfältig fortschreitender (und auch immer wieder rückschreitender) Besinnung herausbilden. Es geht nicht darum, das ursprüngliche Verhältnis zu Erde und Himmel als „falsch" auszumerzen, sondern ihm ein neues anzugliedern und überzuordnen, es „verwandelt zu bewahren" (Spranger).

Es wäre zu wünschen, daß wir sogar so weit kämen, die Kinder spüren zu lassen: Der astronomische Zuschauer-Blick auf den Planten Erde, so Bedeutsames und Faszinierendes er eröffnet, ist zugleich ein einengender Blick aus der „Einstellung" des nur messenden Verstandes. Er ist also mit einem Verlust an Wirklichkeits-Erfahrung erkauft. „Objektivität" bedeutet nicht Voraussetzungslosigkeit. Das astrono-

mische „Weltbild" braucht das ursprüngliche, nicht distanzierende, sondern iden-
tifizierende Wahrnehmen des Erd-Reiches als unserer Wohnung unter dem Him-
mels-Zelt nicht anzutasten, ihm an der Wirklichkeit seines Zu-uns-Redens nichts zu
rauben.

2. (Eine zweite Einleitung findet der Leser als selbständigen Aufsatz in Bd. I auf
den Seiten 521 bis 525 vorausgenommen. Ihr Ende führt in das Folgende über:)
Die fachliche Ausbildung der Lehrer, wie sie heute verläuft, der Stufe c des Wissens
entsprechend, macht für das Genetische oft genug geradezu blind. Solange hier kein
Wandel eintritt, und er wird nicht schnell kommen können, ist der Einzelne auf seine
privaten Studien angewiesen.
Ein mühsames Verfahren, das auch entschuldigen möge, daß das folgende ein unzu-
reichender, wenn auch hoffentlich etwas hilfreicher, Versuch ist. Ich weiß so vieles
nicht, was hier noch hineingehörte, und was aufzusuchen mir Zeit und Jugend fehlt.
So ist schwer zu erfahren, wie ein Passat sich in der Wirklichkeit anfühlt, wann diese
Winde entdeckt wurden und wann man auf den Gedanken kam, sie mit der Erdrotation in Zusammenhang zu bringen. Ich weiß auch nicht genau genug, wie die Griechen auf die unglaubhafte Idee kamen, eine bewegte Erde für möglich zu halten.
Mögen Jüngere die Materialien für eine genetische Didaktik der Physik bald zu-
gänglicher machen als sie heute sind.

## III. Die Erdgestalt

1. Daß die wegfahrenden Schiffe von dem Berg des „abwärts" gekrümmten Mee-
resspiegels unter den Horizont hinunterschwinden, das haben immer einige schon
erfahren; auch das jenseits großer See- und Fjordflächen der Uferstreifen verdeckt
ist von dem Wasserberg, der sich dazwischen erhebt. Aber das macht noch lange
keine Kugel. Nur Wölbung ist gewiß da.

2. Von hohen Raketen aus fotografierte Erdbilder imponieren uns manchmal sehr,
besonders, wenn sie schief in den Rahmen gesetzt sind. Aber es könnte auch eine
kreisrunde Scheibe sein, was man da sieht, vielleicht eine gewölbte. Hat man eine
Herde von Schäfchenwölkchen oder auch großer Cumuli unter sich, dann meint
man zu erkennen, daß die Abstände ihrer Reihen in einem Verhältnis schwinden,
das eine Krümmung des Cumulus-Pelzes bedeutet, der die Erdoberfläche schwebend umhüllt. Aus ähnlichen Anzeichen wird bei den neueren Erdbildern, die die
Mondfahrer mitbringen oder senden, die Kugelgestalt erkennbar.

3. Aber wir brauchen die Rakete nicht[5]. Auch von unten, vom Boden aus, glaubt
man dieser Cumulushülle manchmal Anschmiegung an eine gekrümmte Erde anzusehen. Ein tief und flach über uns hingewölbter Wolkenhimmel zeigt sich dann; ein
ganz anderer als die steil vom Horizont aufsteigende Kuppel der wolkenlosen

---

5 Siehe „Nachwort 1970", S. 342.

312

blauen Sonnentage oder Sternennächte. Dieser Wolkenhimmel folgt dem Erdboden, hängt ringsum hinter den Horizont hernieder und läßt die unsichtbaren Wälder und Städte ahnen, die ihn über sich sehen, „oben", wie sie meinen.

4. Kein Zweifel an der Krümmung. Wieso aber „Kugel"? Ihr Leichtgläubigen! – „Man kann doch herumfahren!" – Heißt das aber, strenggenommen, nicht *nur*, daß man einen Kreis gefahren ist? Ist je einer mit festgehaltenem Steuer geflogen? Auch wird man dies Argument gar nicht nötig haben müssen, denn die Griechen, Gefangene des Mittelmeerraumes, wußten sehr wohl, daß die Erde eine Kugel ist. Woher hatten es die Griechen?

5. Sie wußte es, weil sie reisten und dabei auf die Sterne achteten: Aristoteles, in Keplers Übersetzung:

„Dan wir mögen leicht ein wenige gegen Süden oder gegen Nord fortziehen, so würt vns schon der Horizont mercklich anderst, also das die Sterne, so vns ob den Köpffen stehen eine große Verenderung leiden... In Ägypten vnd vmb Cypern werden etliche Sterne gesehen, die man in den Mitnächtischen landen nit sihet: vnd hingegen sihet man in den Mitnächtischen landen etliche sterne durch die gantze nacht, wölche doch aldorten Auff und Nider gehen"[6].

Das heißt, etwas vereinfacht und zugleich quantitativ präzisiert: wenn man den Polarstern anschaut, der ja als einziger die ganze Nacht unverrückbar an derselben Stelle bleibt, sagen wir: von Alexandria aus, und fährt nun immer auf ihn zu, über Zypern, und wandert dann in unseren „mitternächtlichen" Gegenden weiter, dann steigt er merklich und langsam höher. Und wenn man über Skandinavien auf das arktische Packeis vordränge, was die Griechen noch nicht konnten, dann würde man eines Tages ihn „ob den Köpffen" sehen, im Zenit. Beweist das, daß wir auf einer Kugelfläche gelaufen sind? Noch nicht. Denn: gehen wir auf einer *ebenen* Erdplatte auf den Turmhahn einer Kirche von ferne zu (der in der Sonne wie ein Stern funkeln mag), so würde auch der immer steiler vor uns leuchten, und schließlich, wenn wir am Kirchtum selber stehen, über uns. – Entscheidend ist nicht das Aufsteigen überhaupt, sondern das *gleichmäßige* Steigen im Maße unseres Schreitens. Der Turmhahn erhebt sich bei jedem Schritt um ein immer größeres Stückchen, anfangs wenig, später mehr. (Man kann sich's aufzeichnen.) Der Polarstern aber steigt bei jeder Tagesreise um *dasselbe* Stück!
(Denn um welchen Winkel sich der Erd-Radius verdreht, der auf uns Wandernde weist, um denselben Winkel kippt auch unser Horizont, und wieder um denselben steigt der Nordstern. Vorausgesetzt, daß er sehr weit entfernt ist, unsere Sehstrahlen zu ihm hin sich also während der Reise nahezu parallel bleiben. Erathostenes' Erdmessung benutzt dasselbe [an der Sonne statt dem Stern], und die von so vielen Primanern auswendig gelernte Gleichung: „Polhöhe = geographische Breite" sagt wieder dasselbe.)

---

6 Nikolaus Kopernikus, „Erster Entwurf seines Weltsystems sowie eine Auseinandersetzung Johannes Keplers mit Aristoteles über die Bewegung der Erde." Hrsg. v. Fritz Rossmann, München, 1948, S. 76. – Neudruck bei der Wiss. Buchges. Darmstadt, 1966. (Im Folgenden zitiert als „Rossmann".)

6. Da das so ist, muß der bereiste Weg ein Kreisbogen sein. Daß die *ganze* Erde eine Kugel ist, beweist diese Erfahrung noch immer nicht. (Auch Aristoteles führt sie nicht zu diesem Zwecke an; er hat einen besseren Beweis, wie wir gleich sehen werden.) Es könnte noch immer so sein, wie Xenophanes es sich dachte, daß die Erde – ich zitiere wieder Aristoteles durch Keplers Mund –

„das die Erde vndersich khain end habe, vnd auff einer vnenlichen vnauffhörlichen wurtzel stehe"[7].

Das eigentlich Schreckliche ist ja, daß diese „Wurzel" fehlt, daß es rundum geht, auch *unten* herum.

7. Und dafür gibt es nun ein überwältigendes Indiz, das nicht einmal eine Reise verlangt und das kein Lehrer versäumen sollte, seinen Kindern zu zeigen. Es wird uns allen nicht allzu selten als ein riesiges Schattentheater vorgeführt: die „Mondfinsternis".

Hier feiert die Korruption unseres Schulwissens Triumphe. Fast alle lernen nach Büchern, was da angeblich vor sich geht, aber von 100 Abiturienten haben vielleicht zehn jemals eine Mondfinsternis gesehen (obwohl sie in der Zeitung angezeigt wird), und einer vielleicht hat sie genau gesehen. Die meisten sehen sie nicht, ohne daß sich die zuvor gelernte Scheingelehrsamkeit vor den Mond schiebt und ihn zum zweiten Mal verdunkelt. (Zugegeben: Sichtbare Mondfinsternisse sind selten. Filme – ohne Erläuterung! – könnten sie ersetzen.)

Scheuen wir nicht, dies Ereignis von den Kindern unbefangen sehen zu lassen, ohne gleich erklärend dazwischenzufahren. Schämen wir uns nicht, es uns einzugestehen, daß wir selber noch so empfinden können wie die Germanen: daß ein wölfisches Wesen die lichte Mondgestalt verschlingt. Ich erinnere mich, noch vor nicht allzu langer Zeit einmal bei einer Mondfinsternis instinktiv Furcht empfunden zu haben. Der Mond überraschte mich, gerade halb verdeckt, bei sehr klarer Luft. Der Schatten, ungewöhnlich dunkel-rötlich mit pelzigem Rand, hatte in der Tat das Aussehen eines einfressenden, fremden, fast räumlichen Wesens, das den Mond bedroht. Es kam hinzu, daß ich eine halbe Stunde vorher den noch unversehrten silberhellen Schild gesehen hatte. In der Erinnerung erschien er in diesem seinem eben noch unbehelligten Zustand wie ahnungslos, während doch die Schattenkeule schon im Niedersausen gewesen war.

Zunächst, für den Unwissenden, ist da nichts, was mit „Schatten" zu tun hätte. Etwas Dunkles, schmutzig Rötliches nimmt von dem Gestirn Besitz, ohne es ganz zu löschen. Dieses Etwas ist rund begrenzt, und wenn man es wieder hat abziehen sehen, das Ende ebenso gerundet, wie der Anfang war, und wenn man ein paar Mondfinsternisse gesehen hat, so ergänzt man ein unsichtbares kreisförmiges Gebilde über den Mond hinaus, wesentlich größer als er und nur so weit zu sehen, wie es ihn trifft. Oft, zwei- bis dreimal, sollte man das die Kinder (im Film) sehen lassen, ein lohnendes Fernsehen, und sie sollten beschreiben und aufschreiben, was sie sehen. Einstweilen noch nichts von Erklärung.

---

7 Rossmann, a. a. O., S. 61

Erst wenn man es ein paarmal erlebt hat, merkt man, daß es immer nur bei Vollmond geschieht, und nicht bei jedem. Immer nur, wenn der Mond ganz besonders auf der Höhe und gesund erscheint, wenn es ihm glänzend geht, kann ihn die Krankheit befallen.

Und nun muß man freilich, um weiterzukommen, wissen, wie es mit den sogenannten Mondphasen steht, das heißt, warum der Mond nicht immer „rund und schön" ist. Ist es bekannt, daß etwa ein Viertel unserer Abiturienten dem Glauben anhängt, das komme daher, daß der Erdschatten auf dem Mond liege? Dabei genügt – wenn schon von Schatten die Rede ist – ein Blick auf die Stellung der Sonne, um ein solch unsinniges Gerücht zu vertreiben. Ein groteskes Beispiel für ein sich geradezu überschlagendes Wort- und Scheinwissen.

Wenn man nun aber darüber Bescheid weiß, daß die Mondgestalten begriffen werden können, sobald man dabei auch auf die Sonne achtet und dann sieht, daß hier der Mond sich selbst im Lichte steht; wenn dies für die Kinder vorausgegangen ist – und es ist keine Kleinigkeit –, wenn man also weiß und sieht, daß bei jedem Vollmond und bei allen Mondfinsternissen die Sonne immer dem Nachtgestirn genau gegenübersteht, so ahnt man auf einmal, wer das ist, der da dem Mond übers helle Gesicht kriecht: Wir und unser Erdreich stehen ja mitteninne zwischen Sonne und Mond: Wir sind es selber, unser Erdreich, und also ist es rund und schwebt.

Aber noch immer nicht beweist das, daß wir auf einer Kugel wohnen; es könnte auch eine Kreisscheibe sein. Auch sie macht einen runden Schatten. Aber man braucht sich nur genau das Spiel vorzustellen und muß *mehrere* Mondfinsternisse gesehen haben. Ganz deutlich wird es dann, wenn der verfinsterte Mond gerade im Osten aufgeht, während drüben, gegenüber, die Sonne versinkt. Wäre die Erde ein Diskus, so dürfte in dieser schrägen Bestrahlung ihr Schatten nicht rund, er müßte ein längliches, lattenförmiges Gebilde sein. Aber er ist *immer* kreisrund.

„In den fünsternussen...",
so übersetzte Kepler den Aristoteles,

...ist der schnitt, der das helle von den fünsteren thailet, allezeit rund gebogen. Derowegen so der Mond sein liecht verleürt von wegen dessen, daß jme die Erde im liecht stehet, so muß die eüssere Bildung des Erdbodens, wellicher Kugelrund, ein Vrsach sein an sollicher gestalt des Monds"[8].

Versetzt man sich selber in dies Schattentheater mit hinein, so meint man sich bei einer solchen Aufgangs- Mondfinsternis als eine aufrechte, winzige Figur auf dem fernen Schatten zu erkennen.

8. Nun erst wird es ja ernst: Die unendliche Wurzel *fehlt*. Wir treffen sie nicht, wenn wir nach Süden fahren, der Boden wie das Meer krümmen sich unaufhörlich unter uns weg. Die Kugel schwebt. Erhart Kästner gibt davon eine eindrucksvolle Beschreibung:

---

8 Rossmann, a. a. O., S. 76

„Dafür blickt man, je weiter nach Süden man kommt, immer weiter ins südliche Himmelsgewölbe hinein; am Äquator überschaut man ja beide Himmelshälften zugleich von Pol bis zum Pol. Dieses Immerweiter-Hineinschauen in die Fremde des südlichen Funkelgewölbes war mir abenteuerlich und trug dazu bei, daß die Verzauberung dieses Sternenanblicks mich vollkommen besaß"[9].

Eine ganz beiläufige Bemerkung, ich glaube: von Josef Conrad, läßt sich hier anschließen: daß man, auf der südlichen Halbkugel angekommen, das vertraute Sternbild des Orion – das ja, nahe dem Himmelsäquator stehend, aus beiden Hemisphären sichtbar ist –, daß man dieses Sternbild *kopf*stehen sieht. Als ich das las, war ich betroffen darüber, daß ich mir nie klargemacht hatte, daß das ja so sein müsse; zweitens, daß ich es noch in keinem anderen Reisebericht gelesen oder erzählt bekommen hatte. Und schließlich, daß uns das *eigene* Kopfstehen dort „unten" wohl auf keine Weise deutlicher zum Bewußtsein gebracht werden kann.
Die Kugel ist also vollständig; sie schwebt frei, und wenn wir auf die andere Seite gehen, stehen wir kopf. Logisch und geometrisch ist alles in Ordnung.

9. Aber nun erst, nun erst, beginnen die Schwierigkeiten, das Unbezweifelbare dieser nirgendwo gehaltenen Kugel mit dem Herzen zu begreifen. Logisch ist alles schlüssig, die Mondfinsternis hat es besiegelt, und das Vordringen auf die südliche Seite der Erdkugel hat jeden Zweifel zerstört.
Aber das Antipodenproblem erhebt sich erst jetzt mit ganzem Ernst. Warum fallen die Antipoden nicht ab, warum stürzen wir selber nicht ab, wenn wir sie besuchen? Warum – Frage eines Neunjährigen – fließen die Meere nicht aus?

„... glaubst du vielleicht, die unteren Lasten der Erde strebten empor und lehnten gestützt zurück sich zur Erde?"         T. Lucretius Carus, gestorben um 60 v. Chr.[10]

Eine überholte Frage für uns moderne Menschen, die die Erde umfliegen und umschießen? Kein Problem mehr für Erwachsene wie Kinder?
Aber lesen wir es bei Lindbergh in seinem bedeutsamen Buch „Mein Flug über den Ozean", der Beschreibung des ersten Flugs über den Atlantik, von New York nach Paris ohne Zwischenlandung, am 21. Mai 1927. Lindbergh war damals fünfundzwanzig Jahre alt:

„Rechts von mir dehnt sich der endlose Ozean, buckelt sich über die Erde, über Hunderte von Horizonten und schüttet sich nur durch ein Wunder, dessen Erklärung die Wissenschaft, scheint es, sich beinah zu leicht macht, nicht an den Enden des Globus ins Weltall aus"[11].

Nun, man weiß, er ging nicht gern zur Schule; elf hat er besucht, und – schreibt er –

„keine einzige hat mir Spaß gemacht. Die Erinnerung an sie scheuert mir meine ganze Kindheit wund."

---

9 Erhart Kästner, Das Zeltbuch von Tumilad. Fischer-Bücherei Nr. 139, S. 67.
10 Von der Natur der Dinge, Fischer-Bücherei, Exempla Classica, Bd. 4, S. 39.
11 Lindbergh, a. a. O., S. 194 u. 306.

So hat er vielleicht nicht zugehört, als es erklärt wurde, oder die Erklärung hat ihm mit Recht nicht gefallen, die fast alle Schulkinder auf der Zunge haben, wenn man sie fragt:

„Das macht die Anziehungskraft der Erde", die im Mittelpunkt „ihren Sitz hat". Nein, so leicht hat es sich die Wissenschaft nicht gemacht, und so leicht wollen es Kinder nicht gemacht haben. Denn, was ist damit eigentlich Erklärendes gesagt? Kaum mehr, als man schon wußte, ein wenig anders formuliert und, soweit es ein Mehr ist, ohne Andeutung einer Begründung: Woher weiß man das? Könnte es nicht auch eine Abstoßungskraft des Himmels sein? Und was nur ist im Mittelpunkt der Erde los? Viele glauben, daß dort, in diesem magischen Punkt, etwas sitzt und wirkt, eine Art Erdgeist. Das Magische ist mit dem Geometrischen hier eine nicht legale, von der Schule oft fahrlässig begünstigte Verbindung eingegangen. (So können ja auch, zum Beispiel, Kraft-Vektoren zu magischen Wesenheiten werden.)

10. Wir pflegen auf die Zeiten, in denen man sich um die Antipoden Sorgen machte, mitleidig lächend zurückzublicken. Aber unsere Aufgeklärtheit ist nicht so hell, wie wir glauben.

Deshalb ist, was der große Mathematiker Leonhard Euler in seinen Unterrichtsbriefen der kleinen Prinzessin (Friederike von Brandenburg-Schwedt) darüber schreibt, noch heute dem Lehrer eine gute Hilfe. Ich füge das Schönste hier an, da sein Buch[12] so gut wie unerreichbar ist:

Aus dem Brief vom 28. August 1768:

„Nachdem man ... anfieng, einzusehen, daß die Figur der Erde ungefähr kugelförmig und allenthalben bewohnbar sey, so, das es solche Oerter gebe, die uns gerade entgegen gesetzt sind, wo die Einwohner uns die Füße zukehrten, die man auch deswegen Antipoden nennt: so fand diese Meynung so viel Widersprüche, daß einige Kirchenväter sie als eine große Ketzerey ansahen ... Heut zu Tage würde man für einen Thoren gehalten werden, wenn man an ihrer Wirklichkeit zweifeln wollte ... Dem unerachtet findet man noch in dieser Sache viele Schwierigkeiten, die es der Mühe werth ist zu heben ...

In der Verlegenheit ... haben einige sie durch die Vergleichung mit einer Kugel zu heben geglaubt, auf deren Oberfläche man oft Fliegen ... eben so wohl oben als unten herumlaufen sieht. Aber sie denken nicht daran, daß die Insekten ... sich durch ihre Klauen anhaken ... Also müßte der Antipode wohl vielleicht Haken an seinen Schuhen haben ...; aber er hat keine ... Ja, so wie wir uns einbilden oben auf der Erde zu seyn, so bildet es sich der Antipode auch ein und glaubt, daß wir unten sind. Vielleicht ist ihm eben so bange um uns als uns für ihn ist ... In der That, wenn sich jemand an der Decke eines Zimmers mit den Füßen halten wollte, so müßten die Haken an seinen Schuhen sehr stark seyn, und bey alle dem würde er doch eine sehr traurige Figur vorstellen ...

Aber wohin sollte denn nun wohl der arme Antipode, für den man so besorgt ist, fallen, wenn das sich ereignete? ... niemals hat man noch gehört, daß ein Antipode einen so schrecklichen Fall von der Erde hinweg gethan hätte. Vielmehr, wenn sie fallen, so fallen sie wie wir gegen die Erde zu; und doch bilden sie sich ein, nach unten zu fallen. — Allenthalben wo wir uns auf der Erde befinden, ist unten da, wohin die Körper fallen."

---

12 Leonhard Euler, „Briefe an eine deutsche Prinzessin über verschiedene Gegenstände aus der Physik und Philosophie", 2. Auflage, Leipzig 1773, I. Teil S. 165–168.

Und darauf kommt nun wirklich alles an: dies ganz und gar einzusehen, daß „oben –
unten" zu ersetzen ist durch „außen – innen", und dies rundum.
Ich erinnere mich an Kinder, die dem fröhlich zustimmten, aber bald nachdenklich
rückfraget: daß die Neuseeländer nicht abfielen – klar! Aber: ob ihnen nicht doch
das Blut in den Kopf stiege? – Ein Globus nützt da wenig. Er bleibt, wo er auch steht,
über dem Boden, über der Erde, unter der Zimmerdecke, unter dem Himmel. Das
gewohnte Oben-Unten umschließt ihn und hängt an ihm fest. – Besser zeichnet man
den Erdkreis in den Sand oder auf eine waagerecht liegende Tafel.

11.  Vor die eigentliche Probe stellt uns die folgende Frage: Man kann beruhigt sein
über die Antipoden, aber nun für uns *alle* fürchten: Muß nicht die Erdkugel als *Ganzes*, und mit uns allen, ins Leere stürzen?
Wer so denkt, glaubt außer an das irdische „Unten" (Innen) noch an ein zweites, ab-
solutes „Unten" des Weltraumes. (Ein zentralsymmetrisches Gravitationsfeld ist
von einem homogenen überlagert. Derartiges wäre nicht unmöglich, ja es *ist* so ähnlich, wenn wir an die Schwere der Erde zur Sonne hin denken – Euler nennt sie die
„Sonnenschwere".)
Zur Vermeidung dieses bodenlosen Sturzes wird von Kindern wie Erwachsenen
bisweilen auch ein Gedanke angeboten, der sehr demjenigen ähnelt, den wir bei
Empedokles finden und den Aristoteles uns so übermittelt hat (wieder in Keplers
Übersetzung):

„Andere, als Empedokles, sprechen der Vmblauff des Himmels rings vmb die Erd herumb der
so schnell seye, der verhindere die Erd, das sie nit wider von jrem jetzigen ort hinweg fallen
möge: Wie zum exempel das wasser in einem Kessel, wan man den kessel mit seiner handheb
schnell herumbschwinget also das der boden yber sich kommet, das wasser vnder sich"[13].

Vermutlich wird hier gemeint, daß im Inneren eines solchen Wirbels alles „steht"
und gehalten ist.
*Warum* glauben wir eigentlich nicht an das zweite, das absolute Unten, neben dem
irdischen? Weil dieses irdische ausreicht, alles zu verstehen; wir ziehen die einfachste Lösung vor: Wohin sollte die Erde fallen, wenn nicht *auch* nach innen? Und das
hat sie eben schon getan, und vielleicht ist sie deshalb so schön rund. Hätte sie Türm-
chen und Erker, so wären die längst abgebrochen und zusammengestürzt. Und gar
wenn die Erde früher, wie man sagt, einmal flüssiger soll gewesen sein, so wäre sie
eben in sich zusammengesunken, so weit sie konnte. Als Kugel hat sie darin das Äußerste erreicht.

„Das die Erd rund sey, beweiset *Aristoteles* dahero, dieweil sie mitten in der Welt stehe, dahin
alle schwäre jrdische sachen seyen zusammen gefallen. Aber Jch khan diß sein *argumentum*
wol besser brauchen, wan sie schon nit mitten in der Welt stehet vnd wan schon die schwäre
*Materien* nit dahin zusammen gefallen eind. Nämlich also. Die schwäre ist nichts anderes dan
der Magnetische Zug der Erden. Setze nu die Erde sey ein waicher flüssiger klump, der würde
zusammen sinckhen in eine kugel, gleich wie die Wassertröpflin vnd quecksilberkügelin rund
werden. Dan je die mehrere menige zeücht zu sich das wenigere, so weitter entan stehet, biß es
vmb vnd vmb gleich weit vom mitteln würt.

---

13  Rossmann, a. a. O., S. 65

Wan dan die Erd so waich vnd flüssig gewest wie ein tail da sie jung worden, so hatt sie für sich selber ein runde gestalt gewunnen. Wäre sie aber hart erschaffen worden, so hette doch jr Werckmaister jr die eckhe rings herumb abstutzen müessen, hette Er anders wöllen das sie vmb vnd vmb jre Wasser habe, vnd nit solliche ekhe gantz trucken vnd wasserloß stehn pleiben. Hatt sie derowegen lieber gleich anfangs rund formirt."                                    Kepler[14]

12. Es wäre aber ein Irrtum zu meinen, nun sei alles klar. Die Sorge um die Antipoden und die Furcht vor dem Absturz des Erdballs sind zwar aufgelöst, aber nur geometrisch.

Nur der *Tatbestand* ist anerkannt. Aber er ist im Sinne der Physik noch gar nicht verstanden: Denn *warum* fällt denn alles gegen den Mittelpunkt? – (Eulers Satz „Allenthalben, wo wir uns auf der Erde befinden, ist unten da, wohin die Körper fallen" ist nur eine globale Sprachregelung und will mehr auch nicht sein. Er gibt keine Antwort auf die Frage, warum die Körper diesem Unten zustreben. Physikalisch angesehen, ist er eine Tautologie: Die Dinge fallen nach unten, weil „unten" das genannt wird, wohin die Dinge fallen.)

Dort, wohin alles strebt, muß dort nicht etwas Besonderes los sein? Wohin man strebt, dort ist doch etwas Lockendes. Warum ist der Mittelpunkt der Erde so lockend?

Hier erst erreichen wir das Gebiet, in dem sich für die sogenannten Gebildeten wie für die sogenannten Ungebildeten die nebelhaften Mißverständnisse häufen.

Halten wir uns an die Abiturienten (die ja zugleich die Lehrer der übrigen neun Zehntel des Volkes stellen), so kann man nach meinen Erfahrungen mit Studenten, die Lehrer werden wollen (Erfahrungen, die von Dozenten anderer pädagogischer Hochschulen bestätigt werden), zwei Gruppen unterscheiden:

Die weitaus größere bewegt sich in eigenen Vermutungen. Sie wissen zwar nichts Genaues, aber sie denken nach, wobei sie einerseits ursprünglich vorgehen (nicht viel anders als Kinder, als die Vorsokratiker, als Aristoteles), aber gleichzeitig das einbauen was Ernst Heimeran einmal „Bildungsschotter" nannte, also unverstandene Schulrelikte[15]. Sie sprechen vom Luftdruck, vom Magnetismus, von der Rotation als möglicher Ursache sowohl der Kugelgestalt wie der Erdanziehung[16]. *Wie* verlassen sie dastehen, wenn sie später Volksschullehrer werden, kann man sich ausmalen.

Neben ihnen gibt es eine kleine Minderheit, die sachlich über die Schwerkraft Bescheid weiß. Sie gehören zu den wenigen, die im Gymnasium etwa die Note 1 oder 2 hatten. Sie sind, falls sie Volksschullehrer werden, dort in einer anderen, in der entgegengesetzten Weise verlassen. In unserem Falle so: Sie wissen: es handelt sich hier um einen Sonderfall der „allgemeinen Gravitation". Sie ist, auch qantitativ, gesichert durch die Versuche mit der Drehwaage. Da man sich in der Volksschule keine leisten kann, muß man, meinen sie, das Ergebnis hier – leider – erzählen. Daraus er-

14  Rossmann, a. a. O., S. 89
15  Beispiele im Kap. XI meines Buches „Die pädagogische Dimension der Physik", Braunschweig, 3. Aufl., 1970.
16  Vgl. hierzu den Bericht „Himmelskunde" (Beitrag 48 in UI); im vorliegenden Band ebenfalls Nr. 48.

gibt sich dann alles übrige von selbst. – Sie sind also verlassen, weil das logisch Richtige das pädagogisch Unbrauchbare sein kann.

Schließlich bleibt ein kleiner Bruchteil, ich wage kaum, ihn abzuschätzen, aber ich habe in mehreren Jahren der Mitarbeit an Pädagogischen Hochschulen schon einige solche Abiturienten angetroffen: sie haben selbständig nachgedacht und sind Anregungen der Schule auch privat nachgegangen. Sie haben sich klargemacht, daß Newton, ja sogar Kepler schon, der Gravitation so gut wie sicher war, ohne experimentellen Nachweis auf der Erde. Sie kennen den Weg der Physik: An seinem Ende, nicht an seinem Anfang, steht das allgemeine Gravitationsgesetz. Um die Schwerkraft, die Mondbewegung, die Planetenbewegung zusammenzudenken, braucht man es noch gar nicht, weder in seiner Allgemeinheit noch in seiner quantitativen Fassung.

Man sieht, welche Kluft sich auftut zwischen dem Weg, auf welchem man Kinder und Anfänger auf bildende Weise in die Himmelskunde einführen muß, und dem Schnellverfahren, in dem man Fachleute ausbilden kann und auch ausbilden darf (im zweiten Gang, d.h. falls sie den ersten Gang richtig getan haben!), indem man sie nämlich unmittelbar an den schon herauspräparierten grundlegenden Tatbestand heranführt. Die Gravitationswaage als erstes ist für die Schule *kein* „Einstieg". Denn als ein Fundament des Gebäudes liegt es unsichtbar und verborgen. Mit ihm beginnen ist ein künstliches Beginnen und deshalb ein nicht bildendes (wenn auch unter Umständen „schulendes"). Denn auf den Gedanken, eine Drehwaage zu bauen, kommt niemand, der nicht schon ziemlich gut Bescheid weiß. (Ein entsprechendes Beispiel aus der Optik: Der „Fresnelsche Spiegelversuch" erschließt mit *einem* Schlag die Wellenlehre des Lichts. Aber niemand hätte ihn ersinnen können, der der Periodizität des Lichtes nicht schon *vorher* ziemlich sicher gewesen wäre[17]. Studenten darf man unter Umständen so unterrichten, Kinder betrügt man um gerade das, worauf sie Anspruch haben: zu lernen nämlich: nicht so sehr, daß es Gravitation gibt, sondern: wie der Mensch auf so etwas wie die Gravitation kommen und wie die Natur so etwas preiszugeben bereit war und ist).

Solche Erfahrungen führen zu der Sorge: Vergißt die Höhere Schule, außer und vor aller Information über moderne Forschungen ihre Grundaufgabe: elementare, verstandene und in bildender Weise erworbene Erkenntnisse zu übermitteln? Ein Versagen an dieser Stelle hat vielfach multiplizierte Folgen für die gesamte Volksbildung. Das gilt für den mathematisch-naturwissenschaftlichen Unterricht überhaupt.

13. Wie soll man nun aber die Erdanziehung verstehen, ohne die allgemeine Gravitation zu brauchen? Wie kann man ohne sie abbringen von dem Gedanken, der Quell der Anziehung „sitze" im Mittelpunkt?

Für Aristoteles strebte alles in den Mittelpunkt der *Welt*kugel, eben *weil* er der Mittelpunkt ist, und deshalb steht ja auch für ihn die Erde dort. Als Kopernikus einleuchtend machte, daß die Sonne diesen Platz einnehme, als im neu erfundenen Fernrohr sich die Möndchen um *ihren* Jupiter drehten, erkannte Kepler als Kraft-

---

17 Hierzu Beitrag 26 des vorliegenden Bandes.

quelle nicht mehr den geometrisch bestimmten *Ort*, sondern den materiell bestimmten „Körper". Damit erst wurde die Betrachtung physikalisch.
Dieser Argumentation ist aber für Anfänger nicht glücklich, da das Kreisen der Erde um die Sonne eine schwerer zu nehmende Stufe des Verstehens ausmacht als die Rotation.

14. Gedanklich einfacher sind die, zeitlich späteren, Argumente Eulers. Auf sie drängen die Kinder hin, wenn sie etwa fragen, ob der Stein eigentlich zu fallen gezwungen wird oder ob er es freiwillig tut[18]. Wenn er gezwungen wird, so kann ihn entweder der Himmel drücken oder die Erde ziehen[19]. Nun kann man berichten, daß ein Stein, auf die Höhe eines Gebirges gebracht, auf den Harz etwa, ein wenig an Gewicht verloren hat. Wenig, aber doch meßbar mit einer hochempfindlichen Federwaage. Umgerechnet auf eine große Menge ist diese Erleichterung aber gar nicht mehr so geringfügig. Ein Wasserwürfel von 1 Meter Kantenlänge wiegt oben auf dem Harz (auf dem „Torfhaus") etwa 86 Gramm weniger als unten, 500 Meter tiefer, in Harzburg[20].
Das spricht für eine sich in die Ferne allmählich verlierende Zugkraft der Erde. – Es paßt recht gut zu der Vorstellung, sie könnte im Erdmittelpunkt „hausen", von ihm „ausgehen". In einem Bergwerkschacht unten müßte dann aber zu erwarten sein, daß das Gewicht der Dinge, die da hinuntergebracht werden, zunähme, denn sie kommen ja dem Mittelpunkt näher. Merkwürdigerweise ist das nun nicht so, sondern umgekehrt, und das erstaunt die Kinder sehr.
Es ist mit Eulers Worten so:

„Wir sehen also nun ein, ... daß diese Kraft auf der Oberfläche der Erde am stärksten wirkt; daß sie sich vermindert, wenn man sich von dieser Oberfläche entfernt, es mag dies nun geschehen, indem man in die Erde hinein gegen den Mittelpunkt zugeht, oder indem man von ihr weg in die Höhe steigt"[21].

Dazu kommt, was Euler so sagt:

„Ich habe schon Ew. Hoheit gezeigt, daß man in der That beobachtet haben will, daß ein großer Berg in Amerika eine kleine Attraktion hervorgebracht hätte"[22].

---

18 Hierzu Beitrag 39 des vorliegenden Buches.
19 Wie wenig es selbstverständlich ist, daß die Ursache der Schwere in der Erde zu suchen ist, zeigen die Gedanken von Descartes, der 1635 an Mersenne schrieb: „Ich glaube ... nicht mehr, daß die schweren Körper ... heranbommen ... durch irgendeine Anziehungskraft der Erde"; und 1639 an De Beaune: „Bezüglich der Schwerkraft stelle ich mir nichts anderes vor, als daß die gesamte feine Materie, die sich von hier bis zum Mond erstreckt, durch sehr schnelle Drehung um die Erde alle Körper, die sich nicht so schnell bewegen können, gegen diese treibt." – (Nach: René Descartes, Briefe, hrsg. von Max Bense, Köln, 1949, S. 71 und 167.) – Wie Descartes zu seiner Theorie kam, braucht uns nicht zu beschäftigen. Wichtig ist nur, daß er die Ursache nicht in der Erde, sondern draußen suchte.
20 K. Jung, Schwerkraftverfahren in der angewandten Geophysik (Geophysikalische Monographien, Bd. 2). Leipzig 1961, Seite 52.
21 Euler, a. a. O., S. 175.
22. Euler, a. a. O., S. 190.

Er meint die „Lotabweichung" des Pendels in der Nähe eines Gebirges[23]. Es hängt dort wirklich ein wenig schief, indem es sich gegen das Gebirge hin etwas anhebt, zu ihm hinstrebt. Das erscheint ganz außerordentlich wenig, wenn man es im Winkelmaß angibt, nämlich in Harzburg nur etwa eine viertel Bogenminute (also $1/240$ Grad). Dieser winzige Betrag macht aber einen ganz anderen Eindruck, wenn man sich klarmacht, daß eine ruhige Wasserfläche sich immer senkrecht zur wirklichen Richtung der Schwerkraft einstellen muß; daß sie also in Harzburg (wo diese Richtung, wie wir sahen, nicht genau auf den Mittelpunkt der Erd- und der Himmelskugel deutet), in einer schrägen Lage verharren muß:

„Infolgedessen steigen die Oberflächen der beiden Teiche bei Harzburg nach Süden hin an um 1 cm auf 153 m Länge"[24].

So sehr also drängt das Waser (wie *alles* Körperliche) zum Harzgebirge (das dank seiner Erzlager noch besonders dicht ist und damit mächtig zieht).

Daß die kümmerliche viertel Bogenminute infolge einer bloßen Umrechnung nun auf einmal so bedeutend erscheint, ist nicht einfach die Folge eines mathematisch-psychologischen Tricks, es entspricht dem physikalischen Tatbestand viel richtiger als die Vorstellung eines schräg hängenden Pendels. Seine Lotabweichung erscheint uns gering, wenn wir bedenken (was zutrifft), daß das ganze Harzgebirge an dieser Anhebung beteiligt ist; oder gar, wenn wir glauben (was nicht zutrifft), daß es seine ganze Kraft auf nur die kleine Pendelkugel verausgabe. Man muß nämlich noch dazu wissen, daß ein schweres Pendel (mit Felsblock) genauso schräg hängt wie ein leichtes (mit Steinchen); daß beliebig *viele* Pendel, um den Harz herum aufgehängt, alle zugleich zu ihm hinstreben; ja daß alle Gegenstände; alle Bäume zum Beispiel, die im niederen Vorland des Gebirges stehen, seine Kraft spüren und ihr mit einer winzigen Verbeugung zu ihm hin nachgeben. Dieser Tatbestand wird durch die Betrachtung eines Wasserbeckens im Ganzen deutlicher. Jeder Wassertropfen des Sees spürt das Gebirge. Und da Wasser in sich beweglich ist, so zieht es sich an den Harz heran und staut sich auf ihn hin.

Damit wird nun auch klar, warum die Bergleute unter Tage eine Spur leichter sind, als sie es oben waren: weil all das Gestein, das über ihnen steht, sie ein wenig anhebt. So nähern wir uns der Überzeugung, daß nicht der Mittelpunkt der Sitz der Kraft ist. Zeigen wir nun noch im Fernrohr Jupiter und seine Monde in mehreren Nächten hintereinander, so daß man sieht, wie sie ihn umlaufen. Für sie ist nicht der Mittelpunkt der *Welt*, wie ihn die Fixsternkuppel uns nahelegt, der Ort, um den sie kreisen. Es ist ihr Jupiter, der ja nicht in der Weltmitte sitzen kann, wenn wir es tun. Er kann

---

23  Siehe Fischerlexikon Nr. 20 (Geophysik) S. 101 f., wo man sich über die Meßmethoden informieren kann und erfährt, warum ein so gewaltiges Gebirge wie der Himalaja eine enttäuschend geringe Lotabweichung bewirkt.

24  Nach H. C. E. Martus, Astronomische Erdkunde, 3. Aufl., Dresden und Leipzig, 1904, S. 452. – Martus fügt eine Frage hinzu, die hier an den Leser weitergegeben sei: „Würde ein Schlitten diese spiegelglatt gefrorene schiefe Ebene von selber hinabgleiten?" (Offenbar ist gemeint: bei völlig fehlender Reibung. Antwort: Er würde sich nicht rühren. Denn die Schwerkraft drückt ihn ja genau im rechten Winkel gegen die Eisbahn).

ihr Regent also nur sein vermöge seiner Materialität (Körperhaftigkeit, Leibhaftigkeit). Und sie sitzt *überall* in ihm, nicht gerade im Mittelpunkt. So wird es wohl also auch bei uns sein (zumal – nach Kopernikus – gar nicht wir in der Weltmitte wohnen, sondern die Sonne). Keplers Worte, der es schon genau wußte:

„...ob der stain nach dem Mittelen der Welt zile oder nach dem Mittelen der Erdkugel. Jch sage, nit nach dem Mittelen der Welt, sondern nur nach dem Mittelen der Erdkugel: Dan da sihet man die Vrsache, die Erd zeücht solliche schwäre dinge an sich wie ein Magnet das Eisen."

Und:

„das alle sachen nach dem saiger...vnder sich fallen...das macht die anziehende gewalt der Erden, die steckht nit im Centro sondern im gantzen leib, und ziehen diejenige stuckh am maisten, die dem auffgeworffenen stain am nechsten seind..."[25].

Oder, ganz zusammengefaßt: die fallenden Steine

„begehren nit des orts, wie Aristoteles will, sondern nur des leibes"[26].

In dieser Sprache spüren wir, daß Kepler einer ist, der mit dem Herzen versteht. Und wenn wir es Kindern vorlesen, so verstehen auch sie es auf der Stelle. Das leere geometrische Schema hat sich ihnen jetzt völlig verwandelt:
Von jeder Scholle des riesigen mütterlichen Erdleibes fühlen sie sich nun gehalten. (Im zweiten Bild sind nur einige Repräsentanten der Zugkräfte angedeutet.)

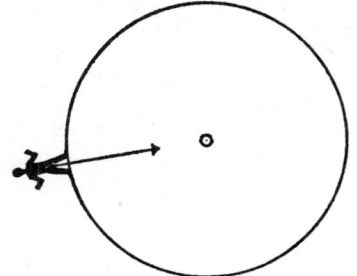 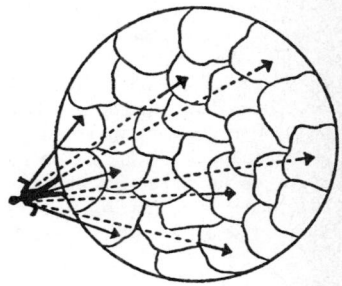

15. Hier ist auf einmal ein Heimat-Gewinn, nachdem Heimat-Verluste und Schritte der Entfremdung vorausgegangen sind. Bleiben wir einen Augenblick stehen, blicken wir zurück, um uns ihrer bewußt zu werden:
Als Heimat im ursprünglichen Sinn sehen wir das Dorf an, inmitten der Wälder seines Horizontes gehalten, auf dem Erdreich ruhend, fest gegründet und von ihm getragen. Darüber ausgespannt das Himmelszelt mit seinen vertrauten Sternbildern. Diese Glocke reicht weit. Wer verreist und diese Landschaft verliert, behält den

25 Rossmann, a.a.O., S.88
26 Rossmann, a.a.O., S.90

Himmel noch lange. So fühlt die Frau aus Memmingen[27], aus dem Frankfurter Hauptbahnhof tretend, sich trotz aller Fremdheit angeheimelt, wie sie den Mond erblickt. „Schau", sagt sie, „des Memminger Möndle!"
Wer die Erdkugel als Heimat gewinnen will, lernt es am besten auf weiten Reisen. Der Horizont (d. h. die Himmelskuppel) gerät dann – es war schon davon die Rede – ins Neigen und Kippen, bis schließlich Orion kopfsteht, man ins südliche Gewölbe blickt und dort *keinen* tragenden Stamm findet.
Für den, der so weit nicht kommt, ist das Schwierige, daß die Erde so groß ist, daß wir das Kippen erst bei weiten Reisen merken. Wäre sie ein Planetoid, wie der, den Exupéry für seinen kleinen Prinzen malte, so sähen wir unseren Nächsten noch, wenn er schon merklich nicht mehr parallel zu uns steht und also die Schwere schräg zu unserer eigenen spürt. – Wir müssen lernen, uns gleichzeitig an allen Orten zu wähnen und uns mit den Antipoden eins zu fühlen, bis wir das neue Unten (nämlich „Innen") assimiliert haben. Es gibt uns Zentrierung und, nachdem wir den Schwindel überwunden haben, eine neue Gehaltenheit, eben die, welche Kepler so überzeugend aussprach, indem er sagte, daß jedes Stück, jede Scholle der ganzen Erde sich um uns bemüht und uns zu halten sich anstrengt.
Antoine de Saint-Exupéry ist die Einverleibung und Beherzigung dieses neuen Unten und damit die Verheimatlichung des ganzen Erdballs vollkommen darzustellen gelungen. Er beschreibt in seinem Buch „Wind, Sand und Sterne"[28] einen Traum:

„... sah ich nichts als das tiefe Becken des Nachthimmels, denn ich lag mit ausgebreiteten Armen rücklings auf einem Dünengrat und sah ins Sternengewimmel. Ich war mir damals noch nicht so recht klar, wie tief dieses Meer ist, und so faßte mich der Schwindel, als ich es plötzlich entdeckte. Ich fand keine Wurzel, an die ich mich klammern konnte, und kein Dach und kein Zweig waren zwischen diesem Abgrund und mir. Ich war schon losgelöst und begann hineinzufallen wie ein Taucher ins Meer. Aber ich fiel nicht. Ich fühlte mich von Kopf zu den Zehen mit unzählbaren Banden der Erde verknüpft. ... Ich fühlte mich der Erde verbunden mit einem Druck, der dem glich, der uns in Kurven auf den Führersitz preßt...[29].
Das Gefühl, gehoben zu werden war so deutlich, daß es mich nicht erstaunt haben würde, wenn in dem Schoß der Erde die Hebel und Streben gestöhnt hätten, so wie alte Segelschiffe knarren, wenn sie sich aufrichten oder neigen, oder wie verärgerte Flußkähne mürrisch ächzen. Aber in der Tiefe der Erde blieb es still. Nur der Druck an meinen Schultern blieb, ausgeglichen, ewig, stetig, ewig gleich. Schwebend hing ich an der Erde..."

## IV. Die tägliche Umwälzung

16. Wenden wir uns nun zu dem zweiten Abenteuer, das dem bevorsteht, der über die Erde ernstlich Bescheid wissen will: dem Verstehen ihrer täglichen Rotation, des *Umbwaltzens*, wie Kepler sagte.

---

27 Ich verdanke die Geschichte Eduard Spranger.
28 Vita Nuova Verlag. Tübingen 1947, S. 90/91.
29 Eine physikalisch wie psychologisch interessante Bemerkung: Der Physiker erkennt die Äquivalenz von Trägheit und Gravitation. Der Psychologe bemerkt, wie hier die vertraute Schwerkraft durch das Gefühl, „unten" zu hängen, rätselhaft wird und sich rettet in den Zusammenhang mit der noch vertrauteren Trägheit.

„Weil Jch...deren mainung nit bin, das die Erde still stehe, sondern...sich selber vmbwaltze, deren Vmbwaltzungen jede einen Tag machet...,

sondern:

„...das der hohe Himel mit den fix- oder angehefftn sternen, zusampt der Sonnen vnbeweglich stehe...“,

und:

„...wan ein Ort auff Erden der Sonnen aus dem liecht gedräet würt so ist es an dem selben ort nacht“[30].

Kepler hatte es von Kopernikus. Kopernikus hatte, hundert Jahre vor ihm, geschrieben:

„...die tägliche Umwälzung. ... Durch sie scheint das Weltall in bodenlosem Absturz herumgetrieben zu werden“ („praecipiti voragine circumagi videtur“, also wörtlicher etwa: „kopfüber durch den Abgrund herumgestürzt“). „In Wahrheit wälzt sich so die Erde herum mitsamt dem Meer und der Lufthülle“[31].

Diesen Gedanken hatte es zweitausend Jahre vorher schon einmal gegeben, aber er hatte sich nicht durchsetzen können, so unglaublich war er. Nur in Büchern blieb er erhalten, und Kopernikus las ihn bei Cicero (etwa 50 v. Chr.). Der wieder hatte ihn bei dem Aristoteles-Schüler Theophrast gelesen (327–287), und der hatte etwas gehört: Cicero schreibt:

„Wie Theophrast sagt, ist Hicetas aus Syrakus der Ansicht, daß der Himmel, die Sonne, der Mond und die Sterne, überhaupt alles über uns am Himmel feststeht und in der Welt sich nichts außer der Erde bewegt. Während diese sich mit sehr großer Geschwindigkeit um ihre Achse drehe, geschehe alles ebenso, als wenn die Erde stillstünde und der Himmel sich bewegte“[32].

Dieser Hicetas[33], etwas jünger als Sokrates, ist Vorläufer des berühmten Aristarch von Samos gewesen (320–250 v.Chr.), der nun ein vollkommen „kopernikanisches“ System aufbaute, das später niemand mehr glauben konnte.

17. Daran zu glauben, ist nun wirklich für einen unbefangenen und selbständig denkenden Menschen eine noch viel größere Zumutung als die Anerkennung der Kugelgestalt. Hat er jene annähernd, in dem Maße wie Exupéry, sich angeeignet, so fühlt er sich doch am „Leib“ (in Keplers Sprache) der Erde *ruhen*. Nun soll er aber glauben, wenn er im Schweigen etwa des Gebirges steht, in dem nichts sich regt, er sei in rasender Fahrt; wir alle. Eine widersinnige Behauptung, weil sie aller ungekünstelten Erfahrung widerspricht.

Jeder wird sich zwar gern daran erinnern lassen, wie er, über das Brückengeländer gelehnt und auf den breiten vorwärts fließenden Strom schauend, sich selbst samt

30  Rossmann, S. 86, 78, 79.
31  Rossmann, S. 13/14.
32  Rossmann, S. 93.
33. Die Anfänge der abendländischen Philosophie, Artemis Verlag, Zürich 1949, S. 197.

der Brücke rückwärts gezogen meinte; oder wie er, rücklings liegend und in den jagenden Wolkenhimmel starrend, das Gefühl bekam, mit dem Erdboden wie einem Riesenfloß dahinzutreiben. So ähnlich soll es also wirklich *sein*. Und freilich gibt es kein Ufer, an das der Blick sich halten könnte!

Aber das beweist ja nichts als die *Unentscheidbarkeit*; und *Einwände* erheben sich: Wo ist der ständige Ostwind? – Wer könnte hoffen, den Ball noch zu fangen, der in unseren Breiten – mit 300 Meter je Sekunde – längst in des übernächsten westlichen Nachbars Garten geschwirrt sein müßte, nicht anders wie die Äpfel, die vom Baume fallen?

Wer so denkt, findet sich in bester Gesellschaft: Der große dänische Astronom Tycho Brahe schreibt in einem Brief von 1589:

„... sage mir, wie kann denn eine Bleikugel, die man von einem recht hohen Turm in passender Weise fallen läßt, den genau lotrecht unter ihr liegenden Punkt der Erde treffen? Eine einfache mathematische Überlegung zeigt Dir, daß dies bei bewegter Erde vollkommen unmöglich ist. Selbst in unseren Breiten müßte sich ein Erdpunkt in einer Sekunde noch um 150 Doppelschritte nach Osten weiter drehen"[34].

Auch Kepler schlägt sich damit herum:

„... wird es geschehen, daß der Stein beim Herabfallen ein wenig von dem Lot abweicht, das man vom Mittelpunkt der Erde durch ihre Oberfläche nach dem Mittelpunkt des Steins zieht, und daß das Lot des Steins allmählich auf weiter westlich liegende Teile der Erdoberfläche trifft, wenn sich die Erde vom Westen nach Osten bewegt; es wird der Erde nicht vollkommen folgen, sondern von ihr zurückgelassen werden."

(Brief v. 11. Oktober 1605 an O. Fabricius.)[35]

Und er, Kepler, der, anders als Tycho, an die Erdrotation *glaubt*, tat sich sehr schwer damit, den Widerspruch aufzulösen. (Da er vom Beharrungsgesetz noch nichts wußte, gelang es ihm nur auf eine sehr künstliche Weise.)

Selbst wenn aber dies alles sich beschwichtigen ließe: Noch längst nicht ist damit überzeugend gemacht, daß so sein *muß*, was so sein *könnte*. Wo, so fragt sich der unbeugsame Anfänger (und wenn er nicht unbeugsam ist, so haben wir Lehrer ihn dazu zu ermutigen, statt ihm das Unglaubhafte einzureden), wo ist überhaupt das *Motiv* zu einer so perversen Behauptung? Foucault muß ja die Erdrotation schon vorher gewußt oder vermutet haben. Wie war er darauf gekommen? – Wenn wir dem so Fragenden nun die zweitausend Jahre lange Spur zeigen, die von Foucault über Kopernikus und Cicero auf Aristarch hinabführt, so interessiert ihn das als historische Kette wenig. Und, sagt er, wie kam Aristarch darauf? Er fragt nicht *historisch*, er fragt *genetisch*. Allenfalls bestärkt ihn das *Alter* dieses Gedankens in der Vermutung, eine Idee, die damals (ohne Instrumente, aber unter dem von menschlichen Geschicken unberührt immer gleichbleibenden Himmel) einem Genie einfallen

---

34 Zitiert nach W. Brunner, Dreht sich die Erde? Bd. 17 der „Mathematischen Bibliothek", Teubner, Leipzig und Berlin 1915, S. 10.
35 Johannes Kepler in seinen Briefen, hrsg. v. Max Caspar und Walther von Dyck, München u. Berlin 1930, Bd. I, S. 256.

konnte, müsse auch heute jedem (wenn er nur ein wenig geführt werde) sich nahelegen. Wie kam *man*, wie *kommt* man, darauf? Wie „kommt *es*?" *Das* ist seine Frage.
18. Was wissen wir von Aristarch sonst? Er bestimmte die Sonnenentfernung als Vielfaches des Mondabstandes. Er hatte also die Mondphasen verstanden. Sein – oder, wahrscheinlicher, eines genialen[36] Vorgängers – produktiver Einfall muß es gewesen sein, die Mondsichel „im Hinblick auf" die Sonne (mit anderen Worten: die *Konstellation* Mond – Sonne als *eine* „Gestalt") zu deuten[37]. Er muß *gesehen* haben, was auch heute jeder sehen kann (langsam freilich und nicht „ohne weiteres", nämlich aufgefordert, die Sonne *mit* im Blick zu haben), daß hier eine dunkle Kugel im Lichte einer Sonne hängt, die schräg *hinter* ihr, *weit* hinter ihr, schweben muß (und zwar einer deshalb *riesigen* Sonne). Dabei kann sich nun die kühne Idee aufdrängen, das *gemeinsame* Zum-Horizont-Niedersinken dieser ganzen Konstellation (gemeinsam *trotz* so verschiedener Abstände!) am *einfachsten* durch ein Rotieren unseres Erdballs fertiggebracht zu denken. Denn andernfalls müßten Sonne und Mond – abgesehen von gewissen viel langsameren Eigenbewegungen – sich verabredet haben, in *derselben* Zeit, in vierundzwanzig Stunden, gemeinsam um uns herumzuschwingen. Das erfordert, so scheint es doch, ein um die Erde umlaufendes, starres Gerüst, an dem sie beide befestigt sein müßten. Nichts ist von ihm zu bemerken.
Und wenn man weiß oder vermutet, daß die Sterne groß und weit entfernt sind, wird man Luther nachfühlen, wenn er sagte:

„Wunder ist's, daß ein solch groß Gebäude und Gewölbe soll in kurzer Zeit umher laufen und gehen; wenn die Sonne und Sterne eisern, silbern, gülden oder eitel stahl wären, müßten sie bald zerschmelzen in so behendem Lauf. Denn ein Stern ist viel größer, denn die ganze Erde, und sind doch so viel unzählige Stern."

Trotzdem muß man allein deswegen den Schluß *nicht* ziehen, zu dem wir uns entscheiden werden. Luther, hier (wie man meinen sollte) nahe daran, ein Kopernikaner zu werden, blieb dabei, Kopernikus für einen Narren zu halten, und zog ganz andere Gedanken vor:

„...das ganze Firmament so schnell und behend bewegt, und in 24 Stunden umher läuft, in einem Huy und Nu, etliche tausend Meile-Wegs, welches vielleicht von einem Engel geschieht"[38].

Das Rückschreiten auf Aristarch macht deutlich, daß eine im Sinne der Didaktik *genetische* Gedankenfolge sich mit dem geistes*geschichtlichen* Weg nicht decken muß. (Ein häufiges erstes Mißverständnis.) Der *kindheitsgenetische* Weg (der naive Erwachsene werde zu den Kindern gerechnet) ist nicht identisch mit dem *menschheits-*

---

36  Vgl. hierzu eine Bemerkung von George Polya auf S. 79 f. (Fußnote).
37  Wegen der Einzelheiten verweise ich auf meine früheren Veröffentlichungen: (1) Die Erde unter den Sternen, Weinheim, 3. Aufl., 1965. – (2) Natur physikalisch gesehen, Braunschweig 1975 – (3) Die pädagogische Dimension der Physik, Braunschweig, 3. Aufl., 1970, S. 234–238, im vorliegenden Band Nr. 60. – (4) Den Aufsatz Nr. 48.
38  Tischreden (II, 2730), siehe etwa Goldmanns Gelbe Taschenbücher, Nr. 549, S. 66 f.

*genetischen.* Es ist unnötig, im Physikunterricht den Weg über Aristoteles und die Scholastik[39] gehen zu lassen. Man kann von Aristarch gleich zu Kopernikus führen. Wissenschafts*geschichte* ist nur nebenbei Gegenstand des Physikunterrichts, aber sie ist Lehrmeisterin des Lehrers, um ihn für den kindheitsgenetischen Weg offen zu machen.

19. Jedenfalls spricht einiges dafür, die Idee der rotierenden Erde einmal zu *prüfen* und nun nachzudenken über die *Einwände:* den fehlenden Ostwind und das Herunterfallen der Äpfel in den *eigenen* Garten.

Erinnern wir uns jetzt wieder an die beiden (in Abschnitt 12 unterschiedenen) Abiturientengruppen, so wird die kleinere, diejenige also, die von Physik etwas versteht, meinen, die Aufklärung dieser Frage verlange die Kenntnis des *Beharrungsgesetzes*, sei also zu schwer für die Volksschule. Hat sie recht?

Ja und nein. Denn wir brauchen zwar wirklich das Beharrungsgesetz dazu, aber a) ist es nicht in der *strengen* Form nötig (in welcher es sagt, daß der sich selbst überlassene Körper *unaufhörlich* sich gleichförmig geradlinig weiterbewege), sondern es genügt vorläufig in einer groben und ungenauen Fassung: „Ein körperliches Ding, das sich ohne Luftwiderstand, ohne andere Reibung, überhaupt ganz ohne Einwirkung von außen, das heißt ganz sich selbst überlassen bleibt, braucht *eine ganze Weile,* bis es auf gerader Bahn laufend – vielleicht – zur Ruhe kommt"[40], und
b) können wir ja den Spieß umdrehen und aus der Erdrotation (sobald sie ein Faktum geworden ist) das *strenge* Beharrungsgesetz *gewinnen.* Das würde etwa so vor sich gehen können:

20. Aus seinen Schnellzugs-Erfahrungen läßt sich heute jeder bald davon überzeugen, warum der Apfel nicht merklich nach Westen zurückbleibt: Er wird von dem Baum und seinem Ast gleichsam *geworfen,* nach Osten, genau wie der Koffer, der aus dem Gepäcknetz „senkrecht" herunterfällt, das nur deshalb kann, weil er „eigentlich" (d. h. vom Bahndamm aus beurteilt) in der Fahrtrichtung geworfen wird. Er hat den Schwung des Wagens, der Apfel hat den Schwung des Baumes, in sich behalten und bewahrt ihn „eine ganze Weile", lang genug. Er ist „beharrlich" („träge").

Es braucht also auf einer rotierenden Erde der Apfel nicht zurückzubleiben. Daß er senkrecht fällt, ist *kein* Einwand *gegen* die Rotation. Freilich auch kein Argument *dafür*[41]!

21. Aber gerade von dieser Überlegung her bietet sich dem Phantasievollen ein nun wirklich *entscheidendes* Experiment an; es war Newton, der es 1679 der Royal Society vorschlug. Es ist nicht allzu schwer, einem Nachdenklichen zu dieser wahrhaft

---

39 Hans Blumenberg, Die kopernikanische Wende, edition suhrkamp 138, Frankfurt a. M. 1965.

40 Vgl. Newton: „Die Trägheit der Materie bewirkt, daß jeder Körper von seinem Zustande der Ruhe oder der Bewegung nur schwer (!) abgebracht wird, ..." (Math. Prinzipien der Naturlehre, Hrsg. v. Wolfers (1872), Neudruck der Wiss. Buchgesellschaft Darmstadt, 1963, S. 21.

41 Als Schullektüre sehr zu empfehlen ist Galileis „Dialog über die beiden Weltsysteme", in den wesentlichen Kapiteln aufgenommen in: Galileo Galilei, Sidereus Nuncius, hrsg. v. Hans Blumenberg, sammlung insel I, Fankfurt a. M. 1965.

verblüffenden Vermutung zu verhelfen, eben wegen lang anhaltender Beharrlichkeit alles Bewegten: Wenn nämlich die Erdkugel *wirklich* wie ein Karussell umläuft, dann müßte beim Sturz eines Steines aus einem *sehr hohen* Turm sich bemerkbar machen, daß der Stein da oben (da „außen") einen viel schnelleren Schwung hat als der Erdboden, auf dem er schließlich landen wird. Daß also die Turmspitze den Stein nach Osten *voraus* – schleudern müßte! Vom Stein aus beschrieben: er kann den schnelleren Schwung auch während dieses länger dauernden Falles nicht „vergessen", er bringt ihn „beharrlich" mit sich und legt ihn uns unten hin. Es ist klar, daß man diesen „Vorsprung" ausrechnen kann, wenn man die Höhe des Turmes weiß (bei einer bestimmten Messung, 1802 im Michaelisturm in Hamburg[42] war sie 76,34 Meter) und die für Hamburg gültige Speiche des Erdkarussells (den Radius des Hamburger Breitenkreises). (Es ist durchaus nicht nötig [und in der Schule auch selten möglich], diese Rechnung zu vollziehen. Es genügt die Überzeugung, daß die „Ostabweichung" eine ganz bestimmte und berechenbare sein muß, falls wir in 24 Stunden umlaufen. Für den Hamburger Versuch ergibt die Rechnung ein östliches Voreilen von 8,7 mm. Gemessen wurden als Mittel aus 31 Versuchen: 9,0 mm (mit einem wahrscheinlichen Fehler von ±2,5). Das genügt, um zu überzeugen, daß die Ostabweichung *da* ist. Und man möchte denjenigen sehen, der dafür eine bessere Erklärung wüßte als die, daß die Erde sich *wirklich* umwälzt!

Erfahrungen haben gezeigt, daß der berühmte Foucaultsche Pendelversuch größere psychologische Schwierigkeiten macht (von den experimentellen ganz abgesehen), so daß wir hier, ausnahmsweise, einmal besser daran tun, den durchsichtigeren, in der Schule wohl nur von sehr guten Experimentatoren ausführbaren[43] Versuch über die „Ostabweichung" eindringlich und bis in die Einzelheiten überzeugend zu *berichten*.

Wie denkt ihr euch einen solchen Versuch *praktisch*, kann man die Schüler fragen, nachdem man weiß, daß der östliche „Vorsprung" aus 68 Meter Höhe 8,1 mm betragen müßte? Türme? Kirchen? Schächte? – Der Wind? – Das stoßfreie Loslassen? – Fixierung des ohne Erdrotation zu erwartenden Aufschlagpunktes?

Und dann, auf der Wandtafel niedergehende, knallende, vom Lehrer simulierte. (Ein Original folgt! Wartet nur! Man muß sehen, wie es *kommt*!) Einschläge: Die 1. Kugel treibt nach – *Westen* ab? Ein Mißerfolg? Dreht sich die Erde falsch herum? – Wiederholen? (Warum eigentlich? Und wie oft noch? Eine Behauptung wird nicht besser dadurch, daß man sie wiederholt...) Nun also: eine zweite Kugel: sie weicht gar südlich ab! Eine dritte zum Glück östlich, aber viel zu weit? Ein spannendes Scheibenschießen beginnt, das erst nach dem Verbrauch von 144 polierten Stahlkugeln (wir imitieren jetzt den Versuch Flammarions, 1903 im Pantheon in Paris) jedem Beschauer wortlos etwas aufgehen läßt davon, wie ein physikalisches Versuchsergebnis wirklich zustande kommt. Dies ist nun in Worte zu bringen. Auch wie der Mittelwert zu bestimmen ist. Und wann endlich es „ganz genau" „stimmen" wür-

---

42  W. Brunner, a. a. O., S. 15 bis 25. Dort ein genauer Bericht über die Originalversuche und auch eine elementare Berechnung des Wertes der östlichen Abweichung, S. 15 ff.
43  W. Trittelvitz, Fallversuche zum Nachweis der Erddrehung. In: Praxis d. Naturwiss. 11/1965, S. 298 ff.

de? Vergleich mit anderen Experimenten: an anderen Orten, aus anderen Höhen, mit anderen Personen.

Dem (in Fußnote 34) genannten kleinen Buch von Brunner ist folgende Tabelle entnommen (S. 19):

| Beobachter und Zeit | Ort (geogr. Breite) | Zahl der Ver- suche | Fall- höhe in m | Östl.Abweichung in mm be- obachtet | be- rechnet |
|---|---|---|---|---|---|
| Guglielmini 1791/92 | Bologna φ=40°30' | 16 | 78,3 | 19±2,5 warscheinl. Fehler. | 11,3 |
| Benzenberg 1802 | Hamburg φ=53°33' | 31 | 76,34 | 9,0±3,6 | 8,7 |
| Benzenberg 1804 | Schlebusch φ=51°25' | 29 | 85,1 | 11,5±2,9 | 10,4 |
| Reich 1831 | Freiburg i. S. φ=50°33'.1 | 106 | 158,5 | 28,3±4 | 27,4 |
| Hall 1902 | Cambridge (Mass.) φ=42°22'.8 | 948 | 23 | 1,5±0,05 | 1,77 |
| Flammarion 1903 | Paris φ=48°50'.8 | 144 | 68 | 6,3 | 8,1 |

und (S. 24) das Ergebnis der Pariser Versuche in natürlicher Größe. (Der Kreispunkt bezeichnet den Schwerpunkt.) Brunner bringt mehrere Diagramme und viele wichtige historische wie experimentelle Einzelheiten.

Es dauerte über hundert Jahre, bis Newtons Anregung (die Bemühungen von Hooke führten zu nichts) durch Guglielmi im Turm Asinelli in Bologna 1791/92 ein – noch sehr fragwürdiges – Ergebnis lieferte. Seine Unzulänglichkeiten interessieren die Schüler. Es würde sich lohnen, alle Originaltexte von 1679 bis 1903 zusammenzustellen.

22. Als nicht so zündend erweist sich die Analyse der *Passatwinde*. Erst zusätzlich machen sie Eindruck, obwohl sie allein schon beweisend sind, und den Vorzug haben, daß die Natur *selbst* uns hier einen Hinweis gibt.

Daß es solche äquatorwärts wehenden Dauerwinde überhaupt geben muß, ist aus der Sonnenbestrahlung leicht zu begreifen. Aber sie müßten auf einer *ruhenden* (nicht rotierenden) Erde *genau* quer gegen den Äquator blasen. Ihre Einschwenkung gegen die Westrichtung aber, die sie also zu halben „Ost"-Winden macht, ist nur verstehbar aus einer ostwärtsgerichteten Bewegung des Erdbodens, die ja immer schneller wird, je weiter man gegen den Äquator vordringt: Die Windluft, die eben dies tut, gerät so über zunehmend bewegten Erdboden und kommt deshalb immer weniger mit. Zwar hat auch sie den Dreh nach Osten von Hause aus in sich und bringt ihn auch beharrlich mit. Aber er bleibt eben deshalb immer mehr unter dem ortsüblichen *zurück*. So entsteht für den äquatornahen Erdbewohner ein Zug aus Osten. Das Östliche an diesen Winden ist Wind, den wir uns *machen*, „Fahrt-

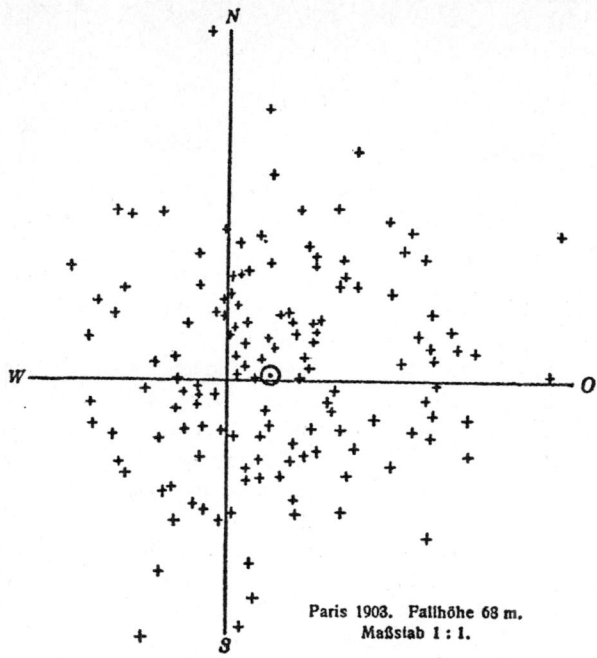

Paris 1903. Fallhöhe 68 m.
Maßstab 1 : 1.

Die Erde dreht sich wirklich! Von hohen Türmen fallende
Körper schleudert sie merklich nach Osten voraus.

wind". Da *ist* also der Ostwind, den die Kinder erwarteten, als wir ihnen die Erdrotation einreden wollten! (Wenn sie es auch nicht ganz so meinten.)

23. Ist man auf diesem Wege von der Rotation überzeugt worden, so findet man in ihr nun, nebenbei und nachträglich, auch eine zwingende Demonstration für ein viel genaueres *Beharrungsgesetz* oder „Trägheitsgesetz", als das vorläufige war, das uns die Schnellzugfahrten lehrten: Die Erde, reibungslos, dreht sich schon seit vielen tausend Jahren unermüdlich, denn die Tage werden nicht länger. Und sie tut es ohne äußeren Antrieb. Die – wie sie – nur sich selbst überlassenen bewegten Körper können also, so scheint es, ihre Bewegung *überhaupt* nicht vergessen!

24. Sind die Argumente gegen und für die Umwälzung in solcher oder ähnlicher Weise gründlich durchgedacht, so scheint die *Assimilation* nicht mehr sehr schwierig zu sein. Sie ist erreicht, wenn man etwa, im Walde liegend, spürt, wie die Schatten der Buchenstämme übers Gesicht wandern, und das dann so erfühlen kann (sofern man es einmal will): Die Sonne steht und bleibt da stehen, wo sie ist, aber wir wälzen uns wie auf einer Tonne nach Osten, so daß – nicht: sie immer höher über uns steigt, sondern – wir immer tiefer unter sie rollen. *Und* wenn man im ernstesten Sinne von der *Richtigkeit* dieser Deutung überzeugt ist. (Man kann diese Einfühlung zwar auch

dann nachempfinden, wenn man die Gründe *nicht* verstanden hat. Aber man fühlt sich dann ein in ein Gerücht, ohne seiner Richtigkeit sicher zu sein.)

25. Wie unbedacht bisweilen auch in Erwachsenen die Scheinkenntnisse angesammelt sind und sogar einander in grotesker Weise zu stützen suchen, wenn das Denken doch noch einsetzt, zeigt eine Vermutung, die unter Studenten – nicht so ganz nur scherzhaft – einmal vorübergehend laut wurde: Ob man nicht über die Antipoden insofern doch beruhigt sein könne, als sie, eben dank der Erdrotation, immer wieder einmal obenauf wären!

Ehe nicht der schwebende Erdball ganz verstanden ist, sollte also von seiner Rotation gar nicht die Rede sein. Jedenfalls müssen wir uns, um solche Korruption des Verstehens zu vermeiden, in und außerhalb der Schule vor Verfrühung hüten. – Eine Studentin erzählte mir, daß sie als Schulkind des ersten Jahres einmal aus irgendeinem Grund vom Lehrer zu den Älteren mitgenommen wurde, als er denen die tägliche Umwälzung der Erdkugel am Globus demonstrierte. Folge für die Kleine: nächtliche Angstzustände. Denn sie fürchtete, nachts auf der Unterseite der Erde hängend, abstürzen zu müssen. Zum Glück dachte sie nicht so konsequent, daß sie dasselbe für ihre Bettstelle argwöhnte. So half es, sich an ihr festzuhalten.

Für prestigesteigernde Informationen ist die Schule nicht da. Sie kann das dem Quiz überlassen. Natürlich sollte kein Lehrer so tun, als wisse er nichts davon, daß „man sagt", die Erde drehe sich. Im Gegenteil. Aber er wird die Kinder auffordern, die Leute auszufragen, ob sie es auch glauben und woher sie es wissen. Er wird die Kinder hungrig machen auf den Tag, da sie es selber nachprüfen können. Nur darf er sich nicht hinter die fade Auskunft verschanzen, die „Astronomen hätten das ausgerechnet". Denn wie es in der Natur zugeht, erfährt man bei den elementaren Entdeckungen nicht durch Ausrechnen, sondern durch Hinsehen, Nachdenken, Nachahmen und ganz zuletzt erst „Rechnen".


## V. Der jährliche Umlauf

26. Unsere naturwissenschaftlichen Bildungsprogramme beteuern zwar seit langem, daß der Unterricht von der Anschauung und der Beobachtung des natürlich Gegebenen ausgehen solle. Aber es gibt Erkenntnisse, bei deren Erschließung dieses Prinzip wie mit dem blinden Fleck betrachtet wird. Vielleicht meint man, es sei auch hier – bei der Frage „Hat Kopernikus auch *recht*?" – „zu schwer", vom „Gegebenen" auszugehen und dem, was es uns „gibt", und denkend weiterzukommen? *Ist es zu schwierig?*:

Daß die Erdkugel um sich selber kreiselt, *betont* nur den Mittelpunkt, um den sie sich ordnet, *bestärkt* uns also in dem Glauben, in der Mitte auch der Welt zu wohnen. – Was macht uns wankend?

Die Mond-Sonne-Konstellation verrät uns (nachdem wir auch über die Größe von Erde und Mond Bescheid wissen) eine sehr ferne und riesige Sonne. Ist man erst einmal überhaupt geneigt, mechanistisch zu denken, so zögert man, auch die *jährli-*

332

*che* Bewegung der Sonne, ihr selber, diesem Riesenball, zuzuschreiben. Aristarch mag so gedacht haben. – Das zweite Phänomen, das sich in diesem Zusammenhang klären wird, sind die Planetenbahnen.

Es scheint, daß weder Kinder noch Erwachsene der zivilisierten Welt von beidem je etwas sehen. Haben die Schulen darauf verzichtet, auf diesem Gebiet wissenschaftlich zu unterrichten, das heißt: auszugehen von dem, was jeder ohne Schwierigkeiten sehen kann, und es dann auch sehen zu *lassen*?

Vom *jährlichen Umlauf der Sonne* (oder was da auch vor sich gehen mag) bemerken wir am ehesten etwas durch die Entdeckung, daß es Winter-Sternbilder gibt. Orion etwa ist in unserem Sommer von keinem Ort der Erde aus zu sehen. Es ist aber nicht schwer, ihn zu verfolgen: Bleibt man ihm vom Winter her über den Frühling hinweg auf der Spur, so verrät er, wo er bleibt: Mitsamt seiner ganzen Stern-Nachbarschaft verkriecht er sich langsam in die Nähe der Sonne, bis er im Sommer mit ihr auf- und untergehend überblendet und so unsichtbar wird.

Diese Kulissenverschiebung scheint zunächst die Wahl zwischen nur zwei Deutungen zuzulassen: Verschiebung der Sonne vor einem festen Himmel, oder: Rotation der Himmelskugel hinter der ruhenden Sonne. Es ist lehrreich für den Anfänger, daß keine Entscheidung möglich ist.

Demonstriert in der Schule die mit Sternen bemalte Tafel ein Stück Himmel, weit davor eine Lampe die Sonne und ein Kinderkopf die Erde, so ergibt sich eine dritte Möglichkeit: diese Erde läuft um die Sonne.

Dann kommt ebenfalls alles so heraus, wie wir es sehen. Deshalb braucht dieses Dritte freilich noch nicht wahr zu sein. Die Vorstellung einer durch den Raum rasenden Erde ist allzu abenteuerlich für jeden, der mit ihr Ernst macht.

27. Nun ist es Zeit, den Blick auf die *Planetenbahnen* zu richten.

Ist es schwierig, sich die Planeten zeigen zu lassen und durch Monate hindurch zu verfolgen, was sie tun? Jeden Abend fünf Minuten?

Was würden wir sagen, wenn es Brauch wäre, Elektrizitätslehre ohne Experimente zu unterrichten? Seltsamerweise dulden wir es, daß jedermann nur nachredet, die Erde laufe um die Sonne, ohne daß er jemals Planeten in ihrer Wirklichkeit angeschaut hat. Die Planeten*bahnen* sind *das* Phänomen, das Kopernikus deutet. Die Planeten sind leicht zu finden, da sie den größten Himmelskreis, der durch Sonne und Mond führt, nie weit verlassen. Der Lehrer braucht nur am Anfang einen Hinweis zu geben (den er einem Himmels-Jahrbuch oder der Zeitung entnehmen kann), wo sich Venus, Mars, Jupiter und Saturn gerade aufhalten. Sollte es dann nicht möglich sein (vielleicht nicht die ganze Gruppe, aber doch) einzelne Kameradschaften dafür zu erwärmen, einen solchen „irrenden" Stern detektivisch durch einige Monate zu verfolgen und seine Spur in einer Skizze des gerade von ihm besuchten Sternbildes aufzunehmen? Dann tritt der seltsame, bald eilende, bald zögernde, sogar umkehrende, immer wieder sich verschlingende Lauf hervor, in dem diese Nomadensterne die Mond-Sonne-Bahn umspielen.

Wenn man nun schon *erwogen* hat, ob nicht die Erde die Sonne umkreise, so wird man sich überlegen, ob dadurch diese Schlingen sich entwirren lassen?

28. Wie nämlich der Weg der *Venus* als ein (nach hinten und vorn die vermeintliche Kuppel *durchbrechendes*) Um-die-Sonne-Schwingen gesehen werden kann. Und wie bei dem Lauf eines äußeren Planeten (Mars, Jupiter, Saturn) ein einfacher, die Erde miteinschließender Kreislauf um die Sonne herum *überlagert* sein könnte von *scheinbaren Rückläufen*, die *nur* daher kämen, daß auch wir auf der *nicht* feststehenden, sondern ebenfalls um die Sonne im Kreis fliegenden Erde diesen Planeten, den wir gerade beobachten, immer wieder *überholen*!

Kopernikus in seinem frühen „Commentariolus" (zwischen 1507 und 1514):

„Was bei den Wandelsternen als Rückgang und Vorrücken erscheint, ist nicht von sich aus so, sondern *von der Erde aus gesehen. Ihre Bewegung allein also genügt für so viele verschiedenartige Erscheinungen am Himmel.*" (Quod in erraticis retrocessio ac progressus non esse ex parte ipsarum, sed telluris. Huius igitur solius motus tot apparentibus in coelo diversitatibus sufficit.)[44]

*Einfachheit* also ist es, was wir mit Kopernikus' Vorschlag gewinnen können! Eingänglicher (für Deutsche, und besonders für Kinder) steht es bei Kepler:

„...das solliche planeten, die dahinten pleiben, nit zween laüffe haben, sondern das diser lauff...nur ein scheinlauff seye, vnd daher khompt, weil die Erd mit vns vmbgehet..."[45]

29. Es genügt nicht, den Inhalt dieses Satzes auf dem Papier einzusehen (in der bekannten Zeichnung der Lehrbücher). Um ihn ganz zu assimilieren, muß man ihn auch am Himmel verstehen: den „dahinten bleibenden", also „rückläufigen", Mars etwa gar nicht *wirklich* rückläufig zu sehen, sondern umgekehrt:*mit* uns fliegend (der täglichen Drehung der Kuppel entgegen, der Erdrotation folgend) in *derselben* Richtung also, wie auch die Erdkugel fliegt, nur *langsamer*, also von uns *überholt* und deshalb scheinbar zurückbleibend. (Nicht anders wie ein überholter Eisenbahnzug an unseren Fenstern rückwärts vorbeigleitet, *obwohl* er in *derselben* Richtung wie unser eigener Zug sich bewegt.)

30. Wer der Beobachtung, dem Gedankengang und der Einschmelzung des Ergebnisses bis hierher folgen konnte, der darf nun freilich einstweilen nicht *mehr* als die *Möglichkeit*, ja Wahrscheinlichkeit sehen, daß es sich so verhalten *könnte*. Mehr konnte man im ganzen 17. und 18. Jahrhundert strenggenommen nicht verlangen. Deshalb brauchte Tycho Brahe sich Kopernikus nicht anzuschließen, und der höchst sachverständige Pascal hatte durchaus das Recht, sich so skeptisch auszudrücken, wie er es tat:

„Wenn man daher in vernünftiger Weise (humainement) sich unterhält (discourt) über die Bewegtheit (mouvement) oder das Feststehen (stabilité) der Erde, so ergeben sich alle Phänomene der Bewegung und der Rückläufigkeit der Planeten vollkommen aus den Hypothesen von Ptolemäus, von Tycho, von Copernicus und aus vielen anderen, die man aufstellen kann, von denen allen aber nur eine einzige wahr sein kann. Aber wer wird es wagen, eine so große

44 Rossmann, a. a. O., S. 11.
45 Rossmann, a. a. O., S. 87.

Unterscheidung (discernement) zu treffen, und wer wird, ohne Gefahr des Irrtums, eine auf Kosten der anderen aufrecht erhalten können...?"[46]

Wenn er also Kopernikus' Theorie für eine „opinion", eine Meinung, hielt und nicht für eine „vérité", eine Wahrheit, so hatte er für seine Zeit völlig recht. Kopernikus' Meinung war die einfachste, das ist sicher. Mußte sie deshalb die Wahrheit sein? Aber Pascal würde nicht gezögert haben, seine Zustimmung zu geben, wenn er gewußt hätte, was zweihundert Jahre nach seinem Leben nur die *Technik*, in Gestalt des weiterentwickelten Fernrohrs, eröffnen konnte: das, was man die *„jährliche Parallaxe der Fixsterne"* nennt. Auch sie ist keine so sehr mathematische Angelegenheit, wie uns eine ebenfalls immer wiederkehrende Lehrbuchfigur anzudrohen scheint, die sich unnötig schon um die quantitative Erfassung müht.

Es genügt, mit den Kindern in einen Wald mit viel Unterholz zu gehen, so daß sie über, unter und neben sich von Blättern umgeben sind, nahen und fernen. Das wären die Sterne. Und lehrt man die Kinder dann, breitbeinig dastehend mit dem ganzen Körper wie ein Baum-im-Winde zu kreisen (der Kopf macht dann einen waagerechten Kreis), und läßt man sie dabei auf die Blätter achten (und *nur* auf sie, als wären sie *allein* da, und als wüßte man *nicht* schon, welche nah sind und welche fern), so werden sie sehen, daß die näheren vor dem Hintergrund der ferneren im Takte des Kopfes hin und her schwanken. Die in der Höhe des Kopfes stehen, werden einfach hin und her gehen, die *über* dem Kopf hängen, werden kreisen oder Schleifen ziehen, je näher, desto merklicher.

Und da nun – und das ist nun die erste *entscheidende* Entdeckung der „jährlichen Parallaxe" – die großen Fernrohre *sehen* lassen, daß es Fixsterne *gibt*, die derartiges *tun* (– im Takte *unseres*, der Erde, Jahres, alle *sehr wenig*, aber ohne Zweifel; manche etwas mehr als andere und die meisten allerdings gar nicht –), so ist die Folgerung klar und noch dazu doppelt:

Die erste: Die Erde schwebt im Takt des Jahres im Raume hin und her, sie umschwingt einen Kreis. Die zweite: Die Fixsterne stehen an keiner Kuppel. Sie sind im uferlosen Raum verstreut, alle sehr fern; aber manche näher, manche ferner. Die Weite ihres winzigen Schwankens gibt ein Maß ihres ungeheuerlichen Abstandes. Wären sie so nah wie die Planeten, so würden sie *riesige* Schleifen an den Himmel zeichnen. Es ist *dasselbe* Phänomen: die Schleifen der Planetenbahnen *zeigen ihre,* der Planeten, „jährliche Parallaxen" – nur über den Himmel verschleppt, da die Planeten, anders als die Fixsterne, langsam selber umlaufen (*außer* ihrer Teilnahme an der allgemeinen täglichen Umwälzung des Himmels).

Und die Sonne? Daß unser, der Erde, Rundlauf (den, wie gesagt, die einträchtig im Lauf unseres Erdenjahres in ganz kleinen Schleifen schwingenden Fixsterne ausweisen), daß unser Rundlauf um *sie*, die Sonne, als Mittelpunkt, herumführt, das verrät sie uns daran, daß sie die größte aller Fixsternparallaxen vorführt: einen Kreis um den *ganzen* Himmel herum, eimal im Jahr (eine jährliche Parallaxe, mit anderen

---

46 Pascal, Fischer-Bücherei Nr. 70, S. 81 f. (Brief an Père Noel, 29. 10. 1647) und Oeuvres complètes de Blaise Pascal, Paris, 1866, Tome III, p. 16. – Siehe auch S. 14 der Ausgabe von Pascals „Gedanken", in der Sammlung Dieterich, Leipzig, o. J.

Worten, von 180 Grad). Im Vergleich zu diesem Übermaß machen die nächsten Fixsterne so winzige Kringel, daß nur die großen Fernrohre sie sehen können: Ausdruck einer, im Vergleich zur Sonne, fürchterlichen Entfernung.

Die Entdeckung des ersten, seinen Ort jährlich umschwankenden Fixsterns gelang Friedrich Wilhelm Bessel 1838. Aber bei welchem von den Millionen konnte er hoffen, daß er ein *naher* wäre? Die Annahme, daß gerade die hellsten nur ihrer Nähe wegen so hell seien, hatte sich nicht bewährt.

Hier half eine andere große Entdeckung, die bereits fast hundert Jahre zurücklag und die allein schon die Existenz einer die Sterne tragenden Kuppel unwahrscheinlich gemacht hatte: Manche Fixsterne sitzen nicht fest, sondern bewegen sich ganz langsam schleichend in dieser oder jener Richtung am Himmel fort. Eine ungeordnete Bewegung, die die Sternbilder in ein merkliches Fließen bringen würde, wenn wir zehn- oder zwanzigtausend Jahre zusehen könnten. Bessel:

„Es ist seit der Mitte des 18. Jahrhunderts bekannt, daß mehrere Fixsterne eigentümliche, stetig fortschreitende Bewegungen an der Himmelskuppel zeigen, die eine Änderung ihrer Stellung gegen benachbarte Sterne zur Folge haben."[47]

(Es sind also fortschreitende, nicht schwankende, es sind wirkliche, sogenannte „Eigenbewegungen".) Sie geschehen alle sehr langsam. Auch heute kennt man nur hundert Sterne, die so „schnell" sind, daß sie in 20 000 Jahren über mehr als eine Vollmondsbreite hinauskommen.

Sterne mit großer Eigenbewegung durfte man für verhältnismäßig nahe halten. Bessel:

„Als ich die große Eigenbewegung des 61. Sterns des Schwans erkannte, hob ich die Aussicht heraus, seine jährliche Parallaxe größer zu finden als die fruchtlos gesuchten jährlichen Parallaxen anderer Sterne."[47]

Bessels Stern verschiebt sich in schon etwa 360 Jahren um die Vollmondbreite. Bessel verfolgt seinen Stern mit einem neuen guten Fernrohr der Königsberger Sternwarte, und zwar verglich er vom 16. August 1837 bis zum 2. Oktober 1838 85mal seine Lage zu zwei Nachbarsternchen, die keine Eigenbewegung zeigten, also vermutlich sehr viel weiter von uns abstehen als der Stern 61. Er fand (der Eigenbewegung überlagert!) eine kleine jährliche Schwankung von etwa $1/3000$ Mondbreite. Seitdem wissen wir[48] von insgesamt einigen hundert Fixsternen, die alle mehr oder minder erkennbar unser irdisches Jahr an den Himmel der großen Fernrohre zeichnen. Der ganze Himmel (soweit seine Sterne – die meisten! – nicht allzuweit im Raume abstehen) schwankt nach *unseren* Frühlingen!

Bedenkt man, daß diese jährliche Schwingung der Fixsternwelt also daher kommen muß, daß *wir* mit der Erdkugel um die Sonne schwingen (und zwar so, daß wir in einem halben Jahre ebenso weit, nämlich 150 Millionen Kilometer, *hinter* der ruhenden Sonne sein werden, genauso viel, wie wir im Augenblick *vor* ihr stehen), so ahnt

---

47  Entnommen aus: F. Dannemann, Aus der Werkstatt großer Forscher, Leipzig 1922, S. 359, 360, 362.
48  Fischerlexikon Nr. 4, Astronomie, 1957, S. 40, 201.

man die Ungeheuerlichkeit des Raumes, der zwischen uns und schon den nächsten Fixsternen liegt, von denen einer der 61. im Schwan ist. Bessel:

„Wählt man ... die Entfernung, die ein Dampfwagen täglich durchlaufen kann, so sind fast 200 Millionen Jahresreisen zur Durchmessung des Abstandes jenes Sternes erforderlich."[49]

Dies alles ist nicht sehr schwierig zu verstehen, wenn man sich dafür nur Zeit nimmt. Wer die Verhältnisse noch besser nachbilden will als durch den oben beschriebenen Blätterwald, der baue einen räumlichen Lichtergarten von kleinen, schwach glimmenden Glühlämpchen um das im Dunkeln mit dem Kopfe kreisende Kind auf. – Manchmal kann man diese Situation fertig vorfinden: Wenn der Zug nachts keine Einfahrt in den Großstadtbahnhof hat und man die zahllosen Signallampen auf dem Boden und über ihm wie Sternbilder sieht (weil man ihnen nicht ohne weiteres anmerken kann, welche nah und welche weit entfernt sind). Bewegt man sich aber im Gang des Wagens einige Meter auf und ab, so gehen draußen auch die Lichter hin und her. Die sich stark bewegen, sind nahe; die sich wenig rühren, fern.

31. Es ist reizvoll, sich einmal die Umstände auszumalen, unter denen man alle drei Einsichten *zugleich* am besten sinnlich gegenwärtig haben könnte: die Kugelgestalt, die täglich Umwälzung und den jährlichen Umgang um die Sonne.
Das Gefühl, das wir bei Exupéry ausgedrückt fanden, das von allen Schollen des Erdkörpers Gehaltenwerden, können wir zwar überall gewinnen, am besten aber auf der südlichen Halbkugel, um unser letztes nördliches „Oben" preiszugeben. Günstig wäre eine Insel, die dem Südost-Passat ausgesetzt ist. Vielleicht St. Helena. Käme noch eine Mondfinsternis hinzu, so hätten wir alles beisammen, was in einem Augenblick zu vereinigen wäre. Der Lauf um die Sonne ließe sich freilich erst aus den Planetenbahnen in Monaten ahnen, und so wäre also nur noch zu wünschen, daß in der Zeit unseres Aufenthaltes etwa Jupiter eine schöne Schleife zöge.
Wichtiger ist, daß solche Umstände gar nicht nötig sind, und auch keine mathematischen Umstände, sondern daß jedes gesunde Kind von seiner Heimat aus die Erde als einen durch den Raum wirbelnden Ball sich wirklich als ein mit Sinn und Geist erfahrenes, durchaus verstandenes Wissen aneignen kann, ohne seine Heimat zu verlieren.

Vielleicht ist eine Erklärung dafür angebracht, daß ich die Entdeckung der „*Aberration* des Lichtes" (durch Bradley, 1727) nicht in den Haupttext aufgenommen habe. Denn man kann sie als früheste und einfachsten Beweis für den Erdumlauf anführen.
Sie hat, didaktisch gesehen, den Nachteil, mehr vorauszusetzen als die Parallaxe zu ihrem Verständnis nötig hat: die Kenntnis der Lichtgeschwindigkeit. (Sie lag dank Roemers Messungen an einem Jupitermond seit 1675 vor, war aber noch lange umstritten). Dazu kommt: die Aberration gibt für die Astronomie nicht soviel her wie die Parallaxe, denn sie verrät nichts über die Entfernung der Fixsterne, da sie an allen gleichermaßen zu sehen ist.
Andererseits kann man auch Vorteile sehen: man braucht nicht zu wissen, was die Sterne sind; man begnügt sich mit dem Licht, wie es hier, „bei uns", an unserem planetarischen „Zuhause", vorbeikommt, und vermag schon daraus den Kreisflug unseres „Hauses" zu entdecken (wenn auch natürlich nur in bezug auf die Fixsternwelt).

---

49  F. Dannemann, a. a. O.

Die Aberration ist leicht verständlich zu machen aus Tyndalls schönem, erkenntnis-psychologischen Bericht über den produktiven Einfall, der Bradley seine Messung verstehen ließ. Wir haben damit eine großartige Hilfe für genetisches Unterrichten. (Bradley war ja auf der Jagd nach der Parallaxe. Niemand konnte damals wissen, daß auch die größte Parallaxe nur ein Fünfzigstel dessen beträgt, was Bradley mit den ihm zur Verfügung stehenden Fernrohren noch messen konnte. Trotzdem war klar, daß die 1727 entdeckten Umläufe nicht parallaktische sein konnten: sie liefen „falsch herum".) – Nun Tyndalls Bericht: (J. Tyndall, Das Licht, Braunschweig 1876, S. 24 f.) „Bradley erkannte in der unbedeutendsten Tatsache ein Bild der größten. Er fuhr eines Tages in einem Boot auf der Themse und bemerkte, daß die Flagge am Mast, so lange sein Lauf unverändert blieb, anzeigte, daß der Wind konstant in derselben Richtung blies, daß aber der Wind mit jedem Wechsel in der Richtung des Boots sich zu verändern schien. ‚Hier war das Bild seines Gedankens‘, wie Whewell sagt. Das Boot war die Erde, die sich auf ihrer Bahn bewegte, und der Wind war das Licht eines Sternes. – Wir können fragen, was wären ohne Bradleys Befähigung, das ‚Bild‘ zu sehen, Wind und Fahne für ihn gewesen? Wind und Fahne und nichts mehr."
Weitere Anregungen zur Veranschaulichung in den (genetisch gestimmten) Werken: E. Mach, Physikalische Optik, Leipzig 1921, S. 35 f. – A. Kühl, Der Sternhimmel, Leipzig 1924, S. 144 ff.

## VI. Der physikalische Aspekt des Himmels

Daß es möglich und die Pflicht des Lehrer ist, die Heimatverluste auszugleichen, die Schritte der Entfremdung behutsam gehen zu lassen und durch eine vollständige Assimilation das neue Fremde an das Vertraute anzugliedern, dies darf nicht darüber hinwegtäuschen, daß dieses Weg-Geleit immer mühsamer wird und einmal ein Ende hat: Die *vollständige* astronomische Distanzierung, welche die „ganze Welt" von außen als ein physikalisches Getriebe ansehen läßt, kann niemals Heimat bieten. – Heimat ist nur, wo Kinder aufwachsen können. Erd-Kinder können aber nur auf dem Erdreich unter dem Himmelszelt aufwachsen, unter seinen Lichtern und Wolken. Die Weltraumfahrer werden es wissen – oder erfahren.
Deshalb ist es vielleicht das Allerwichtigste, daß der Lehrer auch das Folgende weiß und die Kinder spüren läßt:
Die astronomischen Enthebungen (wenn man so sagen darf) können im Grunde dem „Erdreich unter dem Himmelszelt", auf dem wir „wohnen", überhaupt nichts anhaben.
Das ist so gemeint: Alles bisher besprochene Angliedern und Vertrauen-Gewinnen bezieht sich auf Wechsel des Standorts und des Bezugsystems. Alle diese Wechsel geschehen aber noch im *physikalischen* „Horizont", im System der physikalischen Kategorien.
Das heißt: Sie betreffen uns nur, soweit wir physikalische „Körper" – nicht: „sind", sondern insofern jedem von uns ein („sein") physikalischer Körper „zugeordnet" werden kann. Wir würden also aus der Physik eine Anthropologie machen, wenn wir meinten, die Erkenntnisse der astronomischen, d. h. physikalischen „Erörterung" unserer „Körper" könne das Wesenhafte unserer Existenz aussagen. Freilich sind sie gewiß nicht bedeutungslos, so wenig wie die des biologischen Aspektes, der uns als Organismen sieht. Aber beide sind sie Aspekte.

„Die als physikalisches Objekt gesichtete Leiblichkeit des Menschen – sie ist ein Aspekt des menschlichen Seins, den es nur geben kann in Korrelation mit dem *Denken*, das durch den Einsatz der ihm eigentümlichen *Methodik* aus dem Gegebenen das Gebilde herauskonstruiert, welches der ‚Mensch als physikalischer Körper' heißt." (Litt)[50]

So können die Ergebnisse der Astronomie niemals auslöschen, was uns gesagt wird in jener Zuwendung zum Himmel, die aus einem viel weniger eingeschränkten Einvernehmen mit ihm hervorgeht, als die physikalische Sicht es ist (die nur das Meßbare zuläßt und „vermessen" wird, wenn sie das Herauskonstruierte für das eigentlich Wirkliche hält).

Unsere Lehrbücher lieben es, von der „scheinbaren" Himmelskuppel zu sprechen, von den „scheinbaren" Bewegungen des Planeten und dergleichen. Es ist klar, was sie in Wahrheit meinen. Aber sie gefährden mit dem Wort „scheinbar" im Kinde Wirklichkeiten, denen kein kopernikanisches System etwas antun kann. Sie sollten also lieber sagen: es werde hier von Bewegungen gesprochen, wie sie „im Bezug auf" die Erdkugel verlaufen.

Aber es geht sogar um noch etwas ganz anderes und Radikaleres als diese Relativierung *innerhalb* des physikalischen Bildes der Welt. Es ist nichts „Scheinbares", was der Himmel mit seinen über den Mond jagenden Wolken, ein andermal als hoher Sommerhimmel, sagen kann. Nur wir sind nicht in der physikalischen Verfassung. Ja unter Umständen kann gerade sie uns als eine scheinbare, ja gespenstische, vorkommen. Van den Berg:

„Die Erde dreht sich. Welche Erde?…
Gibt es denn eine andere Erde?
Gibt es nicht eine solch andere Erde, daß die Erde, die Foucault an den Tag zwingt, dabei ins Nichts versinkt? Mit dieser anderen Erde macht man Bekanntschaft, wenn man an einem Sommermorgen die Fenster öffnet und sieht, daß es schon Tag ist; die Sonne vertreibt den Nebel und *steigt auf* über dem Gras. – „Die Erde dreht sich!" – das würde in diesem Augenblick dasselbe sein wie…: „Das ist eine Terz". Ebenso wie eine Terz und die ganze Partitur ins Nichts versinkt bei der Musik, …die wir…hören, genauso verschwindet das Foucaultsche Drehen ins Nichts bei dem Sommermorgen, bei allem, was da draußen geschieht, *was sich da bewegt*, auf eine vollkommen andere Art sich bewegt, als die Bewegung sich bewegt, die Foucault machte. Gewiß: *machte*"[51].

Niemals sollte ein Schulkind auch nur im geringsten, und sei es auch nur unbewußt, eine Art schlechten Gewissens spüren, wenn es den Mond „noch immer" als den Freund der Wolken und seiner selbst über das Himmelszelt gehen sieht; verwirrt von dem Gedanken, dies alles sei „nur Schein". Niemals sollte es sich gespalten fühlen, wenn es *einmal* astronomischen Schlüssen nachgeht und es doch nicht lassen kann – zum Glück – ein andermal Erfahrungen und Gedichten sich zu öffnen, in denen der Mond keineswegs als Kugel von der Masse *m* und die Erde nicht als Ball

50 Th. Litt, „Naturwissenschaft und Menschenbildung", 3. Auflage, Heidelberg 1959, S. 108. – W. Heitler, „Der Mensch und die naturwissenschaftliche Erkenntnis, Braunschweig, 4. Aufl., 1966, S. 71. – A. Portmann, Welterleben und Weltwissen, München, 1964 (Piper-Bücherei, Nr. 202). – Deutscher Ausschuß für das Erziehungs- und Bildungswesen, Empfehlungen und Gutachten, Klett, Stuttgart 1965, Folge 9, S. 106/107. – Siehe auch die Beiträge 32 und 53 in U I; hier Nr. 56
51 J. H. van den Berg, Metabletica (Über die Wandlung des Menschen), Göttingen 1960, S. 62 f.

empfunden wird. Es soll spüren: es selbst lebt in solchen Gedichten nicht in einer scheinbaren, sondern in einer volleren und weniger eingeschränkten Wirklichkeit als in der messenden astronomischen Zuschauersicht. Seine ursprüngliche Wirklichkeit ist keine „objektive" zwar, aber doch auch mehr als eine private, da sie immer wieder einzelne von uns miteinander tief verbinden und in der Kunst sogar auf Unbeteiligte übergreifen kann. Es ist *die* Wirklichkeit, die uns sagen läßt: „Hier" auf dem „Erdreich unter dem Himmelszelt" „wohnen" wir. Dieses „Hier" hat keine Koordinaten, und dieses „Wohnen" dauert in einer Weise, die durch kein Pendel meßbar ist. „Erde" und „Himmel" werden hier nicht für den messenden Verstand eingeschränkt, sondern in ihrer ganzen Fülle mit allen seelischen Organen wahrgenommen. Dabei distanzieren wir uns nicht, wir identifizieren uns. Eine Art der Zuwendung, ja der Vereinigung ist das, die unter Umständen an Wirklichkeit nichts zu wünschen übrigläßt. Große Beispiele dafür finden wir in Leo Tolstois Roman „Krieg und Frieden"[52].

Wer gar nichts erfahren hat von den astronomischen Erkenntnissen, der lebt in der Armut, aber auch in der Geborgenheit des Nichtwissenden; glücklicher und reifer als jener, der es auf falsche Weise weiß: verwirrt, gespalten, entwurzelt. Nur wer sie auf die rechte Art weiß, hat nichts an Geborgenheit verloren und viel an Staunen gewonnen.

## VII. Anhang

In den „Mitteilungen der Ländli-Mission (im Verband der Mission Protestante Belge) in Ruanda" (jetzt: „Mitteilungen aus der Mission") findet sich im Oktoberheft 1958 folgender Bericht[53].

*Ist die Erde wirklich rund?*

Um unseren Afrikanern ihr bescheidenes Wissen zu erweitern, vor allem aber um sie in Gottes wunderbare Schöpfung einzuführen, erklärten wir ihnen eines Tages, daß die Erde rund sei. Die erste Reaktion war ein gutmütiges, breites Lachen, das Lachen eines schlauen Kindes, das einen Erwachsenen dabei durchschaut, wenn er es zum besten halten möchte! Doch als sie sahen, daß es sich nicht um einen Scherz handelte, gingen sie zum offenen Angriff über:
„Schwester, ich bin von L. nach M. gereist (ca. 300 km) und habe nichts von einer Rundung beobachten können!"
Der Globus sollte mir zur Hilfe kommen. „Seht, so müßt ihr euch die Erde vorstellen…"
„Ja, wo hat sie denn ihren Fuß angemacht, und wo geht das Eisen durch, an dem sie sich dreht?"
„Das sind hier nur Hilfsmaßnahmen, die Erde selbst hat kein Eisen im Leib, sondern das ist nur eine Linie, die wir Erdachse nennen und welche die Gelehrten sich als Begriff ausgedacht haben…"

---

52 Leo N. Tolstoi, Krieg und Frieden, Paul List Verlag, München 1953, S. 361, 785, 820, 867.
53 Nachdruck mit freundlicher Erlaubnis des „Diakonissen-Mutterhaus Ländli", Oberägeri. Kanton Zug, Schweiz. – Um die verschiedenen Schritte des Gesprächs deutlich voneinander abzuheben, habe ich die Anzahl der Absätze vergrößert.

„Wenn doch die Gelehrten alles wissen, wozu brauchen sie sich eine Linie auszudenken?"
Ja, wozu? Ich war überfragt und lenkte ab: „Also die Erde steht auf keinem Fuß, sie hängt und bewegt sich frei in der Luft, einem Ballon gleich, der..."
„Was, wie ein Ballon? Aber bitte, der ist doch rot, gelb oder blau, hat eine Schnur und wenn man ihn anfaßt, zerplatzt er!"
„Richtig, sagen wir vielleicht besser: wie eine Orange..."
„Die kann man mit einer Hand ergreifen, aufmachen und essen!"
„Ihr habt recht, all diese Vergleiche sind hinkend, die Erde ist ein wunderbar herrlicher Himmelskörper, der, von göttlichen Kräften gehalten und von Gottes vollkommenen Gesetzen getrieben, sich um sich selber und zugleich um die Sonne dreht!"
Ich meinte ersticken zu müssen unter dem Kreuzfeuer von Fragen, das sich nach dieser Behauptung über mich entlud. Nach einer Stunde der Erklärung, Argumente und Gegenargumente sagte ich bestimmt:
„Nun hört! Jahrunderte vor euch haben die gelehrtesten und klügsten Männer der Welt dieses Problem studiert und durchdacht. Sie sind alle zu demselben Ergebnis gekommen: Die Erde ist rund, dreht sich um sich selber und um die Sonne. Wähnt ihr euch klüger als all diese Wissenschaftler?"
Vorwurfsvolle Augen! „Aber Schwester, wir fragen doch nicht, weil wir uns klüger vorkommen, sondern weil wir es nicht verstehen!"
Ach so! Mit erneuter Hingabe begann ich nochmals zu erklären, zu erläutern, zu beschreiben. Diesmal hielt sich auch der hartnäckigste Frager stumm und lauschte ergeben. Ich endete den Vortrag mit der Frage:
„Habt ihr das jetzt verstanden?"
„Ja!"
„Und glaubt ihr es?"
„Nein!"
Einem Überzeugten fällt es nicht schwer zu überzeugen, dachte ich und begann von neuem, und zwar mit solcher Überzeugung, bis auch der letzte Zweifler Beifall nickte.
Ach, sie sind dann ja immerhin so kultiviert, daß sie die Arbeit und Plage einer Person respektieren, die sich so endlos Mühe gibt, ihnen etwas beibringen zu wollen, und so ließen sie sich endlich dahin überwinden, daß sie mir nicht mehr ihren offenen Zweifel spürbar nahebrachten. Als Siegerin verließ ich den erdrunden Kampfplatz.
Nach der Stunde meldete sich einer der Zuhörer privat. Er sah mich mit einem verständnisinnigen Lächeln an und sagte:
„Schwester, so ganz im Vertrauen, bitte, versteh mich recht, nur zu dir gesagt... nicht wahr, du glaubst aber doch selber nicht, daß die Erde rund ist?"
Da stiegen in meinem geschlagenen Geist leise Zweifel auf! Ja, ist die Erde wirklich rund?

Welcher Lehrer kennt nicht Ähnliches? Das ist keineswegs nur afrikanisch[54].
Aber alles tritt hier offener und unversteller zu Tage: Denn die Schüler, die Afrikaner, lassen sich noch nichts einreden, sie wollen noch verstehen. Und die Lehrerin offenbart Tugenden, wertvoller als Kenntnisse: sie gibt Vertrauen (denn sie läßt ausreden), und sie ist belehrbar.

---

54 Auf einem Abreißkalender-Zettel des Jahres 1965 findet sich folgende Geschichte, die, vermutlich als Schulscherz oder „Kindermund" gemeint, unsere astronomische Allgemein-Bildung überhaupt recht gut kennzeichnet: Fritzchen, sagt der Lehrer, nenne mir drei Beweise dafür, daß die Erde eine Kugel ist! – Fritzchen, anfangs verdüstert über die Zumutung, gleich drei Argumente bereit zu haben, leuchtet plötzlich auf: Mein Papa sagt es, meine Mutti sagt es, und nun sagen Sie es *auch*!

## Nachwort 1970

Die Fortschritte der Raumfahrt können uns in der Didaktik der Himmelskunde rückfällig werden lassen: Kinder, Lehrer, Eltern, sie denken vielleicht: „Argumente, wie sie hier vorgebracht werden, etwa zur Begründung der Kugelgestalt der Erde, sind heute bedeutungslos und verzögernd. Allenfalls historisch Interessierte finden sie reizvoll. Derartig primitive und mühsame Beobachtungen haben wir im 20. Jahrhundert nicht mehr nötig. Die Mondfahrer *sehen* die Erde als Kugel, und wir sehen sie auf dem Fernsehschirm mit." – Dem kann zustimmen, wer es für die wesentliche und einzige Aufgabe des naturwissenschaftlichen Unterrichts hält, Richtigkeiten, auf die schnellste und rationellste Weise sichergestellt, mitzuteilen. Nun wird sich dieses Vorgehen für weite Strecken der Information auch nicht vermeiden lassen. Es rechtfertigt sich aber nur dann, wenn vorher oder daneben an einigen Stellen das erhellt wird, was bereits heute für die Mehrheit auch der sogenannten Gebildeten verdunkelt ist: Wie ist Naturwissenschaft überhaupt möglich?

Das kann nur einsehen, wer sie an einigen geeigneten Fragestellungen, zu der die Betrachtung der Natur uns herausfordert, wiederentdeckt. Er ist dann nicht nur mitgenommen auf Führungen, die nur vom Ergebnis her geplant werden können, sondern beim Gewahrwerden rätselhafter Naturphänomene wird sein Nachdenken (seine Kreativität) herausgefordert, winzige Zeichen zu deuten, die zu Entdeckungen führen. Vergessen wir das, so führt der Fortschritt der Naturwissenschaft den Lernenden, bisweilen auch den Lehrenden, von dem fort, was Verstehen, Einsicht, Durchschauen ist. – So begründet sich das „genetische Prinzip", das zugleich das „exemplarische" ist.

# III.
# Physikalische Fachsystematik als Ertrag genetischen Lehrens

**64**    **Natur physikalisch gesehen**   (1953)

In: Natur physikalisch gesehen.
Didaktische Beiträge
zum Vorrang des Verstehens

*Westermann, Braunschweig 1975; S. 11–44*

**65**    **Kanon der Physik**   (1962)

Einführung

Dieses Grundgefüge umfaßt etwa das „Pensum" der Volksschule und zugleich das der Mittelstufe der Höheren Schule. Beide werden sich natürlich trotzdem voneinander unterscheiden: in der Auswahl (Teile, die ohne Zweifel den Volksschulunterricht überschreiten, stehen hier nach rechts eingerückt), in der Dichtigkeit der eingelegten quantitativen Untersuchungen und in der mehr oder weniger betonten Tendenz auf eine scharfe Begriffsbildung. Worin sie sich voneinander aber nicht trennen sollten, das ist die Pflege eben jener „schlichten Verbindungen", und sie *allein* sind hier als das, was beide Schularten brauchen, aufgezeichnet.
Es ist also nicht so gemeint, als *dürfe* die quantitative Betrachtung erst *nach* der Erreichung dieser phänomenologischen Übersicht einsetzen.
Dieser Kanon (dieses Kompendium, wie man ihn auch nennen könnte), verfolgt aber noch eine zweite Absicht, indem er die strengen und mathematischen Formulierungen vermeidet: Er möchte die lebendige Begegnung mit der Natur bewahren, auch in der Durchsicht auf die schlichten Zusammenhänge. Auch hier ist das nicht so gemeint, als dürfe der Schüler nicht *auch* die strengen Formulierungen kennen.
Es soll keine Blüte abgeschnitten: es soll eine Wurzel erhalten werden, damit die Blüte nicht zur Papierblume verwelke. Das hier Dargestellte ist gleichsam die Innenansicht, die nicht fehlen darf, wenn das Abfragbare nicht Fassade werden soll. Dieser Kanon soll also *nicht ein Lehrbuch für das Kind sein.* Er ist eine Darstellung für den Lehrer, die ihm sagen möchte, wie die Physik für das Kind von innen ungefähr aussehen könnte, ohne daß das hier Gegebene etwa der Wortlaut sein müßte, wie ihn der Lernende wissen sollte. Er zeichnet das Grundgefüge der – sozusagen – physikalischen Landschaft ab, wie sie sich in Kopf und Herz des Lernenden eingelassen und aufgetan haben sollte.
Es wird dabei auch versucht, die Erscheinung und ihr Gesetz möglichst wieder in die Natur zurückzuversetzen, von der ja auch die Forschung immer ausgeht. Die Zone des Experiments und der Apparate ist eine notwendige Durchgangszone, die

schließlich wieder verlassen werden muß. (Es versteht sich, daß auch sie noch im Gedächtnis sein soll, wenn sie auch hier nicht aufgenommen ist. Ohne sie könnte die hier gegebene Verbindung der Ergebnisse gar nicht Bestand haben.)

Dieser Kanon soll auch *nicht* etwa *ein kurzgefaßtes Lehrbuch für den Lehrer* sein, das für sich allein verständlich sein könnte. Er möchte für den schon einigermaßen Kundigen die Linien der schlichtesten Verbindung zeichnen, so wie man wünschen könnte, daß sie sich im Geiste des Lernenden allmählich ausbilden. Dieser Kundige sollte der Abiturient sein. Daß er es heute im allgemeinen nicht ist, hat zum Glück weder physikalische noch psychologische Gründe, sondern nur historische. Es kann also noch einmal anders werden.

Um deutlich zu machen, daß hier nichts anderes verbunden wird, als was die Fachworte in einem herkömmlichen Lehrplan etwas gelehrter sagen, sind die *Fußnoten* angefügt. Sie sollen den Anschluß geben an gewohnte Formulierungen (die sonst vielleicht manchmal gar nicht wiedererkannt würden). – Zur Not können sie auch dem der Physik ferner stehenden Lehrer Anhaltspunkte geben, wo er in den Lehrbüchern nachschlagen kann, um seine Kenntnisse aufzufrischen oder zu erweitern. Es ist also durchaus nicht so gemeint, daß die Schüler all das wissen sollten, was in den Lehrbüchern zu den unter dem Strich angegebenen Stichwörtern steht. Es genügen meist die qualitativen Grundlagen. – Im Heft des Kindes wird dem Inhalt nach dasselbe stehen wie hier, aber von ihm selbst verfaßt und in einem Wortlaut, den kein Erwachsener voraus wissen kann. Vorher werden in demselben Schülerheft die vielen Erfahrungen und Experimente aufgezeichnet sein, die (im allgemeinen in noch nicht systematischer Reihenfolge) diesen hier gegebenen Zusammenhang stützen, und ohne die er nicht bestehen kann.

So wenig wie ein Lehrbuch, soll dies auch ein *Lehrgang* sein. Das hier Aneinandergereihte kann nicht überall und braucht nirgendwo die Reihenfolge zu geben, in welcher der Lehrer mit seinen Schülern in die Physik eindringt. „Einstiege" gibt es unzählige. Sie gehen hervor aus dem Tun und aus den Problemen, die das Tun uns aufdrängt. Der hier skizzierte Zusammenhang ergibt sich aus den gesammelten Einsichten zuletzt, und erst im letzten Jahr der Volksschule erscheint es möglich, daß diese gegliederte Kette im Geist des Schülers sich schließt, wenn sie sich nur auf hinreichend viele und mit Kopf und Herz angeeignete Erlebnisse des Tuns stützt und vom Lehrer ergänzt wird. Sie bedeutet eine Ernte, sie ist das Ergebnis einer gemeinsamen Besinnung. Das „Material" ist da: Die Erkenntnisse der vorangegangenen, nicht unbedingt systematischen (sondern aus der Gelegenheit echter Situationen des Schullebens erwachsenen) Einzelfunde. Sie sind nun wie Perlen auf eine Schnur zu ziehen. Gegenstand des Nachdenkens ist diese Schnur, diese Ordnung. Über sie wird man im Gespräch sich klarwerden. Fehlt eine Perle, so ist das kein Unglück, ausnahmsweise kann sie auch nachträglich einmal vom Lehrer erzählt oder durch ein „dargebotenes" Experiment nachgeholt werden. Der letzte Zusammenhang kommt dann ebenfalls aus einer echten Situation: Es ist die des Suchens dieser Ordnung. Sie ist jetzt Selbstzweck des Tuns geworden. – Es hätte nur eine geringe Wirkung, wenn der Lehrer die Schnur selber durch die Perlen zöge. Auch dieses Einfädeln wird von der (nun rein denkerischen) Selbsttätigkeit der Gruppe getragen.

Dieser Kanon stellt den physikalischen Zusammenhang in einer gewissen Vollständigkeit vor. Es soll damit nicht gesagt sein, daß er in der Schule unbedingt in allen seinen Teilen „behandelt" werden müßte. Auch nicht in allen Teilen gleich intensiv. Nur das ist zu wünschen: *Was* im Unterricht vorkommt, *das* sollte auch miteinander verbunden sein. – Im übrigen halte ich es für *möglich,* daß der ganze Inhalt des Kanons im Laufe der Schulzeit angeeignet wird. Ich glaube aber nicht, daß das bei dem gegenwärtigen Stand der Lehrerbildung schon bald allgemein gelingen kann.

Das Phänomen hat immer den Vorrang. Modellvorstellungen sind zugelassen, wo sie sich auf eine ungezwungene Weise aus der Sache heraus aufdrängen. Um jedoch zu einer deutlichen Scheidung beizutragen zwischen „Phänomen" (dem Vorhandenen, Vorzeigbaren, dem, was man also unmittelbar mit den Sinnen wahrnehmen kann) und „Modell" (Gleichnis, Bild, etwas, was wir ins Wahrnehmbare hineindenken müssen), ist der Text überall da klein gedruckt, wo die Bühne des Gleichnisses betreten wird. – Übrigens darf man ja nicht denken, daß das Modell immer auch etwas besonders Unsicheres, nur Vermutetes wäre. So ist zum Beispiel der Atomismus der Elektrizität keine Hypothese mehr. Trotzdem sind die Elektronen niemals vorzeigbar, ja sie sind nicht einmal „Körper", die etwa nur sehr klein wären. Sie existieren gewiß, aber nur insofern, als eine Kette von Experimenten wahrnehmbar ist, aus der wir sie denken *müssen,* wenn wir logisch denken.

Der Satzbau ist oft etwas verwickelt; er erlaubt bisweilen gerade dadurch, den Zusammenhang der Erscheinungen kurz und ohne Rückgriffe darzustellen. Das Folgende ist also nicht zum Vorlesen geeignet. Es ist auch keine Lektüre für Kinder, auch kein Vorbild; eher ein Nachbild. Es ist ein Text für den Lehrer, aber im Hinblick auf das Kind. Es ist kein physikalischer Text, sondern ein *pädagogischer* über physikalische Gegenstände.

## A. Das Greifbare · Drei Arten von Stoffen

Auf den ersten Blick scheint es zwei Sorten von Dingen (Körpern) zu geben; die formbewahrenden, ja formverteidigenden[1], *festen* – sie vor allem ermöglichen uns die Werkzeuge und Maschinen, die der Hand Kraft sparen, wenn sie sich dafür um ein um so größeres Stück bewegt[2] – und die *flüssigen,* die des Gefäßes bedürfen, wenn sie stehen und wenn sie die Form bewahren sollen; die aber ihren Raum (ihr Volumen) noch verteidigen[3].

Nich so die Luft (obwohl sie durch Gewicht und Wucht sich ebenfalls als Körperliches einer dritten Art zu erkennen gibt) und die anderen Gase (wie zum Beispiel der brennbare Kern der Kerzenflamme): Sie lassen sich zwar leicht zusammendrücken, aber sie müssen in einem geschlossenen Gefäß eingesperrt werden, wenn sie beisammenbleiben sollen; denn anders als die festen und flüssigen Stoffe zeigt das Gas

---

1 Form-Elastizität.
2 „Mechanische Arbeit" (Kraft mal Weg).
3 Volum-Elastizität.

ein tätiges Verhalten: Es drückt nicht nur aus Schwere, sondern „von sich aus", gegen die Wand seines Behälters und besetzt jeden zugänglichen Raum. Dabei sinkt sein Eigendruck auf die Hälfte, wenn es seinen Raum auf das Doppelte erweitert[4]. Jede *stehende*[5] Flüssigkeit erzeugt, auf sich selber lastend, einen *Schweredruck* in ihrem Innern, zunehmend mit der Tiefe und im rechten Winkel auf jedes Flächenstück eines eingetauchten Körpers einwirkend. Deshalb bedrängt sie ihn in der Tiefe (von unten) stärker als von oben und erzeugt so für ihn eine Tragkraft[6], die alle eingetauchten Körper erleichtert.

Meist unmerklich, verrät es sich gelegentlich und wird durch Pumpen auffällig, daß es einen *Luftdruck* gibt. Da er nach oben nachläßt (wie das Barometer zeigt, das auf den Berg getragen wird), ist auch er ein Schweredruck des Luftmeeres, das über uns lastet. Wie der Schweredruck stehenden Wassers verleiht auch er allen Körpern einen Auftrieb. Er allein ist schuld daran, daß die Flamme aufsteigt.

Anders als in *stehenden* flüssigen und luftförmigen Körpern geht es zu, wenn sie unter ihrem eigenen oder fremden Druck ins *Fließen* gekommen sind[7]. In dem Maße wie sich Druck in Strömung umsetzt, muß er sinken[8]. Das geschieht überall da, wo eine Strömung (sei es im Wasser oder in Luft) zwischen enger werdenden Wänden eingeschnürt eine Stromschnelle bildet, sich also beschleunigt. *Ein* vorgewölbtes Ufer genügt dazu schon. Deshalb muß ein Dach, ein ausgebreiteter Vogelflügel, eine Tragfläche, da sie oben gewölbt sind, den an ihnen entlanggleitenden Sturm oder auch Fahrtwind zur saugenden Stromschnelle einengen; die nun das Dach abhebt und den Vogel trägt.

## B. Das Hörbare[9]

Von den Tönen der Musik bleibt dem messenden Beobachter (auch wenn er taub ist) übrig: Der Widerstreit, der in den tönenden Dingen schwingend ausgekämpft wird zwischen ihrer Trägheit und ihrer formbewahrenden Kraft, wenn sie angeschlagen worden sind. (In den Flöten ist es ihr Luftinhalt, der nach dem Anblasen, träge schwingend, seinen *Raum* verteidigt.) „Die Elastizität der Körper (und es wird wohl keine völlig harten oder völlig weichen geben) ist gleichsam das Leben derselben, wir bekommen dadurch ein Gefühl ihrer Gegenwart durch das Gehör, Gesicht und öfters das Gefühl, ein Körper, welcher dieses Lebens beraubt ist, würde, unkenntlich und unbrauchbar, seine Lücke ausfüllen. Die elastischen Kräfte der Körper sind die Dolmetscher, wodurch sie sozusagen mit uns sprechen." (G. Chr. Lichtenberg, Sudelbücher, Bd. I, München 1968, S. 10.)

Von der Saite angestoßen, nimmt der äußere Luftraum die Schwingungen auf, gibt

---

4 Gesetz von Boyle.
5 Hydrostatik.
6. Auftrieb.
7 Hydrodynamik.
8 Gesetz von Bernoulli.
9 Akustik.

sie weiter als regelmäßige Folge von Stößen[10], die sich, in je drei Sekunden einen Kilometer weiterlaufend, allmählich in die Runde verlieren. Als Widerhall kehren sie von Felswänden und Waldrändern zu einem Teil zurück.

Diese Bewegungen entsprechen dem Ton. Je höher der Ton, desto schneller das Zittern[11]; je lauter, desto ausgreifender[12] die Schwingungen.

Eine Saite kann als Ganzes schwingen, sie kann auch in Abteilungen, und dann schneller, schwingen. Sie kann sogar beides gleichzeitig tun und tut es immer. Entsprechend hört ein feines Ohr, wie außer dem Grundton noch leise Obertöne mit einklingen. Das ist auch bei Flöten und Trompeten und allen Instrumenten so. Und bei jedem Instrument sind diese Obertöne andere. So klingt eine Geige anders als eine Flöte, auch wenn sie denselben Ton spielt und ebenso laut. Jedes Instrument hat so seine eigene „Klangfarbe".

Wie das über den Bach gelegte Brett schließlich brechen kann, wenn man im richtigen, ihm eigenen, Takt auf ihm wippt; wie eine schwere Schaukel von einem schwachen Kinde allmählich in Gang gebracht werden wird, sobald es nur in eben dem Wechsel stößt, in dem allein die Schaukel von sich aus zu schwingen vermag – so muß ein jedes Ding, das überhaupt zittern kann (eine Saite, die Luft in der Flöte, ja eine lockere Fensterscheibe), bald in ein hörbares Mitschwingen[12a] kommen, wenn ein Ton sie trifft, der ihrem Eigenton gleich ist an Höhe und damit an Schwingungszahl. So klirrt die Fensterscheibe, sobald der Klavierspieler eine bestimmte Taste angeschlagen hat; und die ans Ohr gelegte Muschel beginnt in ihrem eigenen Ton zu summen, wenn dieser Ton enthalten ist im Chor der Brandung.


## C. Drei Zustandsarten der Stoffe

Bei genauerer Betrachtung zeigt es sich, daß es gar nicht drei voneinander verschiedene Stoffarten (A) gibt, sondern daß jeder Stoff aller *dreier Zustände*[13] fähig ist, je nach dem Wärmegrad[14], dem er gerade ausgesetzt ist: Die Wärme erscheint als Antreibr, besser: Begleiter seines Zustandswandels. – Immerfort dehnend[15] – das Wasser macht nahe dem Gefrierpunkt seine wichtige Ausnahme[16] –, führt sie den Stoff in zwei Schüben, dem Schmelzen und dem Sieden, durch alle drei Zustände, die im Erkalten als Verflüssigung und Erstarren wieder rückgängig werden. (Nicht jeder Stoff läßt sich durch alle drei Zustände führen: Verbrennen, Verrosten, Verwesen und andere *„chemische"* Stoffwandlungen können dazwischentreten. Was die chemischen von den physikalischen Wandlungen unterscheidet, ist, daß sie nicht so

---

10 Schallwellen (longitudinal).
11 Schwingungszahl oder Frequenz
12 Schwingungsweite oder Amplitude.
12a Resonanz.
13 Aggregatzustände.
14 Temperatur, Thermometer.
15 Ausdehnungskoeffizient.
16 Anomalie des Wassers.

leicht wie die physikalischen rückgängig zu machen sind und daß mindestens noch ein zweiter Stoff in die Wandlung einbezogen ist.)

Dabei ist es nötig, vom Wärme*grad* die Wärme*menge*[17] zu unterscheiden. Die *Erwärmbarkeit*[18] der Stoffe ist verschieden. (Dieselbe Wärmemenge macht Felsboden fünfmal heißer als Wasser.) Die während des Schmelzens[19] und Siedens[20] zugeführte Wärmemenge ist unfähig, den Wärmegrad zu steigern. Sie wird ganz durch die Verwandlung verzehrt und tritt beim Erstarren oder Verflüssigen unvermindert wieder in Erscheinung.

Während alle Stoffe, solange sie fest oder flüssig sind, bei der Erwärmung sich verschieden dehnen, erreichen sie als Gase ein *gleiches* Verhalten: Alle Gase werden in der Erwärmung *gleich* gedehnt[21].

## D. Der Wärmeaufruhr der Materie

Es wäre nicht ganz zutreffend, zu sagen, die Erwärmung sei die alleinige „Ursache" des Schmelzens und des Kochens. Das zeigt sich, wenn man das kalte Wasser im leeren Raum, also vom Luftdruck befreit, kochen sieht[22].

Eine ständige Bereitschaft des Wassers zum Kochen wird damit offenbar. Sie ist unter den „normalen" Umständen vom Luftdruck niedergehalten, ohne doch – als Verdunstung – ganz unterdrückt zu sein. Diese im Eigendruck der Gase sich am auffälligsten äußernde Aktivität ist also auch in der Flüssigkeit schon am Werk; ja sogar in den festen Körpern, denn die selbsttätige Durchmischung[23] findet sich bei beiden.

So enthüllt sich allmählich ein inneres Tätigsein, ein verborgener Aufruhr, ein Auflösungs- und Angriffsbestreben aller Materie, das in befremdendem Gegensatz steht zu dem ersten Eindruck ihres untätigen Daseins. Je kälter es wird, desto geringer ist die innere Unruhe. Man sieht sie niemals selbst, aber feiner Staub in ganz ruhig stehendem Wasser verteilt, zeigt, unter dem Mikroskop betrachtet, ein unaufhörliches winziges Zittern, je kleiner die Staubteilchen, desto schneller[24]. Wir verstehen jetzt auch, warum wir durch Schütteln, Reiben, Peitschen allen Dingen *beliebig* viel Wärme (doch in festem Tauschverhältnis[25] von „Arbeit" und Wärmemenge) zufügen können. Wir geben damit dem inneren Aufruhr einen unmittelbaren Beitrag. Mehr nicht: Wärme ist also kein Stoff, und der heiße Körper wiegt auch nicht mehr als der kalte. So wird auch verständlich, daß es keine höchste, wohl aber eine tiefste Temperatur gibt (sie liegt bei 273 Grad C unter dem Gefrierpunkt): Wir stellen uns vor, daß dort die innere Unruhe ganz zur Ruhe gekommen ist[26].

---

17  Einheit: Kalorie.
18  Spezifische Wärme.
19  Schmelzwärme.
20  Verdampfungswärme.
21  Gesetz von Gay-Lussac.
22  Abhängigkeit des Siedepunktes vom Druck.
23  Diffusion.
24  Brownsche Bewegung.
25  Mechanisches Wärmeäquivalent.
26  Absoluter Nullpunkt. Kinetische Wärmetheorie.

## E. Zusammenhaltende Kräfte

Daß trotz dieser auflösenden Wärme-Unruhe die festen Körper Gestalt und Zusammenhang bewahren, daß die flüssigen im Zerfallen sich noch in kugelige Tropfen einrollen und ihre Oberflächenschicht zusammenraffen[27] (so daß der Wasserkäfer obenauf laufen kann und die Seifenblase sich spannen läßt), zwingt uns, von einer Zusammenhangskraft (Kohäsion) zu sprechen. Während sie alles *Flüssige* nur gleichmäßig *ballt,* baut sie im *Festen,* wenn es ungestört aus der Schmelze oder Lösung sich herstellt, *ebenflächige regelmäßige Gestalten* – Kristalle – auf, in jedem Stoff nach seiner Art. In den Gasen ist sie vom inneren Aufruhr (D) überflügelt. – Sie kann nur auf kürzeste Entfernung wirken und nur ganz nahe aus der Oberfläche des Körpers herausreichen. – Schmelzen und Sieden erscheinen nun als ihre (und des Luftdrucks) in zwei Schüben sich vollziehende Überwindung durch den inneren Wärme-Aufruhr.

Auch *verschiedenartige* Stoffe werden durch eine solche Haftkraft (Adhäsion) verbunden. So hängt der Tautropfen am Blatt, und die engen Haargefäße der Pflanzen können den Saft festhalten, der in ihnen steigt[28].

Diese Kräfte sind grundverschieden von einer anderen, die aber mit ihnen zusammen die Auflösung niederhält: der weitreichenden *Schwerkraft.* Sie zieht den Apfel zur Erde und hindert das Luftmeer, in den leeren Weltraum hinaus zu verfliegen, sie macht den Luftdruck und verwehrt so dem Meer zu verkochen. – Sie reicht, sich verlierend, in weiteste Fernen und zwingt, mit seiner Trägheit kämpfend, den Mond in seinen monatlichen Kreis: Wir verstehen ihn als Bahn einer geworfenen Felskugel[29].


## F. Wärmestrahlung

Die innerlich immer mehr erregte Materie erreicht schließlich einmal den Zustand der *Glut.* Neben zwei leicht begreiflichen Formen der Wärmeausbreitung, der *Leitung:* dem ansteckenden Um-sich-Greifen (des inneren Aufruhrs) von Schicht zu Schicht in Körpern aller Art – und dem *Transport* (mit strömender flüssiger Materie) macht sich dabei (und schon vorher) immer mehr eine völlig andere und rätselhafte dritte Art bemerkbar – bekannt von jedem überheizten Ofen und von der Sonne: die blitzschnelle, am besten den leeren Raum durchsetzende, durch raumerfüllende Materie nur behinderte, *Wärmestrahlung,* anfangs dunkel, später auch leuchtend (H).

---

27 Oberflächenspannung.
28 Kapillarität.
29 Gravitation.

## G. Fernwirkung[30]

So wie die *Wärme*strahlung eine *wärmende,* die *Licht*strahlung eine *leuchtende,* so sind die Schwerkraft, die magnetische und die elektrische Kraft *bewegende Fern-Wirkungen* der Körper. Anders als bei Stoß und Berührung zeigen sie, daß die Körper weiter „reichen" als ihre tastbare Oberfläche vermuten läßt, oder, durch ein anderes Gleichnis ausgedrückt, daß sie von einem *Kraftfeld* umgeben sind, in dem sie miteinander Fühlung haben. Diese Fühlung geschieht nicht zeitlos. Eine Veränderung des einen Körpers braucht eine Sekunde, um in dem anderen Folgen zu haben, wenn er von dem ersten durch 300 000 Kilometer stoffleeren Raumes getrennt ist[31].

## H. Leuchten und Licht (Nr. 29, S. 130)

### I. Die magnetische Kraft

Der Magnetismus erscheint zunächst als ein besonderer Zustand, dessen nur Stücke aus festem Eisen, Nickel oder Kobalt fähig sind. Von zwei Stellen größter Kraftäußerung aus (den Polen) können sie ursprünglich unmagnetisch gewesene Stücke von ihresgleichen – schon bei Annäherung – selber zu Magneten machen und anziehen. Frei beweglich gemacht stellen sie sich annähernd in die Nord-Süd-Richtung ein. – Da zwei Magnete einander mit gleichartigen Polen abstoßen, mit ungleichartigen anziehen, wirkt also der Erdball wie ein Magnet. (Da er nicht genug festes Eisen enthält, ist diese Erscheinung nicht ohne weiteres verständlich. Siehe K.) Da der Magnet, wenn er zerbricht, lauter neue Magnetchen gibt, da ferner das Magnetisieren eines Eisenstückes die Stärke des Magneten, der dies bewirkt, nicht mindert, dürfen wir uns vom Magnetisieren folgendes Bild machen:

Es ist etwas wie ein Gleichrichten kleiner Urmagnetchen[50], aus denen auch vorher schon das gewöhnliche (unmagnetische) Eisen besteht.

Die Kraftwirkung eines Magneten reicht, genau wie Licht sich verdünnend, grenzenlos weit. Der Raum dieser Wirksamkeit heißt „das magnetische Feld". Die (gedachten) „Feldlinien" geben für jede Stelle des Feldes die Richtung an, in welcher ein in das Feld gesetzter Nordpol sich in Bewegung setzen würde. Eisenfeilspäne werden im Feld zu Magneten und verketten sich deshalb längs dieser Linien.

---

30  Hier *nicht* im Sinne der zeitlos wirkenden „Fernkräfte" zu verstehen.
31  Relativitätstheorie.
50  Elementarmagnete.

## K. Die elektrische Kraft

Der Blitz mit seinem Donner ist – nur in großen Verhältnissen – nichts anderes als der Funke, der zwischen Kamm und Haar knistert oder zwischen irgend zwei (aber nicht beide „leitenden") Dingen von verschiedener stofflicher Natur, die in enge Fühlung miteinander gebracht und dann getrennt werden[51]. (Das wird begünstigt durch Reibung[52] – so bei den durch die Luft fallenden Regentropfen der Gewitterwolke – oder wenn es zwischen den beiden Körpern sogar zu einem chemischen Vorgang[53] kommt.)
Immer (wenn auch oft unmerklich, aber zwischen Haar und Kamm deutlich zu sehen) geht dem Funken voraus, daß die beiden „Pole" sich aufeinander zubewegen[54] oder es doch versuchen: Wir sprechen von „Spannung".
Im Augenblick der Vereinigung erlischt dieses Bestreben, die Spannung „bricht zusammen".
Es bedarf dazu dieser Zusammenkunft nicht unbedingt: Eine metallische Verbindung (ein „Leitungsdraht") zwischen den Polen leistet dasselbe (immer wird sie dabei warm), und wenn die Spannung groß oder der Zwischenraum klein genug ist, so wird die Luft selber gezwungen zu „leiten": Der Funke „entlädt".
Viele Einzelheiten[54a] drängen uns bei dem leitenden Spannungsausgleich den Vergleich mit einem „Strom" auf; am deutlichsten, wenn der Funke dazu gebracht wird, den fast leeren Raum zu durchqueren[55]. Ein Strömen nämlich müssen wir uns vorstellen, ein Fließen eines ungreifbaren, äußerst leichten Etwas, der „Elektrizität", die vom (zufällig so genannten) „negativen" Pol (wo sie im Übermaß angehäuft gedacht werden muß) zum „positiven" Pol hindrängt (wo es an ihr fehlt), also immer zu einer gleichmäßigen Verteilung und damit zur Unauffälligkeit strebt. (Demselben Streben dient es, daß ein Pinsel, zu einem Pol gemacht [mit dem Pol verbunden], sich spreizt, und ein Mehlhaufen, zu einem Pol gemacht, auseinandersprüht, das heißt, daß gleichartig geladene Körper auseinanderstreben[56].)
Die „galvanischen Elemente" (ebenso die hinter der Steckdose verborgene „Dynamomaschine") verstehen es, ihre im verbindenden Leiter zusammenbrechende Spannung immer wieder herzustellen, so daß in ihm ein ständiger Strom fließt. Dabei wird der Leitungsdraht um so heißer[57] (die „Stromstärke" um so größer), je größer diese Spannung ist. Auch auf den Leiter kommt es an: Lange Drähte, dünne Drähte und gewisse Materialien machen den Strom klein (haben großen „Widerstand"[58]).

---

51 Berührungsspannung.
52 „Reibungselektrizität".
53 Galvanische Elemente.
54 Elektrostatische Anziehung.
54a Siehe D S. 276–284.
55 Kathodenstrahlen.
56 Elektrostatische Abstoßung.
57 Glühlampe.
58 Ohmsches Gesetz.

Alle diese Erscheinungen lasen sich gemeinsam begreifen unter dem Bild jener Substanz, der „Elektrizität", die überall gegenwärtig, im „Leiter" beweglich, im „Nichtleiter" seßhaft, sich gleichmäßig zu verteilen gezwungen ist, das heißt jeder Anhäufung wie auch jeder Verdünnung sich widersetzt,

sei es, daß sie die Körper selber bewegt[59] [60],
sei es, daß sie in gewissen leitenden Flüssigkeiten, wie z.B. Salzwasser, sich einer feinen stofflichen Strömung bedient[61],
oder sei es, daß sie, im metallischen Leiter drinnen, selber „strömt",
oder daß sie selber, allein, den leeren Raum durchschießt[62].
Die Störungen dieser Gleichverteilung kommen aus der Verschiedenheit der stofflichen Natur der Körper: Immer wo zwei sich eng berühren und dann trennen, liegt ein Herd elektrischer Entzweiung.

## L. Die magnetische Kraft der bewegten Elektrizität[63]

Die Physik der Romantik[64], auf der Suche nach der Einheit aller Naturkräfte, fand die Brücke zwischen Elektrizität und Magnetismus in der Entdeckung: Bewegte Elektrizität, solange sie fließt, versucht, alle Magnete ihrer Umgebung (je näher desto heftiger) quer zu ihrem eigenen Fluß zu stellen, oder, was dasselbe ist: Magnetpole, die in ihre Nähe kommen, treibt sie immer quer an ihrem eigenen Fluß vorbei (als würden sie von einem Schaufelrad angeschlagen, das um den Strom als Achse kreist[65], wie der Propeller um die Flugzeugrichtung). Sie setzen also an zu einer Kreisbahn um den Stromleiter.
Umgekehrt, wenn der Stromleiter ein bewegliches Band ist, so windet er sich um den festgehaltenen Magneten und wickelt so von selber eine Spule.
Das bewirkt bewegte Elektrizität. Nicht nur als jener im Inneren des metallischen Leiters zu denkende „Strom" (K) (auch als Blitz in der Luft), sie tut es auch dann, wenn sie von körperlichen Dingen sichtlich mitgeschleppt wird[66] (etwa auf einem getriebenen und dann durch den Raum geschleuderten Bernsteinstück).
Gemäß diesem Gesetz lassen sich künstliche Magnete ohne jedes Eisen aus rein elektrischen Mitteln bauen: Ein elektrischer Kreisstrom im Kupferdraht ist in seinen Wirkungen von einem echten (eisernen) kurzen Magneten nicht zu unterscheiden.

Verlangt man – aus dem Wunsch, den Magnetismus elektrisch zu „erklären" – auch das Umgekehrte, daß alle natürlichen Magnete, insgeheim elektrischer Natur seien, so muß man sich

---

59 Elektrostatische Anziehung.
60 Elektrostatische Abstoßung.
61 Elektrolyse.
62 Kathodenstrahlen.
63 Elektro-Magnetismus.
64 Oersteds Grundversuch.
65 Magnetfeld des elektrischen Stromes.
66 Konvektionsstrom; Versuch von Rowland.

von den „Elementarmagnetchen"[50] die Vorstellung bilden, daß sie von lauter gleichgerichteten und gleichlaufenden Kreiseln erfüllt sind, in denen „die Elektrizität' selber unaufhörlich umläuft[67].

Und da zwei Kreisströme auch aufeinander genau wie zwei echte Magneten wirken, ergibt sich als elektrischer Urgrund alles Magnetismus das folgende Grundgesetz für die bewegte Elektrizität: Gleichgerichtete Ströme streben sich zu vereinigen, einander entgegengerichtete Ströme suchen sich voneinander zu entfernen[68].

Diese Kräfte sind es dann, die das Eisen zum Magneten treiben: Wechselwirkung zwischen den geordneten Elementarmagneten, die als elektrische Ströme einander suchen oder fliehen.

(Das heißt, mit dem Gesetz der ruhenden Elektrizität (K) zusammengehalten, daß zwei geriebene Bernsteinketten einander zwar abstoßen; läßt man sie aber nebeneinander in gleichen Sinne kreisen [wie die Räder eines Handkarrens], so kommt eine Anziehung auf, die diese Abstoßung mindert. Daß gerade dann, wenn die beiden Ketten so schnell wie das Licht umliefen, die Abstoßung von der Anziehung ganz aufgehoben wäre, deutet einen tiefliegenden Zusammenhang der elektromagnetischen Erscheinungen mit dem Licht an[69].)

## M. Die elektrische Kraft des bewegten Magnetismus[70]

Die magnetische Wirkung der bewegten Elektrizität erweist sich als umkehrbar: Nicht nur kann man aus Strömen Magnete machen, es lassen sich auch durch Magnetismus Ströme hervorrufen.
Und zwar: Eben die Bewegungen, die der Magnet, außerhalb des von Elektrizität durchströmten Leiters, durch diesen Strom zu tun gezwungen ist, eben diese Bewegungen bewirken (wenn wir selbst sie – den Magneten mit der Hand führend – nachahmen) in dem ursprünglich stromlosen Leiter das Aufkommen eines Strömens der (in ihm immer beweglich gegenwärtigen) Elektrizität[71]. (Übrigens umgekehrt gerichtet wie jener Strom, der diese nun von uns gemachte Magnetbewegung selber erzwungen hätte, da ja sonst, gegen alle übrige Erfahrung[72], aus fast einem Nichts eine unendliche Wirkung hervorgehen würde.)
Was hierbei der bewegte Magnet tut, das kann (L) auch ein bewegter Stromkreis leisten. Und dasselbe wieder kann dieser Stromkreis *ruhend* leisten, wenn nur in ihm der Strom in seiner Stärke *schwankt*[73]. (Ein aufkommender Strom wirkt wie ein näher kommender.) Damit läßt sich das Gefundene in eine rein elektrische Fassung bringen: Wenn in einem Leiter ein elektrischer Strom fließt und dieser Strom in sei-

---

67 Elektronenspin.
68 Elektrodynamisches Grundgesetz.
69 Relativitätstheorie.
70 Elektromagnetische Induktion.
71 Technisch: Dynamomaschine.
72 Lenzsche Regel; Energiesatz; Satz vom ausgeschlossenen Perpetuum mobile.
73 Technisch: Transformator.

ner Stärke schwankt, so wird diese Schwankung in der Nachbarschaft von aller Elektrizität als eine sie in Gang setzende Kraft (eine Spannung) empfunden. Das läßt sich auf große Entfernungen hin spürbar machen. Ein regelmäßiges Schwanken der elektrischen Kraft hier erzeugt eine ebensolche Schwankung der elektrischen Kraft dort, vergleichbar der Ausbreitung einer Schwankung auf einer Wasseroberfläche[74].

## N. Zerfallende Grundstoffe

Es gibt jenes Auflösungsbestreben (D), das mit der Wärme einhergeht und schließlich den Stoff in den Zustand des verdünnten Gases treibt.

Es gibt die seit langem bekannten „chemischen" Umwandlungen der Stoffe. Immer verzehren sie Wärme oder bringen sie hervor.

(Dabei stellen sich etwa hundert „Grundstoffe" heraus, das sind solche, die durch kein gewöhnliches Mittel [wie Hitze oder die Anwesenheit eines anderen Stoffes oder den Durchgang eines elektrischen Stromes] dazu zu bringen sind, in andere Stoffe zu zerfallen. Die festen Gewichtsverhältnisse[75], in denen sich Grundstoffe chemisch verbinden, lassen sich am einfachsten *durch die Vorstellung verstehen, daß kein Stoff seinen Raum lückenlos ausfüllt, daß er vielmehr aus letzten, winzigen, untereinander gleichen Körnchen*[76] *zusammengebaut ist.*)

Von beiden Vorgängen grundverschieden ist die erst vor kurzem (Ende des 19. Jahrhunderts) bemerkte Selbstzerstörung (das heißt: Selbstzerstäubung und Selbstverwandlung) einiger (schwerer) Grundstoffe[77]. Verschieden deshalb, weil dieser Zerfall weder durch Hitze noch durch sonst etwas aus der Ordnung zu bringen ist, nach der er unaufhörlich seinen Gang nimmt (Diese Ordnung besteht darin, daß, je weniger noch da ist, desto weniger zerfällt.[78]), und weil er kein chemischer Vorgang (C) ist.

Auf längere Zeit betrachtet schwindet ein Stück eines solchen Stoffes langsam und immer langsamer dahin, während (und weil) es einen unaufhörlichen Sprühregen feinster Trümmer von sich schleudert (dazu außerdem eine durchdringende und zerstörende dunkle Strahlung[79] aussendet). – Man sieht das Ausgesprühte nicht unmittelbar, aber man kann seine Einschläge sichtbar machen: Es gibt Kristalle (Würfelzucker gehört dazu), die im Dunkeln da aufblitzen, wo man sie mit einer Nadel verletzt[80]. Ein mit solchem Kristallpulver bedecktes Pappstück, in die Nähe einer zerfallenden Substanz gehalten, zeigt (durch die Lupe betrachtet) das Schauspiel eines unaufhörlichen Aufblitzens wechselnder Lichtpunkte[81]. Wir deuten sie als Einschlagstellen der auftreffenden Trümmer.

---

74 Elektrische Wellen.
75 Daltons Gesetz der festen Gewichtsverhältnisse.
76 Moleküle (Atome).
77 Radioaktive Elemente.
78 Halbwertzeit.
79 γ-Strahlen (sprich: „Gamma"); Röntgenstrahlen, dem Ultraviolett verwandt.
80 (Tribo-)Luminiszenz.
81 Szintillationen (Spinthariskop).

In feuchter, kondensationsbereiter Luft[82] sieht man sogar die Flugbahn dieser Geschosse als feine Nebelstreifen, die sie einen Augenblick hinter sich stehen lassen (ähnlich den Kondensstreifen der Flugzeuge).

Die ausgeschleuderten Trümmer bestehen aber nicht mehr aus demselben Stoff wie die zerfallende Muttersubstanz. Es sind Körnchen des zweitleichtesten Grundstoffes Helium, und zwar positiv elektrisch geladene[83], und andere sind gar Körnchen jenes überfeinen Stoffes, der (negativen) Elektrizität[84] (K), selber.

Die Ladung erkennt man daran, daß die Nebelbahnen krumm werden, wenn man einen stark elektrisierten Körper oder wenn man einen Magneten in die Nähe bringt. Die Trümmer werden dann nämlich aus ihrer Bahn gelenkt, wie das Haar vom Kamm (K) oder wie der Stromleiter vom Magneten (L).

Diese Erscheinungen tragen bei zu der Vorstellung, daß die Elektrizität in das Gefüge aller Stoffe eingebaut ist, und daß es nur wenige Grundbausteine gibt, die alles Stoffliche körnig zusammensetzen.

(Zumal auch gewöhnliche, leichte und von sich aus nicht zerfallende Stoffe, wie z. B. Aluminium, dazu gebracht werden können, es doch zu tun, da wo man sie dem Anprall und dem Einschlag von Trümmern aussetzt, die von den natürlich zerfallenden ausgestrahlt werden[85].)

82 Wilsonsche Nebelkammer.
83 α-Strahlen (sprich: „Alpha").
84 β-Strahlen (sprich: „Beta"-, Elektronen), d. h. natürliche Kathodenstrahlen.
85 Künstliche Kernumwandlung, künstliche Radioaktivität, Kernspaltung.

# Kein Leitfossil

Nachbemerkung von Horst Rumpf

Ein Stein geht im Wasser unter, nicht aber ein schwer beladenes Schiff. Der Mond, dieser wechselhafte Gefährte – warum ist er so veränderlich in der Gestalt, in der Zeit, im Ort seiner Anwesenheit? Kann man durch bloßes Nachdenken herausbekommen, wie groß der Flächeninhalt eines verrutschten Rechtecks, eines sogenannten Parallelogramms ist? Und die Erde – wieso soll sie sich drehen?

Jeder kann ein Gespräch mit einer solchen Frage anzetteln. Gewöhnlich herrschen bei Nichtspezialisten jeden Alters Reaktionen vor, die so etwas wie persönliches Angesprochensein gar nicht erst aufkommen lassen: Nicht zuständig – wozu gibt es Fachleute und Lexika? Das ist ein typisches Schulproblem, längst geklärt – kein Hahn kräht mehr danach, uninteressant. Ja, das haben wir einmal in der Schule durchgenommen. *Die* Probleme möchte ich haben.

Eine geradezu wilde Abwehr, sich im Ernst treffen zu lassen. Eine Sucht nach Cleverness, nach dem Schutzpanzer, nach Unverwundbarkeit: „Wer bin denn ich? *Ich bin doch nicht im Ernst haftbar zu machen für die Richtigkeit, die Qualität irgendeiner Erkenntnis, von der alle Welt weiß, daß sie stimmt? Weil die Wissenschaft sie ermittelt hat.*" So neigen wir Laien nach einigen Schuljahren zu reagieren, wenn es Ernst wird und jemand Rechenschaft fordert. Wir entpuppen uns schnell als Autoritätsgläubige. Der Autorität Wissenschaft vertrauen, das spart Zeit und Kraft, so scheint es. Aber was kostet es! Man kann es in Anlehnung an Simone Weil sagen, und so die Strenge des Lehrers Martin Wagenschein erklären: *es kostet die Seele die Berührung mit der Wahrheit.*

Die Beschreibungen und Vorschläge Wagenscheins sind also nicht nur, nicht in erster Linie eine Wunderwaffe gegen die Stoff-Fülle, nicht nur eine Fundgrube für geschickte, lebensnahe Einstiege, nicht eine heimbastlerische Vorstufe zu dem, was dann die Curriculumforschung viel wissenschaftlicher zuwege gebracht hat. Kinder, Laien, Anfänger werden um das Beste, das wirkliche Verstehen, betrogen, wo immer das Langsamwerden, das Fremdwerden von Zügen des Gegenstands, die Entstehung offener Situationen, das sinnliche Probieren und Berühren das Begreifenwollen und das Nichtbegreifenkönnen, wo immer solche Vorgänge verhindert oder abgeschnitten werden zugunsten des Einwinkens auf präparierte, geglättete, informationsreiche und zeitsparende Lern(schnell-)wege. Die uns mit Richtigkeiten versorgen und die persönliche Haftung abnehmen.

Kann man ehrfürchtig sein und doch kritisch? Ist das zu vereinen: Ehrfurcht vor dem Geheimnis von Natur mit dem sich schärfenden Blick des Beobachters, der prüft, vergleicht, berechnet und weder Autoritäten noch aufrichtigen Überzeugungen traut, wenn es ans Erklären von Zusammenhängen geht? Gibt es eine Art von nicht herrischem, sondern brüderlich-sorgsamem Umgang mit der Sinnenwelt, die sich den messenden Naturwissenschaften nicht ausliefert, aber sich im Ernst auf sie einläßt? Die dabei deren aufklärende Kraft wie deren Grenzen erfährt? Eine Ehrfurcht also, die das Gegenteil der Furcht vor undurchsichtigen Übermächten, vor Vätern und Zwingherren ist? Eine aufgeklärte und aufklärende Ehrfurcht also?

Bis kürzlich schien beides unvereinbar, anachronistisch – hier Fortschritt, Befreiung aus Unmündigkeit, rationale Naturbeherrschung – dort wissenschaftsfeindlich getönte Naturliebe, gern als Mittel zur Volksverdummung verwendet von solchen, die an Volksverdummung interessiert waren oder sind. Bis kürzlich schien beides unvereinbar – bis die Zerstörung von Naturumwelt und der dem entsprechende Zerfall unserer körpergebundenen Wahrnehmungs- und Berührungsfähigkeiten vielen fast schockartig bewußt wurde.

In den Wagenscheinschen Einführungen in naturwissenschaftliches Sehen und Denken hat es nie den Bruch zwischen Ehrfurcht und distanziert-kritischer Analyse gegeben, sie haben ihre Pointe darin, alles Lehrermögliche gegen diesen Bruch zu tun. Infolgedessen schienen sie längere Zeit naiv, altmodisch, „typisch Reformpädagogik", weil sie sich nicht in die offiziellen Bekenntnisfronten einordnen ließen. Ehrfurcht paßt nicht zu progressiv – und Aufklärung durch ernst und kritisch genommene Wissenschaft paßt nicht zu konservativen Schulrichtungen. Kein Wunder, daß ihn jemand – Wagenschein erzählt das lächelnd – als „Leitfossil aus den zwanziger Jahren" einordnet.

Man kann die Frage noch deutlicher vom Subjekt her formulieren: Wer sich den Blick des Naturwissenschaftlers in die Welt aneignen will, der muß verläßlich lernen, auf Abstand zu gehen – auf Abstand zu aufsteigenden Affekten, zu anderen Menschen, zur Eindrucksmacht von Erscheinungen, an die die Sinne stoßen. Er muß Filter und Zensuren aufbauen – die subjektive Seite des Zivilisationsprozesses, wie ihn Norbert Elias und vor ihm Sigmund Freud bewußt gemacht hat.

Die für den Lehrer, den Pädagogen entscheidende Frage heißt: Wie rigoros, wie hart, wie grausam, mit welchen Opfern und Verlusten für die Betroffenen werden die Filter, die die Distanz garantierenden Kontrollstationen in die nachwachsenden Menschen hineingebracht? Was widerfährt der mitgebrachten Sinnlichkeit und Kindlichkeit? Wird sie abgespalten, stranguliert, läßt man sie totlaufen – geht es ihr ähnlich wie der Eingeborenenkultur Amerikas, als die Weißen kamen und die vorgefundenen Lebenswelten wegzivilisierten?

Strangulierung, Abdrängung, Leerlaufenlassen – dies gilt und galt vielen als einzig mögliche Art, die Distanz und Selbstbeherrschung zu lernen, ohne die kein Erwachsener die auch auf Wissenschaft gegründete Zivilisation durchsteht. Und man frage Schüler, Studenten, wie sie das Einwandern wissenschaftlicher Erfahrungsfilter spüren, in welchen Sprachregelungen, in welchen Vorschriften der Körper- und Gedankenführung es sich durchsetzt – ein offenes Feld der Erforschung von Unterricht im Zug des Zivilisationsprozesses.

Zwischen der (Natur-)Welt mit Antlitz, in der phantasiedurchzogene und sehr persönliche Gedanken, Erwägungen heimisch sind, auf der einen Seite und der Welt als Datenmenge, wie sie sich dem das Meßbare herausschälenden Blick stellt, auf der anderen Seite, da gibt es Übergänge, Wagenschein hat sie sehen und kultivieren gelehrt. Man kann den wissenschaftlichen Blick, die Selbstkontrolle lernen, ohne – mit hohem psychischem Aufwand – die kindlichen, die sinnlich-ganzheitlichen Weltzugänge völlig abdrängen zu müssen; man kann es, auch ohne ein Einstein oder ein Heisenberg zu sein. Die landläufige Art, Wissenschaft durchzusetzen in die Subjekte – sie ist nicht sehr aufmerksam auf die Wunden, die sie schlägt.

Kein Wunder, daß Martin Wagenschein einmal am Ende eines Seminargesprächs meinte, er habe sich zeitlebens in den offiziellen Lehreinrichtungen nur als Sanitäter gefühlt – wobei er den Sanitäterberuf für einen sehr anständigen Beruf halte.

Ich las einmal eine freundlich-schulterklopfende Bemerkung eines Erziehungswissenschaftlers über eine Wagenschein-Studie (es war der Bericht darüber, wie eine Schülergruppe mit ihrem Lehrer in mehrtägigem Gespräch den Gedanken faßte, der die Unendlichkeit der Primzahlenreihe zweifelsfrei bewies) – ,,Euklids Idee für sich wiederentdeckend". Schön und gut, meinte der Forscher, ein anregend geschriebener Erfahrungsbericht. Aber damit aus solchem wissenschaftliche, verallgemeinerungsfähige Aussagen zu gewinnen wären, dazu bedürfte es selbstredend vergleichender empirischer Forschungen. Welche Schülermerkmale, welche Lernbedingungen, welches Eingangsverhalten, welche didaktische Behandlungsprozedur, welches Endverhalten liegen vor, welche Instrumente werden verwendet, in welchen Forschungstraditionen steht die Untersuchung? Ohne solche Ermittlungen, so war die Meinung, keine verläßliche wissenschaftliche Aussage, auch kein verläßlicher Rat für die Praxis.

Wagenschein kommt in der Tat anders zu Aufschlüssen über Unterricht, über das Lehren. Seine Schriften beweisen es: Er ist skeptisch gegenüber jedem Verfahren der Erkenntnisgewinnung in der Pädagogik, gegenüber jeder Darstellungsform, in denen die dramatischen Szenen, zeit- und situationsgebunden zwischen bestimmten Menschen, verdunsten. Er regt jeden, der das Lernen ausforschen will, dazu an, sich auf das wirkliche und gemeinsame Nachdenken mit Kindern einzulassen – und seine Entdeckungen in Szenen, in Geschichten zu beschreiben. Seit Jahrzehnten ist er auf der Jagd nach Spuren wirklichen, nicht didaktisch gespielten oder experimentell-wissenschaftlich erzwungenen Nachdenkens. Seine Forschungsarbeit ist Spurensicherung. Sie hat etwas Detektivisches an sich.

,,Small is beautiful", an diese schöne Devise Schumachers denke ich, wenn ich Wagenscheins didaktische Kleinforschung gegen die zitatenreichen Produkte erziehungswissenschaftlicher Großforschung halte. Nicht nur die Physik hat ihre Wurzeln, ihre oft verleugneten, in Geschehnissen täglicher Lebenspraxis – auch die Pädagogik, die Erziehungswissenschaft sitzt ohne sie auf dem Trockenen.

,,Es ist ganz gut, viel zu lesen, wenn nur nicht unser Gefühl darüber stumpf würde und über der großen Begierde, immer ohne eigene Untersuchung mehr zu wissen, endlich in uns der Prüfungsgeist erstürbe", schreibt sein großer alter Freund aus dem Darmstädtischen, Georg Christoph Lichtenberg, das eigene prüfende Nachdenken gegen die Übermacht des Gedruckten und schon Gedachten verteidigend. Unter welchen Umweltbedingungen gedeiht der Prüfungsgeist? Wie sehen Phänomene, Anlässe aus, an denen er sich entzündet? Und was kann ein Lehrer tun, damit er nicht erstirbt, sondern zum Zug kommt? Mit diesen drei Fragen im Sinn kann das Studium der Wagenschein-Schriften zu einem Lehrgang am eigenen Leibe werden.

# Veröffentlichungsnachweise**

1. Das große Spüreisen
   Die Sammlung, April 1951; S. 194–196 (auch UI, S. 175–177)
2. Horst Rumpf: Gespräch mit Martin Wagenschein
   Neue Sammlung, November 1976; S. 442–457
3. Superklug* (aus: Was bleibt? [Verfolgt am Beispiel der Physik]; S. 82)
   in: J. Flügge (Hg): Zur Pathologie des Unterrichts. Befragung des pädagogischen Fortschritts; Klinkhardt, Bad Heilbrunn 1971; S. 74–91
4. Was bleibt unseren Abiturienten vom Physikunterricht? (Ausschnitt)
   Zeitschrift für Pädagogik, 1/1960, S. 30–45 (auch UI, S. 385–399)
5. Schein oder Wirklichkeit?* (aus: Kopf und Herz in der Aneignung exakt-naturwissenschaftlicher Erkenntnisse; S. 188/189)
   Die Sammlung, Dezember 1951, S. 704–715 (auch UI, S. 181–192)
6. Bild und Wirklichkeit (aus: Bild und Wirklichkeit. Gegen einen zu handgreiflichen Gebrauch der physikalischen Begriffe im Unterricht; S. 94/95, 97)
   Der Mathematische und Naturwissenschaftliche Unterricht II, November 1949 (auch UI, S. 94–100)
7. Also ist es wirklich wahr …
   Neue Sammlung, November 1978, S. 561–565
8. Kinder auf dem Wege zur Physik (Ausschnitte)
   aus: Wagenschein/Banholzer/Thiel: Kinder auf dem Weg zur Physik; Klett, Stuttgart 1973; S. 9–15, 30
9. Einladung, Galilei zu lesen
   Westermanns Pädagogische Beiträge, 1/1964, S. 5–9 (auch UI, S. 515–519)
10. Lehren mit Respekt/Dialogische Allgemeinbildung in Mittelamerika (Ausschnitte aus dem zweiten Aufsatz wurden vom Herausgeber als Anmerkungen dem ersten angefügt)
    Neue Sammlung, März 1975, S. 179–185/Scheidewege 2/1977
11. Zum hessischen Versuch einer konstruktiven Auflockerung der Prima
    Die Höhere Schule 10/1952 (auch UI, S. 214)
12. Wesen und Unwesen der Schule
    Erziehung wozu? Kröner, Stuttgart 1956, S. 51–62 (auch UI, S. 290–297)
13. Der Knabe mit dem Apfel
    Deutsche Allgemeine Zeitung, 20. Januar 1945 (auch UI, S. 48/49)
14. Die letzte Stunde oder die Wiedergeburt des Geistes aus dem Gelächter.
    Schola 1949, S. 210–212; geschrieben 1941 (auch UI, S. 44–46)

---

\* Textausschnitte mit Herausgeberüberschriften (möglichst in Anlehnung an Untertitel Wagenscheins) sind durchgängig mit * gekennzeichnet.
** Die beiden Sammelbände von Martin Wagenschein: „Ursprüngliches Verstehen und exaktes Denken I/II; Klett, Stuttgart 1965/1970" werden mit den Abkürzungen UI bzw. UII zitiert; D steht für M. W.: Die pädagogische Dimension der Physik; Westermann, Braunschweig 4/1975

15. Paul Geheeb in der Ecole d'Humanité
    Bildung und Erziehung, 1950, S. 641–647 (auch UI, S. 157–164)
16. Erinnerung an Paul Geheeb
    Pädagogik Heute 4/1968, S. 139/140 (auch UII, S. 174/175)
17. Dankrede aus Anlaß der Verleihung der Würde eines Doktors der Naturwis-
    senschaften Ehren halber (Dr. rer. nat. h. c.) der Technischen Hochschule
    Darmstadt am 1. Februar 1978
    Erstveröffentlichung
18. Rettet die Phänomene! (Der Vorrang des Unmittelbaren)
    Der Mathematische und Naturwissenschaftliche Unterricht, 1977, S. 129–137
    (Erstveröffentlichung: Scheidewege 1/1976, S. 76–93)
19. „Lichtbrechung" – wie sieht das aus?* (aus: Was bleibt? (Verfolgt am Beispiel
    der Physik); S. 79/80)
    in: Flügge; s. o. Nr. 3
20. Eis ist farblos, Schnee ist weiß: warum?* (aus: Was bleibt unseren Studenten
    vom Physikunterricht?; UI, S. 388, 390–397)
    s. o. Nr. 4
21. „Linienspektrum" – Woher Linien?* (aus: Was bleibt unseren Studenten vom
    Physikunterricht?; UI, S. 387, 390–397)
    s. o. Nr. 4
22. Kinder und Licht, Schatten, Spiegelbild, Augentäuschendes Wasser* (aus:
    Kinder auf dem Wege zur Physik; S. 59–67)
    Wagenschein/Banholzer/Thiel; s. o. Nr. 8
23. Der Wasserspiegel* (aus: Physiker am Wasser, S. 320)
    Die Sammlung, Dezember 1956, S. 620–623 (auch UI, S. 320–323)
24. Das Licht und die Dinge
    Die Sammlung, November 1952, S. 517/518 (auch UI, 214/215)
25. Kerze und Schnee – zwei Lehrgangsskizzen*
    Ausschnitt; D S. 203–206
26. Die periodische Struktur des Lichts
    Neue Sammlung, 2/1968, S. 124–132 (auch UII, S. 110–119)
(27.) Im Wasser Flamme
    siehe: Natur physikalisch gesehen; Westermann, Braunschweig 1975;
    S. 82–88
28. Farbe – eine Lehrgangsskizze* (aus Erwägungen über das Exemplarische Prin-
    zip im Biologieunterricht, S. 476/477
    Der Mathematische und Naturwissenschaftliche Unterricht XV, 1/1962/63
    S. 1–9 (auch UI, S. 471–486)
29. Leuchten und Licht: aus dem Kanon der Physik*
    Ausschnitt; D S. 239–242
30. Die Sprache im Physikunterricht
    Zeitschrift für Pädagogik, 7. Beiheft, 1968, S. 125–142
    (auch UII, S. 158–173)

31. Wie macht das der Magnet …?* (aus: Was bleibt unseren Studenten vom Physikunterricht?; S. 388, 390–397)
    s. o. Nr. 4

32. Kinder und der Magnet* (aus: Kinder auf dem Wege zur Physik, S. 31–34)
    Wagenschein/Banholzer/Thiel; s. o. Nr. 8

33. Die Eisenbärte
    Die Sammlung, Juli 1959, S. 381–385 (auch UI 361–365)

34. Die nicht handgreiflichen Realitäten der Physik am Beispiel der Feldlinien betrachtet; D S. 294–305

35. Die magnetische Kraft*
    aus: Kanon der Physik; D S. 242

36. Das Exemplarische Lehren als ein Weg zur Erneuerung des Unterrichts an den Gymnasien
    in: Schriften zur Schulreform, H. 11; Verlag Gesellschaft der Freunde des Vaterländischen Schul- und Erziehungswesens, Hamburg 1953 (auch UI, S. 216–241)

37. Das Fallgesetz auf Deutsch?* (aus: Was bleibt? [verfolgt am Beispiel der Physik]; S. 77–79)
    in: Flügge; s. o. Nr. 3

38. Kinder: Steinchen fallen lassen* (in: Kinder auf dem Wege zur Physik, S. 20)
    Wagenschein/Banholzer/Thiel; s. o. Nr. 8

39. „Will" der Stein oder „muß" er fallen?
    Die Sammlung, Mai 1955, S. 269–271 (auch UI, S. 282–284)

(40.) Das Fallgesetz im Brunnenstrahl
    siehe: Natur physikalisch gesehen. Didaktische Beiträge zum Vorrang des Verstehens; Westermann, Braunschweig 1975, S. 45–58

41. Das Fallgesetz und naturwissenschaftliche Allgemeinbildung* S. 127–129
    aus: Was bedeutet naturwissenschaftliche Allgemeinbildung, UII, S. 119–135

42. Das Fallgesetz als ein für die Mathematisierbarkeit gewisser natürlicher Abläufe „exemplarisches Thema"
    D S. 288–293

43. Das Exemplarische Prinzip aus der Sicht der Mathematik und der exakten Naturwissenschaften
    in: Strunz (Hg.): Pädagogisch-psychologische Praxis an Höheren Schulen; Reinhardt, München 1963, S. 63–93 (auch UI, S. 451–470)

44. Ein Unterrichtsgespräch zu dem Satz Euklids über das Nicht-Abbrechen der Primzahlenfolge
    Bildung und Erziehung, 10/1949, S. 721–729 (auch UI, S. 102–110)

45. Der antike Beweis für die Irrationalität der Quadratwurzel aus 2
    Hessische Beiträge zur Schulreform II, 1950, Heft 21, S. 48–67 (auch UI, S. 138-151)

46. Das Exemplarische Lehren als fächerverbindendes Prinzip: der Satz des Pythagoras
    Die pädagogische Provinz, 12/1960, S. 628–648 (auch UI, S. 400–416)

(47.) Verdunkelndes Wissen
Frankfurter Hefte, 4/1966, S. 261–268; ebenfalls in: Verstehen Lehren. Genetisch-Sokratisch-Exemplarisch; Beltz, Weinheim, 6/1977; S. 41–54 (auch UII, S. 58-67)

48. Himmelskunde
Die Sammlung, April 1955, S. 219–221 (auch UI, S. 280–281)

49. Weltraumfahrt: Wo endet der Anziehungsbereich der Erde?* (aus: Was bleibt unseren Abiturienten vom Physikunterricht?; S. 387, 390–397)
s. o. Nr. 4

50. „Zum ersten Mal hat der Mensch das Schwerefeld der Erde verlassen" – denkste* (aus: Was bleibt? [verfolgt am Beispiel der Physik]; S. 80–82)
in: Flügge; s. o. Nr. 3

51. Planeten; Mondsichel* (aus: Was bedeutet naturwissenschaftliche Allgemeinbildung; UII, S. 133)

52. Kinder und der Mond* (aus: Kinder auf dem Wege zur Physik; S. 16, 41/42, 44/45, 18/19, 70, 72–74, 26)
Wagenschein/Banholzer/Thiel; s. o. Nr. 8

53. Zweierlei Wissen
Schola 5/1948 (auch: UI, S. 80–82)

54. Zum Keplerschen Gesetz* (aus: Physikalischer Unterricht und Intellektualismus; S. 37)
Zeitschrift für Mathematischen und Naturwissenschaftlichen Unterricht aller Schulgattungen, 1/1935, S. 15–27 (auch UI, S. 32–43)

55. Fernrohr-Freuden
Deutsche Allgemeine Zeitung, 3. April 1943 (auch UI, S. 46–48)

56. Der gestirnte Himmel über uns
Die Sammlung, Juli 1956, S. 378–380 (auch UI, S. 317–319)

(57.) Zum Begriff des Exemplarischen Lehrens
Zeitschrift für Pädagogik, 3/1956; ebenfalls in: Verstehen lehren. Genetisch-Sokratisch-Exemplarisch. Beltz, Weinheim, 6/1977; ↑ S. 7–39 (auch UI, S. 297–316)

58. Wissenschafts-Verständigkeit
Neue Sammlung, 1975, S. 315–327

59. Mathematik aus der Erde (Geo-metrie)
Die Deutsche Schule, 1/1961, S. 5–8 (auch UI, S. 430–434)

60. Wie weit ist der Mond von uns entfernt?
D S. 250–254

(61.) Der Mond und seine Bewegung
siehe: Natur physikalisch gesehen. Didaktische Beiträge zum Vorrang des Verstehens. Westermann, Braunschweig 1975; S 59–81

(62.) Zum Problem des Genetischen Lehrens
Zeitschrift für Pädagogik, 4/1966, S. 305–330; ebenfalls in: Verstehen lehren. Genetisch-Sokratisch-Exemplarisch. Beltz, Weinheim, 6/1977; ↑ S. 55–103 (auch UII, S. 68–99)

63. Die Erfahrung des Erdballs. Beitrag zu einer genetischen Didaktik der Himmelskunde.
   Der Physikunterricht, 1/1967 (auch UII, S. 25–58)
(64.) Natur physikalisch gesehen
   in: Natur physikalisch gesehen. Didaktische Beiträge zum Vorrang des Verstehens. Westermann, Braunschweig 1975; S. 11–44
65. Kanon der Physik
   D S. 233–247

# Personenverzeichnis

Galilei, G. 13, 22ff., 37, 42, 48, 52ff, 133, 136, 143, 180, 186, 189f., 195f., 200, 202ff., 283, 288f., 311, 328
Gauss, C.F. 225
Gebser, J. 41
Geheeb, P. u. E. 14, 18, 68, 77ff., 83f., 86, 229, 259
Geissler, G. 237
Gerlach, W. 87
Geyselinck, R. 44
Glubrecht, H. 23, 91, 94
Goethe, J.W. 14, 80f., 124, 145, 156, 165, 180f., 188, 192, 250, 283, 296
Goodfield, J. 23
Gorgias 174
Grimaldi, F.M. 120
Grimsehl, E. 212f.
Guericke, O. v. 180, 311
Guglielmini, D. 330

Hahn, Karl 213
Hahn, Kurt 20
Hahn, O. 133
Hall, E.H. 330
Hamsun, K. 75
Hartmann, G. 153
Hartnacke, W. 270
Hauptmann, G. 81
Hebel, F. 220
Hebel, J.P. 146
Hecht, K. 30
Heidegger, M. 181
Heimeran, E. 319
Heimpel, H. 175
Heise, H. 13
Heisenberg, W. 26, 31, 96, 101, 180, 185, 195, 200, 202, 358
Heitler, W. 96, 297, 339
Heldmann, G. 144, 153
Hentig, H. v. 13
Heraklit 175
Herder, J.G. 147
Hertz, H. 39, 164, 180

Hicetas 325
Hilbert, D. 262
Höfler 212
Hoffmann, E.T.A. 76
Hofmann, J.E. 237
Hoischen, A. 158
Humboldt, A. v. 176
Humboldt, W.v. 82
Hunger, E. 213
Huygens, C. 120, 129, 162, 190, 204

Jaspers, K. 228
Jean Paul 146, 290
Juilfs, J. 163
Jung, C.G. 172
Jung, K. 321
Jung, W. 168
Jünger, E. 145

Kästner, E. 316
Kant, I. 283f.
Kepler, J. 13, 55, 140, 143, 155, 173, 189f., 199, 274, 285, 288ff., 311ff.
Kerschensteiner, G. 80, 183, 210, 212
Kirchmann, J.H.v. 199
Kluge, R. 141
Klumpp, W. 129, 220
Konfuzius 137
Kopernikus, N. 140, 180, 190, 199, 289, 311ff.
Koyré, A. 289f.
Kranz, W. 91
Kraus, K. 273
Kühl, A. 338
Kükelhaus, H. 104
Kultusministerkonferenz 25

Laugwitz, D. 85
Leibnitz, G.W. 162
Lenard, Ph. 95
Leonardo 146, 178, 190, 202
Levi, C. 69
Lichtenberg, G.Chr. 70f., 86, 134, 175, 178, 214, 302, 347, 359

Strubecker, K. 262
Strunz, K. 214ff.

Tagore, R. 83, 170
Theophrast 325
Thiel, S. 18ff., 92
Thun, R.u.M. 58f.
Timon von Athen 259
Toeplitz, O. 86, 229, 237
Tolstoj. L. 77, 82, 340
Toulmin, S. 23
Trittelvitz, W. 329
Trost, F. 309
Tyndall, J. 96, 118, 338

Uexküll, J. v. 149

Valéry, P. 222
Veen-Bosse, B. van 211

Vico, G.B. 188
Vogel, G. 226
Weber, H. 229, 237, 250
Weil, S. 21, 223, 225, 309
Weizsäcker, C.F. v. 14, 87, 92, 134, 163f., 188, 217
Wellek, A. 215
Wellstein, J. 229, 237, 250
Wertheimer, M. 216
Westphal, W. 164
Whewell 338
Whitehead, A.H. 168
Wiechert, E. 145
Wittenberg, A.I. 135, 141, 218, 225, 250
Wohlfahrt, E. 270
Wolski, L.W. 158

Xenophanes 314
Xenophon 251